JN493199

한국천문·기상학사대계 **제1권**

한국의 우주관

韓國 宇宙觀

이 땅에서 하늘을 그리다

나일성 지음

연세대학교 대학출판문화원

나일성(羅逸星)

연세대학교에서 물리학 학사(1959), 석사(1961)
University of Pennsylvania에서 천문학 Ph. D.(1971)
국립중앙관상대 관측과 근무
Flower and Cook Observatory 근무
연세대학교 이과대학 교수
연세대학교 명예교수(현)
(사)과학문화진흥원 이사장(현)

저서

연구 논문 130여 편
연구 보고서 25편
출판한 책(공조, 공편, 번역 포함) 42권
신문잡지에 게재한 잡문 110여 편

한국천문 · 기상학사대계 제1권

한국의 우주관

| 이 땅에서 하늘을 그리다 |

지 은 이 나일성
펴 낸 곳 연세대학교 대학출판문화원
주 소 서울특별시 서대문구 연세로 50
전 화 02) 2123-3380~2
팩 스 02) 2123-8673
http://press.yonsei.ac.kr
ysup@yonsei.ac.kr
등 록 1955년 10월 13일 제9-60호
인 쇄 네오프린텍(주)

2016년 5월 10일 1판 1쇄
2017년 8월 1일 1판 2쇄
ISBN 978-89-6850-151-7(93440)

값 42,000원

서 문

과거 2천여 년 동안 한반도에서 관측하고 기록한 자연현상 중에서 천문과 기상에 관한 내용을 비롯하여 선인들이 이룩한 이 분야의 많은 업적을 분야별로 분류하여 후학들의 참고자료로 남기려고 정리하였다.

지금까지 알려진 이 방면의 책으로는 20세기 초에 발표된 두 권을 들 수 있을 것이다. 이 두 권의 책들로 인해서 후대의 한국 지식인들이 한반도에서 이룩한 찬란한 업적에 눈을 뜨게 되었는데, 부끄럽지만 이는 모두 외국 학자가 저술한 것이다. 처음 간행된 것은 1917년에 일본인 기상학자 와다 유지(和田雄治)에 의한 『朝鮮古代觀測記錄調查報告, 1917』로서 전부 200쪽 분량의 논문집이다. 이 책에는 9편의 주 논문 외에 3편의 논문이 부록으로 첨부되어 있다. 이 12편 중 8편이 기상학이고, 4편이 천문학에 관련된 논문이다. 두 번째는 체계를 갖춘 것이기는 하지만 학술지에 게재된 것으로 W. Carl Rufus가 『*Astronomy in Korea*, 1936』라는 제목으로 출판한 것이다. 이것은 약 70쪽 정도의 적은 분량의 것이기는 하지만, 고대로부터 근대에 이르는 한국의 천문학을 시대별로 잘 서술하였다. 이 두 책은 지금도 많은 학생과 전문가들에게 애용되고 있어서 보물과도 같은 고전(古典)이다.

한국인이 과학사 책으로 가장 먼저 출판한 것은 홍이섭(洪以燮)의 『朝鮮科學史, 1944』를 들 수 있겠다. 그런데 이 책은 일본 강점기 말인 1944년에 동경에서 일본어로 출판된 것이다. 다행히 2년 후인 1946년에 한글로 번역되어 다시 출판됨으로써 일본어가 서툰 후학들에게 큰 도움이 되었다. 이 책은 농업과 의약까지 포함한 과학과 기술 전반을 소개하고 있지만, 천문학과 기상학에 관한 내용이 적지 않게 다뤄지고 있다. 한편 그 뒤 30년이

지난 1975년이 되어서야 비로소 과학사 전반을 다룬 책이 나왔는데 그것이 전상운(全相運)의 『한국과학기술사, 1975』이다. 이 책은 역사 분야도 다루었는데 한글 세대도 쉽게 활용할 수 있게 되어있다. 이 책은 390여 쪽 분량인데, 이 중에 35% 정도에 달하는 약 140쪽이 천문학과 기상학 역사를 다루고 있다. 이 140여 쪽에는 그때까지 접해본 경험이 없었던 새롭고도 귀중한 역사적 사실이 생생하게 소개되어 있어서, 그때까지 한국의 과학사에 무심했던 지식인들에게 큰 깨우침을 주었다. 그리고 지금까지 많은 후학들이 연구하는데 있어서 항상 곁에 두고 참고하는 자료로 활용되고 있다.

한편, 천문학과 기상학만을 주제로 엮은 책은 전상운의 『韓國科學技術史, 1975』가 출판된 때로부터 실로 4반세기나 지난 2000년에야 출현되었다. 그것이 나일성(羅逸星)의 『한국천문학사, 2000』이다. 이 책은 240여 쪽의 확장된 내용으로 한국의 천문과 기상에 관한 역사를 소개하고는 있지만, 실은 출판사의 요청으로 내용을 대폭 축소시킨 것이다. 그런데 지난 4반세기 동안 국내외의 많은 연구 인력이 생산하는 연구논문은 기하급수적으로 증가하였고 연구 영역도 대폭 확충되었다. 따라서 이제는 한국의 천문학과 기상학의 역사를 종합하여 균형있게 정리할 수 있는 시점에 도달한 것이다. 지난 70년대나 80년대만 하더라도 연구인력은 고작 다섯 손가락을 꼽을 정도였던 것이 지금은 이십 명 내외나 되었고, 이들의 노력으로 매년 평균 십 여 편의 연구 논문이 발표되고 있으니, 그간의 발전 속도에 놀라지 않을 수 없다.

시대가 이와 같이 변하고 있으므로 저자는 오래전부터 큰 규모의 종합적인 〈한국천문학사〉를 저술할 계획을 추진해왔었다. 그리고 그 내용의 방대함을 충족시키기 위해 적어도 10권으로 구분한 전집으로 『한국천문·기상학사대계(韓國天文·氣象學史大系)』를 출판하려고 한 것이다. 이 10권은 일시에 출판하는 것이 아니라 집필이 완료되는 대로 연차적으로 출판하려고 한다. 그 10권의 책 제목은 다음과 같으나, 이것이 출판할 순서는 아니다. 그 이유에는 두 가지가 있다. 첫째는 어떤 책에는 막대한 작업비가 필요하기 때문에 그 비용을 마련하는 것을 예측하기 어렵기 때문이다. 둘째는 옛날처럼 원고지에 일일이 쓰는 것이 아니라 컴퓨터를 이용한 워드 프로세서로 글자를 입력하기 때문에 그때그때 상황에 따라 어느 책이든 해당하는 자료가 생기면 수시로 이 책 저 책을 가리지 않고 들락거리게 된다. 그래서 어느 책이 더 빨리 진전될 것이라는 예측을 할 수 없는 것이다. 예전처럼 단순히 한 권만을 지술하던 때와는 이런 차이가 있다.

제 1권 한국인의 宇宙觀

제 2권 天文臺와 觀測機器

제 3권 해시계와 별시계 그리고 물시계

제 4권 曆과 時制

제 5권 天文·氣象現象 기록

제 6권 測雨器와 測雨記錄

제 7권 天文圖書 解題集

제 8권 옛 科學技術人 자료집

제 9권 별이 빛나는 古墳壁畵圖錄

제10권 중국·한국·일본의 天文圖圖錄

단, 여기에 형편에 따라

제11권 EPILOGUE

가 추가되는 일이 생길지도 모른다.

〈대계(大系)〉 중 각권의 저자는 제1권만을 제외하면 모두 2명 이상이 될 것이다. 필자와 협조가 잘 되는 저자들과의 〈함께지음(共著)〉으로 출판할 예정이다.

참고로 비교적 최근에 출판된 천문학사 책들 중에서 중국어와 일본어로 간행된 것을 시대 순으로 소개하면 다음과 같다. 이 책들은 필자가 제1권을 집필하는데 있어서 가장 요긴하게 참고한 책들이다. 이 책들은 모두 풍부한 내용으로 잘 정리된 역작들이기 때문에 앞으로 한국의 천문학사 연구를 수행하는 이들에게도 좋은 지침서가 될 것이다.

① 新城新藏 저, 東洋天文學史硏究(日文), 1928.

② 矢島祐利 편, 日本科學技術史(日文), 1962

③ 中国大百科全書總編輯委員會 간, 天文學(漢文), 1980.

④ 陳遵嬀 저, 中国天文學史 一,二,三(漢文), 1982.

⑤ 曹謨 편저, 中華天文學史(漢文), 1986.

⑥ 江蘇 科學技術出版社 刊, 中国古代天象記錄總輯(漢文), 1988.

⑦ 潘鼐 저, 中国恒星觀測史(漢文), 1989.

⑧ 中国科學院 北京天文台 主編, 中国天文學史料匯編(漢文), 科學出版社, 1989.

⑨ 杜石然 主編, 中国古代科學家傳記, 科學出版社, 1992.

⑩ 大東文化大學東洋研究所 간, 東아시아의 天文·曆學에 關한 研究(日文), 2001

⑪ 李迪·査永平 編, 中国歷代科技人生卒年表, 科學出版社, 2002.

[범례]

(1) 이름 표기

본문을 기술함에 있어서 인명을 표기하는 일이 쉽지 않았다. 한자(漢字)와 영문자가 뒤섞이는 글이기에 국적에 따른 다양성이 발생했다. 그래서 외국인인 경우, 세 종류로 나눠서 생각해 보았다.

먼저 가장 많이 등장하는 중국인의 이름은 두 가지 방법으로 표기했다. 첫째로 고대인인 경우에는 한자(漢字)를 한국말 발음으로 표기하고, 괄호 안에 한자(漢字) 이름을 넣었다. 예를 들면, 단원자(丹元子)이다. 둘째로 근현대인을 위해서는 이름을 영문으로 표기하고, 괄호 안에 한자(漢字) 이름을 넣었다. 예를 들면, Xi Zezong(席澤宗)이다. 현대인의 이름을 고대인의 경우처럼 표기하면, 그들의 이름을 원문이나 학술지 논문에서 찾아보기 어렵기 때문이다. 중국 학자들은 거의 전부 나의 이름을 Luo Yixing이라고 발음한다. 나의 명함에는 분명히 나일성(Nha Il-Seong)이라고 했음에도 그렇게 받아주지 않는다. 결과는 나의 영문 논문을 인용해 주는 중국 논문은 찾아보기 어렵다. 그들은 일본인들의 논문은 일본어로 되어 있어도 이름들이 한자(漢字)로 표기되어 있으니까 논문이나 책의 내용을 잘 이해하지 못하면서도 잘 인용하고 있다. 발음을 따로 할 필요도 없다.

다음 일본인의 경우는 발음이 되는 대로 한글로 표기하고, 괄호 안에 한자(漢字) 이름을 넣었다. 예를 들면, 시부가와 하루미(澁川春海)이다. 이런 방식은 고대인이나 현대인에게 똑같이 적용된다. 그런데 일본어의 음을 한글로 표기하는 방식은 현재 한국에서 통용되고 있는 것과는 조금 다르다. 예를 들면, 東京은 '도꾜'이지 영문표기인 'Tokyo'를 옮긴 '토쿄'가 아니라는 것이다.

중국에서 활동한 예수회 선교사들의 이름은 발음 되는대로 한글로 표기하고, 괄호 안에 중국 이름과 함께 로마자 표기를 명기했다. 예를 들면, 마테오 리치(利瑪竇 Matteo Ricci)이다. 이 세 방식 중 어느 하나를 알면 그들의 이름을 찾아보는 데 도움이 될 것이다.

마지막으로 중국과 일본을 제외한 다른 나라의 인명인 경우는 발음 되는 대로 한글로 표기하고, 괄호 안에는 로마자만 기입했다. 예를 들면, 루훠스(Rufus, W. C.)이다.

(2) 〈찾아보기〉에 입력된 이름

〈찾아보기〉에는 내국인을 포함하여 많은 외국인이 수록되어 있는데, 이들의 생몰년을 조사해서 괄호 안에 넣으려고 노력했다. 이 생몰년은 종종 요긴하게 참고 될 때가 생기기 때문이다.

(3) 3원28수의 한글 표기

이 책에는 대단히 많은 별자리 이름이 나온다. 그런데 이 이름들을 전부 한글로만 표기하면 같은 발음을 가진 다른 이름과 구별할 수 없다. 그렇다고 한자(漢字)만 사용한다면 읽을 독자의 수가 아주 적을 것이다. 그래서 모든 별자리뿐만 아니라 중국어를 어원으로 하는 낱말은 모두 한글 다음에 한자(漢字)를 괄호 안에 표기했다. 그런데 이런 식으로 표기하는 데 있어서 문제가 되는 것은 어느 선까지 하느냐하는 것이다. 그래서 이 책에는 일반 독자들에게는 좀 지나치다고 할 정도로 많은 한자(漢字)를 병기했으므로 독자의 양해를 바란다.

그런데 한글 표기에 있어서 특히 별자리 이름이 한글로는 두 가지로 발음되는 한자(漢字)가 몇 개 있다. '宿'을 별자리 이름인 경우에는 '숙'이 아니라 '수'로 읽는 것을 거의 상식으로 받아드리 듯 '車'를 '차' 대신 '거'로 또한 '見'을 '견'이 아닌 '현'으로 읽는 경우가 그 예에 속한다. 그리고 이 외에도 몇 글자 더 있는 데, 모두 사계의 전문가들과 의론하여 정했다.

(4) 그림에 관하여

이 책에는 260여 개나 되는 많은 그림이 수록되어 있다. 이 중에는 옛 천문도가 많이 포함되어 있는데, 이 그림들 중에는 태반이 마모나 퇴색 또는 일부 파손으로 인하여 원형이 심하게 상한 것이 있다. 그리고 이런 옛 천문도 중에는 원본이 없어지고 책에만 작게 기재되어 있어서 해상도가 낮을 뿐만 아니라 주변에 지저분한 자국이 남아 있는 경우가 많다. 이런 이유로 필자는 모든 그림을 손질하거나 다시 모사(模寫)해서 깨끗하고 선명한 것으로 만들었다. 중국에서는 이렇게 모사한 그림이 많다.

이 책에는 거의 모든 천문도(성도) 그림이 작게 수록되어 있어서, 자세히 보기가 어렵게 되었다. 그런데 이렇게 된 이유는 첫째로 이 책의 분량이 너무 많아서 부피를 줄여야 했기 때문이다. 그리고 둘째 이유는 앞으로 곧 출판할『중국·한국·일본 천문도보전(中國·韓國·日本 天文圖寶典(가제)』에 크게 잘 인쇄하여 포함시키려고 하기 때문이다.

이상과 같이 여러 가지로 시도는 해보았으나, 아직도 미진한 것이 많이 남아있다는 사실을 인정한다. 그러나 더 시간을 끌어 봐도 크게 개선할 자신이 없으므로 미숙한 채로 세상에 내놓으려고 한다. 앞으로 훌륭한 집필자가 나타날 때까지 부족하나마 징검다리역할이라도 해준다면 다행으로 생각한다.

2016년 4월

별똥 나일성

차 례

제Ⅲ장 무덤에서도 별과 함께

제Ⅳ장 위트와 유머가 넘치는 그림들

제V장 인간과 우주

제VI장 별자리를 만들다

제Ⅶ장 옛 천문도

제Ⅷ장 조선 초기의 천문도 제작

제IX장 서양천문학이 들어오다

제X장 관상감의 맹활약

제XI장 기물을 장식한 별들

| 그림 차례 |

제I장

제II장

제III장

제IV장

제V장

제VI장

제VII장

제VIII장

제IX장

제X장

제XI장

| 표 차례 |

제I장

제III장

제VI장

제VII장

제VIII장

제IX장

제X장

제XI장

제 I 장

선사시대 사람들의 삶, 그 신비

선사시대 사람들은 바위에 이렇게 그림을 그렸을까?

1

바위에 새긴 별들?

오랜 역사와 빛나는 전통을 가지고 있는 민족이라 하더라도 그들의 민족사(民族史)의 처음은 정확한 기록이 아닌 구전(口傳)으로 전해오는 전설과 신화로 시작된다.

그런데 문자가 발명되고 기록하는 수단이 갖춰질 때까지는 구전이라는 수단이 그들의 존재와 역사를 전해줄 유일무이한 것이라고 생각하기 쉬우나, 사실은 그렇지 않다. 현대인의 감각으로는 이해하기 어렵겠지만, 선사시대 사람들에게도 나름대로의 기록은 중요시되었던 것 같다. 어찌 보면, 그들의 기록은 현대인들의 그 어떤 방법보다도 더 영구성이 보장된 방법을 택한 것 같다. 그들은 오늘날과 같은 많은 기록을 남기지는 않았지만, 자기들의 존재와 생각을 뒤에 남기려는 확고한 의지를 가지고 있었음은 분명하다.

1-1. 그림바위의 분포

지구상에는 선사시대 사람들이 남긴 다양한 그림들이 바위에 새겨져 있거나 동굴 속의 벽에 그려져 있다. 이런 그림이 있는 바위들을 〈그림바위〉[1]라 하고, 그 그림을 〈암각화(岩

1 지금까지 이 분야의 연구가들은 "암각화(岩刻畵)" 또는 "바위그림"이라는 명칭을 사용하고 있다. 학술 용어든 일반 용어든 간에 많은 사람들이 자주 사용하면 그것이 공용어로 자리를 잡게 되는 것이다. 그런데 "암각화"는 한자에서 유래되었기 때문에 한글로만 표기했을 때 그 의미가 잘 전달되지 않을 수 있다. 한편 "바위 그림"에는 문제점이 있다. 바다를 소재로 그린 그림은 "바다 그림", 꽃을 소재로 그린 그림은 "꽃 그림"이다. 그렇다면 "바위 그림"은 바위를 소재로 그린 그림이라는 뜻풀이가 되지 않을까? 그래서 "그림 바위"라고 고치면, "그림이 그려져 있는 바위" 또는 "그림이 있는 바위"라는 뜻이 전달된다고 생각한다. 이래서 이 책에는 "그림 바위"라는 용어를 쓰려고 한다. 즉, 그림이 있는 바위를 소개하려는 것이기 때문이다.

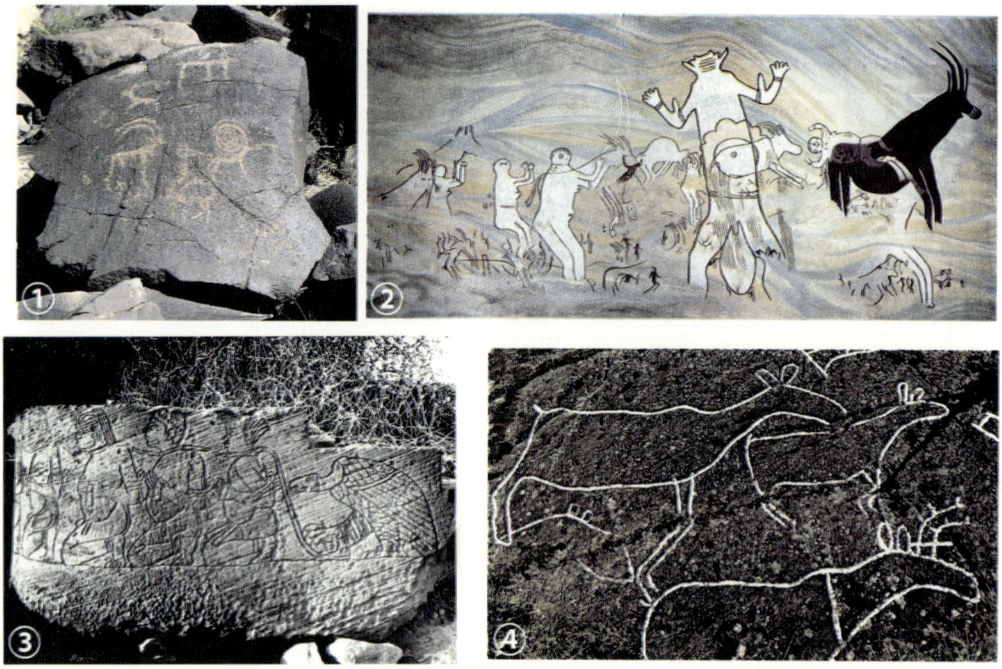

그림 I-1. 세계 여러 지역의 그림바위들 ①은 몽골의 파알루 유적지, ②는 사하라사막의 타씨리, ③은 아프리카 수단, ④는 한국의 대곡리 반구대의 그림바위이다.

刻畵)〉라고 부른다. 이런 그림들은 대부분 선사시대 사람들이 당시 그들의 모습과 주변에서 관찰된 동물들과 그들이 사용하던 무기나 연장들을 그린 것이지만, 이상한 무늬로 표현한 그림도 상당히 많이 있다.

도대체 선사시대의 원시인들은 이런 그림을 왜 남겼을까? 한반도에 뿌리를 박고 살기 시작한 '배달'이라는 민족의 조상도 이런 그림을 새기며 살았고, 또 스스로의 존재를 그렇게 알리려고 노력했다. 지금까지 발견된 선사시대의 그림바위의 수는 대단히 많다. 하지만, 이런 바위에 새겨진 그림들이 보여주는 것은 그림 I-1에 보인 바와 같이, 주로 사람이나 동물들이다. 그리고 이 그림에는 보이지 않으나, 이해하기 거의 불가능한 이상한 무늬를 그린 것도 있다.

이제 이 그림바위를 조사하기 전에, 우선 아시아대륙에 이것들이 어떻게 분포되어 있는가를 살펴보기로 하자. 지금까지 그림바위의 분포를 제시한 그림은 여러 개가 알려지고

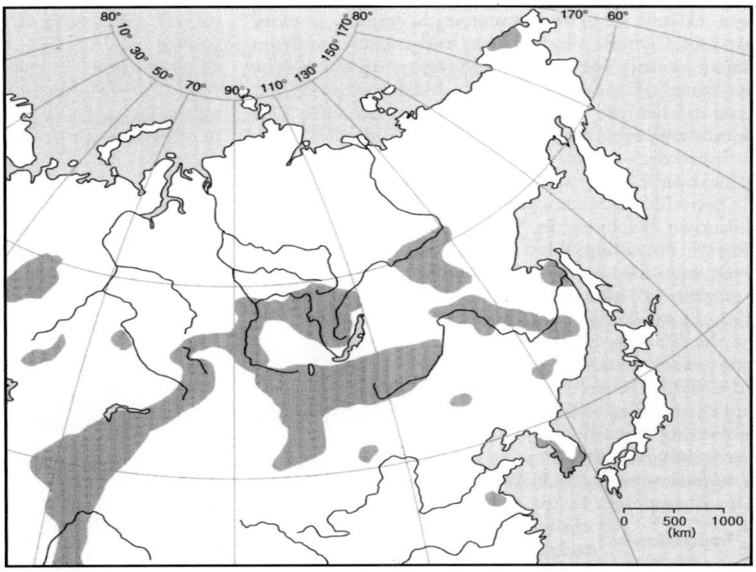

그림 I-2. 동북 아시아대륙의 그림바위 분포도(임세권 교수의 그림)

있다.[2] 그러나 연구자에 따라 그 분포도는 서로 다르다. 그래서 지금까지 알려진 여러 개의 분포도를 종합하여 서로 일치하는 지역을 택하여 새로운 분포도를 만들어 보았다(그림 I-2). 이 그림에 검게 표시한 부분이 그림바위들이 분포되어 있는 지역[3]이다.

우선 그림바위의 분포도인 그림 I-2를 보면, 우랄산맥을 시작으로 이르쿠츠크와 바이칼호를 거치면서 동으로 뻗은 시베리아 줄기를 따라 그림바위들이 분포되어 있는 것이 눈에 띈다. 또 다른 하나는 알타이산맥을 따라 몽골의 여러 지역으로 확산된 것을 보게 된다.

한반도의 그림바위들은 남한의 해안에서 주로 발견되고 있다. 한반도의 분포는 황해도까지 북상하고는 있지만, 그 수가 적은 것은 아직 북한의 조사가 충분하지 않은 탓일 것이다. 따라서 이 그림은 현재까지 알려진 곳을 포괄적으로 표시한 것에 불과하다. 한반도에 살았던 선사시대의 원주민들은 주로 몽골로부터 동쪽으로 이동해 와서, 한반도에 정착한

---

2 대표적인 두 건만 소개하면, ① 임세권의 『한국의 암각화』, 다원사: 서울, 41, 1999. ② Smith C. D., "Prehistoric Cartography in Asia". Eds. J. B. Harley and David Woodward, 『*The History of Cartography, Volume Two, Book Two, Cartography in the Traditional East and Southeast Asian Societies*』, (The University of Chicago Press: Chicago), 16, 1994.

3 암각화 전문가들은 암각화의 종류나 위치를 식별할 수 있도록 각기 독특한 명칭을 붙이는 방법을 사용하고 있는 것 같지 않다. 따라서 이 책에는 본인이 참고한 문헌에 있는 대로 표기하되, 용어만은 "그림바위"로 통일한다.

사람들이었다. 따라서 몽골에서 수많은 그림바위를 남긴 몽골인들이 동진하면서 한반도의 남쪽 해안까지 와서 정착하면서 많은 그림바위를 남겼을 것이라고 추측해 볼 수는 있으나, 이 그림 I-2의 분포도는 이를 분명하게 보여주지는 않는다. 왜냐하면 선사시대 사람들이 몽골로부터 이동해 왔다면, 몽골의 여러 지역에서 수많은 그림바위가 발견되고 있음에도 불구하고, 한반도에 이르는 그 중간 지역인 만주와 요동반도에는 그림바위가 없기 때문이다. 몽골에서 시작하여 한반도 남단에 이르는 긴 지역에 그림바위들이 띠를 이루어 존재한다면 얼마나 좋을까하는 생각이 생기는 것이다.

그러나 이런 기대는 너무 성급한 일이다. 지금까지 남한에서 발견된 그림바위는 극히 최근의 일이다. 그리고 그때까지는 오랫 동안 그림바위의 존재에 관심을 갖지 않고 지내온 것이다. 게다가 중국의 요하지역의 그림바위의 탐사는 이제 겨우 시작 단계에 들어선 것이다. 앞으로 한반도 전체를 비롯하여 중국의 요하지역의 조사가 본격적으로 전개된다면, 선사시대에 살았던 조상들의 생활을 그림바위를 통해서 더 많은 것을 알아낼 수 있을 것이다.

1-2. 점, 동심원, 나선형은?

선사시대의 원시인들이 만든 그림바위에는 사람이나 동물 또는 연장이나 무기 등을 제외하면, 현대인들이 이해할 수 없는 여러 가지 문양이 발견된다는 사실은 이미 언급했다. 이런 이상한 문양(또는 무늬)은 그 하나하나가 모두 그들에게는 중요한 의미가 있었겠지만, 우리의 상상력으로는 쉽게 이해되지 않는다. 그런데 그런 무늬 중에 아주 단순하게 점

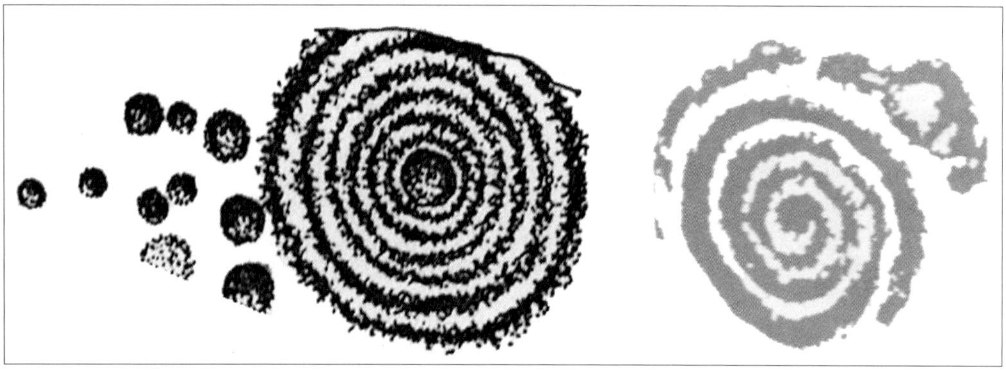

그림 I-3. 전형적인 점과 동심원 그리고 나선형

그림 I-4. 태양(오른쪽)과 달. 중국인들은 이 두 무늬를 각각 다르게 보고 있다.

으로 보이는 홈이 파여 있는 것이 있는가하면, 거의 완벽한 원이 둥근 점을 중심으로 그 주위를 여러 겹으로 에워 싼 독특한 무늬도 있다. 후자를 동심원(同心圓) 무늬라고 부르자. 이 동심원 무늬는 나무의 나이테를 연상시키는데, 어떤 것은 나무의 나이테보다도 더 정확한 원을 그리고 있는 것이 특징이다. 그런데, 이 방면의 전문가들 중에는 이 동심원 무늬를 원시인들이 하늘의 별을 묘사한 것일 것이라고 생각하는 사람들이 있다.

한편 점으로 보이는 홈들은 무작위로 파 놓은 것 같다. 그러나 이런 홈들은 따로따로 제멋대로 여기 저기 파여 있기는 하지만, 어떤 것은 묘하게도 북두칠성을 상징하듯 배열되기도 하고 또 어떤 것은 그들이 눈여겨 본 별들을 바위에 옮겨 놓은 것 같은 인상을 주기도 한다. 그리고 많지는 않지만, 동심원과는 약간 다른 형태인 나선형(螺旋形) 모양을 한 것도 있다. 그래서 많은 사람들은 이 점들을 동심원이나 나선형과 함께 선사시대 원시인들이 하늘의 별들을 새긴 것이라고 믿고 있는 것이다.

이 책은 그림바위에 있는 모든 그림을 전부 다루지는 못한다. 다만 지금까지 알려진 그림바위 중에서 별과 관련이 있다고 지적받고 있는 바위만을 골라서 소개하려고 한다. 동심원 중에는 그 주변에 다른 모양이 그림 I-4에 보인 것처럼 첨가된 것도 있다. 그러니까 그림바위에 새겨진 점이나 동심원 무늬를 일단 선사시대의 고대인이 의도적으로 그려낸 별들일 가능성이 있다고 전제하고 조사해 보려고 하는 것이다. 하지만, 별과 연관짓는 이 문제에 관하여는 이 장의 제3절에서 조심스럽게 다시 다루기로 하자.

2

한반도의 그림바위

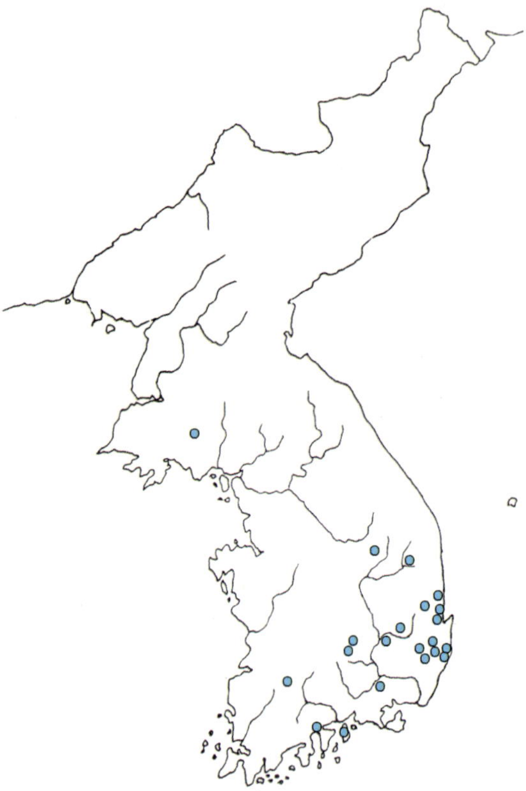

그림 I-5. 한반도의 그림바위 분포도[5]

한반도에서 그림바위가 발견된 것은 극히 최근의 일인 동시에 극적인 것이었다. 임세권은 1970년 12월 24일부터 1971년 12월 25일 사이의 1년간 문명대 교수를 단장으로한 조사단이 발견한 한국의 대표적 그림바위 세 개를 잘 소개하고 있다.[4] 그에 의하면, 이 세 개 중 첫째는 국보 제147호인 울주군 천전리(川前里) 그림바위, 둘째는 국보 제285호로 지정된 울주군 대곡리(大谷里) 그림바위(일명 반구대 그림바위), 그리고 셋째가 양전리(良田里) 그림바위이다. 그러니까 울주군 천전리 그림바위가 발견된 1970

4 임세권, 『한국의 암각화』(대원사: 서울), 1999, pp. 11-15.

년 이전까지 한국에는 그림바위가 전혀 알려지지 않고 있었다는 이야기이지만, 이 발견으로 인하여 한반도에 살던 선사시대의 사람들의 흔적이 세상에 모습을 드러내게 된 것은 큰 경사였다.

위의 세 개의 그림바위의 존재가 알려지자, 곳곳의 향토사학자들이 앞 다투어 자기들의 지역에 있는 그림바위를 찾아 나섰다. 그리고 그들은 암벽이나 큰 바위에만 그림이 있는 것이 아니라, 고인돌에도 선사시대 사람들의 솜씨가 남아 있음을 알아냈다.

2-1. 분포

점이나 동심원으로 된 무늬가 새겨져 있는 이런 바위는 한반도에서는 과연 얼마나 발견되었을까? 지금까지 보고된 그림바위는 다 열거할 수 없을 정도로 많으나, 그 중에서 별을 상징한 그림이 있는 대표적인 그림바위는 대략 다음 표에 제시한 것과 같다.[6]

표 I-1. 동심원이나 점으로 별을 새긴 바위들. 13번-17번은 외국의 것이나 앞으로 다룰 것이므로 여기에 포함시켰다.

번호	이름	특징	위치	출처*
1	천전리 그림바위 (川前里岩刻畵)	국보 147호. 점과 동심원	울산광역시 언양읍 두동면 천전리	임세권*
2	대곡리 암각화 (大谷里岩刻畵)	국보 285호. (일명 반구대암각화)	-	임세권*
3	양전리 암각화 (良田里岩刻畵)	나선형 별	경북 고령군 개진면 양전리	임세권*
4	도항리 그림바위 (道項里岩刻畵)	고인돌. 점과 동심원	경남 함안군 가야읍 도항리 도동 길목마을	-

5　國民大學校 博物館,『韓國의 先史時代 岩刻畵』(국민대학교; 서울), 8, 1993.

6　이 표 I-1은 1980년대 후반부터 1990년에 이르는 동안 여러 연구자들이 연구 열풍을 일으킨 시기에 만들었던 것이다. 그리고 이 표에 수록된 그림바위의 점이나 원이 전부 별이라고 판명된 것은 아니라는 사실도 명기해 둔다. 그리고 상당한 기간이 지난 후에도 동심원, 나선형, 둥근 홈이 있는 바위는 곳곳에서 많이 발견되고 있다.

번호	이 름	특 징	위 치	출 처*
5	칠포리 그림바위 (七浦里岩刻畵)	도랑과 바위구멍	경북 포항 七浦里	칠포마을**
6	칠포리 그림바위 (七浦里岩刻畵)	도랑과 바위구멍	경북 포항 七浦里	칠포마을**
7	칠포리 오줌바위1 (七浦里岩刻畵)	도랑과 바위구멍	경북 포항 七浦里	칠포마을**
8	칠포리 오줌바위2 (七浦里岩刻畵)	도랑과 바위구멍	경북 포항 七浦里	칠포마을**
9	운천리 그림바위 (雲川里岩刻畵)	칠성 바위	황해도 운천	나일성***
10	수곡리 그림바위 (水谷里岩刻畵)	윷판	경북 안동시 수곡리	선사시대****
11	청원군 그림바위	석판	충북 청원군	–
12	대구 그림바위	많은 점들	대구직할시	–
13	High Banks그림바위	동심원	영국 High Banks	나일성***
14	New Castle그림바위	동심원	영국 New Castle	나일성***
15	New Castle그림바위	별과 줄무늬	영국 New Castle	나일성***
16	Flyhov 그림바위	초신성과 엔케 혜성, 별과 줄무늬	스칸디나반도	나일성***
17	Ekenberg 그림바위	초신성과 엔케 혜성	스칸디나반도	나일성***

*임세권: 『한국의 암각화(1993)』, **칠포마을: 『칠포마을 바위그림』, ***나일성: F. R. Stephenson 제공, ****선사시대: 『한국의 선사시대 암각화(1993)』

2-2. 대표적 그림바위

그림바위의 무늬 중에서 천문과 관련된 것으로 가장 주목받는 무늬는 여러 차례 언급한 바 있듯이 동심원이나 나선형이다. 그러나 이런 무늬가 있는 바위는 많지는 않다. 이제 이들을 차례로 살펴보기로 하자.

천전리 그림바위: 그림은 높이 2.7 m, 너비 10 m나 되는 수직한 암벽에 새겨져 있다. 이 그림바위에 대해 설명한 임세권의 기사를 먼저 소개한다.

> 바위의 윗면에 쪼아 판 사람과 사슴과 같은 동물들과 갈아 판 기하문(幾何文)이 많이 있고, 아래 면에는 긁어 판 가는 선으로 표현한 기마행렬도(騎馬行列圖), 항해도(航海圖), 용, 사람 등의 그림과 고대의 명문(銘文)이 새겨져 있다. 쪼아 파기로 새긴 동

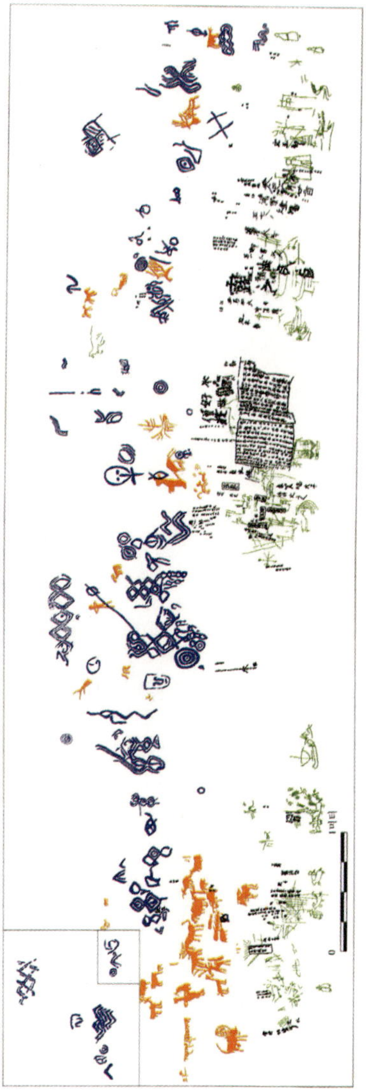

그림 I-6. 천전리 그림바위. 여러 개의 동심원 무늬가 복잡한 여러 가지 무늬 속에 섞여 있다.(임세권의 『한국의 선사시대 암각화(1993)』, pp. 72-75를 옮김)

물 그림은 하류에 있는 대곡리(大谷里) 그림과 같은 전통으로서 수렵 생활과 관련된 것으로 보인다. 갈아 파기로 새긴 사람 얼굴과 동심원, 네모형, 파상문(波狀文) 등은 고대인들의 풍요 기원과의 관련성이 있는 것으로 보인다. 그러나 가느다란 선으로 그린 항해와 기마 행렬과 같은 그림과 명문들은 삼국시대에서 통일신라 시대까지의 시기에 와서 새긴 것으로 보고 있다. 이 후자에 속하는 그림과 명문들은 고대사를 연구하는 데 매우 중요한 자료가 된다.

이 천전리 그림바위에는 동심원 무늬가 바위의 중앙에 두 개, 오른 쪽에 서로 떨어져서 두 개가 더 보인다. 그러나 이 바위에 새겨진 원은 정교하게 만든 둥근 원이 아니고 약간 일그러진 타원에 가깝다. 그리고 동심원의 중심에 있는 점은 선의 굵기보다 오히려 작아서 뚜렷하지 않다. 천전리 그림바위에는 점을 중심으로 두 겹으로 싼 네모진 무늬도 여러 개 있다. 이런 무늬들은 동심원 무늬와 연결된 것도 있고, 또 네모진 다른 무늬로도 보기 어려운 것도 있다. 네 개의 동심원의 배치는 다른 무늬들과 어울려 섞여 있지만, 동심원끼리 연관이 있는 것처럼 보이지는 않는다.

이런 이유로 인해서, 동심원 무늬가 고대인들이 의도적으로 새긴 별이라고 보는 것은 일단 유보한다. 왜냐하면, 이 동심원들은 어느 특정한 때에 밝은 금성, 화성, 목성, 토성이 그렇게 배치되었거나 아니면 이 중 몇 개가 직녀별이나 시리우스와 같이 밝은 별들과 어울린 것일 수도 있기 때문이다. 물론 이 4개의 동심원 중 어느 것은 당시에 나타난 초신성일 가능성도 배제하지 못한다. 이 바위 중앙의 가장 높은 위치에 있는 긴 꼬리를 연상하게 하는 네모난 무늬가 눈에 띈다. 이 꼬리의 끝에는 헝클어진 꼬리가 달려 있다. 혜성이나 큰 유성의 출현을 묘사한 것일까? 그림 I-6은 많은 것을 보여 주고 있다.

앞으로의 분석 작업이 필요하다.

양전리 그림바위: 이 바위도 수직한 암벽이다. 천전리 그림바위의 그림과는 달리 방패를 상징한 듯한 네모난 무늬들로 거의 다 채워져 있다. 그리고 돌은 여러 개로 갈라져 있어 없어진 문양들이 많은 것 같다.

이 양전리 그림바위를 소개한 『한국의 선사시대 암각화(1993)』의 내용을 정리하여 다음과 같이 요약해 보자.

> 이 양전리 암각화는 회천(會川, 낙동강 지류)이 안림천(安林川)과 대가천(大伽川)을 이루고 고령 분지(高靈盆地)를 빠져나가는 목에 있다. 높이 3 m, 너비 6 m의 준직한 바위면의 중앙 윗쪽에 두 개의 동심원으로 된 뚜렷한 무늬가 하나 있고, 바위의 양쪽 끝에

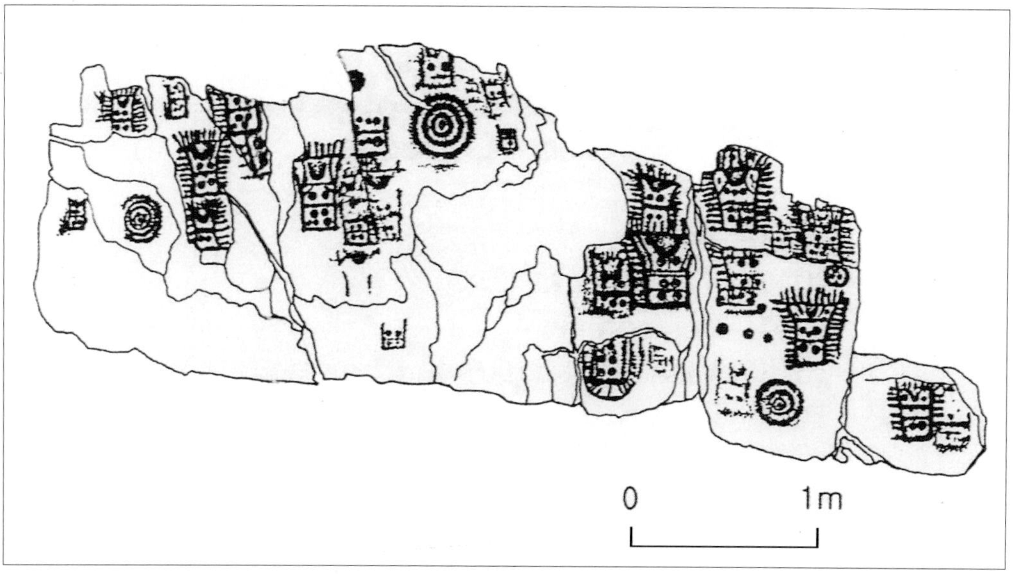

그림 I-7. 양전리 그림바위. 중앙 윗 쪽에 한 개의 동심원 무늬가 뚜렷하게 새겨져 있고, 양 쪽에 희미 하게 보이는 것이 각각 하나씩 더 있다.(임세권의『한국의 선사시대 암각화(1993)』에서 옮김)

> 역시 두 개의 동심원으로 구성된 듯한 무늬가 각각 하나씩 있으나 마모가 심한 탓인지 희미하다. 이 바위에는 동심원 무늬보다 방패문(防牌文)이 더 많다. 제작 방법은 쪼고 갈아 판 것으로서 천전리의 기하문(幾何文)과 그 기법이 유사한데, 아무르지방의 가면(假面)과 연관지어 사람의 형상(人面) 또는 귀신의 형상(神面)으로 보려는 견해도 있다.

많은 방패 무늬에 섞여서 세 개의 동심원 무늬가 있는데, 이 양전리 그림바위의 동심원 무늬를 무엇으로 볼 것인가 하는 것은 여전히 어려운 문제로 남는다.『한국의 선사시대 암각화(1993)』의 저자의 말대로 이 동심원은 점을 중심으로 세 겹으로 되어 있다.

이 바위에 있는 동심원들은 하나가 다른 무늬에 섞이지 않고 아주 뚜렷하게 독립되어 있다. 항상 보이는 밝은 별을 상징한다고 하기보다는 해나 달을 새긴 것으로 볼 수도 있을 것이다. 이 경우에도 천전리 그림바위와 마찬가지로 행성이나 밝은 별 또는 초신성과의 연관이 불가능한 일은 아니라고 본다. 이 세 개의 동심원을 별과 연관을 지을 만한 뚜렷한 단서를 찾아내기는 쉬운 일이 아니지만, 천전리 그림바위의 경우와 마찬가지로 앞으로의 연구 과제임에는 틀림없다.

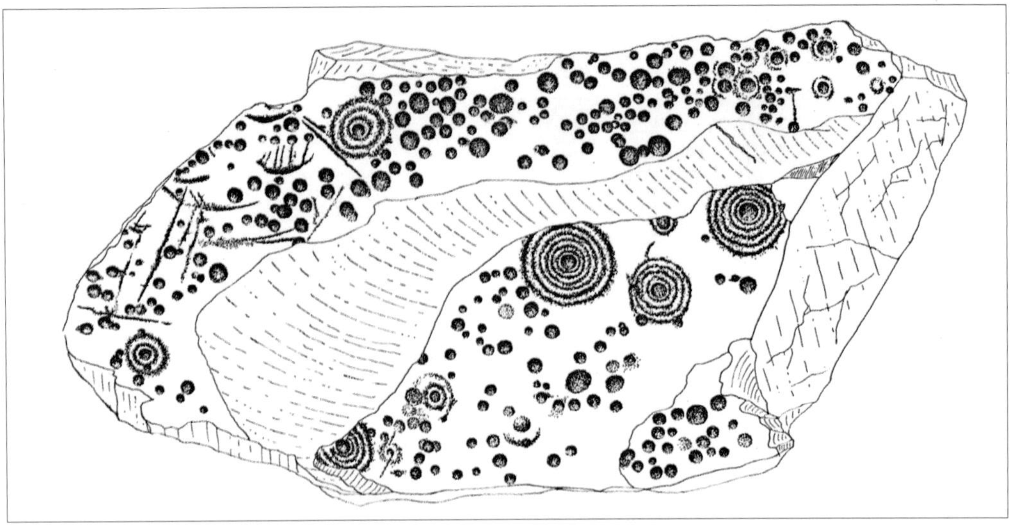

그림 I-8. 도항리 그림바위. 수많은 작은 둥근 점들 사이에 여러 개의 동심원 무늬가 새겨 있다.(『한국의 선사시대 암각화(1993)』에서 옮김)

도항리 그림바위: 위에 소개한 두 개의 그림바위와는 달리, 이 도항리 그림바위는 대단히 흥미있는 연구 대상이다. 첫째로 이 바위는 고인돌이다. 둘째는 풍화작용으로 만들어진 것 같은 몇 개의 직선으로 보이는 선을 제외하면, 바위 면은 둥근 점들과 크고 작은 여러 개의 동심원으로만 채워져 있다.

우선, 앞의 두 암각화의 경우처럼 『한국의 선사시대 암각화(1993)』에 기술된 내용을 요약해 보자.

> 이 암각화는 함안천(咸安川, 남강 지류) 유역의 넓은 평야 한가운데 발달한 낮은 구릉 그 끝 부분에 조성된 지석묘(支石墓)의 덮개 돌(蓋石)에 새겨 있다. 이 돌은 긴 쪽이 약 2.3 m이고 짧은 쪽이 약 1.2 m인 삼각형이다. 돌의 한 가운데가 깨져 나감으로써 이 부분에 있던 무늬들이 없어지고 말았는데, 현재 보이는 부분에 7개의 동심원 무늬가 있고, 약 260여 개의 크고 작은 성혈(性穴, 둥근 점)이 조밀하게 새겨져 있다. 그리고 이 밖에도 왼 쪽에 무슨 그림인가 알기 어려운 가는 직선이 그어 있다. 그러나 그림 전체가 풍기는 분위기는 은하계의 전체도를 보는 듯한 느낌을 준다.

위의 설명은 이 그림바위를 잘 묘사한 것이라고 믿어진다. 여기서 말하는 많은 성혈(性穴)들을 밤하늘에 보이는 무수히 많은 별들이라고 가정한다면, 크게 그린 동심원 무늬들은 그 그림을 새긴 고대인들에게 깊은 인상을 준 특별히 밝은 별들일 것이라는 해석이 가능해진다. 다른 모든 그림바위에 어김없이 있는 여러 가지 다른 문양이나 고대 명문(古代銘文)은 전연 없고, 다만 점들과 동심원만으로 가득 채워진 바위라는 사실은 이 돌에 고대인들은 틀림없이 뚜렷한 목적을 가지고 하늘에서 그림의 대상을 찾아내서 옮긴 것 같다. 둥근 점이 있는 그림이 다른 몇 개의 그림바위에도 없는 것은 아니나, 그 점들은 모두 방패의 그림 속에 섞여 있을 뿐, 도항리 그림바위에서 보는 것과 같이 독립해서 새겨져 있지 않다. 동심원의 무늬에도 뚜렷한 차이점이 발견된다. 앞에 이미 소개한 바 있는 천전리 그림바위나 양전리 그림바위의 동심원은 전부 두 개 또는 많아야 세 겹의 원이 작은 중심점을 둘러 싼 것인데 반하여, 도항리 그림바위의 것은 많으면 5~6겹으로 동심원을 만든 큰 것이 6개나 있다. 또한, 둥근 중심점은 아주 뚜렷하다.

국민대학교 박물관의 장명수 학예사가 만든 이「도항리 암각화」의 실물크기 탁본을 나일성이 조사해 본 결과, 점을 중심으로 그린 동심원이 다음과 같은 17개에 이른다.

한 개의 원이 있는 수:	10 개
두 개의 원으로 된 수:	2 개
세 개의 원으로 된 수:	1 개
네 개의 원으로 된 수:	2 개
다섯 개의 원으로 된 수:	1 개
여섯 개의 원으로 된 수:	1 개
합계	17 개

두 개 이상의 원으로 된 동심원이 공교롭게도 7개로서 사람들은 우선 우리들에게 친숙한 북두칠성을 연상하나, 이 7개의 배치는 지금 우리가 알고 있는 국자 모양과는 너무나 다르다. 그렇다면, 이 7개의 무늬와 작은 원 10개 그리고 나머지 크고 작은 둥근 점들은 무엇을 가리키는 것으로 보아야 하는가? 앞으로 풀어야할 큰 과제이다.

그림 I-9. 뉴카슬 그림바위의 동심원(F. Richard Stephenson 제공)

다른 지역의 동심원 그림바위: 그림바위에 있는 동심원 무늬는 한반도에서만 발견되는 것은 아니다. 지금까지 저자가 조사한 것만 하더라도 영국 뉴카슬(New Castle upon Tyne) 근교에 한 개, 아일랜드의 올람 훠들라(Ollamh Fodhla) 무덤의 바위에도 있고,[7] 또 중국 강소성 리맨윈강과 내몽골 음산(陰山)에 각각 한 개씩, 그리고 위치를 확인하지 못한 곳[8]에 하나가 더 있다. 이 5개 중에서 뚜렷한 모습을 보여주고 있는 영국의 뉴카슬 그림바위와 강소성 그림바위의 동심원은 도항리 그림바위의 것을 그대로 옮겨 새긴 것 같은 닮은꼴이다.

이것은 대단히 신기한 사건이다. 신석기 시대에서 청동기 시대에 이르는 기간에 만든 이 세 곳에 따로 따로 있는 돌에 동일한 동심원을 만들기 위해 당시의 원시인들이 지구의 반대쪽까지 여행하면서 교류했다고 상상할 수는 없는 일이기 때문이다. 그렇다면, 이것을 어떻게 보아야 할까. 하늘의 밝은 해와 달은 지구의 어느 지점에서나 똑같은 모습으로 보였을 것이므로, 현대인이 보기에도 놀라운 닮은꼴을 그려낸 인간의 공통된 지

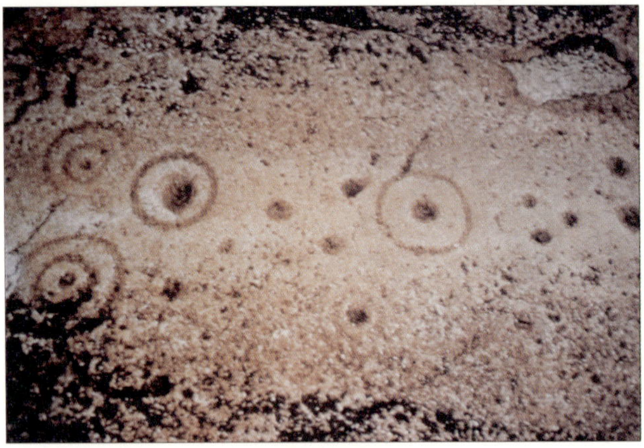

그림 I-10. 중국 강소성 그림바위의 동심원[9]

7 *Epigraphic Society Occasional Publications*, Vol. 11, No. 276, 1983.
8 Martin Brennan, The Stars and the Stories(Thames and Hudson: London), 1983.
9 孟山林, 『陰山岩畵』(文物出版社: 北京), 1986.

혜의 산물이었을 것이다. 도항리의 동심원과 다른 두 지역의 동심원 사이에 한 가지 차이점이 있다. 그것은 뉴카슬 그림바위와 강소성 그림바위의 동심원은 중심에서 꼬리가 밖으로 나온 것이 보인다. 이 꼬리가 도항리 그림바위에는 없는 것이다.

2-3. 다른 그림바위에도 별들이?

천전리 그림바위가 있는 위치에서 조금 더 북으로 가면 포항시 흥해읍 칠포리(浦項市興海邑七浦里)에 속칭 논발재라는 곳이 있다. 이 일대에도 많은 그림바위가 1994년에「포철 고문화연구회」에 의해서 조사된 바 있다.[10] 그들의 노력으로 수십 개의 그림바위가 발견 또는 조사되었는데, 이곳의 그림바위는 앞에 소개한 세 곳의 그림바위와는 달리 모두 깊게 판 바위 구덩이라는 특징을 가지고 있다. 이 구덩이들은 예외 없이 여러 겹의 동심원을 가지고 있는 것은 하나도 없다.

그 중에 별과 연관을 갖는 것으로 주목되는 몇 점의 그림바위를 여기에 소개해 보자.

북두칠성 바위: 논발재 그림바위 중에서 두 개의 재미있는 돌이 발견되었다. 그 첫째는 7개의 둥근 구덩이(홈이라는 용어를 사용하기도 한다)가[11] 북두칠성을 연상케 하는 모양으로 파여 있는 것이 있다. 국자의 손잡이에 해당하는 세 별이 너무 작게 보여 균형이 없는 것이 흠이다. 이것은 풍화작용으로 인하여 서로 크기가 달라진 탓인지도 모른다. 뿐만 아니라 이 논발재 그림

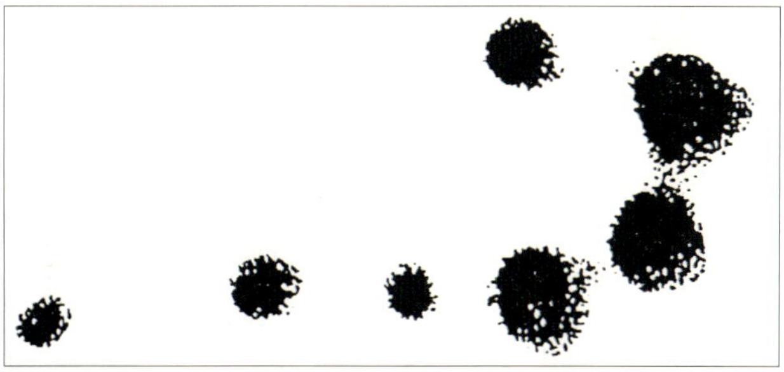

그림 I-11. 논발재 그림바위의 북두칠성(『칠포마을 바위그림』 80쪽에서 옮김)

10 포철 고문화연구회, 『칠포마을 바위그림』(포철 고문화연구회; 포항), 1994. 포철 고문화연구회는「바위그림」이라는 용어를「암각화」대신에 쓰고 있다. 좋은 한국말이라고 공감하면서도, 그림의 주체가 바위에 새겨진 그림이 아니라 바위 그 자체라는 인상을 주기 때문에 선뜻 받아들이기 어렵다.

11 구멍이라는 용어를 사용하는 사람도 있으나, 바위에 새긴 홈은 바위를 뚫은 것이 아니기 때문에 적절한 표현은 아니다.

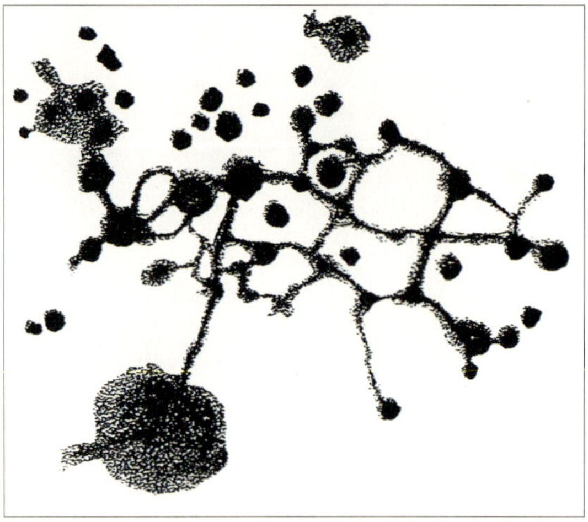

그림 I-16. 미로를 파 놓은 듯한 도랑과 구덩이(『칠포마을 바위그림』 p. 90에서 옮김)

일지도 모른다.

이제 비교적 단순한 모양을 하고 있는 그림바위(그림 I-12)가 아닌 복잡한 「오줌바우」라는 그림바위(그림 I-15~17)를 차례로 소개해 보자. 이 바위들은 자연에 방치된 지 오래 되었기 때문에 이끼가 끼고 또 주변의 풀과 나무들의 방해로 사진을 찍을 수 없다. 여기에 제시한 3장의 그림들은 모두 포철(浦鐵) 고문화연구회 회원들이 스케치한 것이다.

그림 I-15에 보인 그림바위는 몇 개의 독립된 홈을 제외하고는 홈들이 두 개의 집단으로 되어 있다. 다음 두 장의 그림에도 적용되는 일이지만, 이것을 만든 원시인들이 무엇을 보이려고 이런 도랑으로 홈들을 연결한 것일까.

다음에 제시한 그림 I-16과 그림 I-17의 그림바위의 홈의 수는 훨씬 더 많고, 이 홈들을 잇는 도랑도 복잡하기 이를 데 없다. 특히 그림 I-16의 도랑은 거미줄처럼 복잡한 것이 미로를 만든 것처럼 보이기도 한다. 그리고 왼쪽 아래에 아주 큰 구덩이 하나가 있다.

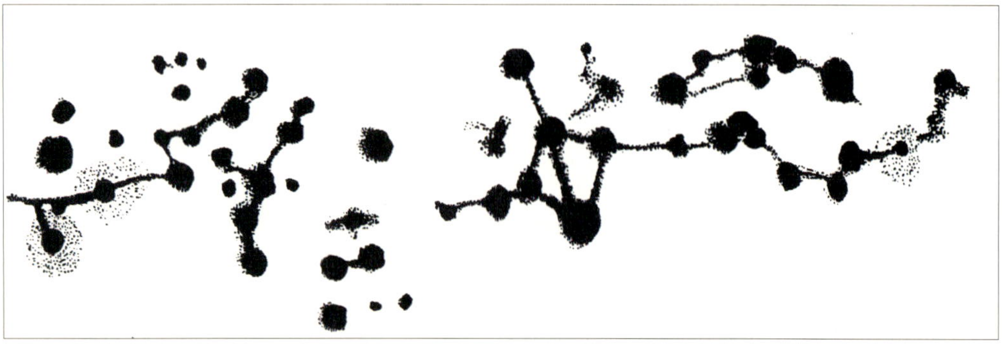

그림 I-17. 또 다른 오줌바우[12]의 도랑과 구덩이(『칠포마을 바위그림』 p. 91에서 옮김)

12 이 용어는 포철 고문화연구회 회원들이 붙인 애칭이다.

고인돌의 별들?: 『칠포마을 바위그림』에서 본 홈이나 구덩이보다 훨씬 작은 구덩이들이 한 개의 바위에 새겨져 있는 경우도 있다. 대개는 고인돌에 있는 것으로, 암벽이나 큰 바위 덩어리의 일부분에 새긴 것과는 구별이 된다.

현재까지 알려진 바위의 수는 대단히 많으므로, 체계적인 분류를 한다면 의미 있는 결과를 도출할 수 있을 것이다. 여기에 그 중 4점을 사진으로 제시한다.

그림 I-18. 네 개의 고인돌. 왼쪽 위에서부터 시계바늘 방향으로 ① 청원군 아득이 고인돌, ② 대구시 동내동 고인돌,[13] ③ 대구시 각산동 고인돌,[14] ④ 장명수의 고인돌[15]

---

13 양홍진박사와 박명구교수 제공.
14 양홍진박사와 박명구교수 제공.
15 장명수박사 제공.

3

선사시대 사람과 현대인의 만남

지금까지 우리는 인적이 드문 곳에 있는 바위를 찾아서 그 표면에 새겨져 있는 점이나 원을 보고 신기하게 생각했다. 그리고 이것들이 선사시대 사람들이 남긴 별이나 별자리 또는 달이나 해 등등을 기록한 것이라고 주저하지 않고 주장해 오기도 했다. 그런데 이 바위 돌 표면에 남은 것들은 단순한 풍화작용으로 묘하게도 그렇게 되어 버린 것일 수도 있고, 아니면 후대에 무술인(巫術人)들이나 도인(道人)들이 의식적으로 파고 긁고 하는 동안에 생겨난 것일 가능성도 있는 것이다. 지금 우리에게는 이런 가능성을 부인할 아무 근거를 제시하지 않고 있을 뿐이다.

한편, 선사시대 사람들이 의도적으로 하늘의 천체를 돌 판이나 바위에 새긴 것이 사실이라 하더라도 너무 성급하게 해석을 붙이는 일은 진실을 왜곡할 위험을 안게 된다. 그림바위에 흥미를 가지고 있는 한국학자들에게서 이런 성향의 해석을 내리는 경우가 흔히 있다. 가령 북한 학자들이 '오리온 별자리'를 평양시 강동군 향미리 그림바위에서 찾았다는 것이나, 심지어는 '카시오페이아자리'를 닮았다고 바위 이름을 붙이는 경우가 그것이다. 남한의 학자들 사이에는 점이나 원이 많이 새겨져 있는 바위를 보면, 우선 여러 개의 점들 중에서 억지로 7개의 점을 찾아 북두칠성을 꿰 맞추는 사례가 종종 발표되고 있다. 새로운 자료를 찾아내서 기발한 분석을 하였다고 착각하는 성급한 일이라는 말이다.

3-1. 왜 서양 별자리인가?

여기서 한 번 되새겨 볼 일이 있다. 오늘 우리에게 친숙한 북두칠성이나 카시오페이아나 오리온과 같은 별자리는 애당초 선사시대의 고대인들에게는 관심 밖의 대상이었다. 말하자면, 그들에게 그런 별자리를 새겨 두어야 하겠다는 의지나 목적은 애당초 존재하지 않았을 것이라는 것이다. 왜냐하면, 10년 20년 사계절을 가리지 않고 밤에 전문적으로 별을 관측해 본 전문가의 눈에는 없는 선을 억지로 그어서 별들을 연결하여 별자리의 모양을 만든다는 것이 아무 의미가 없다는 것을 알고 있기 때문이다. 그리고 그 연결하는 방식이 지구상의 여러 민족마다 다 다른 것이다. 고대의 우수한 소수민족들이 제각기의 모양을 하늘에 만들어 보았겠지만, 민족이 없어지면서 후대에 알려지지 못하고 없어졌다. 중국의 한족(韓族)과 같은 거대한 민족이 만든 별자리도 지금에 와서는 쓸모없는 것이 되어 옛날 책에나 남아 있을 뿐, 지금 와서는 알아주는 사람이 드물다. 이웃한 별들을 연결한 방법이 잘못된 탓이 아니다. 서양과학이 오늘의 세계과학이 되었기 때문에 그리스와 아라비아의 별자리가 지금까지 남게 된 것일 뿐, 그 연결방법이 타당하기 때문은 아니다.

그러니까, 선사시대 사람들이 별들을 새겨 둘 필요를 느꼈다면, 그것은 원시 신앙의 대상인 해와 달이거나, 아니면 너무나 돌발적인 하늘의 큰 변화라고 볼 수 있는 밝은 별이나 혜성이 나타났을 때, 그들 중 누군가가 기록으로 남겼을 가능성이 있었다고 볼 뿐이다. 늘 보는 하늘의 별들을 바위에 새기는 일은 아직 그들의 능력 밖의 사치스런 행위였을지도 모른다. 더욱이 그리스나 아라비아 사람들이 그들의 신화에 등장시킨 모습인 카시오페이아자리든 오리온자리든 그들과는 아무 상관이 없는 모습인 것이다. 따라서 유독 그리스인과 아라비아인의 별자리를 원시인들이 새겼다고 주장하는 일은 가당치 않은 일이다.

한국의 학자들 사이에 서양의 별자리를 그림바위에서 찾아냈다고 하는 주장은 당치 않는 추리에 불과하다. 중국을 중심으로 한반도에는 이미 삼원이십팔수(三垣二十八宿)라는 별자리 체계가 있었고, 이 삼원이십팔수에 전부 300개나 되는 별자리를 만들었다. 이렇게 많은 별자리 중에서 서양의 88개의 별자리와 그 구성과 모양이 비슷한 것은 삼(參)과 오리온자리 그리고 자(觜)와 좀생이별(Pleiades) 뿐이다. 이렇게 서로 다른 것은 두 세계에 속한 고대인들이 하늘의 별을 서로 묶는 방식이 달랐기 때문이다. 그러니까 중국대륙이나 한반도의 그림바위에서 별자리를 찾아내려는 연구가들이 먼저 해야 할 일은 삼원이십팔수에 속한 별자리 모양을 찾는 일일 것이다. 한반도에서 발견된 그림바위에서 서양의 별자리를 찾는다는 것은 동양화에서 서양의 유화(油畵)를 찾았다고 우겨대는 것과 비유될 일이다.

3-2. 올바른 하늘 보기

천문대나 깊은 산 속이나 바다 등 불빛이 전혀 없는 곳에서 맑은 밤하늘을 보면, 별을 전문적으로 관측하던 사람도 당황하게 된다. 너무 많은 별들이 쏟아져 내리는 느낌을 받고, 평상시에 잘 보아오던 별자리조차 잘 찾아내지 못하는 경험을 한다. 1년 중 봄·여름·가을·겨울을 한결같이 10년이나 20년 관측한 사람조차 흔하게 겪는 일이다. 그리고는 '동양의 선인들이 3원28수를 설정하고, 그 안에 300개나 되는 별자리를 왜 그렇게 만들었을까.' '그리스나 아랍 사람들이 88개의 별자리를 왜 그런 모양으로 만들었을까.' '왜 이렇게 무리하게 이상한 별자리를 만들어서 우리로 하여금 찾기 어렵도록 했을까.' 등등의 의문을 품게 한다.

이렇게 만든 현재의 별자리를 선사시대의 고대인의 입장에서 생각해 보자. 그들의 생각도 과연 우리의 시각과 같은 입장에서 하늘을 보았다고 가정할 수 있는 것인가? 그것은 말할 것도 없이 억지이다.

그렇다면, 우리는 그림바위에 있는 점과 원을 어떤 눈으로 보고 해석해야 하는가. 이것은 지극히 중요한 일임에도 불구하고 현대인들에게는 대단히 난해한 문제라고 하지 않을 수 없다. 그럼에도 불구하고 우리는 포기할 수 없는 일이다. 그림바위가 선사시대의 고대인들이 우리에게 남긴 것은 분명히 의도적인 행위이기 때문이다. 우리에게 주어진 과제는 그들의 생각 속에 어떻게 파고 들어가야 하는가 하는 것이지, 우리의 시각으로 그들의 작품을 끌어 올 수는 없는 일이다. 매우 어려운 일이다. 과연 우리에게 해결할 길은 있는 것인가?

3-3. 천문학 기본 지식

여기서 우리는 천문학적 기본 지식을 잠깐 살펴 볼 필요가 있다. 별들은 제자리에 박혀 있듯이 하늘에서 자리를 변하지 않는 것처럼 보이지만, 사실은 오랜 세월이 지나면 그 위치는 하늘에 고정되어 있지 않고 변한다. 그러나 이 별들의 위치의 변화는 짧은 기간에는 우리의 눈으로 식별할 수 있을 만큼 바뀌지 않는다. 몇 백 년 정도의 세월이 지나도 눈으로는 감지할 수 없을 정도로 그 위치 변화는 지극히 작다. 적어도 몇 천 년 이상의 오랜 세월이 지나야 가능할 것이다. 한 인생은 누구나 그렇게 오래 살 수 없는 것이므로 자기가 사는 동안 그 변화를 확인할 수가 없는 것은 너무나 당연한 일이다.[16] 별들의 위치가 긴 세월이 지나면 변하는 이유는 두 가지다. 그것은 세차운동과 고유운동에 의한 영향이다. 이제 이 두 가지 운동으로 별들의 위치가 어떻게 변하는가를 살펴보자.

세차운동(歲差運動): 지구는 두 가지 운동을 한다. 그 첫 째는 태양을 중심으로 1년에 한 번씩 공전(公轉)하는 것이고, 다른 하나는 지구의 남극과 북극을 잇는 축을 회전축으로 삼아서 자전(自轉)하는 것이다.

지구의 공전을 알아보는 방법의 하나는 태양이 별들의 사이를 지나가는 위치가 1년을 한 주기로 하여 변하고 있는 것을 보고 안다. 태양이 보이는 시간은 낮이므로 그 주위에 어떤 별이 있는지 알 수 없으므로 태양이 별들 사이를 지나가는 것을 알아보기가 불가능하다고 생각하기 쉽다. 하지만 고대인들은 그것을 알고 있었다. 그 이유는 태양의 근처의 별을 보는 것이 아니라, 태양과 정반대 편에 있는 별을 관찰했기 때문에 가능했던 것이다. 말하자면, 태양이 동쪽 지평선에 뜨기 직전이나 서쪽 지평선에 진 직후에 정반대 편인 서쪽 지평선이나 동쪽 지평선에 보이는 별들을 관찰하는 것이다. 맑게 개인 날 밤에 매일 별들을 관찰해 보면, 날짜가 변함에 따라 같은 시간에 다른 별들이 보일 것이다. 계속해서 새로 보이는 별들을 관찰하는 동안 언젠가 처음에 본 그 별이 보일 때가 올 것이다. 그 기간의 날 수

16 현대 천문학자들은 망원경에 부착시킨 사진 장치로 10년 정도만 경과하면 별들의 위치 변화를 알아내고 또 그 변화량을 측정하기도 한다. 그러나 이 일은 전문가들이 기계의 도움으로 연구하는 분야일 뿐, 누구나 눈으로 인식할 수 있는 것은 아니다.

를 셈해 보면 365일이 되는 것이다. 이렇게 하여 초기의 문명사회의 고대인들은 1년의 길이가 날 수로 365일임을 알아냈다. 그리고 그 별들의 위치로부터 태양이 지나가는 하늘의 길을 알게 되었는데, 우리는 그것을 하늘의 황도(黃道)라고 부르고 있다.

하늘에는 또 하나의 길이 있는데, 그것은 지구의 적도(赤道)를 하늘에까지 연장하여 가상적으로 만든 것으로서 하늘의 적도라고 한다. 이 적도는 지구의 남북극을 잇는 자전축과는 직각(90도)이다. 따라서 밤에 북극성을 보고 북극성에서 90도 되는 큰 원을 하늘에 가상적으로 그어 보면 그것이 바로 하늘의 적도인 것이다. 그리고 그 적도 근처에 있는 별들을 관찰하면, 동쪽 지평선에서 정남을 지나 서쪽 지평선에 이르는 적도의 반(180도)을 그려낼 수 있다. 그러므로, 이 적도는 지구가 하루에 한 번씩 도는 자전운동으로 인해서 만들어진 하늘의 길인 셈이다.

하늘의 황도와 적도는 서로 평행하지 않고 23도반 기울고 있다. 황도와 적도가 서로 기울어져 있기 때문에 서로 두 점에서 만나게 되는데, 이 만나는 때가 춘분과 추분으로 각도로는 180도 떨어져 있고, 날 수로는 365일의 절반이 된다. 한편, 황도가 적도에서 가장 멀리 서로 떨어지는 곳이 두 곳이 있는데, 이 곳에 태양이 있을 때를 하지와 동지라고 한다. 하지와 동지 사이도 춘분과 추분의 경우와 마찬가지로 각도로는 180도 떨어져 있고, 날 수로는 365일의 절반이다.

그런데, 이 네 곳은 하늘에 고정되어 있지 않다. 오랜 세월이 지나면, 조금씩 옮겨지다가 마침내 26,000년이 되면 다시 제자리에 돌아온다. 이것을 세차운동(歲差運動)이라고 하며, 1년에 움직이는 양을 각도로 표시해서 세차(歲差)라고 한다. 세차는 적도를 따라 동으로 약 50초 각이다. 이 50초라는 각도는 대단히 작은 각도이기 때문에 100년이 지난다 해도 불과 1도 조금 넘는다. 따라서 사람들은 100년간 관찰해도 이 정도의 변화는 측정 장치를 사용하지 않으면 맨 눈으로는 인식하지 못한다. 춘추분과 동하지의 네 곳이 별들 사이의 하늘에서 변한다고 하는 것은 다른 말로 표현하면, 별들의 위치가 세차로 인하여 변한다는 뜻이다.[17] 세차에 대한 자세한 내용을 알려면, 천문학 개설 책을 참조하라.

별들의 위치가 세차로 인해서 변하는 것이라는 사실은 그리스인을 위시한 지중해 연안의

---

17 세차에 대한 자세한 내용을 알려면, 천문학 개설 책을 참조하라.

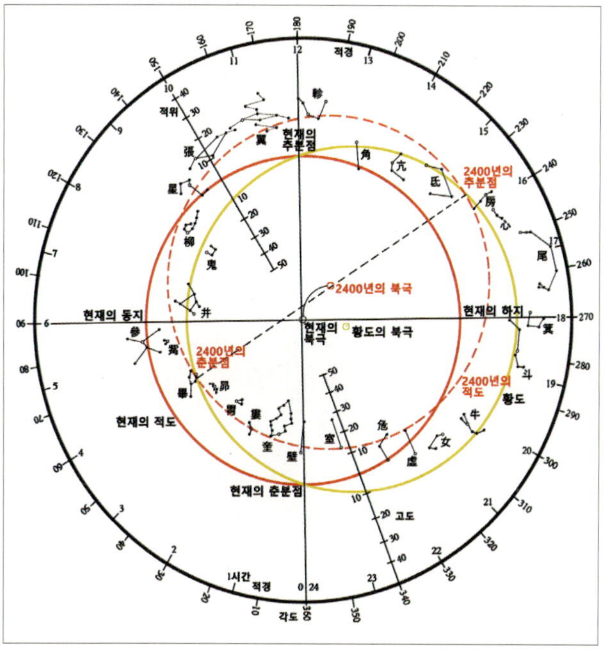

그림 I-19. 황도의 북극(+)을 중심으로 변하는 적도의 북극. 이 적도의 북극은(+)를 중심으로 반지름이 23.5도가 되는 원이다(붉은 원). 지금의 적도 북극에는 작은곰자리의 α별이 있지만, 기원전 3,000년에는 용자리의 희미한 별이 있었다. 그리고 다시 기원전 12,000년에는 거문고자리 α별인 직녀가 북극성 역할을 했었다. 그때는 지금의 북극성은 북극과는 너무 멀리 떨어져 있어서 주목받지 못했을 것이다.[19](ジョセフ·ニーダム, 『中國の科學と文明』의 것을 약간 고쳐서 옮김)[20]

고대 민족들은 오래전에 알고 있었지만, 중국에서 이 사실을 처음 발견한 사람은 기원 4세기의 우희(虞喜, 서기 281~356)이다. 동양이 서양보다 세차의 발견이 5~600년이나 늦은 이유에 대해서는 나일성(羅逸星)이 동양은 적도좌표에 별들을 표시했고, 서양은 황도를 따라 움직이는 해와 달과 5행성의 운동에 더 집착했기 때문이라고 밝힌 바 있다.[18]

위의 그림에 붙인 설명을 통해서 별들의 위치가 세월이 변하면 왜 달라지는 것인가를 알 수 있을 것이다. 지구의 회전축이 26,000년을 주기로 지름이 47도나 되는 큰 원을 따라 변한다는 것은 얼음 위를 도는 팽이를 생각하면 이해가 된다. 얼음 판 위를 회전하는 팽이는 처음에 잘 돌 때에는 얼음 판 위에서 수직으로 곧 바로 서서 잘 돌지만, 얼음 면과의 마찰로 인해서 도는 힘이 약해지면, 회전축이 기울면서 뒤뚱거린다. 그 축이 뒤뚱거리는 모습은 마치 회전축의 방향이 원을 그리는 것과도 같다. 이제 지구를 팽이라고 생각해 보자. 지구도 힘이 빠진 팽이 모양으로 회전축이 원을 그리면서 뒤뚱거린다. 이런 이치로

---

18 羅逸星, '17·18世紀 李朝學者들이 理解한 歲差運動', 『東方學志』 제22집, pp. 67~82, 1979.

19 *Ibid.*

20 ジョセフ·ニーダム, 『中國の科學と文明』(思索社: 東京), 85, 第94図, 1976.

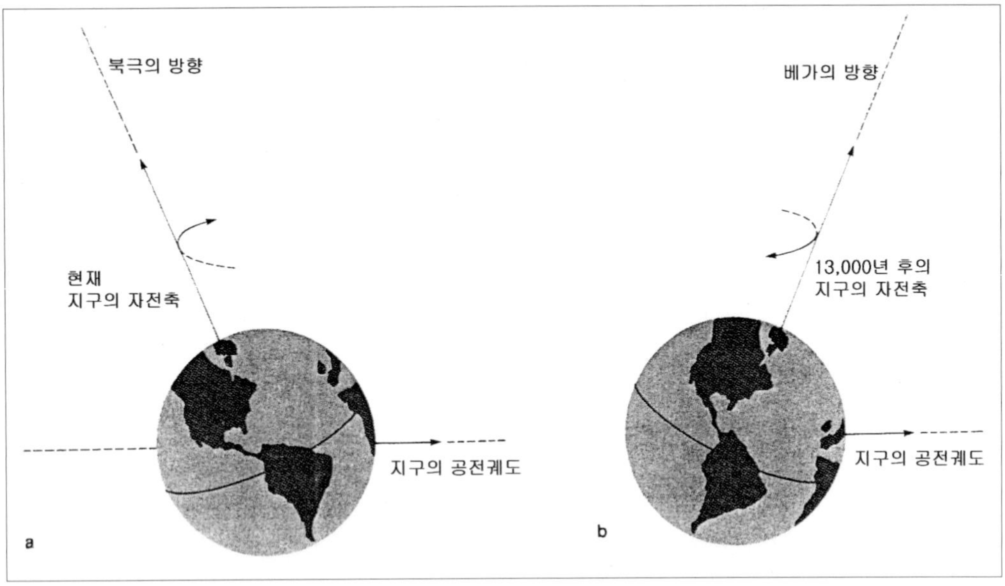

그림 I-20. 지구의 회전축이 세차운동으로 인해서 도는 모양

지구가 뒤뚱거리면서 도는 그 원의 지름이 47도이며, 한 바퀴 도는데 26,000년이다. 지구는 팽이보다 대단히 크기 때문에 뒤뚱거리면서 도는 데 오랜 세월이 걸리는 것이 팽이와 다를 뿐이다. 팽이가 뒤뚱거리는 것은 얼음 면과의 마찰 때문에 힘이 빠졌기 때문이지만, 지구는 마찰로 인한 힘의 손실은 없다. 그 대신, 태양과 달과 같은 가까운 천체들의 인력으로 인해서 그런 뒤뚱거림을 하는 것이다(그림 I-20을 참조하라).

이제 이 세차운동에 의한 별들의 위치 변화와 원시인들이 새겨 놓은 암각화와의 관계를 생각해 보자.

사람들은 어떤 무늬를 보면, 지금 우리가 보고 있는 친숙한 하늘의 별자리와 연관을 가지고 사상해 보려는 충동을 느낀다. 그러나 그림 I-19와 I-20이 보여주는 세차운동을 감안해 보면, 지금부터 약 10,000년 전에는 북극 하늘에 이렇다 할 뚜렷한 밝은 별이 없었을 것이다. 따라서 선사시대의 원시인들에게는 지금 우리가 그려보는 그리스인의 별자리와는 완전히 다른 그들 나름의 상상력으로 전혀 다른 형태의 별자리를 만들었을 것이다. 앞에 보인 여러 그림바위의 별들의 모양이 바로 그들의 시대는 우리와는 아주 다른 시대였음을 말해 준다. 도랑으로 구멍을 이은 방식은 우리가 별들을 이어서 연결하는 방식과 같을 리가 없다는 뜻이다.

그러나, 여기서 우리가 주의해야할 점은 세차운동은 별과 별 사이의 상대 위치까지 변화시키는 것은 아니라는 것이다. 우리가 잘 보는 별들이 그들에게는 최고 47도나 떨어져 있어서 보이지 않았을 수도 있었을 것이고, 반대로 우리가 보지 못하는 별들을 그들은 친숙하게 보았을 것이라는 점이 다를 뿐이다.

고유운동: 세월의 흐름에 따라 별의 위치가 변하는 또 하나의 이유는 별마다 자기의 운동이 따로 있기 때문이다. 어떤 별은 우리로부터 멀어지거나 가까워지기만 하는가 하면, 또 다른 별들은 우리가 보는 방향(이것을 시선방향이라고 함)과는 다른 방향으로 움직여 가는 별들도 있다. 후자에 속하는 이런 별들은 오랜 세월이 지나면, 다른 별과의 상대 위치가 달라진다. 1년에 각도로 몇 초 달라지는가를 말해서 그 별의 고유운동(固有運動)이라고 한다.

고유운동은 세차에 비해 대단히 작다. 몇 개의 밝은 별들의 고유운동을 다음 표 I-2에 수록했다. 이 표의 고유운동을 보면, 모두 각도로 1초(1″) 내외로 작은데, 다른 별들은 모두 그 보다 훨씬 적은 값으로 다양하다. 고유운동은 이렇게 무시할 수 있을 정도로 작은 변화이지만, 가령 가장 큰 고유운동을 하고 있는 별인 시리우스를 보기로 든다면, 1년에 1.32″에 불과한 이 별이, 100,000년 전에는 지금 보는 근처의 다른 별에서 무려 36°이상이나 떨어진 엉뚱한 곳에 있었을 것이다. 그리고 별마다 고유운동의 방향은 동북서남으로 제각각이기 때문에 100,000년 전의 별자리는 지금으로서는 상상하는 것조차 어려운 경우도 있다.

표 I-2. 가까이 있는 밝은 별들의 고유운동(수자는 각도로 초임)

현대 이름 학명 옛 이름	시리우스 α CMa 천랑(天狼)	프로시온 α CMi 남문삼(南門三)	알타일 α Aql 견우(牽牛)	베가 α Lyr 직녀(織女)	아크튜루스 α Boo 대각일(大角一)
세차(″)	1.32	1.25	0.66	0.34	0.05

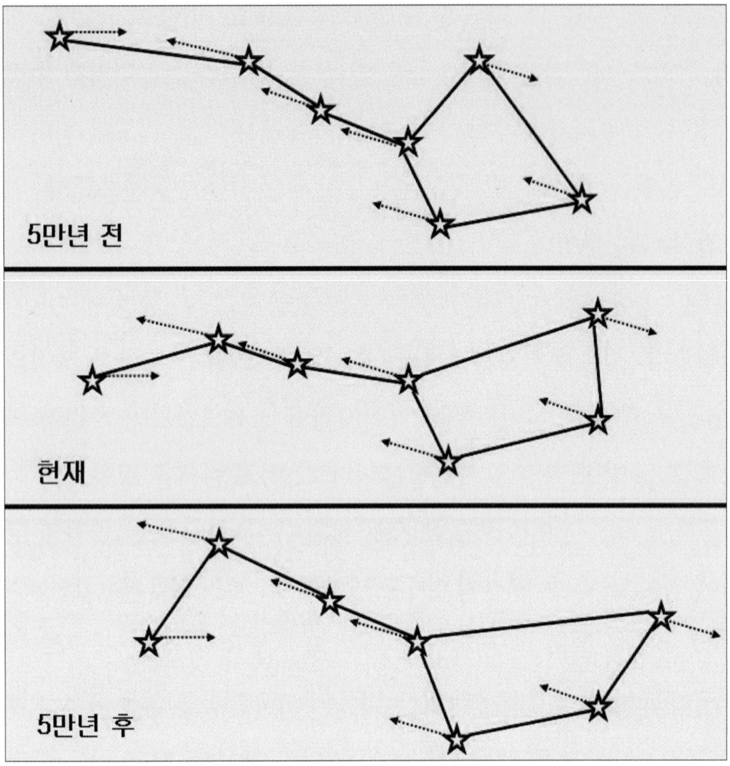

그림 I-21. 고유운동의 원리와 이로 인해서 북두칠성의 모양이 바뀐 모습. 위는 5만 년 전의 배치, 가운데는 현재의 배치, 아래는 5만 년 후의 배치이다. 별들의 운동 방향은 제 각각이다.

하지만, 하늘에 있는 모든 밝은 별들을 컴퓨터에 입력하여 가령 1만년 단위로 고유운동을 계산해 본다면, 우리의 그림바위에 있는 별들을 동정(同定)해 낼 수 있을 가능성은 있다. 별의 고유운동의 원리와 그 결과를 북두칠성에 적용시켜 본 것이 다음 그림 I-21 이다.

3-4. 현대천문학의 개가

그림바위에 새겨져 있는 무늬들을 세차와 고유운동을 포함하여 현대천문학으로 해석해 보려는 노력이 학자들 간에 시작되었다. 여기에는 주기혜성(週期彗星)도 한 몫을 한다. 천체역학의 원리를 이용하여 과거로 역산하여 해와 달, 달의 위상, 밝은 행성과 별들의 상대 위치, 심지어는 공전주기를 알고 있는 몇 개의 혜성의 출현 등을 재현시켜 보는 것이다. 그리고 이런 노력에 성과가 나타났다.

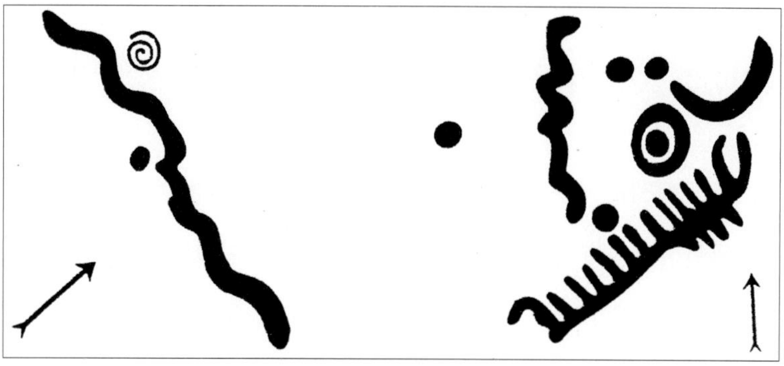

그림 I-22. 스케치한 훌리호프 그림바위(왼쪽)와 에켄버그 그림바위(오른쪽)

스칸디나비아반도의 두 그림바위: 스칸디나비아의 웨스텔궤트안트 지방에 있는 훌리호프[21]에는 이상한 모습의 그림이 새겨져 있는 바위가 있다. 그리고 그곳에서 상당히 떨어진 곳인 노르쾨핑에 있는 에켄버그[22]에도 또 하나의 그림 있는 바위가 있다. 둘 다 한 변이 50 cm 정도의 크기의 돌판에 그림이 새겨져 있는 것이 있다. 전자를 훌리호프 그림바위라 하고, 후자를 에켄버그 그림바위라고 부르자. 이 두 돌을 신기하게 보고 부렌훌트[23]는 1973에 다음과 같은 스케치를 만들었다.

그러나 이 두 그림이 무엇을 보이려고 만든 것인지 알아내는 일이 가능할까? 지금까지 보아온 다른 그림바위와 마찬가지로 우리의 상상을 쉽게 허락하지 않는다. 훌리호프 그림바위의 경우는 비스듬히 꾸불꾸불하게 그은 굵은 선의 아래 위에 각각 점과 나선형 무늬가 하나씩 새겨져 있다. 그림 치고는 아주 단조로운 그림이다. 에켄버그 그림바위의 경우는 반대로 그림들이 복잡하게 여러 개 그려져 있다. 달이나 해를 연상시키는 것이 있고, 아래 위로 향한 꾸불꾸불한 굵은 선이 있는가하면 또 갈퀴나 머리빗을 닮은 것도 크게 그려져 있어서 무엇인가 말해주는 듯하다.

기원전 1355년 12월 우주쇼: 놀랍게도 훌리호프 그림바위와 에켄버그 그림바위는 지금도 중요하게 다루는 두 개의 천체를 거의 같은 시기에 관측한 고대인의 기록이라는 해석

21 Flyhov of Vaestergoetland
22 Ekenberg in Norrkoeping
23 Burenhult

이 발표되었다.[24] 정확하게 말한다면 훌리호프 그림바위는 기원전 1355년 12월 7일에 나타난 엔케 혜성[25]과 초신성(超新星)[26]을 기록한 것이고, 에켄버그 그림바위는 3일 후인 10일에 똑같은 사건을 기록한 것이다.

그런데 도대체 어떤 방법으로 이렇게 정밀한 날자 계산을 할 수 있었고 또 바위에 새겨져 있는 그림들이 어떤 천체였던가를 그렇게도 정확하게 알아낼 수 있단 말인가? 선사시대의 원시인들의 생각만큼이나 황당무계한 해석이라고 할 만하다. 과연 누가 이를 믿어줄 것인가?

그러나 이제 이성을 되찾아 훌리호프 그림바위를 살펴보자. 훌리호프 마을(?)에 살았던 고대인들에게 며칠간 흐렸던 하늘이 개이고 북극의 긴긴 밤이 새벽을 더디게 하고 있었다. 이 날 밤 동리 사람들이 추위를 무릅쓰고 움막에서 나와 곰 사냥이라도 할 채비를 시작했다. 그런데 놀라운 광경이 하늘에 펼쳐져 있었다. 이전엔 본 일이 없었던 너무나 이상한 천체 두 개가 하늘을 환하게 만들고 있었던 것이다. 이날 밤 사냥이 크게 성공했는지 아니면 아무것도 얻지 못한 실패였는지, 아니면 이 일로 인해서 이 원시마을에 무슨 일이 일어났었는지 우리는 모른다. 그러나 한 가지 분명한 사실은 이들에게 이 사건은 큰 충격 아니면 특별한 의미를 주었을 것이라는 점이다. 그들이 이 사건을 자손만대에 전하고자 바랬다는 것을 이 돌이 증거하고 있다. 한편, 이웃 마을인 에켄버그에 살았던 원시인들도 며칠 후 이 경이로운 광경을 목격했다. 그들도 두려움 반 호기심 반의 복합된 심정이었다. 한 가지 다른 점이 있다면, 그들은 훌리호프 사람들보다 더 치밀하게 관찰하고 더 자세한 기록을 남겼다는 사실이다. 이것은 이들이 지적(知的)으로 한 단계 더 앞선 사람들임을 뜻한다. 복잡하게 많은 그림을 남겼다는 것은 오늘날의 분석가들이 참고할 수 있는 자료를 하나라도 더 많이 남겼기 때문에 더 많은 고증 방법이 가능하기 때문이다.

이제 그들의 작품을 분석해 보자. 어느 것을 먼저 할 것인가 망설이게 되지만, 우선 간단

24 Kwan-Yu Chen 교수의 개인 서신.

25 Encke 혜성. 태양에 가장 가까이 접근하는 혜성으로서 공전주기는 불과 3.3년이다. 이렇게 짧은 주기로 태양에 자주 접근하는 동안 물질을 잃게 되어 지금은 대단히 희미하고 작은 혜성이 되고 말았으나, 태고 시대에는 굉장히 크고 밝은 혜성이었다. 따라서 근일점(近日點) 가까이 접근할 때면 혜성의 꼬리는 장관이었을 것이다.

26 별들 중에는 노년기에 들어 큰 폭발을 하는 경우가 있다. 흔하게 관찰되지 않으므로 역사 기록에서 찾아 볼 수 있을 뿐이다. 중국과 한국의 기록은 이런 별이 나타나면 '객성(客星)'이라고 했으나, 유럽에서는 '신성(新星, Novae) 또는 초신성(超新星, Supernovae)'이라고 기록했다.

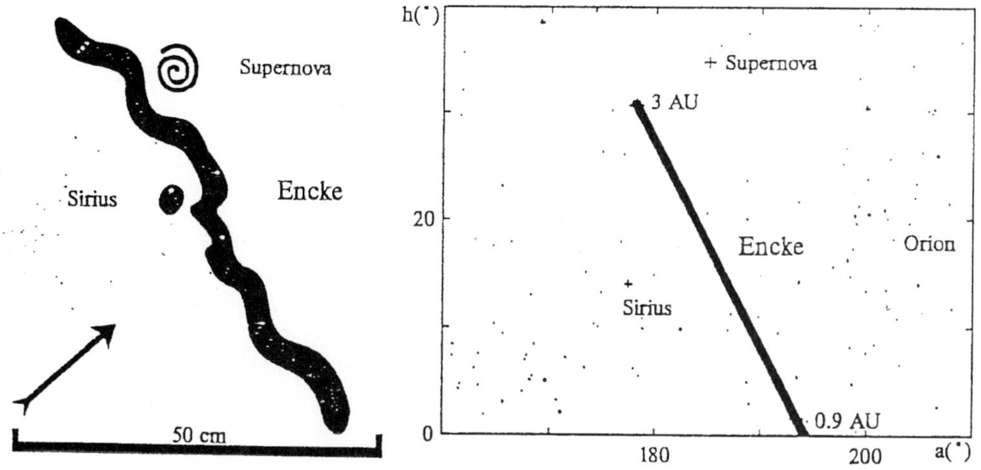

그림 I-23. 스케치한 훌리호프 그림바위(왼쪽)와 계산 결과

한 훌리호프 그림바위를 택해 보자. 여기에는 가설 설정이 선행되어야 한다. 즉, 꾸불꾸불한 굵은 선을 혜성이라고 하고, 아래 위에 있는 점과 나선형 무늬를 밝은 천체라고 가정한다. 혜성 중에는 쌍곡선 궤도를 따라 한 번 태양에 접근한 다음 다시 되돌아 오지 않는 비주기 혜성은 제외하고, 타원 궤도를 따라 되돌아 오는 주기 혜성 중에서 몇 개를 골라서 아득한 옛날로 역산한다. 그러는 중에 어떤 밝은 천체와 이웃하는, 즉 훌리호프 그림바위의 배치와 같은, 모습이 될 때까지 계산을 계속해 본다. 그 결과 혜성 중에서 엔케 혜성이 가장 밝은 별 시리우스[27]와 근접해 있었던 시기를 찾아냈다. 그 때가 기원전 1355년 12월이었다. 아직은 날자까지 구명(究明)할 수는 없다. 왜냐하면 이와 같은 접근은 몇 일 동안은 계속하기 때문이다. 그렇다면 엔케 혜성의 위에 있는 나선형 무늬는 무엇인가? 이 그림바위 만으로는 일단 해석을 유보한다. 그러나 일단 그 계산의 결과를 다음 그림 I-23에 제시해 둔다.

훌리호프 그림바위의 계산 결과는 에켄버그 그림바위를 분석하는데 대단히 중요한 지름 길을 열어 주었다. 기원전 1355년 12월의 엔케 혜성과 시리우스 별은 이 바위에도 나란히 있었다. 다만, 위치가 좀 다르다. 그런데 이 때 초승달이 나타나기 시작했다. 분석가들은 이 세 천체가 훌리호프 그림바위에 있는 배치가 되는 날을 계산해 보았다. 즉, 날짜를

27 시리우스는 Sirius. 하늘의 붙박이 별(항성) 중에서 제일 밝은 별이다. 동양의 이름은 낭성(狼星)이다.

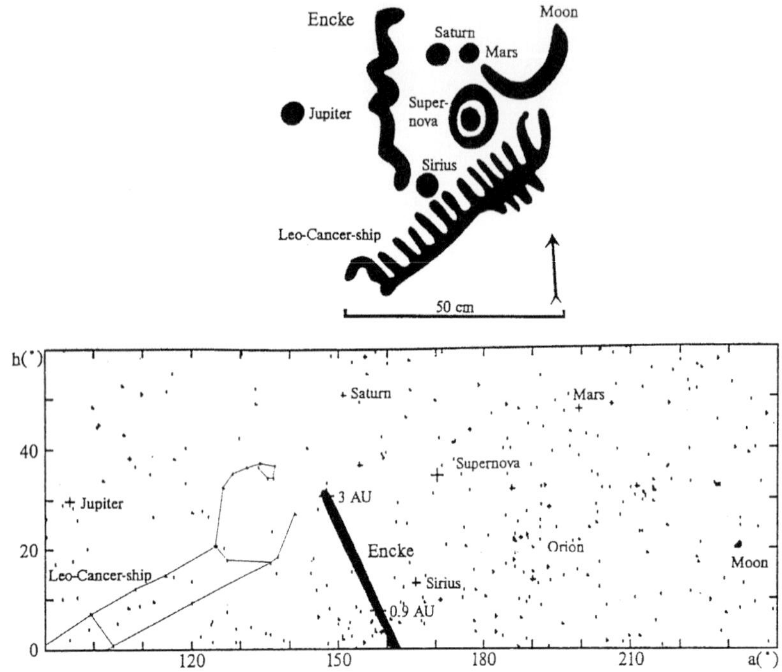

그림 I-24. 스케치한 에켄버그 그림바위(위)와 계산 결과

더 좁혀 보았다는 뜻이다. 그랬더니, 그 날은 그해 12월 10일이었고, 지방 시간으로 밤 10시였음을 알아내는 데 성공했다. 초승달은 서쪽에 기울고 있었고,[28] 화성과 토성이 혜성과 달 사이에 위치하고 있었는데, 동쪽에서는 밝은 목성이 하늘 높이 떠 있었다. 그렇다면 화성과 토성 아래에 있는 크게 그린 동심원은 무엇인가? 훌리호프 사람들은 이것을 나선형으로 그렸고, 에켄버그 사람들은 동심원으로 그렸지만 이 천체는 동일한 것이라는 사실이 분명하다. 그리고 이 천체는 밝은 항성도 아니고 또 행성은 더욱 아니다. 결론은 초신성인 것이다.

훌리호프 그림바위의 배치는 이제 에켄버그 그림바위의 계산 결과를 가지고 조명해 볼 수 있다. 두 배치의 차이를 가지고 본 결과 훌리호프 그림바위의 배치는 에켄버그 보다 3일 앞선 12월 7일이었다.

28 북극 지방에서는 초승달도 늦게 진다.

3-5. 한반도의 천문기록

한반도에 있는 많은 그림바위에 새겨진 그림 중에 천문과 연관이 있는 것은 어떤 것일까. 지금까지의 발굴과 해석은 이미 지적한 바 있듯이 선사시대 사람들이 남긴 유적의 가치를 충분히 밝혀내지 못하는 초기 단계에 머물고 있다. 그들이 남긴 유물(기록)의 진정한 의미는 고작 그리스인이나 아라비아 사람들이 후대에 만든 별자리를 미리 그려낸 것으로 착각하고, 그런 그림을 찾아내는 데에만 열중하고 있다는 인상을 준다.

그렇다면 과연 한반도에 살았던 고대인들은 하늘을 보고 남긴 것은 무엇이었을까? 성의있게 조사해 보면, 천문 기록이라고 추측되는 그림도 있고, 새로운 해석이 요청되는 그림도 있다. 몇 가지 경우를 들어 한 번 시도해 보고자 한다.

모호한 북두칠성: 그림 I-11과 12에 북두칠성이 새겨져 있다는 두 그림바위를 이미 소개한 바 있다. 많은 사람들이 북두칠성을 새긴 것이라고 주장하고는 있으나 이 두 바위의 그림을 그림 I-21과 비교해 보면, 북두칠성이라고 믿기에는 별들의 배치가 너무 다르다는 사실이 확실해 진다. 따라서 7개의 별들로 구성되었다고 하는 단 하나의 이유만으로 북두칠성이라고 판단하는 것은 좀 지나친 추측이다. 이런 그림바위의 그림에 대해서는 새로운 시각으로 재평가할 필요가 있다고 생각된다.

동심원과 나선형 무늬: 도항리 그림바위를 위시해서 양정리 그림바위, 천전리 그림바위 등에는 주변의 여러 무늬와 어울리지 않은 채 외따로 있는 동심원이 새겨져 있다. 이런 동심원 중에서 유달리 큰 것은 해나 달을 표기한 것일 가능성이 있다. 그리고 나머지 다른 것들은 밝은 행성이나 초신성을 새긴 것이라고 볼 수 있을 것이다.

여러 동심원 중에서 천전리 그림바위의 오른쪽에 위치한 나선형 무늬 하나가 유달리 주목된다(그림 I-25). 나선형 무늬는 뚜렷하며, 그 밑에는 나뭇가지와 같은 선들이 이어져 있다. 이 그림에 대한 지금까지의 해석은 사슴 뿔 위에 있는 문양으로 보는 견해가 있으나, 필자는 색다르게 보고 싶다.

나선형 무늬의 밑에 있는 나뭇가지는 임세권이 생각하는 사슴뿔일 수도 있겠으나, 이

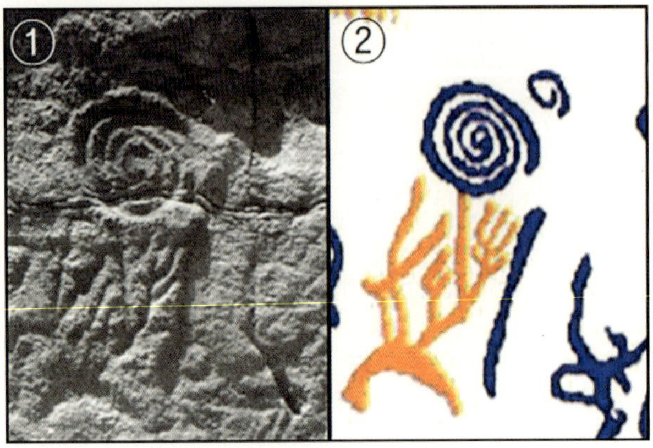

그림 I-25. 천전리 그림바위의 혜성(또는 별똥별). ①은 정동찬의 사진[29]이고, ②는 임세권의 스케치[30]이다.

나뭇가지를 나선형 무늬와 함께 연결하여 혜성의 고리로 볼 수 있지 않겠는가 하는 것이다. 돌 면에 새긴 방식이 두 무늬 사이에 차이가 있는지는 모르겠지만, 나뭇가지를 사슴의 뿔로 보기에는 그 구성미가 조잡해 보인다. 천전리 그림바위에는 적어도 10마리의 사슴이 새겨져 있지만, 이 무늬처럼 흐트러져 있지는 않다.[29][30]

천전리 바위에는 이 나선형 무늬 외에도 크고 작은 동심원이 여러 개 더 있다. 이들을 무엇으로 연관시켜 보느냐에 따라 과거 3-4000년 이전으로 역산(逆算)해 보면, 홀리호프와 에켄버그 그림바위의 천문 관측기록과 같은 성과를 얻을 수 있는 가능성이 보인다.

대곡리 그림바위의 혜성(또는 별똥별): 일명 반구대(盤龜臺)라는 이름을 가진 대곡리 그림바위(국보285)에 눈길을 끄는 그림 하나가 있다. 이것은 지금까지 많은 사람들이 큰 고래라고 믿어온 것이다. 그렇게 보는 이유는 이 무늬의 윗부분에 고래의 꽁지로 보이는 것이 붙어 있기 때문이다. 이 그림이 고래로 보이도록 심지어는 앞 몸뚱이 양쪽에 지느러미를 그려 넣은 스케치도 있다(그림 I-27 오른쪽). 그러나 그림 I-26(윗부분)에서 이 멋있는 지느러미를 찾아내기는 어렵다. 그리고 그림 I-26 아랫부분의 스케치에도 지느러미는 없다. 과연 이 그림이 아주 덩치가 큰 고래를 묘사한 것일까?

필자는 이 그림을 고래가 아니라 어쩌면 혜성이나 별똥별일 가능성이 있다고 보고 있다. 그런 해석을 하는 이유는 몇 가지가 있다. 첫째는 이 그림바위에 새겨져 있는 많은 다른 고래들과 비교해 보면, 고래의 방향이 다르다는 점이다. 모든 고래들이 떼를 지어 위를

29 정동찬, 『살아있는 신화 바위그림』, 혜안사, 사진 80, 237, 1996.
30 임세권, 『한국의 암각화』, 대원사, 75, 1999.

향해 헤엄치고 있는데, 유독 이 고래만은 반대로 아래를 향하고 있다. 계절에 따라 고래 떼가 힘차게 북상하는 모습은 선사시대 사람들에게는 현대인과 마찬가지로 신기한 광경이었을 것이다. 그런 중에 유독 종류가 다른 한 마리의 큰 고래가 반대 방향으로 헤엄치고 있었다면, 기록해 둘 가치가 있었을 것이다. 하지만, 과연 그런 상황이 가능한 일일까? 꼬리만 없다면, 아무도 이 그림을 보고 고래로 상상하지 않았을 것이지만, 꼬리가 붙어 있는 것이 문제를 어렵게 하고 있다. 그러나 이에 대해 필자는 고리는 고래 떼에 익숙했던 선사시대 사람들이 갑자기 나타난 큰 혜성 아니면 별똥별을 보고 고래의 꼬리를 첨가한 유머를 발휘했을 것이라고 해석한다.

그림 I-26. 대곡리 그림바위의 일부[31]

둘째는 새김 방식이다. 장명수(張明洙)[32]는 고래를 포함한 모든 해양성 그림은 면(面)새김한 것이고, 육지성 그림은 선(線)새김 했다고 발표한 바 있다. 다음 그림 I-27에 그의 해석이 스케치되어 있다. 이 스케치에 그는 문제의 한 마리 고래를 해양성 그림이 아닌 육지성 그림에 포함시키고 있다. 여기에는 선사시대 사람들의 분명한 고의적인 의도가 들어 있다고 감지된다. 그래서 이 그림을 고래가 아니라 혜성 아니면 낮에도 관찰되는 화구(火球: 별똥별이 운석(隕石)이 되어 낮에 떨어질 때 큰 불덩이처럼 보이는 경우)로 본다는 것이다. 고래들이 떼를 지어 동해바다를 헤엄치는데 갑자기 화구가 고래들 사이에 떨어진 모습을 새긴 것으로 해석하고 있다. 얼마나 장엄한 광경이었을까?

선사시대 사람들의 기록의 정확성과 스케일은 처음부터 이렇게 위대했다.

그림 I-27. 대곡리 그림바위의 혜성(또는 별똥별). 왼쪽은 면 새김한 해양성 동물이고,

---

31 임세권, 『한국의 암각화』, 대원사, 66, 1999.

32 張明洙, "蔚山 大谷里 岩刻畵人들의 生業과 信仰", 『仁荷史學』 제5집, pp. 65~146, 1997.

오른쪽은 선 새김한 육지성 동물과 기물의 그림이다.

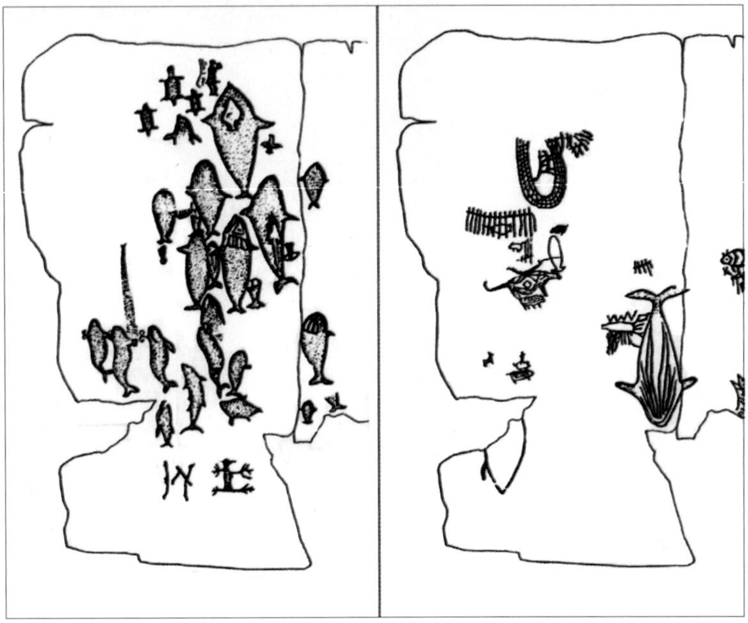

그림 I-27. 대곡리 그림바위의 혜성(또는 별똥별). 왼쪽은 면 새김한 해양성 동물이고, 오른쪽은 선 새김한 육지성 동물과 기물의 그림이다.

제 II 장

터전을 잡다

方便子遺稿

觀象志上 十七則

天地未開之前吾不知其何狀

천지가 아직 열리기 전, 나는 그 모습을 알지 못하노라

– 『방편자유고(方便子遺稿)』 觀象志 上에서 –

지금 한국인들은 매년 10월 3일(양력)을 개천절(開天節)로 정하고 기념하고 있다. 이는 단군왕검(檀君王儉)이 평양성에 도읍을 정했다가 아사달(阿斯達)로 옮겨 고조선(古朝鮮, 檀君朝鮮)을 건국한 기원전 2333년 10월 3일(음력)을 1949년에 법률로 정한 것이다.[1] 지금 평양시 외곽에 있는 강동군에는 예부터 단군릉(檀君陵)[2]이라고 전해오는 무덤이 남아 있지만, 그 발굴 결과의 진위는 아직 정확히 알려진 바가 없다. 한편 단군신화와 관계가 있는 유적지는 한반도 도처에 잔재해 있다.

그림 II-1. 평안남도 아달산 기슭에 있는 단군릉(『한국정신문화대백과사전』에서 옮김)

그림 II-2. 태백산 정상에 있는 천황단(왼쪽)과 단군영정

---

1 『한국정신문화대백과사전』에는 단군의 건국에 관하여 여러 가지 항목이 있다. 그런데, 박성수(朴成壽)는 『조선일보 1997년 10월2일자』에 한국 민족의 개천은 이보다 124년이 앞서는 서기전 2457년이라고 주장한다. 그 이유는 환웅(桓雄)이 천제(天帝)인 환인(桓因)의 뜻을 받아 처음 하늘을 열고 태백산(太白山, 지금의 묘향산) 꼭대기의 신단수(神檀樹) 아래에 내려와 신시(神市)를 연 것이 이때이기 때문이라는 것이다. 그리고 예부터 개천절에 환인 환웅 단군 3신(神)을 섬겨왔다고 한다.

2 북한의 발굴단이 1993년에 무덤을 발굴한 결과 단군의 유골을 찾아냈다고 발표한 바 있다. 그들의 조사에 의하면 연대는 지금부터 약 5,011년 전이고, 단군의 키는 170 cm 정도라고 하나, 아직 학계의 공인을 받은 바 없어 여기서는 더 이상 이 건에 대하여는 언급을 하지 않는다.

1

마니산 참성단(塹星壇)

『삼국유사(三國遺事)』 왕검조선 편에 "3,000명을 거느리고, 풍백(風伯) 우사(雨師) 운사(雲師)를 장(將) 하였다."는 기록이 있다. 3,000명이라는 엄청난 수의 사람들을 그 당시 어디서 데려왔는지 추측하기 어려운 일이기는 하나, 여기서 주목할 대목은 단군왕검이 '바람과 비와 구름을 관장하였다는 사실이다. 수렵이 아닌 목축과 농경을 위주로 했다는 하나의 증거가 된다. 단군왕검은 나라를 세운지 1,500년 만에 기자(箕子)를 조선의 임금으로 봉하고, 스스로는 아사달에 숨어서 산신이 되기까지 1,908세를 살았다고 한다. 한 사람의 생이라고는 믿기지 않는 엄청난 수(壽)를 누린 셈이다.

강화도 마니산 봉우리 위에 지금도 곱게 단장하고 서 있는 참성단은 예부터 여러 가지 복합적인 행사에 사용되어 왔지만, 한반도에 자리를 처음 잡았던 고대인들이 어떤 형태로든 하늘과 관련 있는 일을 했을 것이다. 고대인들에게 있어서 하늘과 별들을 숭상하는 일이란 지구상 어디서든 다 있어온 일이기 때문이다. 단군 때로부터 하늘에 제사 드렸다고 전하는 간단한 이야기는 많이 유포되고 있다. 마니산 꼭대기에 있는 참성단이 그 후 천문관측에 어떤 역할을 했었는가에 관한 구체적인 소개가 있다.[3] 이 참성단을 기술한 『세종실록』을 보자.[4]

3 나일성, 『한국천문학사』, 서울대학교 출판부, pp. 7~9, 2000.
4 『세종실록』 148권, 『지리지』 20ㄱ.

(강화도) 마니산은 부(府)의 남쪽에 있다. 그 산정에 참성단(塹星壇)이 있는데, 돌을 포개서 쌓았다. 단의 높이는 10척이다. 위는 사방이고 아래는 원형이다. 단 위의 여러 면은 각각 6척 6촌이고, 밑 부분은 너비가 각각 15척이다. 세상에 전해지기를 조선 단군이 하늘에 제사 지낸 석단이라고 한다.

참성단(塹星壇)은 참성단(塹城壇)으로도 알려져 있으며 해발 465 m인 마니산 봉우리(동경 126도 26분, 북위 37도 37분)에 있다. 단은 돌로 정방형으로 쌓아 올렸는데, 그 한 변의 길이는 6.5 m이다. 두 이름 중 '성'을 '星'과 '城'으로 한자 표기가 다르기는 하지만, 하늘에 제사 지내는 제천성단(祭天星壇)의 역할과 적의 공격을 막는 성(城)의 역할을 겸했을 것으로 보인다.

하늘에 제사 지내는 의식은 고대 사회에서 가장 중요하게 행한 의식의 하나인 동시에 중요한 천문 활동이기도 했다. 오늘날의 시각으로 보면 비과학적인 행위로 보일지 모르지만, 실은 제천 의식이야말로 분명한 그 시대의 과학이었다. 과학의 개념은 이렇게 시대의 발전에 따라 변해온 것이다.

조선 시대에 참성단을 관리하는 일은 지방 관아(官衙)가 아니라 중앙의 서운관(후에는 관상감)이 맡아 오고 있었다. 이는 마니산이 바다 건너 한양에서 멀리 떨어져 있어도, 중앙 정부가 직접 관리할 만큼 중요하게 다루었을 뿐만 아니라 이 일을 담당한 부서가 천문을 담당한 서운관이었다는 사실은 주목할 만한 일이다. 조선 서운관의 조직과 역할 등을 서술한『서운관지(書雲觀志)』에 다음과 같은 기록이 있다.[5]

강화 마니산이 진동하고 울었다. 이로 인해서 참성단의 동쪽 봉우리의 돌이 무너졌다. 주서(注書) 장후(張厚)와 서운관정(書雲觀正) 박념(朴恬) 등에게 명하기를 가서 자세히 살펴 보라고 하였다.

---

5 『서운관지(書雲觀志)』 3권의 『고사(古事)』 9.

그림 II-3. 마니산 참성단의 옛 모습[6](원한경, H. H. Underwood의 사진)과 현재의 모습

참성단을 보수했다는 기록은 그 이전에도 있었고, 또 후에도 여러 번 있었으나, 이 모든 일들은 서운관과 후일의 관상감의 관리들의 책임 하에 이루어졌었다. 이것은 천문 활동이 행해진 곳이 아니고서는 설명할 수 없는 일이다. 이렇게 볼 때 배달민족의 천문 활동이 시작된 곳은 마니산 참성단이라 할 수 있을 것이다. 이제 이를 좀 더 확실하게 증명해 주는 기록을 위에 소개한『서운관지』에서 다시 찾아보자.[7]

> 만약 (혜성이) 하늘가로 옮겨서 관측하기 어려울 때는 경험이 있는 관측자 2명을 뽑아서 목멱(木覓)이나 마니(摩尼)에 오르게 하여 그 (혜성의) 흔적을 찾아보게 한다.

여기서의 목멱(木覓)은 서울의 남산을 가리키는 옛 이름이고, 마니(摩尼)는 강화도의 마니산을 뜻한다. 이 두 산에서 관측을 했다는 기록은『조선왕조실록』과『승정원일기』에 혜성의 출현이나 일월식이 있을 때마다 여러 번 나온다.

---

6 원한경(H. H. Underwood)의 사진

7 『서운관지(書雲觀志)』 2권의 『측후(測候)』 10.

2

기자는 기수(箕宿)의 아들인가

낙랑시대 이후 삼국시대가 시작되기까지는 이렇다할 유물은 발견되지 않고 있지만, 기자(箕子)에 관한 기록은 심심치 않게 찾아볼 수 있다. 우선 그가 기자조선(箕子朝鮮)을 건국하기 전 중국에 있었을 때인 선진(先秦) 시대(서기전 221년) 이전의 기록으로 다음과 같은 것이 알려져 있다. 즉,

(1)『죽서기년(竹書紀年)』에는 기자가 은(殷)나라 마지막 왕인 제신(帝辛 또는 紂王)에 의해 감옥에 갇혔으나, 은나라가 망한 뒤 주(周)나라 무왕에 의해 풀려나 무왕16년에 주나라 왕실에 조근(朝覲)했다고 한다. 그러나,

(2)『상서(尙書)』에 "주왕(紂王)을 간하다가 감옥에 갇혔는데, 주왕에 의해 풀려났다."는 이야기는 같으나, 그 다음에 또 이야기가 계속된다. 즉, 은나라를 멸망시킨 무왕은 그의 13년에 기자를 찾아가 '세상을 다스리는 큰 법인 홍범(洪範)을 배웠다.

(3)『논어(論語)』의 기록은 재미있다. 은나라 말기에 기자는 미자(微子)와 비간(比干)과 더불어 삼현인(三賢人)으로 알려졌다. 그는 주왕의 폭거를 간하였으나 받아지지 않자 미친척하며 노(奴)가 되었다.

그림 II-4. 무왕과 기자가 담소하고 있다. 왼쪽에서부터 기자, 무왕, 사관, 소공, 태공.(『한국민족문화대백과사전』에서 옮김)

기자가 조선으로 간 사실을 전하는 한(漢)나라 때의 문헌으로는

(1) 복생(伏生)의 『상서대전(尙書大典)』

(2) 사마천(司馬遷)의 『사기(史記)』

(3) 『회남자(淮南子)』

(4) 『대대예기(大戴禮記)』

등이 있다. 이것들은 모두 기자동래설(箕子東來說)을 기록하고 있다. 그런데, 위의 두 문헌의 기록은 서로 엇갈린다. 즉, 복생은 '기자가 무왕에 의해 감옥에서 풀려나기는 했지만, 멸망한 그의 조국 은나라에 있지 않고 조선으로 망명했다. 이에 무왕이 그 소식을 듣고 기자를 조선에 봉했다'는 것이다. 무왕13년에 기자가 주나라 왕실에 조근 온 일이 있었다. 이때 무왕이 기자에게 홍범을 물었다고 한다. 이에 반하여 사마천의 『사기』 '송미자세가(宋微子世家)'에는 그가 봉함을 받은 다음 나라를 세웠다고 순서가 뒤바뀐다. 기자가 조선에 온 이후에 관해서도 중국에는 기록이 있다. 그 대표적인 것을 소개하면 다음과 같다.

(1) 『한서(漢書)』 '지리지(地理志)는 낙랑 지역의 민속을 소개하면서 기자와 연결시켜 설명하였다. 그것은 '조선의 순후한 풍습은 기자가 팔조금법(八條禁法)으로 교화시킨

결과'라는 것이다.

(2) 3세기에 저술된『위략(魏略)』과 이것에 바탕을 두고 편찬한『삼국지(三國志)』'동이전(東夷傳)'에 '기자 이후 그 자손이 40여 대에 걸쳐 조선을 다스리는 동안 연(燕)나라와 자주 충돌했다. 마침내 나라를 세운지 900여 년 만에 위만(衛滿)에게 패망했다'라고 기술되어 있다. 기자조선의 마지막 왕은 준(準)인데, 그는 패배하자 바다로 도망하여 한(韓) 땅으로 건너가서 한공(韓工)이라고 자처했으나 후손이 없어 종말을 맞고야 말았다.

2-1. 기자조선(箕子朝鮮)

기원전 1100년경에 단군조선을 이어 건국한 후 900여 년 동안 존속되다가 기원전 195년에 위만에게 멸망된 기자조선에 관하여 사학자들 간에 두 갈래 학설이 있다고 한다. 그 첫째는 동이족(東夷族)의 일파인 기자족은 중국 산서성태곡현(山西省太谷縣) 일대에서 기(箕)라는 나라를 세웠는데, 이 기국(箕國)은 은나라의 제후국의 하나로 존재했었다. 그런데, 은과 주 두 나라가 교체하던 시기와 춘추전국시대인 정치적 격동기에 난하(灤河) 하류로 이동하여 기자조선을 세웠고, 다시 요서(遼西)와 요동(遼東)을 거쳐 점진적으로 평양지역으로 이동해 왔었다는 것이다.

이와는 약간 다른 해석이 조심스럽게 일고 있다. 즉, 〈기자〉라는 중국 역사상의 인물과 〈조선〉이라는 한국 역사상의 지역이 복합됨으로써 성격 규명에 많은 혼란이 야기된다는 것이다. 기자조선에 관한 한국의 기록으로는 고려시대의『삼국유사(三國遺事)』'고조선(古朝鮮) 왕검조선'의 끝에 다음과 같은 지극히 간단한 기록이 최초의 것이다.

> 주(周)가 기자를 봉하여 조선이라 하였고, 한(漢)은 삼군을 분치하여 현도(玄菟), 낙랑(樂浪), 대방(帶方)[북대방(北帶方)]이라 하였으며, 통전에도 차설과 같다. [당시에는 眞(番), 臨(屯), 樂(浪), 玄(菟)의 사군으로 되어 있는데, 여기에는 삼군이라 하고 또 이름도 같지 아니하니 무슨 까닭인가] .... (이병도의 번역)[8]

8 이병도(李丙燾) 역주,『原文兼譯註 三國遺事』, 東國文化社, 181쪽, 단기4289.

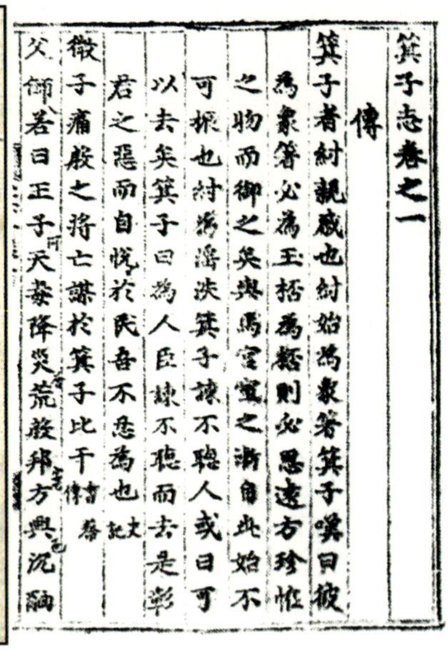
箕子志卷之一

傳

箕子者紂親戚也紂始爲象箸箕子嘆曰彼爲象箸必爲玉桮爲桮則必思遠方珍怪之物而御之矣輿馬宮室之漸自此始不可振也紂爲淫泆箕子諫不聽人或曰可以去矣箕子曰爲人臣諫不聽而去是彰君之惡而自說於民吾不忍爲也 史記

微子痛殷之將亡謀於箕子比干 書序

父師若曰王子天毒降災荒殷邦方興沈酗

그림 II–5. 윤두수의 『기자지』와 이 책에 수록된 기자상(『한국민족문화대백과사전』에서 옮김)

그 다음은 고려 충렬왕13년 이승휴(李承休)가 쓴 『제왕운기(帝王韻記)』라는 칠언시(七言詩)로 된 역사서(歷史書)가 있다. 여기에는 단군조선을 전조선(前朝鮮)으로하고 기자조선을 후조선(後朝鮮)으로 분리하고 있으나, 기자에 대하여 특별히 강조된 바는 없다. 그렇다고 해서 기자에 관한 기록이 빈약한 것은 아니다. 왜냐하면 윤두수(尹斗壽)가 1580년에 쓴 『기자지(箕子志)』라는 3권 1책이 있기 때문이다. 이 책에는 기자에 관한 중국의 기록을 수집하고, 고려 숙종7(1102)년의 기자묘(箕子廟)의 설치 때로부터 조선 선조4(1571)년의 기자의 하마비(下馬碑)가 설치된 때까지의 기간에 국내에 있는 기자를 위한 입사(入祠)와 치제(致祭)의 기록을 수록하고 있다. 또한 유종원, 변계량 등이 지은 비문이 있는가하면, 권근, 서거정, 이이, 김시습 등이 지은 시가(詩歌)에도 나온다.

그러나 이 책이 잡다한 자료들을 체계없이 수록한 것이라 하여 이이(李珥)는 『기자실기(箕子實記)』를 간행했는데, 윤두수는 이 책도 합병하여 5권으로 증보한 『기자지(箕子志)』를 1590년에 또 간행했었다.

이상과 같은 기록이 있음에도 불구하고, 기자의 동래설을 부정하는 학자들은 적지 않다.[9] 그 이유에는 여러 가지가 있다. 당시(은과 주 두 나라가 교체하던 시기)의 상황이 기자로 하여금 거리가 대단히 먼 난하 하류에서 한반도까지 오기는 어려운 일일 것이라는 점과, 조선에는 이미 그 당시 토착 정치세력이 있었기에 망명객인 기자에게 자리를 내 주었을 가능성이 없다는 점, 문헌을 통해 보면 한나라 이전과 이후의 기록이 다르다는 점, 고고학적으로는 동북아시아 지역과 황하유역은 신석기와 청동기 두 시대에 걸쳐 그 문화 양상이 별개의 것이며 양자 간에 깊은 교류의 흔적이 남아 있지 않다는 점 등등이다.

기자의 동래설의 진위를 가리자는 것이 이 책의 목적은 아니다. 사학자들의 학설과는 거리를 멀리 둔 채, 다만 지금까지 알려진 기자의 행적 중에서 천문학적으로 의미 있는 사실만을 정리해 보려고 하는 것이다.

2-2. 별의 아들 기자(箕子)

기자의 이름을 가지고 풀이한 두 건의 기사가 있다. 이 두 건의 기사는 루훠스[10]와 나일성[11]이 각각 추측해낸 이야기에 불과할지 모르나, 여기에 다시 소개해 보자. 먼저 루훠스가 쓴 글의 일부는 다음과 같다.

> 기자가 배를 타고 대동강을 거슬러 올라오는 데 길잡이 역할을 한 별자리가 있었다. 이 별자리는 28수(宿) 중 7번째 별자리인 기(箕)이고, 스스로를 '기'의 아들 '기자(箕子)'라고 자칭했을 것이다.

그런데, 왜 다른 별자리가 아닌 〈기(箕)〉였을까. 루훠스의 이 말을 천문학적 관점으로 다시 보자. 〈기수(箕宿)〉는 28수 중에서 동방칠사(東方七舍, 동방을 가리키는 7개의 수)

9 최남선(崔南善)은 '朝鮮史의 箕子는 支那의 箕子가 아니다.'라는 제목의 글을 써서 종래의 기자의 동래설을 극구 부정하고 있다. 『육당최남선전집 2』, 현암사, 366~374. 정인보(鄭寅普)는 '기(箕)'는 '검(劍)'을 표기한 것이다. 검은 임금을 뜻하는 것이니, '기자조선'은 '검조선'이라고 주장했다(『鄭寅普全集 3』, 연세대학교 출판부, 56, 1982). 이 외에도 여러 가지 주장이 있는데, 한 가지만 더 소개하면 안재홍(安在鴻)의 것이다. 그는 수장(首長)의 칭호를 고대에는 '크치'라 하였으므로, '기자조선'은 '크치조선'을 한자로 표기한 것일 뿐이라는 것이다('箕子朝鮮考', 『朝鮮上古史鑑 上』, 民友社, 36, 1947).

10 Rufus, W. C., 'Korean Astronomy' in *Transactions of the Korea Branch, Royal Asiatic Society*, Vol. XXVI, 8, 1936.

11 나일성, 『한국천문학사』, 서울대학교 출판부, pp. 9~10, 2000.

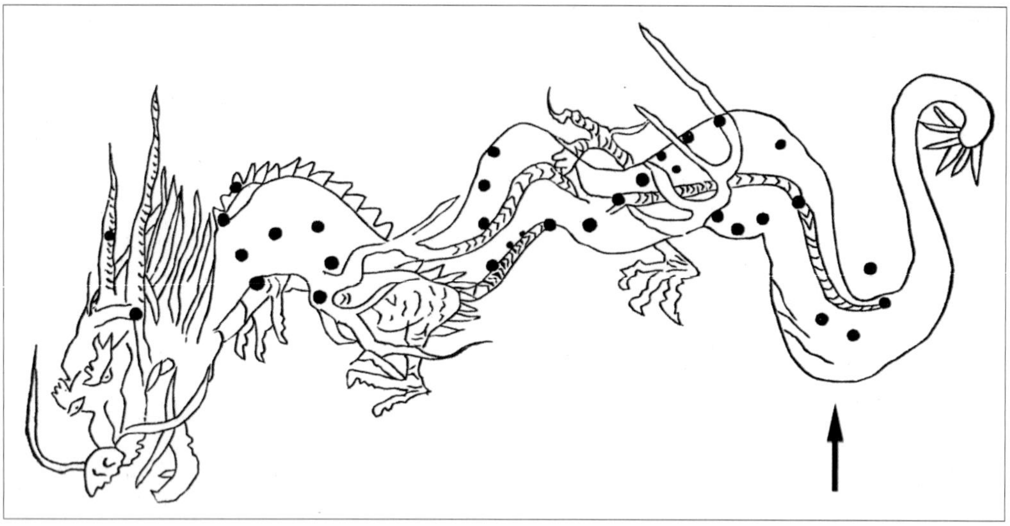

그림 II-6. 청룡이 차지하는 동방칠사. 이 그림은 루훠스가 『Astronomy in Korea』를 저술할 때, 그를 위해 그의 부인인 마우드 여사가 그린 것이다. 청룡의 꼬리에 해당하는 곳에 있는 4개의 별이 〈기〉이며, ↑로 표시했다.

에 속한다. 그리고 이 〈기수(箕宿)〉는 3개의 별자리(기, 강, 외저)로 구성된 아주 작은 성수이다. 〈기수(箕宿)〉가 속해 있는 동방칠사는 청룡이 차지하는 동방의 별들이다. 그리고 〈기〉라는 별자리는 4개의 별로 구성되어 있으며, 청룡의 꼬리에 위치한다. 기자는 남쪽 지평선 가까이에 있는 이 〈기〉라는 별자리가 잘 보이는 곳을 찾아 대동강 북쪽 언덕에 터전을 잡았을 것이다.

제 III 장

무덤에서도 별과 함께

고구려 덕흥리 무덤 내부 투시도

1

무덤은 비어 있지 않았다

무덤은 인간의 삶의 흔적을 보존하는 창고이다. 그 겉모습을 보는 후세 사람들은 그것을 통해 옛날을 더듬는다. 풀에 덮인 불룩한 흙더미와 그 앞에 세워둔 비석을 보면서 주인공이 살다간 삶의 한 단면을 엿본다. 만일 무덤을 파헤쳐서 내부에 있는 매장물을 찾기라도 한다면, 흘러간 세월이 보여 주는 모습을 통해서 그가 살던 시대의 풍속과 사회가 생생하게 연출된다. 요새 유행하는 타임캡슐이 바로 이런 것이다.

역사 기록을 남기기 시작한 고대인들의 무덤은 이런 이유로 오늘 우리가 찾아 나서는 옛날을 말해 주고 있다. 그래서 동북아시아의 무덤들이 지니는 값어치는 높고 귀한 것이다. 이미 도굴당한 무덤이 대부분이라지만, 그래도 그 내부는 옛 모습 그대로 보존되어 있는 것도 많다. 우리는 지상의 세계와 격리된 그 두터운 흙 속 어둠 속에서 색다른 밝은 빛을 보게 되며, 화려하게 채색된 무덤의 천정과 벽의 그림은 우리 눈을 황홀하게 만든다.

우선 고대인이 묻혀 있는 무덤을 찾아가 보자. 무덤의 입구를 비롯하여 벽을 쌓아 올리는데 사용한 석재에도 별들이 있는 돌기둥과 돌판을 보게 될 것이다. 무덤의 내부로 들어가 보면, 고대인들이 쓰던 유물이 있다. 이 유물 중에는 천문과 관련있는 물건이 적지 않다. 그리고 벽과 천정을 보라. 화려한 색상의 그림들이 꽉 차 있다. 당시의 인물상을 비롯하여 여러 가지 복장, 생활 용품, 풍속도, 여러 종류의 동물과 동물사냥 등등의 진귀한 그림 속에는 별들의 그림도 어김없이 함께 있다. 천 여 년을 주인공과 함께한 유물들은 어떤 것들이며, 또 우리에게 무엇을 말해주고 있는 것일까?

1-1. 해와 달

이제 무덤 속에서 찾아낸 유물들 중에서 천문과 관련이 있는 것들을 살펴보기로 하자. 이런 것들은 대개 토기(土器)나 자기(瓷器)에 그렸거나 새긴 것들이다. 중국 한나라 때 태양을 상징하는 그림이 있는 도기(陶器)의 조각이나, 낙랑시대의 토기에 있는 해와 달을 보여주는 것들이 오래된 것들의 대표적인 유물이라 할 수 있을 것이다. 그림 III-1은 중국에서 발굴된 도자기 조각인데, 태양을 상징하는 문양이 선명하다.

한편, 상고시대에 한반도에 살았던 고대인들이 달을 묘사한 자료가 한국에는 가장 오래된 것으로 남아 있다. 이것은 낙랑(樂浪)시대의 고분에서 출토된 달을 상징한 2점의 토기(그림 III-2와 III-3을 참조)로서 기원전 1세기 경의 것으로 추정되고 있다.

이 2점의 유물과 다음에 소개할 2점(그림 III-4과 5)은 현재 어떤 상태로 어디에 남아 있는지 알 길이 없으나, 이 유물들을 처음 기술한 루휘스(W. C. Rufus)는 1910년대에 평양박물관 관장이었던 일본인으로부터 한국 천문 유물 중에서 가장 오래된 것이라는 이야기를 들었다고 적고 있다[2].

그림 III-1. 중국 정주 대하촌(鄭州大河村)에서 발굴한 도자기 조각들[1]

이제 그림 III-2에 보인 토반부터 검토해 보자. 달 표면에 이렇게 많은 지형이 복잡하게 들어차 있는 모습을 잘 표현한 유물은 그 유례가 드물다. 망원경의 힘을 빌리지 않고 맨 눈으로 달을 보면, 달의 표면은 약간 어둡게 보이는 부분과 밝게 보이는 부분이 서로 얽혀 있다. 그래서 동서양

1 陸思賢·李迪, 『天文考古通論』, (紫金城出版社: 북경), 141, 2000.

2 W. C. Rufus, Korean Astronomy, *Transactions of the Korea Branch, Royal Asiatic Society*, Vol. 26, pp. 3~4, 1936. 루휘스는 일본인 관장의 이름을 Mr. Koizumi라고 적고 있다.

그림 III-2. 달 표면을 묘사한 그림. 낙랑 시대의 둥근 토반(왼쪽)과 망원경을 사용한 갈릴레오의 스케치.

을 막론하고 옛 사람들은 달의 표면은 매끈하게 생긴 둥근 공이라고 믿어 왔다. 그러나 이 생각은 1609년 망원경을 발명하고 처음 달 표면을 관찰한 갈릴레오에 의해 완전히 부정되었다.[3] 그는 지구의 높은 산 보다 더 높은 산들이 달 표면에는 많이 있다는 사실을 세상에 알렸지만, 그가 세상을 떠날 때까지 그의 주장을 믿어 준 사람은 불과 몇 사람에 지나지 않았다. 그러나 갈릴레오의 이 발견을 잘 알고 있는 현대인들에게는 그림 III-2가 보여 주는 낙랑인들의 이 작품은 많은 것을 시사해 주는 특별한 의미를 간직하고 있다. 높고 낮게 보이는 여러 모양은 낙랑인들의 특별한 시력으로 얻은 모습일까, 아니면 그들의 예리한 상상력의 소산일까?

그림 III-3에 보인 네모난 토반(土盤)은 또 다른 각도에서 보면 대단히 흥미 있는 작품이다. 달 표면에 있는 두 마리의 동물은 다음 장에 기술한 고구려 고분벽화에 있는 달과

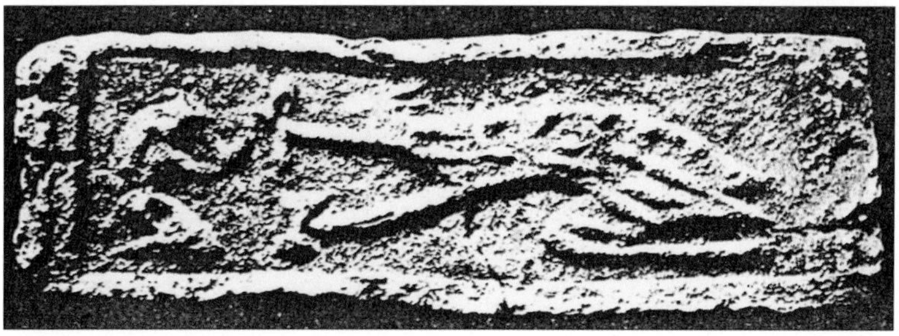

그림 III-3. 달을 상징하는 낙랑시대의 네모난 토기 (W. C. Rufus의 *Astronomy in Korea*에서 옮김)

3 장헌영이 번역한 『씨데리우스 눈치우스』, 2004. 출판사 (원명: Galileo Galilei, *Siderious Nuncius*, 1609)을 참고하라.

맥을 같이 하고 있기 때문이다. 이 토반에 있는 두 마리 동물 중 왼쪽은 방아를 찧고 있는 토끼이고, 오른쪽은 토끼가 흘린 먹이를 받아먹고 있는 듯한 몸짓을 하고 있는 두꺼비의 형상이다. 달에 이 두 생물체가 함께 있는 고구려 무덤은 불과 몇 개에 지나지 않으며, 그것도 초기에 축조된 무덤에만 국한되어 있다. 후대에 속하는 무덤에는 모두 두꺼비만 남아 있다. 낙랑 시대의 토끼는 고구려 초기까지 남아 있다가 그 후 버림을 당한 모양이다.

1-2. 초기의 유물들, 식반

그림 III-4와 5에 보인 석판은 한국천문학사 연구에 대단히 중요한 정보를 제공하는 유물이다. 그 이유는 이 유물에 북두칠성[4]이 새겨져 있기 때문에 천문도로 볼 수도 있는 것이지만, 그 사용 목적을 고려한다면 이것은 밤에 시간을 재는 식반이라고 불리는 일종의 별시계이기도 하기 때문이다.[5] 이것을 〈낙랑식반(樂浪式盤)〉이라고 이름 하기로 한다. 불행하게도 이 식반의 크기는 알려져 있지 않다. 뿐만 아니라, 현물이 앞에 소개한 두 개의 토기와 함께 현재 어디에 보존되어 있는지조차 알지 못하고 있다. 따라서 이 낙랑의 식반을 연구하려면, 중국 한나라 때의 식반을 참고하는 수밖에 없다.

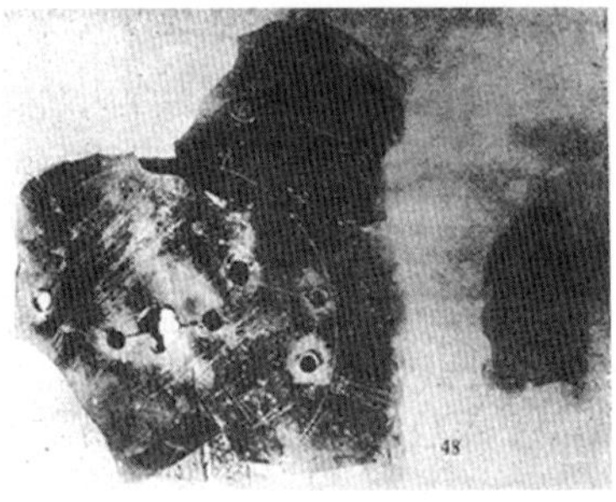

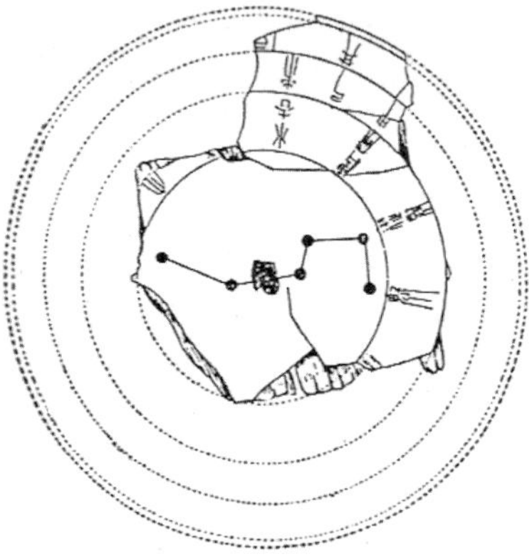

그림 III-4. 낙랑의 둥근 식반. 북두칠성과 방위가 그려져 있는 석판으로 기원전 100년 경의 것이다. (왼쪽은 Korean Astronomy[6]와 오른쪽은 『樂浪彩篋塚 圖版』[7] 에서 각각 옮긴 것이다.)

4 이 낙랑식반 뿐만 아니라 한나라의 식반 두 개에도 별은 6개만 보인다. 조선고적연구회의 도판을 보면, 가장 중앙에 네모난 검은 점이 있는데, 이것은 회전축의 중심인 동시에 별이다. 중국의 식반에는 열린 원으로 표시되어 있다.
5 시간을 측정하는 기기(計時器)에 관한 책을 쓸 때 그 기능을 포함하여 자세하게 밝히려고 한다.
6 W. C. Rufus의 Korean Astronomy, Fig. 11.
7 朝鮮古蹟研究會刊, 『樂浪彩篋塚 圖版』, 제107권, 97, 1934.

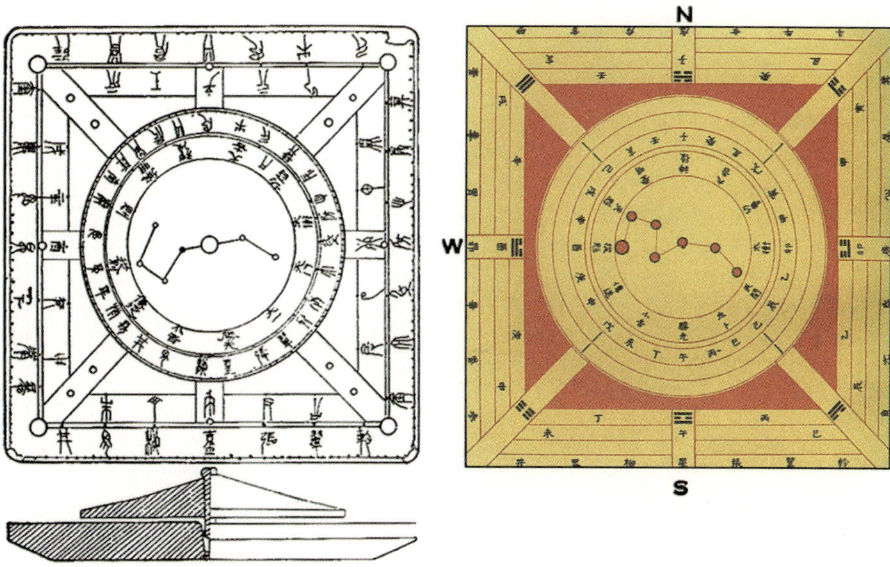

그림 III-5. 낙랑의 네모난 식반의 복원도(오른쪽은 Pan Nai의『中国古天文儀器』에서 옮김.)

이 그림 III-4의 왼쪽은 일찍이 루훠스가 남긴 사진인데 석판 전체가 아니고 별이 있는 원반의 일부가 포함된 네모난 부분이다. 이로서 이 식반은 다음에 소개하려는 중국의 식반과는 그 생김새가 좀 다르다는 것을 알 수 있다. 회전할 수 있는 원반을 어떻게 작동시키는지를 알아내기 어렵게 생겼다. 그런데, 색다른 식반 하나가 더 알려졌다.[8] 그것은 출처나 제원을 밝히지 않은 채 복원도만 제시한 것이다(그림 III-5 왼쪽을 참조). 이 그림을 보면, 원반에는 별이 6개가 그려져 있다. 그리고 원반의 중심에 원 하나가 크게 그려져 있는데 이것을 별이라고 한다면 전체로는 북두칠성이 분명하다. 말하자면 이 둥근 원은 북두칠성의 다섯 번째 별인 옥형(玉衡, ε UMa)이다. 그러니까 이 식반은 옥형을 중심으로 회전시키면서 하늘의 북두칠성과 일치시키면서 시각을 측정하는데 사용한 것이다. 이로 미루어 보면, 이 식반은 조선시대의 혼평의(渾平儀)[9]의 원조(元祖)인 셈이다.

이제 낙랑식반과 비슷한 중국의 식반을 소개하기로 하자. 1977년 안휘성 부양(阜陽)에 있는 서한(西漢) 사람 여음후(汝陰侯)의 묘에서 출토된 〈태일구궁점반(太一九宮占盤)〉과

8 *A Short History of Korea*, compiled by The Center for East Asian Cultural Studies, 8, 1963.
9 천문의기를 소개하는 별도의 책에서 자세히 다루려고 한다.

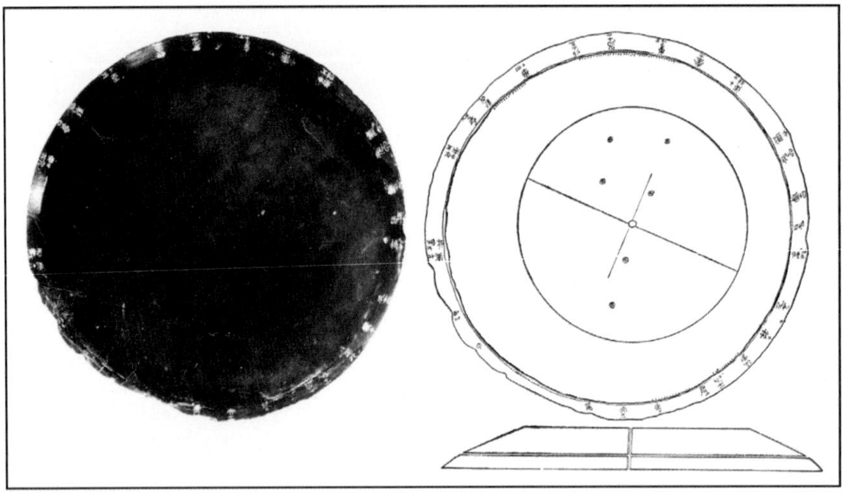

그림 III-6. 중국 서한 시대의 식반. 안휘성 부양에서 출토된 것으로 왼쪽은 옻칠로 된 원반이고, 오른쪽은 상세한 그림이다.[10]

〈육임식반(六壬式盤)〉이 그것으로 그림 III-6에 제시한 바와 같다. 이것들은 북두칠성의 움직임을 방위에 맞추면서 점을 치거나 시간을 재는 데 각각 사용한 것이다. 이것이 낙랑에 도입되어 실제로 사용된 낙랑식반의 모형이 되었을 것으로 보인다.

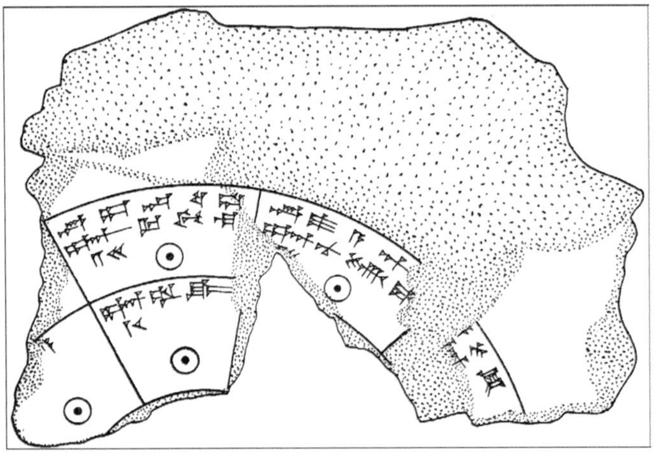

그림 III-7. 기원전 1200년 경의 바빌로니아의 식반 조각(*Science and Civilisation in China* 에서 옮김)

10 王健民·劉金沂,『中國古代天文文物論集』, 中國社會科學院 考古研究所, 59, 1989.

이 식반은 지름이 25.6 cm인 옻칠을 한 원반이다. 원반에는 위에 소개한 바 있는 낙랑 식반과 마찬가지로 별 6개가 그려져 있고, 원반의 중심에 옥형(玉衡)이 있어서 이를 회전 축으로 하고 있다. 원반의 가장자리에는 28수의 이름이 서로 다른 간격으로 적혀 있는데, 이는 각 수의 크기가 다르다는 것을 보여준 가장 오래된 증거물이라고 생각된다.

위에 보인 동양의 여러 식반과 비슷한 것으로 보이는 것이 중동지역에도 있다. 이것은 이런 종류의 것으로는 최초의 것이라고 짐작되는 데, 기원전 약 1,200년경 바빌로니아의 평면천체도[11]의 파편이다(그림 III-7). 그러나 이것의 기능은 낙랑식반이나 서한의 육임 식반과는 다른 것이라고 생각되지만, 이것으로 인하여 바빌로니아 문명과 인도를 경유한 중국의 문명 간에 이미 교류가 있었다는 학설이 심심치 않게 제기되고 있다.

1-3. 중국의 무덤들

동북아시아 3국에는 절대 권력자들의 내세관을 보여주는 무덤이 많다. 하지만 이런 사실은 비단 이 지역에만 국한된 것이 아니라, 동서고금을 통해서 공통된 일일 것이다. 그럼에도 불구하고 중국과 한국 그리고 일본에 보존되어 있는 무덤에는 천정이나 벽에 천문에 관한 기록이 많이 남아 있다는 사실은 다른 지역에서는 볼 수 없는 예외적인 것이라고 할만하다. 그리고 이 3국 중에서도 고구려의 무덤은 다른 지역의 무덤을 압도할 정도로 그 수가 많고 기록된 내용도 다양하다. 고구려에는 해와 달, 사신도와 많은 별들이 무덤 안을 화려하게 장식하고 있다. 이 고구려의 무덤의 별들을 보기에 앞서 중국의 무덤부터 살펴보기로 하자.

중국 무덤들

별이 있는 무덤이 중국에 많다는 것은 이미 밝힌 바 있다. 그 중에서도 유명하다고 잘 알려진 것은 10여 곳이라고 할 수 있는데, 이것들을 대략적인 연대순으로 소개해 보면 다음과 같다.[12]

---

11 평면천체도(平面天體図)라는 명칭은 영문의 planisphere의 일본식 번역이다. 이 사진은 Needham, J. and Wang Ling, 1976. *Science and Civilisation in China*, Cambridge University Press, (日語版), 91.에서 옮긴 것이다.

12 潘鼐, 『中國恒星觀測史』, (學林出版社: 上海), pp. 159~164, 1989. 陳美東, 『中國古星圖』(遼寧教育出版社: 沈陽), 1996. 中國社會科學院考古研究所, 『中國古代天文文物論集』, (文物出版社: 北京), 1989. 외 여러 문헌을 참고함.

(1) 서한의 무덤(西漢墓, 기원전 206년~기원 24년)

(2) 마소불의 무덤(馮素弗墓, 太平7년, 415년)

(3) 원예의 무덤(元乂墓, 北魏孝昌2년, 526년)

(4) 합랍과 탁국씨의 무덤(新疆吐魯番哈拉和卓麴氏高昌時期墓, 500년~640년)

(5) 이수의 무덤(李壽墓, 貞觀4년, 630년)

(6) 영태공주 이선혜의 무덤(永泰公主李仙蕙墓, 神龍2년, 706년)

(7) 장환태자 이현의 무덤(章懷太子李賢墓, 景雲2년, 711년)

(8) 아사답나의 무덤(阿斯塔那唐墓, 約八世紀中)

(9) 신강 투루판의 당나라 무덤(新疆吐魯番唐墓)

(10) 오월 왕 전원관의 가족 무덤(吳越王錢元瓘氏族墓)

(11) 이변의 무덤(李昪陵)

(12) 당나라 왕씨의 무덤(唐王氏墓)

(13) 장세경의 무덤(張世卿墓, 遼의 天慶6년, 1116년)

이제 그 하나하나를 소개해 보기로 하자.

(1) 서한의 무덤(西漢墓)

1987년 4월에 협서성의 서안교통대학(西安交通大學) 부속 소학교 구내에서 서한말의

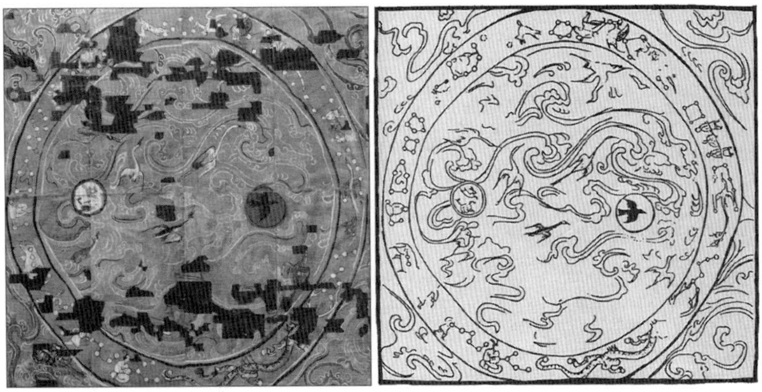

그림 III-8. 서안교통대학(西安交通大學) 구내에 있는 서한 때의 무덤의 천상도. 오른쪽은 채색한 사진이고, 왼쪽은 그 스케치이다.

무덤이 발견되었다. 이 무덤 안의 벽면에 큰 원 두 개가 동심원을 이루고 그려져 있는데, 이 두 원 사이에는 28수의 별들이 잘 그려져 있다. 그런데 재미있는 사실은 용을 비롯해서 동물과 사람의 그림이 28수의 별들과 함께 섞여서 채색되어 있다. 모두 15개 이상 되는 이런 그림이 28수와 어떤 관련을 맺고 있는 것인지 연구해 볼 가치가 있다고 본다. 안쪽 원 안에는 해와 달이 있고, 여러 마리의 새들이 구름무늬가 꽉 차 있는 사이에 숨겨진 것처럼 섞여 있다.

이 무덤의 축조 연대는 알지 못하나, 다만 서한이라는 나라가 존속했던 기원전 206년부터 쇠망한 기원 24년 사이라고만 추정하고 있다.

(2) 마소불의 무덤(馮素弗墓)

요녕성 북표현(北票縣)에 북연(北燕)의 태평7(415)년에 만든 마소불의 무덤(馮素弗墓) 2기가 있는데 해와 달 그리고 별들이 있다. 그 중의 1호 무덤 안에 있는 석곽 위에 9장의 석판이 있고, 그 석판에 해와 달과 별들이 채색되어 있다. 2호 무덤 안에도 1호 무덤과 마찬가지로 성도가 있는데, 노란색으로 별들을 연결하고 있으며 은하수도 그려져 있다. 성상도의 내용을 알아볼 수 없을 정도로 마모가 심해서 사진을 찍기가 어려운데, 이 성상도를 그린 모사본은 아직 없어서 자세한 설명이 불가능하다.

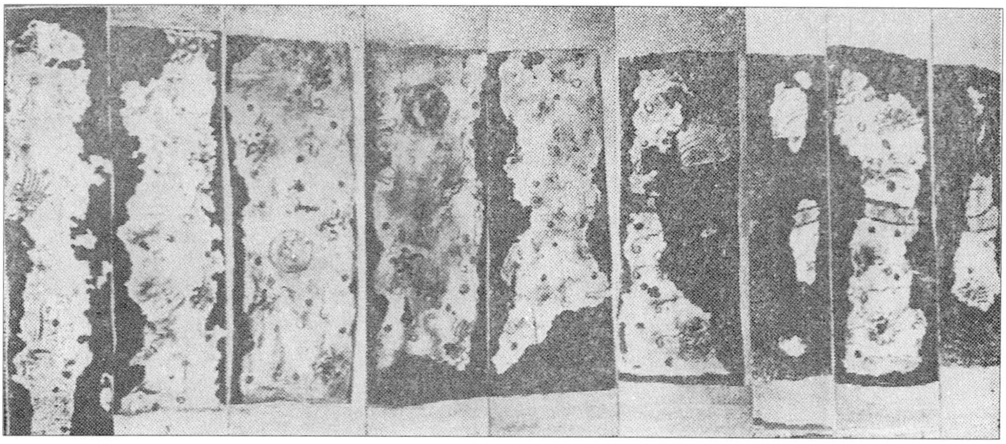

그림 Ⅲ-9. 중국 요녕성의 마소불 무덤의 천상도

(3) 원예의 무덤(元乂墓)

하남성 낙양시 북전해자촌에서 1974년에 발견된 북위(北魏)의 황족인 원예의 무덤 천정에 많은 별들과 은하수가 그려져 있다. 『위서 원예전(魏書 元乂傳)』과 출토된 묘지에 의하면, 무덤의 축조는 북위의 효창2(기원 526)년이다. 그림의 한 복판을 은하수가 남색으로 채색되어 있고, 별의 개수는 약 400에 이르지만, 3원이나 28수에 속한 별자리를 찾기는 어렵다.

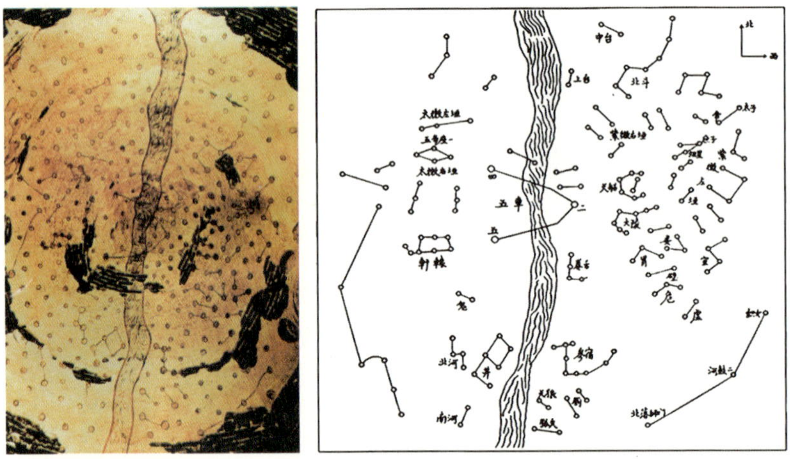

그림 Ⅲ-10. 중국 낙양에 있는 원예의 무덤(元乂墓室)의 천상도. 오른쪽은 모사도.(天文考古通論, 圖169를 옮김)

(4) 합랍과 탁국씨의 무덤(新疆吐魯番哈拉和卓麴氏高昌時期墓, 500년~640년)

신강성 투루판(新疆吐魯番)의 돈황에 있는 이 무덤의 천정에 전설의 남녀 복희여와(伏羲女媧)가 그려져 있다. 남녀의 상반신은 사람이지만, 하반신은 뱀인 이 그림은 대단히 유명하여 널리 소개되고 있다. 이 남녀의 그림은 훼손이 심하여 잘 알아보기 어려우나, 이 그림을 둘러싸고 사방에 28수에 속하는 별들이 많이 그려져 있다. 그리고 해는 머리 위에, 달은 발끝에 각각 배치시킨 것이 인상적이다.

복희여와의 그림은 위의 것만이 아니다. 일본 류고꾸대학(龍谷大學)과 한국의 국립중앙박물관에도 각기 한 점씩 있은데, 이 그림의 복희와 여와의 얼굴과 주변에 그린 별자리

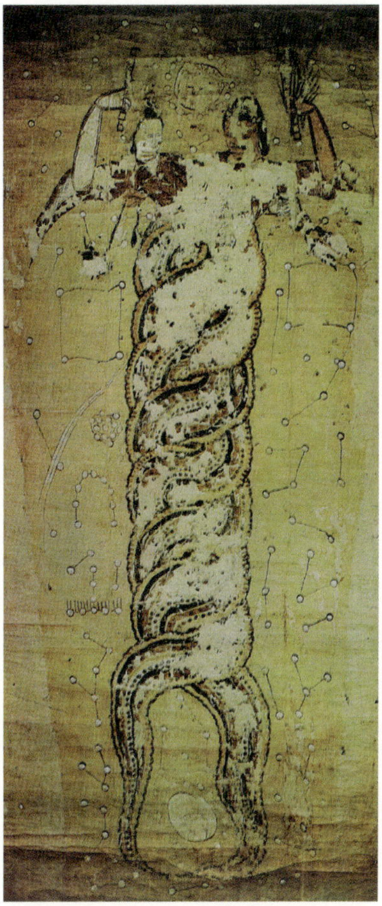

그림 Ⅲ-11. 복희여와의 그림과 주변의 해와 달 그리고 별자리들(897년)

그림 Ⅲ-12. 복희여와와 별들. 위는 일본의 류고꾸대학 박물관에 있는 것이고, 아래는 국립중앙박물관의 것이다.

도 제각기 다 다르다. 이 그림들은 비단에 그린 견화(絹畵)이다.

(5) 이수의 무덤(李壽墓)

섬서성 삼원(陝西三原)에서 발견된 이 무덤은 당나라 시대의 초기에 축조된 것으로, 정관4(貞觀4, 63)년에 죽은 이수(李壽)의 무덤이다. 모두 5장의 석판으로 된 벽의 오른쪽에 삼족오가 그려져 있는 해가 있고, 계수나무 밑에 토끼 두 마리가 그려져 있는 달이 반대쪽에 재미있게 새겨져 있다.

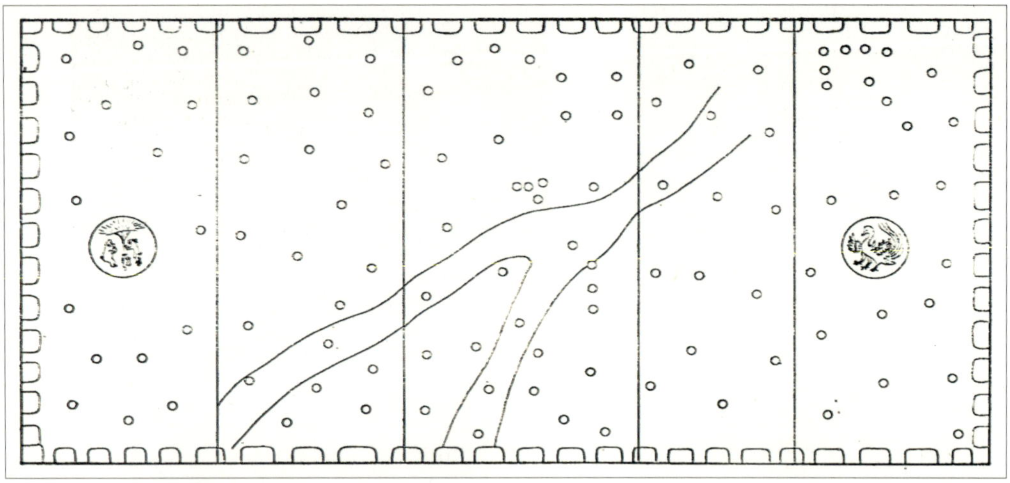

그림 Ⅲ-13. 섬서삼원초(陝西三原初)에 있는 이수(李壽)의 무덤의 석곽에 새긴 성상도(『中國恒星觀測史』, 圖47을 옮김)

별들은 모두 같은 크기의 둥근 원으로 표시되어 있는데, 이 별들을 아무리 연결해 보려고 해도 28수를 연상할 수 있는 별자리는 만들 수 없다. 그러나 왼쪽으로 갈라진 남쪽의 은하수의 모습은 좀 지나치다고 할 정도로 뚜렷하게 그렸다.

(6) 영태공주 이선혜(永泰公主李仙蕙)의 무덤

그림 Ⅲ-14. 영태공주 이선혜의 무덤 안을 장식하고 있는 시녀들

섬서성 건현에는 당나라 고종인 이치(李治)와 부인 무칙천(武則天, 또는 則天武后)이 합장된 무덤이 있고, 또한 당나라 중종의 장남 의덕태자(懿德太子) 이중윤(李重潤)의 무덤과 그의 누이 영태공주 이선혜의 무덤도 있다. 이선혜는 고종인 이치와 부인 무칙천의 손녀이며, 중종의 일곱째 공주이다. 이선혜는 큰 오라버니인 이중윤과 일당이 되어 할머니 무칙천에 항거하다가 살해되었고 시신은 신룡2(706)년

에 남편인 무정기(武延基)와 합장되었다.

이 영태공주 이선혜(永泰公主李仙蕙)의 무덤에는 아름다운 벽화가 많이 그려져 있는데, 훌륭한 천상도(天象圖)도 있다. 천상도에는 금박과 은박을 입힌 별들이 회색 바탕을 한 벽에 점과 둥근 원으로 표시되어 있다. 그리고 좌우에는 금박으로 만든 해와 달이 있고, 오른쪽 아래에서 왼쪽 위로 상징적으로 그린 은하수가 있다(그림 III-15 참조).

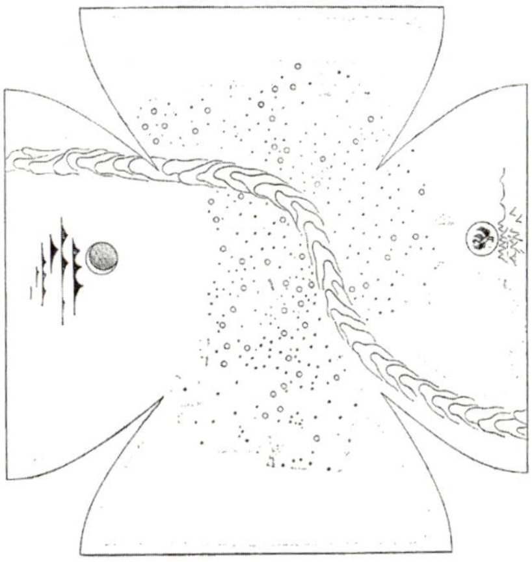

그림 III-15. 영태공주 이선혜(李仙蕙)의 무덤에 있는 천상도 스케치(『中國恒星觀測史』, 圖48을 옮김)

(7) 장회태자 이현(李賢)의 무덤

당나라 고종의 둘째 아들 장회태자(章懷太子) 이현(李賢)의 무덤도 섬서성 건현에 있다. 이 무덤의 길이는 71 m나 되며, 그 안에는 청룡과 백호의 그림도 있다. 그리고 이곳에도 그의 누이동생 영태공주 이선혜의 무덤의 천상도를 닮은 천상도가 그려져 있다(그림 III-17 참조). 많은 별들이 채색되어 그려져 있고, 무덤은 신용2(神龍2, 706)년에 축조된 것으로 알려져 있다.

그림 III-16. 장회태자(章懷太子) 이현(李賢)의 무덤의 관조도(觀鳥圖)

그림 III-17. 장회태자 이현(李賢)의 무덤의 천상도(나일성의 유화 복원도)

(8) 아사탑나(阿斯塔那)의 무덤

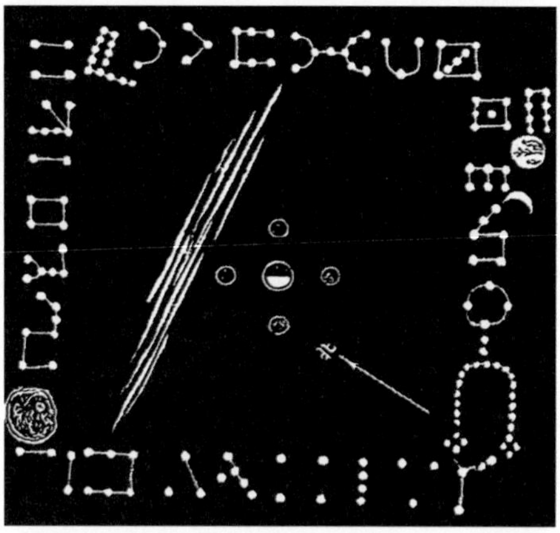

그림 III-18. 신강성 투루판지역에 있는 아사탑나(阿斯塔那) 무덤의 성상도[13]

이 무덤은 신강성 투루판지역에 있으며, 8세기경에 축조된 당나라 무덤으로 추정하고 있다. 무덤의 천정은 정사각형이며, 천정의 네 변을 따라 28수가 그려져 있다. 기수(箕宿)와 두수(斗宿) 사이에 금색의 까마귀를 가진 해가 있고, 귀수(鬼宿)와 누수(婁宿) 사이에 옥토끼와 나무가 있는 보름달이 있다. 그리고 유수(柳宿)와 성수(星宿) 사이에는 눈썹달이 있다. 그림 III-18을 자세히 보면, 이 눈썹달을 보름달 옆에서 찾아낼 수 있을 것이다. 미수(尾宿)와 기수(箕宿)에서 시작하여 묘수(昴宿)와 필수(畢宿)로 뻗어있는 흰 줄무늬가 있는데, 이것은 은하수를 표현한 것으로 보인다. 천정의 중앙에는 5행성이 까만 원으로 표시되어 있다. 글자나 다른 문양은 전혀 없다.

28수에 속한 별들의 배치는 그 시대에 이미 정착한 다른 성도의 모양과는 많이 다르다.

(9) 신강성 투루판의 당나라 무덤(新疆吐魯番唐墓)

이 무덤에 묻힌 주인공에 관하여는 알려진 바 없고, 약 8세기에 축조된 당나라 식의 무덤이라고 추측하고 있다. 이 무덤에서 점을 치는 데 사용된 성점도(星占圖)의 일부가 출토되었다. 20세기 초에 이미 도굴당하여 남은 것은 그림 III-19에 보인 작은 조각만이다. 그래서 28수 중에서 남방7사의 마지막 수인 진수(軫宿)를 시작으로 동방7사 중 각수, 항수, 저수, 방수, 심수, 미수라는 글자와 7수의 별들이 남은 셈이다.

그런데 이 성점도에서 나일성은 대단히 중요한 사실을 발견했다.[14] 그것은 진, 각, 항,

---

13 중국에는 이 그림을 제시한 문헌이 많으나, Li Di(李迪)의 『天文考古通論』, 그림 176이 가장 잘 표현되어 있다. 그러나 인쇄된 그림이 흐릿하여 여기에 나일성이 다시 가필하여 만들었다.

14 나일성이 일본의 「격자월진도」를 복원할 때, 이 천문도의 첫 시작 부분에 있는 글자체가 생소한 것이라는 사실을 알게 되었다. 여러 중국문헌과 천문도를 조사해 봐도 이런 서체는 보이지 않았었는데, 투루판의 무덤에서 출토된 이 성점도 조각에서 「격자월진도」의 서체와 똑같은 서체를 발견한 것이다.

저의 4개의 수에 대한 한자의 서체이다. 〈진(軫)〉과 〈각(角)〉은 그런대로 인식할 수 있는 서체이지만, 〈항(亢)〉과 〈저(氐)〉는 전연 다른 글자라고 할 수 있을 정도로 변형이 심한 글자라는 것이다. 이런 변형된 글자는 다른 어떤 성도에서도 볼 수 없는 것인데, 유독 한 개의 성도에만 있다. 그것은 일본의 「격자월진도(格子月進圖)」라는 성도이다. 이에 관하여는 제VII장에서 다시 자세히 다루기로 하고 여기서는 생략한다.

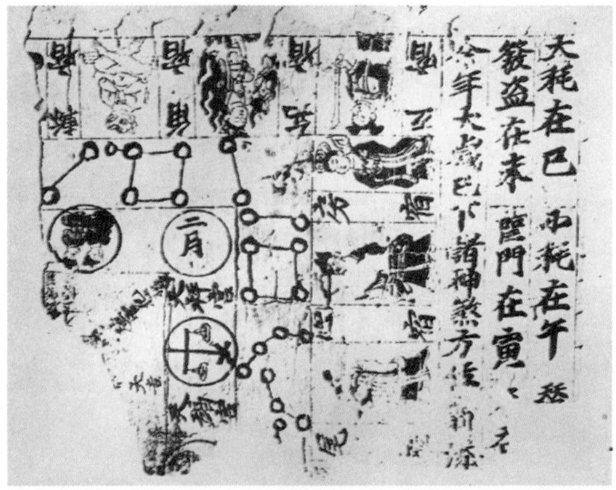

그림 III-19. 신강성 투루판(吐魯番)지역에서 출토된 성점도(星占圖). 이 그림의 윗 부분에 있는 이상한 글자체로 쓴 〈亢〉과 〈氐〉를 오른쪽에 옮겼다.

(10) 오월 왕 전원관 가족 묘(吳越王錢元瓘氏族墓)

오월국의 5대 왕인 전원관(錢元瓘)이 천복7(天福7, 942)년에 매장된 무덤과 그의 둘째 부인 오한월(吳漢月)이 광순2(廣順2, 952)년에 묻힌 무덤을 전원관씨 가족 무덤(錢元瓘氏族墓)라고 하는데, 이 무덤은 절강성 항주에 있다. 무덤의 한 벽을 이루는 큰 석판에 성도가 새겨져 있다. 이 성도를 Bo Shuren(簿樹人)은 지금까지 알려진 중국 무덤에 있는 28수가 있는 성도 중에서 가장 정밀한 것이라고

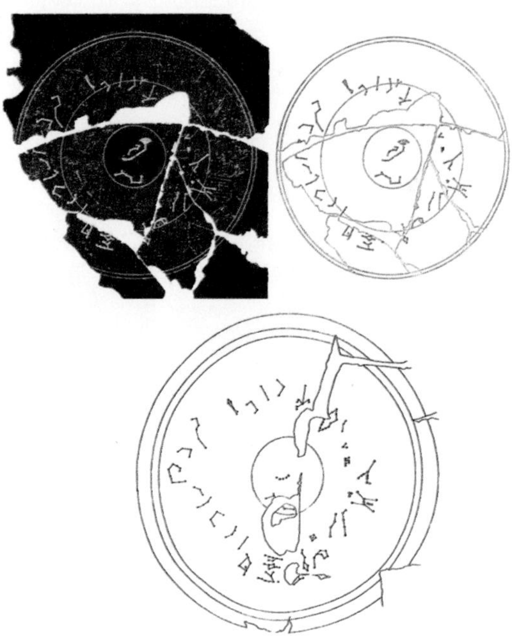

그림 III-20. 전원관(錢元瓘)의 무덤(위)와 오한월(吳漢月)의 무덤에 있는 28수. 스케치는 Yi Shitong(伊世同)이 모사한 것이다.

평가하고 있다(그림 III-20의 위).[15] 그러나 제VI장에서 자세히 설명하려고 하는 장세경의 무덤(張世卿墓)에 있는 28수가 월등하게 더 정밀하다.[16] 내규 안에 별자리가 3개 있고 28수가 잘 새겨져 있으나, 일부가 파손되었다.

(11) 이변(李昪)의 무덤

그림 III-21. 전원관(錢元瓘)의 무덤(위)과 오한월(吳漢月)의 무덤에 있는 28수. 스케치는 Yi Shitong(伊世同)이 모사한 것이다.

남경시 남쪽에 있는 우수산(牛首山)에 있는 이변(李昪)의 무덤은 남당(南唐) 시대의 것이다. 이변이 죽은 해는 남당의 승원7(943)년이다. 이 무덤의 네 벽과 천정에 별들이 작은 원으로 그려져 있는데, 모두 109(동: 23, 북: 27, 서: 32, 남: 27)나 된다.

(12) 당나라 왕씨의 무덤(唐王氏墓)

그림 III-22. 남당 시대의 왕씨 묘지합 뚜껑에 있는 사신도와 이십팔수도

강소성 한강현(邗江縣)의 왕씨 무덤은 남당의 이경(李璟4, 946)년에 만든 것이다. 이 무덤에서 출토된 네모난 묘지합(墓志盒) 뚜껑의 가장 바깥에는 사신도가 그

15 Bo Shuren(薄樹人), "中國古星圖概要", 陳美東 主編,『中國古星圖』(遼寧教育出版社: 沈陽), 13, 1996.
16 Yi Shitong(伊世同), "杭州吳越墓石刻星圖", 中國社會科學院考古研究所 편,『中國古代天文文物論集』, (文物出版社: 北京), pp. 199~258, 1989.

려져 있고, 사각형 네 변에는 28수가 있다. 그 안쪽에는 8괘와 해와 달이 있다.

(13) 장세경의 무덤(張世卿墓)

요나라의 천경6(天慶6, 1116)년에 죽은 장세경의 무덤에 28수의 별들과 황도12궁의 그림이 있어서 유명하다. 장가구시 선화구 하팔리촌에 있다. 이 무덤의 천상도에 관한 설명과 사진은 제VI장에서 다루기로 한다(그림 VI-24 참조).

1-4. 무덤의 왕국, 고구려

동북아시아에서 고구려는 건국 연한이 약 700여 년이나 되는 긴 세월을 거치면서, 상고시대의 유물을 이어 받을 수 있었던 지역을 차지하고 있었다. 그리고 광활한 중국의 동북지역까지 넓게 차지하고 있었던 탓으로 지금까지 다른 고대 국가에 비해 많은 무덤이 잘 보존되어 있어서 우리에게 많은 유물과 기록을 남기고 있다. 고구려가 남긴 천문에 관련된 유물 중에서 가장 돋보이는 것은 수많은 고분의 안쪽 벽에 그린 방위와 하늘의 영역을 나타내는 신령한 동물(四神), 상징적으로 그린 해와 달, 그리고 수많은 별들로 구성된 별자리들을 들 수 있다. 이런 그림들은 동양의 별자리 형성의 초기 모습을 간직하고 있기 때문에 대단히 중요한 연구 자료를 제공한다.

지금까지 알려진 고구려의 무덤은 120여 기에 이르는데, 이렇게 많은 무덤은 크게 세 지역에 분포되어 있다. 즉, ①중국 길림성 집안[17]과 통구지역, ②평양을 중심한 대동강 유역, 그리고 ③황해남도 안악 주변의 지역이다. 주로 많은 무덤은 ①에 해당하는 지역에 분포되어 있고 그 다음은 ②에 속한 지역인데, 그림 III-23과 그림 III-24에 표시된 바와 같다.

이 세 지역에 분포되어 있는 많은 무덤 중에서 천문과 관련이 있는 벽화가 확인된 무덤을 조사해 보니 약 30여 기에 달하는데, 그 중 벽화의 내용을 여러 문헌을 통해서 조사한 28기를 표 III-1에 수록하였다. 그런데 고구려의 무덤 중에 천문과 관련이 있는 그림은 어떤 상태에 있으며, 또 그 내용은 무엇일까. 이것을 알아보기 전에 먼저 밝혀둘 것은 이

17 집안은 集安 또는 輯安으로 표기되고 있다.

표에 수록한 무덤은 지금까지 출판된 문헌을 참조하여 조사한 것일 뿐, 북한과 중국에 있는 모든 무덤을 총망라한 것은 아니라는 사실이다. 이런 문헌에 소개된 사진을 검토해 보면, 사진을 찍은 각도를 포함하여 사진에 찍힌 범위가 서로 다른 것이 많다는 것을 알게 된다. 각도가 다르다는 것은 그림을 정면으로 잘 찍은 것이 아니라는 뜻이다. 벽은 경사지고 높아서 많은 공을 들이지 않고는 좋은 사진을 찍을 수 없다. 게다가 벽은 높이 올라 갈수록 계단식으로 되어 있는 경우가 많아서 밑에서 위를 향해 찍은 사진에는 끊김이 생긴다. 한편, 찍은 사람의 목적에 따라 원하는 부분이 다르기 때문에 천문도만을 기준하여 찍힌 사진이 많지 않는 경우가 생기는 경우도 그런 이유에서이다.

무덤을 조사하는 과정에 흥미 있는 사실을 알게 되었다. 그것은 각 무덤마다 이름이 다른 한자어(漢字語)로 표기되어 있다는 것이다. 말하자면, xxx총(塚), xxx분(墳), xxx묘(墓), xxx회(盔)의 네 가지가 그것이다. 각기 나름대로 뜻이 따로 있기에 그렇게 이름이 지어진 것 같으나, 이 이름들을 영문으로 옮긴 것을 보면 전부 'Tomb(무덤)'이다. 이 책은 한글을 위주로 쓴 것이므로 문헌에는 제각기 구별되어 표기되어 있다 하더라도 전부

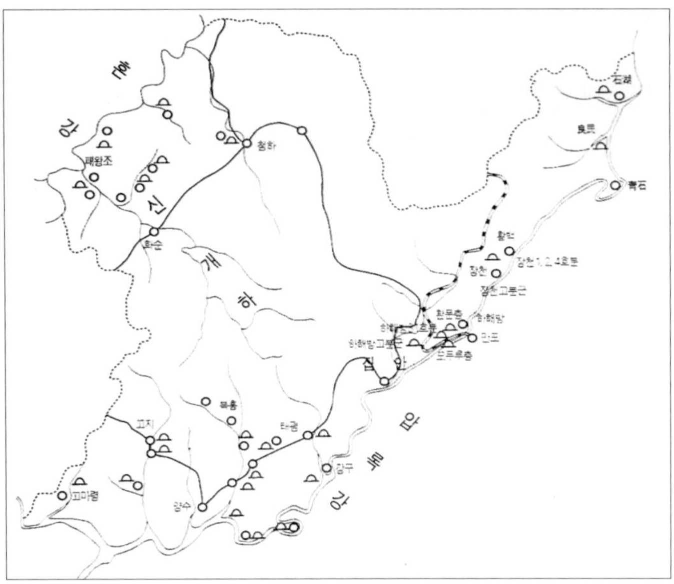

그림 III-23. 고구려 무덤의 분포도(집안과 통구 지역)(『高句麗壁畵古墳』[18]에서 옮김)

18 최무장·임연철(공저), 『高句麗壁畵古墳』, 신서원, 1992년 초판 2쇄.

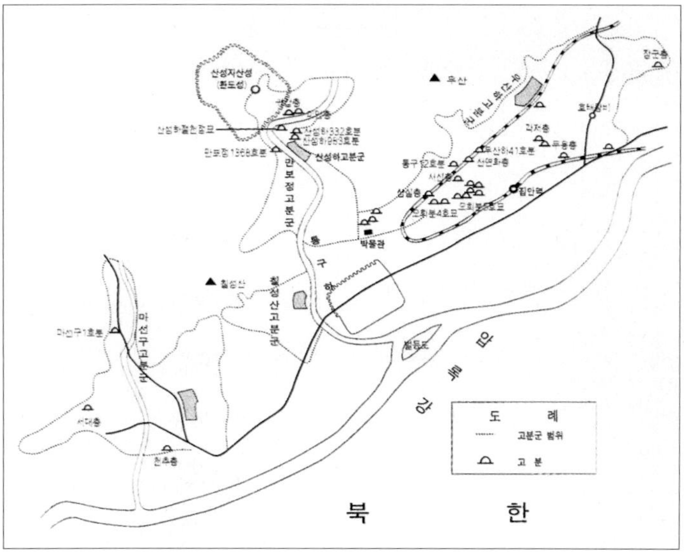

그림 III–24. 고구려 무덤의 분포도(통구 부근)(『高句麗壁畫古墳』에서 옮김)

‘무덤’으로 통일하였다. 다만 표 III–1의 둘째 줄 한글 이름 밑에 문헌에 있는 한자 표기를 그대로 첨가했다. 그리고 대략적인 축조 연대와 위치도 적어 넣었다. 축조 연대 앞에 있는 ①과 ③은 각주 19)에 있는 참고문헌을 뜻한다.

표 III–1. 천문과 관련이 있는 그림이 있는 고구려 무덤.[19] (가나다 순임)

번호	무덤 이름/소재지	무덤 내부의 위치	그림의 종류와 상태
1	각저 무덤 角抵塚 4c 말 중국 吉林省 輯安県 禹山 남쪽기슭	널방의 고임에만 있음.	해와 별자리 남두육성과 별자리 달과 별자리 북두칠성과 별자리
2	감신 무덤 龕神塚 5c 경 평안남도 온천군 신년리	주실로 들어가는 통로의 북쪽에만 있음.	두 마리 주작(?)

19 이 조사에 사용한 문헌은 다음과 같다. ①『高句麗古墳壁畫』, 第2刷 (朝鮮畫報社; 東京), 1986. ②『고구려 고분 벽화 –고구려 특별대전』, (KBS한국방송공사; 서울), 1994. ③『高句麗文化展』, 高句麗文化展實行委員會, (발행 년도 미상). ④ 金元龍, 『壁畵』, (동화출판사: 동경), 1974. ⑤ 국립문화재연구소와 남북역사학자협의회, 『남북공동 고구려벽화고분 보존연구보고서』, (장애우권익문제연구소: 서울), 2007. ⑥『朝鮮古蹟圖譜』

번호	무덤 이름/소재지	무덤 내부의 위치	그림의 종류와 상태
3	강서 중무덤 (江西中墓 또는 遇賢里中墓) 6–7c 경 평안남도 강서군 강서면 우현리	현실 동벽 북벽 서벽 현실 남벽 사각 천정 천정	청룡 현무 백호 주작 해, 달, 봉황(?) 해와 달
4	강서 큰무덤 江西大墓 (③과 ①)=7c 평안남도 강서군 강서면 우현리	남쪽을 향한 현실 그림 북쪽을 향한 현실 그림 (위치 불명) 동벽 북벽 서벽 남벽	청룡, 현무, 백호 청룡, 주작, 현무 청룡 청룡 현무 백호 마주 보고 있는 주작
5	고산리 1호무덤 高山里1號墳 7c 경 평양시 대성구역 고산동	현실 동쪽/서족 벽	청룡과 쌍백호
청룡 과 쌍 백호	내리 1호무덤 內里1號墳 7c 경 평양시 삼석구역 노산리	현실 서쪽 벽	달 (해와 사신도도 있으나 마모 가 심함)
7	대안리 1호무덤 大安里古墳1號 (5c 중엽)	玄室 동쪽 벽	청용
8	덕화리 1호무덤 德花里第1號墳	동쪽 벽 북쪽 벽 서쪽 벽 남쪽 벽 사각 천정 동쪽 벽 북쪽 벽 서쪽 벽 남쪽 입구 양쪽 벽	해 북두칠성 달 별 4개 四方의 그림 청용 현무 백호 주작
9	덕화리 2호무덤 德花里 第2號墳 ③=(6c), ①=(5c말–6c전반)	천정 밑 제4단벽 동쪽 벽 북쪽 벽 서쪽 벽 동쪽 벽 북쪽 벽 서쪽 벽 남쪽 벽 합성한 사방 벽	28수 해, 28수 북두칠성, 28수 달 청룡 현무 백호 주작 북두칠성, 남두육성, 28수

번호	무덤 이름/소재지	무덤 내부의 위치	그림의 종류와 상태
10	덕흥리 무덤 德興里古墳 (408년)	前室 동쪽 벽 북쪽 벽 서쪽 벽 남쪽 벽	해 북두칠성, 많은 별 달, 별이 많음 견우와 직녀, 남두육성 등
11	매산리 사신무덤 梅山里四神塚 또는 수렵무덤 狩獵塚 평안남도 龍岡郡大代面	(현실) 동북부 동벽 북벽 서벽 남벽 동벽 서벽	해 청룡 별 5개 백호 주작 해 달
12	무용 무덤 舞踊塚 ③=(4c 말) 중국 길림성 집안현 우산 남쪽기슭	널방 天障部 고임 동벽 서벽 현실 천정 동벽 서벽 남벽	 해, 별 달 해, 달, 별들 청룡 백호 쌍주작
13	신덕리 별무덤 新德里星塚 5c 중엽 평안남도 龍岡郡新寧面 (신덕리?)	현실 남벽	주작 (해, 달, 사신은 미확인)
14	삼실 무덤 三室塚 ③=(5c 初) 중국 길림성 집안현 통구 평야의 중앙으로 뻗어 나온 우산의 남쪽 기슭 끝	제1널방 천장부 고임 동북 천장부 고임 서남 천장부 고임 서남 제2널방 천장 고임 동북 力士 그림 위 북벽 서남 제3널방으로의 통로 제3널방으로의 통로 서북 제2현실(널방) 後壁 제2널방 천장부 고임 천정 수문장 그림 위 제3널방 천장 고임 서북 서남 동남 동북 力士 그림 위 力士 그림 위 사각 천정	 현무 쌍주작 쌍주작 쌍청용 청룡 현무 쌍현무 쌍주작 주작 쌍주작 쌍백호 쌍현무 백호 백호 해,달,북두7성,남두6성 주작 쌍청용 쌍현무 쌍백호 쌍주작 쌍주작 현무 해, 달, 별자리 흔적

번호	무덤 이름/소재지	무덤 내부의 위치	그림의 종류와 상태
15	쌍기둥 무덤 雙楹塚 ③=(5c 말) 평안남도 龍岡郡 池雲面	현실 천정 후실 천정 천정 전실 동벽 서벽 남벽 북쪽 제3층	해와 달 해 달 청룡 백호 주작 북두칠성
16	안악 1호무덤 安岳第1号墳 ③=(4c 말)		북두칠성 (미확인) 남두육성, 해, 달 (미확인)
17	안악 3호무덤 安岳第3号墳 (4c 중엽, AD357)	전실 사각천정	해, 달(?), 별 5개 남두육성, 해, 달
18	약수리 무덤 藥水里古墳 ③=(5c 초)		청룡, 해, 두 별자리 현무, 7성, 3성 백호, 달, 두 별자리 주작, 묘성
19	오괴분(회) 4호무덤 五塊墳(盔)第4号墓 ③=(6c) 중국 길림성 집안현 대왕촌 통구평야 중앙부	널방 고임 벽 널방 천장 고임 안쪽 널방 서북 벽 널방 동남 벽 널방 고임안쪽	달 북두칠성(?) 북두칠성, 별자리 남두육성, 별자리 해, 해와 청룡 백호
20	오괴분(회) 5호무덤 五塊墳(盔)第5号墓 (17号墳四神塚) ③=(6c) 중국 길림성 집안현 대왕촌 통구평야 중앙부	널방 동북 서북 쪽 ? ? (위치 불명)	남녀와 해와 달 북두칠성(일부) 청룡 백호 주작
21	우산리1호무덤 5c 후반		해, 달. 사신 (미확인)
22	우산리2호무덤		28수가 있을 것 같다는 추측! (미확인)
23	장천 1호무덤 長川第1号墳 ③=(5c 중엽), ①=(4c 말-5c초) 중국 길림성 집안현의 압록강 대안 장천분지	널방 사각 천정	해, 달, 별자리 청룡 쌍주작
24	진파리 1호무덤 眞坡里第1号墳 ③=(6c 후반), ①=(6c) 평안남도 中和郡 東頭面 眞坡里 (평양에서 동남쪽으로 60 km)	남쪽 벽 서쪽 벽 사각 천정	쌍주작 백호(북향한 백호임!) 해,달. 귀퉁이에 별

번호	무덤 이름/소재지	무덤 내부의 위치	그림의 종류와 상태
25	진파리 4호무덤 眞坡里第4号墳 ③=(6c 전반), ①=(5c 말~6c 전반) 평안남도 中和郡 東頭面 眞坡里 (평양에서 동남 쪽으로 60 km)	사각 천정	별자리가 많다
26	통구사신 무덤 通溝四神塚 ①=(6c) 중국 길림성 집안현 禹山 남쪽기슭 통구평야 중앙부	널방 고임 동북 동남 현실 동벽 현실 북벽 현실 서벽 현실 남벽	해 달 청룡 通溝四神塚의 지금 이름은? 현무 백호 쌍주작
27	천왕지신 무덤 天王地神塚 (5c 중엽) 평안남도 殷山郡 北倉里	주실 동벽	해
28	호남리 사신무덤 湖南里四神塚 ③=(5c 말~6c 초) 평양시 삼석구역 호남리	청용(머리는 남향이나, 눈은 북을 보고 있다) 현무(거북과 뱀의 머리가 떨어져 있다) 백호(머리는 남향이나, 눈은 북을 보고 있다) 쌍주작	청용(머리는 남향이나, 눈은 북을 보고 있다) 현무(거북과 뱀의 머리가 떨어져 있다) 백호(머리는 남향이나, 눈은 북을 보고 있다) 쌍주작

[주] 이 외에도 나리께 데쯔로(成家徹郎)가 제시한 다음과 같은 무덤 5기가 더 있다.[20]

1. 通溝18號墓 2. 安岳1號墓 3. 伏獅里壁畵墓 4. 花上里 5. 八淸里壁畵墓

20 成家徹郎, '고송총과 기또라고분의 성도의 계보', 『기술과 역사』, 제1권, 제1호, pp. 69~98, 2000.

2

어둠 속에서 방향을 지킨 영물(靈物)들, 사신(四神)

사신(四神)이라 하는 것은 북극 주변을 제외한 나머지 하늘을 사등분하여 동-북-서-남의 각 방향 또는 영역을 지배하는 전설적인 동물(靈獸)을 뜻한다. 동쪽을 지배 또는 방위하는 동물로서 청룡(靑龍)이 있다. 중국과 일본의 학자들은 창룡(蒼龍)이라는 표현을 청룡(靑龍)과 함께 쓰고 있다.[21] 용은 원래부터 전설의 동물이지만, 아직도 우리 주변에서는 잘 사용되는 용어로 남아 있다. 북쪽을 위해서는 현무(玄武)가 있다. 이는 검은 거북이라는 뜻이다. 서쪽을 위해서는 백호(白虎)가 있다. 호랑이의 털 색깔에 흰 무늬가 있기는 하지만, 간혹 흰 호랑이도 있기에 생소한 용어는 아니다. 마지막으로 남쪽은 주작(朱雀)이 지배하고 있다. 붉은 새라는 뜻이지만, 이것도 상상하기 쉬운 동물은 아니다. 이런 동물들을 그린 그림을 〈사신도(四神圖)〉라고 하는데, 이런 그림은 무덤에 묻힌 죽은 사람의 시신을 모신 방의 네 벽에

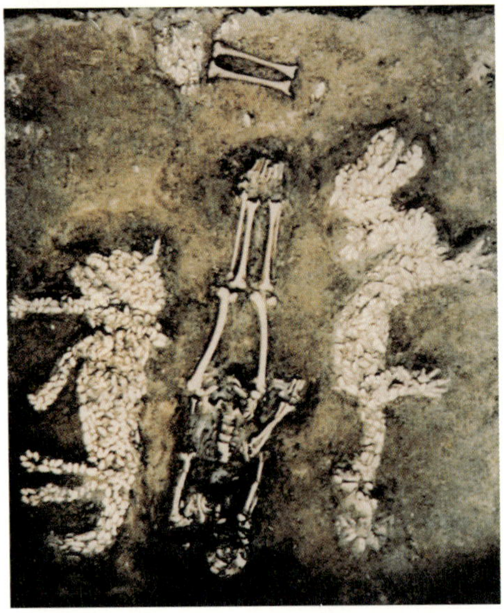

그림 III-25. 6000년 전의 용과 호랑이. 중국 하남성 복양현 무덤에 있다.

21 중국과 일본의 학자들은 창룡(蒼龍)이라는 표현을 청룡(靑龍)과 함께 쓰고 있다.

주로 그려져 있다. 고구려 무덤에는 시신을 안치한 방 외에도 또 다른 방이 있는 경우가 흔하지만, 이런 방에도 사신도가 있는 경우도 있다.

고구려의 무덤이라면 사신도는 빠짐없이 거의 다 있었으리라고 믿어진다. 하지만, 오랜 세월로 지워져서 없는 것처럼 보이는 무덤이 대부분이어서 지금은 몇 개의 무덤에서만 찾아볼 뿐이다. 우선 무덤의 네 벽에 사신도가 어떻게 배치되어 있는가를 보여 주는 다음의 두 투시도(그림 III-26)을 보자. 시신이 안치된 방의 출입문은 남쪽 벽에 있다. 이 문을 통해 방의 북쪽 벽을 보면 현무가 앞에 있고, 그 오른 쪽 벽인 동쪽에 청룡이 그리고 왼쪽 벽에 백호가 각각 있다(그림 III-26의 아래 그림). 이제 이 방에 들어가서 북쪽 벽에 등을 대고 남쪽 문을 마주 보면, 남쪽 벽에 주작이 보인다(그림 III-26의 윗 그림). 이때 청룡은 왼쪽, 백호는 오른쪽에 각각 있게 된다. 이를 살아있는 왕(실권자)에 대비해 보면, 왕은 언제나 등을 북쪽에 대고 남쪽을 바라보기 때문에 〈좌청룡〉, 〈우백호〉라는 말은 이런 배치에서 유래된 말이다. 그리고 색깔을 말할 때 사방색(四方色)이라는 표현이 있는데, 이것도 사신도의 색깔에서 유래된 말이다.[22]

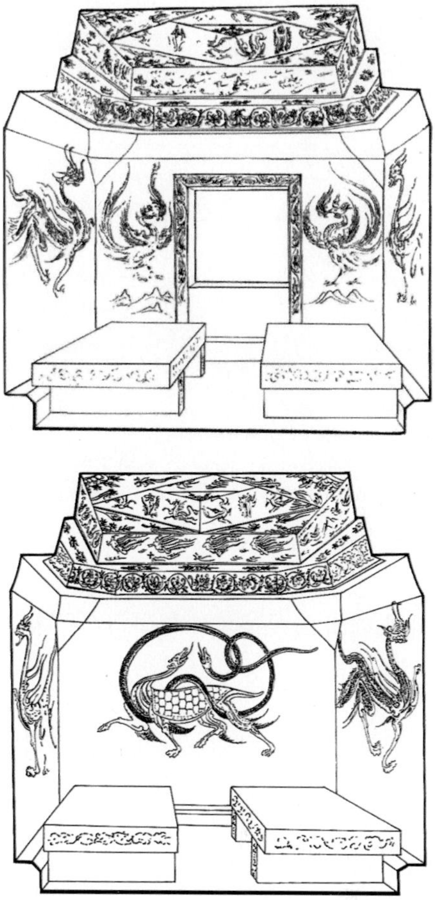

그림 III-26. 강서 큰 무덤(江西大墓)의 투시도. 위는 남쪽 문을 마주 보고 그린 것이고(『朝鮮古蹟圖譜』 제2권의 그림 20의 그림을 옮김), 아래는 북쪽 벽을 마주 보고 그린 것이다.(『高句麗文化展』 p. 12의 그림을 옮김)

22 색깔 표시에는 오방색(五方色)도 있다. 이것은 사신도의 사방색에 천정에 있는 황룡(黃龍)을 상징하는 황색을 더한 표현이다.

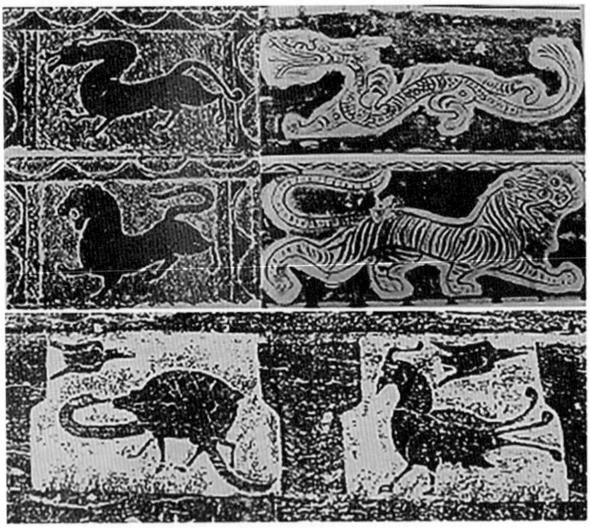

그림 III-27. 동한 말기의 중국 사신도

고구려보다 더 오래된 사신도를 가지고 있는 곳은 중국이다. 중국의 몇 지역에서 무덤을 쌓은 돌에 새긴 사신도가 발굴되고 있는데, 이 자료들은 고구려의 사신도를 살펴보는 데 중요한 참고가 된다. 그 중에서도 고구려보다 적어도 2세기 앞선 한(漢, 기원전 202~기원후 220)나라가 남긴 화상석(畵像石)이 특별히 주목을 받는다.[23] 한나라 때의 화상석에서 찾아낸 사신도 중 그 일부를 여기에 소개해 보자. 사신은 지구상에 실존하는 동물은 물론 아니고 죽음의 세계에 가서나 만나볼 수 있는 천상의 동물이다. 고대인들이 상상하여 만들어낸 것이지만, 중국의 동물과 고구려의 동물은 서로 다른 면이 많다.

2-1. 청룡

중국의 한나라 때 석각된 몇 점의 청룡을 보면, 중국 특유의 꾸불꾸불한 모양의 용이 잘 표현되어 있다. 다음에 보인 청룡은 중국 하남성 남양현에서 발굴된 동한(東漢) 때의 큰 돌판(266 cm x 108 cm)의 일부에 새겨져 있는 청룡이다. 머리와 목 앞에 6개의 별을 두고 청룡은 사납게 눈을 부라리고 있다.

한편 고구려의 청룡들은 그 용모가 아주 다르다. 5세기 초에 만든 약수리 무덤의 청룡은 가느다란 몸매에 단아한 모습인데 반하여, 그로부터 2세기 후의 강서 큰무덤과 중

23 Liu Yongping, Cho Seung Ku and Nha Il-Seong, 2005. "Survey of Han astronomical figures on Nanyang stone slabs". in Chen, K-Y., Orchiston, W., Soonthornthum, B. and Strom, R. (eds.). Proceedings of the ICOA-5, Chiang Mai University Press, Chiang Mai. pp. 100~120.

그림 III-28. 한나라 때의 중국 청룡(『남양양한화상석(南陽兩漢畵像石)』 그림 275를 옮김.)

무덤의 것은 위풍당당한 모습이 신비의 영물답게 복잡하게 변화된 모습을 보여 준다. 그리고 이 후기에 해당하는 고구려 청룡의 특징은 발톱이 세 가닥이고, 목에는 띠가 둘려 있다. 가슴에서 날개가 솟아나 있어 하늘을 나는 모양새도 갖추고 있다. 보기에도 대단히 무서운 형태이다.

일본에도 사신도가 있는 무덤이 두 개 있다. 앞으로 자주 소개할 다까마쯔 무덤(高松塚)과 기또라 무덤이다. 그 중 그림이 깨끗하게 남아 있는 다까마쯔 무덤의 청룡은 강서 중무덤의 청룡을 옮겨놓은 듯이 아주 닮았다. 뿐만 아니라 다음에 소개할 다른 세 동물도 7세기에 만든 강서 큰무덤와 중무덤의 그림에 가까운 모양새를 하고 있다. 이 점을 고려하면, 일본의 다까마쯔 무덤과 기또라 무덤의 축조 연

그림 III-29. 고구려의 청룡. 위는 약수리 무덤, 아래는 강서 큰무덤의 청룡이다.(나일성의 유화 복원도)

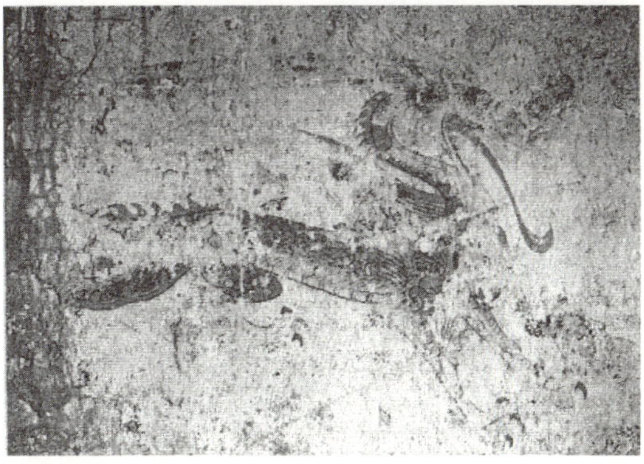

그림 III-30. 일본의 청룡(다까마쯔 무덤)

대는 7세기를 전후한 시기라고 보게 된다.

2-2. 현무

한나라 때의 현무 그림은 거의 알려진 것이 없다. 중국에서 가장 오래된 현무 그림이 한 개의 돌 판에 새겨져 있는 것이 있기는 하지만, 여기에 옮겨서 소개할만한 그림은 못된다.

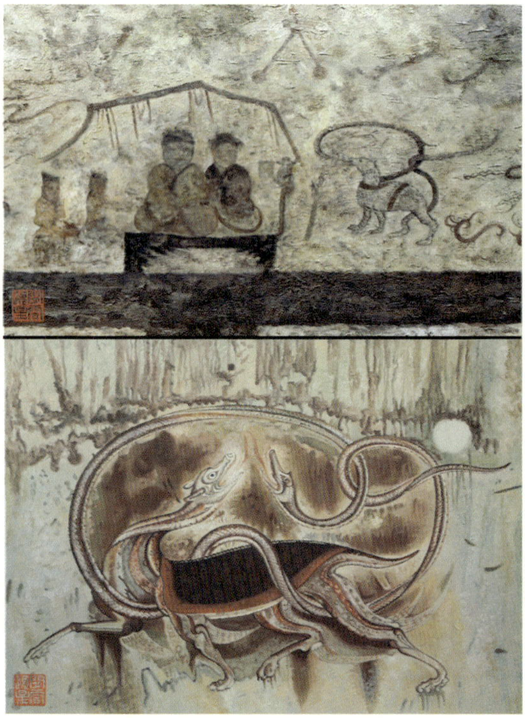

그림 III-31. 고구려의 현무. 위는 약수리 무덤, 아래는 강서 큰 무덤의 현무이다.(나일성의 유화 복원도)

고구려의 현무도 5세기의 약수리 무덤을 보면, 신기한 영물의 모습은 보이지 않는다. 훼손이 심하여 거북의 형체가 뚜렷하지 않지만 네 다리 짐승과도 같이 다리가 길어서 거북으로 보기에는 좀 어색하게 느껴지지만, 요란스럽게 거북의 몸을 휘감은 뱀의 모습은 신기하게 느껴진다. 하지만 그 다음 1~2세기 후에 축조된 강서 큰무덤의 그림을 보면 거북의 몸통을 휘감고 있는 뱀과 거북은 균형을 잡은 모습으로 좋은 조화를 이룬다. 중국의 한나라 현무에서는 찾아볼 수 없는 모습이다. 그렇다면, 현무와 뱀이 서로 얽힌

그림 III-32. 일본의 두 현무(왼쪽은 다까마쯔, 오른쪽은 기또라 무덤)

조합은 고구려 사람들이 만든 창조적 예술인가? 이런 점을 가지고 보면, 현무만이 아니라 모든 사신도를 조사해 볼 필요가 생긴다. 지역과 시대에 따라 그림이 어떻게 발전되었는가 하는 것을 엿볼 수 있는 좋은 자료이기 때문이다.

한편 일본의 두 무덤의 현무는 물론 거북의 몸통을 휘감고 있는 뱀도 강서 무덤의 현무와 뱀을 빼 닮았다. 차라리 복제한 것이라고 표현하는 것이 옳을 정도이다. 그리고 머리의 방향까지도 꼭 같다.

2-3. 백호

중국 한나라 때의 백호도 그 모양이 고구려의 것과는 현저하게 다르다. 그림 III-33에 보인 남양박물관의 백호는 그 지역의 여러 호랑이의 모습을 대표하고 있기는 하지만, 불행하게도 백호가 사신 중 동방을 상징하고 있다는 증거는 보이지 않는다.

서한이 망한 후 잠시 왕망(王莽)이 건국했던 신(新)이라는 나라(AD 8~23)가 있었다. 당하현(唐河縣)에서 출토된 백호 그림은 이 신(新)의 천봉(天鳳 5, AD 18)년에 만든 것으로 90 x 52 cm 크기의 돌 판에 새긴 것이다. 그런데, 중국의 백호들은 머리를 반드시 남쪽을 향해야 한다는 방향에 대한 이런 고정 관념을 두지 않는다. 그림마다 백호의 머리 방향은 제 각각이다.

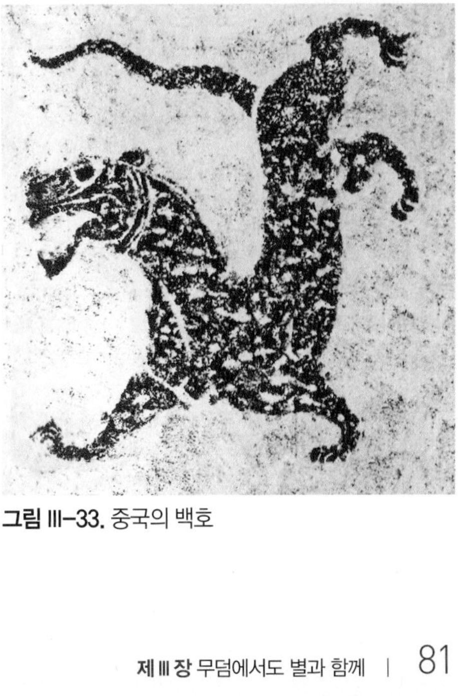
그림 III-33. 중국의 백호

한편, 고구려의 백호는 호랑이의 모습을 보여 주고 있다고 하기보다는 신기한 요물을 연상시킨다. 그 모양이 때로는 청룡처럼 보여서 분간이 어려울 때도 생긴다. 그러니까, 고구려인들은 처음부터 단순한 호랑이가 아닌 서쪽 하늘을 관장하는 그들만의 영물(靈物)을 상상한 모양이다. 재미있는 사실은 백호는 청룡과 더불어 남쪽을 향하도록 그려져 있다. 그러나 청룡의 경우는 예외가 없지만, 이상하게도 백호의 경우는

그림 III-34. 고구려의 백호. 위는 약수리 무덤,[24] 아래는 강서 큰무덤의 백호[25]이다.(나일성의 유화 복원도)

예외가 있다. 즉, 두 무덤에서 북을 향한 백호가 발견된 것이다.[26] 청룡과 마찬가지로 백호의 그림도 5세기 초의 약수리 무덤과 7세기 때의 강서 무덤 사이에 큰 차이가 있다. 먼저 약수리 무덤의 백호의 몸통은 가냘픈 것이 목이나 다리와 구별이 어렵다. 그러나 강서 무덤의 백호는 세 개의 날카로운 발톱을 가지고 있고, 날개가 가슴에 달려 있어서 하늘을 향해 날아갈 듯한 날센 모양을 함께 보여주고 있다.

백제에도 사신도는 물론 있다. 모두 두 곳이 알려져 있는데, 불행하게도 보존 상태가 좋지 않다. 백호의 그림이 남

그림 III-35. 백제의 백호와 달(능산리 무덤)[27]

24 나일성의 복원도(유화)
25 나일성의 복원도(유화)
26 북쪽을 향한 백호의 이야기는 일본의 기또라 무덤을 설명할 때 다루기로 한다.
27 한국생활사박물관 편찬위원회, 『한국생활사박물관 04』, (사계절: 서울), 53, 2001.

아 있는 무덤은 충청남도 부여군 능산리 무덤인데, 이 무덤의 아래 층 서쪽 벽에 몸통의 윗 부분과 머리만 남아 있는 백호의 그림이 있다. 백호의 몸통은 지워져서 알아보기 어려운 상태이지만, 전체적인 인상은 고구려 백호와는 달리 유순한 표정을 하고 있다. 긴 꼬리를 높이 치켜세운 이 백호의 눈과 두 귀는 뚜렷하다.

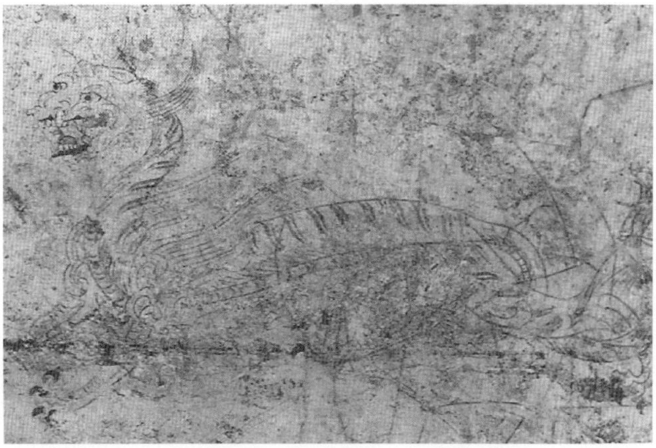

그림 III-36. 일본의 백호(다까마쯔 무덤)

백호의 몸통 바로 위에는 둥근 달이 그려져 있지만, 달을 상징하는 원 둘레에서 불길 같은 것이 사방을 향해 튀어 나오고 있다. 백제의 달만이 가지는 특징이다. 뒤에 설명할 고구려의 백호 그림에는 달이 항상 머리 앞에 있어서 백제의 것과는 대조적이다.

일본의 기또라 무덤의 청룡은 남향을 하고 있는데도 불구하고, 웬 일인지 백호는 머리를 북쪽을 향하고 있다. 이는 남향을 한 다까마쯔 무덤의 백호도 남향을 하고 있는데 말이다. 고구려 무덤에도 백호는 남향하고 있는데, 묘하게도 북향한 백호의 그림이 있는 무덤 1기가 있다. 6세기 후반에 축조된 진파리 1호무덤의 백호가 그것이다. 기또라 무덤의 백호가 바로 이 진파리 1호무덤의 백호와 마찬가지로 머리 방향을 북쪽을 향하고 있다는 것이다. 이것은 대단히 흥미 있는 일이다. 왜 이 두 무덤의 백호만은 머리를 북을 향하게 그렸을까? 이 문제에 관하여는 제IV장에서 다시 언급하기로 하자.

기또라 무덤의 백호는 늘씬한 몸매에 입을 크게 벌리고 호랑이 이빨을 잘 보여주고 있다. 몸에 날개를 달고 있는 모습이 영락없는 고구려 백호이나, 약수리 무덤이나 강서 무덤의 백호처럼 꼬리를 뒤로 길게 늘여뜨리지 않고 약간 감으면서 그 끝은 위를 향하고 있다. 이 백호에 대해서도 제IV장에서 다시 다루기로 한다.

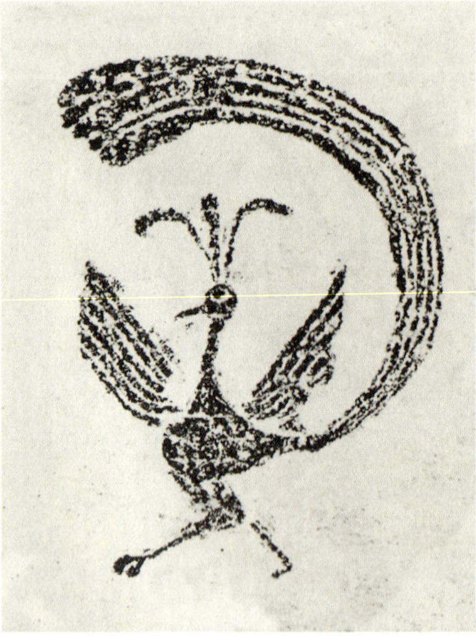

그림 III-37. 중국의 백호(중국 남양화상석)

그림 III-38. 고구려의 주작. 위는 약수리 무덤[28]이고, 아래는 강서 무덤[29]이다.(나일성의 유화 복원도)

2-4. 주작

중국 남양시(南陽市)에 있는 한나라 때의 화상석에는 주작의 그림이 대단히 많다. 돌판에서 탁본한 것을 보는 것이므로 다른 사신도와 마찬가지로 흑백으로만 되어 있어 붉은 새라는 주작의 색깔도 검은 색으로 나타낼 수밖에 없다. 한나라 때의 주작은 새의 상징성이 아름답게 강조되어 있다. 귀엽게 만든 장식물을 연상하게도 한다. 그림 III-37에 보인 주작은 서한 때의 것으로 당하현 호양신점(湖陽新店)에서 출토된 큰 돌판(147 x 58 cm)의 한 귀퉁이에 새겨져 있는 것이다.

고구려의 주작은 약수리 무덤(5c 초)에서 오래된 것을 찾을 수 있다. 그런데 이 주작을 보면 날아간다는 인상보다 뒤뚱거리며 뛰어 가는 꿩의 모습이 연상된다.

이 약수리 무덤 이전의 무덤에도 주작의 그림은 물론 있기는 하지만, 모두 그림의 상태가 매우 나쁘다. 그런데 그로부터 2세기 후의 강서 중무덤의 주작은 약수리 무덤의 꿩의 모습을 완전히 벗어 던지고 있을 뿐만 아니라, 한 마리가 아니라 두 마리로 쌍을 이루고 있다. 두 마리가 남쪽 벽 출입문 양쪽에 서로 마주 보며 날개 짓을 하고 있는 것이다.

---

28 나일성의 유화 복원도

29 나일성의 유화 복원도

그림 III-39. 일본 주작(기또라 무덤)[30]

아름답게 채색된 이 고구려인의 주작은 그들이 만든 예술의 우아함을 마음껏 발휘한 수작으로 높이 평가받고 있다.

일본의 두 무덤의 남쪽 벽은 도굴 당시에 많이 훼손되었다. 왜 남쪽 벽이 공교롭게도 두 무덤 다 훼손 되었는가 하면, 동–북–서 세 면은 한반도의 풍수지리설의 영향을 받아 구릉지대에 막혀 있고, 남쪽만 평지와 연결되어 있기 때문에 도굴꾼들의 접근이 용이했던 탓이다. 그러나 다행히 기또라 무덤에 아름다운 모습의 주작 한 마리가 살아남아 있다. 이 주작은 예술적으로도 과히 일품이다. 약간 넓게 보이는 날개에 비해 길이가 짧아 날개로서의 품위가 결여된 것 같지만, 창공을 향해 날개짓을 막 시작하는 듯한 모습은 인상적이다. 그리고 고구려의 주작과 다른 점은 공작새를 연상하리만큼 꼬리가 유난히 긴 반면에, 다리는 꺾어서 앉아 있는 모습이다.

연대학(年代學)의 기초자료[31]로서의 사신도

고구려의 무덤에는 거의 모든 무덤에 사신도가 있다. 이 많은 무덤에 그 시대의 풍물을 알 수 있는 다양하게 그린 많은 그림이 남아 있기에, 이런 그림들을 연구하여 그 시대의

---

30 (일본)獨立行政法人 文化財研究所, 『Kitora 古墳』 표지그림.
31 『무덤 속의 해와 달과 사신들』(집필 중)

문화를 이해하고 있다. 그런데 문제는 고구려는 7세기 간이라는 긴 역사를 가지고 있다. 따라서 아주 상태가 좋은 벽화를 보았다고 해서, 바로 그 시대가 언제인가를 산정해 낼 수는 없다. 그 많은 무덤 중에서 축조 연대가 확실한 것은 불과 몇 기(基)에 불과하다.

우리는 정확한 축조 연대는 알 수 없다 하더라도, 적어도 어느 세기의 초기인가, 중기인가, 아니면 말기인가 하는 정도만 알 수 있다면, 그 무덤의 역사 해석에 큰 도움을 주게 될 것이다. 무덤의 축조 연대를 추산할 방법은 없는 것일까? 여기에 사신도가 대안으로 등장한다. 사신도는 거의 모든 무덤에 다 있기 때문에 각 무덤의 사신도를 수집하여 형태의 변화하는 모습에 따라 체계적으로 배열해 볼 수 있을 것이다. 이 작업에는 연대가 확실하게 알려진 무덤의 사신도를 비교 대상의 표준으로 삼는다면, 형태의 변화에 따른 배열이 가능할 것이다. 이 배열은 곧 연대순이 된다는 뜻이다.

앞에서 소개한 바 있는 약수리 무덤은 5c초, 강서 무덤은 7c라고 각각 알려지고 있다. 이 두 무덤의 사신은 고스란히 남아 있는 경우이기에 소개한 것이지만, 보존 상태가 나빠서 4마리의 사신 중 일부가 없어졌다 해도 남은 사신 하나만 있어도 도움이 된다. 서툰 솜씨로 필자가 배열해 보니, 초기의 사신도일수록 그림이 유치하고, 후대일수록 그림이 복잡하고 섬세해지지만 대략 7c 이후부터는 다시 그림이 간단해지면서 조잡해지는 것을 어렴풋이 알았다. 이 경험을 통해서 알게 된 것은 고구려 사신도 그림을 판별할 능력을 가진 전문가들이 공동으로 작업한다면, 고구려의 연대 결정에 획기적인 자료를 사신도에서 얻을 수 있을 것이라는 점이다.

이 작업이 성공한다면, 지금가지 알려진 무덤의 축조 연대는 물론 앞으로 발견하게 될 무덤이 있다면, 손쉬운 연대 추정이 가능해질 것은 물론, 일본에서 발견되는 무덤이 있다면 그 연대 추정에도 큰 지렛대 역할을 할 것이다.

3

해와 달, 그 절대적 권위

3-1. 해와 달

고구려 무덤이라면 어느 것이나 해와 달 속에 상징적인 동물인 검은 새와 두꺼비가 있는 그림이 각각 들어 있다. 해 속에 있는 검은 새는 다리가 세 개이기 때문에 〈삼족오(三足烏), 세 발 달린 까마귀〉라고도 부른다. 그리고 달에 그려져 있는 두꺼비는 어느 것이나 다 위를 향해 앉아 있는 모습이다. 이런 그림은 고구려 보다 몇 세기 앞선 한나라 돌 판에도 있는 점으로 미루어 고구려의 이런 표현 방식이 그것을 이어 받은 것으로 보인다.

중국 한나라 시대의 해에는 돌에 새겨져 있는 검은 새의 모양이 돌마다 제각각인데 반하여, 고구려인들이 그린 검은 새는 어느 무덤을 보아도 그 모습은 거의 비슷하다.

그림 Ⅲ-40. 해와 달을 머리에 얹고 있는 남녀. 집안(輯安, 오괴 5호무덤(6c)에 있다.[32]

기원전 1세기의 서한복천추 무덤(西漢卜千秋墓)과 신망시기의 무덤(新莽時期墓)의

32 『高句麗文化展』 그림 92

그림 III-41. 신들의 호위를 받고 있는 고구려 해와 달. 집안 오괴 4호무덤(6c)에 있다. 세 발 달린 검은 새는 해에 있고(위 그림), 두꺼비의 모습은 달에 있는 것이 분명하다(아래 그림).(나일성의 유화 복원도)

채색 벽화 속에 있는 해에 검은 새가 뚜렷하게 그려져 있다. 이 그림은 채색한 것이니까 해는 붉은 색이고 새는 검다는 것이 확실한데, 묘하게도 이 해에는 다리를 접고 날라 가는 새의 모습만이 있어서 다리가 셋이라는 것을 알 수 없다.

중국에도 둥근 해에 세 발을 가진 검은 새가 있는 것도 있다. 하남성 남양시에 있는 남양박물관의 화상석 중에서 여러 모양의 해(태양)를 볼 수 있는데, 그 중에서 다리를 감춘 것과 세 다리를 뚜렷하게 보여 주는 두 그림만 소개하면 다음과 같다.

그림 III-42. 중국의 해와 검은 새. 묘하게도 새는 다리를 접고 날고 있는 모습이다. 왼쪽은 서한복천추 무덤,[33] 오른쪽은 신망 시기의 무덤이다.[34]

그런데, 달의 경우는 다르다. 중국의 달이나 고구려의 달이나 각기 다른 특색을 가지고 있어서 어느 나라의 것인가는 구별이 쉽지만, 시대의 변화에도 모양은 별로 바뀌지 않는다. 다만 초기의 달에는 두 나라의 그림에 두꺼비와 함께 다른 동물이 있는 경우가 있다. 그 좋은 예로 동한(東漢) 때의

33 『洛陽漢代彩畵』, 河南美術出版社, 1983.
34 『洛陽漢代彩畵』, 河南美術出版社, 1983.

화상석에 남아 있는 달 안에는 뛰어 가는 모습의 토끼 또는 사슴으로 보이는 동물을 사냥이라도 하는 것과 같은 사람의 모습이 오른쪽에 그려져 있는 것이 있다.

이와는 다른 배치의 그림이 고구려 무덤에 있다. 덕화리 2호무덤의 서쪽 벽에 있는 달이 그것이다. 이 달 그림 속에는 방아를 찧는 모습의 토끼와 두꺼비가 전설적인 이야기와 맥을 같이하는 모습으로 함께 있다.

그런데 이상하게도 후대로 내려오면, 전설적인 토끼는 사라지고, 어느 무덤의 달 그림에나 두꺼비만이 혼자 남게 된다. 이는 풀기 어려운 수수께끼이다. 한국에 지금까지 전해오는 전설에는 두꺼비가 아닌 토끼의 이야기뿐이기 때문이다.

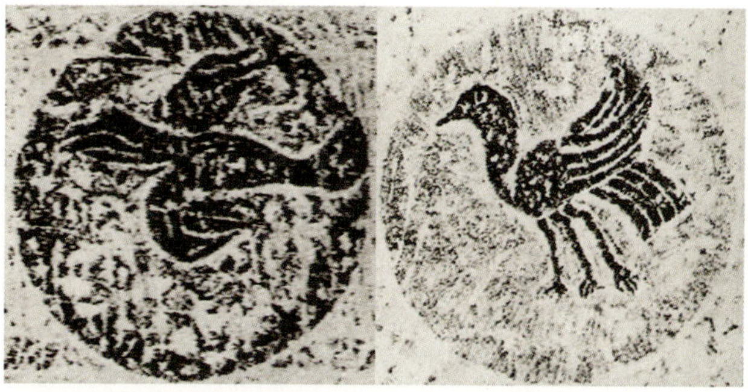

그림 III-43. 중국 한나라 때의 해와 검은 새. 왼쪽은 다리를 접고 날아가는 모습이고, 오른쪽은 세 다리로 서 있는 모습이다.[35]

그림 III-44. 초기의 달. 한나라 때의 달(왼쪽)[36]과 고구려의 달(오른쪽)[37]은 모두 두 마리의 동물을 달 속에 가지고 있다는 공통점이 있다.

그림 III-45. 두꺼비만 있는 달. 왼쪽은 동한(東漢)의 달이고[38], 오른쪽은 고구려 덕흥리 무덤(AD 408년)의 달이다.[39]

35 『南陽兩漢畫像石』 그림 279
36 『南陽兩漢畫像石』 그림 270
37 나일성의 복원도
38 『南陽兩漢畫像石』 그림 174
39 나일성의 복원도

그림 III-46. 고구려의 금장식물에 있는 해. 진파리 7호무덤에서 나온 금 장식품의 중앙에 있다.[40]

금 장식품의 해와 검은 새 (삼족오)

해는 권력자를 상징한다. 그런 의미로 보면, 고구려 진파리 7호무덤에서 출토된 왕이 사용하던 장식품에 해가 있다는 것은 이상한 일이 아닐 것이다. 그런데 이 해의 그림 속에도 다리가 셋인 삼족오가 있다.

3-2. 해와 청용, 달과 백호

고구려인들은 동쪽에서 뜨는 해를 보면서 동방을 상징하는 청룡을 함께 상상했다. 이것은 그들의 신앙인 동시에 우주관이었다. 그래서 고구려 무덤에는 해를 청룡의 머리 앞에 그린 그림이 많다. 아침에 해가 동쪽 지평선에 뜰 때, 보름달은 서쪽 지평선에 지기 마련이다. 그래서 서쪽 하늘은 백호가 다스리는 하늘이라고 했다. 따라서 고구려 무덤에 있는 백호의 머리 앞에는 보름달을 그린 그림이 있게 마련이다. 약수리 무덤의 동쪽과 서쪽 벽에 있는 다음 두 그림이 이를 잘 보여 준다.

해와 청룡, 달과 백호의 조화는 중국의 그림에는 뚜렷하게 나타나지 않는다. 오히려 엉

그림 III-47. 고구려 청룡과 해.[41] 그림의 오른쪽이 남쪽이다.

40 『高句麗文化展』 그림 113
41 나일성의 복원도(유화)

그림 III-48. 고구려 백호와 달.[42] 그림의 왼쪽이 남쪽이다.

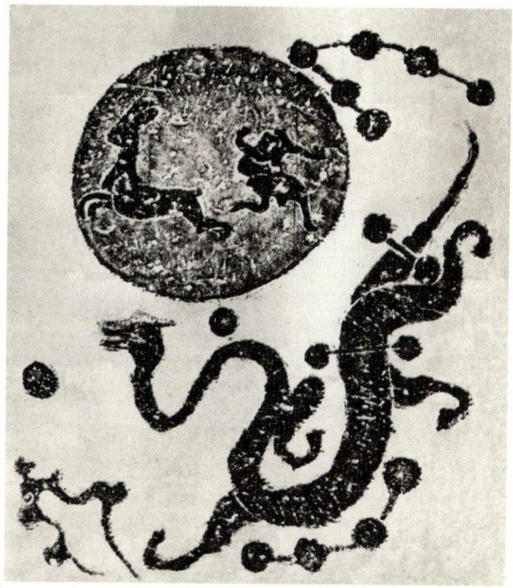

그림 III-49. 중국 동한의 청룡과 달[43]

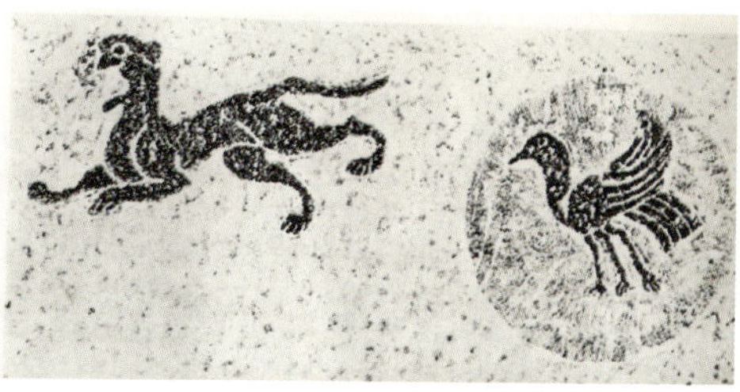

그림 III-50. 중국 서한의 백호와 해[44]

뚱하게도 해와 백호, 달과 청룡으로 짝을 바꾼 그림이 많다. 동방과 서방의 수호신으로 청룡과 백호를 생각하면서도, 그들은 해와 달과의 연관성을 뚜렷하게 부각시키기 않은 것 같다. 낙양(洛陽)의 무덤에서 나온 그림 중에 이런 혼돈을 일으킨다. 남양현 보삼점 완당에서 출토된 돌 판에는 청룡의 머리 위에 환한 보름달이 떠있고, 당하현 직엄에서 출토된 돌 판에는 백호의 뒤에 다리가 세 개인 삼족오를 가진 해가 그 좋은 예가 될 것이다.

일본의 경우는 또 다르다. 다까마쯔와 기또라의 두 무덤에는 동쪽 벽에 청룡을 그려 놓고 그 위에 해를, 서쪽 벽에 백호를

42 나일성의 복원도(유화)
43 『南陽兩漢畵像石』 그림 270
44 『南陽兩漢畵像石』 그림 279

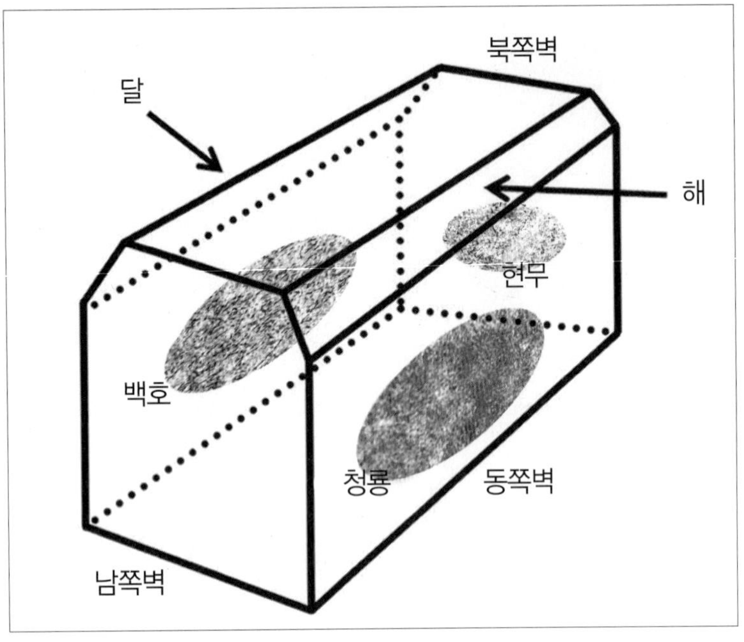

그림 III-51. 기또라 무덤의 구조. 해와 달은 각각 동쪽과 서쪽에 그려져 있으나, 그 위치는 천정과 벽 사이의 비스듬한 곳에 있다.

그려놓고 그 위에 달을, 각각 그렸다. 이것은 고구려의 형식을 따르기는 했어도 그 위치가 다른 것이다.

4

무덤 속에서도 반짝이는 별들

고구려 무덤 안에는 벽면 여기저기에 둥근 원으로 표시한 별들이 많다. 어떤 것은 띄엄띄엄 널려 있기도 하지만, 어떤 별들은 직선으로 연결되어 별자리를 형성하기도 한다. 따로 떨어져 있는 별들은 밝은 별이거나 행성일 수도 있으나, 직선으로 연결된 별들은 분명히 그들이 만들어낸 별자리일 것이다. 이런 별들과 별자리는 고구려인들이 눈여겨 보아온 것이기에 별자리 형성 과정을 연구하는 데 대단히 중요한 단서를 제공한다.

사신도를 그려서 방위를 표시한 그들이, 그리고 해와 달을 그려서 무덤 안을 밝힌 그들이 그려 놓은 별들은 과연 어떤 것이었을까.

4-1. 장엄한 자태의 북두칠성

아주 밝은 별 7개로 구성된 북두칠성은 북극을 중심으로 일주운동(日週運動)을 하고 있어서 동북아시아의 거의 모든 지역에서는 1년 내내 밤이면 어느 시각에나 볼 수 있다. 그래서 북두칠성은 북쪽 하늘을 가리키는 나침반 역할을 하기도 하고, 또 시계 역할도 한 별자리다. 생김새가 긴 손잡이가 있는 국자 모양을 하고 있어서 찾기도 쉽다. 그래서 시계가 없던 고대인들에게는 북쪽 하늘의 이 북두칠성이 밤의 시간과 방향을 알아내는 데 유용하게 쓰인다.

북두칠성을 보고 재미있게 상상을 한 중국인은 산동성 가상시의 무량사에 있는 돌에

그림 III-52. 중국 한나라 무량사(武梁祠)의 제차도(帝車圖)의 북두칠성.[45] 아래는 복원도이다.[46]

이를 새겼는데, 제왕이 타고 가는 바퀴 달린 차로 묘사했다.

고구려 영토는 동북아시아의 북쪽에 있었으므로, 이 지역 안에서는 1년 내내 밤마다 어느 때나 북두칠성을 볼 수 있는 이점이 있다. 그런 이유에서인지는 몰라도 이 북두칠성의 웅장한 그림이 평안남도 대동군 덕화리(平南大同郡德花里) 1호와 2호 무덤 현실의 북쪽 벽을 다 차지할 정도로 크게 그려져 있다. 이 두 북두칠성은 무덤의 높은 북쪽 벽에 장엄한 자태를 뽐내며 자리를 차지하고 있는데, 묘하게도 두 무덤의 그림은 서로 닮았다. 즉, 일곱 개의 별 중, 4개로 된 국자는 위에 있고, 3개의 별로 된 손잡이는 아래를 향하고 있다. 7개의 별은 모두 뚜렷하게 보이도록 큰 원으로 표시하고 이중선으로 연결하고 있다.

그런데 1호무덤과 2호무덤을 비교하면 다른 점 하나가 있다. 그것은 북두칠성의 5번째 별인 북두5(옥형 玉衡)이 있는 2호무덤의 층 사면 벽에 많은 별들이 작게 그려져 있는 것

45 陸思賢·李迪, 『天文考古通論』, (紫金城出版社: 北京), 98, 2000.
46 中國社會科學院考古研究所, 『中國古代天文文物論集』, (文物出版社: 北京), 166, 1989.

이다. 무덤의 건축 양식은 여러 층으로 벽을 쌓아올리되 위로 올라갈수록 좁아지고 마침내 천정은 작은 8각으로 마무리된다. 천정에는 아무것도 남아있지 않고 이 천정을 받들고 있는 바로 밑의 층에 해당하는 벽에는 별이 없으나, 위에서 밑으로 두 번째 층에 해당하는 벽에는 북두칠성의 북두1(천추, 天樞)과 북두2(천선, 天璇)가 있고, 그 밑의 층의 벽에는 북두3(천기, 天璣)와 북두4(천권, 天權)이 있다. 그리고 또 그 밑의 층 벽에는 북두5(옥형, 玉衡)가 있으며, 마지막 층의 벽에는 북두6(개양, 開陽)과 북두7(요광, 搖光)이 있다. 단, 사진에는 이 북두7이 마모가 심한 곳에 있어서 정확하게 확인이 어려우나 북두6으로부터 오른쪽으로 뻗은 이중 연결선이 끝나는 곳에 있는 것으로 보인다.

그런데 1호무덤에는 없는 별들이 2호무덤에 있다고 했는데, 이 별들은 모두 북두5(玉衡)가 있는 층의 벽에 있다. 즉 옥형의 오른쪽에 〈정성(井星)〉이란 두 글자와 4개의 별이 있고, 옥형을 감싸는 듯한 4개의 별이 옥형의 왼쪽에 붙어 있다. 그리고 이 4개의 별 옆에 약간 간격을 두고 3개의 별이 또 있으며, 그 밑에 〈유성(柳星)〉이란 두 글자가 뚜렷하다. 이로 미루어 보면, 〈정성〉과 〈유성〉 사이에 있는 이 4개의 별들은 〈귀성(鬼星)〉일 것이다. 말하자면, 28수 중에서 남방7사(舍)에 속하는 3개의 수가 나란히 있는 셈이다. 그런데 옥형이 있는 층에는 이 3개의 수성(宿星)만이 아니라, 그 층의 벽을 따라 돌아가면서 사방에 별들이 더 보이는데, 이는 이 층에 28수를 그려 놓은 것임이 분명하다. 이것을 뒷받침할 글자가 또 있다. 그림의 가장 오른쪽에 글자 하나가 또 있는데, 바로 〈묘(昴)〉이다. 〈묘〉의 밑에도 글자가 있는 것 같으나, 애석하게도 마모되어 판독되지는 않는다. 하지만 글자가 있다면, 그것은 틀림없이 〈성(星)〉일 것이다.

이렇게 보면, 이 덕화리 2호무덤의 그림에는 서방7사의 위(胃), 묘(昴), 필(畢), 자(觜), 삼(參)의 5개의 수와 앞서 소개한 남방7사의 정(井), 귀(鬼), 유(柳)까지 모두 8개의 수가 있는 셈이다. 또 한 수의 이름이 있다. 그 위치는 해가 있는 바로 아래층이며, 약간 오른쪽에 〈벽수(壁宿)〉라는 두 글자가 보인다. 이 무덤의 내부는 8각으로 되어 있으므로 모두 8면에 28수가 그려져 있다면, 2면에 각각 7개의 수가 배치되어 있을 것이다. 모두 8각으로 되어 있으므로, 지금까지 찾아낸 9개의 수는 28수 중 4분의 1을 좀 넘는다. 그리고 8개로 각이 진 벽면 중 두 벽면에 한 개의 7사가 해당되므로, 이 층은 28수를 전부 그린 것이 확

그림 III-53. 고구려의 덕화리 제1호무덤의 북두칠성(나일성의 유화)

그림 III-54. 고구려의 덕화리 제2호무덤의 북두칠성과 28수의 일부(나일성의 유화)[48]

실해진다.

한편, 실제로 조사하여 확인한 것인지 아니면 사진에 의한 것인지는 밝혀지지 않고 있지만, 일본의 우에하라 가즈(上原和)가 이 층에 있는 별자리의 일부를 찾아서 복원도를 그린 것이 있다(그림 III-56 위).[47] 그는 천정을 중심으로 8각 벽을 전부 조사하여 남쪽의 남두육성(南斗六星)도 그렸다. 그의 노력에 의해 별들과 별자리 이름이 알려졌으나, 약간 의심되는 부분이 있어서 나일성이 위에 소개한 10여개의 수성(宿星)을 합쳐서 새로 그린 복원도를 만들었으나, 그림 III-56 아래에 제시한 것은 임세권이 만든 그림이다.

나일성의 조사는 사진에만 의존한 것이므로, 앞으로 실측할 기회가 생기면 이 층에 있는 모든 별과 이름을 조사할 필요가 있다고 본다. 그렇게 되면, 고구려 때의 28수의 별의

47 上原和, "高句麗古墳壁畵と日本古代美術", 『高句麗文化展』, 115(연도 미상).

48 『高句麗文化展』 그림 61

배치를 알 수 있을 것이고, 따라서 이때의 별자리 형성 과정을 좀 더 상고할 수 있게 될 것으로 기대된다. 이런 관점에서 보면, 덕화리 제2호무덤은 28수의 이름이 적혀 있다는 사실 하나만으로도 높이 평가할 귀한 무덤인데, 한 가지 의문을 남기고 있다. 그것은 지금까지 북두칠성은 당연히 북쪽 벽면에 그렸을 것이라는 생각은 잘못된 것으로 보인다. 왜냐

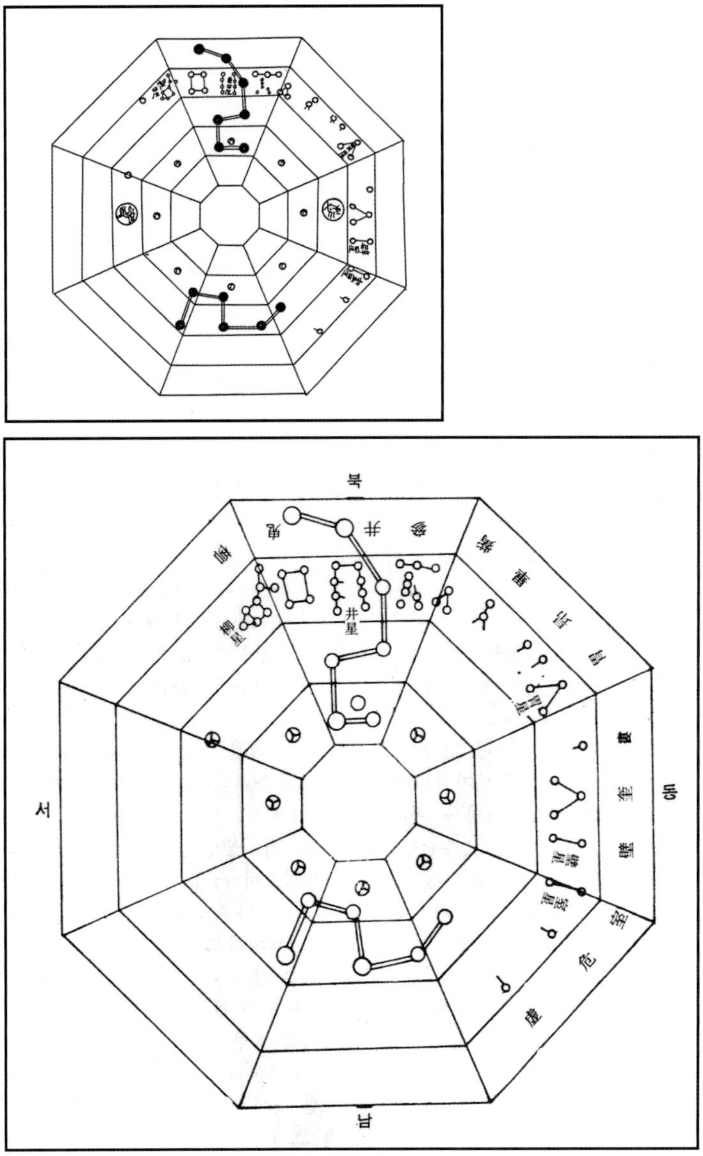

그림 III-55. 덕화리 제2무덤의 28수. 위는 우에하라, 아래는 임세권의 모사이다.

하면 북두칠성이 그려져 있는 벽면에는 북방7사의 별자리가 있어야 하는데, 옥형의 좌우에 있는 성수(星宿)는 북방7사와는 정반대에 있는 남방7사의 정수(井宿), 귀수(鬼宿), 유수(柳宿)가 있기 때문이다.

덕화리 제2호무덤을 만든 고구려인들이 방향을 착각하고 북두칠성을 남쪽 벽면에 그린 것이라고 하기 보다는 무슨 이유가 있었기 때문이라고 생각해 보아야 할 것이다.

4-2. 무덤의 천정을 보라

무덤 안에 들어가 머리 위의 천정을 보면, 해와 달 그리고 대체로 북두칠성과 남두육성이 각기 동-북-서-남 네 방향에 상징적으로 배치되어 있는 것을 보게 된다. 이 두 별자리는 후에 형성된 다른 별자리와는 달리 그 모양새가 뚜렷하기 때문에 일찍부터 고구려인들에게 뿌리를 내린 것 같다. 몇 가지 그 실례를 들어 보자.

위에 보인 길림성 집안현 장천 제1호무덤의 천정은 이런 종류의 자료 중에서는 보존 상태가 매우 좋은 편에 속한다. 천정은 네모로 되어 있으며 주황색으로 칠해져 있다. 해와 달은 각기 이 천정의 동쪽과 서쪽에 크게 그려져 있고, 북쪽과 남쪽에는 7개의 별이 직선

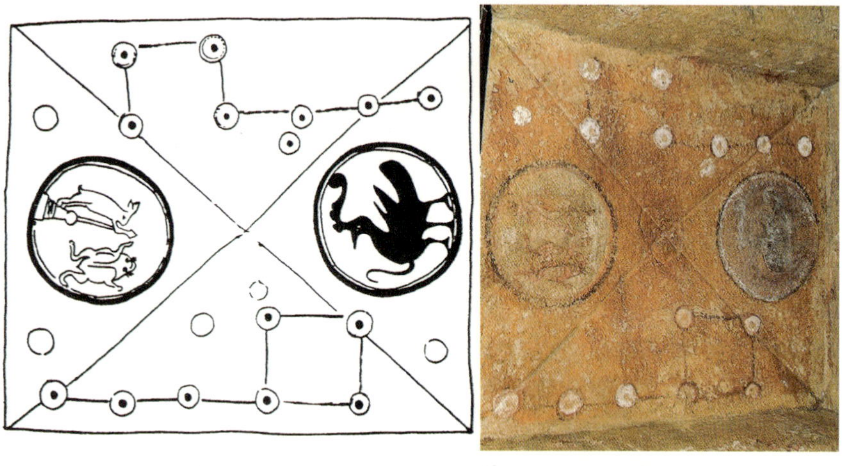

그림 III-56. 장천(長川) 제1호무덤의 해와 달과 북두칠성[49] 왼쪽은 모사도[50]

49 KBS방송공사, 『고구려 고분 벽화 -고구려 특별대전 』, (藝堂: 서울), 140, 1994.
50 ibid, p. 121.

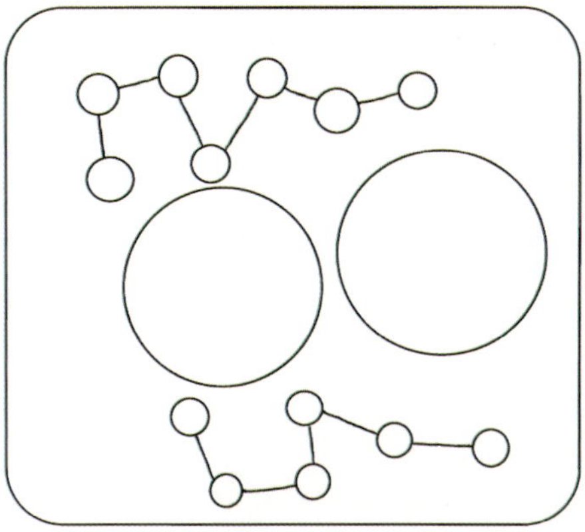

그림 III-57. 삼실(三室)무덤 둘째 방 천정의 해, 달, 북두와 남두[51] 오른쪽은 나일성의 모사도

으로 연결된 모습으로 각각 자리하고 있다. 북쪽의 7개의 별은 북두칠성인 것 같으나 남쪽의 7개의 별은 남두육성으로는 상상하기 어렵고 북두칠성이 일주운동으로 180도 회전한 모습을 보인 듯하다. 그리고 여기에는 몇 개의 별이 더 있다. 별들은 모두 금박(金箔)이나 은박(銀箔)을 입힌 것 같으나 많이 떨어져 버렸기 때문에 일부는 흰색으로 보인다. 붉은 원으로 그린 해 안에는 삼족오가 검은 색으로 그려져 있고, 달에는 방아 찧는 토끼와 두꺼비가 있어 사진에도 잘 나타나 있다. 토끼의 모습은 빗자루를 들고 있는 것인지 아니면 방아를 찧고 있는 것인지 분명하지는 않지만, 그 모습은 깜찍한 토끼임에 틀림없다. 별은 붉은 원으로 테두리를 칠한 것 같고, 그 속을 금박이나 은박을 입힌 것으로 보인다.

한편, 길림성 집안현 통구평야에 있는 삼실(三室)무덤의 네모난 천정도 재미있다. 그런데 이 삼실무덤의 경우는 무덤 안에 방이 3개나 있기 때문에, 어느 방인가를 밝혀 두어야 한다. 이 무덤의 둘째 방 천정과 셋째 방 천정에도 약간 다른 모습을 한 해와 달 그리고 별들이 있기 때문이다.

먼저 둘째 방의 천정을 보자. 여기에 있는 해와 달은 마모가 심하여 둥근 모양만 남아 있다. 해 속에 그려져 있는 삼족오가 약간 보일 뿐 사진으로는 달의 두꺼비는 거의 알아볼 수가 없다. 여기에 있는 별의 배치는 북쪽에 북두칠성, 남쪽에 남두육성이다. 해와 달 그

51 『고구려 고분 벽화 –고구려 특별대전』, 그림 81

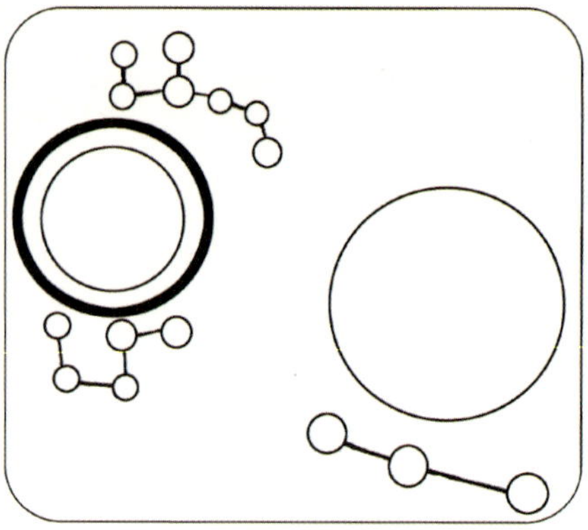

그림 III-58. 삼실(三室)무덤 셋째 방 천정의 해와 달과 별들 오른쪽은 나일성의 모사도

리고 별들의 테두리는 검게 칠해져 있다.

다음은 셋째 방의 천정을 보자. 해와 달의 배치는 둘째 방과 같으나, 별들은 북두칠성만이 아니다.[52] 이 방의 천정 그림은 둘째 방의 그림보다 훼손이 더 심하다. 특이한 점은 해와 그 위에 보이는 별들은 빨강색으로 칠해져 있는데 반하여, 달의 아래와 위에 있는 별들은 검정색 테두리이다. 두 영역을 구별하여 색깔을 달리한 것은 낮과 밤으로 나눈다는 의미인지도 모른다. 해에는 희미하지만 검은 새의 모습이 있는 것 같고, 달에는 두꺼비가 있는 흔적이 남아 있다. 검정색으로 큰 원을 그려서 달임을 보여 준 것 외에도 그 안에 붉은 색으로 가느다란 동심원이 그려져 있는데, 그 의미는 이해하기 어렵다.

그러나 후대에 오면 사정은 달라진다. 그 장엄한 모습의 해와 달은 고려시대가 되면 자취를 감추기 때문이다. 하지만 고려시대의 옛 무덤 안에도 별들이 있는 무덤은 있다. 지금까지 알려진 것은 모두 4기로 그 이름은 다음과 같다.

(1) 서삼동 무덤(경북 안동시 서삼동)

(2) 권준(權準)의 무덤(경기도 파주군 서곡리)

(3) 둔마리 무덤(경남 거창군 둔마리)

(4) 수락동 무덤(황해도 개성시 근교)

위의 4기의 무덤 중에서 북두칠성이 잘 그려져 있는 것은 (2)번 권준의 무덤이다. 권준

52 『고구려 고분 벽화 -고구려 특별대전』, 그림 83

(權準, 1281-1352)은 고려말기의 문신이기 때문에 그가 묻힌 무덤은 지금까지 보아온 규모가 큰 고구려나 백제의 무덤과는 판이하게 다르다. 천정에 북두칠성으로 보이는 7개의 별과 이름 모를 별 3개가 있지만, 해와 달의 그림이 없어 초라하게 보인다.

그림 III-59. 고려의 권준(權準) 무덤의 별들(임세권교수 제공)

지금까지 살펴 본 여러 무덤의 천정은 상징적으로 크게 그린 해와 달을 위시하여 북두칠성과 남두육성 그리고 몇 개의 별들이 있는 단순한 것들이지만, 실은 좀 더 많은 별자리를 천정에 가득 가지고 있는 무덤도 있다. 6세기 전반에 축조된 진파리(眞坡里) 제4호무덤이 그것이다(그림 III-61). 이 무덤의 네모난 천정도 오랜 세월로 심하게 훼손되어 사진으로는 별들을 찾아내기 어렵지만, 여기에 있었던 별들이 그 밝기에 따라 크기를 구별하고 있었다는 사실은 특기할 일이다.[53] 그리고 별들을 금박으로 입혔기 때문에 떨어지기 전에는 화려한 밤하늘이 연출되었었을 것이다. 지금은 이 금박들이 대부분 떨어져 버렸기 때문에 그 흔적만이 남아 있을 뿐이지만, 아직도 붙어 있는 금박이 사진에 찍힌다. 만약 이 무덤의 바닥 흙을 채취하여 조사해 보면 떨어져 나간 금박을 찾아 낼 수 있을지 모른다.

그림 III-61에 보인 우에하라(上原和)의 복원도에는 전부 31개의 별자리가 있다. 이렇게 많은 별자리가 북극 주변에 그려져 있었다면, 이 복원도를 가지고 고구려인들이 생각한 별자리의 모양을 더듬어 보는데 도움이 될 것이다. 하지만, 불행하게도 우에하라는 복원도에 기입한 번호가 어느 별자리를 가리키는지 알아 볼 수 있는 표를 제시하지 않았다.

일본의 다까마쯔 무덤의 천정에 28수가 잘 그려져 있다. 이것은 고구려 진파리 제4호

53 동양권의 성도에는 밝기에 상관없이 별을 똑같은 크기로 표기해 왔었다. 별의 발기가 처음 성도에 반영된 것은 14세기 말에 만든「천상열차분야지도」가 처음이다.

무덤이나 중국의 장세경의 무덤과 같은 배열이다.

다음 표에 사진으로 판독한 덕화리 2호무덤과 진파리 4호무덤의 별자리를 우에하라(上原)의 〈고구려 무덤과 다까마쯔 무덤의 성신도와의 대비도〉와 같은 형식의 그림을 제시한다.[54]

이 비교를 위해서 사용한 천문도는 1395년의 「천상열차분야지도」이다. 이 성도는 고구려의 것을 모방하여 만든 것이기에 고구려 무덤의 별자리와 대비해 보는 데 가장 적절하다고 생각한다.

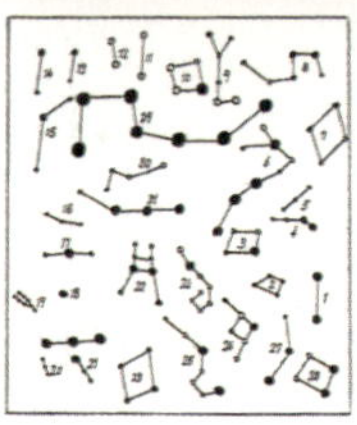

그림 Ⅲ-60. 진파리(眞坡里) 제4호무덤의 천정. 금박을 입힌 많은 별자리가 그려져 있었으나, 불행하게도 마모가 심하여 지금은 알아보기 어렵다. 아래는 우에하라(上原和)의 복원도이다.

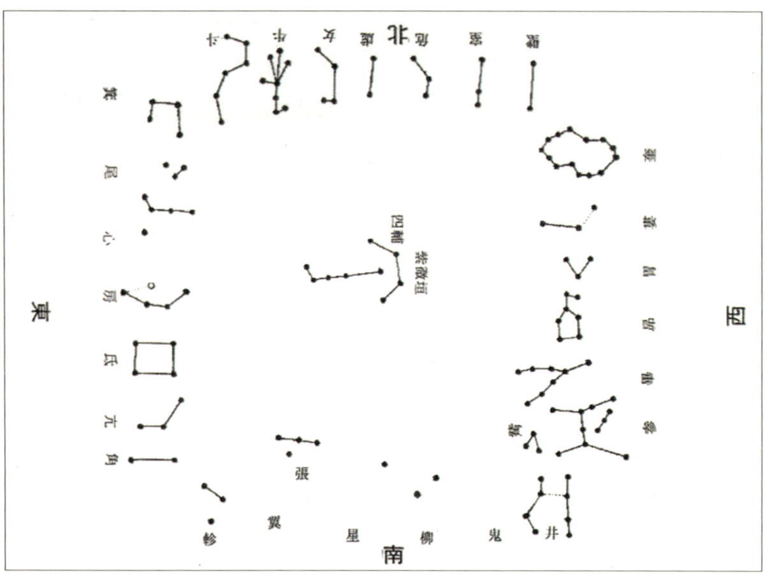

그림 Ⅲ-61. 다까마쯔 무덤 천정의 별들. 나리께 데쯔로오(成家徹郎)의 복원도[54]

54 나리께 데쯔로(成家徹郎), *The Fourth International Conference on Oriental Astronomy*, August, 2001.
55 우에하라 가즈(上原和), "高句麗古墳壁畵と日本古代美術", 『高句麗文化展』, 115, (연도 미상).

표 III-2. 세 무덤에 있는 28수도와 천상열차분야지도의 28수도의 비교. 장세경 무덤의 28수와 「천상열차분야지도」의 28수는 나일성이 추출한 것이고, 진파리 제4호무덤과 다까마쯔 무덤의 28수는 각각 우에하라와 나리께가 추출한 것이다.

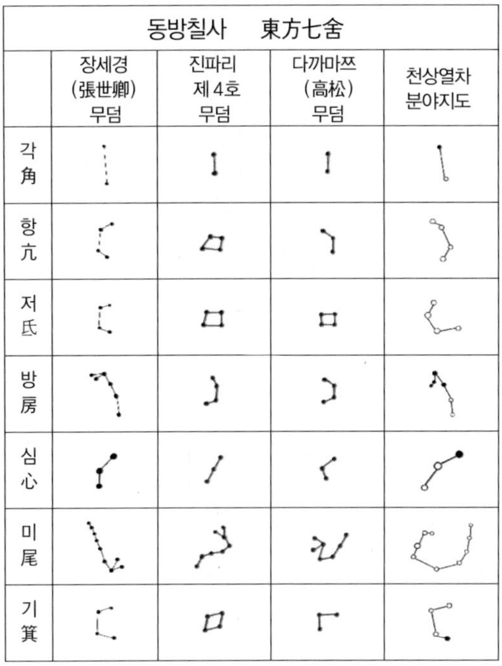

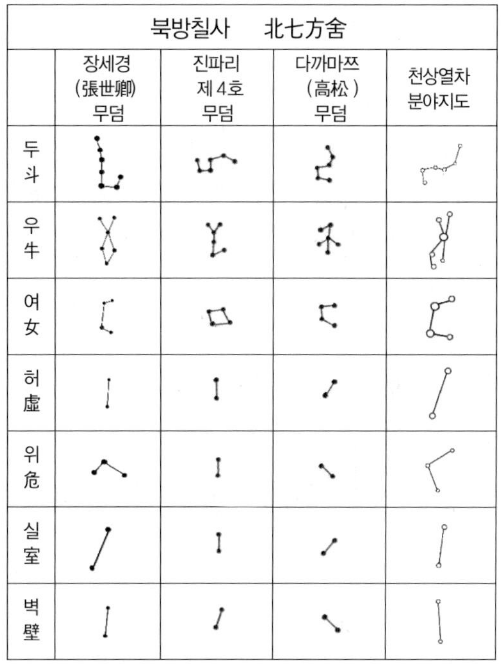

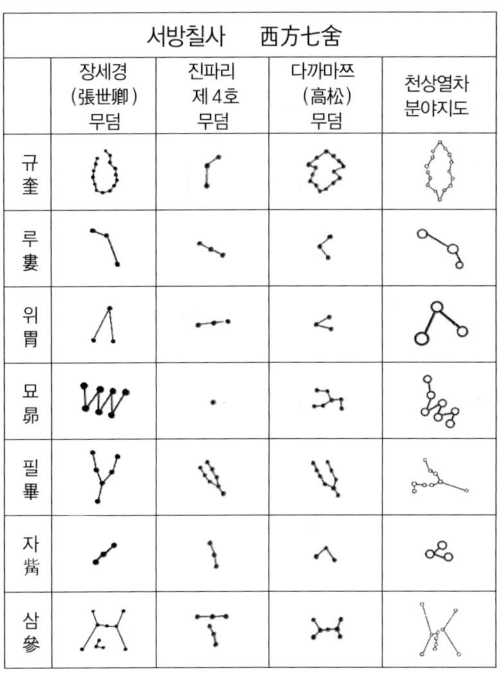

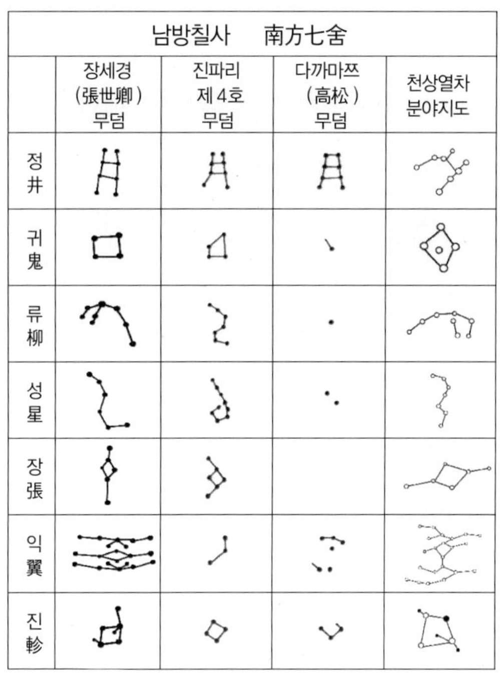

4-3. 무덤의 벽에는?

무덤의 천정을 장식한 별들과는 달리, 천정 바로 밑에 이어서 여러 층으로 넓혀가는 형식으로 축조한 벽에 그린 별들은 어떤 것일까? 이런 벽에 그린 별자리의 형식은 네모난 천정에 평면으로 모든 별을 그린 진파리 4호무덤의 것과는 달리 좀 더 실제와 맞을 것이라고 생각된다. 그러나 그런 기대와는 달리 현재까지 보존이 잘 되어 있어서 조사가 가능한 무덤은 의외로 그 수가 적다. 이런 종류의 무덤이라면, 앞에서 이미 소개한 바 있는 덕화리 제2무덤(그림 III-55와 56을 참조)이 가장 좋은 예로서 참고가 될 것이지만, 여기에 2기의 고구려 무덤의 경우를 더 소개해 보자. 첫째는 각저 무덤인데, 이께우찌(池內宏)와 우메하라(梅原末治)[56]가 함께 찾아낸 별은 8각 면의 것을 원으로 표현한 탓인지 몰라도 좀 수긍하기 어려운 면이 있다. 그래서 여기에는 나일성이 찾아낸 별을 다음 그림 III-63에 보였다.

둘째 무덤은 무용무덤이다. 사진으로는 찾아내기 어려운 별들을 이께우찌(池內宏)와 우메하라(梅原末治)는 잘 조사했지만, 그들이 제시한 그림은 검증이 필요하다고 본다.

이제 각저무덤과 무용무덤의 높은 벽에 있는 별들을 자세히 다시 보자. 이 두 무덤의 별들은 북두칠성을 비롯하여 북극에 가까운 별자리들이 거의 전부이기 때문에 이 별들은

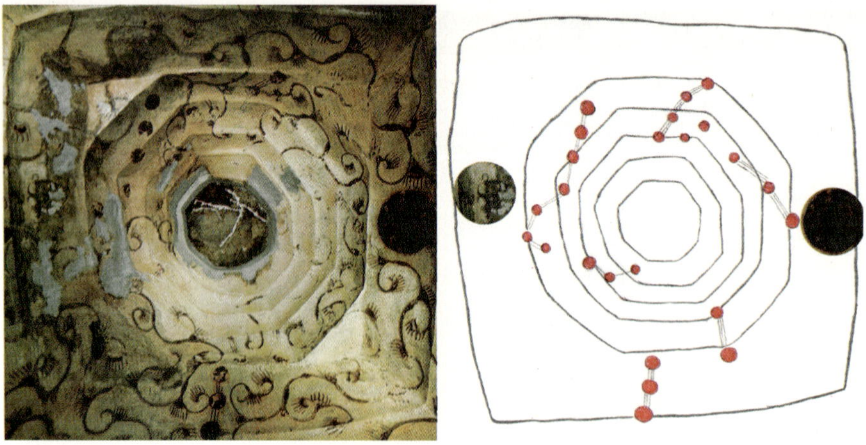

그림 III-62. 각저(角抵)무덤 천정의 해와 달과 별들. 모본은 나일성이 새로 그린 것이다.

56 池內宏·梅原末治, 『通溝』 卷下, 日滿文化協會, 1940.

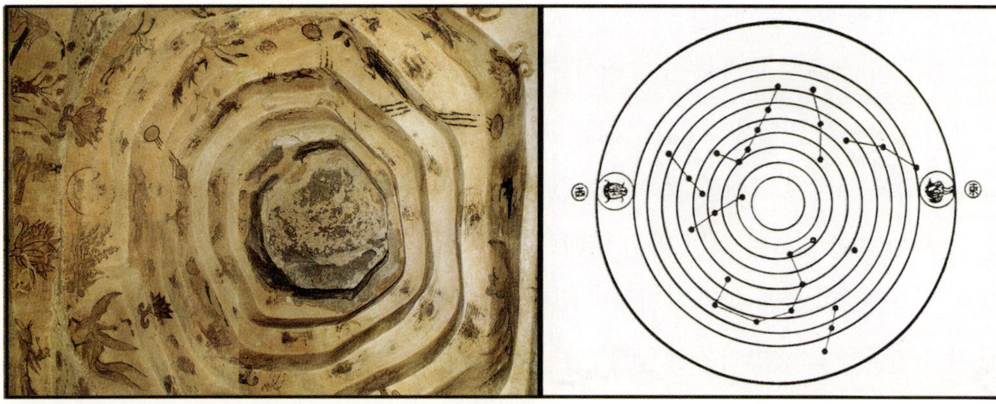

그림 III-63. 무용무덤(舞踊塚) 천정에 있는 해와 달과 별들.[57] 모본은 이께우찌(池内宏)와 우메하라(梅原末治)가 그린 것이다.

28수에 속한 별자리라고 볼 수는 없을 것이다. 그리고 두 무덤의 별들의 배치를 보면, 같은 모양을 한 별자리는 거의 보이지 않는다. 이 두 무덤에 있는 별자리들은 자미원(紫微垣)에 속해 있는 것이라고 생각은 되지만, 어느 별자리인가를 찾아보는 동정(同定) 작업은 지금까지 아무도 행한 바가 없다.57

형태가 잡혀가는 28수

이십팔수(二十八宿)에 대해서는 이 책의 다른 곳에서 자세히 소개할 예정이므로 약간의 중복이 되겠지만, 고구려 무덤의 그림을 설명하기 위해서는 간단한 설명이 여기서 필요하다. 중국의 수나라 때 단원자(丹元子)라 하는 사람이 총 1,646개의 별을 모아서『보천가(步天歌)』[58]라는 이름의 책을 발간한 일이 있었다. 이 책에는 이전부터 알려져 온 지식을 종합하여 북극을 중심으로 세 개의 울타리(三垣)를 설정하고, 적도와 황도 근처에서 지평선까지의 하늘을 28개의 수(宿)로 나눠서 모두 31장의 그림으로 된 성도가 수록되었다. 이 책이 출판된 이후, 이 세 울타리와 28개의 수가 차지하는 구역에 있는 별들을 그 후 오랜 동안 중국과 한국에서 삼원이십팔수(三垣二十八宿)의 별들이라 하여 지식층의 사람들

57 『KBS 고구려고분벽화, 고구려특별전』, 그림 41, 1981.
58 『보천가』의 저자에 관하여는 단원자(丹元子)가 아니라 왕희명(王希明)이라는 주장이 있다. 이에 관하여는 제VII장 (1)을 참조하라.

이 외우기만을 힘써온 것 같다.

그런데 이 수나라 시대에, 고구려인들은 이 3원과 28수를 어떻게 만들었을까 하는 것이 우리의 흥미를 자아내게 하는 대목이다. 우선 고구려 초기와 중기에 만든 별자리가 그들의 무덤에 어떻게 그려져 있는가를 면밀히 조사해야 한다. 그 이유는 『보천가』에 소개된 각 수에 속한 별들은 이미 밝힌 바대로, 누군가가 혼자서 정한 것이 아니고 그 이전부터 여러 사람들이 오랜 세월을 거치면서 하나씩 만들어 온 것들이다. 시대에 따라 또 사람에 따라 별들을 묶는 방법은 조금씩 다른 것은 이런 이유에서다. 따라서 우리는 고구려인들이 생각하거나 그려낸 28수는 어떤 모양이었을까 궁금하게 생각하게 되는 것이다. 그리고 이제 고구려 무덤은 이런 궁금증을 풀어주는 자료를 우리에게 조금이나마 제공해 주고 있다.

가장 많은 별자리가 체계를 갖추고 배열되어 있는 무덤은 앞에 보인 덕화리 제2호무덤이다(그림 III-56을 참조). 이 무덤은 웅장한 북두칠성이 북쪽 벽에 아래위로 장엄한 모습을 자랑하고 있는 바로 그 무덤이다. 그러나 이 북두칠성은 상징적으로 그렇게 크게 그린 것일 뿐임을 명심해야 한다. 우리가 관심을 가지고 찾아보려는 28수는 천정을 기준하여 아래로 8각으로 된 네 번째 벽면, 즉 북두칠성의 옥형(玉衡)이 그려져 있는 곳이다. 이 네 번째 벽은 곧 하늘의 황도와 적도에 해당하는 영역이 된다.

28수가 그려져 있는 벽은 모두 8면을 가지고 있는 8각형으로 축조되어 있으므로, 동방, 북방, 서방, 남방은 각기 2면씩 차지하겠지만 실제로는 1면과 좌우의 반쪽씩을 영역으로 하고 있다. 동방과 서방을 차지하고 있는 면에는 각각 해와 달이 자리하고 있고, 북방과 남방을 중심으로 삼고 있는 면에는 각각 북두칠성과 남두육성이 크게 그려져 있다. 그러나 이 8면을 골고루 다 조사하는 일은 거의 불가능하다. 왜냐하면, 여러 면이 너무나 심하게 훼손되어 있어서 별자리를 찾아 볼 수가 없기 때문이다. 지금까지 이 무덤의 별자리를 많이 찾아서 복원도를 그린 사람은 이미 앞에서 소개한 바 있는 우에하라이다. 그는 28개의 수성(宿星) 중에서 15개에 총 49개의 별을 찾아냈다.

진파리 제4호무덤에 많은 별이 있다는 것은 이미 우에하라의 연구를 통해서 밝힌 바 있다. 그는 28개의 수성(宿星) 모두를 찾아내는 성과를 올렸는데, 자유롭게 출입이 가능하

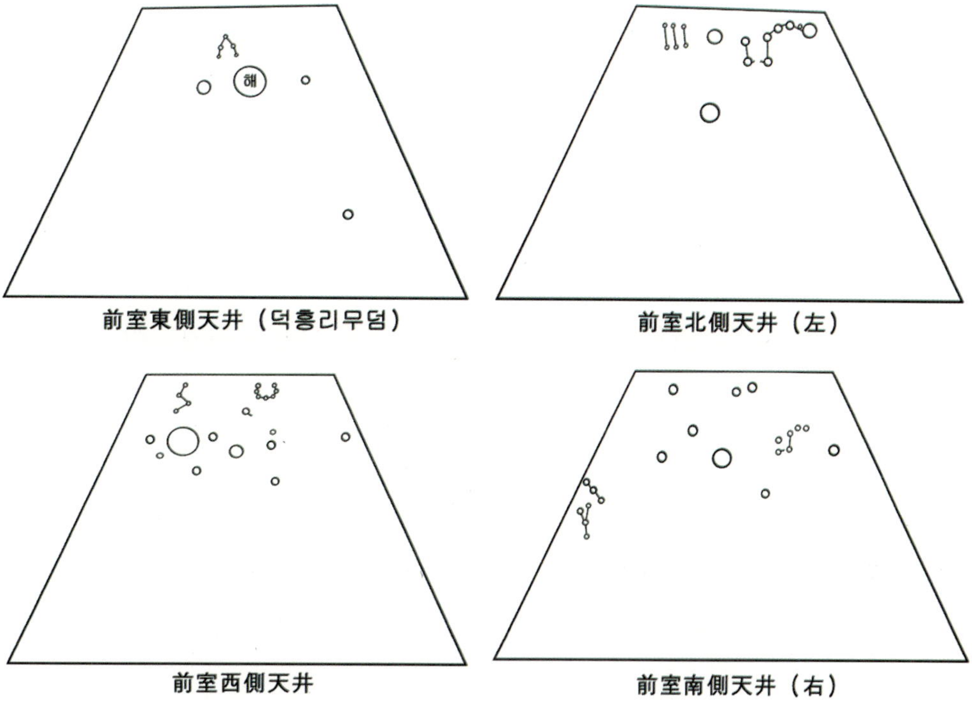

그림 III-64. 덕흥리 무덤의 별들(나일성의 모사도)

던 시기에 행한 조사여서 후일의 연구자들에게 큰 도움을 주고 있다.

그리고 견우-직녀의 그림으로 잘 알려진 덕흥리 무덤에도 의외로 많은 별들이 있다. 특별히 지적할 점은 이 무덤에 있는 별들은 밝기에 따라 크기가 다르고, 또 그 배열이 사면에 두루 잘 분포되어 있다는 것이다. 그리고 보존 상태가 비교적 좋아서 별들을 구별해 내기도 쉽다. 다만 이 무덤에 있는 별들은 넓은 벽면에 독립적으로 점점이 흩어져 있기 때문에 별자리로 묶는 일은 대단히 어렵다. 다음 그림 III-65를 보면, 이해가 될 것이다.

고구려 무덤의 별들의 특징

지금까지 밝혀낸 고구려의 별자리들은 과연 어떤 모양을 가지고 있으며, 또 무슨 목적으로 그려진 것일까. 이 의문을 풀기에는 잘 보존된 무덤의 수가 많지 않다 하더라도 별을 확인하기 어려울 정도로 마모가 심하여 쉽지 않다. 진파리 제4호무덤에서 찾아낸 별자리의 모양을 중국의 장세경 무덤(張世卿墓)과 일본의 다까마쯔 무덤의 28수도와 비교해 볼 수 있도록 표 III-2에 수록한 바 있는데, 이때 기준이 되는 성도가 필요하여「천상열차분야지도」를 이용했다. 28수의 별자리의 모양을 비교할 수 있는 성도로는「소주천문도」도 있으나 이것은 고구려의 별자리나 일본의 별자리와는 그 모양이 현저하게 다르다. 그런데 이런 비교 작업을 할 때 주의해야할 점은 이 두 천문도는 북극을 중심으로 한 장의 석판에 모든 별 전부를 다 기입한 것이어서, 북극권은 너무 조밀하고 적도 이남은 너무 넓게 퍼져 있어서 실제와 다르다는 사실을 고려해야 한다. 무덤의 벽에 그려져 있는 성도는 대체로 원통형 투영법으로 그린 것이므로, 비교 연구하는 경우에는「천상열차분야지도」 대신에『보천가』나『천문유초』를 이용하는 편이 더 적합할 수도 있다.

4-4. 고려(高麗) 무덤의 별들

기원 668년에 고구려가 망한지 250년이 지난 918년에 건국한 고려는 무덤 안의 별들에 관한한 통일신라가 아닌 고구려의 양식을 이어 받았다.[59] 지금까지 알려진 무덤 중에서 별을 가지고 있는 무덤은 고작 4기에 불과한데, 그 중 대표적인 하나는 이미 그림 III-60에서 본 바 있는 권준의 무덤 천정의 북두칠성과 이름 모를 별 3개이다. 이것은 고구려의 전통이 굉장히 쇠퇴한 모습이 되고 말았다는 증거인데, 다행히 두 번째 무덤은 별들로 화려하게 장식되어 있다. 그 무덤의 이름은 서삼동(西三洞) 무덤이다.

서삼동 무덤의 이십팔수

서삼동 무덤의 위치는 경상북도 안동시 녹전면 서삼동이다. 석실의 네 벽과 천정은 회칠되어 있고, 동북서남 네 벽에는 차례로 청룡, 현무, 백호, 주작이 그려져 있다. 천정에는 지름 80 cm인 짙은 초록색 원 안에 28수에 속한 별들이 붉은 색으로 칠해 있다. 이 원

---

59 任世權은 "古墳壁畵에 나타난 二十八宿",『崔永禧先生華甲紀念 韓國史學論叢』, pp. 763~782, 1987.에 다음과 같이 기록하고 있다.《서삼동 고분의 28수 그림은 고구려 멸망 이후의 고분에서는 볼 수 없는 것이며 또한 통일신라를 건너 뛰어 고구려를 계승한다는 명분아래 건국한 고려 고분에서 비로소 나타난 것이라는 점에서 매우 주목된다. 특히 이 고분이 고려시대의 다른 고분에서 보이는 외형상의 특성, 곧 方形의 봉분을 하고 있음에도 역시 고구려의 전통을 그대로 계승한 것이라 할 수 있다면 고려의 고구려 계승이란 명분은 명분에만 그친 것이 아니라 문화적 측면에서도 확인된다고 하겠다.》

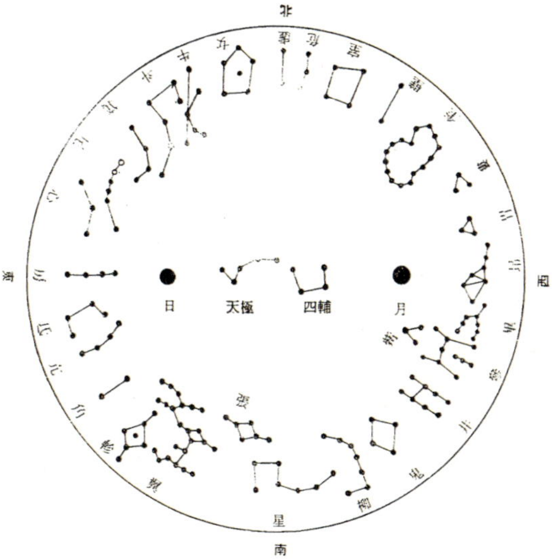

그림 Ⅲ-65. 서삼동 무덤의 이십팔수도. 임세권의 모사도이다.[60]

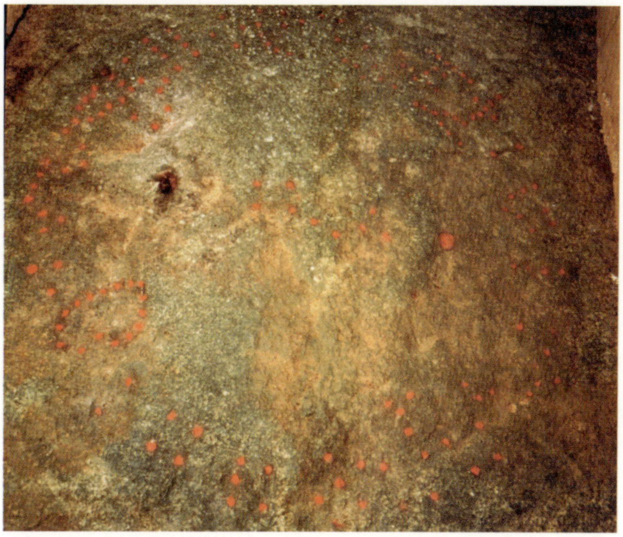

그림 Ⅲ-66. 서삼동 무덤 천정의 해와 달과 이십팔수도(임세권교수 제공)

의 중심에는 자미원에 속한 9개의 별이 있고, 동쪽과 서쪽을 가리키는 뜻으로 해와 달도 작게나마 그려져 있다.[60]

60 안동대학 박물관, 『서삼동벽화고분』, 안동대학박물관 총서(1), 33, 1981.

5

일본에 건너간 고구려 별들

일본에는 천문에 관련된 그림이 있는 무덤은 단 2기 뿐이다. 이 2기의 무덤은 나라현(奈良県高市郡明日香村)에 남북으로 약 1 km 거리를 두고 나란히 있다. 다까마쯔 무덤(高松塚)과 기또라 무덤(キトラ古墳)이 그것이다. 무덤의 주인이 누구인지는 정확하게 밝혀져 있지 않으나, 망명한 고구려나 백제의 귀족일 가능성이 높다고 한다. 일본 아스까(飛鳥)시대의 말기의 산물로서 서기 592~694년에 해당한다.

두 무덤은 고구려나 중국의 무덤에 비하면 아주 작지만, 고구려와 왜국(일본) 간의 문화 교류와 일본에 전수된 천문학의 원류를 찾아보는 데 있어서는 귀중한 문화 유적으로 학계의 관심이 지대하다. 둘 중 다까마쯔 무덤에 관하여는 이미 조사가 끝난 상태이고, 기또라 무덤에 대한 조사도 일단락되어 현재까지 많은 보고가 있지만 지금도 심층적인 연구는 계속되고 있다. 현재까지 알려진 이 두 무덤의 별과 사신도(四神圖)에 관하여 차례로 소개해 보자.

다까마쯔 무덤(高松古墳): 이 무덤 안에 별자리와 사신도가 그려져 있다는 사실이 알려진 것은 1972년에 발굴하던 때였다. 시신이 안치된 무덤 안의 방의 크기는 폭이 약 1 m, 길이 2.6 m, 높이 1.1 m에 불과하다.

이 무덤의 세 벽면에 청룡(동쪽), 현무(북쪽), 백호(서쪽)가 차례로 그려져 있다(그림 III-30, 32, 36을 참조). 그러나 주작(남쪽)은 도굴당하던 당시에 이미 파괴되어 버렸다.

동쪽 벽 중앙의 청룡 위에는 해, 서쪽 벽 중앙의 백호 위에는 달이 각각 그려져 있다.

무덤의 천정에는 북극을 중심으로 중앙에 2개의 별자리가 있고, 그 주변에 28수가 동-북-서-남에 해당하는 방위에 맞춰서 그려져 있다. 각 수에 속한 별들은 직선으로 연결되어 있고, 동방, 북방, 서방의 7사(七舍)의 별들은 전부 확인이 되지만, 남방의 7사 중에서는 정수(井宿)만 확실할 뿐 나머지는 도굴 당할 때 파괴되어 확인하기 어렵다(표 III-2를 참조).

기또라 무덤(キトラ古墳): 이 무덤은 오래전부터 그 존재가 알려져 왔었지만, 조사가 시작된 1983년 11월에야 남쪽 벽에 생긴 도굴 당한 구멍으로 후아이바 스코프(fiberscope)로 북쪽 벽에 현무가 있다는 사실을 발견했다. 그 후 본격적인 조사가 시작된 것은 그로부터 15년 후인 1998년 3월부터였다. 소형 카메라로 내부를 조사한 결과 청룡, 현무, 백호가 선명하게 찍혔을 뿐만 아니라 천정에 황도와 적도 그리고 상현권(常見圈)을 표시한 원과 남쪽 지평선을 나타내는 큰 원이 있고, 그 큰 원 안에 많은 별들이 있다는 것을 알게 됨으로서 일본 열도를 흥분의 도가니로 몰아넣었다. 그리고 2004년 10월에는 그림이 그려져 있는 내부의 벽(실은 석판)을 뜯어내어 곰팡이가 낀 부분을 제거하고 보존 처리를 하였다.[61]

기또라 무덤의 성도는 북극을 중심으로 모든 별들을 그린 것이다. 이렇게 지평선 상에서 보이는 모든 별을 그린 것을 전천성도(全天星圖)라고 한다. 이에 해당하는 고구려의 진파리 제4호무덤이나 이현 무덤의 성도가 이에 속한다. 기또라 무덤의 성도에는 북극을 중심으로 두 개의 동심원이 그려져 있다. 작은 원은 항현권(恒見圈)[62]을 표시한 것이고, 바깥 경계를 표시한 큰 원은 항은권(恒隱圈)[63]이다.

항현권과 항은권 사이에는 또 다른 두 개의 원이 서로 교차한 모양으로 그려져 있다.

---

61 다까마쯔 무덤의 경우 현장에서 보호하도록 한 결과 발견 당시의 색상이 현저하게 변색되어, 발굴 조사 때의 모습과는 현저하게 달라졌다는 사실을 알게 되었다. 이로 인해서 2004년 10월 기또라 무덤의 그림은 해체하여 동경에 있는 문화재연구소로 옮겨 그 곳에서 보존 처리를 한 다음 이 연구소가 보관하도록 결정하였다.

62 지구의 북반구에 사는 사람들은 북극을 중심으로 그 지방의 위도에 맞는 범위의 하늘의 별들을 일년 중 항상 볼 수 있다. 예를 들면, 서울의 위도가 37도이므로 서울에서는 북극에서 반지름 37도 떨어진 원안에 있는 모든 별을 항상 볼 수 있다. 이 때 이 하늘의 크기를 표시하는 원을 항현권(恒見圈)이라고 부른다.

63 지구의 북반구에 사는 사람들은 남극에 가까운 하늘을 전연 보지 못한다. 이것도 지구상의 위치에 따라 다른데, 서울을 기준하면, 남위 53도 이남의 별을 볼 수 없다. 이 경계를 항은권(恒隱圈)이라고 한다.

그림 III-67. 기또라 무덤의 별들(2015년)[64]

이 중 작은 원은 북극을 중심으로 그린 원으로서 항현권이나 항은권과 함께 북극을 중심으로한 동심원이다. 이 원은 하늘의 적도(赤道)이다. 그리고 황도(黃道)도 그려져 있는데, 이 황도(黃道)와 적도는 두 곳에서 교차한다. 그 교차점을 춘분점과 추분점이라고 한다. 일년 중 해가 황도를 따라 움직이다가 이 교차점에 오면, 계절적으로 각각 춘분과 추분이 되는 것이다. 이렇게 여러 원을 그려 넣은 무덤은 기또라 무덤이 유일하다.

다음으로 생각할 수 있는 자료로서 해와 청룡, 달과 백호의 조합을 들 수 있다. 다까마쯔와 기또라의 두 무덤에는 동쪽 벽에 청룡과 그 위에 해를, 서쪽 벽에 백호와 그 위에 달을 각각 그려 넣은 것은 고구려의 형식 그대로이다. 굳이 다른 점을 지적한다면, 고구려의 해와 달은 각각 청룡과 백호의 앞에 있다는 사실이다.

기또라 무덤의 백호는 북쪽에 머리를 두고 있다. 이미 언급한 대로 중국 백호의 경우는 머리 방향을 남쪽에 두어야 한다는 고정 관념을 두지 않는다. 그리고 일본의 두 무덤 중 하나인 다까마쯔 무덤의 백호는 고구려의 무덤과 마찬가지로 남향을 하고 있다. 그러나 기또라의 백호는 머리를 북쪽을 향하고 있다. 이에 관하여는 다음 제IV장에서 다시 언급하기로 하자.

한 가지 더 살펴 볼 것이 있다. 그것은 기또라 무덤 천정에 그려진 성도의 구성이 바로 천상열차분야지도를 닮았다는 점이다. 천상열차분야지도는 문제의 시기보다 적어

---

64 일본 NHK, 2015.

도 7-8세기나 뒤진 조선 태조 4(1395)년에 만든 석각천문도지만, 이 석각천문도는 고구려의 석각천문도 탁본을 가지고 복원한 것이다. 그러니까 기또라 무덤에 천문도를 그린 화가는 이 고구려의 각석에서 떠낸 탁본을 보고 그렸을 진파리 제1과 제4호 무덤의 별과 사신도를 모사했을 가능성이 높다. 하지만 현재 일본 학계는 고구려 왕이 아닌 백제왕선광(百濟王善光)을 기또라 무덤의 주인공으로 지목하고 있다.

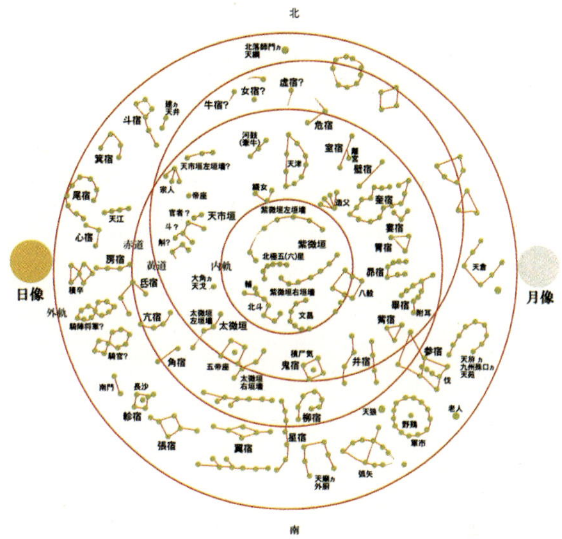

그림 III-68. 기또라 무덤 천정의 별들의 모사도(나까무라 쯔꼬(中村士) 교수 제공)

제 IV 장

위트와 유머가 넘치는 그림

고구려 수산리 무덤의 두 여인

무덤의 그림들은 고구려인이 입던 옷이나 장식물, 사용한 생활도구, 수렵이나 민속놀이 등의 풍습과 당시의 유력 인사들의 모습 등등을 생생하게 보여 주어서 가히 고구려의 귀한 보물 창고이다. 그런데 그뿐만이 아니라, 천문에 관해서도 신비한 이야기를 함께 담고 있다. 무덤의 세계는 그때나 지금이나 마찬가지지만, 그중의 몇 가지는 사라져 버린 신화가 되어 버린 것이 있는가하면, 지금까지도 동북아시아 지역에 전설로 전해지고 있는 것도 있다. 우리는 그들이 남긴 그림을 통해서 무엇을 알아낼 수 있을까.

1

칠월칠석(七月七夕) 이야기

칠월칠석은 견우(牽牛)와 직녀(織女)의 사랑을 이야기하는 설화이다. 이 설화는 동아시아 삼국(한국, 중국, 일본)의 민간에서는 저마다 자기들의 것이라고 착각하고 있을 만큼 친숙하고 오래된 설화 중 하나이다. 하지만 그 기원을 따져보면, 그것은 틀림없이 중국인이 만들어낸 설화일 것이다. 매년 음력 7월 7일, 조상 대대로 이어져 내려오는 칠월칠석에 연출되는 견우와 직녀의 사랑 이야기는 이 세 나라에서는 저마다 깊은 정서를 가지고 민간에 널리 퍼져서 전해오고 있다.

전설이라 하더라도 관련된 유물이 있는 경우가 간혹 있다. 이 견우와 직녀를 묘사한 유물로서 가장 오래전의 것이라고 할 만한 것이 현재 남양화상석박물관(南陽畫像石博物館)에 소장되어 있는 가로 141 cm, 세로 51 cm 인 석판에 있는 여러 형태의 그림 속에 섞여서 남아 있다. 그것은 중국 한나라 때 무덤을 축조하기 위해 사용한 석판이다. 아래에 보인 그림은 그 석판의 일부인데, 이 그림의 중앙에 백호가 있고 그 오른쪽에 소를 억지로 끌고 가는 모습의 목동이 있다. 백호의 왼쪽 밑에는 네 개의 별에 갇혀 있는 듯한 여인상이 있다. 아주 작게 새겨진 이 여인은 무릎 꿇고 기도하는지 아니면 뜨개질하는 모습을 하고 있다. 중국의 학자들은 이 목동과 여인을 견우와 직녀로 해석하고 있다.

사람들은 견우와 직녀가 하늘의 별이라고 믿고 있다. 그리고 현대인들은 이 견우와 직녀가 어느 별에 해당하는가에 관해서 아주 간단히 결론을 내린다. 즉 견우는 서양 별자리 독수리자리 α별(α Aquilae)인 알타이어(Altair)라는 이름의 별이고, 직녀는 거문고자리 α

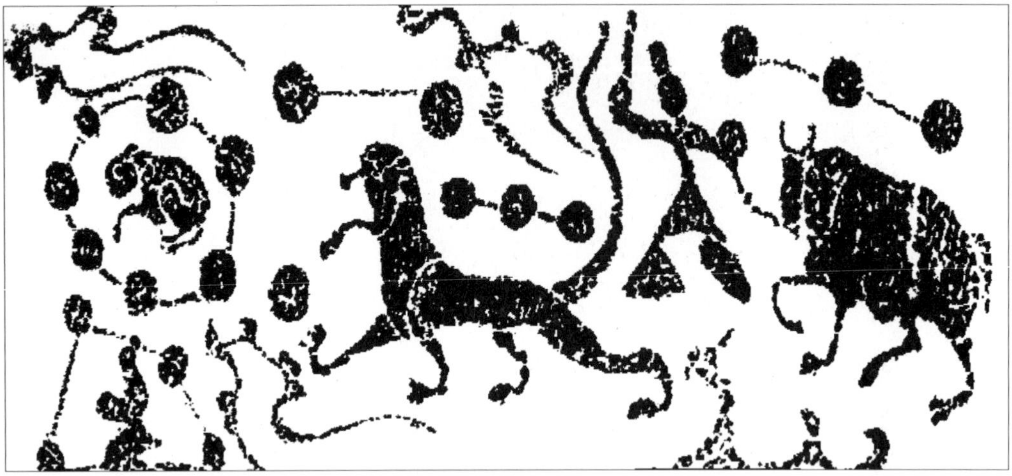

그림 IV-1. 중국 한나라 때의 견우와 직녀. 화상석(畵像石)의 탁본에서 도려냄.

별(α Lyrae)인 베가(Vega) 별이라는 것이다. 그러나 이 별들을 견우와 직녀로 인정하기까지는 우여곡절이 많았다. 전설의 인물을 하늘의 별들 중에서 찾아내는 일은 쉽지 않았기 때문이다. 옛 문헌에 있는 기록을 상고하여 어느 별일까 하고 오랜 동안 추측이 난무했었다. 중국의 옛 천문도에서 찾는 일은 쉬운 일은 아니다. 왜냐하면, 견우와 직녀라는 이름의 중국 별자리는 있지만, 견우에는 별이 6개가 있고 직녀에는 별이 3개가 있으므로, 그 별자리의 어느 별인가를 가려내는 일조차 간단하지 않기 때문이다.

하늘은 3개의 큰 울타리(원, 垣)과 28개의 구역인 수(宿)로 구분한다. 이것을 3원28수(三垣二十八宿)라고 한다. 이 3원28수에는 모두 1,464개나 되는 많은 별들이 있는데, 이 별들은 약 300개[1]나 되는 작은 별자리(星座)로 묶여 있다. 이렇게 많은 별자리 중에 견우와 직녀가 어느 별자리에 속한 어느 별인가를 결정해야 한다. 28수 중에 제9번째 수(宿)의 이름이 우수(牛宿)이다. 이 우수 안에는 11개의 별자리가 있는데, 그 중에 우수를 대표하는 별자리를 견우(牽牛)라고 『보천가』와 『천문유초』에 적혀 있다. 이 견우라는 별자리는 그림 IV-2의 중심 부분에 있으며 모두 6개의 별로 구성되어 있고, 그 중 하나인 우수1(牛宿一)이 우수 전체를 대표하는 수거성(宿距星) 또는 간단히 거성(距星)이다. [주: 수거성 또

1 이 별자리 수는 셈하기에 따라 다르다.

는 거성은 제VI장에서 다룰 예정임] 그리고 이 그림의 가장 위 쪽에는 3개의 별로 구성된 직녀(織女)라는 이름을 가진 별자리도 있다. 이 세 개 중 가운데 있는 별이 직녀1(織女一)이라는 아주 밝은 별이다. 이렇게 놓고 보면 우리는 얼핏 생각하기에 손쉽게 견우와 직녀를 찾아낸 것 같지만, 사실은 그렇지 않다.

『보천가』나 『천문유초』를 보면, 고대 중국인들은 300여 개나 되는 많은 별자리 중에 똑같은 이름을 서로 다른 별자리에 붙이는 경우가 흔히 있었다. 그래서 같은 발음과 같은 글자로 된 별자리가 여러 개 있는 것이다. 그 뿐만 아니라, 의미가 같은 다른 글자로 같은 별자리에 이름을 붙이기도 했었다. 이것이 견우와 직녀 두 별을 찾아내는데 있어서 장애가 되어온 것이다. 말하자면, 〈牽牛〉나 〈織女〉라는 이름이 붙은 별자리의 별이 곧 우리가 찾는 〈牽牛〉와 〈織女〉는 아니라는 것이다. 이해를 돕기 위해 예를 하나만 들어보자. 즉, 삼공(三公)이라는 이름을 가진 별자리는 자미원에 2개, 태미원에 1개가 있다. [주: 제VII장의 표 VII-1을 참고할 것]

이제 별자리 이름에 얽힌 어려움을 극복하면서 견우와 직녀 두 별을 찾는 경로를 살펴보기로 하자. 먼저 여(女)는 여수(女宿)이며, 여수는 28수 중 10번째 수이다. 이 수 안에는 모두 18개의 별자리가 있다. 이 별자리들을 대표하는 별자리는 수녀(須女)이다. 이 수녀는 무녀(婺女)라고 표기되기도 하는데, 4개의 작은 별들로 구성되어 있다. 그러니까 4개의 별로 구성된 이 별자리의 별들 중의 한 별이 직녀가 될 가능성이 있는 것이다. 이미 언급한 대로 그림 IV-1에 있는 여인도 4개의 별에 둘러싸여 있는 것을 보면, 직녀가 이 4개 중의 어느 하나가 될 가능성이 높다. 뿐만 아니라 우수(牛宿)의 바로 옆에 있으므로 우수에 있는 견우와도 가깝다. 그러니까, 칠월칠석의 두 주인공인 견우와 직녀가 정말 어느 별인가를 찾아가는 일은 점점 좁혀진다고 보여 진다. 이제 다시 우수와 여수와의 관계를 더 확실하게 알아보기 위하여 두 수를 함께 하늘에서 보기로 하자. 다음 그림 IV-2는 이 두 수가 차지하는 영역을 표시한 것인데, 후보가 될 만한 여러 별들을 같은 하늘에서 볼 수 있도록 제시한 것이다.

위의 그림에 견우(牽牛六)는 오른쪽, 수녀(須女四)는 왼쪽에 있고 그 사이에 나언(羅堰三)이라는 별자리가 끼어 있다. 그러니까 견우와 수녀 두 별자리는 좌우(동서)로 아주 가

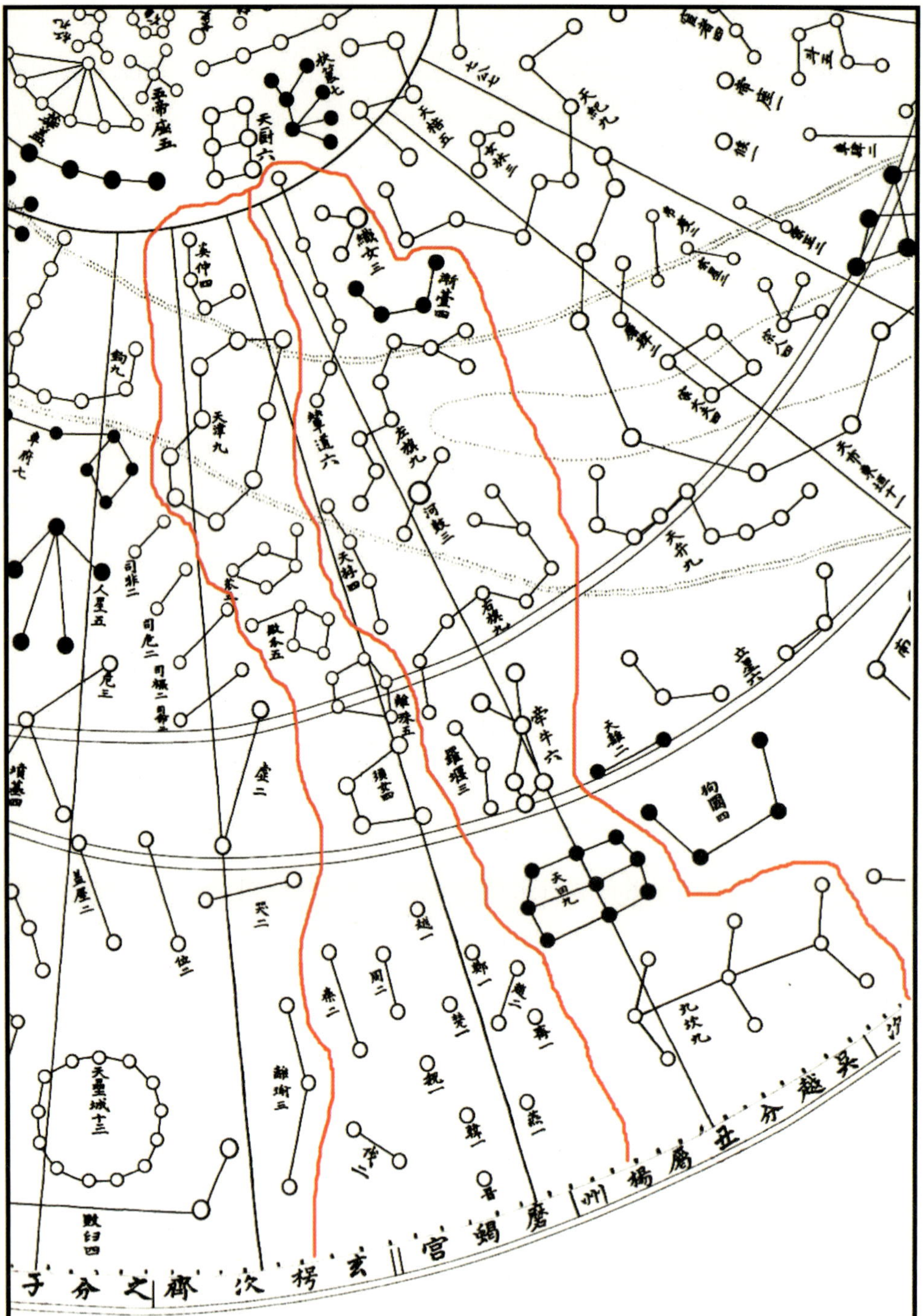

그림 IV-2. 나란히 이웃하고 있는 견우와 수녀. 이 그림에는 문제의 견우, 직녀, 수녀 등이 다 들어 있다.(나일성이 복원한 「혼천도」의 일부)

까이 있는 셈이다. 이와 같은 배치로 판단한다면, 좌우로 배치된 그림 IV-1에 보인 중국의 남양(南陽)의 한대(漢代)화상석박물관의 그림과 일치한다. 뿐만 아니라 화상석의 남자와 여자 사이에 별 세 개가 끼어 있는 것이 마치도 나언(羅堰三)과도 같아 보인다. 그렇다면 우리는 견우와 직녀 두 별을 찾았다는 것인가?

그런데 위의 그림 IV-1을 보면, 어딘가 석연치 않게 여겨지는 부분이 있다. 그것은 이 그림의 견우와 직녀가 우리가 상상하고 있는 전설에 부합하는 극적인 요소가 결여되어 있기 때문이다. 소를 끌고 있는 견우는 크게 그렸는데 반하여, 직녀의 모습은 너무 초라하게 작은 몸체로 한 귀퉁이에 있어서 그 모습은 두 연인 사이의 관계라고 상상하기가 어렵다. 이 문제에 관하여는 대단히 많은 연구가들이 고심하였다는 것을 오오자끼 마사지(大崎正次)는 자세히 기술하고 있다.[2]

이제 그림 IV-2로 다시 돌아가 보자. 견우별자리와 수녀별자리 사이는 거리가 가깝다는 이점이 있기는 하지만, 결정적인 결함이 있다. 첫째는 두 별자리에는 주목을 받을 만큼 밝은 별이 없다는 점이다. 그림 IV-2에는 두 별자리의 별들을 비교적 크게 그렸기 때문에 밝은 별이라고 착각하기 쉬우나, 실제로는 모두 희미하고 작은 별들이다. 많은 사람들이 손쉽게 찾아 볼 정도로 밝지 못하면 설화로서의 매력은 잃게 된다. 둘째는 두 별자리 사이에는 은하수(銀河水)가 흐르지 않는다. 은하수를 사이에 두지 않고는 이야기가 성립될 수 없다. 따라서 이름과 근접성 때문에 첫 후보로 부상한 이 한 쌍은 실격이다.

다음 후보로는 그림 IV-2에 위와 아래로 떨어져 있는 견우별자리와 직녀별자리이다. 이 두 별자리를 이어 보면 거리가 남북으로 많이 떨어져 있다는 흠이 있기는 하지만, 그 사이에는 은하수가 흐르고 있다. 그리고 둘 다 별자리 이름이 전설의 이름과 일치한다. 그러니 일단 문제가 해결된 것으로 보인다.

그러나 의문은 견우별자리에서 생긴다. 그 이유는 앞에서도 언급했듯이 견우별자리를 구성하고 있는 6개의 별들은 중앙에 있는 별 하나를 제외하면 모두 보잘 것 없는 희미한 별들이다. 그리고 이 밝은 별 조차도 따지고 보면, 3등성 정도로 하늘에는 흔한 별에 불과하다. 그 늠름한 자태의 견우로 받아들이기에는 너무 초라하다는 것이다.

---

2 大崎正次, 『中國星座歷史』(雄山閣: 東京), pp. 219-230, 1987.

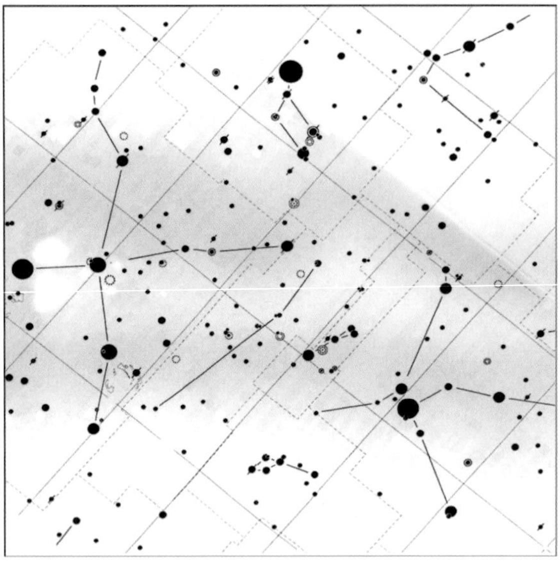

그림 IV-3. 현대판 성도로 본 우수(牛宿)과 여수(女宿)의 영역 (伊世同의『中西對照恒星圖表』, 1981의 그림을 약간 수정한 것임.)

견우에 걸맞는 별을 하늘에서 찾아 나선 연구가들에게 새로운 별이 눈에 띄었다. 이 별은 은하수 남쪽 기슭에 자리하고 있는 하고(河鼓)별자리이다. 하고(河鼓)는 3개의 별로 구성되어 있는 별자리이며, 가운데 있는 밝은 별은 1등성으로 주변에 있는 별들 중에서 눈에 띄게 큰 별이다. 그리고 이 하고별자리는 견우별자리보다 북쪽에 위치한다. 그러나 이 하고별자리 중의 밝은 별을 견우로 보는 데는 그 이름이 장애가 된다. 그런데, 다행히 재미있는 제안이 나타났다. 그것은 다음과 같은 오오자끼의 해석이다.

> "… 남방에 있는 견우의 이름을 하고에도 썼으므로, 하고의 별명인 견우와 본래의 견우(牛宿)는 함께 사용되었었다. 대범했던 고대 중국인의 세계에서는 같은 이름이 두 개가 나란히 있다 하더라도 별로 귀에 거슬리는 일은 없었다고 생각한다. 이미 언급한 바대로 수많은 중국 별자리 중에는 동음동자(同音同字)로 중복된 별자리 이름은 여러 개 존재했었다. 견우라는 이름도 그 중의 하나라고 생각한다면 아무런 모순이 없다고 생각한다."

우여곡절 끝에 견우에 해당하는 별로서 하고별자리 중의 밝은 별이 선택받았다. 이 밝은 별은 이미 말한 바 있는 서양 별자리인 독수리자리의 α별(알타이어, 1등성)이다. 그림 IV-3을 보면, 직녀와 견우(하고)가 대치하고 있는 모습이 잘 드러나고 있다. 견우는 은하수의 왼쪽 기슭에 있고, 직녀는 강 건너 오른 쪽에 자리하고 있는 것이다.[3]

---

3 Liu, Y., Cho, S. K. and Nha I-S., "A survey of Han Astronomical Figures on Nanyang stone slabs".

그림 IV-4. 고구려 무덤의 견우와 직녀의 벽화. 서기 408년에 축조된 덕흥리 무덤의 남쪽 벽에 있다.(나일성의 유화)

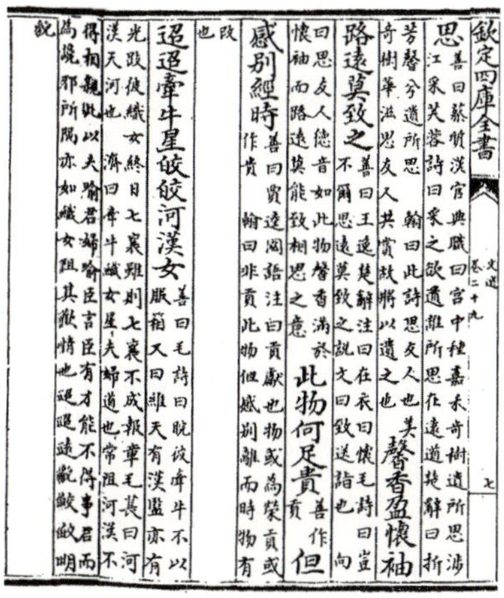

欽定四庫全書 文選 卷二十九 七

思 善曰蔡質漢官典職曰宮中種嘉木奇樹遺所思涉 江采芙蓉詩曰采之欲遺誰所思在遠道楚辭曰折

芳馨兮遺所思 翰曰此詩思友人也 奇樹華滋思友人共賞故將以遺之也 其 馨香盈懷袖

路遠莫致之 善曰王逸楚辭注曰在衣曰懷毛詩曰豈 不爾思遠莫致之說文曰致送詣也 向

曰思友人德音如此物馨香滿於 懷袖而路遠莫能致相思之意

此物何足貴 善作 但 貢

感別經時 善曰貢遠閣諂注曰貢獻也物或爲榮貢或 作貴 翰曰非貴此物但感別離而時物有

段 也

迢迢牽牛星皎皎河漢女 善曰毛詩曰睆彼牽牛不以 服箱又曰維天有漢監亦有

光跂彼織女終日七襄雖則七襄不成報章毛萇曰河 漢天河也 濟曰牽牛織女星夫婦道也常阻河漢不

得相親此以夫喻君婦喻臣言臣有才能不得事君而 爲讒邪所隔亦如織女阻其歡情也迢迢遠皎皎明

說

그림 IV-5.『문선(文選)』에 있는 시

이제 우리들의 마지막 이야기를 해 보자. 중국의 화상석(畵像石)의 그림인 그림 IV-1과는 아주 다른 모습의 그림이 있다. 서기 408년에 만든 고구려의 덕흥리 무덤의 앞방의 남쪽 벽에 있는 것인데, 이 그림은 견우와 직녀의 애틋한 사랑 이야기를 극적으로 잘 묘사한 한 폭의 그림이다(그림 IV-4를 참조). 칠월칠석에 두 남녀는 1년만의 만남을 아쉬워하면서 서로 헤어지고 있는 모습이 리얼하게 그려져 있는 것이다. 견우는 한 손으로 소를 몰고 또 다른 손으로는 작별을 고한다. 은하수 동편에서는 멀어져 가고 있는 낭군의 뒷 모습을 직녀는 바라만 보고 있을 뿐이다. 은하수 강가에 바싹 서서 전송하고 있는 그녀의 애절한 모습을 동정이라도 하듯 귀여운 강아지는 그녀를 애처롭게 처다보고 있다. 설화로 전해 오는 이야기의 극적인 모든 요소를 다 갖춘 아름다운 한 폭의 그림이다. 그래서 견우-직녀의 전설의 발상지는 중국의 어느 지역이었겠지만, 우리에게는 그 이야기를 극적으로 잘 묘사한 것은 고구려인이었던 것 같이 느껴진다. 지금부터 1600여 년 전에 고구려인들은 남으로 백제와 신라는 말할 것도 없고, 바다를 건너 일본으로까지 이 이야기를 전파했을 것이다.

이제 마지막으로 견우와 직녀의 이야기를 문헌에서 찾아보자. 중국의 고대 시를 모은

(Eds.), *The 5th International Conference on Oriental Astronomy*(Chiang Mai University Press: Shiang Mai), pp. 109~113, 2006.

『문선(文選)』에 있는 한나라 시대의 「고시십구편(古詩十九篇)」 중에 한 편의 시가 있다.[4] 이것은 견우와 직녀의 애틋한 사랑을 노래한 것인데, 앞으로 누군가에 의해 한글로 번역된다면, 덕흥리 무덤의 그림과 더불어 견우와 직녀의 설화를 더욱 아름답게 보여줄 수 있게 되리라고 기대해 본다.

> 머나먼 견우성이여, 밝고 밝은 직녀성이로다.
> 당나라 이선(李善)이 이르기를, "시경(詩經)에 반짝거리는 저 견우성이여, 수레를 끌지 않는 구나"라고 하였다. 또 이르기를, "아 하늘에 은하수가 있으니, 봄에 또한 빛이 있으며, 삼각으로 있는 저 직녀성은 종일토록 일곱 번 자리를 바꾸는구나. 비록 자리를 일곱 번 바꿔도 아름다운 무늬는 이루지 못하였네."
> 모장(毛萇)이 이르기를, "하한(河漢)은 천하(天河), 곧 은하수이다." 당나라 여연제(呂延濟)는 이르기를, 견우성(牽牛星)과 직녀성(織女星)은 부부(夫婦)의 도리로다. 늘 은하수에 막혀서 서로 친할 수가 없구나. 남편은 임금에 비유되고, 아내는 신하에 비유되니, 말하자면, 신하가 재능이 있으나 참소하는 간사한 사람에게 막힌 바가 되기 때문이다. 또한 직녀도 같아서 기뻐하고 사랑하는 마음이 막혀서 통하지 않네. 초초(迢迢)는 먼 모양이다. 교교(皎皎)는 밝은 모양이다.
>
> (번역: 김규탁)

4 迢迢牽牛星, 皎皎河漢女.
善日毛詩日睆彼牽牛不以服箱 又日, 維天有漢, 監亦有光, 跂彼織女, 終日七襄, 雖則七襄, 不成報章, 毛萇日, 河漢, 天河也. 濟日, 牽牛織女星, 夫婦道也. 常阻河漢, 不得相親, 此以夫喻君婦喻臣. 言臣有才能, 不得事君, 而爲讒邪所隔, 亦如織女. 阻其歡情也. 迢迢, 遠貌. 皎皎, 明貌.

2

머리를 북쪽에 둔 백호(白虎)

기또라 무덤의 청룡은 정상적으로 머리를 남쪽을 향하게 그렸지만, 웬 일인지 백호의 머리는 북쪽을 향하고 있다. 이는 남향을 한 모든 고구려의 무덤과 다까마쯔 무덤의 백호와는 다른 자세이다. 이로 인해서 일본의 연구가들이 이 사실이 발견되던 당시 일본의 특이성이 발견되었다고 잠시 흥분하기도 했었다. 그러나 6세기 후반에 축조된 고구려의 진파리 제1호무덤의 백호도 북향하고 있다는 것은 이미 오래전에 알려진 사실이었다. 아무튼 남쪽 출입문을 지켜야할 기또라 무덤의 백호가 머리를 북쪽을 향하고 있다는 것은 대단히 흥미 있는 일이다. 왜 이 두 무덤의 백호만은 머리를 북쪽을 향하도록 그렸을까? 무덤 안에서 작업하던 화가가 실수로 잘못 그린 그림일가? 아니면 무슨 사연이 숨겨져 있는 것일까? 청룡과 백호의 머리가 남쪽을 향하도록 그리는 이유는 남쪽에 있는 출입문을 감시한다는 뜻이 있기 때문에 북쪽을 향한 백호를 가볍게 보고 넘어갈 일은 아니다.

무덤 안에서 별과 사신도(四神圖)를 그린 화가는 기또라 무덤이 너무 작기 때문에 혹 한 사람일 수는 있겠으나, 그림을 넘겨주고 감독한 사람은 따로 또 있었을 것이다. 따라서 그림 그리기를 맡은 화가만이 머리를 북으로 향하게 실수 할 수는 없는 일이다. 그에게는 이미 무덤 축조를 맡은 책임자에게서 그림의 원본이 주어졌을 것이다. 그에게 상상으로 그림을 그릴 재량까지 부여했을 리는 없는 일이다. 그렇기 때문에, 그 화가가 일부러 왼쪽에 머리를 하고 있는 백호의 원본 그림을 가지고 서쪽 벽에 그리면서 머리를 반대 방향으로 돌릴 방법은 없는 것이다. 그가 서쪽 벽이 아니라 동쪽 벽에 그렸다면 몰라도…. 그렇다면

그림 IV-6. 북쪽을 향한 기또라 무덤의 백호. 그림의 오른쪽이 북쪽이다.(나일성·나사라, 『사신도도록』에서 옮김)

어떻게 이런 일이 있을 수 있었겠는가?

고구려 진파리 제1호무덤의 북향한 백호도 이야기할 수 있지만, 기또라 무덤의 경우를 먼저 생각해 보자. 이 무덤은 다까마쯔 무덤과 같은 곳에 있지만, 남쪽으로 약 1 km 떨어져 있다. 그리고 많은 고고학자들의 주장이 옳다고 한다면, 기또라 무덤의 주인공은 다까마쯔 무덤의 주인공과 형제이거나 부자간이라는 것이다. 그렇다면, 기또라의 주인공과 다까마쯔의 주인공 중 어느 쪽이 동생이거나 아들이 되는 것인가? 이제 한 가지 가설이 설정될 틈이 생긴다. 즉, 다까마쯔의 주인공이 형이거나 아버지일 것이고, 따라서 기또라의 주인공은 그의 동생이거나 아들일 것이라는 것이다. 왜냐하면, 다음과 같이 두 주인공의 연계성을 생각할 수 있기 때문이다. 그것은 기또라의 주인공이 후에 사망하면서 아버지(또는 형)를 흠모하거나 예의를 갖추기 위해 백호의 머리를 북을 향하게 하여 그를 지키도록 의도적으로 그린 것이라는 것이다. 이는 7세기 말에서 8세기 초에 일어난 이야기다. 그런데 다까마쯔와 기또라 두 무덤이 있는 곳에 또 다른 무덤 2기가 있다. 그것은 다까마쯔 무덤에서 약간 더 북쪽에 있는 중미산 무덤(中尾山古墳)과 약간 남쪽에 위치한 문무릉(文武陵)이다. 이 두 무덤도 다까마쯔와 기또라 무덤과 연관이 있는 것인지 알아 볼 필요가 있다고 생각한다.

이제 1세기 반 전으로 거슬러 올라가 고구려의 진파리 제1호무덤을 보자. 이 무덤이 있는 곳에는 '진파리'라는 작은 지역에 7기의 무덤이 모여 있다. 왕을 상징하는 금으로 만든 장식물(그림 III-46)이 출토된 바 있는 무덤은 이 중의 제7호무덤이다. 그러니까 진파리 무덤들은 왕과 왕족들이 차례로 묻힌 곳이다. 무덤의 번호는 후세 사람들이 무덤의 배치 상황을 보고 편의상 그렇게 번호를 붙인 것이다. 만약 이 번호는 이 왕가의 세손(世孫)의 차례와 무관하고 다만 편의상 붙인 번호라고 한다면, 이곳에도 가설을 제기할 수 있을 것이다. 즉, 진파리 제1호무덤의 주인공은 진파리 제7호무덤의 아들이거나 진파리 제4호무덤의 아들일 것이라는 것이다. 진파리 제4호무덤을 여기에 추가한 이유는 이 무덤의 천정에 있는 금박 별자리들이 화려하게 있기 때문이다. 적어도 북극에 있는 북두칠성과 많은 별을 위시하여 28수에 해당하는 별들을 위해 지름이 각각 4.5 cm, 3 cm, 2 cm인 금박을 별의 밝기에 따라 구별하여 해당하는 위치에 붙였다고 하는 것은 천문에 관심이 많았던 큰 세력가였을 뿐만 아니라 적어도 왕의 권위를 보여주는 인물의 무덤이었기에 가능한 일이다. 이들의 후손인 진파리 제1호무덤의 주인공은 이들 중 어느 누구를 향해 존경하는 예를 갖추기 위하여 자기의 백호를 그들을 향해 머리를 북쪽으로 두었을 것이라고 추측해 보는 것이다. 특히 이 점에 있어서는 이 진파리 제1호무덤은 여러 진파리 무덤 중에서 가장 남쪽에 위치하고 있다는 사실이 주목할 만한 일이다. 이 대목은 다까마쯔 무덤보다 남쪽에 있는 기또라 무덤의 백호의 북향과 일치하는 묘한 유사점이 있다.

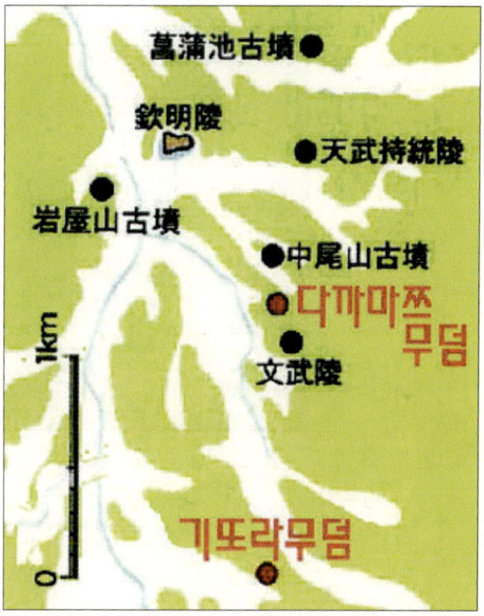

그림 IV-7. 다까마쯔 무덤과 기또라 무덤의 위치

이 진파리 제1호무덤의 백호를 비롯한 사신도는 강서 큰무덤이나 중무덤의 사신도처럼 생동감이 넘쳐흐른다. 뒤늦은 소개이기는 하지만, 이 무덤의 천정에는 다른 무덤에서는 볼 수 없는 독특한 모양을 하고 있는 해와 달의 그림이 있다. 해와 달 표면으로부터 광채

그림 IV-8. 진파리 제1호무덤의 북향한 백호. 그림의 오른쪽이 북쪽이다, 나일성 나사라의 사신도록에서 옮김)

그림 IV-9. 진파리 제1호 무덤 천정에 있는 해와 달

가 나는 모습을 보여주는 것 같다.

여기에 마지막으로 한 마디 덧붙일 것이 있다. 현재 일본에서는 일본식으로 백호(白虎)를 발음할 때, 〈**햑고**(*hiakko*)〉라고 하지 않고, 이상하게도 그들은 〈**뱍고**(*biakko*)〉라고 발음한다. 〈**뱍고**〉는 한국어의 〈백호〉를 고대 일본 사람들이 부른 발음이라고 생각된다. "백"을 가장 잘 발음하는 일본식 발음은 **"뱍"**이기 때문이다.

3

일식(日食)과 연대학(年代學)

무덤 안에 있는 것은 아니지만, 여러 문명권에는 일식을 상징한 조각이나 그림이 전해오는 사례가 있다. 물론 그 수는 많지는 않으나, 주변의 문헌에서 이런 사례 두 건을 소개해 보자. 그 중 하나는 인도 비자야나가라에 있는 한 사원의 돌담에 두 마리의 뱀이 해를 삼키려고 하는 모습이 조각되어 있는 것이다. 인도인들은 뱀을 영물(靈物)로 생각하고 있기 때문에 일식을 이렇게 표현하고 있다.

또 다른 하나는 중국인이 그려낸 일식이다. 중국인에게는 용이 여러 면에서 영물로 추앙받고 있으므로, 그들은 인도의 뱀과는 달리 하늘을 날아 올라 해를 향해 독기를 뿜어내는 용의 모습을 그렸다.

그림 IV-10. 일식을 상징하는 인도의 조각물(Michael Seeds, *Foundations of Astronomy*에서 옮김)

그림 IV-11. 일식을 상징하는 중국의 그림. 굶주린 용이 해를 삼키려 하고 있다.(Patrick Moore, *Watchers of the Stars*에서 옮김)

위의 두 일식은 언제 일어난 것인지 그 연대는 알려지지 않고 있으나, 인도의 경우는 실제로 일어난 일식이 아니라 그 사원의 건립 연대와 관련이 있을지 모른다. 그런데 불행하게도 이 사원은 오래전에 허물어져서 돌담만 남아 있는 상태라고 알려지고 있다.

그런데 6세기에 만든 것으로 추측되는 고구려의 다섯 무덤 제5호의 벽화에 눈길을 끄는 그림이 하나 있다. 이 무덤은 1945년 이전까지는 〈통구17호 무덤〉으로 불렸으나, 지금은 〈다섯 무덤 제5호〉가 되었다. 그러나 최근에 중국은 1만여 개가 넘는 고구려 무덤을 관리하기 위하여 일련번호를 붙임으로써 이 무덤은 〈우산하고분군 제2114호〉로 등재되어 있다. 이 무덤은 입구의 통로 양 벽을 비롯하여 안방에 우아하고 다양한 그림으로 꽉 차 있다. 천문학적으로는 춤추는 신선(神仙) 또는 선인(仙人)들이 머리 위에 해와 달을 이고 있는 그림이 있어서 유명하다. 그런 그림 중에 재미있는 것은 피리를 부는 신선을 뒤쫓으면서 춤추는 또 다른 신선이 있는 그림이다. 이 춤추는 신선을 자세히 보면, 용의 모습을 한 동물의 등에 타고 있는데 이 동물의 뒷다리와 꼬리가 해를 가리고 있다. 동아시아 지역에서 해를 그리면서 무엇으로 가린다는 것은 전통적으로 상상할 수 없는 일이다. 해를 모독하는 행위는 엄격하게 금기된 일인데, 외람되게 이 그림은 분명히 용의 다리와 꼬리에 가린 해의 일부를 보여주고 있다. 해 안에 있는 검은 삼족오(三足烏)는 몸통 아래 부분과 다리만 겨우 보일 뿐이다.

이것은 분명히 심상치 않은 사건을 묘사한 그림이다. 그렇다면 그것은 무엇일까? 간단

그림 IV-12. 다섯 무덤 제5호의 벽화에 기록된 일식

히 말해서 그것은 고구려인이 일식을 보고 그린 의도적인 기록임에 틀림없다.

역사가들은 이 무덤의 축조 연대를 6세기로 보고 있다. 그래서 『삼국사기』를 조회해 보니, 6세기에 일어난 일식 중에서 다음과 같은 고구려의 기록을 찾아냈다.[5]

> 陽原王 十年冬十二月晦 日有食之
> 양원왕 10년 겨울 12월 그믐날(29일 신사)에 일식이 있었다.

양원왕 10년 겨울 12월 그믐날은 서력으로 555년 2월 6일에 해당한다. 양원왕은 재위 14년인 558년에 죽었으므로 3년 후가 된다. 따라서 이 무덤의 그림은 양원왕의 죽음과는 무관할 것이라는 것이 첫째 가설이다.

그러나 둘째 가설로 이 무덤의 그림이 양원왕의 죽음과 직접적인 관계가 있을 수도 있다고 보는 것이다. 그렇게 생각하는 이유는 무덤의 규모와 화려한 벽화의 다양성에 있다. 말하자면 이와 같은 규모의 무덤은 1-2년에 완성되는 것이 아니라, 적어도 왕이 죽기 여

5 『삼국사기』 권19, 고구려본기, 제7

러 해 전에 시작하여 시신을 안치한 다음 여러 해가 지나서야 봉분(封墳)을 하는 관습이 있었으므로 굉장히 오랜 세월이 필요했기 때문이다.[6]

당시의 고구려인들은 하늘이 양원왕의 죽음을 그가 죽기 3년 전에 일식으로 예고했다고 믿었을 것이다. 그리고 그들은 이 부분일식을 그의 무덤에 벽화로 남겨 두었을 것이다. 사정이야 어쨌든 일식 기록이 무덤 안에 벽화로 남아 있으니, 무덤의 축조 연대를 알 수 있게 된 것은 큰 수확이다. 따라서 이 그림은 앞으로 사학자들의 연구에 새 단서가 될 것인 동시에 연대학적으로도 높은 가치가 있다고 본다. 이미 이 무덤이 양원왕의 무덤이라고 지정한 사학자의 보고도 있다.[7]

---

6 양원왕은 압록강 북쪽에 있는 집안(輯安)에서 태어났지만, 죽을 때는 평양으로 천도한 후였다. 그럼에도 불구하고 그의 무덤은 집안에 있다. 이를 두고 양원왕의 무덤은 다른 왕들의 경우와 마찬가지로 그가 어릴 때 이미 축조하기 시작했다고 전해오고 있다.

7 서길수. "중화인민공화국 학자의 고구려 왕릉 비정(批正)에 대한 비판적 고찰", 『高句麗研究』, 29, 323, 2007.

제 V 장

인간과 우주

유럽 사람들이 생각한 현실과 미래의 세계

1

고대인들도 우주를 보았다

조선 태조4(1395)년에 만든 석각천문도인 「천상열차분야지도」의 논천(論天)에 다음과 같은 기록이 있다.

> 진(晉)나라 역사책에는 옛 선비들의 설에 "천지의 모양은 새의 알과 같아서 하늘이 땅의 밖을 감싸는 것이 노랑색의 속을 둘러싼 것과 같다. 둘레는 단정하지 않고 그 모양이 흐리기 때문에 '혼천'(渾天)이다"라고 쓰여 있다.
>
> ---------------- 생략 ------------------------
>
> 또한 양나라 조훤(祖暅)이 말하기를, 하늘을 논한 자는 모두 6명이다. 1은 혼천(渾天)이니 장형(張衡)이 서술한 것이고, 2는 개천(盖天)이니 주비(周髀)가 법으로 삼은 것이고, 3은 선야(宣夜)이니 가르친 자가 없고, 4는 안천(安天)이니 우희(虞喜)가 지은 것이고, 5는 흔천(昕天)이니 요신(姚信)이 만든 것이고, 6은 궁천(穹天)이니 우용(虞聳)이 만든은 것이다. 개천 외의 설들은 모두 기이한 것을 좋아하고 특이한 것을 따른 설로서 지당한 설은 아니다. 옛 선비들 역시 그들의 기술을 중히 여기지 않았다.

위의 글은 「천상열차분야지도」의 석판본을 제작하는 일에 총책임을 맡았던 양촌 권근이 자기의 『양촌집』에 이미 저술한 내용이기도 하다.

지구를 둘러싼 우주는 어떤 모습을 하고 있을까? 무한한 것인가? 아니면 유한한 것인가? 유한하다면 그 크기는 얼마이며, 어떤 모양을 하고 있으며 또 그 넓은 공간은 무엇으로 채워져 있는 것일까? 사람들의 의문은 이 외에도 많을 것이다. 그러나 지구를 포함한 태양계에 대한 이해가 없었던 시대에는 우주를 논한다는 사실조차 버거운 일이었다. 실상 태양계라는 용어가 생긴 것조차 그리 오래된 일이 아닐 정도로 사람들은 해와 달과 5행성(수성, 금성, 화성, 목성, 토성)이 다른 별들과 어떤 관련이 있으며 또한 그 차이점이 있는가를 분명하게 알지 못했다.

우주에 관한 옛 문헌은 중국에 적지 않게 있으나, 이를 잘 설명한 것으로 「동국문헌비고」 상위고(象緯考)의 '천지(天地)'가 우리에게는 접근하기 쉬운 책이다. 이 책의 기록을 보면 다음과 같은 기사를 볼 수 있다.

> 『초사(楚辭)』 '천문(天問)'편에 "하늘은 아홉 겹(九重)인데 누가 영탁(營度)하는가?" 하였고, 역(曆)을 다루는 사람들은 "하늘에 열 두 겹(十二重)이 있다" 하나, 하늘이 참으로 이렇게 여러 겹으로 되어 있는 것이 아니고, 대개 일월성신이 하늘에서 운행할 때 각각 다니는 길이 있다는 것을 말한 것이다. 여러 하늘의 이치를 밝히려면 반드시 여러 하늘의 움직임을 잘 알아야 하고, 여러 하늘의 움직임을 살피려면 반드시 지극히 고요하여 움직이지 않는 것을 (가준하여) 맞추어 보아야 그 남고 모자라는 것(盈縮)을 알 수 있는데, 대개 천도(天道)는 고요함이 한결같은 것이고, 천행(天行)은 움직임이 한결같은 것이다. (이하 약함)

위에 소개한 내용으로는 과거의 우주관이 과연 무엇이었던가를 이해하기 쉽지는 않다. 하지만, 지금까지 인류가 오랜 세월을 두고 하늘을 관찰하고 그 결과를 기록한 자료를 이용하게 됨으로써 우주의 모습을 어렴풋이나마 그려내기 시작한 것이다. 암각화를 남긴 유사 이전의 고대인들은 그들 나름대로, 또 무덤 벽에 그림으로 남긴 삼국시대의 사람들은 그들 나름의 우주관이 각각 있었을 것이다. 물론 종교적인 내세관이 지배적인 그런 모습의 것이 들어 있는 것이기는 하겠지만, 그들의 우주관은 인간 중심이었다.

이제 앞서 조휜이 말한 6가지 우주설에 관하여 하나씩 차례로 설명해 보자.

1-1. 혼천설(渾天說)

이 설에 대해서는 이미 「천상열차분야지도」의 논천(論天)에 다음과 같이 적은 바 있기 때문에 그 서술을 보면 혼천설을 이해하는데 도움이 되겠지만 어려움은 남는다. 다만 그 문구에 좀 더 살을 붙인다면, 새 알의 노른자를 지구로 생각하면, 지구를 감싸고 있는 하늘은 흰자로 비유하는 것이 될 것이다. 이것이 암시하는 것은 하늘을 전체, 즉 천구(天球)로 생각하는 우주관이다. 「천상열차분야지도」에 있듯이 혼천설의 주창자는 장형(張衡)이었고, 그의 주장은 그의 『영헌(靈憲)』이라는 책에 잘 기술되어 있다. 첫 부분을 의역해 보면 다음과 같다.

> 옛날 선왕은 하늘의 길을 걷고, 숭고한 길을 정하여 사물의 원천을 찾았다. 우선 혼체(渾體=天球)를 준비하고, 의기(儀器[1])를 바르게 하여 도수를 세운 결과, 황극(皇極)이 정해졌다. 모든 것이 하늘의 축을 따라 회전하고 그것을 연구하게 된 것이다. 이것이 설치되어 관찰한 후에는 하늘은 항상 규칙적임이 보였고, 성인들은 아무 선입견 없이 하늘의 현상을 보여줄 수 있는 기초를 닦았다. 이것을 설명하기 위하여 나는『영헌(靈憲)』을 쓴다.

그러나 이것도 현대 감각으로는 이해하기 쉽지 않다. 그래서 다시 부연 설명을 해 보자. 장형의 기본 개념은 (1)혼체 즉 하늘(天球)를 설정했다. 지구를 둘러싸고 있는 전체 하늘을 마련한다는 뜻이다. 그렇게 하면 (2)하늘에도 회전축이 필요하게 된다. 이것을 그는 황극이라고 했다. 지구의 자전으로 하늘이 회전하는 것이라는 사실을 모르던 시기였음으로, 이렇게 표현한 것이다. (3)이렇게 회전하는 규칙적인 하늘을 관찰하면 모든 하늘의 현상을 규칙적으로 볼 수 있다는 것이다. 그러니까, 지금의 지식으로는 쉬운 하늘을 어렵게 설명한 셈이지만, 기원 1세기에는 적절한 것이었다고 생각된다.

이 혼천설의 창시자는 장형으로 알고 있지만, 장형을 앞선 사람으로 기원전 140-104년 경에 활약한 낙하굉(落下閎)과 경수창(耿壽昌, 기원전 75-49년) 등이 있었다고도 한다.[1]

1-2. 개천설(盖天說)

개천설의 첫 글자 "개"는 盖 또는 蓋로 쓰인다. 이 설은 땅을 뒤덮고 있는 하늘을 보이

---

1 ジョセフ·ニーダム,『中國の科學と文明』, (思索社: 東京), pp. 47~49, 1976.

는 부분인 반구(半球)라고 가정하는 것이다. 지구를 감싸는 둥근 그릇으로 생각하고, 그 끝에서 끝까지의 거리를 8만리라고 했다. 땅(대지)에는 끝이 있어서 그 끝에는 바다가 연해 있다고 생각한 것이다. 땅의 중심에 사람들이 살고 있고, 지상으로 내리는 비는 사방으로 흘러 바다에 흘러간다. 땅의 끝에서 하늘의 높이는 2만리이다. 그리고 바다의 끝은 하늘과 붙어 있다.

이 하늘은 반지름이 22만 5천리이다. 따라서 둥근 것이다. 하늘은 둥글고 땅은 네모나다고 생각하여 천원지방(天圓地方)이라는 말이 생긴 것이다. 그러니까 개천설은 천원지방설이라고 해도 무방하다.

「천상열차분야지도」에 "2는 개천(盖天)이니 주비(周髀)가 법으로 삼은 것"이라고 했으나, 주비는 사람의 이름이 아니라 『주비산경(周髀算經)』이라는 책 이름의 첫 두 글자다. 개전설은 『진서(晉書)』 권11에 자세한 기록이 있다. 그 일부를 옮겨본다.

> (개천설은) 포희(庖犧)가 하늘의 둘레와 역(曆)을 위해 도수를 정한 데서 시작한다. (이 설이) 어떻게 전해졌는가 하면, 주공(周公)이 이것을 은(殷=商)나라 사람들로부터 받았고 주(周)나라 사람들이 기록한 것이다. 그래서 주비(周髀)라고 알려지게 된 것이다. 왜냐하면 "비(髀)"라는 것은 직각삼각형의 세운 쪽 변을 의미하며, 수직으로 세운 규표(圭表)인 것이다. (개천설에 의하면) 하늘은 갓처럼 생긴 뚜껑인데, 이 뚜껑의 안쪽이 지구를 감싸고 있다. 하늘과 대지(지구)의 중심은 솟아올라서 높아진다. 한편 주변의 영역은 낮아지는 것이다. (하늘의) 북극 밑에 하늘과 땅의 중심이 있다. 그 곳은 지구의 최고지점이며, 그곳으로부터 사방으로 향해 낮아진다. 삼광(三光, 해와 달과 별)은 때에 따라 숨기도 하고 반짝이기도 하여 낮과 밤을 만든다. 하늘의 중심은 동짓날에 태양은 가장 바깥쪽 울타리(垣)로부터 6만리 떨어져 있다. 북극 바로 밑의 땅은 바깥쪽 영역에서 보다 6만리나 더 높고, (중략) 태양과 땅의 수직거리는 항상 8만리이다. 태양은 하늘에 붙어 있다. 태양은 겨울과 여름 사이를 똑같은 속도로 움직이며 그 위치를 바꾼다.

위의 설명은 현대인들이 잘 이해하기 어려울 것이다. 그러나 간단히 요약하면, 지구와 하늘은 모두 둥글다. 그래서 각기 중심이 있는데, 다만 하늘은 지구 표면 어디서든지 8만리 높이에 있어서 지구를 감싸고 있다는 것이다. 그러니까 지구의 한 지점에서 보면, 하늘은 둥글게 생긴 솥뚜껑 안쪽과 같다는 것이다.

위에 보인『진서(晉書)』의 내용을 참고한 글이『증보문헌비고』에도 있다. 새로운 방법으로 개천설을 설명한 것이다.[2]

> 이순풍의 개천설에 말하기를, "하늘과 땅은 가운데가 높고 사방이 낮은데, 해와 달이 서로 은폐하면서 낮과 밤이 된다. 북극을 중심으로 돌면서 항상 나타나 보이는 것을 상규(上規)라 하고, 남극에 항상 숨어서 보이지 않는 것을 하규(下規)라 하며, 적도에 가로 둘러쳐져 있는 것을 중규(中規)라고 한다." 하였다.
>
> 개원(開元) 때 중 일행(一行)이 달의 운행이 황도의 남북으로 드나드는 것을 상고하여 36개의 그림(圖)을 그리고, 9도(九道)에서 운행이 빠르고 느린 것을 연구해 냄으로써 개천(蓋天)의 모양이 밝혀졌다. 그것은 멸(蔑)을 깎아서 도(圖)를 만들었는데, 그 지름이 1분(分)이고, 두께의 절반의 길이는 도(圖)와 같다. 그리고 그 한가운데에 구멍을 뚫어서 바늘을 꽂아 추(樞)를 만들어 돌게 하였다. 그런데, 가운데 축으로부터 바깥쪽으로 균일하게 147도를 새겼으며, 그 전체의 도의 끝에 선(線)을 둘러서 바깥 둘레(外規)가 되게 하고, 그 둘레의 밖 3/4도에 선을 둘러 이중 둘레가 되게 한 다음 여기에 고르게 주천도분(周天度分: 365.2575)을 새겼다. 또 극축(極軸)에서 91도 1/4의 지점에 선을 둘러 적도로 삼았는데, 곧 이는 하늘의 중간을 띠고 있는 끈이다. 다시 극에서 35도 떨어진 지점에 선을 둘러 안 둘레(內規)를 삼아 이에서 동짓날 태양의 일주권(日周圈)의 위치를 추산하여 별자리의 중심을 잡아 별자리와의 거리를 결정한다.

1-3. 선야설(宣夜說)

이 설은 앞의 두 설에 비해 비교적 뒤늦게 알려졌다. 그 최초의 인물로는 장형(張衡)과 같은 시대에 활동한 후한(後漢)의 치맹(郗萌)을 갈홍(葛洪)이 언급하면서, 선야설을 다음과 같이 소개했다.[3]

---

2 『증보문헌비고』 상위고 2: 22ㄱㄴ.

3 『太平御覽』, 卷二:2와『晉書』, 卷十一:2

> 선야설의 책은 모두 없어졌다. 그런데 단 한 사람 치맹(郗萌)은 스승에게서 배웠다고 한다. 그들이 말하는 하늘은 공허하며 물질이 없다. 하늘을 바라보면, 하늘은 측정할 수 없을 정도로 멀고, 그 끝이 없다(無極)는 것을 알게 된다. 사람의 눈은 색맹이고 근시안이다. 그러므로 하늘은 진한 푸른색으로 보인다. 이것은 멀리 있는 노랑색의 산을 측면에서 보는 것과도 같은 것이다. 이때의 산은 푸른색으로 보이기 때문이다. 깎아지른 깊은 계곡을 내려다보면, 어둡고 검게 보인다. 그러나 산의 파랑색은 진짜 색깔이 아니고, 계곡의 검은 색도 계곡 자체의 색깔은 아니다.
>
> 해와 달과 별들은 공중에 떠 있고, 움직이기도 하고 가만히 있기도 한다. 이 모든 것은 기(氣)가 응축한 것이다. 이렇게 해서 칠요(七曜, 해와 달과 5행성)는 어떤 때는 나타나고, 어떤 때는 없어지고, 어떤 때는 순행과 역행을 한다. 서로 다른 규칙성을 각자가 가지고 있는 것처럼 보인다. 그러나 그 진퇴는 서로 같지 않다. 그것들은 아무데도 뿌리를 내리고 있는 것도 아니고, 완전히 서로 연계되어 있는 것도 아니기 때문에 그 운동도 크게 다르다. 천체 중에서 북극성은 항상 그 위치를 유지하고, 북두칠성은 다른 별들처럼 서쪽 지평선에 지는 일은 없다. 칠요는 모두 동쪽에 물러가고, 태양은 하루에 1도, 달은 13도 움직이는데, 각자의 성질에 따라 그 속도가 다르다. 이런 것은 칠요가 어딘가에 고정되어 있지 않다는 것을 뜻한다. 왜냐하면 그것들이 하늘에 붙어 있다면, 이런 일이 일어나지 않기 때문이다.

이 학설에 주목할 대목이 있다. 그것은 '사람의 눈은 색맹'이라고 한 표현이다. 사실 모든 사람의 눈은 엄격히 말해서 색맹이다. 사람의 눈은 전자파(電磁波)의 짧은 파장인 X선이나 자외선(紫外線) 영역의 색깔을 비롯해서 가시광선(可視光線)보다 긴 파장인 적외선(赤外線)과 전파(電波) 영역에도 무감각하다. 오로지 가시광선이라는 아주 좁은 파장 영역만을 통해서 인간의 눈은 열려있을 뿐이다. 현대천문학자들은 이 색맹을 스스로 깨닫고 과학과 기술을 이용하여 모든 전자파로 우주를 보려고 노력한다. 그 결과로 가시광선보다 짧은 X선이나 자외선으로 본 태양을 위시해서, 반대로 가시광선 보다 긴 적외선과 전파로 보는 태양은 인간의 눈으로 보아온 태양과는 아주 다른 모양을 하고 있다는 사실을 알게 되었다.

칠요(七曜)가 하늘에 붙어 있을 것이라는 생각을 이 천체들의 운동의 다양성을 설명하면서 강력히 부정하고 있다. 기원 후 2세기인 후한 시대에 이미 이런 생각을 했다는 것은 높이 평가할 일이다.

1-4. 다른 학설들

위에 소개한 세 설 외에도 「천상열차분야지도」의 도설이 밝혔듯이 또 다른 학설이 제창되기도 했다. 우주의 정체를 지금처럼 그려낼 수 없었던 시대의 사람들에게는 어려운 작업이었겠지만, 현대인에게는 그들이 주장한 학설 그 자체를 이해하지 못하는 안타까움이 있다.

이러한 학설에는 우희(虞喜)가 주창한 〈안천설(安天說)〉, 요신(姚信)이 주창한 〈흔천설(昕天說)〉, 우용(虞聳)이 주창한 〈궁천설(穹天說)〉 등이 있으나, 이는 모두 후세에 전해지지 않은 잡설들이다. 이 외에 혼천설과 개천설을 혼합한 소위 〈혼천개천설(渾天蓋天說)〉이라는 것도 생기기는 했으나, 이 설의 운명도 위의 여러 설과 같다.

2

태양계, 해와 달과 5행성

그림 V-1. 갈릴레오의 『과학대화』에 있는 3인의 현자들. 왼쪽부터 아리스토텔레스, 톨레미, 코페르니쿠스이다.(Mitchael Seeds의 *Foundations of Astronomy*에서 옮김)

고대로부터 18세기 초까지 동아시아의 우주관이라면, 대체로 태양계에 대한 이해를 벗어난 확대된 것은 없다고 말할 수 있을 것이다. 말하자면, 태양계는 우리의 은하계를 구성하고 있는 하나의 항성계라는 사실을 인식하지 못하고 있었다. 그러므로 태양계에 속한 천체들인 태양과 달 그리고 5행성의 겉보기 운동을 이해하려고 노력하는데 그친 것이다. 그래도 혜성과 유성(별똥별)을 태양계 안에 있는 천체로 포함시킨 것은 앞선 생각이었다.

2-1. 태양계의 구성

태양계라는 용어는 애초부터 존재하지 않았다. 고대인들에게는 태양과 달 그리고 5행성이 주축이 된 세계가 바로 우주였기 때문이다. 이 7개의 천체를 통틀어서 이름을 붙일 때는 칠요 또는 칠정(七政)이라고 한다. 이 칠정의 운동은 대단히 규칙적임에도 불구하고, 그 겉보기 운동은 오랜 동안 동서양을 막론하고 많은 천문가들을 괴롭혔다. 어떤 가설을 설정해도 이 7정의 운동을 완전히 이해할 수는 없었다.

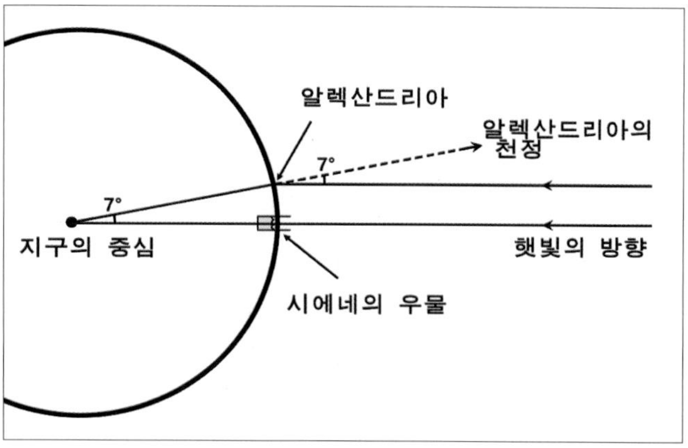

그림 V-2. 지구의 크기를 알아낸 그리스인의 지혜

2-2. 지구

지구의 크기가 유한하다는 것은 오래 전부터 알고 있었을 것이지만, 과연 지구의 모습이 어떤 것일까 하는 의문을 풀기에는 오랜 세월이 걸렸다. 지구는 둥글고, 그 반지름이 약 7365km(실제는 약 6400km로 약 15%의 오차가 난다)라고 처음 측정한 사람은 고대 그리스의 철학자 에라토스테네스였다. 그가 아프리카 시에네에서 춘분날 정오에 우물에 떨어지는 해의 그림자가 만드는 그림자의 각도와 알렉산드리아에서 같은 방법으로 잰 각도 사이에 7도의 차이가 있다는 사실을 관찰하였기 때문에 가능해진 것이다.

동아시아에서는 이와 같은 위대한 발견은 없었다. 유럽의 경우에 비하면, 극히 최근이라고 할 수 있는 18세기의 기록인 『동국문헌비고』에 다음과 같은 기록이 있다.[4]

> 지구는 하늘과 비하면 작은 것이 점 하나와 같고, 사람들은 지면에 퍼져 있는 것이 눈이 닿는 모든 곳에 이른다. 경도로서 천하의 땅을 양쪽으로 저울질하는데, 경도가 30도 떨어지면, 시간차는 1진(辰)이 되고, 180도 서로 떨어지면 낮과 밤이 서로 다르다.

4 『증보문헌비고』 상위고, 1: 16ㄴ~17ㄱ

여기서 1진이라는 시간 단위는 1일을 12로 나눈 단위이다. 옛날에는 하루를 12로 나눈 시간을 사용했었다. 그것을 십이시(十二時) 제도라고 한다.

지구상에서 두 지점 사이의 거리를 측정하는데도 별을 관측하여 각도의 차이를 가지고 알아냈다. 위의 문헌의 기록을 인용해 보면, 다음과 같다.[5]

> 남으로 200리 가면 북극은 1도 낮아지고, 북으로 200리 가면 북극은 1도 높아진다. 동서에도 역시 200리에 1도의 차이가 있다. 해와 달과 별들은 지평에서 뜨고 지는데, 동방에 사는 사람은 먼저 보고, 서방에 사는 사람은 늦게 본다. (지구의) 동과 서는 서로 18,000리 떨어져 있으므로 동방의 사람이 정남에서 볼 때 서방의 사람은 동쪽(지평선)에서 본다. 천구의 둘레를 각도로 측정하여 지구 둘레가 72,000리가 됨을 안다. 원주율(圓周率)을 구하여 지구의 지름이 22,912리 좀 더 됨을 얻는다.

지구의 둘레가 72,000리라고 했는데, 현재 국제표준 값은 40,000 km이다. 그러니까, 1리는 0.56 km가 된다. 한국에서는 보통 10리가 4 km라고 알고 있지만, 조선 중기에만 하더라도 10리의 거리는 지금 보다 1.6 km 더 되었다는 것을 알 수 있다.[6]

지구가 둥글다는 것은 이와 같이 여러 측면으로 증명된 사실임에도 불구하고, 다른 측면에서 보면 쉽게 받아들일 수 없는 것이었다. 예컨대 지구의 3/4을 차지하는 바닷물이 지구의 둥근 표면에 머물 수 있느냐하는 의문이다. 만유인력의 법칙이 뉴턴에 의해 발견되기 전까지는 둥근 지구 표면 위의 바닷물은 흘러서 아래로 쏠릴 것이고, 지구 반대편인 아래에 있는 바닷물은 떨어져 나가야할 텐데, 그렇지 않다고 하는 것은 지구가 둥글지 않기 때문이라는 것이다. 이런 생각은 만유인력을 모르고 있었던 시대에 제기되었던 문제들이다.

서양에서 중국에 온 카톨릭 선교사 과학자들은 바닷길로 지구의 반대편에서 왔으니까, 자기들의 경험을 가지고 중국 사람들을 이해시키려고 노력했다. 이들에게서 지구의 모양을 배운 북경의 흠천감의 이천경(李天經)[7]도 애쓰기는 마찬가지였다. 『동국문헌비고』에

5 ibid, 1: 15ㄴ
6 이에 관하여는 나일성의 논문에 언급이 있다. '17·18세기 한국의 天文觀', 東方學志, 제21집, pp. 1~17, 1979.
7 이천경(李天經, 생몰년 미상)은 명나라의 흠천감(欽天監)의 학자이다.

다음과 같은 기록이 있다.[8]

> 이천경이 말하기를 "어떤 사람이 묻기를 '땅과 바다가 다 원형(圓形)을 이룬다는 것은 반드시 어울려서 하나의 구(球)를 이루는 것은 아닐 것이다.' 하기에, 내가 말하기를 '땅과 바다가 함께 하나의 원형을 이룬다는 것은 월식 때 (달 표면에) 어둡게 비어 있는 자리가 늘 둥글게 되는 것을 보면 안다. 그림자를 던지는 원체(原體)가 둥글지 않을 수 없다는 것이다. 대지와 물은 함께 만물의 중심을 향하는 성질이 있으니, 반드시 몸이 서로 취향하는 데에 따라서 나아갈 것이다. 땅과 물은 다 무거운 물건이므로 땅 가운데의 빈 곳을 물이 곧 채우기 때문이다. 이제 평평한 가운데 불쑥 나온 산을 보면 혹 땅이 원구(圓球)를 이루지 않은 것이라고 의심하겠으나, 이것은 개미가 보리마당에서 놀더라도 땅을 손상한 형적이 없는 것이나 다름없다는 것을 모르는 것이다. 또 땅은 특히 그 큰 몸이 구를 닮았기 때문일 뿐이지, 어찌 참으로 수레바퀴나 그릇이 둥근 것처럼 조금도 들쭉날쭉한 곳이 없겠는가?' 하였다." 하였다.

구구절절 옳은 말이기는 하지만, 지금 사람들에게는 답답하게 느껴지는 옹색한 설명이다. 그러나 이것으로 당시의 의심하던 많은 사람들의 공격을 잠재울 수는 없었다. 『동국문헌비고』는 이어서 또 설명하고 있다.[9]

> 매문정(梅文鼎)[10]이 이르기를 "혼천설의 이치로 징험하면, 지구가 완전한 구형(球形)이라는 데에 의심 날 것이 없다. (생략) 우리가 비근한 일로 징험해 보자. (생략) 북경에서의 북극의 고도는 40도이고, 경해(瓊海)에서의 북극의 고도는 20도이며, 북경에서는 북극으로부터 50도 떨어져 있는 별을 천정으로 삼고 경해에서는 북극으로부터 70도 떨어져 있는 별을 천정으로 삼으므로, 만약에 북경에서 경해를 본다면 그곳 사람들이 서 있는 곳은 다 기울어져 있어야 할 터인데 현재로서는 그렇지 않으니, 어찌 머리 위에 이고 있는 것이 다 하늘이고, 발로 밟고 있는 것이 다 땅이며, 애초부터 기울어진 것이 없어서 동그랗게 둘러 서 있는 것을 근심할 것이 없는 것이 아니겠는가? 그렇다면 남으로 가서 적도 남쪽으로 가고, 북으로 가서 북극 아래에 이르러

---

8 『증보문헌비고』 상위고, 1: 15ㄴ~16ㄱ

9 『증보문헌비고』 상위고, 1: 16ㄱㄴ

10 매문정(梅文鼎, 1633~1721)은 안휘성(安徽省) 선주(宣州) 출생이다.

도 이와 같을 것이다."

지구가 둥글다는 사실 하나만 하더라도 이렇게 이해시키기가 어려웠다는 것은, 그만큼 오래된 전통 사상의 지배가 컸다는 것을 묵시적으로 말해 주는 것이라고나 할까.

2-3. 해와 달

해: 태양(太陽)

「천상열차분야지도」에 해에 대한 재미있는 구절이 있다. 문장 전체는 제VII장에서 자세히 다루기로 하겠기에, 여기에는 그 일부만을 간단이 옮겨본다.

> 해는 큰 양(陽)의 정기(精氣)이며, 모든 양의 으뜸이다. (생략) 양의 정기는 해가 되며, 해가 나뉘어 별이 되기 때문에 그 성(星)이라는 글자는 해(日) 밑에 생(生)으로 되어 있다. 『석명(釋名)』에 '별들이 흩어져서 하늘에 퍼졌다.'라고 한다.

고대 사람들은 해를 마치 우주의 지배자나 아니면 만물의 근원이라고 믿은 것이다. 해를 신앙의 대상으로 숭상하는 행위는 무속에서만이 아니라, 높게는 왕실에서부터 낮게는 일반 서민의 의식 속에 깊이 뿌리를 내리고 있었다. 그리고 이런 사상은 17세기 후반에 와서야 서양천문학의 도입으로 서서히 사라지게 되었다.

달: 태음(太陰)

「천상열차분야지도」에는 달에 관해서도 재미있는 기록이 있다.

> 달은 큰 음의 정기(精氣)이며, 모든 음(陰)의 으뜸이다. 해를 보필하는 여왕의 상이다. 이는 덕에 견주면 형벌을 뜻함이며, 조정에 배열하면 제후와 대신의 반열이다.

이렇게 달의 존재는 해가 있으므로 성립되는 것이다.

2-4. 5행성

밤하늘에 보이는 무수한 별들은 제 자리를 지키고 있어서 움직이지 않고 있으나, 이런 별들 사이를 조금씩 움직여 가는 5개의 천체가 있다는 것은 꽤 오래전부터 알려져 왔다. 중국 사람들은 이 5개의 천체도 별이라고 생각하고 "星"이라는 이름을 붙였다. 금(쇠), 목(나무), 수(물), 화(불), 토(흙)이라는 우주 만물을 형성하는 다섯 원기(元氣)의 이름을 택한 것이다. 그래서 생겨난 이름이 태양으로부터 가까운 순서로 수성, 금성, 화성, 목성, 토성이다.

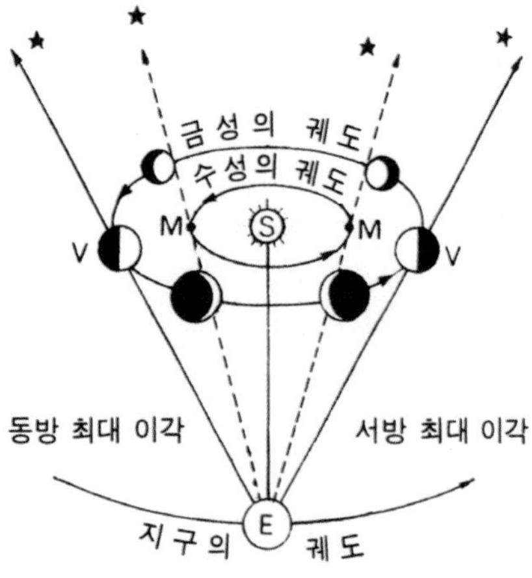

그림 V-3. 지구의 공전궤도와 내행성의 최대이각

그들은 이 이름을 붙이는데 이 별들의 색깔을 참고한 것 같다. 그러나 5개 전부는 아니지만, 가장 밝은 금성과 붉은 색의 화성은 분명하다. 이 5개의 천체를 각각 ㅇ성(星)이라고 별 星자를 붙이기는 했어도, 통틀어 부르는 명칭은 행성(行星)이다. 이는 모든 붙박이 별을 항성(恒星)이라고 이름 지은 것과는 구별이 된다.

다섯 행성들의 겉보기운동은 참으로 이해하기 어려운 것이었다. 철저한 어떤 원칙에 의해서 움직이는 것 같으면서도 예측하기는 어려운 운동인 것이다. 태양계의 구성을 알기 전에는 불가능할 수밖에 없었던 것은 당연한 일이다. 그러나 그 원칙 또는 규칙은 중국에서는 철학의 범주로 다루게 되면서 해와 달을 포함한 음양오행설(陰陽五行說)이 생겨났다.

이제부터 이 5개의 행성 하나하나에 관하여 살펴보기로 하겠는데, 그 이전에 이 행성들의 공전운동을 설명하기 위해 필요한 현대천문학적 용어를 정의해 둘 필요가 있다. 5개의 행성 중 수성과 금성은 내행성(內行星)이라고 하고, 화성, 목성, 토성을 외행성(外行星)이라고 한다. 이렇게 구별하는 이유는 내행성의 궤도는 지구의 공전운동 궤도보다 작아서 지구보다 태양에 가깝다는 뜻이고, 외행성의 궤도는 지구의 궤도보다 커서 바깥에 있기 때문에 이렇게 구별하는 것이다. 내행성의 경우는 태양에서 멀어져도 어떤 한계 안에 있다. 지구에서 내행성을 관찰해 보면, 태양에서 가장 멀리 떨어져서 보일 때가 있기도 하고, 태양 앞이나 뒤에 가려져서 보이지 않을 때도 있다. 태양에서 가장 멀리 떨어져 보이는 것을 말할 때는 최대이각(最大離角)이라고 하는데, 이것은 그 떨어지는 거리를 각도로 표현하기 때문이다. 말하자면, 태양을 향하는 방향에서 몇 도나 떨어져 있는가를 가리키는 용어이다. 최대이각이 생기는 때는 해가 진 다음 서쪽 지평선 위에, 또는 해가 뜨기 전에 동쪽 지평선 위에 나타나는 때이다. 그래서 전자를 서방최대이각, 후자를 동방최대이각이라고 각각 구별한다.

한편, 외행성의 공전궤도는 모두 지구의 궤도보다 더 크기 때문에, 화성, 목성, 토성에는 최대이각이란 있을 수 없고, 태양의 방향과 정반대되는 하늘에서도 보인다. 내행성이든 외행성이든 행성들은 모두 황도에 아주 가까운 하늘에서만 보인다. 달의 궤도도 황도에 가깝다. 따라서 행성들과 달을 관찰해 보면, 밤하늘의 황도가 어디 있는가를 쉽게 찾아낼 수 있다.

지구와 태양 간의 평균거리를 1 천문단위(天文單位, AU)라고 하며, 이것을 단위로 하여 태양계 안에 있는 다른 천체들의 거리를 표기한다.[11]

수성(水星): 수성은 태양에 가장 가까운 위치에 있으며, 태양을 중심으로 그 주위를 약 88일 만에 한 바퀴 공전하는 가장 작은 행성이다. 고전에 나오는 옛 이름은 진성(辰星)이다. 수성과 태양 사이의 평균거리는 0.387 AU이다. 이렇게 가까운 거리를 두고 공전하기 때문에, 지구에서 이 수성을 볼 수 있는 최대이각은 28도이다. 그러니까, 태양이 서쪽 지평선에 질 때 서쪽 지평선 위 28도에 있는 셈이다. 새벽에 해가 뜨기 직전 동쪽 지평선 위로도 이 정도 높이 있게된다. 그런데 해가 진 직후나, 해가 뜨기 직전의 하늘은 태양빛을 반사하는 지구의 대기층(大氣層) 때문에 하늘이 얼마동안은 완전히 어둡지 않고 환하다. 이것을 천문박명(天文薄明)이라고 한다. 밤하늘에 초롱초롱한 별을 잘 보려면, 천문박명이 끝나야 한다.

---

11 지구는 태양을 중심으로 타원운동을 하기 때문에, 어떤 때는 태양에서 약간 멀어지고 어떤 때는 약간 가까워진다. 그래서 평균값으로 그 거리를 표시하는데, 그 값은 약 1억5000만 km이며 이것을 1천문단위(AU)로 정의한다.

문제는 수성이 대단히 작은 행성이고, 최대이각이 불과 28도에 불과하기 때문에 수성은 언제나 천문박명이 지속되는 시간에만 관찰할 수 있다. 해가 진 후 좀 더 시간이 지나면, 하늘이 충분히 캄캄해지겠지만, 그 때가 되면 수성은 서쪽 지평선에 너무 가까워서 지구의 공기층에 빛을 잃고 만다. 이렇게 되면, 볼 수 없는 것이다. 실제로 수성은 육안으로는 볼 수 없는 행성이다. 아주 청명한 날 최대이각일 때를 택해서 관측하려고 해도 망원경이나 쌍안경이 없이는 불가능하다.[12] 이때의 겉보기 등급은 0.0등에 불과하다.

그렇다면 고대인들은 맨 눈으로 이 수성을 어떻게 보았기에 그 존재를 일찍부터 알았을까? 대단히 흥미있는 문제임에도 불구하고, 이 문제를 제기하는 과학사 연구가는 거의 없는 것이 신기할 정도이다. 필자는 이 문제에 관하여 국제천문연맹 총회의 한 발표회 토의장에서 다음과 같은 세 가지 가설을 구두로 밝힌 바 있다: (1)고대의 지구환경(地球環境) 즉 지구대기의 청명도가 지금보다 훨씬 좋았다, (2)고대인들의 시력(視力)이 현대인보다 월등하게 우수했다, (3)두 가지 조건이 함께 충족되었다.

금성(金星): 금성은 지구만큼 크고, 또 지구에 가장 가까이 있는 행성이기 때문에 5행성 중에서 가장 밝은 행성이다. 고전에 나오는 옛 이름은 태백성(太白星)이다. 이 금성은 최대이각일 때는 지평선 위로 48도나 높게 있게 되므로, 하늘에서 가장 밝은 항성인 시리우스별 보다도 더 밝다. 그러니까 밤하늘에서는 달을 제외한 모든 천체 중에서 가장 밝은 셈이다. 그래서 이 금성은 저녁에는 태백성, 새벽에는 계명성(啓明星)이라는 이름으로 많은 사람들이 즐겨 보는 행성이 되었다.

태백주현(太白晝見)이라는 기록이 『증보문헌비고』 상위고에 독립된 항목으로 적혀있다. 이 '태백주현'이라는 것은 태백 즉 금성이 낮에 보였다는 기록이다. '주견'이라 발음하지 않고 '주현'이라고 발음을 한다. 『증보문헌비고』만이 아니라 『조선왕조실록』과 『승정원일기』에는 더 많은 기록이 있다. 이것은 금성은 얼마나 밝은 행성인가를 보여 주는 하나의

12 필자는 40년 동안의 관측 생활 중에 수성을 본 것은 단 2번에 불과하다. 한 번은 큰 망원경으로 지평선 가까이에 있는 변광성(變光星)을 관측할 때 보았고, 두 번째는 작은 망원경으로 아마추어 천문가들과 함께 했을 때였다. 그런데 전문가라 하더라도 수성을 단 한 번도 관찰하지 못한 사람이 허다하다. 관측전문가들이라 하더라도 행성을 전문으로 하지 않는 한, 자기의 연구 대상만을 밤새 관측하기 때문에 수성을 볼 기회가 없는 탓이다. 이것이 이것저것을 자유롭게 관찰하는 아마추어들과 다른 점이다.

그림 V-4. 낮에 찍은 금성. 1996년 서울시 서대문구 연희로 110길 15에 있었던 나일성천문대의 40-cm 반사망원경으로 아침 10시 경에 시라이시 시게다까(白石茂孝)가 찍음.

실례이기는 하지만, 낮에 보인 것이 왜 그렇게 기록할 만한 현상이었던가에 대해서는 아직 아무도 연구하지 않고 있다. 이런 기록은 금성이 최대이각일 때였을 것이다. 금성이 낮에 보이는 것을 정의한 것이 『서운관지』에 다음과 같이 적혀 있다.[13]

> 태백이 낮에 보임. 금성이 태양에서 40여도 떨어져 있으면 낮에 관측하기 쉽다. 그러므로 아침에 나타날 때는 사시(巳時, 오전 10시 전후)에 미지(未地, 북북동)에 나타나고, 저녁에 나타날 때는 미시(未時, 오후 2시 전후)에 사지(巳地, 북북서)에 나타난다.

화성(火星): 지구의 궤도 바로 밖에서 공전하는 행성으로서, 지름이 지구의 약 반 정도이다. 고전에 나오는 옛 이름은 형혹성(熒惑星)이다. 이 화성이 아주 붉은 색으로 보이기 때문에 붙여진 이름이다. 이 화성이 황도 상에서 움직여 가다가, 전갈자리의 밝은 별인 안타레스(Antares, 심수1) 옆에 접근할 때가 있다. 이 때면 어느 것이 화성이고 어느 것이 안타레스인지 분간이 가지 않을 정도인데, 안타레스도 밝고 붉은 별이다. 그래서 그리스 사람들은 화성과 비교된다는 뜻으로 안타레스라고 불렀다.[14] 붉다는 뜻과 불(火)이라는 뜻을 동시에 가지고 있는 화성은 전쟁을 상징하는 행성으로 풀이되기도 했다.

---

13 太白晝見. 金星距太陽四十餘度 則易於晝測 故晨見則巳時見於未地 夕見則未時見於巳地(『書雲觀志』番規)

14 안타레스의 그리스어인 Ant-ares의 Ant는 비교된다는 뜻이고, ares는 화성이라는 뜻을 가지고 있다.

목성(木星): 해성들 중에서는 가장 덩치가 크다. 목성의 지름은 지구의 11배를 넘을 정도로 덩치가 크기 때문에, 화성보다 더 멀리 떨어져 있음에도 불구하고 화성보다도 약간 더 밝게 보인다. 이 목성은 태양을 중심으로 거의 12년을 걸려서 한 바퀴 돈다. 그래서 지구에서 볼 때 하늘의 같은 위치에 되돌아오는데, 12년이나 걸린다는 이유로 세(歲)를 셈하는데 이용했다. 그래서 고전에는 세성(歲星)이라는 이름으로 적혀 있다. 지금부터 약 400년 전에 갈릴레오가 망원경을 발명하고 이 목성에서 4개의 달을 발견했다. 이 4개의 달을 갈릴레오의 달이라고 한다. 17세기말에 중국에 온 서양 선교사 천문학자들이 만든 소위 신법성도(新法星圖)에는 이 갈릴레오의 4개의 달이 목성과 함께 표기됨으로써 중국과 조선에 알려지게 되었다. 그래서 조선의 관상감도 이를 모방하여 신법성도를 만들 때면 반드시 목성에 갈릴레오의 달을 포함시켜서 그려 넣게 된 것이다. 현재 목성에는 20개 이상이나 되는 많은 달들이 발견되고 있으나, 갈릴레오의 달을 제외하면 모두 어두워서 작은 망원경으로도 관찰하기 어렵다.

토성(土星): 5개의 행성 중에서는 가장 멀리 있는 행성이지만, 목성 다음으로 덩치가 크기 때문에 비교적 밝다. 고전에 나오는 옛 이름은 진성(鎭星) 또는 진성(嗔星)이다. 이 토성의 지름은 지구 지름의 10배를 좀 넘는다. 그렇기 때문에 인력이 커서 목성처럼 달을 많이 가지고 있다. 18세기 이후의 서양 선교사들이 만든 성도나, 조선의 관상감이 만든 신법성도에 토성의 달이 5개나 기입되어 있다. 목성보다 더 많은 이유는, 18세기가 되면서 망원경이 갈릴레오 때에 비해서 월등하게 성능이 좋아졌고 또 이 5개의 달이 비교적 크기 때문에 이 시기에 발견될 수 있었기 때문이다. 뒤에 소개할 관상감이 만든 3대 신법성도(「혼천전도」와 2개의 대형병풍식 성도)[15]에 있는 토성의 그림에는 테까지 그려져 있다. 그러나 이런 것들은 망원경이 발명된 이후의 것일 뿐, 육안으로만 보던 시대에는 알지 못했던 것이다.

---

15 8폭병풍으로 만든 2건의 신법천문도의 정식 이름은 「천상열차분야도·황도남북양총성도·칠정도 합도(천상열차분야도·황도남북양총성도·칠정도 합도)」와 「칠정도·황도남북양총성도 합도(七政圖·黃道南北兩總星圖 合圖)」이다. 제X장에 자세한 설명이 있다.

2-5. 혜성과 유성

행성과 마찬가지로 혜성(彗星)과 유성(流星)은 별이 아니다. 행성과는 비교할 수도 없는 아주 작은 천체임에도 불구하고 별 성(星)자가 붙은 것은 착각하기 쉬운 명칭임에는 틀림없으나, 예부터 사용하던 이 명칭은 지금도 그대로 사용되고 있다. 이 두 종류의 천체는 중국을 위시하여 한국과 일본의 고전에 많이 적혀 있다. 이 두 천체가 나타나는 것은 당시의 천문지식으로는 전혀 예기치 못했던 것들이어서, 고대로부터 일종의 천변(天變) 또는 성변(星變)이라고 해석했기 때문이었다.

이제 이 혜성과 유성에 관하여 설명해 보자.

혜성: 옛 기록을 보면, 혜성에는 세 종류가 있다. 즉, 혜(彗)와 패(孛)와 치우기(蚩尤旗)이다. 먼저 패부터 설명해 보면, 패는 혜성이 태양에 충분히 가까이 접근하기 전의 이름이다. 혜성은 태양에서 충분히 멀리 있을 때는 태양열을 많이 받지 못하기 때문에 얼어붙은 표면의 물질들이 기체로 변화되지 않는다. 다만 물질들이 녹기 시작하여 부풀어 오르면서 커진다. 만약 누군가에 의해 이런 상태에 있는 혜성이 발견되면, 옛날에는 일단 천변이라고 생각했다. 이상한 천체가 나타나서 서서히 자리를 움직이기 때문이다. 맨 눈으로 이런 상태가 된 혜성을 보면, 별인 것 같으면서도 초롱초롱하게 보이지 않고 또 자리를 고정시키지 않고 움직이므로 괴성(怪星)이라고 생각했다. 이렇게 보이는 단계에 있는 혜성을 패라고 한다. 패는 패성(孛星)이라고도 하며, 고대에는 전쟁이 일어날 징조로 해석했다. 이 패성에 관한 정의를『서운관지』는 다음과 같이 간단히 적고 있다.[16]

> 패성. 빛이 사방으로 더부룩하면, 패라고 한다.

패의 형태로부터 태양에 점점 접근하면, 표면의 어름 덩어리는 녹아서 기체가 되어, 태양의 반대편으로 긴 꼬리를 만든다. 이렇게 꼬리가 나타나면 혜(彗) 또는 혜성(彗星)이라고 한다. 그런데 꼬리는 한 가닥인 경우가 대부부이지만, 때로는 두 가닥으로 갈라져 보일

---

16 『書雲觀志』番規에 孛星. 光芒四出日孛

때가 있다. 이렇게 보이는 혜성을 특별히 분리해서 치우기(蚩尤旗)라고 한 것이다.[17] 『서운관지』의 정의는 다음과 같다.[18]

> 치우기. 혜성과 비슷하나 뒤쪽이 깃발 모양으로 굽었다.

고대로부터 혜성의 출현은 많은 이야기 거리를 남겼다. 이에 해당하는 것으로 한국의 기록에 남아 있는 두 혜성의 경우를 소개해 보자.

1664년 혜성: 서기1664년은 조선의 제18대 왕인 현종 5년에 해당한다. 이 해 11월(음력)에 인류 역사상 보기드문 큰 혜성이 나타났다.[19] 과거에 보아온 어떤 혜성보다도 훨씬 큰 이 혜성을 보고, 현종은 몹시 걱정되어 고위직의 신하들에게 여러 날에 걸쳐 이야기를

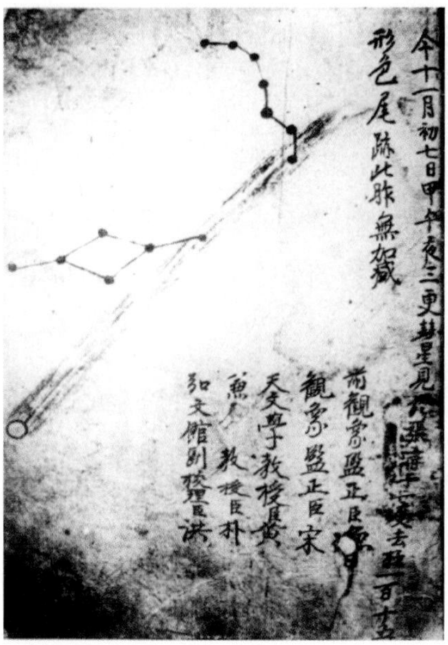

星變測候單子
今十一月初七日甲午夜三更彗星見於張宿十一度去極一百十五度
形色尾跡比昨無加減
前觀象監正 臣 魯
觀象監正 臣 宋
天文學教授 臣 黃
兼教授 臣 朴
弘文館校理 臣 洪

성변측후단자
올해 11월 초7일(1664년 12월 23일) 밤 3경(밤 11-새벽 1시)에 혜성이 장수 11도에서 보였으며, 북극과의 거리는 115도이고, 형체와 색깔 그리고 꼬리의 자취는 어제에 비해 변함이 없다.
전 관상감 정 신 노
관상감 정 신 송
천문학교수 신 황
겸 교수 신 박
홍문관교리 신 홍

그림 V-5. 『성변측후단자』로 보고된 현종5년의 큰 혜성. 왼쪽은 11월 초7일의 『천변등록(天變謄錄)』이고, 오른쪽은 판독하고 번역한 내용이다.[20]

17 혜성에 관하여는 나일성의 『핼리혜성』, (정음사: 서울), 1985를 보라.
18 『書雲觀志』番規에 蚩尤旗. 類彗而後曲如旗象
19 나일성, "觀象監과 現代天文學 -星變測候單子篇-", 『東方學志』, 20, pp. 209~232, 1978.
20 한국기상시후아카데미, 『1664年 天變謄錄』, pp. 52~53, 2012.

하였는데 종합하여 간추려 보면 대략 다음과 같은 이야기이다.

> 혜성이 밤마다 나타나서 사라지지 않고 있으니, 이는 나라에 큰 근심거리요. 경들은 주저하지 말고 나의 잘못을 말해 주시오. 오늘부터 검소한 생활을 하고, 몸가짐을 단정히 하시오. 나도 그러려니와 경들도 반찬 한 가지씩 절약하면서 호의호식을 금하시오.

관상감의 측후관들은 현종 5년 10월 초9일(1664년 11월 26일) 밤부터 시작하여 다음 해 정월 초1일(1665년 2월 15일) 까지 2개월 20일 동안 하루도 거르지 않고 이 혜성을 관측하여 혜성의 모습을 스케치한 결과를 당직자 5명의 연명으로 「성변측후단자(星變測候單子)」를 작성하여 보고했다. 이렇게 보고된 「단자」들은 관상감에서 취합하여 『천변등록(天變謄錄)』이라는 이름으로 재편집되었다. 이 『등록』은 다른 7권의 『등록』과 함께 1917년까지 남아 있었다는 사실이 와다·유지(和田雄治)에 의해 세상에 알려지게 되었다.[21] 그러나 불행하게도 이 8권의 『등록』은 그 후 자취를 감췄다. 그래서 학계에서는 1970년대 초부터 그 소재를 탐문하던 차에 8권 중 연대가 가장 후인 3권의 『등록』의 원본을 1978년 초에 연세대학교 도서관이 회수하는 데 성공했다. 그리고 연대가 가장 앞선 3권의 『등록』의 복사본을 1999년 말에 나일성이 입수했다.[22] 1664년 혜성의 『등록』이 바로 이 3권 중 하나이다.

핼리 혜성: 1682년 세인트 헬레나 섬에서 대단히 큰 혜성을 본 영국의 에드몬드·핼리는 과거의 혜성 기록들을 조사해 보았다. 그 결과 아주 밝은 혜성이 과거에도 나타난 일이 많았는데, 그 나타난 시기를 조사해 보니, 약 76년이라는 주기로 나타나는 혜성이 있다는 사실을 알게 되었다. 그래서 핼리는 76년 후인 1758년에 다시 밝은 혜성이 나타날 것이라고 예언했다. 이를 기억하고 있던 유럽의 천문학자들은 이때가 되어 망원경으로 이 밝은 혜성을 찾아 나섰다. 그리고 핼리가 예언한 그 혜성은 예언한 그해 12월 25일 크리스마스

---

21 和田雄治, 『朝鮮古代觀測記錄調査報告』, 朝鮮總督府觀測所, pp. 173~176, 1917.

22 이 복사본은 일본의 하세가와 이찌로(早細川一郎)교수가 나일성교수에게 기증한 것임. 이 3권의 복사본은 ①한국기상시후아카데미가 역주본으로 2012년에 복원하여 출판했고, ②기상청이 다시 『관상감이 기록한 17세기 밤하늘』이라는 이름의 책으로 출판하였다.

를 축하하던 날 밤에 독일의 아마추어인 팔릿츠에 의해 발견되었다. 그리고 1년 후인 1759년에 밝고 긴 꼬리를 늘여뜨린 모습을 나타냈다. 이렇게 됨으로서 그 후 이 혜성은 핼리혜성이라는 이름을 얻게 된 것이다. 1759년에 나타난 핼리혜성은 많은 관측자들이 관측을 했음에도 불구하고, 그 자료들은 별로 남아 있지 않다. 당시는 사진술이 발명되지 않았던 시기였으므로, 사람들은 그림을 그려서 남길 수밖에 없었는데, 남아 있는 그림이 없는 것이다.

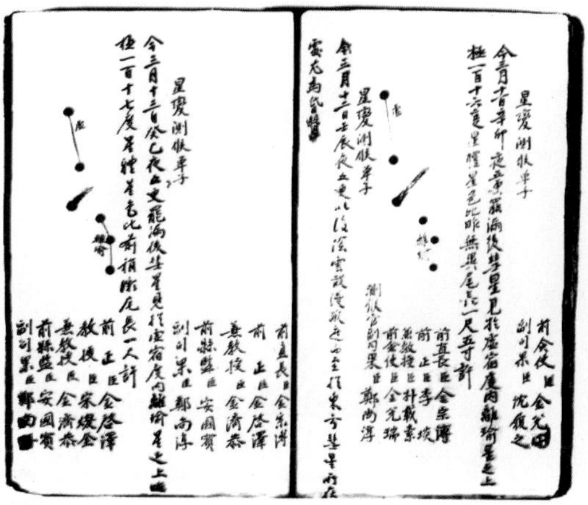

그림 V-6. 「성변측후단자」로 보고된 핼리혜성. 영조35년 3월 11, 12, 13일 3일간의 관측.

이 혜성이 나타난 1759년은 조선왕조의 제21대 임금인 영조의 재위 35년에 해당한다. 관상감이 이 혜성을 발견한 것은 이 해 3월 5일(서력으로 4월 1일)이었다. 관상감은 이 혜성이 핼리혜성이라는 사실을 알았을 리 없었지만, 매일 밤 관측한 사실을 적은『성변측후단자(星變測候單子)』를 아침마다 어전에 보고하였다. 이 단자들은『건륭이십사년삼월성변등록(乾隆二十四年三月星變謄錄)』이라는 이름으로 재편집된 것이 연세대학교 도서관에 현재 남아 있다.[23] 이『성변등록(星變謄錄)』에 수록되어 있는 핼리혜성 관측기록은 전부 25일간 계속해서 관측한 자료이다. 다음 그림에 보인 바와 같이 혜성이 위치한 근처의 별자리와 혜성의 생김새가 잘 그려져 있을 뿐만 아니라, 혜성의 위치, 밝기, 색깔, 꼬리의 길이 등 필요한 천문학적 요소를 5명의 당직 관측자의 공동 서명으로 적고 있어서, 세계적으로 유례가 없는 높은 가치를 지닌 자료가 되었다. 재미있는 사실은 그림 V-6에 보인 바와 같이 3월12일(음)에는 '날이 구름으로 흐려서 관측하지 못했다'는 것까지도 단자에

23 『성변측후단자(星變測候單子)』에 관하여는 나일성, "觀象監과 現代天文學 -星變測候單子篇-",『東方學志』, 20, pp. 209~232, 1978.을 참조하라.

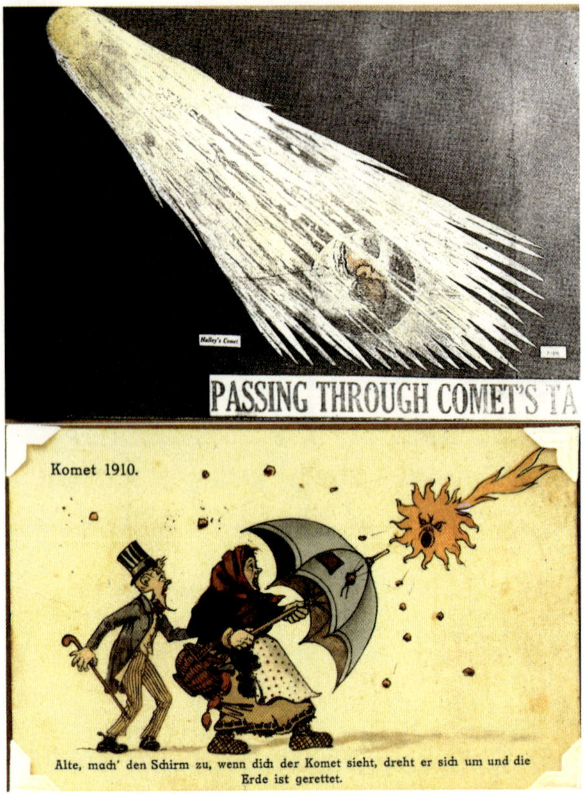

그림 V-7. 1910년의 핼리혜성의 상상도 그림 엽서

는 기록되어 있다.

핼리혜성의 출현과 얽힌 역사적 사건들을 보자. 사람들이 혜성을 흉조로 보는 이유를 알만한 자료이다. 먼저 유럽의 사건들을 시대 순으로 소개하면 다음과 같다.

(1) BC 87년: 14살의 소년이던 율리우스 시저가 보고 감명을 받았다.

(2) AD 66년: 이 혜성이 예루살렘에서 잘 보였는데, 그 다음 해에 예루살렘이 멸망했다.

(3) AD 218년: 이 혜성이 나타난 다음 마크리누스 황제가 죽었다.

(4) AD 451년: 4-5세기에 유럽을 침략한 아시아의 유목민인 훈족의 멸망을 예고했다.

(5) AD 684년: 전 유럽에 무서운 질병이 번져서 많은 사람이 죽었다.

(6) AD 1066년: 이 해 봄에 노르만 족이 영국을 정복했다. 영국의 해롤드 왕은 이 전투에서 전사할 징조라고 믿었다.

(7) AD 1222년: 징기스칸이 전 세계를 정복하는 징조라고 믿었다.

(8) AD 1456년: 이때는 터키군이 유럽을 침략하던 때여서, 터키와 카톨릭 양 쪽 군에게 다 함께 두려운 존재로 해석되었다.

(9) AD 1910년: 이때에는 지구가 혜성의 꼬리 속을 통과한다는 예보가 있어 큰 걱정거리가 생겼다. 혜성의 꼬리를 형성하고 있는 기체 중에는 CN이라는 독가스가 다량으로 포함되어 있기 때문이다. 미국과 유럽에서는 이것이 지구의 종말이라고 생각

하고 큰 혼란이 야기됐었다. 그러나 불행하게도 이때의 핼리혜성은 조선이 일본에 강제 합방되던 해에 나타난 것이어서 사회 혼란으로 관상소(관상감의 변경된 이름)가 아무 관측기록도 남기지 못했던 치욕적인 혜성이 되고 말았다.

한편, 한국에도 핼리혜성과 관계되는 여러 가지 기록과 사건이 있었다.

(1) AD 218년: 핼리혜성의 최초의 한국 기록은 고구려 산상왕 21년 겨울(AD 217에 해당)이다. 중국보다 5개월 앞선 기록이어서 과연 이것이 핼리혜성인지는 확실하지 않다(삼국사기, 증보문헌비고).

(2) AD 684년: 신라 신문왕 3년 19월에 기록이 있다(삼국사기, 증보문헌비고).

(3) AD 1066년: 고려 문종 20년 3월에 기록이 있다(삼국사기, 증보문헌비고).

(4) AD 1145년: 고려 인종 23년 4월에 기록이 있다(삼국사기, 증보문헌비고).

(5) AD 1222년: 고려 고종 9년 7월에 기록이 있다(고려사 천문지).

(6) AD 1301년: 고려 충열왕 27년 8월에 기록이 있다(고려사 천문지).

(7) AD 1378년: 고려 신우왕 4년 9월에 기록이 있다(고려사 천문지).

(8) AD 1456년: 조선 세조 2년 5월에 기록이 있다(세조실록).

이때 사육신(死六臣) 사건이 일어났다. 세조2년 6월 2일 세조가 성삼문(成三問)을 친히 국문할 때, 성삼문의 대답이 실록에 다음과 같이 있다. 성삼문은 "혜성이 나타났기에 신은 참소하는 사람이 나올까 염려했습니다."라고 말했다. 그 뒤에 잡혀온 하위지(河緯地)에게 세조는 "성변(星變)의 일로 옳지 못한 일을 성삼문과 공모했는가?"라고 물었다.

(9) AD 1531년: 조선 중종 26년 6월에 다음과 같은 기록이 있다(중종실록).

영의정 정광필, 좌의정 이행, 우의정 장순손이 아뢰기를, "전에 보이지 않던 별이 지금 나타나니 이는 매우 놀라운 일입니다. 상하가 마땅히 경계하고 두려워할 일입니다. …(중략)… 신들은 삼공(三公)으로서 이 직에 있기 미안합니다. 해직시켜 주소서."하니, 중종은 "근래 관상감에서 과연 혜성 때문에 연일 아뢰니, 매우 놀라운 일입니다. 다만, 혜성의 변고에 대해서는 옛 사람들의 의논이 진실로 한결같지 않습니다. 그러나 재변(災變)은 공연히 생기는 것이 아니니, 상하가 삼가는 마음가짐으로 성심을 다하여 매사에 유념해야 합니다. 이렇게 하는 것이 재변을 없애는 방법인 것입니다. 이 때문에 삼공을 해직시킬 수 있겠습니까? 사직하지 마십시오." 하였다.

(10) AD 1607년: 조선 선조 40년 8월에 기록이 있다(선조실록).

(11) AD 1682년: 조선 숙종 8년 7월에 기록이 있다(숙종실록).

(12) AD 1759년: 조선 숙종 8년 7월에 기록이 있다(영조실록, 승정원일기 성변측후단자).

(13) AD 1835년: 조선 숙종 8년 7월에 기록이 있다(숙종실록).

(14) AD 1910년: 이 해는 대한제국이 일본에 강점당한 해이다. 나라 안이 온통 불안하고 격분하던 때였으므로, 측후소(관상감의 새 명칭)의 관원을 비롯하여, 아무도 이 혜성을 관측하여 기록으로 남기지 않았다. 대단히 불행한 일이다. 그러나 한국민족에게는 굴욕적인 국권의 상실이었지만, 반대로 일본 측에는 행운을 가져다 준 것이었다.

(15) AD 1986년: 한국에도 현대식 천문대가 건립되었다. 각국에서 앞 다투어 일찍부터 탐색이 시작되던 때, 연세대학교 천문대의 나일성 등도 조기 검출을 위해 노력한 결과, 1985년 10월 14일에 61 cm Goto 반사망원경으로 사진관측에 성공했다(그림 V-8을 참조). 이때의 혜성의 겉보기 안시등급은 약11등이었고, 1986년 2월 9일 근일점에 도달하기 약 4개월 전이었다. 지구로부터 1.64 AU(약 246,000,000 km) 떨어져 있었던 때였다.

이런 이야기도 있다. 효종4(1653)년에 네델란드의 한 무역선이 난파되어 선원 28명이 제조도 산방산(山房山)에 상륙한 일이 있었다. 그후 그들은 13년간이나 억류되었섰는데, 1666년에 이들 중 8명이 탈출에 성공했다. 그들 중 한 사람인 하멜은 후일 자기의『표류기』[24]에 다음과 같은 재미있는 이야기가 남겼다.

> 동리 사람들이 찾아와서 묻기를 "화란에서는 혜성이 나타나면 어떻게 생각하느냐?" 하멜이 "기근이나, 질병이나, 전쟁이 일어난다고 믿는다."고 대답했더니, 동리사람들이 자기들의 생각과 같다고 하면서, 돌아가서는 언제 오랑캐가 쳐들어올지 모르니 있는 곡식 빨리 떡 해 먹고 술 빚어 마시자는 것이었다.

24 一潮閣에서 1954년에『하멜의 표류기』를 발간한 바 있다.

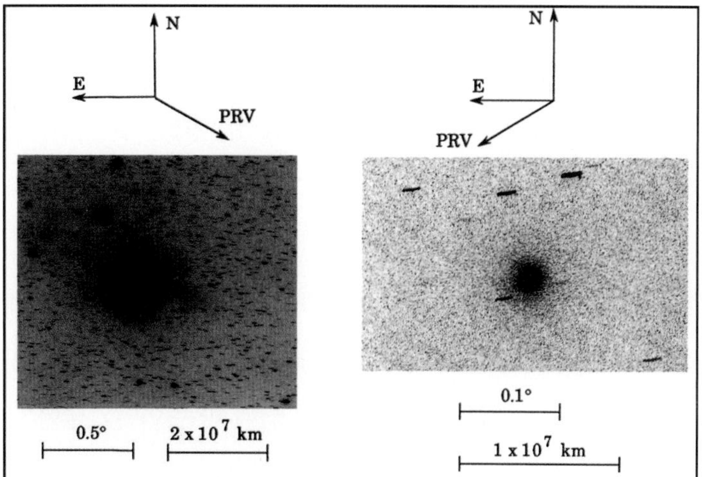

(left) Fig. 762: 1985 Nov 15.28090 UT; exposure 15.0 minutes on IIa-O emulsion with no filter; r=1.72, Δ=0.73, β=174.8°; LSPN-2576.
Photograph by R. Hill, Warner and Swasey Observatory.

(right) Fig. 763: 1985 Nov 18.55208 UT; exposure 10.0 minutes on Kodacolor 1000 emulsion with no filter; r=1.67, Δ=0.68, β=178.2°.
Photograph by I. S. Nha/H. I. Kim, Yonsei University Observatory.

그림 V-8. 1985년 11월 15일과 18일의 핼리혜성의 사진. 왼쪽은 미국 Warner and Swasey 천문대에서 R. Hill이 찍은 것이고, 오른쪽은 3일후 연세대학교 천문대에서 나일성과 김호일이 찍은 사진이다.[24]

유성(별똥별): 지구 밖의 공간에 산재해 있는 작은 조각들이 제각기 떠다닐 때는 지구에서는 감지하지 못한다. 이런 상태에 있을 때를 넓은 의미로 유성체(流星體)라 부르는 것이 좋다. 예기치 못한 시기에 이것이 지구의 인력권 안에 들어오면, 지구의 인력으로 대기권 안에 진입하면서 무서운 속도로 지상을 향해 낙하한다. 지상 수백 km 상공에 도달하면, 지구의 대기와의 마찰로 불덩이가 되어 밤하늘에 보이게 된다. 이렇게 보일 때의 유성체를 유성(流星, 별똥별)이라 하지만 별은 아니다.[25]

지구에서 보는 유성은 달 표면에 낙하한 큰 유성체가 달 표면의 물질을 튕겨낸 조각이거나, 소행성들이 서로 충돌하면서 생긴 조각들이 본래의 궤도를 이탈하여 지구의 인력권 안에 들어온 조각들이 지구의 대기권에서 마찰로 발화될 때 잠간 보이는 현상이다. 뿐만 아니라, 소멸된 혜성과 지구가 만나는 곳에서는 혜성의 물질이 유성으로 나타나는 경우도 있다. 맑은 날 밤에 오랜 동안 하늘의 별을 관찰하면 갑자기 긴 불빛을 남기면서 밝게 보

---

25 J. C. Brandt, M. B. Niedner, and J. Rahe, *The International Halley Watch Atlas of Large Scale Phenomena*, ISBN 1-880768-00-3(Johnson Printing Co.: Boulder), Figures 762 and 763, 1992.

이다가 사라진다. 대부분은 희미하고 1-2초 안에 생겼다가 없어지지만, 간혹 굉장히 밝게 하늘을 비추면서 10초 정도 빛나는 경우도 있다.

옛날에는 망원경과 같은 광학기기의 도움 없이, 맨 눈으로 관찰하였지만, 주변에 인공조명이나 대기오염이 없었으므로 유성을 자주 관찰할 수 있었다. 세간에서는 별똥별이라는 이름을 더 잘 사용한다.

옛날에는 밝은 유성이 나타나면 단순한 호기심으로 보기도 했지만, 때로는 하늘의 계시라고 생각하기도 했었다. 그래서 유성에 관한 전설적인 이야기가 많다. 유성이 떨어지면, 어느 왕이나 유력한 인사가 죽었다느니, 적을 공격할 신호라느니 하는 이야기들이 그것이다.

유성은 가끔 하나씩 띄엄띄엄 나타나기도 하지만, 때로는 많은 유성이 짧은 시간 안에 나타나는 경우도 있다. 전자를 산개유성(散開流星, sporadic meteors)이라고 하고,[26] 후자를 유성우/별똥별 비(流星雨) 또는 유성군/별똥별 떼(流星群)이라고도 한다. 유성을 관측한 기록은 유럽은 말할 것 없고, 중국이나 일본의 문헌에도 많지 않는데 반해, 한국에는 그 기록이 이상하다고 생각하리만큼 대단히 많다. 나일성이 『승정원일기』와 『증보문헌비고』에서 1725~1800년 사이의 75개년에 약 900개의 기록을 찾아서 분석한 바 있다.[27]

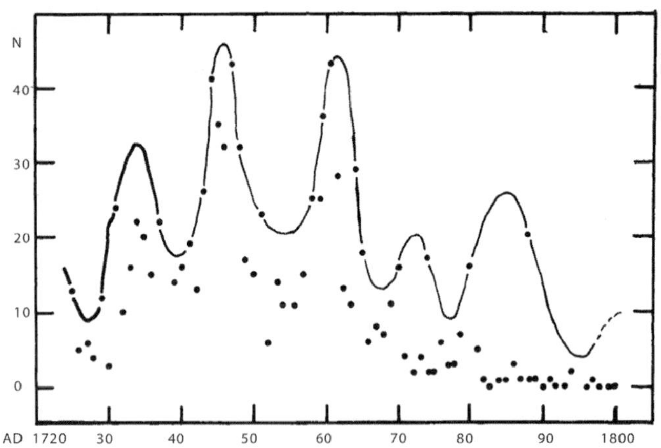

그림 V-9. 75년간(1725~1800)에 한국에서 관측한 900개의 유성의 연도별 분포도. 점들은 1년 단위로 관측된 유성의 수이고, 곡선은 추측한 상한 값이다.(*Bulletin of American Astronomical Society*에서 옮김)

유성과 비성(飛星): 유성을 두 가지 이름으로 부르기도 한다. 대부분은 지

26 이것은 Sporadic meteors를 나일성이 번역한 신조어이다.

27 NHA, I.-S., NHA, S.-H. and LEE, E.-H., 'Korean Records of Sporadic Meteors in the 18th Century', *Bulletin of American Astronomical Society*, 16(4), pp. 941~942, 1984.

금까지 소개한 유성이지만, 비성이라는 이름도 있다. 대부분의 유성은 하늘 위에서 시작하여 수평선 쪽으로 흘러가듯 빛을 내면서 보이는데, 때로는 아래에서 위를 향해 올라가듯 빛을 내는 경우도 있다. 이것은 단지 지상에서 보는 각도로 인해서 생기는 겉보기 현상에 불과하지만, 한국의 옛 기록에는 이것을 구별하여 비성이라고 표기한 것이 가끔 있다.

운석(隕石)과 영두성(營頭星): 유성 중에는 하늘에서 공기와의 마찰로 타다 남은 조각이 있는 경우가 있다. 결국 이런 조각은 지상에 낙하하게 되는데, 낙하한 기록을 보면 엄청난 크기(10 톤 이상)의 것이 있기는 하지만, 대부분은 좁쌀알의 크기에서 주먹만한 것들이다. 이런 것을 회수해 보면, 대부분은 철과 니켈과 같은 금속으로 되어 있다. 그리고 암석으로 되어 있는 것도 발견되지만, 그 외에 유리질과 같은 성분을 가진 텍타이트도 있다. 옛 사람들은 이 낙하한 유성의 잔해(殘骸)를 하늘에서 떨어진 돌이라 생각하고 운석이라고 부른 것이다. 시베리아와 미국의 아리조나 주에 떨어진 운석은 큰 구덩이를 만들 정도로 수 백 톤이나 되었을 것이라고 추정되고 있는데, 한국에서 발견된 것들은 작은 자갈 정도에 불과한 것들이다. 그러나 불행하게도 8·15광복 전까지는 예전에 회수되어 보존된 것이 있었는데, 지금은 모두 없어졌다.

그림 V-10. 여러 가지 철운석. 아리조나 운석 구덩이에서 채취한 철운석(①)과 1969년에 멕시코의 말렌데에 낙하한 철운석의 파편(②)이다. ①의 오른쪽 위의 작은 조각은 아리조나 운석의 박편(薄片)이고, 아래는 이 박편에서 찾아낸 아리조나 철운석의 구조를 보여주는 전자현미경 사진이다. 이 사진에 나타난 무늬는 아름다운 색깔을 하고 있다.(나일성 소장)

그림 V-11. 여러 기지 텍타이트 운석. ①베트남, ②말레이시아, ③태국에서 수집한 텍타이트 운석이다. 모두 유리질이기 때문에 전자현미경으로도 색깔 있는 무늬는 나타나지 않는다.(나일성의 소장품)

위의 현미경 사진에 나타난 여러 가지 색을 띤 아름다운 무늬들은 지구상에서 채취한 철광석에서는 볼 수 없는 것들로서 콘드라이트라고 한다.

한국의 옛 기록에는 영두성(營頭星)이라고도 쓰고 있는데, 이것은 낮에 떨어진 운석을 뜻한다.

한편, 동남아 지역 특히 베트남, 말레이시아, 태국 등지에는 텍타이트라는 유리 성분을 함유하고 있는 운석이 대량으로 발견되고 있다. 왜 이 지역에서만 발견되고 있는지에 관하여는 학설이 많으나, 아직 뚜렷한 결론은 없는 것 같다.

3

중천설(重天說)

인간이 지구상에서 보는 하늘은 일방적인 하늘이다. 인지(人智)가 발달되면서 인간은 객관적으로 보는 하늘의 모습이 궁금했다. 말하자면, 인간이 가상적으로 우주공간에 나가서 본다면 하늘(우주)은 어떻게 생겼을까? 하는 것이다. 그래서 먼저 생각한 것은 해와 달과 5행성이었으나, 해와 달의 운동에 관하여 더 관심이 높았다. 현대 천문학의 지식으로는 이해하기 어려운 그림이 『서전(書傳)』에 있는데, 그림의 이름은 「일월동하구도도(日月冬夏九道圖)」이다.[28] 이 그림은 중국 송나라 때의 주희(朱熹)가 제자인 채침(蔡沈)을 시

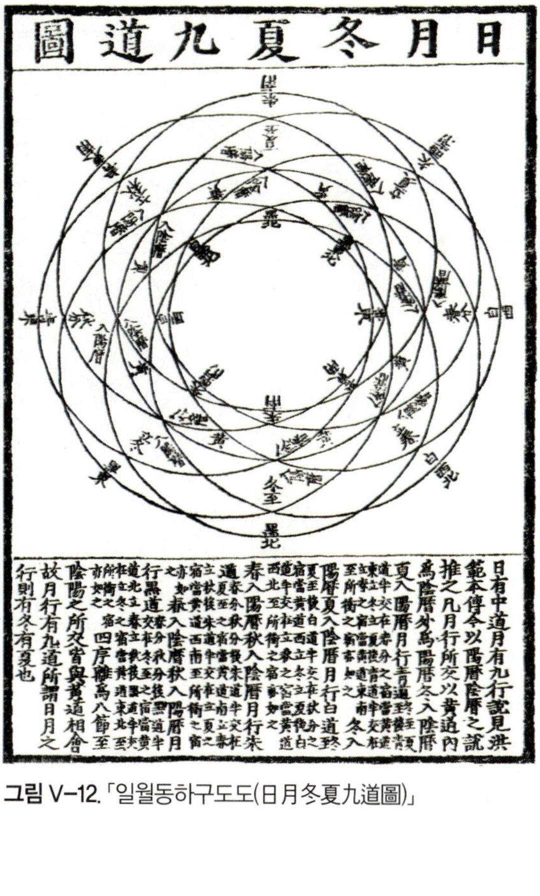

그림 V-12. 「일월동하구도도(日月冬夏九道圖)」

28 『서전대전(書傳大全)』 卷首 九.

켜서 만든 주해(註解)를 단 책에 있는 것이다. 이것은 해와 달만의 운동을 보여주는 것이므로 지구를 중심으로 본 태양계의 일부에 지나지 않지만, 인류가 생각한 의미있는 우주의 초기 모형의 하나이다. 해의 운동은 하나이지만, 달의 운동은 9개라고 하면서, 그 운동을 하는 하늘을 도(道)라고 표했다.

3-1. 아리스토텔레스의 우주

바빌로니아와 이집트의 천문학을 계승한 고대 그리스의 천문학이 과학적 사고에 기반을 두기 시작한 것은 밀레투스의 탈레스 [29]를 필두로 피다고라스[30]를 거쳐 철학자 아리스

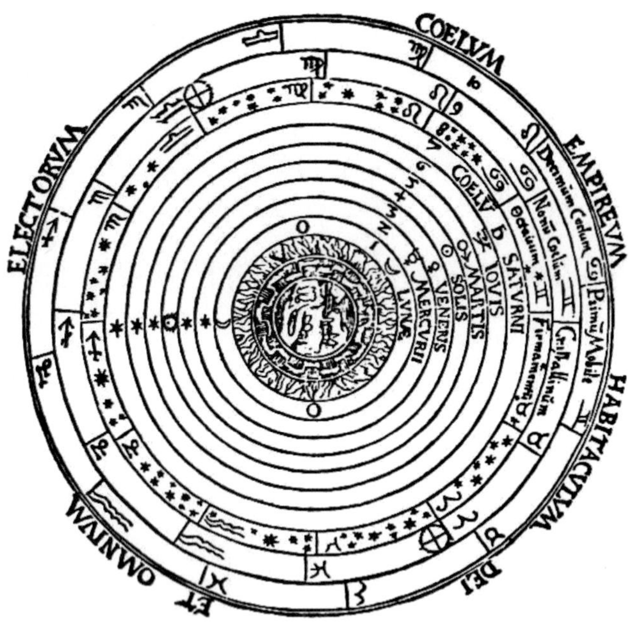

그림 V-13. 아리스토텔레스의 우주(Apian[31]의 *Cosmographia*의 있는 것을 옮김.)[32]

29 고대 그리스의 철학자 Thales의 Miletus(기원전 624~547)이다.
30 고대 그리스의 철학자 Pythagoras(기원전 570~500)이다.

토텔레스[31](기원전 384~322년)에 그 뿌리를 둔다. 그리하여 우주 모형이 처음 만들어지게 되었는데, 아리스토텔레스는 움직이지 않는 중심에 지구를 두고, 여러 가지 하늘이 하루에 한 바퀴씩 동에서 서로 도는 모형을 만들었다. 따라서 이는 지구중심의 우주인 것이다. 아리스토텔레스는 우주의 크기를 지구의 크기에 비해 별로 크게 생각하지는 않았다. 이것은 다음 그림 V-13의 중심에 그린 지구의 크기가 잘 보여 준다.

이 그림을 보면, 지구에 가장 가까운 달의 하늘과 지구 사이에는 알 수 없는 하늘 두 개가 있다. 달의 하늘 밖에는 수성과 금성의 하늘로 확대되어 있고, 그 바깥의 하늘을 해가 차지하는 하늘이라고 생각했다. 해의 바깥 하늘은 차례로 화성, 목성, 토성의 하늘이다. 별들의 하늘은 토성의 하늘 밖에 있다. 해를 비롯해서 밤하늘에서 보는 밝은 달과 5행성이 차지하는 하늘은 서로 다르다는 것이다. 말하자면, 그 하늘들은 서로 겹겹이 지구를 둘러싼 하늘이라고 생각한 것이다. 중국에서는 후일 이런 학설을 중천설(重天說)이라고 하였다.

3-2. 톨레미의 우주

고대 그리스 학자들이 가장 이해하기 어려운 운동은 행성들의 순행(順行)과 역행(逆行)이었다. 행성들이 동→서로 움직이는 것을 순행이라 하고, 반대 방향인 서→동의 운동을 역행이라고 한다. 먼저 외행성들을 계속해서 오래 관측해 보면, 별과 별들 사이를 순행한다. 하지만, 때로는 이 운동을 멈춘 후, 같은 곳에 잠시 머물다가 방향을 바꿔서 역행한다. 그리고 얼마 되지 않아서 이 운동은 또 잠시 멈추다가 다시 순행하는 운동으로 되돌아오지만 불규칙적이다. 이 때 잠시 멈추는 것을 유(留)라고 한다. 내행성들도 순행과 역행을 하지만 그 운동은 규칙적이다.

행성들의 순행, 역행, 유와 같은 운동이 생기는 원인을 비롯하여, 내행성들이 일정한 하늘에서만 순행과 역행을 규칙적으로 반복하는 이유를 설명한 사람은 그리스의 톨레

---

31 고대 그리스의 철학자 Aristoteles(기원전 384~322)이다.

32 Peter Apian(1495~1552)은 혜성 관측을 통해서 혜성의 위치가 달라지더라도 그 꼬리는 항상 해의 반대 방향을 향한다는 사실을 알아냈으며, 많은 천문 서적을 저술했다.

33 Arthur Berry, *A Short History of Astronomy*(Dover Publications, Inc.: New York), 89, 1961.

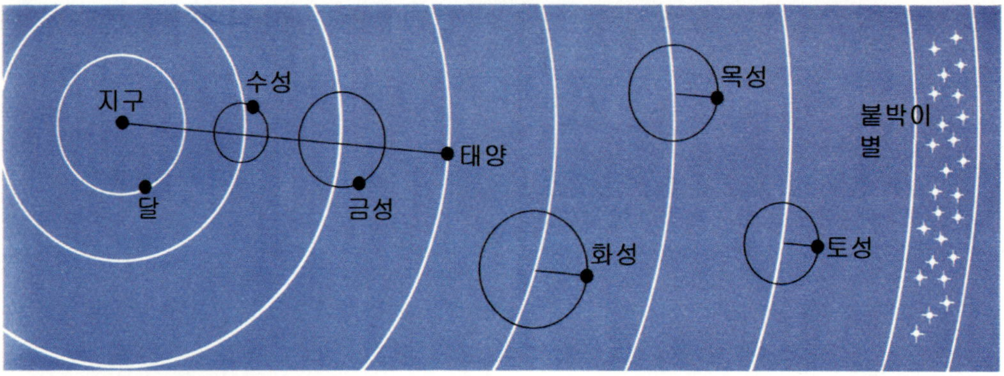

그림 V-14. 톨레미의 우주 모형

그림 V-15. 이슬람 세계의 학자들도 행성의 운동에 지대한 관심을 가졌었다.(Moore의 *Watchers of Stars*[35]에서 옮김)

미(Claudius Ptolemaeus, 기원 2세기)였다.[34] 그의 설명은 진실과는 거리가 먼 허구이기는 했지만, 당시로서는 대단히 기발한 이론이었다.

톨레미가 창안한 우주는 다음 그림 V-14와 같다. 모든 천체는 지구에서 약간 벗어난 점을 중심으로 동→서의 운동을 하면서, 하루에 한 번씩 지구 둘레를 돈다는 것이다. 그렇게 돌면서도 행성들은 역행이 되는 기간에 해당하는 원운동을 겸한다는 것이다. 다만, 태양과 달은 동→서의 운동만 한다. 그림에 보인 이 작은 원운동이 순행과 역행, 나아가서는 유가 생기도록 하고 있다는 학설이다. 기원 2세기에

34 그의 이름은 흔히 Ptolemy(톨레미)라고 간단히 부르지만, '프톨레미'라고 발음하지 않는다. 그의 생애는 분명치 않으나 서기 100년경부터 175년경까지 그리스의 알렉산드리아 지방에 살았던 천문학자로서 Almagest를 저술했다는 사실 외에는 거의 알려져 있지 않다.

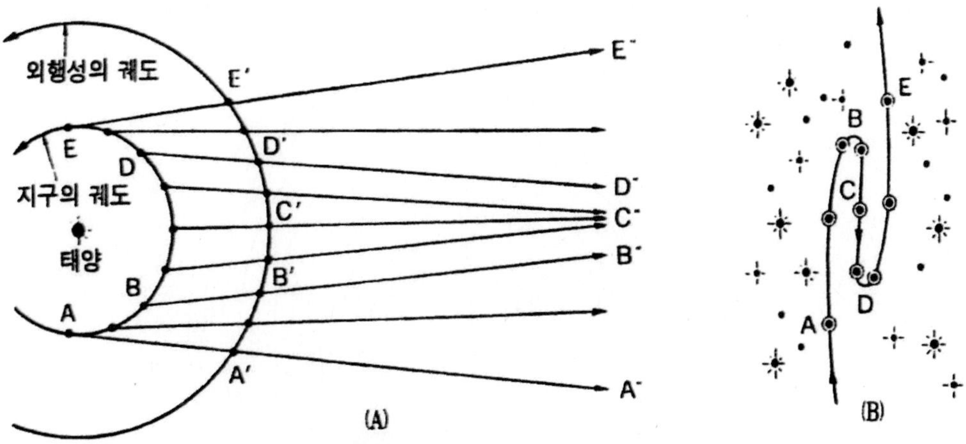

그림 V-16. 지구에서 관찰되는 외행성의 겉보기 운동

제안된 이 톨레미의 지구중심의 우주는 그 후 1500년 동안 전 유럽의 사상의 근본이 되어 지속되었고, 극단적 표현으로 중세의 천문학 성서라는 절대적인 권위를 차지했다.[35] 그리고 다음에 소개할 여러 중천설의 모태(母胎)가 된 것이다.

이슬람 세계에서도 해와 달과 5행성의 운동에 관하여 관심이 높았다. 다음 그림 V-15는 이 문명권에서는 흔히 볼 수 있는 그림 중 하나이다.

행성들이 순행도 하고, 반대 방향인 역행도 하는 이치는 현대천문학의 지식으로는 아주 간단히 이해된다. 그림 V-16에 보인 것이 그것이다.[37] 이 그림의 오른쪽(B)의 A→B는 순행이고, B→D는 역행이다. 그리고 B와 D 두 점은 행성이 잠시 머무는 유(留)이다.

3-3. 12중천(十二重天)

중천설로 12중천, 9중천, 11중천의 세 가지가 차례로 제창되어 왔다. 이 중에서 가장 먼저 제창된 12중천설은 『천문약(天文略)』[38]에 소개된 것이다. 지구를 중심으로 12 겹의 하늘 즉 12중천을 그림으로 보여주고 있는데, 이 그림은 지구를 중심으로 하여 그린 동심원

35 Arthur Berry, *A Short History of Astronomy*(Dover Publications, Inc.: New York), 62, 1961.
36 Patrick Moore, *Watchers of the Stars*, (G. P. Putnam's Sons), 25, 1973.
37 羅逸星, 『새 天文學』, (정음사: 서울), 그림 IV-4, 141, 1993(제6판).
38 『천문략(天文略)』은 명나라의 채여남(蔡汝南)이 저술한 책이다.

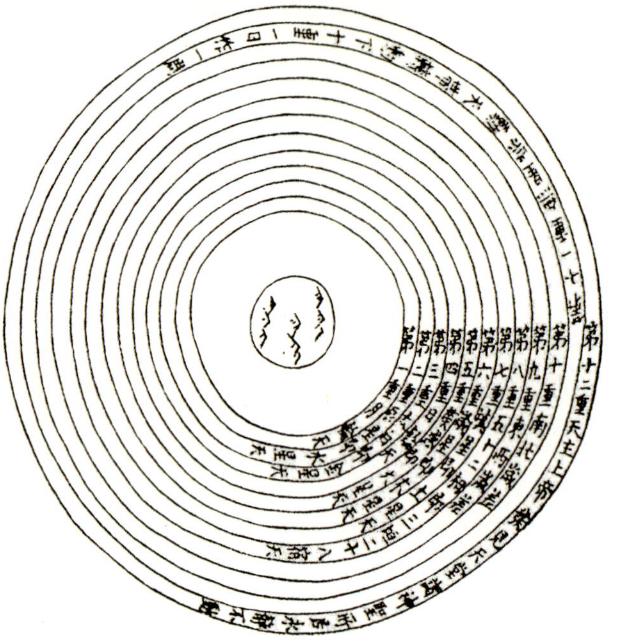

그림 V-17. 십이중천도(十二重天圖)

들이다(그림 V-17를 참조). 말하자면, 동심원 하나하나가 별개의 하늘이 되는 셈이다. 그 하늘을 설명하는 글은 다음과 같은데, 괄호 안은 한글 번역이다.

第一重月輪天 (제1겹은 달이 도는 하늘이다)
第二重辰星卽水星天 (제2겹은 진성 즉 수성이 도는 하늘이다)
第三重太白卽金星天 (제3겹은 태백 즉 금성이 도는 하늘이다)
第四重日輪天 (제4겹은 해가 도는 하늘이다)
第五重熒惑卽火星天 (제5겹은 형혹 즉 화성이 도는 하늘이다)
第六重歲星卽木星天 (제6겹은 세성 즉 목성이 도는 하늘이다)
第七重鎭星卽土星天 (제7겹은 진성 즉 토성이 도는 하늘이다)
第八重五十二相卽三垣二十八宿天 (제8겹은 52상인데, 이는 삼원이십팔수의 하늘이다)
第九重東西歲差 (제9겹은 동서의 세차이다)

第十重南北歲差 (제10겹은 남북의 세차이다)

第十一重無星宗動天帶轉動下十重一日作一周 (제11겹의 하늘에는 별이 없고, 종동 천대가 제10겹 아래의 하늘을 하루에 한 번 돌게 한다)

第十二重天主上帝ㅁ見天堂諸神聖所居永靜不動 (제12겹의 하늘에는 천주와 상제가 있는 천당이며, 여러 신들이 거하는 곳이어서 영원히 조용하고 움직이지 않는다)

그림 V-17은 이 12중천을 그린 것이고 중앙에 있는 원은 지구를 의미하며 그 안에 있는 모양은 지구의 표면을 상징한다. 이 그림이 보여주는 12개의 하늘은, 한 동심원과 그 다음 동심원 사이의 공간이다. 그러니까 가장 바깥의 동심원은 우주의 끝을 나타낸다.

이 그림에는 지구와 달 사이에 넓은 빈 공간이 있는데, 아리스토텔레스의 우주에는 이 공간에 알 수 없는 그림이 그려져 있었다.

3-4. 9중천(九重天)

『역체약도(歷體略圖)』에는 12중천보다 간편해진 9중천의 그림이 있다. 이 그림에 있는 글자를 보면, 지구에서 가장 가까운 하늘인 제1겹에서 제8겹까지는 12중천도와 같다. 다만 제8겹의 52상(相)이 53상으로 달라진 점이 보이나, 그 뜻은 알 수 없다. 제9겹은 12중천도의 제11겹과 같으나, 12중천도의 제9, 10, 12겹은 생략되어 있다. 세차의 하늘과 추상적인 신의 하늘을 제거한 것은 한 단계 발전된 것이라

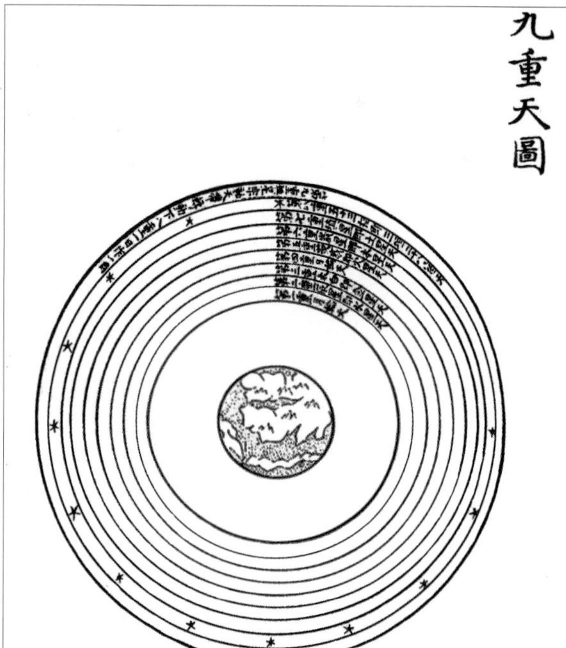

그림 V-18. 구중천도(九重天圖)[38]

고 할 수 있겠다.

제4겹은 여전히 해가 도는 하늘이다. 지구의 표면은 이전의 12중천도의 지구보다 많이 다르다. 어쩌면 바다와 대륙을 그려보려고 한 것인지도 모른다.

第一重月輪天(12중천도와 같음)
第二重辰星卽水星天(12중천도와 같음)
第三重太白卽金星天(12중천도와 같음)
第四重日輪天(12중천도와 같음)
第五重熒惑卽火星天(12중천도와 같음)
第六重歲星卽木星天(12중천도와 같음)
第七重鎭星卽土星天(12중천도와 같음)
第八重五十三相卽三垣二十八宿天(53상 즉 삼원이십팔수의 별들이 도는 하늘이다)
第九重無星宗動天帶轉動下八重一日作一周(12중천도의 제11중과 같음)

3-5. 11중천(十一重天)

개천우주를 그린 마테오 리치(利瑪竇, Matteo Ricci)의 건곤체도(乾坤體圖)[40]라는 것이 있다(그림 V-19 참조). 이 그림도 앞에 보인 두 중천도와 같은 모양이지만, 모두 11겹으로 구성된 것이 다른 점이다. 각 겹을 설명한 글이 있지만, 다른 중천도에 비해 길고 또 중복되는 글자가 있으므로 번역한 글만 적도록 한다.

第一重: 달이 도는 하늘로서, 27일 31각마다 서에서 동으로 한 번 돈다.
第二重: 진성 즉 수성이 도는 하늘로서, 365일 23각마다 서에서 동으로 한 번 돈다.
第三重: 태백 즉 금성이 도는 하늘로서, 365일 23각마다 서에서 동으로 한 번 돈다.
第四重: 해가 도는 하늘로서, 365일 23각마다 서에서 동으로 한 번 돈다.

---

39 「歷體略圖」는 명나라 왕영명(王英明)이 1612년에 찬한 『歷體略』에 있다. 『欽定四庫全書』 九十五
40 「乾坤體圖」는 명나라 때 마테오 리치(利瑪竇)가 쓴 책 『乾坤體義』 卷上九에 있다.

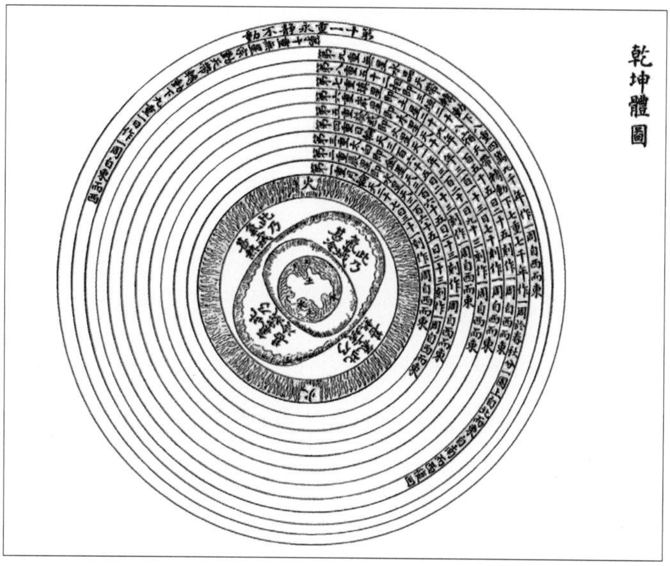

그림 V-19. 십일중천도(마테오 리치의 건곤체도(乾坤體圖)를 옮김.)

第五重: 형혹 즉 화성이 도는 하늘로서, 1년 321일 93각마다 서에서 동으로 한 번 돈다.

第六重: 세성 즉 목성이 도는 하늘로서, 11년 313일 70각마다 서에서 동으로 한 번 돈다.

第七重: 진성 즉 토성이 도는 하늘로서, 29년 155일 25각마다 서에서 동으로 한 번 돈다.

第八重: 52상 즉 삼원이십팔수의 하늘이 제7겹 아래의 하늘을 춘분과 추분 때에는 북에서 동으로 또 남에서 서로 7000년에 한 번씩 반복하여 돌게 한다.

第九重: 별은 없고, 수정의 하늘이 제8겹 아래의 하늘을 서에서 동으로 하루에 한 번 돌게 한다.

第十重: 별은 없고, 종동의 하늘(第一起動者, Prime Mover)이 제9겹 아래의 하늘을 동에서 서로 하루에 한 번 돌게 한다.

第十一重: 영원히 조용하고 움직이지 않는다.

그림 V-19에서 주목할 점 두 가지가 있다. 그 하나는 제2, 3, 4겹의 수성, 금성, 해가 하늘을 일주하는 데 요하는 주기가 365일 23각으로 동일하다는 점이다. 서로 다른 크기의 궤도를 도는데 세 천체가 같은 주기로 돈다는 것은 납득하기 어려운 일이지만, 이렇게 기술한 데는 이유가 있었다. 그것은 그림 V-22에 보인 티호·브라헤의 태양계의 모형에 입각했기 때문인 것이다. 마테오·리치는 법왕청의 방침에 따라 이미 발표된 코페르니쿠스의 태양계를 외면한 것이다. 티호·브라헤의 태양계의 모형에 따르면 수성과 금성은 태양을 중심으로 공전하며, 그 태양은 지구를 중심으로 공전하고 있다고 주장하였다.

다른 하나는 제8겹에 있는 7,000년이라는 수치이다. 이것은 세차의 주기를 가리키는 것으로 보이는데, 현재의 세차 값은 26,000년이니 4분의 1에 약간 못 미치는 터무니없이 작은 값이다. 그러나 17세기라는 시기를 감안해 본다면, 실망할 정도의 값은 아니다. 왜냐하면 이 시대에 이런 값을 얻었다고 하는 것은 중국에서는 생각지도 못했던 것이었기 때문이다.

위의 설명을 보면, 망원경으로 5행성의 운동을 정확하게 관측한 것으로 보인다. 왜냐하면, 각 하늘에 적혀 있는 5행성의 공전 주기가 수성과 금성을 빼면 모두 정확하기 때문이다. 하지만 아쉬운 점은 마테오 리치가 그때까지도 개천설에 기초를 두고 우주의 중심을 지구로 고집하고 있다는 사실을 다시 반복하지 않을 수 없다는 것이다. 이로 인해서 조선의 우주관도 영조시대에서조차 이 장벽을 뛰어 넘지 못했었다.[41]

3-6. 코페르니쿠스의 태양계와 그 후

17세기 초부터 중국에 온 마테오·리치를 비롯한 예수교 선교사들은 이미 코페르니쿠스(Nicolaus Copernicus, 1473~1543)의 새로운 태양계 모형을 알고 있었음에도 불구하고, 그들은 교리에 어긋나는 학설이라는 이유로 이 학설을 받아들이지 않았다. 그로 인해서 중국에는 11중천론을 개혁한 그 이후의 우주 모형은 그들이 중국에서의 천문 활동을 마감할 때까지 200년 동안 알려지지 않았다.

코페르니쿠스의 태양계: 코페르니쿠스의 혁명적 태양계 모형이란 과연 무엇인가? 톨레미 이래 1500년 동안 사람들은 우주의 중심은 지구라고 굳게 믿었다. 법황청이 이 지구 중심설을 교리로 받아 들였기 때문에, 아리스토텔레스의 지구 중심설은 절대적이었던 것

41 「혼천전도」의 七政古圖와 七政新圖를 보면 우주의 중심은 여전히 지구이다.

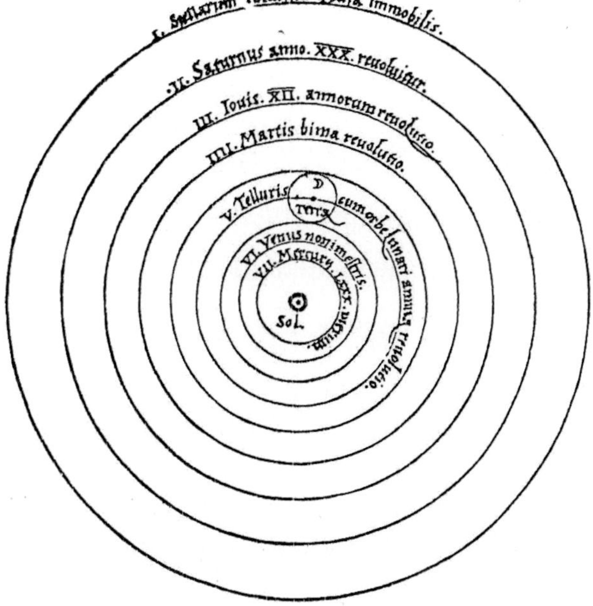

그림 V-20. 코페르니쿠스의 태양계 모형

이다. 그런데 이런 생각으로는 태양과 달과 5행성의 운동을 규명할 수 없었다. 매년 천체의 운동을 계산하여 새로운 역서를 발간했지만, 정확하게 맞는 역서를 만든다는 것은 불가능했다. 이런 문제는 서양이나 동양이나 다 함께 매년 겪어야하는 문제였다. 코페르니쿠스는 이 문제를 지구 대신에 태양을 중심에 두고 지구가 그 주위를 자전과 동시에 공전한다는 소위 태양중심설을 제창함으로써 해결하였다. 그의 역사적인 저서『천구의 회전에 관하여』[42] 또는 간단히『회전론』이 출판된 것은 그가 운명하던 해인 1543년이었다. 그의 태양중심설도 완전한 것은 아니었다. 왜냐하면, 태양을 완전한 중심에 두지 않고 아리스토텔레스의 모형에서와 마찬가지로 약간 중심에서 벗겨난 곳에 두었기 때문이며[43], 지구를 비롯한 달과 다른 행성들의 공전궤도를 원으로 행각했기 때문이다. 결과적으로 코페르니쿠스의 모형에 의거하여 만든 알폰자인표(Alfonsine Table)로 계산해 보아도, 행성

---

42 정확한 라틴어 제목은 *De Revolutionibus Orbium Coelestium*이며, 간략하게는 *De Revolutionibus*로 흔히 통용되고 있다.

43 중심이 아닌 이 약간 벗어난 점을 equant라고 한다.

의 위치에는 달의 지름의 4배가 되는 2도의 오차가 발생했었다. 그리고 그의 혁명적인 새 모형이 완전한 모습으로 개선되기 위해서는 갈릴레오와 케플러가 나타날 때까지 60여 년을 더 기다려야 했다.

그러나 코페르니쿠스의 태양중심설로 톨레미 이래 오랫동안 고민해 오던 행성들의 순행, 역행, 유와 같은 겉보기 운동이 명쾌하게 설명되었다. 이미 그림 V-16에서 보았듯이, 화성보다 안쪽에서 짧은 주기로 공전하는 지구에서, 더 큰 주기로 공전하는 화성의 겉보기 위치를 보면, 이 세 가지 불가사의가 잘 풀린 것이다.

티호 브라헤의 태양계: 코페르니쿠스가 죽은 3년 후에 태어난 희대의 관측자 티호 브라헤(Tycho Brahe, 1546~1601)에 의해 사태는 역전되었다. 모처럼의 태양중심설이 다시 지구 중심설로 회귀된 것이다. 그는 덴마크의 국왕 후레데릭 2세의 막강한 재정 후원

그림 V-21. 티호 브라헤의 천문대 우라니보그의 웅장한 전경(P. Moore의 *Watchers of the stars*의 그림을 옮김)

을 얻어 빈(Hveen)이라는 섬에 우라니버그와 슈터니버그라는 이름의 두 천문대[44]를 짓고, 거대한 관측기기인 4분의를 제작하여 설치하고는 스스로 많은 별들의 위치를 관측했다. 그의 관측 중에는 1572년에 나타난 초신성(티호의 초신성이라 함)과 혜성의 관측이 유명하지만, 그가 오랜 세월을 심혈을 기울여 관측한 것은 화성이었다. 이 화성의 관측 기록이 그의 후임자인 케플러에 의해 화성의 공전궤도가 원이 아니라 타원이라는 역사적인 성과를 얻게 하였다.[45] 케플러가 티호의 관측치를 분석한 결과, 티호가 선택한 9개의 표준 별의 관측 오차는 1분을 넘지 않았다. 그 외의 별들이라 하더라도 2분의 오차에 불과했다. 다만 움직이는 행성의 경우는 4분의 오차가 생겼다. 그 이유는 행성은 움직이기 때문에 반복된 관측이 불가능했기 때문이다. 그러나 이 4분의 각도는 인간의 눈의 분해능력의 한계인 것이다. 그래서 케플러는 이런 말을 남겼다.

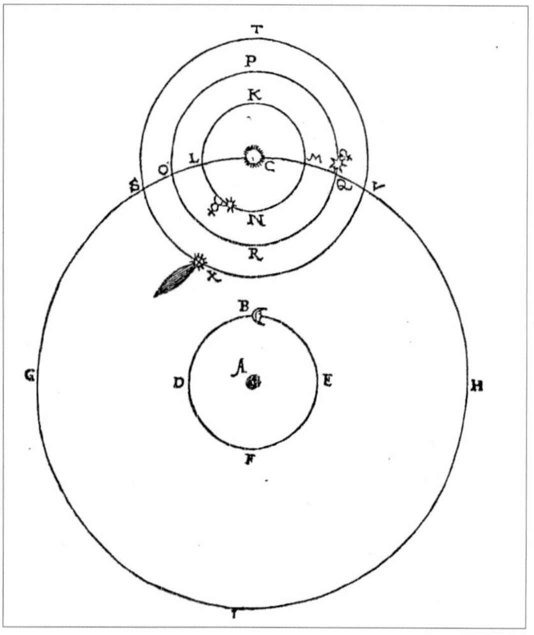

그림 V-22. 티호 브라헤의 후퇴한 태양계의 모형[45]

"티호는 한 세기에 한 명이 나올까 말까하는 하늘이 나은 관측자다."

티호는 위대한 관측자임에도 불구하고, 유능한 이론가는 아니었다. 1577년에 발간한 그의 혜성에 관한 책에 다음과 같은 태양계의 모형을 발표했다. 이것은 지구를 태양계의

44 두 천문대의 이름은 Uraniborg(하늘의 별장)과 Stjerneborg(별의 별장)이다. 그러나 불행하게도 지금은 파괴되어 흔적만 남아 있다.

45 행성의 궤도가 원이 아니고 타원임은 Johannes Kepler(1571~1630)가 1609년에 *Commentariis de Motibus Stellae Martis*를 출판하기까지는 몰랐다.

중심으로 되돌려놓은 큰 실수였다.

「혼천전도(渾天全圖)」의 우주모형: 조선 영조 때의 학자들도 태양계를 새롭게 보기 시작했다. 물론 중국을 통해 들어온 서양인의 시각의 영향이었다. 이것이 실증적으로 나타난 것은 영조 시대에 제작된 것으로 보이는 「혼천전도(渾天全圖)」이다. 영조 때의 관상감은 서양의 영향을 받은 성도[47]로서 3건을 제작한 바 있다. 그 중 첫째로 제작된 것으로 보이는 것이 이 「혼천전도」이고, 둘째와 셋째는 각각 「천상열차분야도·황도남북양총성도·칠정도 합도(天象列次分野圖·黃道南北兩總星圖·七政圖 合圖)」와 「칠정도·황도남북양총성도 합도(七政圖·黃道南北兩總星圖 合圖)」로서 둘 다 8폭병풍에 장병되어 있다. 이 세

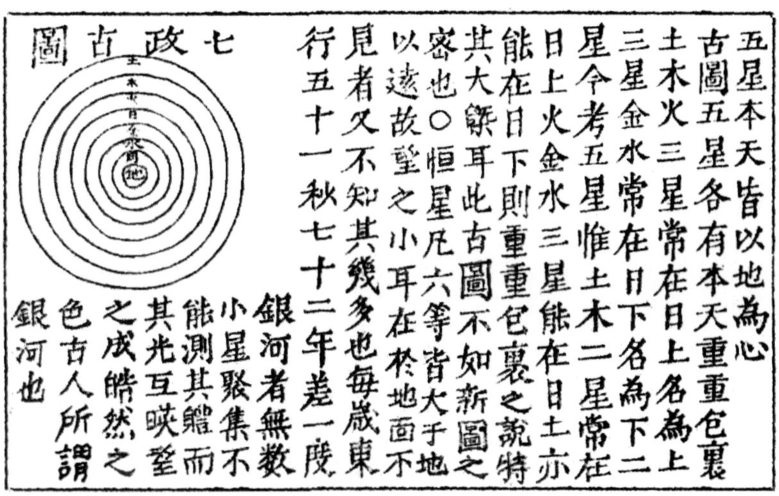

그림 V-23. 「혼천전도」의 칠정고도

건의 신법성도에 관하여는 뒤에 자세히 다루려고 한다.

상기한 「혼천전도」의 하단에 태양계의 모형 두 개가 있다. 하단의 왼쪽에 있는 것이 칠정고도(七政古圖, 그림 V-23)이고, 오른쪽에 있는 것이 칠정신도(七政新圖, 그림 V-24)

46 A. Berry, *A Short History of Astronomy* (Dover Publication, Inc.: New York), 137, 1898.

47 이제부터는 '천문도'라는 용어 대신에 '성도(星圖)'라는 용어로 전통적인 옛 천문도와 구별할 필요가 있다. 현재 통용되고 있는 용어는 '신법천문도'이나, 신법천문도라는 용어는 이미 세종15년에도 있었던 용어이다. 명나라 말에 서양천문학이 중국에 들어오면서부터 전통적인 중국식 천문도에는 큰 변혁이 일어났다. 그래서 서양의 영향을 받아서 제작한 천문도는 모두 통칭 〈신법천문도〉인 것이다.

이다. 이 두 그림에는 설명문이 각각 있다.

먼저 칠정고도를 설명한 글의 내용을 간추려 보면, 5개의 행성과 하늘의 중심은 모두 지구이다. 따라서 모든 별이 다 지구를 겹겹이 싸고 있는데, 토성, 목성, 화성은 해가 있는 층의 위에 있고, 금성과 수성은 해의 아래 층에 있다. 항성에는 6등급이 있는데 모두 지구보다 크지만, 멀리 있어서 작게 보인다. 별들은 매년 동쪽으로 51초, 72년에 1도씩 동쪽으로 움직인다. 은하에는 무수히 많은 작은 별들이 있다. 이 내용을 보면, ①별들이 멀리 있기 때문에 작게 보인다, ②은하에는 무수히 많은 작은 별들이 있다는 기사는 망원경으로 관찰한 결과가 소개된 새로운 정보이다. 그리고 ③세차의 값이 매년 동쪽으로 51초, 72년에 1도씩 동쪽으로 움직이는 것이라는 것은 놀라운 정확도이다. 이렇게 보면, 이 칠정고도의 서술은 흠잡을 수 없는 새 지식임에도 불구하고, 그림 자체는 완전히 아리스토텔레스의 우주이며, 굳이 이름을 붙인다면 7중천도(七重天圖)라고 할 수 있을 것이다.

다음, 칠정신도를 보자. 이 그림에 대한 설명을 원문의 용어로 간추려 보면 다음과 같다. 신도의 5행성은 모두 태양을 중심으로 돌고 있다. 토성과 목성 권은 대단히 커서 항상 태양이 도는 하늘 위를 덮고 있다. 화성의 하늘도 크지만 태양의 하늘을 덮지는 못한다. 금성과 수성의 하늘은 지극히 작아서 태양의 하늘과 지구의 하늘조차도 덮지 못한다.

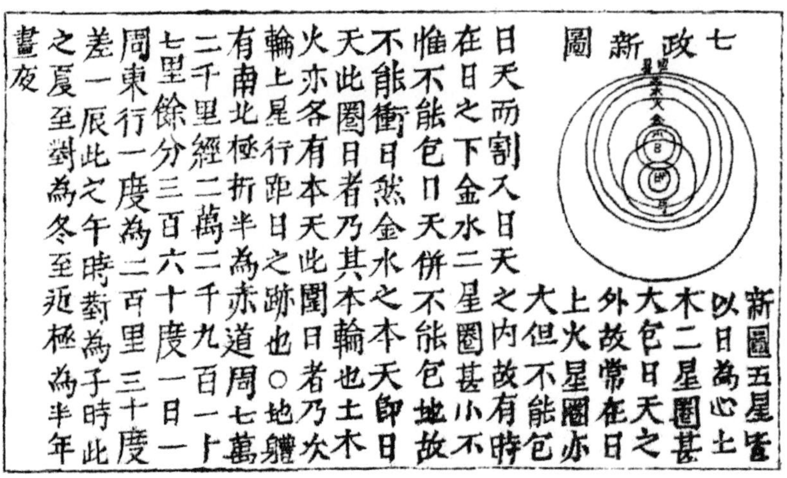

그림 V-24. 「혼천전도」의 칠정신도

지구의 남북극 사이의 절반은 적도인데, 그 둘레는 72,000리이고, 지름은 22,917리가 된다. 360도를 1일에 일주하고, 동쪽으로 1도 움직이면 200리에 해당한다. 30도의 차가 생기면 1시간이 된다. 오시와 자시를 비교하는 것은 하지와 동지와 같다. 극 가까이에서는, 반년이 지나면 낮과 밤이 바뀐다.

칠정신도는 티호 브라헤의 태양계 모형 그대로이다. 중국에 온 예수회 선교사들은 태양중심설을 인정하지 않는 법황청의 지시에 따라 티호의 태양계만을 중국에 전했던 것이라는 것을 입증한다. 극 지방에 가면, 반년이 낮이고 반년이 밤이라는 사실을 어떻게 알아냈을까하는 의문이 생긴다. 아무튼 영조시대에 이런 사실을 받아 들였다는 것은 놀라운 일이다. 하지만, 코페르니쿠스의 태양중심설은 그때로부터 적어도 100년은 더 지난 후에야 조선의 관상감에 수용되었다.

제 VI 장

별자리를 만들다

별을 관측한 톨레미를 상상한 그림

1

그리스와 아라비아 별자리

현대인들은 천문도(天文圖) 또는 성도(星圖)라는 이름을 들으면 전적으로 서양의 천문도만을 생각하고 동양의 것은 별 가치가 없는 것이라고 생각하는 경우가 많다. 이는 16세기에 코페르니쿠스가 태양을 중심에 둔 태양계를 처음 주창한 이래 17세기에 갈릴레오와 케플러가 이에 기초를 둔 관측과 이론으로 서양의 천문학을 현대 천문학의 기본으로 발전시켰기 때문일 것이다. 이로 인해서 서양으로부터 전해져 온 별들과 별자리 이름들이 우리에게 더 친숙해졌다. 예부터 사용하던 동양의 이름들은 점차 사라지게 되었고, 마침내는 기억하는 사람도 없이 옛 문헌에만 남게 되었다. 그 결과는 동아시아에 사는 사람들의 생각을 외골수로 몰아넣고 말았다. 즉 동양 별들의 이름이나 별자리 이름을 모른다 하여도 조금도 불편을 느끼지 않고 현대 천문학에 관한 연구를 수행할 수 있다고 생각하게 되었다.

그러나 그것은 잘못된 것이고, 결코 그렇게 되고 말지는 않을 것이다. 왜냐하면 자연과학은 인간이 축적한 경험을 체계적으로 정리한 학문이기 때문이다. 앞으로도 체험한 경험이 더욱 더 축적되면 지금까지 정리한 학문의 내용을 더 하거나 빼게도 되고 또 확립한 것으로 믿었던 체계라 할지라도 수정하게도 될 것이다. 그것은 오래된 낡은 경험을 버리는 것이 아니라, 옛 것과 새 것을 종합하고 조화시키는 변화된 새 학문 체계로 발전되는 필연적 과정이다. 이런 시각으로 보면, 자연과학의 여러 분야 중에서 천문학은 가장 오래된 인간의 경험을 가장 중요하게 다루는 분야로 꼽힌다. 별이나 우주의 생성과 진화를 알아보기에는 인간의 역사가 순간이라고 표현될 만큼 너무 보잘것없는 짧은 것이다. 그렇기 때문에 고대인이 적은 유치하기 그지없는 기록조차 소중한 것이다. 고대인들이 남긴 기록들은 시대와 지역과 인종에 따라 각양각색이지만, 우리는 현대과학이 필요로 하는 단서를 그 기록에서 찾아낼 수 있게 될 것이다. 그런데, 별들이나 하늘의 현상에 대한 옛 기록을 누가 많이 남겼던가.

그리스 신화로부터 유래된 별자리 이름과 바빌로니아사람들이 붙인 별의 이름들이 합성되어 오늘날 학술 용어로 사용되게 된 것은, 오로지 앞서 소개한 16세기부터의 서양의 천문학의 덕분이다. 그러나 바빌로니아나 그리스 사람들의 역사는 오래되었어도 천체현상에 관한 기록은 그 수에 있어서나 질에 있어서나 놀라울 정도로 빈약하다. 이에 반하여 동아시아(특히 중국과 한국)의 기록은, 갈릴레오의 망원경 발명 이전의 것이라면 인류 전체가 남긴 기록 중에서 상당한 분량을 차지하고 있다. 이것은 기록의 양(量)만을 의미하는 것이 아니라 그 질(質)도 포함되는 말이다. 여기서 말하는 '질'이란 기록의 명확성이다. 밤하늘은 동북서남의 지평선에서부터 머리 위에 이르는 넓은 공간이다. 이 넓은 공간 어느 모퉁이에 어느 날 어떤 현상이 일어났다고 가정해 보자. 하늘을 작게 많이 쪼개서 구별을 분명하게 할수록 그 현상이 나타난 지점의 위치가 분명해질 것이다. 작게 쪼갠 하늘의 구역에 있는 별들을 우리는 '별자리'라고 부른다. 17세기 초까지 서양의 별자리는 대략 40~50 개[1] 정도였다. 하룻밤에 한 장소에서 볼 수 있는 별자리 수는, 그 날 밤 얼마나 오랫동안 보느냐에 따라 다르기는 하지만, 이보다는 적은 수임에는 틀림없다. 그런데, 중국에서 발전된 별자리의 수는 7세기에 이미 3원28팔수(三垣二十八宿)에 300개에 이르고 있었다. 하늘을 더 작게 그리고 더 많이 쪼갰다고 하는 이 사실은 그 시대에 이미 하늘에서 일어나고 있는 현상에 지대한 관심을 가지고 있었다는 것을 말해 주는 것이다. 동아시아의 천문도는, 좀 과장해서 표현한다면, 이 시대적 요구에 부응하도록 제작된 산물인 셈이다.

다음의 그림 VI-1과 그림 VI-2는 1차적으로 동양과 서양의 천문도를 간단히 비교해

---

1 J. G. Toomer, *Ptolemy's Almagest*, (Springer-Verlag; New York), pp. 341-399, 1984에는 전부 48개의 별자리가 있다. 유럽에는 Almagest 이후 Tycho Brahe의 시대까지는 별자리의 수에 변화가 없었을 것이다. 현재 사용하고 있는 별자리는 전부 88개인데, 이것은 중세기까지는 모르고 있었던 남쪽 하늘의 별까지 합한 수이다.

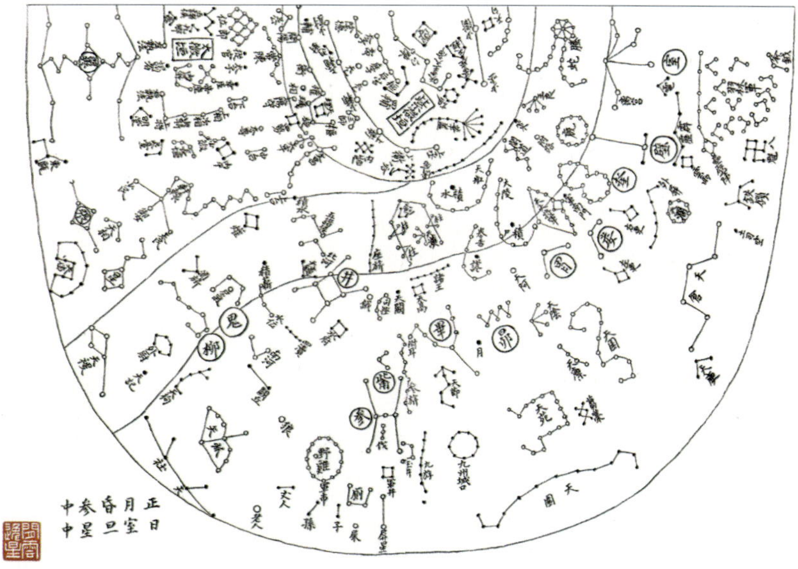

그림 VI-1. 동양 천문도로 보는 별들. 원계(袁啓)의『천문도설(天文圖說)』의 정월도(正月圖)를 보정한 것임(나일성천문관 소장)

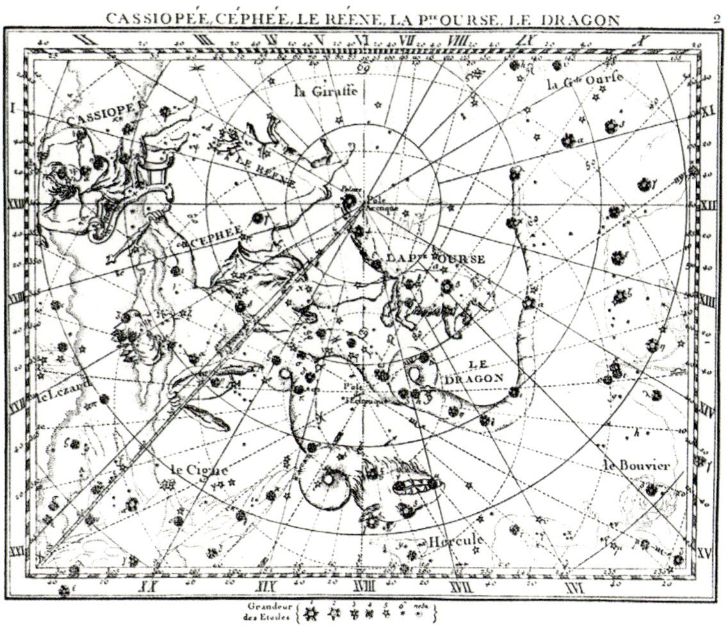

그림 VI-2. 서양 성도로 보는 북극 중심의 별들(J. Flamsteed의 *Atlas Celeste De Flamsteed*(1776)에서 옮김)

보기 위해서 제시한 것이다. 먼저 그림 VI-1은 원계(袁啓)[2]의 『천문도설(天文圖說)』에 있는 정월(正月)의 초저녁에 보이는 북쪽의 별자리들이고, 그림 VI-2는 그 보다 11세기 뒤인 1776년에 출판한 플램스티드(John Flamsteed)의 성도[3] 중 북극을 중심으로 하늘의 적도까지의 넓은 공간에 있는 별자리들이다. 4세기나 되는 긴 시간 격차가 있는 두 천문도를 여기에 제시할 수 밖에 없는 이유는 서양에는 『보천가』에 수록된 성도 정도로 자세한 천문도가 이 시대에는 없었기 때문이다.

이야기를 다시 아득한 옛날로 돌아가 보자. 고대인들에게 밤하늘의 별들은 시간과 계절을 알려 주는 역할을 했다. 뿐만 아니라 그들이 있는 위치와 방향에 대한 지표로서 인식하면서부터, 밝은 별에 이름을 붙이기 시작했고 또한 이런 별들을 몇 개씩 묶어서 별자리(또는 성좌 星座)라는 것을 만들게 되었다. 언제 어떤 별의 이름이 먼저 붙여지고 또 어느 별자리가 처음 생겼는가를 알아낼 방법은 없다. 다만, 지금 우리가 알고 있는 사실은 별들의 이름과 별자리는 크게 두 가지로 발전되어 오늘에 이르렀다고 알고 있을 뿐이다. 이 두 가지 종류의 이름은 또한 두 개의 서로 다른 뿌리에서부터 시작된 것이다. 즉 그 뿌리는 그리스와 아랍권이 그 하나이고, 중국이 또 다른 하나이다.[4]

이제 그리스의 별과 별자리의 형성 과정을 먼저 살펴보기로 하자.

1-1. 톨레미의 알마게스트

서양의 별자리는 고대 갈데아인(Chaldaean)과 이집트인들의 영향을 받은 그리스와 아랍권의 사람들이 만들어낸 것이다. 원래 별자리들은 별들의 배치를 보고, 그 속에 있는 별들을 알아보기 쉽도록 서로 연결하여 이름을 붙인 것이다. 이때 붙인 이름들은 동물이나 기물(器物)들의 형상을 상상하여 만든 것이다. 그렇지만 극히 소수의 별자리를 제외하

2 원계(袁啓, Yuan Qi, 明代, 생몰년 미상)

3 *Atlas Celeste De Flamsteed*. 이 천문도는 J. Flamsteed가 Greenwich 천문대의 초대 대장이 된 후, 그가 정밀하게 측정한 별들의 위치로 만든 성도이다. 처음 출판은 1675년 영국에서였고, 1776년에는 불란서어 판으로 Paris에서 출판되었다. 그 후 일본의 恒星社가 이 프랑스어 판을 1940년에 다시 출판하였다. 그림 2에 보인 성도는 이 恒星社版에서 옮긴 것이다.

4 엄밀하게 밝힌다면, 별과 별자리 이름을 만든 것은 중국과 그리스만이 아니다. 이집트를 위시한 지중해 연안의 고대 국가들도 있었고, 인도도 나름대로의 업적을 세웠으나, 이 책에는 주로 서양을 대표해서 그리스를, 동아시아를 대표해서 중국을 편의상 택하고 있다.

고는 동물이나 기물의 모양을 그 별들의 구성으로부터 찾아내기는 거의 불가능하다. 그러니까, 서양의 별자리들은 별들의 구성이 그렇게 보이기 때문에 그런 이름이 붙은 것이 아니라, 그리스의 신화를 인위적으로 하늘에 투영(投影)시켜서 만들어낸 것일 뿐이다. 그래서 요한 허쉘[5]은 별자리에 관하여 다음과 같은 말을 남겼다.

> 별자리들은 인위적으로 만든 것이기 때문에 우리들에게는 혼돈과 불편을 주고 있다. 바다뱀은 꼬불꼬불하게 넓은 하늘 이곳저곳 뻗어 있지만, 그런 형상을 그려내기는 거의 불가능하다. 큰 곰과 작은 곰, 사자, 물고기 등으로 이름 붙은 별자리들도 그 이름과는 맞지 않는 것이다.

이유야 어떻든 별자리의 형성 과정을 추측할 수는 있다. 고대 그리스 사람들은 태양이 지나가는 하늘의 길인 황도(黃道), 달이 지나가는 길인 백도(白道), 그리고 항상 보이는 북극 근처의 하늘의 별들을 위한 별자리를 먼저 만들기 시작했다. 맨 눈으로 보이는 5개의 행성인 수성·금성·화성·목성·토성의 겉보기 위치를 알아보는 데 도움이 되도록 배려했을 것이다. 이 5행성들은 태양이 지나가는 황도에서 별로 멀리 떨어지지 않는 공간을 옮겨 가면서 보이기 때문에, 황도 근처에 있는 별들은 다른 곳에 있는 별들보다 더 주목받게 되었을 것이다.

이렇듯 고대인들에게 친숙하게 된 별들은, 그 후 그림으로만이 아니라 성표(星表)에 기록되기 시작했다. 그림에는 별에 대한 정보를 다 기입할 수 없기 때문에 별도로 위치, 색깔, 밝기 등을 포함시켜서 잘 판별할 수 있도록 만들었는데 이것을 성표라고 한다. 지금까지 전해 오고 있는 서양의 성표로서 가장 오래된 것은 그리스의 히팔쿠스[6]가 만든 것이다. 히팔쿠스가 기원전 2세기경에 만든 성표에 수록된 별의 수는 전부 1,080개[7]라고 한다. 그가 이렇게 많은 별들의 목록을 만들게 된 동기는 기원전 134년에 나타난 신성(新星)을 보고 그 위치와 밝기를 정확히 기록하기 위해서였다. 히팔쿠스의 이 성표는 1,080개나 되는

---

5 John Herschel, *Outlines of Astronomy*, 1849.

6 히팔쿠스(Hipparchus)는 기원전 2세기경의 희랍의 천문학자이다.

7 Arthur Berry, *A Short History of Astronomy*(Dover Publications, Inc.: New York), 51, 1961.

많은 별들의 위치를 황도 좌표로 정확하게 측정하여 기록했다는 사실과 더불어 별의 밝기를 등급(等級)이라고 하는 방법으로 처음 표시했다는 점에서 높은 평가를 받고 있다. 그의 등급 표시는 가장 밝은 별을 1등성이라 하고, 그 보다 희미한 별을 차례로 2등성, 3등성, 4등성, 5등성, 그리고 눈으로 보이는 가장 희미한 별을 6등성이라고 한 그것이다. 그의 이 방법은 그때로부터 지금까지 사용되고 있으나 그의 성표의 원본은 전해지지 않고 있다. 그러나 다음에 소개할 톨레미가 그의 책에 이 자료를 소개함으로써 이 별들을 알게 되었으니 지극히 다행한 일이 아닐 수 없다.

톨레미의 성표: 현재 남아 있는 서양과학의 고전으로서 가장 오래된 것이라면 톨레미가 저술한 명작『알마게스트(*Almagest*)』를 들 수 있다.[8] 이『알마게스트』는 16세기의 코페르니쿠스를 위시하여 그 후 갈릴레오와 케플러도 대학에서 배울 정도로 1500년 동안이나 전 유럽에 널리 보급되었던 책이었다.『알마게스트』가 출판된 해는 분명하지 않는데, 서기 150년경으로 추산하는 견해가 지배적이다. 이 책은 그 내용으로 보아 '수리천문학(數理天文學) 책'이라고 할 수 있다. 전부 13권으로 되어 있는 방대한 책이며, 제1권은 우주의 모습에 대한 개관이고, 제2권은 구면(球面) 천문학, 제3권은 태양, 제4권은 달, 제5권은 제4권의 달에 대한 지식을 더 확대한 것, 제6권은 월식과 일식, 제7권과 제8권은 항성들, 제9권에서 제11권까지는 별들의 경도(經度) 상에서의 운동, 제12권은 행성들의 역행(逆行)과 최대 이각(最大離角), 그리고 마지막 제13권은 행성들의 위도(緯度) 변화와 그와 관련된 현상을 각각 기술하고 있다.

『알마게스트』는 1500년이라는 오랜 세월을 지나면서 유럽의 과학 발전에 지대한 공헌을 한 책이었고, 따라서 수많은 사람들에게 읽혀진 책이라는 명백한 사실에도 불구하고, 그리스어로 된 원전은 물론 라틴어로 번역된 책 조차도 현재 남아있지 않다. 다행히 아라비아어로 번역된『알마게스트』가 사막에서 발견되어, 현재 네 차례에 걸쳐 3개 국어로 번

8 『알마게스트』의 원명은 μαθηματικγ συναξιζ로서, 그 뜻은『*Mathematical systematic treatise*』이다. 아라비아 사람들이 번역할 때『가장 위대한 저술』, 즉 *Al Magisti*라고 한 것이 그 후 라틴어로는 *Almagestum*으로 표기되다가 현재는 *Almagest*로 불리게 된 것이다. 유럽 학자 중에는 '알마제스트'라고 발음하는 사람도 많이 있다.

역되어 있다.[9] 여기에 참고하려고 하는 번역본은, 이 네 권 중에서 투우머의『알마게스트』임을 밝혀 둔다.

한편, 히팔쿠스의 성표에 있는 별들의 대부분은 다행히 톨레미의 이『알마게스트』의 제7권과 제8권에 옮겨져 있으므로, 이로 인해서 지금까지 전해져 올 수 있게 되었다는 것은 이미 앞에서 소개한 바 있다.『알마게스트』에 있는 별들의 기산점(起算點 또는 원점)은 로마의 안토니누스 황제의 원년인 서기137년이다.

다음 표 VI-1은『알마게스트』에 있는 성표 중 〈큰곰자리〉에 속한 21개의 별을 앞에서 소개한 투우머의 영문 번역판에서 복사하여 옮긴 것이다.[10] 이 표의 첫줄은 큰곰자리에 속한 별의 번호이고, 둘째 줄은 별의 위치와 밝기와 색깔에 대한 설명, 셋째와 넷째 줄은 각각 황도 좌표의 경도와 위도이다. 다섯째 줄은 별의 밝기를 등급으로 표시한 것이며, 이 표의 마지막 줄은 현재 사용하고 있는 별의 학명이다.

표 VI-1.『알마게스트』의 성표의 일부.

[Number in constellation]	Description	Longitude in degrees	Latitude in degrees	Magnitude	[Modern designation]
	[III] Constellation of Draco				
1	The star on the tongue	♎ $26\frac{2}{3}$	$+76\frac{1}{2}$	4	μ Dra
2	The star in the mouth	♏ $11\frac{5}{6}$	$+78\frac{1}{2}$	>4	ν Dra
3	The star above the eye	♏ $13\frac{1}{6}$	$+75\frac{2}{3}$	3	β Dra
4	The star on the jaw[108]	♏ $27\frac{1}{3}$	$+80\frac{1}{3}$	4	ξ Dra
5	The star above the head	♏ $29\frac{2}{3}$	$+75\frac{1}{2}$	3	γ Dra
6	The northernmost of the 3 stars in a straight line in the first bend of the neck	♐ $24\frac{2}{3}$	$+82\frac{1}{3}$	4	39(b) Dra
7	The southernmost of these	♑ $2\frac{1}{3}$	$+78\frac{1}{4}$	4	46(c) Dra
8	The middle one	♐ $28\frac{5}{6}$	$+80\frac{1}{3}$	4	45(d) Dra
9	The star to the rear and due east of the latter	♑ $19\frac{1}{2}$	$+81\frac{1}{2}$	4	ο Dra
10	The southern star of the [two] forming the advance side of the quadrilateral in the next bend	♓ 8	$+81\frac{2}{3}$	4	π Dra
11	The more northerly star of the advance side	♓ $20\frac{1}{2}$	+83	4	δ Dra
12	The northern star of the rear side [of the quadrilateral]	♈ $7\frac{2}{3}$	$+78\frac{5}{6}$	4	ε Dra
13	The southern star of the rear side	♓ $22\frac{5}{6}$	$+77\frac{5}{6}$	4	ρ Dra
14	The southern star of [those forming] the triangle in the next bend	♈ $10\frac{2}{3}$	$+80\frac{1}{2}$	5	σ Dra
15	The more advanced of the other two stars of the triangle	♈ $21\frac{2}{3}$	*$+81\frac{1}{3}$[109]	5	υ Dra
16	The one to the rear	♈ $26\frac{1}{6}$	$+80\frac{1}{4}$	5	τ Dra
17	The most advanced[110] of the three stars in the next triangle, which is in advance [of the last]	♊ $13\frac{1}{3}$	$+84\frac{1}{2}$	4	ψ Dra

9 영문 판은 두 권이 있는데, 그 첫째는 R. Catesby Taliaferro, *The Almagest by Ptolemy. in Great Books of the Western World*, Chicago(Encyclopaedia Britannica), Vol. 16, 1952 이고, 둘째는 G. J. Toomer, *Ptolemy's Almagest*(Springer-Verlag: New York), 1984이다. 불어판은 이 보다 훨씬 전에 출판된 N. Halma, *Composition Mathematique de Claude Ptolemee*, 2 Vols. Paris, 1813, 1816 이다. 마지막으로 독일어판은 Karl Manitius, *Fixsternbeobachtungen des Altertums*, Des Weltall 5, 1904/5 이다.

10 G. J. Toomer, 1984, *Ptolemy's Almagest* (Gerald Duckworth & Co. Ltd.: Springer-Verlag), pp. 341~399에 'Principle of Ptolemy's Star Catalogue'라는 이름으로 기재되어 있다.

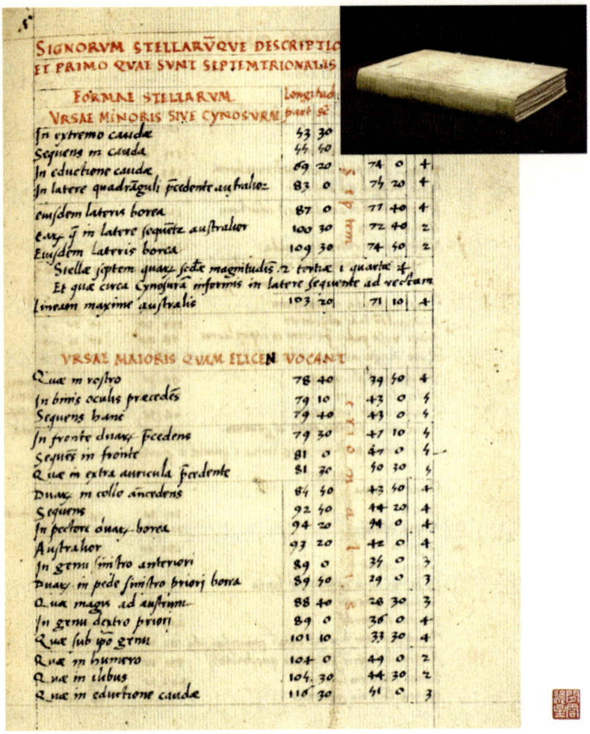

그림 VI-3. 『알마게스트』의 성표 중 '큰곰자리'의 예. 오른쪽 위에 보인 영인된 코페르니쿠스의 강의 노트에서 옮김.(개인 소장)

이 표 VI-1의 원래 모습은 그림 VI-3과 거의 같을 것이다. 그렇게 생각하는 이유는 그림 VI-3에 보인 코페르니쿠스의 『회전론, *De Revotionbus*』[11]가 폴란드 크라코프시에 있는 야겔로니아 대학박물관에 보관되어 있는데, 별의 순서와 표의 내용이 같다.

『알마게스트』의 제7권과 제8권에 적혀 있는 별자리의 수는 모두 48개이고, 이 별자리에 속한 별은 전부 1,027개에 이른다. 그러나 이 별들을 표시한 천문도나 그림은 한 장도 없다. 많은 기하학적 도면과 기계의 그림들이 잘 그려져 있는 것이 서양 문헌의 우수성이다. 그러므로 이런 면으로는 후대의 연구자들에게 동양의 문헌보다 더 큰 도움을 주고 있는 것이다. 그런데, 성표에 걸맞는 별자리 그림이나 하늘 전체를 보여주는 성도가 이 『알마게스트』에 없다고 하는 사실은 옥의 티이다. 뿐만 아니라, 그 이후 1000여년을 지나는 동안에도 서양에는 후대에 남길만한 성도는 제작되지 않았다.

이제, 『알마게스트』에 소개되어 있는 히팔쿠스의 별들을 각 별자리에 따라 셈해 보면 다음 표 VI-2와 같다. 이 표의 둘째 줄에 적은 별자리 이름 앞에 한글 이름을 참고로 먼저 넣었다.

---

11 코페르니쿠스의 『회전론』은 그의 강의 노트로 부터 폴란드 과학원이 코페르니쿠스의 탄생500돌을 기념하여 『코페르니쿠스 전집(Nicholas Copernicus, *Complete Works*)』을 1973년에 간행할 때 함께 원래 모습으로 영인되었다. 그러나 전집과 영인본은 서방세계에는 수출을 금지하였었다. 『코페르니쿠스 전집(Nicholas Copernicus, *Complete Works*)』의 영문판은 12년 후인 1985년에 출판되었지만, 이것도 서방세계에는 수출이 금지된 책이다.

표 VI-2. 『알마게스트』에 있는 별자리와 별의 수

번호	별자리 이름		별의 수	근처의 별의 수	합계
	한글 이름	그리스어 이름			
1	큰 곰[1]	Ursa Major	7	1	8
2	큰 곰[2]	Ursa Major	27	8	35
3	용	Draco	31	0	31
4	세훼우스	Cepheus	11	2	13
5	목동	Bootes	22	1	23
6	왕관	Corona Borealis	8	0	8
7	헤르쿨레스	Hercules	28	1	29
8	거문고	Lyra	10	0	10
9	백조	Cygnus	17	2	19
10	카시오페이아	Cassiopeia	13	0	13
11	페르세우스	Perseus	26	3	29
12	마차부	Auriga	14	0	14
13	땅꾼	Ophiuchus	24	5	29
14	뱀	Serpens	18	0	18
15	화살	Sagitta	5	0	5
16	독수리	Aquila	9	6	15
17	돌고래	Delphinus	10	0	10
18	조랑말	Equuleus	4	0	4
19	페가수스	Pegasus	20	0	20
20	안드로메다	Andromeda	23	0	23
21	삼각형	Triangulum	4	0	4
22	양	Aries	13	5	18
23	황소	Taurus	33	11	44
24	쌍둥이	Gemini	18	7	25
25	게	Cancer	9	4	13
26	사자	Leo	27	8	35
27	처녀	Virgo	26	6	32
28	저울	Libra	8	9	17
29	전갈	Scorpius	21	3	24
30	궁수	Sagittarius	31	0	31
31	염소	Capricornus	28	0	28
32	물병	Aquarius	42	3	45
33	물고기	Pisces	34	4	38
34	고래	Cetus	22	0	22
35	오리온	Orion	38	0	38
36	에리다누스	Eridanus	34	0	34
37	토끼	Lepus	12	0	12
38	큰 개	Canis Major	18	11	29
39	작은 개	Canis Minor	2	0	2
40		Argo	45	0	45
41	바다 뱀	Hydra	25	2	27
42	컵	Crater	7	0	7
43	까마귀	Corvus	7	0	7
44	센타우루스	Centaurus	37	0	37
45	이리	Lupus	19	0	19
46	제단	Ara	7	0	7
47	남쪽 왕관	Corona Australis	13	0	13
48	남쪽 물고기	Corona Austrinus	12	6	18
		별의 총 수	919	108	1,027

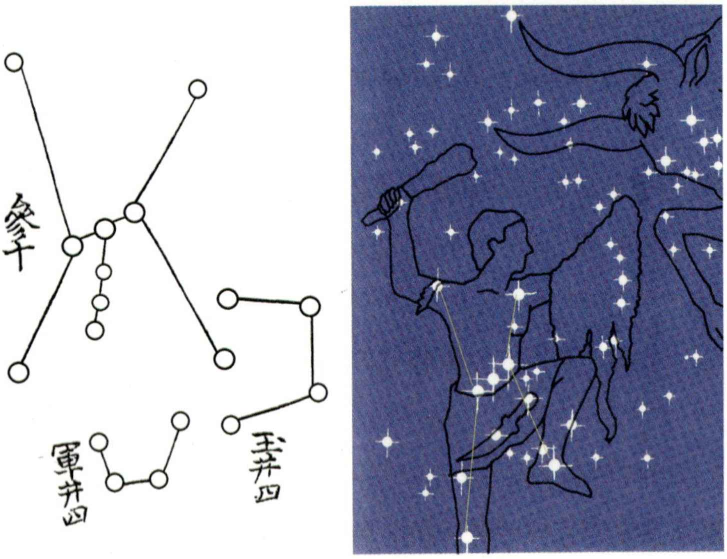

그림 VI-4. 중국의 삼수와 그리스의 오리온자리

이 표에 수록되어 있는 48개의 별자리 이름을 가지고 실제 하늘을 보면, 별자리의 생김새가 그럴듯하다고 느껴지는 것은 "용(Draco)"을 제외하고는 하나도 없다. 그러니까, 그리스 별자리의 이름은 별들의 구성으로부터 생겨난 것이 아니라, 그리스 신화에 나오는 주인공들을 하늘에 억지로 옮겨놓은 것일 뿐이다.[12]

중세기가 되면서부터 서양에서도 성도가 제작되기 시작하는데, 이 시대에 제작된 성도를 보면, 표 VI-2에 있는 사람, 동물, 기물들의 모습을 그려 넣고 있다. 그 한 예로서 이미 보인 그림 VI-2를 다시 보자. 이 그림은 북반구(北半球)의 하늘인데, '용'을 제외하고는, '큰 곰', '작은 곰', '세훼우스', '카시오페이아' 등 어느 하나도 별들의 배치가 이런 동물과 신화의 인물을 연상하게 하는 것은 없다. 이것은 아마도 고대 그리스 사람들만이 할 수 있는 상상력이 연출한 작품이라 하지 않을 수 없다.

1-2. 아라비아의 별자리

서양의 별자리 중, 초기의 48개에는 아라비아 사람들이 지은 이름이 적지 않다. 말하자

12 서양의 별자리 이름 중 가장 오래전의 것으로 알려진 황소(Taurus)와 사자(Leo)는 5,000년 전 메소포다미아에 기원을 둔 것이고, 다른 것들은 바빌로니아, 이집트, 그리스 사람들이 차례로 추가한 것으로 알려져 있다.

면, 별자리 이름을 짓는데 있어서는 문화권의 영향이 작용했다는 말이다. 이런 점에서 볼 때 재미있는 별자리 몇 개를 들 수 있다. 먼저 동아시아 사람들이 사랑하는 북두칠성을 보자. 중국 이름은 북두칠(北斗七)이다. 모두 7개로 구성되어 있는 이 별들에 서양 사람들도 큰 국자(Big Dipper)라는 애칭을 붙이고 있다. 그러나 별자리로서는 다르다. 그리스 사람들이 큰 곰(Ursae Major)이라는 별자리를 만들면서, 이 7개의 별을 큰 곰의 꼬리에 붙였다. 또 다른 것으로는 중국의 삼십(參十)이라는 별자리가 그것인데, 시리아 사람들은 Al Jabbar(크다는 뜻)라고 불렀고, 그리스 사람들은 오리온(Orion)이라는 용맹한 사람의 이름을 붙였다.

이렇듯 아라비아에서도 많은 별자리가 만들어졌다. 그러나 이 별자리들을 모두 모은 전체하늘의 성도는 알려진 것이 없다. 다만, 별자리 중에서 황도에 있는 황도12궁을 아름답게 그림으로 남긴 것은 잘 알려져 있다. 그러나 이 황도12궁에 관해서는 잠시 뒤에 구체적으로 취급할 때까지 미뤄 두기로 하자.

1-3. 그 후의 서양 별자리들

서양 사람들은 항해술을 발전시켜 지구의 남쪽을 여행하였기 때문에 적도 남쪽에서만 볼 수 있는 하늘로 시야를 넓혔다. 그 결과 그리스에서는 볼 수 없었던 하늘의 남극 근처의 별을 보게 된 것이다. 이로서 그들은 남쪽 하늘에서 본 새로운 별들에게도 별자리 이름을 붙여 주게 되었다. 이렇게 되어 『알마게스트』에 있는

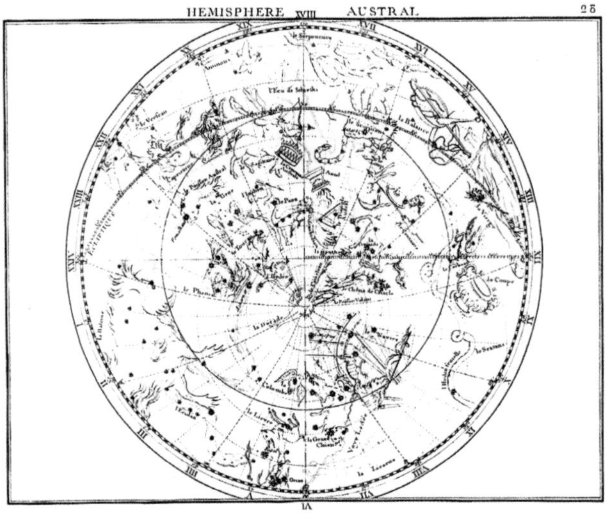

그림 VI-5. 남극 근처의 별자리 그림(*Atlas Celeste de Flamsteed*[13]에서 옮김.)

13 J. Flamsteed, 1776, *Atlas Celeste de Flamsteed*, (恒星社 복사판, 1940.)

48개의 별자리 외에 별자리 수는 점점 증가하다가 마침내 모두 88개에 이른 것이 지금의 별자리이다. 그렇게 해서 생긴 새로운 별자리에도, 그리스 사람들이 발견한 것은 아니지만, 여전히 그리스 신화에 등장하는 이름을 붙였다. 그리고 그 뿐만 아니라, 그 새로운 이름에 합당한 그림을 그리는 노력도 함께 하였다 (그림 VI-5를 참조).

별자리의 수는『알마게스트』이후 약 1500년이 경과하는 동안 이렇게 2배 가까이 늘어났으나,『알마게스트』에 적은 것처럼 해당하는 별자리의 별의 수는 기록하지 않는다. 그 이유는 1609년 갈릴레오가 망원경을 발명한 이래 망원경으로 볼 수 있는 별이 급격히 증가하였기 때문에 그 많은 별들을 다 셈할 수 없기 때문이다.

이제 여기에 88개로 늘어난 서양의 별자리를 표 VI-3에 정리해 보자.

표 VI-3. 서양 별자리 이름표

번호	학명	약자	한글 이름	적경(赤經, α)	적위(赤緯, δ)
1	Andromeda	And	안드로메다	01 시	40 도
2	Antlia	Ant	펌프	10 시	-35 도
3	Apus	Aps	극낙조	16 시	-75 도
4	Aquarius	Aqr	물병	23 시	-15 도
5	Aquila	Aql	독수리	20 시	05 도
6	Ara	Ara	제단	17 시	-55 도
7	Aries	Ari	양	03 시	20 도
8	Auriga	Aur	마차부	06 시	40 도
9	Bootes	Boo	목동	15 시	30 도
10	Caelum	Cae	조각구	05 시	-40 도
11	Camelopardus	Cam	기린	06 시	70 도
12	Cancer	Cnc	게	09 시	20 도
13	Canes Venatici	CVn	사냥개	13 시	40 도
14	Canis Major	CMa	큰 개	07 시	-20 도
15	Canis Minor	CMi	작은 개	08 시	05 도
16	Capricornus	Cap	염소	21 시	-20 도
17	Carina	Car	용골	09 시	-60 도
18	Cassiopeia	Cas	카시오페아	01 시	60 도
19	Centaurus	Cen	센타우루스	13 시	-50 도
20	Cepheus	Cep	세페우스	22 시	70 도
21	Cetus	Cet	고래	02 시	-10 도
22	Chamaeleon	Cha	카멜레온	11 시	-80 도
23	Circinus	Cir	콤파스	15 시	-60 도
24	Columba	Col	비둘기	06 시	-35 도
25	Coma Berenices	Com	머리털	13 시	20 도

번호	학명	약자	한글 이름	적경(赤經, α)	적위(赤緯, δ)
26	Corona Australis	CrA	남쪽 왕관	19 시	−40 도
27	Corona Borealis	CrB	왕관	16 시	30 도
28	Corvus	Crv	까마귀	12 시	−20 도
29	Crater	Crt	컵	11 시	−15 도
30	Crux	Cru	십자가	12 시	−60 도
31	Cygnus	Cyg	백조	21 시	40 도
32	Delphinus	Del	돌고래	21 시	10 도
33	Darado	Dor	황새치	05 시	−65 도
34	Draco	Dra	용	17 시	65 도
35	Equuleus	Equ	조랑말	21 시	10 도
36	Eridanus	Eri	에리다누스	03 시	−20 도
37	Fornax	For	화로	03 시	−30 도
38	Gemini	Gem	쌍둥이	07 시	20 도
39	Grus	Gru	두루미	22 시	−45 도
40	Hercules	Her	헤르쿨레스	17 시	30 도
41	Horologium	Hor	시계	03 시	−60 도
42	Hydra	Hya	바다뱀	10 시	−20 도
43	Hydrus	Hyi	물뱀	02 시	−75 도
44	Indus	Ind	인도인	21 시	−55 도
45	Lacerta	Lac	도마뱀	22 시	45 도
46	Leo	Leo	사자	11 시	15 도
47	Leo Minor	LMi	작은 사자	10 시	35 도
48	Lepus	Lep	토끼	06 시	−20 도
49	Libra	Lib	저울	15 시	−15 도
50	Lupus	Lup	이리	15 시	−45 도
51	Lynx	Lyn	살쾡이	08 시	45 도
52	Lyra	Lyr	거문고	19 시	40 도
53	Mensa	Men	데이블산	05 시	−80 도
54	Microscopium	Mic	현미경	21 시	−35 도
55	Monoceros	Mon	외뿔소	07 시	−05 도
56	Musca	Mus	파리	12 시	−70 도
57	Norma	Nor	직각자	16 시	−50 도
58	Octans	Oct	팔분의	22 시	−85 도
59	Ophiuchus	Oph	땅꾼	17 시	00 도
60	Orion	Ori	오리온	05 시	00 도
61	Pavo	Pav	공작	20 시	−65 도
62	Pegasus	Peg	페가수스	22 시	20 도
63	Perseus	Per	페르세우스	03 시	45 도
64	Phoenix	Phe	봉황새	01 시	−50 도
65	Pictor	Pic	미이젤	06 시	−55 도
66	Pisces	Psc	물고기	01 시	15 도
67	Piscis Austrinus	PsA	남쪽 물고기	22 시	−30 도
68	Puppis	Pup	고물	08 시	−40 도

번호	학명	약자	한글 이름	적경(赤經, α)	적위(赤緯, δ)
69	Pyxis(=Malus)	Pyx	나침반	09 시	−30 도
70	Reticulum	Ret	그물	04 시	−60 도
71	Sagitta	Sge	화살	20 시	10 도
72	Sagittarius	Sgr	궁수	19 시	−25 도
73	Scorpius	Sco	전갈	17 시	−40 도
74	Sculptor	Scl	조각실	00 시	−30 도
75	Scutum	Sct	방패	19 시	−10 도
76	Serpens	Ser	뱀	17 시	00 도
77	Sextans	Sex	육분의	10 시	00 도
78	Taurus	Tau	황소	04 시	15 도
79	Telescopium	Tel	망원경	19 시	−50 도
80	Triangulum	Tri	삼각자	02 시	30 도
81	Triangulum Austral	TrA	남쪽 삼각자	16 시	−65 도
82	Tucana	Tuc	큰 부리새	00 시	−65 도
83	Ursa Major	UMa	큰 곰	11 시	50 도
84	Ursa Minor	UMi	작은 곰	15 시	70 도
85	Vela	Vel	돛	09 시	−50 도
86	Virgo	Vir	처녀	13 시	00 도
87	Volans	Vol	날치	08 시	−70 도
88	Vulpecula	Vul	여우	20 시	25 도

2

중국 별자리의 기본 요소

서양 천문학이 현대과학으로 수용되기 전까지는 중국에서 시작된 별자리 이름이 한국을 비롯한 동아시아 지역에서 사용되어 왔었다. 이는 마치 그리스에서 시작된 별자리 이름이 유럽 여러 나라가 통용하고 있었던 것과 마찬가지다.

중국의 별자리와 별들은 중국 사람들이 생각한 제도화된 사회 조직을 처음부터 의도적으로 하늘에 그린 것이다. 그러나 중국 고대의 정부 직제나 처소의 명칭이 지금과는 너무 다르기 때문에 지금의 우리에게는 왜 이런 이름을 붙였을까하고 의아하게 느껴지지만 그것은 그 시작이 그만큼 오래전의 일이기 때문일 뿐이다.

2-1. 중외궁(中外宮)과 오관(五官)

별자리의 형태를 잘 정리한 책은『사기 천관서(史記天官書)』이다. 이 책의「항성(恒星)」편에는 별자리들의 배치와 점성적(占星的)인 해석이 함께 있다.「분야(分野)」에는 이십팔수(二十八宿)가 소개되어 있다. 그리고 각 수(宿)가 속한 하늘에 중국의 고대 국가의 이름을 배당하여 그 하늘이 그 나라의 영토에 해당된다고 점성술로 해석하게 하였다.

먼저「항성(恒星)」편[14]에 있는 중관(中官)에 대한 설명 중 일부를 번역하여 옮겨 보자.

14 史記, 册四, 대만중화서국인행, 卷27, 31.

> 천극성(天極星)이 대표이다. 그 중 밝은 별 태일(太一)은 신(神)이 항상 있는 곳이다. 그 옆의 3별은 삼공(三公)에 해당한다. 아직도 아이들의 이름이 붙은 무리들이라고 할 수 있다. 태일의 뒤에 구부러져서 있는 네 별 중 끝의 큰 별은 정비(正妃)이고 다른 3별은 후궁(後宮)들이다.
>
> 천극성의 주위에 있는 12별은 친위(親衛)하고 있는 신하들로서 자궁(紫宮)이라고 한다. (자궁의) 앞줄에 있으면서 북두(北斗)의 입(口)의 앞에 있는 3별은 북으로 가늘고 긴 삼각형을 만든다. 끝이 뾰족하게 보이기도 하고 보이지 않기도 한다. 이것을 음덕(陰德) 또는 천일(天一)이라고 이름 한다.
>
> 자궁(紫宮)의 왼쪽에 있는 3별을 천창(天槍)이라고 한다. 오른쪽의 5별은 천방(天棓)이다. 뒤에 있는 6별은 은하수를 건너 영실(營室)에까지 뻗어 있어서 각도(閣道)라고 이름 한다.

그런데, 이 기사를 아무리 잘 읽고 오래된 천문도인『신의상법요(新儀象法要)』에 있는 「혼상자미원성지도(渾象紫微垣星之圖)」나 『보천가(步天歌)』의 「자미원성지도(紫微垣星之圖)」와 대조하면서 이 별들을 찾아보아도, 기사의 내용만으로는 어느 천문도에서건 해당하는 별자리를 찾아보기가 어렵다는 사실을 알게 된다. 그것은 오랜 세월과 사회의 변화로 사람들의 상상력이 달라진 탓일 것이다.

이제 하늘을 크고 넓게 본 초기의 생각들을 더듬어 보기로 하자.

중외궁(中外宮): 하늘을 나누는 방법은 고대 중국에서 여러 가지로 발달했다. 가장 간단한 것은 하늘을 항상 보이는 영역과 그렇지 않는 영역으로 나눈 것인데, 이것을 〈중외궁(中外宮)〉이라 한다. 우선 북극을 기준하여 일정한 원을 그려서 그 안에 들어 있는 영역을 중궁(中宮)이라 하였다. 그 크기는 대체로 북극에서 각도로 40도 정도에 이르는 영역이다. 중국의 고대 국가의 수도들의 위도(緯度)가 대략 이 정도이다. 이런 위도에 해당하는 곳에서 하늘을 보면 이 범위 안에 있는 별들은 1년 내내 지평선 아래로 지는 일이 없이 항상 보인다.

한편, 이 범위를 벗어난 나머지 영역에 속한 별들은 모두 저녁에 동쪽 지평선에서 뜨고 서쪽 지평선에서 진다. 뿐만 아니라 1년 중 언제나 보이는 것이 아니라 계절에 따라 잘 보이기도 하고 그렇지 않게 되기도 한다. 이 영역을 외궁(外宮)이라고 한다. 외궁에는 하늘의 적도와 황도가 있다. 전자는 북극에서 90도 되는 대원(大圓)이고, 후자는 태양이 별들 사이를 지나는 하늘의 길이다. 달이 지나는 길도 이 외궁에 있고, 5개의 행성들도 황도 가까이에서 운행하고 있다. 그래서 황도와 적도 근처에 보이는 이런 천체들의 위치 변화를 주의 깊게 관찰한 고대인들에게 이 하늘에 있는 별들이 특별한 관심의 대상이 된 것은 자연스런 이치이다.

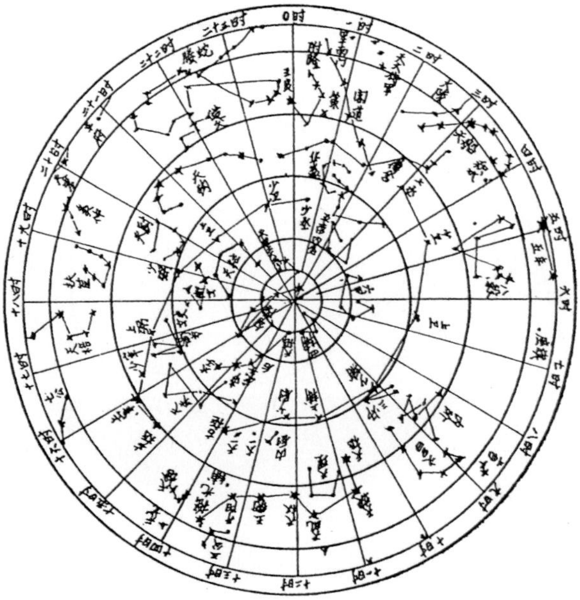

그림 VI-6. 중궁도(中宮圖). 이 그림의 아래쪽에 있는 북두칠성의 손잡이 끝에 있는 별이 보이는 곳이 대략 중궁의 한계이다.

우선 내궁(內宮)에는 어떤 별자리가 있는가를 보자. 내궁의 크기는 천문도를 만든 지역의 위도에 의해 결정되기 때문에 별자리의 수는 시대에 따라 왕조가 달라지므로 서로 다르다. 우리들에게 가장 친숙한 「천상열차분야지도」의 경우를 보면, 자미원(紫微垣)에 속한 별자리는 거의 전부 포함된다.

오관(五官): 오관이라는 것은 중궁을 포함하여 나머지 하늘을 4등분한 것을 말한다. 중궁을 제외한 하늘은 28수가 차지하고 있는 하늘이므로 외관에 해당한다. 이 중에는 곧 뒤에 설명할 태미원과 천시원도 포함된다.

그림 VI-7을 보면 알 수 있듯이 4등분한 하늘은 춘관(春官), 하관(夏官), 추관(秋官), 동관(冬官)이다. 하늘을 〈궁(宮)〉으로 부르기도 하지만, 〈관(官)〉이라고도 한다. 당나라의 사마정(司馬貞)이 쓴 『사기 색은(史記 索隱)』에 다음과 같은 글이 있다.

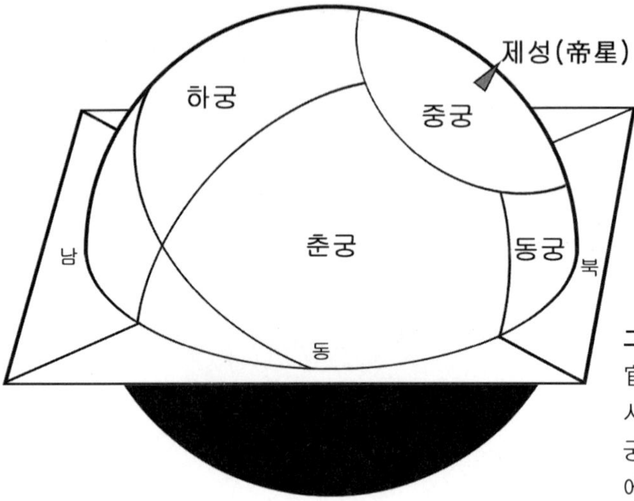

그림 VI-7. 지평선 위에 보이는 오관(五官). 중궁의 중심에는 제성(帝星)이 있어서 북극을 표시하고 있고, 동궁(冬宮), 춘궁(春宮), 하궁(夏宮)의 일부가 지평선 위에 보인다.

> 천문에는 오관(五官)이 있다. 관이라는 것은 성관(星官)이다. 별자리에 존비(尊卑)함이 있는 것은 사람의 관직에 차례가 있는 것과 같다. 따라서 천관(天官)이라 한다.

이 『사기』가 집필되던 시대에는 별자리에도 존비를 따져서 구분하는 차별 의식이 역력히 엿보이는 대목이다. 그리고 위에 소개한 춘관은 동쪽이며 청룡이 차지하는 하늘이다. 하관은 남쪽이며 주작이 차지하는 하늘이다. 추관은 서쪽이며 백호가 차지하는 하늘이다. 그리고 동관은 북쪽이며 현무가 차지하는 하늘이다.

2-2. 삼원(三垣)과 이십팔수(二十八宿)

삼원(三垣): 하늘을 나누는 또 다른 방법이 있다. 우선 북극을 중심으로 넓은 하늘을 세 개의 울타리로 나눈다. 이 세 개의 울타리 중에서 가장 큰 영역을 차지하는 것은 앞에서 언급한 중궁과 거의 같다. 다른 두 울타리는 중궁에서 잇대어 있으면서 남쪽에 있다. 이 세 울타리를 삼원(三垣)이라고 한다. 삼원은 자미원(紫微垣), 태미원(太微垣), 천시원(天市垣)의 3개이며, 각각 그림 VI-8, VI-9, VI-10과 같다.

삼원이 차지하는 하늘을 제외한 나머지 365도 $\frac{1}{4}$의 하늘은 28개의 구역으로 나눈다. 이

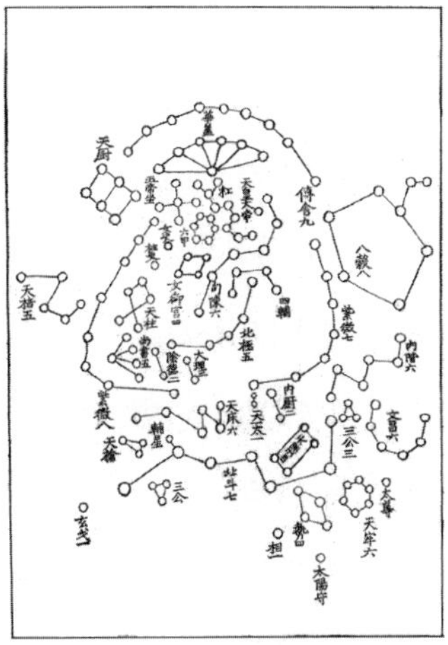

그림 VI-8.『보천가』자미원도

그림 VI-9.『보천가』태미원도

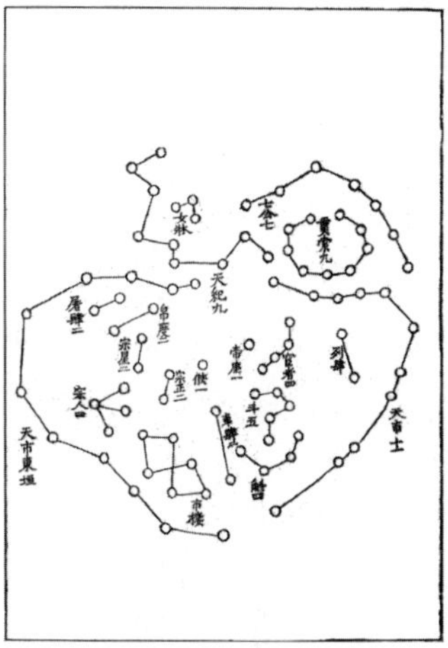

그림 VI-10.『보천가』천시원도

28개의 구역을 28수(二十八宿)라고 한다. 수와 수의 경계는 방사선(放射線)을 남쪽 지평선까지 그어서 만든다. 그러나 28개가 똑같이 등분된 것이 아니라, 그 크기는 제각기 다르다.

이십팔수(二十八宿): 삼원에 속하지 않는 별들은 28개로 나눈 구역에 구별되어 있다. 이 28개를 28수(宿)라고 부른다. 宿는 '머문다'는 뜻인데, 달이 하늘을 일주(一周)하는 동안 머무는 곳이라는 뜻에서 붙여진 이름이다. 왜 28인가 하는 의문에는 지금까지 많은 의견과 이론이 있어 왔지만 아직 신통한 정답은 없다. 그러나 한 가지 공통된 인식은 달이 주는 영향이 대단히 컸던 고대인들에게는 달의 삭망이나 달의 위치 변화에 민감했었다는 점이다. 초승달이 커지면서 보름달이 되었다가 날이 지날수록 작아지면서 그믐달이 되는 것은 그들에게는 밤마다 좋은 구경거리였다. 이렇게 초승달이 보름달을 지나 그믐달이 되어 다시 초승달이 되는 기간은 날 수로 셈하면 약 29½일이다. 이 기간을 1삭망월(朔望月)이라고 한다. 그래서 음력에는 한 달을 29일(작은 달)과 30일(큰 달)을 교대하면서 삭망월에 맞도록 조정했다. 한편, 밤마다 달을 쳐다본 고대인들은 달은 겉모습만 변하는 것이 아니라 위치도 변하고 있다는 것을 깨닫게 된다. 하늘의 별들을 기준해 보면, 밤마다 별들 사이에 있는 달의 위치를 알아볼 수 있다. 달은 별들을 기준해서 하루에 약 12도 동으로 자리를 옮긴다. 360도를 다 돌려면 약 27.3일이 필요하다. 이것을 1항성월(恒星月)이라고 한다.

위의 두 가지 달(삭망월과 항성월)을 다 만족시킬 수 있는 수는 그 중간인 28이므로, 이 수를 택하여 하늘을 나눈 것이라고 생각한다. 달이 지나가는 하늘을 백도(白道)라고 하는데, 처음에는 이 백도를 28로 정확히 나눴을 것이다. 그리고 이 28개의 구역을 달이 별들 사이에 머무는 곳이라는 뜻으로 성수(星宿)라고 하고, 전체를 이십팔수(二十八宿)라고 부르게된 것 같다. 따라서 백도 근처의 하늘에 28개의 수(宿)가 이렇게 생기기는 했지만, 세월이 지나면서 처음에 28개로 등분했던 영역이 사람의 손을 거침에 따라 흐트러지기 시작하여 옛날 그대로 전해지지 못하게 되었다. 지금은 어떤 수는 다른 수 보다 영역이 크고 넓게 되고, 따라서 그 수 안에는 더 많은 별자리(성좌)가 포함되었다. 그래서 옛날에는 달(太陰)이 차례로 반드시 머물던 수가 있었지만, 지금은 작은 수를 건너 뛰기도 하고 또 큰 수에서는 머뭇거리며 오래 머물기도 하는 일이 생기게 된 것이다.

중국의 28수가 언제 만들어지기 시작했는가에 관하여는 학설이 구구하다. 중국에서 시작되었다는 학설, 인도나 바빌로니아에서 시작된 것이 유입된 것이라는 주장들이 그것이다. 이에 관한 연구는 인도나 일본 학자들에 의해 활발하게 수행되었으나, 아직 정설은 없다고 보는 것이 좋을 것 같다. 다만, 그들은 춘추전국의 말기(기원전 4세기)로부터 전국시대 말기(기원전 3세기)에는 28수가 정착되었을 것이라는 점에는 모두 합의하고 있는 것 같다. 이를 뒷받침하는 중요한 자료가 1978년에 하북성수현(河北省隨縣)에 있는 춘추시대 말기에 살았던 증후을(曾侯乙)이라는 귀족의 무덤에서 중요한 자료가 출토되면서 새로운 국면을 맡게 되었다.

이 무덤에서 출토된 것은 사신도(四神圖)와 28수의 이름이 선명한 칠기(漆器, 옻칠을 한 나무 그릇)이다. 이 상자에 적혀있는 별들은 각 수에 속한 것뿐이지, 수의 영역 안에 있는 모든 별자리의 별들을 말하는 것은 아니다. 여기서 분명하게 밝혀 두어야할 점이 있다. 그것은 수(宿)라는 말은 두 가지 의미를 가지고 있기 때문이다. 첫째는 각 수의 대표가 되는 별자리만을 뜻하는 것이고, 둘째는 이 수의 이름을 가진 영역을 뜻하는 것이다. 후자의 경우는 이 영역에 있는 모든 별과 별자리가 전부 포함된다. 예를 들면 이십팔수 중에서 제일 첫 수는 각(角)인데, 이 각은 2개의 별로 구성되어 있지만 이 각수의 영역 안에는 각을 포함하여 11개의 별자리(星座 또는 星官)가 있으며 별의 총수는 45개이다.(표 VIII-4와 VIII-6/4를 참조) 따라서 중국 증후을의 무덤에서 출토된 옻칠한 나무 상자에 있는 이십팔수는 지금까지 알려진 첫째의 경우이다.

그림 VI-11. 칠상개(漆箱蓋) 이십팔수도(陳美東의 『中國古星圖』에서 옮김)

한편, 이슬람이나 인도의 28수에 관한 자료는 대단히 빈약하다. 뿐만 아니라 현재 남아 있는 자료들은 중국의 것과는 비교될 수 없는 훨씬 후대의 것들이다.

이십팔수는 별들의 경계를 표시하는 역할을 하지만, 각도로 표시될 때는 앞에서 설명한 대로 경계의 크기는 서로 다르다. 따라서 그 경계 안에 들어 있는 별자리(星官 또는 星座)와 별의 수도 다르다(그림 VI-12를 참조). 가장 적은 수를 가진 별자리는 단 한 개의 별로 구성되어 있는 것이 있는가하면, 30개 이상 되는 별들로 구성된 별자리도 있다. 별들은 고유명을 가지는 경우도 있지만 그 수는 많지 않고 별자리 이름 다음에 '一', '二', '三' 등으로 번호를 붙여서 이름을 대신한다. 각 수(宿) 마다 표준이 되는 별을 1개씩 정하고 수거성(宿距星)이라고 한다. 수거성은 모두 그 수 이름 다음에 '一'자를 붙여서 표시하고 있다. 다음 표 III-4에 이십팔수의 이름과 각 수의 수거성의 이름을 적었다. 또한 이 수거성의 서양 이름과 밝기를 등급으로 표기했다. 마지막으로 3종의 참고 자료를 이용하여 각 수의 크기를 각도로 표시했다. 각 수의 크기는 처음 동일하게 분할했었던 것과는 현저하게 모두 각각 다르게 변했음을 알게 된다. 뿐만 아니라 14세기까지는 변동이 없었는데, 오랜 세월이 흐르는 동안 발생한 세차(歲差)로 인하여 1744년 갑자년에 측정했을 때에는 수의 배치가 바뀌기도 했었다. 주의해야할 점은 표의 (1)과 (2)의 경우는 원주의 크기는 365¼도였지만, (3)의 경우는 서양에서 도입한 360도를 수용했다는 점이다.

표 VI-4. 이십팔수의 수거성(宿距星)과 수거성의 밝기(등급, m) 그리고 각 수의 크기

28수 이름	글자의 뜻	수거성의 이름			등급 m	각 수의 각 크기(도)		
		옛 이름	현대 이름	학명		(1)	(2)	(3)
각 角	동물의 뿔	角一	처녀 α	α Vir	1.2	12도	12도	11도 53분 19초
항 亢	목(首)	亢一	처녀 κ	κ Vir	4.3	9도	9도	9도 22분 54초
저 氐	뿌리(根)	氐一	저울 α2	α2 Lib	2.9	15도	15도	16도 39분 19초
방 房	방	房一	전갈 π	π Sco	3	5도	5도	5도 34분 23초
심 心	마음	心一	전갈 σ	σ Sco	2.5	5도	5도	7도 5분 25초
미 尾	꼬리	尾一	전갈 μ1	μ1 Sco	3.1	18도	18도	18도 48분 15초
기 箕	키	箕一	궁수 γ	γ Sgr	3.4	11도	11도	10도 4분 17초
두 斗	남쪽 되박	斗一	궁수 ψ	ψ Sgr	3.3	26도¼	26도¼	24도 15분 23초
우 牛	소	牛一	염소 β	β Cap	3.2	8도	8도	6도 47분 19초
여 女	여자	女一	물병 ε	ε Aqr	3.8	12도	12도	11도 3분 44초
허 虛	공허함	虛一	물병 β	β Aqr	3.1	10도	10도	8도 39분 54초
위 危	위험	危一	물병 α	α Aqr	3.2	17도	17도	14도 49분 49초
실 室	집 또는 야영	室一	페가수스 α	α Peg	2.6	16도	16도	17도 1분 23초
벽 壁	동쪽 벽	壁一	페가수스 γ	γ Peg	2.9	9도	9도	10도 54분 50초
규 奎	걸터 앉음, 다리	奎一	안드로메다 η	η And	4.6	16도	16도	14도 11분 52초
루 婁	토루, 제방	婁一	양 β	β Ari	2.7	12도	12도	11도 58분 40초
위 胃	위, 배	胃一	양 35	35 Ari	4.6	14도	14도	15도 19분 50초
묘 昴	좀생이 별	昴一	황소 17	17 Tau	3.8	11도	11도	10도 58분 41초
필 畢	끝, 그물	畢一	황소 ε	ε Tau	3.6	16도	16도	16도 50분 30초
자 觜	불러 일으킴	觜一	오리온 λ	λ Ori	3.7	2도	2도	1도 42분 57초
삼 參	3별의 형상	參一	오리온 ζ	ζ Ori	2	9도	9도	9도 53분 40초
정 井	동쪽 우물	井一	쌍둥이 μ	μ Gem	3.2	33도	33도	32도 22분 56초
귀 鬼	귀신	鬼一	게 θ	θ Cnc	5.6	4도	4도	1도 46분 3초
류 柳	버드나무	柳一	바다뱀 δ	δ Hya	4.2	15도	15도	12도 43분 53초
성 星	별	星一	바다뱀 α	α Hya	2.2	7도	7도	6도 3분 22초
장 張	활을 당김	張一	바다뱀 υ1	υ1 Hya	4.3	18도	18도	17도 3분 30초
익 翼	날개	翼一	컵 α	α Crtγ	4.2	18도	18도	18도 49분 13초
진 軫	전차의 받침대	軫一	까마귀 γ	γ Crv	2.8	17도	17도	17도 15분 29초
						365도¼	365도¼	360도 00분 00초

[주] (1)『史記』, (2)「천상열차분야지도」(기산점: 1395년), (3)『증보문헌비고』권2(기산점: 1744년)

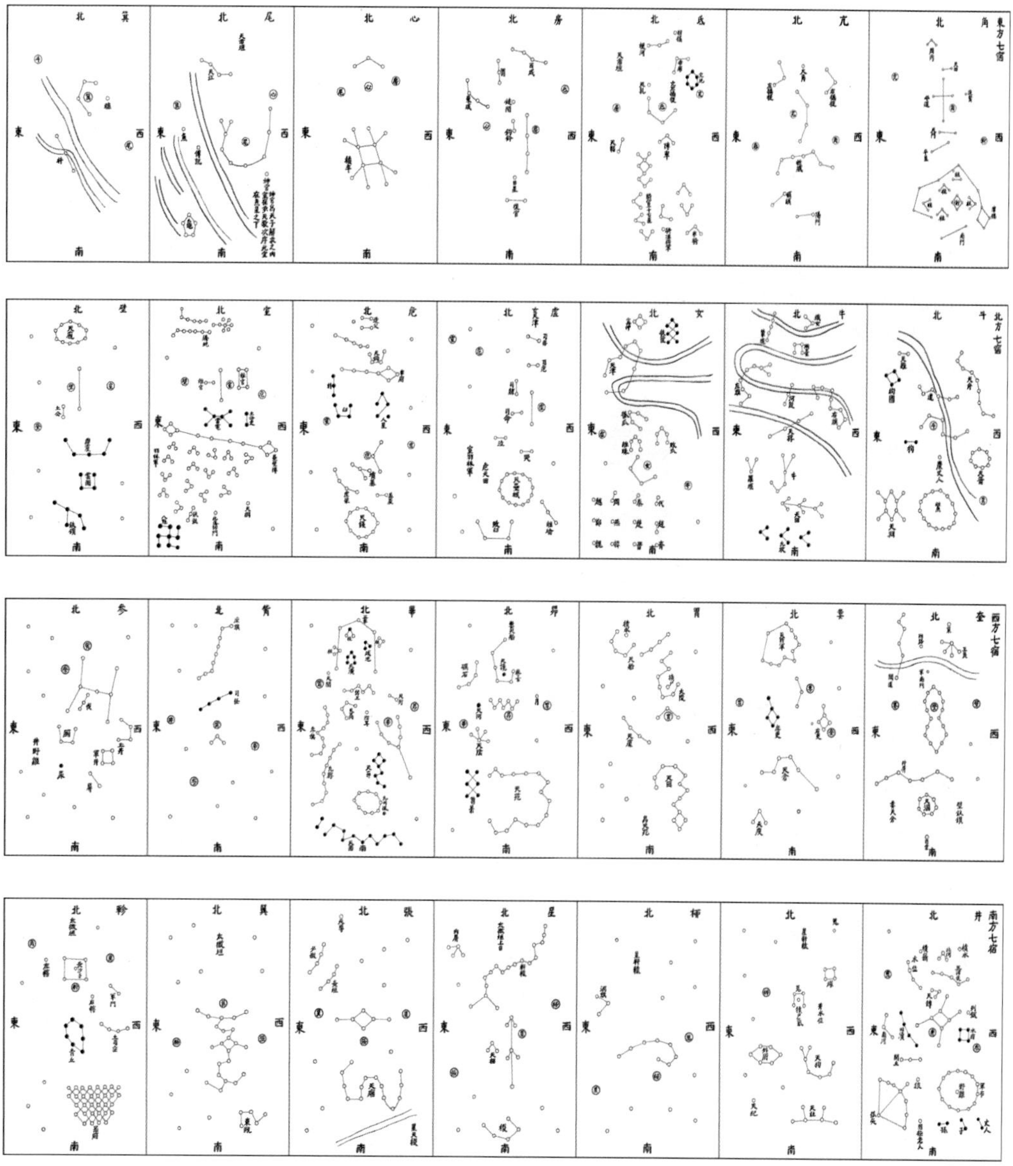

그림 VI-12. 이십팔수도. 위에서부터 차례로 동방칠사, 북방칠사, 서방칠사, 남방칠사이다.(『삼재도회』의 그림을 옮겨 모아서 모사한 것임, 나일성천문관 소장)

모두 28개의 수는 동북서남(東北西南)의 네 방향에 따라 7개씩 묶어서 각각 동방칠사(東方七舍), 북방칠사(北方七舍), 서방칠사(西方七舍), 남방칠사(南方七舍)라고 부른다.

그림 VI-13. 태국의 고대왕국 란나의 이십칠수 그림(개인 소장)

그림 VI-14. 미얀마의 카웅 킨 사원(1853년)의 남쪽에 그려져 있는 이십칠수 그림인 낙사트라(Naksatra).(이노우에 다까오씨 촬영, 니시야마 미네우(西山峰雄)씨 제공. 나일성천문관 소장)

그런데 흥미로운 사실은 태국의 고대왕국인 란나(Lanna)는 28수 대신에 27수를 사용했었다. 이 왕국은 지금부터 약 700년 전에 지금의 태국 북부지역을 차지하고 있었다. 그들이 택한 27수는 사실상 한때 27수를 사용한 인도의 영향을 받은 것으로 추측된다.

이와 같은 예는 인도에 접한 미얀마에는 여러 곳에 더 많이 남아있다. 주로 사찰 건물에 아름다운 채색으로 남아 있는데, 그 중 한 예로 다음 그림 VI-14을 들 수 있다.

2-3. 지(支), 차(次)와 분야(分野), 궁(宮)

지상에서나 하늘에서나 방향과 시각을 표시하는 방법은 복잡하지만, 그래도 그 중 가장 간단하고 또 기본이 되는 것이 있다면 그것은 12지(支)이다. 이 12지를 기본으로 차와 분야가 정해진다. 그리고 아라비아의 영향을 받아 황도12궁이 도입되면서 그 구별 방법이 더욱 어렵게 되었다.

12지(支)와 12지신(支神): 옛날에는 방위를 표시하는 방법으로 12지를 잘 사용했다. 그리고 방위뿐만 아니라, 이 12지는 하루의 시간을 나누는 방법의 기본으로도 사용하였다. 하루를 12로 똑같게 나누어 자(子)·축(丑)·인(寅)·묘(卯)·진(辰)·사(巳)·오(午)·미(未)·신(申)·유(酉)·술(戌)·해(亥)라고 이름 붙였다. 이것은 하루를 12시로 나눴던 예전의 방식이다. 그런데 아주 후대의 방식이기는 하지만, 이 12시 또는 12방위를 중국 글자(漢字) 대신에 12지신 또는 신장(神將)의 그림으로 그리기도 했다(그림 VI-15와 16을 참조). 이렇게 그림으로 표시함으로써 예술적 가치가 높은 그림으로 발전되었을 뿐만 아니라 한자(漢字)를 읽지 못하는 무학자들도 시간을 알 수 있도록 돕는 역할도 하였다.

12지에 해당하는 12지신의 이름을 비롯하여 방위와 해당하는 시간을 보면, 다음 표 VI-5와 같다.

표 VI-5. 12지와 12지신. 이 표의 현재의 시간은 24시 법으로 표시한 것이다.

12지	12지신	방위	현재의 시간
자(子)	쥐	북	01월 23일
축(丑)	소	북북동	01월 03일
인(寅)	호랑이	동북동	03월 05일
묘(卯)	토끼	동	05월 07일
진(辰)	용	동남동	07월 09일
사(巳)	뱀	남남동	09월 11일
오(午)	말	남	11월 13일
미(未)	양	남남서	13-15
신(申)	원숭이	서남서	15-17
유(酉)	닭	서	17-19
술(戌)	개	서북서	19-21
해(亥)	돼지	북북서	21-23

한편, 시간과 방위를 가리키는 신장(神將)들의 모습은 각기 상징하는 동물의 모습을 그린 것이 대부분이지만, 경우에 따라서는 사람의 몸에 동물의 머리만을 얹혀서 그리기도 했었다.

가장 잘 알려진 12지신은 삼국시대의 신라의 김유신 묘에 있는 석상이다. 이 석상의 탁

그림 VI-15. 신라의 김유신 묘에 있는 12지신

본은 동물들의 모습을 비교적 잘 보여 주고 있다. 신라에는 이 외에도 여러 가지 석조상으로 출토된 것들이 있다. 예를 들면, 신라의 민애왕릉이나 선덕왕릉의 것이 그것이다.

재미있는 사실은 이런 12지신이 구리거울에도 조각되어 있다는 사실이다. 이런 거울들은 얼굴을 단장하던 여인들에게는 방향을 알아보기 위해서라기보다는 몸치장을 하기 위해서는 시간을 알 필요가 더 있었기 때문이었을까? 중국의 구리거울과 고려시대의 구리거울 하나씩을 그림 XI-12에 제시했다.

12차와 12분야: 하늘을 나누는 방법의 하나로서 고대 중국에서는 목성이 황도를 따라 자리를 옮기는 것을 관찰하여 차례를 만들어 〈차(次)〉라는 것을 만들었다. 목성이 별을 기준하여 한 번 공전하는데 약 12년이 걸리기 때문에 하늘을 30도씩 12구역을 만든 것인데, 이것을 12차(次)라고 한다. 한나라 시대로부터 역법 계산에 필요해서 도입된 것이다. 이렇게 목성이 태양을 중심으로 별자리 사이를 12년 걸려서 한 바퀴 돌기 때문에 목성을 세성(歲星)이라고도 부르는 것이다. 이 12차에는 초점(初點)과 중점(中點)을 두어 24구역으로 세분한다. 이 24구역에 태양의 운행을 조합시켜 24절기 때의 태양의 황도상의 위치(적경)를 정하기도 한다.

태양이 천구(天球) 상을 1년에 한 바퀴씩 돌고 있으므로 적도를 12로 등분하게 되면서 12차는 목성보다 태양의 겉보기 운동으로 생각하게 된다. 말하자면 12차의 개념이 변화된 것이다. 한편 중국 사람들은 이 12개로 분할된 하늘의 차에 전국시대의 12개 나라를 하나씩 할당하였다. 이 나라가 마치 그 할당받은 영역을 대표 또는 차지하는 것으로 지정된 것을 분야(分野)라고 부르게 된 것이다.[15] 이 분야는 점을 치는 데도 이용되었다. 즉, 어떤 천문현상이 나타났을 때 그것이 어느 분야에서 나타난 것인가에 따라 옛 기록을 조사하여 해당하는 나라에 어떤 일이 일어날 것이라고 예측하는 데 이용한 것이다. 물론 어떤 천문현상인가에 따라 여러 가지 해석이 다르게 나타난다.

먼저 『사기(史記)』 천관서(天官書)에 있는 「이십팔사주십이주(二十八舍主十二州)」[16]에 있는 12분야와 12주를 보자. 이 12분야와 12주는 이에 속하는 별자리로서 자세히 알아 볼 수 있으나, 별자리의 수가 너무 많기 때문에 해당하는 28수로 정의하고 있다.

표 VI-6. 『사기천관서(史記天官書)』의 「이십팔사주십이주(二十八舍主十二州)」. 여기서 '사주(舍主)'는 수(宿)라는 뜻이다.

번호	크기(범위)	분야(分野)	주(州)
1	각(角), 항(亢)	정(鄭)	연주(兗州)
2	저(氐), 방(房), 심(心)	송(宋)	예주(豫州)
3	미(尾), 기(箕)	연(燕)	유주(幽州)
4	남두(南斗), 견우(牽牛)	오월(吳越)	양주(揚州)
5	수녀(須女), 허(虛)	제(齊)	청주(靑州)
6	위(危), 실(室), 벽(壁)	위(衛)	병주(并州)
7	규(奎), 루(婁)	노(魯)	서주(徐州)
8	위(胃), 묘(昴), 필(畢)	조(趙)	기주(冀州)
9	필(畢), 자(觜), 삼(參)	위(魏)	익주(益州)
10	동정(東井), 여귀(輿鬼)	진(秦)	옹주(雍州)
11	유(柳), 성(星), 장(張)	주(周)	삼하(三河)
12	익(翼), 진(軫)	초(楚)	형주(荊州)

15 『漢書』天文志 (大崎正次, p.28 참조)

16 史記, 册四, 대만중화서국인행, 卷27, 31.

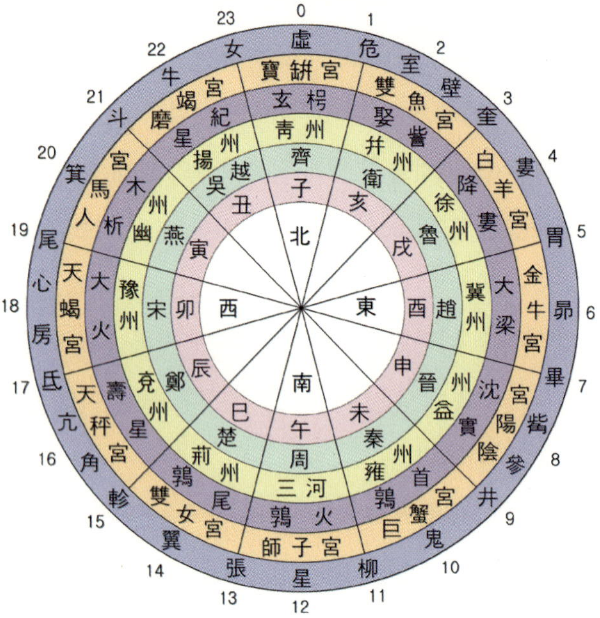

그림 VI-16. 12지, 12차, 28수, 12분야의 상관관계도

12차와 12분야의 영역은 후대의 많은 문헌에 언제나 등장하고 있으나, 가장 쉽게 접할 수 있는 「천상열차분야지도」 상단에 있는 '십이국분야급성수분도(十二國分野及星宿分度)'가 참고하기에 더 친근하게 느껴질 수 있을 것이다. 이 '십이국분야급성수분도'에는 각 차(次)가 속하고 있는 분야(分野)와 주(州)가 적혀 있고 또 그 차가 차지하는 범위를 28수로 표시하고 있다. 그 크기(범위)는 30도, 30도¼, 31도의 세 가지로 조금씩 서로 다르다. 그런데 이 차이의 범위는 『한서(漢書)』 율력지(律曆志)에 있는 것을 인용한 것 같다. 다음 표 VI-7에 제시한 「천상열차분야지도」의 '순화(鶉火)의 유(柳)9도~장(張)16도 합30도'와 '순미(鶉尾)의 장(張)17도~진(軫)11도 합31도'가 『한서 율력지』와 다른 것은 잘못된 기록은 아니다. 다만 분할하는 데 있어서 세차로 인한 별자리의 변화가 반영된 것뿐이다.

표 VI-7. 12차(次)의 범위(크기). 「천상열차분야지도」의 '십이국분야급성수분도'는 『한서 율력지』에서 인용한 것이다.

번호	「천상열차분야지도」의 '십이국분야급성수분도'					『한서 율역지』	
	차(次)	분야(分野)	주(州)	범위	합	범위	24절기
1	수성(壽星)	정(鄭)	연(兗)	진(軫)12도~저(氐)4도	31도	初: 진12도 中: 각10도 終: 저4도	백로 추분
2	대화(大火)	송(宋)	예(豫)	저(氐)5도~미(尾)9도	30도	初: 저5도 中: 방5도 終: 미9도	한로 상강
3	석목(析木)	연(燕)	유(幽)	미(尾)10도~두(斗)11도	31도	初: 미10도 中: 기7도 終: 두11도	입동 소설
4	성기(星紀)	오월(吳越)	양(揚)	두(斗)12도~여(女)7도	30도¼	初: 두12도 中: 견우初 終: 수녀7도	대설 동지
5	현효(玄枵)	제(齊)	청(青)	여(女)8도~위(危)15도	30도	初: 수녀8도 中: 위初 終: 위15도	소한 대한
6	추자(陬訾)	위(衛)	병(并)	위(危)16도~규(奎)4도	31도	初: 위16도 中: 영실14도 終: 규4도	입춘 경칩
7	강누(降婁)	노(魯)	서(徐)	규(奎)5도~위(胃)6도	30도	初: 규5도 中: 루4도 終: 위6도	우수 춘분
8	대량(大梁)	조(趙)	기(冀)	위(胃)7도~필(畢)11도	30도	初: 위7도 中: 묘8도 終: 필11도	곡우 청명
9	실침(實沉)	진(晉)	익(益)	필(畢)12도~정(井)15도	31도	初: 필12도 中: 정初 終: 정15도	입하 소만
10	순수(鶉首)	진(秦)	옹(雍)	정(井)16도~유(柳)8도	30도	初: 정16도 中: 정31도 終: 유8도	망종 하지
11	순화(鶉火)	주(周)	삼하(三河)	유(柳)9도~장(張)16도	30도	初: 유9도 中: 장3도 終: 장17도	소서 대서
12	순미(鶉尾)	초(楚)	형(荊)	장(張)17도~진(軫)11도	31도	初: 장18도 中: 익15도 終: 진11도	입추 처서
					365도¼		

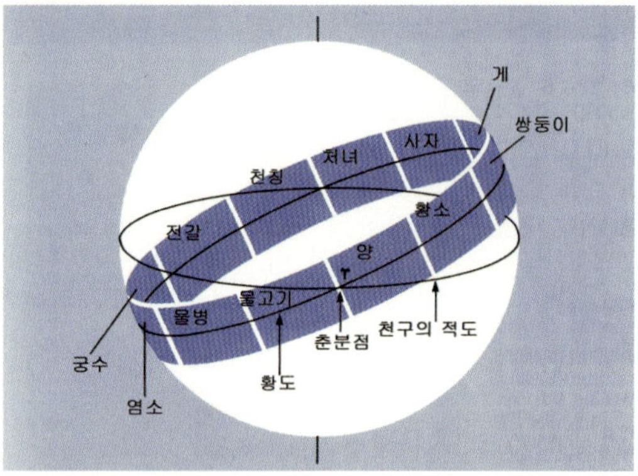

그림 VI-17. 황도를 따라 만든 12궁

황도12궁: 하늘을 나누는 방법으로 12궁(宮)이 있다. 이것은 황도 상에 있는12개의 서양 별자리를 가리키는 말이다. 1년이 12개월이므로 매월 그 달에 해당하는 별자리를 정한 것이다. 춘분점을 기준하여 동쪽으로 약 30도씩 차례로 배정한 별자리와 해당하는 달은 다음과 같다.

양 →	황소→	쌍둥이→	게→	사자→	처녀→	저울→	전갈→	궁수→	산양→	물병→	물고기
(1월)	(2월)	(3월)	(4월)	(5월)	(6월)	(7월)	(8월)	(9월)	(10월)	(11월)	(12월)

이 방법은 지금부터 약 3000년 전 바빌로니아 사람들이 5행성의 위치를 알아보기 쉽게 하기 위해 만들었는데, 그 목적은 주로 별을 보고 점을 치기 위해서였다. 이렇게 5행성들이 어느 별자리에 있는가하는 것으로 제왕의 운명이나 나라의 흥망을 점치는 행위를 성점(星占)이라고 한다. 5행성은 황도를 기준하여 남북으로 약 18도 내외의 좁은 하늘에서만 동에서 서로 움직이기 때문에, 황도상에 있는 12개의 별자리가 행성들의 위치 표시에 편리하다고 생각했다. 별을 보고 점을 치는 일은 시대가 변함에 따라 개인의 운명을 예언하는 일에도 사용되었고, 그리스를 비롯하여 그 후에 받아들인 중국에서 크게 성행했었다.

이슬람 문화권에서 시작한 황도12궁은 그리스와 인도에 전파되었고, 아라비아 사람들에 의해 중국을 거쳐 한국과 일본에 유입된 것은 당나라 때였다. 그러나 이 12궁법은 인도에서 시작한 것이라는 학설도 있어서 정설은 없으나, 대체적으로 전자(前者)를 많이 인용하고 있다.

이제 황도12궁이 아라비아를 시작으로, 각 문화권이 어떤 모습으로 수용했는가를 차례로 알아보기로 하자.

	아라비아	인도	유럽
양			
황소			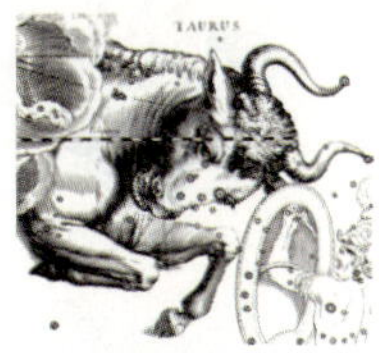
쌍둥이			
게			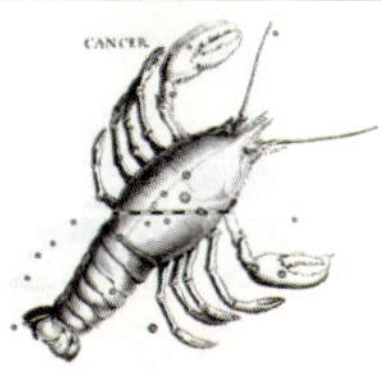
사자			
처녀			

그림 VI-18/1. 아라비아, 인도, 유럽의 황도12궁

아라비아, 인도, 유럽의 황도12궁: 아라비아를 비롯해서 인도와 유럽에서는 이 황도12궁을 멋있는 그림으로 보여 주는 것이 크게 유행하던 때가 있었다. 그 중에서도 18세기에 제작된 대부분의 유럽의 성도에는 정확한 위치에 밝기를 알아볼 수 있도록 별을 그리고는 해당한 별자리마다 그림을 함께 그려 넣었다. 따라서 그 속에는 황도12궁의 그림도 물론

그림 VI-18/2. 아라비아, 인도, 유럽의 황도12궁

포함되어 있다(그림 VI-2와 -5를 참조).

황도12궁의 그림은 일정한 형식이 있는 것이 아니라, 그리는 사람에 따라 전부 제각각이다. 다만 문화권이 다르면 그림들이 다르게 마련인데, 특히 인물을 묘사하는 경우에 두드러진다. 이런 경향을 보여주기 위하여 잘 알려진 그림을 모아서 서로 비교하도록 엮었다(그림 VI-18을 참조).

중국의 황도12궁(黃道十二宮): 당나라 때 중국이 도입한 황도12궁의 유물은 이상하게도 별로 남아 있지 않다. 이로 인해서 당나라에 수입된 것이 처음이라는 학설이 설득력을 얻기 어렵다. Bo Shuren(溥樹人)[17]에 의하면, 약 6세기경 인도를 거쳐서 중국에 전파되었는데, 가장 일찍 소개된 것은 수나라 때 사련제사사가 번역한『대승대방등일장경(大乘大方等日藏經)』과 10세기초의『옥함경(玉函經)』이라고 한다. 이 외에도 돈황 천불동 제61동(天佛洞 第61洞)에 있는 길 양쪽 벽에도 황도12궁이 그려져 있으나, 지금은 10궁만이 남아있다고 한다. 여기에는 중국과 일본의 사례를 각각 2개씩 소개했다(그림 VI-21을 참조).

장세경의 무덤 천정의 황도12궁: 여기에는 황도12궁이 가장 잘 보여주는 장세경의 무덤 천정 그림을 보자. 이 무덤은 장가구시 선화구 하팔리촌에 있는 장세경의 무덤으로 〈선화요묘성도(宣化遼墓星圖)〉라고도 불린다. 묘는 장세경이 죽은 해가 천경6(1116)년이므로 이때 축조된 것으로 본다. 그림은 지름이 2.17 cm되는 원 안에 있으며, 그 중심에 지름 35 cm되는 구리거울이 있다. 이 구리거울을 둘러싸고 큰 연꽃이 그려져 있고, 그 주변에

그림 VI-19. 중국의 황도12궁(중국 하북성 선화시 장세경 무덤의 천정). 왼쪽은 유화로 모사한 그림(나일성천문관 소장)이고, 오른쪽은『天文考古通論』[18]에서 옮긴 것이다.

---

17 Bo Shuren(溥樹人), "中國古星圖概要", 陳美東 主編,『中國古星圖』(遼寧教育出版社: 沈陽), 19, 1996.

18 陸思賢·李迪,『天文考古通論』(紫金山出版社: 北京), 289, 2000.

28수의 별들이 있다. 황도12궁은 이 28수의 별을 둘러싸고 있는데, 아깝게도 그 중 하나가 파손되어 없어졌다.

그림 VI-19를 보면, 황도12궁의 모습이 가장자리를 차지하고 있는데 아쉽게도 황소(金牛)가 있는 부분이 파손되었다. 그래서 나머지 11개의 궁의 그림만을 도려내서 그림 VI-20의 〈중국 1〉란에 수록했다. 그림 VI-20에 수록된 12궁의 모습들은 그림 VI-19에 수록된 그림과는 현저하게 다른 중국식과 일본식으로 잘 표현되어 있다. 그림 VI-21에 한국의 12궁 그림이 포함되지 않은 것은 유감이다.

막고굴61동(莫高窟61洞) 황도12궁: 돈황의 막고굴의 용도(甬道, 가운데 길) 남쪽 벽에는 쌍둥이(雙子), 천칭(天秤), 천갈(天蝎), 마갈(磨羯), 게(巨蟹), 쌍어(雙魚)의 그림 6개가 있고, 북쪽 벽에는 황소(金牛), 쌍녀(雙女), 인마(人馬), 보병(寶瓶)의 그림 4개가 있다. 이 벽에 있었던 백양(白羊)과 사자(獅子)의 두 그림은 훼손되어 없어졌다. 이 그림들은 당나라 때의 그림이기 때문에 1116년의 장세경 무덤의 그림과는 다른 점들이 보인다. 이 그림들은 그림 VI-20의 〈중국 2〉란에 수록했다.

일본의 황도12궁: 일본에는 두 별의 황도12궁 그림이 있다(그림 VI-20의 〈일본1〉을 참조). 재미있는 사실은 이 두 그림이 모두 불화인 만다라(蔓茶羅)에 섞여 있다는 점이다. 첫째 만다라는 사누끼보절(Sanukibo Temple)에 있는 것인데, 불화 전체는 빈틈이 많고 단촐하게 보인다. 따라서 황도12궁의 그림은 찾아내기 쉽다.[19]

두 번째 황도12궁은 정창원(正倉院)이 보물로 보존하고 있는 만다라에서 찾아낸 것이다. 이 만다라는 여러 부처의 그림들로 가득 차 있는데, 이 복잡한 곳에 아주 작게 황도12궁의 그림이 숨어 있어서 최근에야 그 존재가 알려지게 되었다. 이 만다라는 당나라에서 유학하고 돌아온 일본의 한 승려가 가지고온 것이라고 전해져 온다.[20]

---

19 Miyajima, K. "Japanese Celestial Cartography before the Meiji Period" in J. B. Harley and D. Woodward(co-ed), *Cartography in the Traditional East and Southeast Asian Societies*, The University of Chicago Press, 602, Fig. 14.15, 1994.

20 이 사실은 1997년 제22차 국제천문연맹총회(일본 교또)에서 니시야마 미네우(西山峰雄)에 의해 보고되었다.

	중국1	중국2	일본1	일본2
백양 白羊	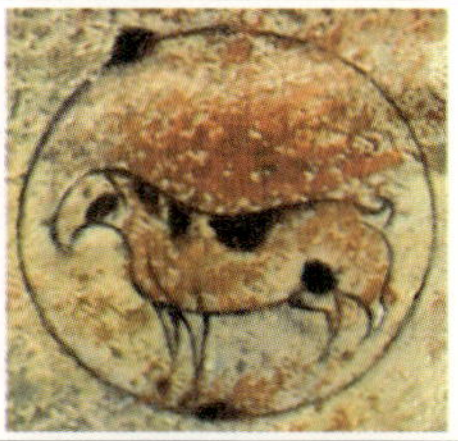			
쌍어 雙魚			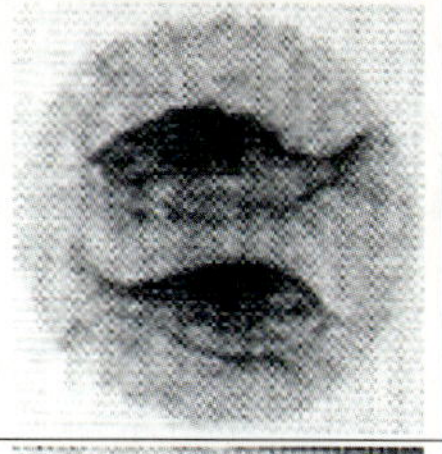	
보병 寶甁				
마갈 磨羯			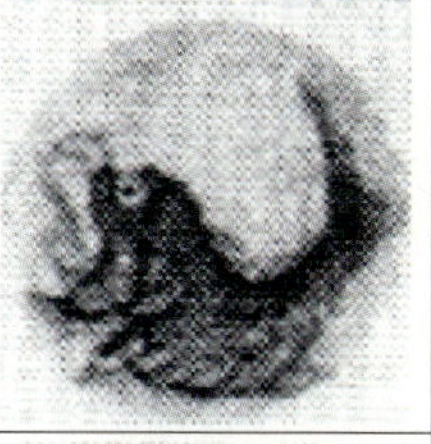	
인마 人馬				
천갈 天蝎				

그림 VI-20/1. 중국과 일본의 황도12궁

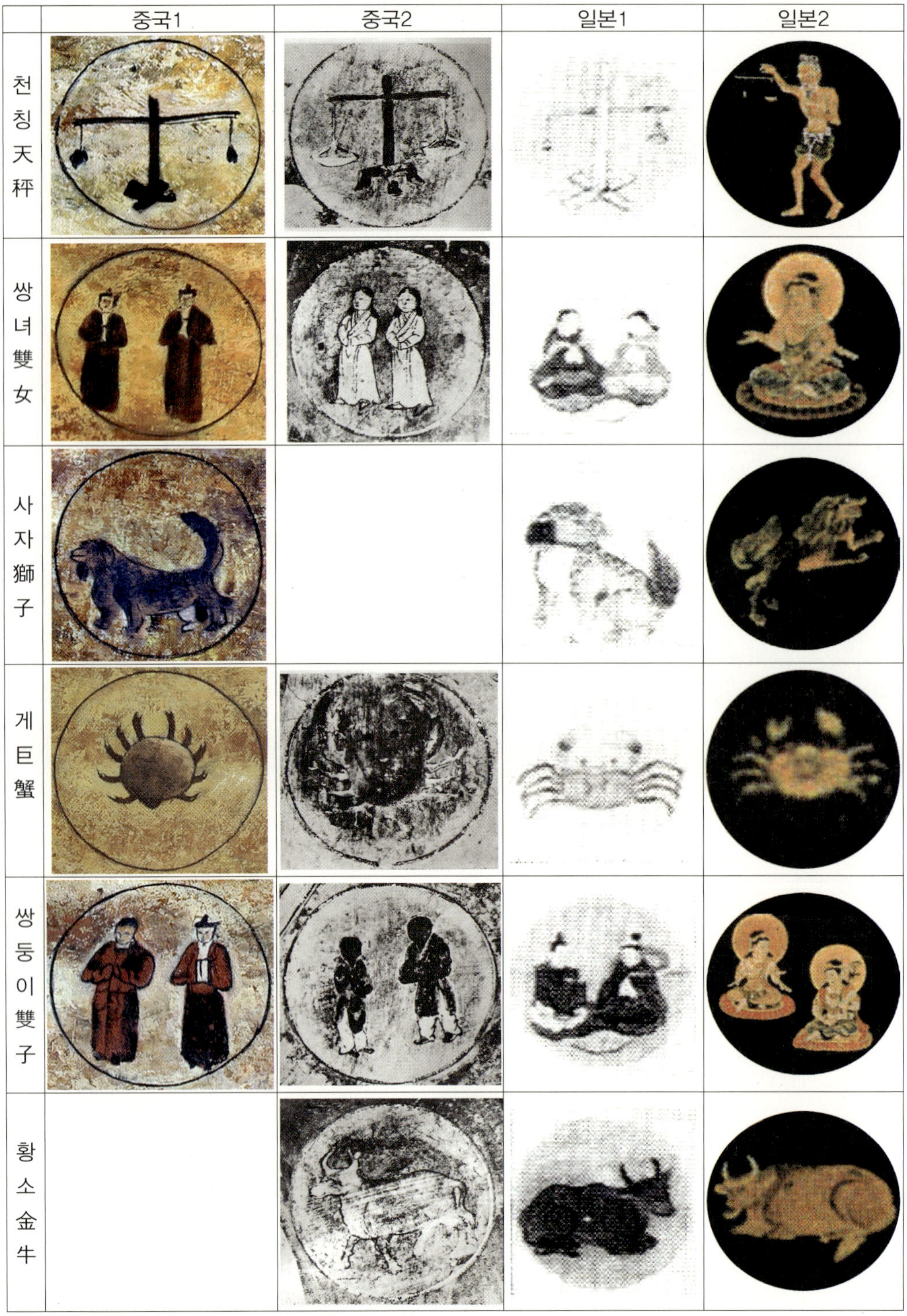

그림 VI-20/2. 중국과 일본의 황도12궁

일본의 황도12궁의 그림은 그림 VI-20의 〈일본2〉에 수록했다.

한국의 경우: 『증보문헌비고』 상위고(象緯考) 「황적궁계(黃赤宮界)」에 십이궁(十二宮)이라는 글이 있다. 그러나 이것은 황도12궁을 설명한 것이 아니라 12차를 설명한 것이다. 황도12궁에 관한한 한국의 옛 문헌에는 황도12궁의 기록이 보이지 않는다. 그리고 지금까지의 노력으로는 황도12궁의 그림을 찾아내지 못하고 있다.

2-4. 입수도(入宿度)와 거극도(去極度)

하늘의 위치를 정하는 방법은 북극과 남극을 통하는 큰 원을 30도 간격으로 등분하여 동으로 재 가는 축이 하나이고, 북극에서 남으로 재는 축이 다른 하나이다. 전자에 해당하는 축을 입수도 또는 적도경도(赤道經度)라 하고, 후자에 해당하는 축을 거극도라 한다. 이는 중국식 적도좌표계인 셈이다.

입수도: 이는 서양의 적경(赤經)에 해당한다. 그래서 적도경도라는 용어를 사용하기도 하는 것이다. 이 좌표는 12지(支)의 이름을 딴 12개의 궁으로 표시하기도 한다. 각 궁이 차지하는 크기는 옛 법(365¼도)의 경우는 30.4375도이고, 신법(360도)인 경우는 30도이다.

하늘을 한 바퀴를 돌면서 위치를 정할 때는 술궁(戌宮)을 시작점으로 유궁(酉宮)-신궁(申宮)-미궁(未宮)-오궁(午宮)-사궁(巳宮)-진궁(辰宮)-묘궁(卯宮)-인궁(寅宮)-축궁(丑宮)-자궁(子宮)-해궁(亥宮)의 순으로 분할되고 있다. 따라서 각 궁은 해당하는 각도를 가진다(그림 VI-21를 참조).

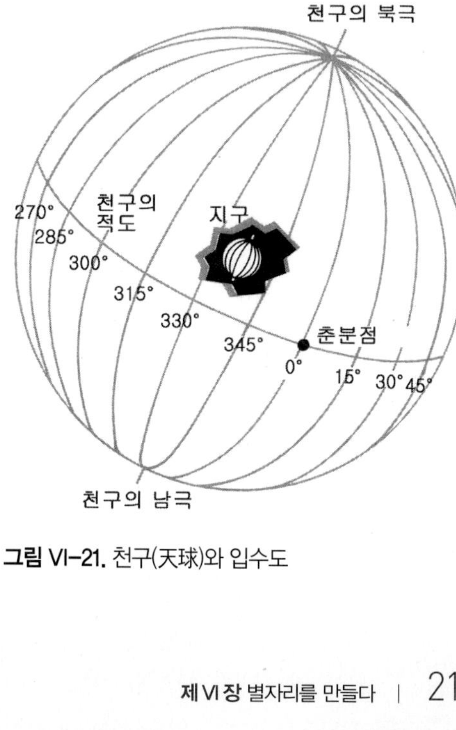

그림 VI-21. 천구(天球)와 입수도

표 VI-8. 십이궁의 입수도(원주는 365도¼)

궁 이름	궁의 크기	입수도
술궁 戌宮	+0.0000도	0도
유궁 酉宮	+30.4375도	30도
신궁 申宮	+60.8750도	60도
미궁 未宮	+91.3125도	90도
오궁 午宮	+121.7500도	120도
사궁 巳宮	+152.1875도	150도
진궁 辰宮	+182.6250도	180도
묘궁 卯宮	+213.0625도	210도
인궁 寅宮	+243.5000도	240도
축궁 丑宮	+273.9375도	270도
자궁 子宮	+304.3750도	300도
해궁 亥宮	+334.8125도	360도

위의 그림은 원주(圓周)를 360도로 했을 때의 본보기로 만든 것이지만, 고대에는 365도¼이었으므로 고대의 기록을 정리할 때에는 다음 표 VI-8의 수치를 참조해야 한다.

거극도(去極度): 거극도는 하늘의 북극점(北極点)으로부터 남으로 잰 각도이다. 북극에서 남으로 90도 되는 곳은 하늘의 적도이고, 그로부터 다시 90도 더 남으로 가면 남극점(南極点)이 된다. 따라서 북극과 적도 사이의 하늘을 북반구(北半球), 적도와 남극 사이의 하늘을 남반구(南半球)라고 부른다.

별의 위치를 나타내는 거극도는 0도(북극점)에서 180도(남극점)까지이지만, 한국이나 중국의 북부 지역에 살았던 옛 사람들은 거극도가 대략 140도를 넘는 남극 부근의 별은 보지 못했다. 거극도가 90도보다 더 큰 별은 적도 이남인 남반구에 있는 별이다.

서양에서는 거극도 대신에 적도를 기준하여 북으로 90도, 남으로 90도까지 측정한다. 이것을 적위(赤緯)라고 하는데, 북반구에 있는 별의 적위에는 +표를 하고, 남반구에 있는 별의 적위에는 −표를 하여 구별한다. 이 방법은 서양의 선교사들이 중국에 소개한 이래 조선에서도 사용했다. 그러나 별의 위치를 북극점을 기준하여 측정하는 일과 적도를 기준으로 측정하는 일을 비교해 보면, 옛날 측정기기로는 서양의 적위보다는 거극도로 측정하는 것이 더 효율적이다. 왜냐하면, 하늘의 적도를 찾는다는 것이 쉽지 않아서 기기를 적도에 맞춰놓고 남북으로 재는 것은 좀 더 까다롭다. 하지만 북극점을 찾는 일은 쉬운 일이기 때문에 기기를 북극점에 맞춰 놓고 남으로만 재는 거극도가 더 쉬웠을 것이다.

표 VI-8은 28수의 수거성의 입수도와 거극도를 시대별로 비교해 본 것이다. 첫째 자료는 반내[21]가 조사한 곽수경의 자료(1280년)이다. 둘째 자료는 「천상열차분야지도」이고, 셋째와 넷째는 각각 『동국문헌비고』의 1744년 기산점과 『성경 (星鏡, 1861년)』의 1861년 기산점으로 한 수치이다. 그리고 마지막 자료는 『SAO성표』[22]에서 취한 입수도와 거극도이다.

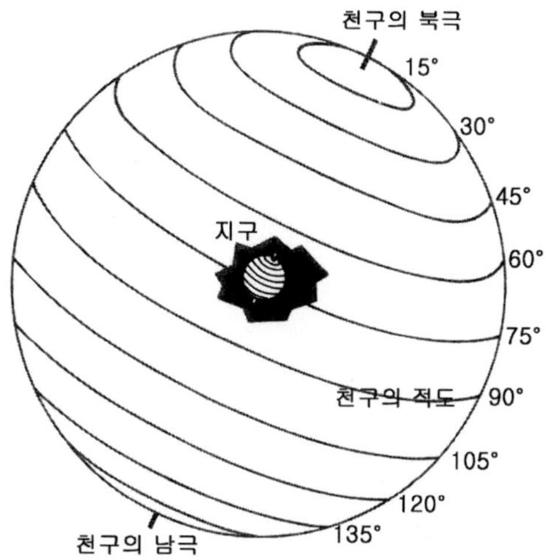

그림 VI-22. 천구(天球)와 거극도

표 VI-9. 여러 시대 별 수거성(宿距星)의 입수도(入宿度)와 거극도(去極度). 적도 좌표계(座標系) 임.

수거성	입수도 거극도	곽수경* (1280) 도	분	천상열차분야지도 (1395년) 궁	도	동국문헌비고 (1744년) 경도/위도 궁 도 분 초	동국문헌비고 (1744년) 적도수도/거극도 도 분 초	성 경 (1861년) 궁 도 분 초	SAO 성표 (1950년) 거극도 분 초
각 角一	입수도	12	10	없음	12	經辰 17 56 11	11 53 19	진 19 30 2	13 22 33
	거극도	99	20		91	緯南 9 49 05	99 49 05	100 26 40	100 54 03
항 亢一	입수도	9	20	없음	9	經辰 29 49 30	9 22 5	묘 1 24 15	14 10 14
	거극도	98	70		89	緯南 9 04 22	99 04 22	99 38 27	100 02 31
저 氐一	입수도	16	30	없음	15	經卯 9 12 24	16 39 19	묘 10 50 52	
	거극도	104	50		97	緯南 14 57 23	104 57 23	105 27 43	105 50 07
방 房一	입수도	5	60	없음	5	經卯 25 51 43	5 34 23	묘 27 39 10	115 58 18
	거극도	115	60		108	緯南 25 20 59	115 20 59	115 42 53	
심 心一	입수도	6	50	없음	5	經寅 1 26 06	7 5 25	인 3 14 8	115 28 28
	거극도	115	30		108	緯南 24 56 42	114 56 42	115 15 5	
미 尾一	입수도	19	10	없음	18	經寅 8 31 31	18 48 15	인 10 31 59	127 57 49
	거극도	128	20		120	緯南 37 36 03	127 36 03	127 49 56	

21 潘鼐, "郭守敬 新測二十八宿x坐諸星入宿去極 考証", 中國科學院上海天文臺年刊, 總第9期, 12, 1988.

22 *Smithsonian Astrophysical Observatory Star Catalog(1950)*

수거성	입수도 거극도	곽수경* (1280)		천상열차분야지도 (1395년)		동국문헌비고 (1744년) 경도/위도				적도수도/거극도			성경 (1861년)				SAO 성표 (1950년)		
		도	분	궁	도	궁	도	분	초	도	분	초	궁	도	분	초	거극도	분	초
기 箕一	입수도	10	10	없음	11	經寅	27	19	46	10	4	27	인	29	14	33	120	25	36
	거극도	121	60		118	緯南	20	23	33	120	23	33		120	24	42			
두 斗一	입수도	25	20	없음	26¼	經丑	7	24	13	24	15	23	축	9	16	58	117	02	38
	거극도	118	90		116	緯南	17	13	25	117	13	25		117	7	33			
우 牛一	입수도	7	20	없음	8	經子	1	39	36	6	47	19	자	3	22	23	104	56	27
	거극도	108	00		106	緯南	15	33	57	105	33	57		105	12	5			
녀 女一	입수도	11	35	없음	12	經子	8	26	55	11	3	44	자	10	6	2	99	40	48
	거극도	103	00		106	緯南	10	25	01	100	25	01		99	59	14			
허 虛一	입수도	8	95	없음	10	經子	19	30	39	9	38	54	자	21	7	33	95	47	32
	거극도	99	70		104	緯南	6	40	42	96	40	42		96	9	12			
위 危一	입수도	15	40	없음	17	經子	28	09	33	14	49	49	자	29	44	8	90	33	49
	거극도	94	50		99	緯南	1	33	14	91	33	14		90	58	18			
실 室一	입수도	17	10	없음	16	經亥	12	59	22	17	1	23	해	14	28	39	75	03	51
	거극도	79	30		85	緯北	13	49	22	76	10	38		75	32	11			
벽 壁一	입수도	8	60	없음	9	經戌	0	00	4	10	54	50	술	1	32	47	75	05	39
	거극도	79	60		86	緯北	13	45	00	76	15	00		75	35	8			
규 奎一	입수도	16	60	없음	16	經戌	10	55	35	14	11	52	술	12	31	52	66	51	07
	거극도	69	90		77	緯北	22	03	03	67	56	57		67	17	31			
루 婁一	입수도	11	80	없음	12	經戌	25	07	27	11	58	40	술	26	45	29	69	26	08
	거극도	73	40		80	緯北	19	32	22	70	27	38		69	51	53			
위 胃一	입수도	15	60	없음	14	經酉	7	06	07	15	19	50	유	8	50	18	62	30	16
	거극도	66	10		72	緯北	26	35	56	63	24	04		62	52	44			
묘 昴一	입수도	11	30	없음	11	經酉	22	25	57	10	58	41	유	24	11	24	66	02	32
	거극도	69	10		74	緯北	23	16	56	66	43	04		66	19	23			
필 畢一	입수도	17	40	없음	16	經申	3	24	38	16	50	30	신	5	9	16	70	55	44
	거극도	73	50		78	緯北	18	35	25	71	24	35		71	7	15			
자 觜一	입수도		5	없음	2	經申	20	15	08	1	42	57	신	21	52	20	80	05	52
	거극도	82	50		84	緯北	9	43	55	80	16	05		80	10	2			
삼 參一	입수도	11	10	없음	9	經申	21	58	05	9	53	40	신	23	27	8	91	58	03
	거극도	92	30		94	緯南	2	06	10	92	06	10		92	1	12			
정 井一	입수도	33	30	없음	33	經未	1	51	45	32	22	56	미	3	38	40	67	27	32
	거극도	68	40		69	緯北	22	36	58	67	23	02		67	24	57			

수거성	입수도 거극도	곽수경* (1280) 도 분	천상열차분야지도 (1395년) 궁 도	동국문헌비고 (1744년) 경도/위도 궁 도 분 초	동국문헌비고 (1744년) 적도수도/거극도 도 분 초	성 경 (1861년) 궁 도 분 초	SAO 성표 (1950년) 거극도 분 초
귀 鬼一	입수도	2 20	없음 4	經午 4 14 41	1 46 3	오 5 57 11	71 44 07
	거극도	71 00	68	緯北 18 56 20	71 03 40	71 26 36	
류 柳一	입수도	13 30	없음 15	經午 6 00 44	12 43 53	오 7 36 00	84 07 14
	극도	83 30	80	緯北 6 34 28	83 25 32	83 49 28	
성 星一	입수도	6 30	없음 7	經午 18 44 37	6 3 22	오 20 13 8	98 26 27
	거극도	97 50	91	緯南 7 33 51	97 33 51	98 4 19	
장 張一	입수도	17 25	없음 18	經午 24 47 59	17 3 30	오 26 14 37	104 36 40
	거극도	103 50	97	緯南 13 39 21	103 39 21	104 12 27	
익 翼一	입수도	18 75	없음 18	經巳 11 51 29	18 49 13	사 12 19 59	108 01 56
	거극도	106 50	99	緯南 16 56 18	106 56 18	107 34 33	
진 軫一	입수도	17 30	없음 17	經辰 0 40 42	17 15 29	진 2 12 58	107 15 52
	거극도	105 50	98	緯南 16 07 07	106 07 07	106 47 00	

[주]: * 이때의 1도는 100분이다.

① 문헌비고와 성경의 적도좌표와 입수도가 일치하지 않음!

② 문헌비고의 거극도는 적위이므로 거극도로 고침

이십팔수의 너비나 별들을 입수도 또는 거극도를 숫자로 표시할 때 끝자리에 분수(分數)로 표시하는 경우와 그렇지 않는 경우가 있다. 그 예를 들면 다음과 같다.

少 1/4도, 半 1/2도, 太 3/4도

强 +1/12도, 弱 −1/12도

그러나 이와 같은 표기는 대체로 원대(元代)가 되면 없어지고, 그 대신 소수(小數)를 사용하게 되었지만 완전히 바뀐 것은 아니고, 수 세기 후에도 분수나 글자로 표기된 자료는 많이 남아있다.

제 VII 장

옛 천문도

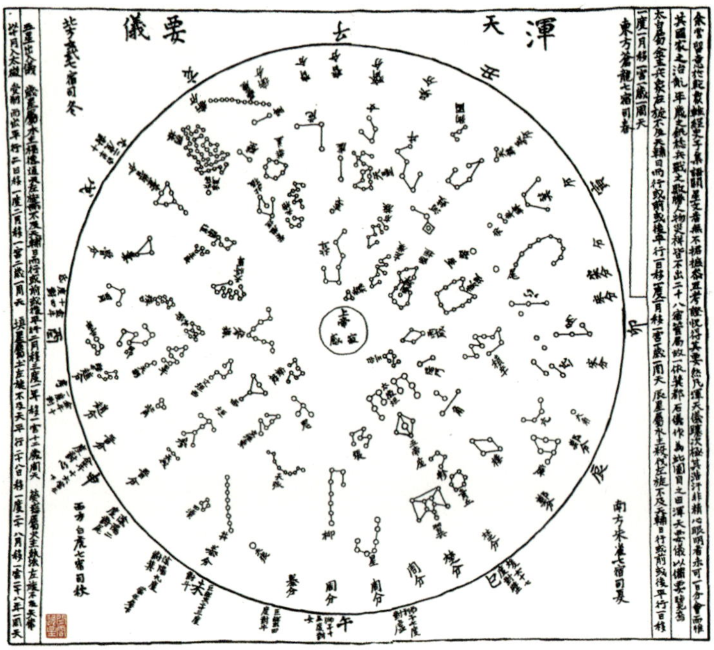

혼천요의

1

시작하는 말

동양의 별자리 이름을 천문도에서 찾을 때는, 전문가라 하더라도 어려움을 겪는다. 서양의 별자리 수는 남극 근처의 것까지 전부 합쳐도 88개에 불과하지만, 전통적인 동양의 경우는 남극 근처를 제외시킨 하규(下規)까지만 해도 모두 300개[1] 가까이나 된다. 그 하나 하나를 기억하기에는 너무나 많은 수인 것이다.

이래서 손쉽게 찾아 볼 수 있는 방법의 하나로서 가나다라 한글 발음 순서를 따라 표를 만들어 보았다(표 VII-1). 이 때 사용한 별자리 이름(星座名)은 천문도와 서책에 따라 약간씩 서로 다르므로, 『천문유초』의 성도에 있는 글자를 택하고, 「천상열차분야지도」 목판본과 탁본을 참조했다. 『천문유초』의 이름은 누구나 쉽게 알아 볼 수 있게 잘 씌어져 있다. 이 『천문유초』는 단원자(丹元子)[2]의 구도(舊圖) 『보천가』[3]를 그대로 빼 닮았다. 글자 모양뿐만 아니라 별들의 배치까지 거의 똑같지만, 아래와 같은 몇 가지 다른 점이 있다는 것을 명심해 둘 필요가 있다.

---

1 이 수자는 천문도 마다 약간씩 다르다. 300개라는 것은 많다는 것을 표시하기 위해 흔히 쓰는 수이다.

2 『步天歌』의 저자는 수(隋)의 단원자(丹元子)라는 가공의 인물로 알려져 있으나, 당(唐)의 왕희명(王希明)이라는 설이 더 유력하다. 하지만 이 책에는 편의상 단원자(丹元子)와 왕희명(王希明)의 이름을 섞어쓰기로 한다. 단, 이 두 인물의 진위에 관하여는 Pan Nai(潘鼐)의 글이 있다(다음 절에 있는 삼가성도(三家星圖)의 설명 중에 있는 반내의 글을 참고하라.)

3 안상현은 한국에서 출판된 『步天歌』를 ①구도(舊圖) 『步天歌』, ②신도(新圖) 『步天歌』, ③『신법보천가(新法步天歌)』의 3종이라고 제안했다. 한국천문학회 논총, 26(4), pp. 147-157, 2011.

북방칠사 여수: 『보천가』에 없는 부광(扶筐)七이라는 별자리가 있다.

서방칠사 삼수: 『보천가』에는 삼10(參十)과 벌3(伐三)으로 분리되어 있으나, 『천문유초』에는 벌3(伐三)이 따로 없다.

남방칠사 정수: 『보천가』의 정(井)은 9번 째 별을 월(鉞)이라고 구별하고 있다.

남방칠사 귀수: 『보천가』에는 천사(天社) 왼쪽에 1개의 별로 된 천기(天紀)가 있는데, 『천문유초』와 「천상열차분야지도」에는 이 별자리가 없다. 천시원(天市垣)의 천기(天紀)九는 3개의 천문도에 다 있는 것으로 보아, 이는 『보천가』의 오기인 듯하다.[4]

표 VII-1. 가나다 순으로 만든 〈삼원이십팔수(三垣二十八宿)〉의 별자리. 『천문유초』를 기준으로 하였는데, 참고로 「천상열차분야지도」의 목판본, 탁본, 『보천가』의 세 천문도의 별자리 이름을 조사하여 셋째 줄에 입력했다. 『천문유초』의 한자(漢字)와 동일한 경우는 "–"로 표시하고, 다른 경우에는 있는 그대로 입력했으나 글자의 모양이 옛 서체(書體)이기 때문에 재현할 수 없을 때는 한글로 쓰거나 "이상문자(異常文字)"라고 표시했다.

天文類抄의 별자리 이름	별의 數	별자리 이름			垣/舍 宿	참 고
		天象列次分野之圖		步天歌		
		(木版本)	(拓本)			
閣道六(각도6)	6	각道六	–	–	西方 奎宿	木版: '각'자가 이상한 모양임
杠九(강9)	9	–	–	杠	紫微垣	
糠一(강1)	1	–	–	–	東方 箕宿	
盖屋(개옥)	2	–	–	盖屋二	北方 危宿	
車騎(거기)	3	–	–	–	東方 氐宿	
車府七(거부7)	7	–	–	–	北方 危宿	
車肆二(거진2)	2	車肆	車肆	–	天市垣	
鍵閉(건폐)	1	異常文字	–	–	東方 房宿	木版: 엉뚱한 異常文字
牽牛六(견우6)	6	牽牛	–	견牛六	北方 牛宿	步: 견 字가 다름
梗河三(경하3)	3	更河	更河	–	更河	
苽(과)	5	–	–	–	北方 女宿	
庫樓(고루)	10	–	–	–	東方 角宿	
斛四(곡4)	4	–	–	–	天市垣	
哭二(곡2)	2	–	–	–	北方 虛宿	
爟四(관4)	4	–	–	–	南方 鬼宿	
貫索九(관색9)	9	貫索	貫索	–	天市垣	
狗二(구2)	2	天狗二	–	–	北方 斗宿	
臼(구)	4	–	–	–	北方 危宿	

4 본 저자가 참고한 『步天歌』는 연세대학교 도서관이 소장하고 있는 두 권의 원본이다.

天文類抄의 별자리 이름	별의 數	별자리 이름			垣/舍 宿	참 고
		天象列次分野之圖		步天歌		
		(木版本)	(拓本)			
鉤九(구9)	9	–	–	–	北方 危宿	
九坎九(구감9)	9	–	–	–	北方 牛宿	
(이름) 없음	2	–	–	–	北方 房宿	渾: 鉤鈐(구검), 步: 설명문
九卿(구경)	3	–	–	–	太微垣	
狗國四(구국4)	4	–	–	–	北方 斗宿	
九斿九(구유9)	9	–	–	–	西方 畢宿	
九州殊口(구주수구)	9	九州○四			西方 畢宿	木版: 州殊는 列○로 보임
句陳六(구진6)	6	句陣六	–	–	紫微垣	
軍南門(군남문)	1	–	–	–	西方 奎宿	木版: 南이 補刻됨
軍門(군문)	2	–	軍門二	軍門二	南方 軫宿	
軍市十三(군시13)	13	–	–	–	南方 井宿	
軍井四(군정4)	4	–	–	–	西方 參宿	
卷舌(권설)	6	–	–	–	西方 昴宿	木版: 연결선 누락
闕丘二(궐구2)	2	闕丘	闕丘	–	南方 井宿	
龜五(귀5)	5	略字	–	–	東方 尾宿	木版: 이상한 略字
鬼五(귀5)	5	–	–	–	南方 鬼宿	
奎十六(규16)	16	–	–	–	西方 奎宿	
箕四(기4)	4	–	–	–	東方 箕宿	
騎官二十七(기관27)	27	–	–	–	東方 氐宿	
器府(기부)	32	–	–	–	南方 軫宿	
騎陣將軍一(기진장군1)	1	騎陣將軍	騎陣將軍	–	東方 氐宿	
羅堰三(나언3)	3	–	羅堰	–	北方 牛宿	
南斗六(남두6)	6	–	–	–	北方 斗宿	
南門二(남문2)	2	南門	–	–	東方 角宿	
南河三(남하3)	3	–	–	–	南方 井宿	
狼星(낭성)	1	狼星一	狼星一	–	南方 井宿	
郎位(낭위)	15	–	–	–	太微垣	
郎將一(낭장1)	1	郎將	郎將	–	太微垣	
內階(내계)	6	內階六	內階六	內階六	紫微垣	
內杵(내저)	3	–	–	–	北方 危宿	
內廚二(내주2)	2	–	–	–	紫微垣	
內平(내평)	4	內平四	內平四	內平四	南方 星宿	
老人(노인)	1	–	–	–	南方 井宿	
農丈人一(농장인1)	1	農丈人	農丈人	–	北方 斗宿	
雷電(뇌전)	6	–	–	雷電六	北方 室宿	
婁三(누3)	3	–	–	–	西方 婁宿	
壘壁陣十二 (누벽진12)	12	–	–	–	北方 室宿	
代二(대2)	2	–	–	–	北方 女宿	
大角(대각)	1	–	大角一	–	東方 亢宿	

天文類抄의 별자리 이름	별의 數	별자리 이름			垣/舍 宿	참 고
		天象列次分野之圖		步天歌		
		(木版本)	(拓本)			
大陵八(대능8)	8	–	–	–	西方 胃宿	
大理二(대리2)	2	–	大理	–	紫微垣	
大尊(대존)	1	天尊	–	太尊	紫微垣	
屠肆二(도사2)	2	–	屠肆	–	天市垣	
頓頑二(돈완2)	2	頓頑	–	–	東方 亢宿	
東甌(동구)	5	東區	東區	–	南方 翼宿	
東壁二(동벽2)	2	–	–	–	北方 壁宿	
東井八(동정8)	9	–	–	–	南方 井宿	
–		9番星黑	–	鉞一(술)		渾: 鉞井一 9번째 별
東咸(동함)	4	–	–	–	東方 房宿	
斗五(두5)	5	–	–	–	天市垣	
螣蛇二十二(등사22)	22	–	–	–	北方 室宿	
明堂三(명당3)	3	明堂	明堂	–	太微垣	
昴七(묘7)	7	–	–	–	西方 昴宿	
文昌(문창)	7	–	–	文昌六	紫微垣	
尾九(미9)	9	–	–	–	東方 尾宿	
房四(방4)	6	–	–	–	東方 房宿	
帛度二(백도2)	2	帛度	–	–	天市垣	
罰(벌)	3	–	–	–	東方 房宿	
(이름) 없음	3	–	–	伐三	西方 參宿	渾: 伐 參十 중 3별
霹靂(벽력)	5	–	–	–	北方 壁宿	
鼈十四(별14)	14	–	–	–	北方 斗宿	
屛(병)	4	–	–	–	太微垣	
屛二(병2)	2	–	–	–	西方 參宿	
輔星(보성)	1	–	–	–	紫微垣	
扶筐七(부광7)	7	–	–	없음	北方 女宿	
附路(부로)	1	–	–	–	西方 奎宿	
傅說一(부열)	1	–	–	–	東方 尾宿	
鈇鉞(부월)	3	–	–	–	北方 室宿	
鈇鑕五(부질5)	5	–	鈇鑕	–	北方 壁宿	
北極五(북극5)	5	–	–	–	紫微垣	
北落師門(북낙사문)	1	–	北落師門一	–	北方 室宿	
北斗七(북두7)	7	–	–		紫微垣	
北河三(북하3)	3	–	–	–	南方 井宿	
墳墓(분묘)	4	–	–	–	北方 危宿	
司空一(사공1)	1	–	–	司空	西方 奎宿	
司怪(사괴)	4	–	–	–	西方 觜宿	怪의 俗字
四瀆四(사독4)	4	–	–	–	南方 井宿	
司祿(사록)	2	–	–	–	北方 虛宿	

天文類抄의 별자리 이름	별의 數	별자리 이름			垣/舍 宿	참 고
		天象列次分野之圖		步天歌		
		(木版本)	(拓本)			
司命(사명)	2	–	–	–	北方 虛宿	
四輔四(사보4)	4	–	–	四輔	紫微垣	
司祿(사록)	2	–	–	–	北方 虛宿	
司命(사명)	2	–	–	–	北方 虛宿	
四輔四(사보4)	4	–	–	四輔	紫微垣	
司非(사비)	2	–	–	–	北方 虛宿	
司危(사위)	2	–	–	–	北方 虛宿	
參十(삼10)	10	–	–	–	西方 參宿	
三公(삼공)	3	–	–	–	紫微垣	
三公三(삼공3)	3	–	–	–	紫微垣	
三公內坐三 (삼공내좌)	3	–	三公內坐	–	太微垣	
參旗九(삼기9)	9	–	–	–	西方 畢宿	
三台六(삼태6)	6	三台	–	–	太微垣	
相一(상1)	1	–	–	–	紫微垣	
尙書五(상서5)	5	–	–	–	紫微垣	
常陳(상진)	7	常陣	–	–	太微垣	
西咸(서함)	4	–	–	–	東方 房宿	
攝提三(섭제3)	3	攝提	攝提	–	東方 亢宿	星鏡: 右攝提
攝提三(섭제3)	3	攝提	攝提	–	東方 亢宿	星鏡: 左攝提
星七(성7)	7	–	–	–	南方 星宿	
勢四(세4)	4	이름 없음	–	–	紫微垣	木版: 별은 있으나 이름이 없음
少微四(소미4)	4	–	–	–	太微垣	
孫二(손2)	2	–	–	–	南方 井宿	
須女四(수녀4)	4	湏女四	湏女四	–	北方 女宿	天,木版: 湏는 삼수변
水府(수부)	4	–	–	–	南方 井宿	
水位四(수위4)	4	–	–	–	南方 井宿	
市樓(시루)	6	–	–	–	天市垣	
神宮(신궁)	1	–	–	–	東方 尾宿	
室二(실2)	2	–	–	室	北方 室宿	
心三(심3)	3	–	–	–	東方 心宿	
謁者一(알자1)	1	謁者	謁者	–	太微垣	
野雞一(야계1)	1	–	–	–	南方 井宿	
陽門二(양문2)	2	陽門	陽門	–	東方 亢宿	
魚(어)	1	魚一	魚一	魚一	東方 尾宿	
女史(여사)	1	–	–	–	紫微垣	
女牀(여상3)	3	–	–	–	天市垣	
礪石(여석)	4	–	–	–	西方 昴宿	
女御宮四(여어궁4)	4	–	–	--	紫微垣	
燕一(연1)	1	–	–	–	北方 女宿	

天文類抄의 별자리 이름	별의 數	별자리 이름			垣/舍 宿	참 고
		天象列次分野之圖		步天歌		
		(木版本)	(拓本)			
輦道六(연도6)	6	–	–	–	北方 牛宿	
列肆(열사)	2	–	–	–	天市垣	
靈臺三(영대3)	3	靈臺	靈臺	–	太微垣	
五車五(오거5)	5	–	–	–	西方 畢宿	
五帝(오제)	5	–	–	–	太微垣	
五帝坐(오제좌)	5	–	–	–	紫微垣	
五諸侯(오제후)	5	–	–	–	太微垣	
五諸侯(오제후)	5	–	–	–	南方 井宿	
玉井四(옥정4)	4	–	–	–	西方 參宿	
王良(왕량)	5	–	–	–	西方 奎宿	
外屛(외병)	7	外屛七	外屛七	外屛七	西方 奎宿	
外杵三(외저3)	3	外杵	外杵	–	東方 箕宿	
外厨六(외주6)	6	–	–	–	南方 鬼宿	
右梗(우경)	5	–	–	–	西方 婁宿	
右旗九(우기9)	9	鼓旗	右旗	–	北方 牛宿	木版: 鼓로 記入됨. 右旗는 단순히 좌기의 대칭인 旗가 아닐지도 모름!
羽林四十五(우림45)	45	–	–	–	北方 室宿	
右轄(우할)	1	–	–	–	南方 軫宿	
雲雨四(운우4)	4	雲雨	雲雨	–	北方 壁宿	
越一(월1)	1	–	–	–	北方 女宿	
月(월)	1	月一	月一	–	西方 昴宿	
魏一(위1)	1	–	–	–	北方 女宿	
危三(위3)	3	–	–	–	北方 危宿	
胃三(위3)	3	–	–	–	北方 危宿	
柳(유)	8	柳八	柳八	柳八	南方 柳宿	
六甲(육갑)	6	–	–	–	紫微垣	天: 글자 위에 점
陰德(음덕)	2	–	–	陰德二	紫微垣	渾: 位(위)二
泣(읍)	2	泣二	泣二	泣二	紫微垣	
離宮六(이궁6)	6	–	–	–	北方 虛宿	
離瑜三(이유3)	3	–	–	–	北方 虛宿	
離珠五(이주5)	5	離珠	–	–	北方 女宿	
翼(익)	22	–	–	–	南方 翼宿	
人星(인성)	5	–	–	–	北方 危宿	
日一(일1)	1	–	–	–	東方 房宿	
立星六(입성6)	6	–	建星	–	北方 斗宿	
觜三(자3)	3	–	–	–	西方 觜宿	
子二(자2)	2	–	–	–	南方 井宿	
紫微七(자미7)	7	–	–	–	紫微垣	

天文類抄의 별자리 이름	별의 數	별자리 이름			垣/舍 宿	참 고
		天象列次分野之圖		步天歌		
		(木版本)	(拓本)			
紫微八(자미8)	8	–	–	–	紫微垣	
張(장)	6	張六	張六	張六	南方 張宿	
長沙(장사)	1	–	–	–	南方 軫宿	
長垣四(장원4)	4	–	–	–	太微垣	
丈人二(장인2)	2	–	–	–	南方 井宿	
氐四(저4)	4	–	–	–	東方 氐宿	
積水(적수)	1	–	–	–	西方 胃宿	
積水(적수)	1	–	–	–	南方 井宿	
積尸(적시)	1	–	–	–	西方 胃宿	
積薪(적신)	1	–	–	–	南方 井宿	
積卒十二(적졸12)	12	–	–	–	東方 心宿	
傳舍(전사)	9	傳舍九	傳舍九	傳舍九	紫微垣	
折威七(절위7)	7	折威	折威	–	東方 亢宿	
漸臺(점대)	4	–	–	–	北方 牛宿	
鄭一(정1)	1	–	–	–	北方 女宿	
齊一(제1)	1	–	–	–	北方 女宿	
帝席三(제석3)	3	帝席	帝席	–	東方 氐宿	
諸王(제왕)	6	–	–	–	西方 畢宿	
帝座一(제좌1)	1	帝座	帝座	–	天市垣	
趙二(조2)	2	–	–	–	北方 女宿	
造父五(조보5)	5	–	–	–	北方 危宿	
從官(종관)	1	–	–	–	太微垣	
從官二(종관2)	2	–	從官	–	東方 房宿	
(이름) 없음	4	宗大夫	宗大夫	없음	天市垣	渾: 宗大夫四
宗星二(종성2)	2	宗星	宗星	–	天市垣	
宗人四(종인4)	4	宗人	宗人	–	天市垣	
宗正二(종정2)	2	宗正	宗正	–	天市垣	
左角(좌각)	2	–	–	–	東方 角宿	
左梗(좌경	5	–	–	–	西方 婁宿	
左旗九(좌기9)	9	–	–	–	北方 牛宿	
坐旗九(좌기9)	9	–	–	–	西方 觜宿	
左轄(좌할)	1	–	–	–	南方 軫宿	
柱(주)	15	–	–	–	東方 角宿	
柱(주)	9	–	–	–	西方 畢宿	
周二(주2)	2	–	–	–	北方 女宿	
酒旗三(주기3)	3	–	–	–	南方 柳宿	
周鼎(주정)	3	–	–	–	東方 角宿	
柱下史(주하사)	1	–	–	柱史	紫微垣	
稷(직)	5	稷五	稷五	稷五	南方 星宿	

天文類抄의 별자리 이름	별의 數	별자리 이름			垣/舍 宿	참 고
		天象列次分野之圖		步天歌		
		(木版本)	(拓本)			
織女三(직녀3)	3	織女	織女	–	北方 牛宿	
秦二(진2)	2	–	–	–	北方 女宿	
晉一(진1)	1	–	–	–	北方 女宿	
軫(진)	4	–	–	–	南方 軫宿	
陣車三(진거3)	3	陣車	–	–	東方 氐宿	
進賢(진현)	1	–	–	–	東方 角宿	
策(책)	1	–	–	–	西方 奎宿	
天一(천1)	1	–	–	–	紫微垣	
天街二(천가2)	2	–	–	–	西方 畢宿	
天江四(천강4)	4	–	–	–	東方 尾宿	
天綱(천강)	1	–	–	–	北方 室宿	
天雞二(천계2)	2	–	天계二	–	北方 斗宿	天: '雞'자가 이상함
天高四(천고4)	4	–	–	–	西方 畢宿	
天關(천관)	1	–	–	–	西方 畢宿	渾: 별은 있으나, 이름이 누락
天廏十(천구10)	10	–	–	–	北方 壁宿	
天狗七(천구7)	7	–	–	–	南方 鬼宿	
天囷十三(천균13)	13	–	–	–	西方 胃宿	
天紀九(천기9)	9	–	–	–	天市垣	
없음		없음	없음	天紀	南方 鬼宿	步: 이는 步의 오기인 듯
天牢(천뇌)	6	天牢六	天牢六	天牢六	紫微垣	
天壘城(천루성)	13	天루城	–	–	北方 虛宿	木版: 이상한 모양의 '루' 字
天廩(천름)	4	–	–	–	西方 胃宿	
天理四(천리4)	4	–	–	–	紫微垣	
天廟(천묘)	14	天廟十四	天廟十四	天廟十四	南方 張宿	
天門(천문)	2	–	–	–	東方 角宿	
天弁九(천변9)	9	–	–	–	北方 斗宿	
天輻二(천복2)	2	天福二	–	–	東方 氐宿	木版: 輻을 福으로 誤記
天棓(천봉)	5	天棓五	天棓五	天棓五	紫微垣	
天桴四(천부4)	4	–	–	–	北方 牛宿	
天社六(천사6)	6	–	–	–	南方 鬼宿	
天床六(천상6)	6	–	–	–	紫微垣	
天相(천상)	3	–	–	–	南方 星宿	
天船九(천선9)	9	天선九	–	–	西方 胃宿	木版: 이상한 모양의 '선' 字
天市十一(천시11)	11	–	–	–	天市垣	
天矢一(천시1)	1	–	–	–	西方 參宿	
天市東垣十一 (천시동원11)	11	–	–	天市東垣	天市垣	
天阿(천아)	1	天阿一	–	–	西方 昴宿	
天錀八(천약8)	8	–	–	–	北方 斗宿	

天文類抄의 별자리 이름	별의 數	별자리 이름			垣/舍 宿	참 고
		天象列次分野之圖		步天歌		
		(木版本)	(拓本)			
天淵十(천연10)	10	–	–	–	北方 斗宿	
天苑十六(천원16)	16	–	–	–	西方 昴宿	
天園十四(천원14)	14	–	–	–	西方 畢宿	
天乳一(천유1)	1	天乳	天乳	–	東方 氐宿	
天庾(천유)	3	天庾三	天庾三	–	西方 婁宿	
天陰五(천음5)	5	–	–	–	西方 昴宿	
天將軍(천장군)	11	–	–	–	西方 婁宿	
天田(천전)	2	–	–	–	東方 角宿	
天田九(천전9)	9	–	–	–	北方 牛宿	
天錢(천전)	10	–	–	–	北方 危宿	
天節八(천절8)	8	–	–	–	西方 畢宿	
天柱(천주)	5	–	–	–	紫微垣	
天廚(천주)	6	–	天廚六	–	紫微垣	
天樽(천준)	3	–	–	–	南方 井宿	
天津九(천진9)	9	–	–	–	北方 女宿	
天讒(천참)	1	天○	–	–	西方 昴宿	木版: 讒을 言변에 魚를 붙인 字로
天槍(천창)	3	天倉	天倉	–	紫微垣	槍: 창창, 무기
天倉六(천창6)	6	–	–	–	西方 婁宿	
天溷七(천혼7)	7	–	–	–	西方 奎宿	
天潢五(천황5)	5	天寅五	–	–	西方 畢宿	木版: 대신 寅으로
天皇大帝(천황대제)	1	–	–	–	紫微垣	
靑丘(청구)	7	靑丘七	靑丘七	–	南方 軫宿	
楚一(초1)	1	–	–	–	北方 女宿	
招搖一(초요1)	1	招搖	招搖	–	東方 氐宿	
芻藁六(추고6)	8	–	–	–	西方 昴宿	
廁四(측4)	4	–	–	–	西方 參宿	
七公七(칠공)	7	七公	–	–	天市垣	
太一(태1)	1	–	–	–	紫微垣	
太微(태미)	10	–	大微	–	太微垣	
太陽守(태양수)	1	大陽守	大陽守		紫微垣	新步: 太陽守
太子(태자)	1	–	–	–	太微垣	
(이름) 없음	2	土公二	土公二	없음	北方 壁宿	
土公吏(토공리)	2	–	–	–	北方 室宿	
土司空(토사공)	4	土司空四	土司空四	土司空四	南方 軫宿	
八穀八(팔곡8)	8	–	–	–	紫微垣	
敗苽(패과)	5	–	–	–	北方 女宿	
八魁九(팔괴9)	9	–	–	–	北方 室宿	
敗臼(패구)	4	–	–	–	北方 虛宿	

天文類抄의 별자리 이름	별의 數	별자리 이름			垣/舍 宿	참 고
		天象列次分野之圖		步天歌		
		(木版本)	(拓本)			
平(평)	2	–	–	–	東方 角宿	
平道(평도)	2	–	–	–	東方 角宿	
畢八(필8)	9	–	–	–	西方 畢宿	
河鼓三(하고3)	3	–	–	–	北方 牛宿	
韓一(한1)	1	–	–	–	北方 女宿	
咸池三(함지3)	3	–	–	–	西方 畢宿	
亢四(항4)	4	–	–	–	東方 亢宿	
亢池六(항지6)	6	–	–	–	東方 氐宿	
奚仲(해중)	4	–	–	–	北方 女宿	
幸臣(행신)	1	–	–	–	太微垣	
虛二(허2)	2	–	–	–	北方 虛宿	
虛梁(허양)	4	–	–	–	北方 危宿	
軒轅(헌원)	17	軒轅十七	軒轅十七	軒轅十七	南方 星宿	
玄戈一(현과1)	1	–	–	–	紫微垣	
衡(형)	4	–	–	–	東方 角宿	(규장각본에는 별 3개 뿐)
弧九(호9)	9	–	–	–	南方 井宿	
虎賁(호분)	1	–	–	–	太微垣	渾: 별과 이름이 전부 누락
華盖(화개)	7	–	–	–	紫微垣	
宦者四(환자4)	4	官者	官者	환者四	天市垣	
候一(후1)	1	–	–	–	天市垣	

「천상열차분야지도」 목판본과 탁본에는 다음과 같은 글자가 더 있다.

端門, 河間, 黃道, 黃道交處

2

종이에 그린 천문도

옛 사람들은 양피와 같은 동물의 가죽이나 큰 동물의 뼈에 별들을 그리는 일이 있었지만, 이런 것들은 모두 하늘의 특정한 부분의 별들만을 골라서 그린 것이다. 그나마도 그런 유물은 대단히 드물다. 넓은 하늘이나 하늘 전체의 별을 그리는 일은 종이가 아니면 불가능했다. 하지만, 이런 종이에 그린 별들도 시대가 다르거나 문화가 다르면, 그 형태나 양식도 따라서 달라진다. 이제 중국과 한국 그리고 일본에서 제작된 종이에 그린 천문도를 차례로 살펴보기로 하자. 그러나 이 장에는 서양의 영향을 받아 만든 성도가 제작되기 전까지의 중국식 전통 천문도만 조사하기로 한 것이다.

2-1. 중국의 천문도

중국에는 고대로부터 많은 천문도가 제작되어 지금까지 전해져 오고 있다. 그 종류와 수는 다 조사하기 어려울 정도로 많다. 그런데, 천문도를 그리려면 먼저 별들의 위치를 정확하게 실측하여야 하고, 그 다음 그 값을 가지고 성표(星表)를 만드는 것이 순서이다. 따라서 성표를 조사하는 일은 중요하지만, 그런 성표를 찾아내기는 쉽지 않다.[5] 따라서 여기에는 종이에 그린 비교적 대표성이 있다고 보이는 천문도만을 골라서 다음 표 VII-2에

5 당나라 때의 일행(一行)이 개원12(724)년을 전후하여 측정한 28수의 좌표를 기록한 송나라의 황우연간(皇祐年間, 1049~1053)의 주종성표(周琮星表)와 곽수경(郭守敬)의 『新測 二十八舍杌座諸星入宿距極(1280)』 1권이 있다.

수록한 다음, 중국 천문도의 근원이 되는 삼가성도(三家星圖)를 먼저 소개하려고 한다.

표 VII-2. 대표적인 중국의 옛 천문도

번호	천문도 이름	제작 연대	제작자	분류	자료 출처
1	步天歌	당	王希明?	3원28수도	
2	敦煌星圖 甲本 乙本	당	미상	3원28수도	陳美東,
3	新儀象法要 渾象紫微垣星之圖 渾象南北極圖 中外官星圖	송, 원부 1 (1098)	蘇頌	개천도	『四庫全書』
4	隆福寺万善正覺殿藻天文圖	명, 경태 4(1453)	미상	개천도	伊世同提供
5	觀象玩占 星圖	명초	劉基	개천도	『觀象玩占』
6	昊天成象之圖	명, 가정 (1532–1537)	吴梯	개천도	『吴疏山公遺集』
7	昊天成象圖	명, 가정(1522–1566)	稅安禮	개천도	『歷代地理指掌圖』
8	昊天垂象圖	명, 만력13(1585)	章潢	개천도	『四庫全書』
9	天文節候躔次全圖	명, 만력 5(1577)	壘嶂山房	개천도	陳美東, 『中國古星圖』
10	天文總圖	명, 가정(1522–1566)	蔡汝南	개천도	『天文略』
11	天文總圖	명, 만력35(1607)	王圻·王思義	개천도	『三才圖會』
12	天文圖	명, 태창 1(1620)	顧錫疇	개천도	『四庫全書』
13	天官圖	청, 강희 3(1664)	張汝壁	개천도	『四庫全書』
14	涵江天后宮星圖	명, 숭정말경(1640년경)	미상	개천도	伊世同提供
15	渾天壹統星象全圖	청, 도광 2(1822)	錢泳	8폭병풍	宮島一彦, 『同志社大學 理工學研究報告』

삼가성도(三家星圖): 『개원점경(開元占經)』이라는 책이 있다. 이 책은 당나라 때의 개원연간(開元年間, 713~741)에 인도에서 온 구담실달(瞿曇悉達)이 715년경에 저술한 천문서로서 전120권으로 되어 있다. 별자리에 관한 것은 이 중 권60~70에 해당하는 10권에 있는데, 소위 석신(石申), 감덕(甘德), 무함(巫咸)의 성점(星占)이라 불리는 것이 그것이다. 석신은 위(魏, 220~265)나라의 천문가 석씨(石氏)이고, 감덕은 제(齊, 479, BC 390~300~502)나라의 천문가 감씨(甘氏)이다. 이 두 사람은 전국시대를 대표하는 저

그림 VII-1. 구담실달(瞿曇悉達)의 『개원점경(開元占經)』의 일부

명한 천문학자들이지만, 세 번째인 무함은 은(殷)나라 시대의 전설적인 천문가라고만 알려지고 있다.[6] 『개원점경』에 있는 내용은 비롯 이 책이 개원년간에 저술된 것이라고는 하나, 전한(前漢, 기원전206~후24) 이후 특히 후한(後漢, 25~219) 때에 만든 위서(緯書)[7] 의 내용을 점치는 데 필요한 형식으로 모아서 분류한 책이다.

구담실달이 소개한 석신, 감덕, 무함의 성점은 본래 별을 이용하여 점을 치는데 사용한 것이어서, 그 내용을 보면 먼저 별자리 이름이 있고 그 별자리의 위치를 설명하고 있어서 성표의 역할도 하고 있다(그림 VII-1을 참조). 그리고 그 뒤에 이어서 그 별자리와 관련이 있는 고사를 소개하고 있다. 세 사람의 별자리와 별의 총수는 253좌에 1,182성에 이른다.

진탁이 세 사람의 성도를 종합하여 만든 도록(圖錄)에는 총283관의 별자리에 1565성이 수록되어 있었다. 이때 진탁은 오(吳)나라 태사령(太史令)으로 있을 때인 기원270년경이었다고 전한다. 그리고 그가 이 별들을 가지고 종이에 별자리 그림인 천문도를 만들었는데, 이것이 소위 「삼가성도(三家星圖)」라고 불리는 것이지만 불행하게도 전해오지 않고 있다. 전하는 바에 의하면, 진탁이 이 「삼가성도」를 그릴 때 세 가지 색깔로 구별하였다고

6 연세대학교 의료원인 세브란스병원 안과병동의 외래 환자들이 있는 벽에 고종황제가 내린 족자가 걸려 있다. 宜丕信大人閣下 投良劑堯舜時巫咸. 만약 이 글에 있는 무함이 요순시대의 인물을 지칭한 것이라면, 그는 의원으로도 알려진 경우가 된다.

7 시, 역, 서, 예, 악, 춘추, 효경 등 칠위(七緯)를 경서(經書)에 입각하여 화복(禍福), 길흉(吉凶), 부서(符書) 등의 예언을 적은 책.

한다.[8] 즉 석신의 별은 붉은색, 감덕의 별은 검은색, 무함의 별은 노란색이었다. 이것이 후대에 전해 오면서 이 세 사람이 만든 별자리를 구별하여 표시하기 위해서 별에 채색하는 전통이 생겼다. 그러나 실제로 지금까지 알려진 채색된 천문도를 보면, 서로 일치하는 경우는 거의 없이 제각각이다. 따라서 채색된 천문도로 세 사람의 별과 별자리가 무엇인가를 후대의 천문도로는 분별한다는 것은 무의미하다. 후대의 사람들이 이 세 사람의 별자리에 대해서 혼동하고 제각기 그렸기 때문이다.

한편『개원점경』에 보이는 별자리 체계를 조사한 연구는 대단히 많다.[9] 이에 대하여 견해를 피력한 오오자끼(大崎)의 글을 여기에 요약해 보자.[10]

1. 삼씨성점(三氏星占)에 보이는 별자리를 비교해 보면, 서로 중복된 별자리는 없다.
2. 석씨(石氏)의 별자리의 별들과 비교하면, 감씨(甘氏)와 무함(巫咸)의 별자리는 희미한 별로만 구성되어 있다.
3. 석씨의 별자리의 별들은 높은 위치에 있는 반면, 감씨와 무함의 별자리의 별들은 모두 남쪽 낮은 곳에 있다.
4.『개원점경』이 편찬될 때, 의도적으로 석씨의 별자리의 별들을 먼저 정하고, 그 틈 사이에 감씨의 별을 넣고, 마지막에 무함의 별들을 포함시켰을 것이다.
5. 그렇다면,『사기(史記)』천관서(天官書)와『한서(漢書)』천문지(天文志)에 있는 별자리의 대부분을 차지하는 석씨의 별자리가 가장 오래된 것이고, 감씨의 것이 그 뒤를 잇고, 무함의 것이 가장 늦게 만들어진 것이다.
6. 삼씨(三氏)의 별자리의 성립은 빨라야 전한후기(기원전 1세기), 늦으면 후한 전기(기원 1세기) 정도일 것이다.

---

8 세 사람의 별에 색깔을 입힌 사람은 전낙지(錢樂之)가 처음이라는 설도 있다. 이 사람은 진탁(陳卓) 보다 1세기 뒤에 혼상을 만들면서 3색을 사용하였다고 한다.

9 『개원점경』을 처음 연구한 현대 학자는 新城新藏이다(『東洋天文學史硏究』, pp. 25-27, 1928). 그러나 그의 연구의 일부는 뒤를 이은 上田穰, 錢宝琮, 席澤宗, 藪內清 등에 의해 정리하는 과정을 잘 소개하고 있다(大崎正次,『中國の星座の歷史』(雄山閣: 東京), pp. 37-41, 1987

10 大崎正次,『中國の星座の歷史』(雄山閣: 東京), pp. 58-60, 1987.

필자는 위와 같은 오오자끼의 견해를 확인하는 동시에 세 사람의 별들을 찾아보기 위해서 『개원점경』의 별자리를 『사고전서(제66권부터 제70권까지)』에서 찾아서 별들을 하나하나 가려내 보기로 하였다. 그 결과는 다음 표 VII-2와 같다.

표 VII-3. 『개원점경』에 있는 석신(石), 감덕(甘), 무함(巫)의 별자리

별자리 이름	별의 수	원(垣) 수(宿)	별자리 이름	별의 수	원(垣) 수(宿)	별자리 이름	별의 수	원(垣) 수(宿)
[石申中官]	붉은색		[甘德中官]	검은색		[巫咸中外官]	노란색	
대각(大角)	1	항(亢)	천황대제(天皇大帝)	1	자미원	태존(太尊)	1	자미원
섭제(攝提)	6	항(亢)	사보(四輔)	4	자미원	삼공(三公)	3	자미원
경하(梗河)	3	저(氐)	화개(華盖)	7	자미원	대리(大理)	2	자미원
초요(招搖)	1	저(氐)	오제내좌(五帝内坐)	5	자미원	여어(女御)	4	자미원
현과(玄戈)	1	자미원	육갑(六甲)	6	자미원	천상(天相)	3	성(星)
	(12)			(23)			(13)	
천창(天槍)	3	자미원	천주(天柱)	5	자미원	장원(長垣)	4	태미원
천방(天棓)	5	자미원	주하사(柱下史)	1	자미원	호분(虎賁)	1	태미원
여상(女牀)	3	천시원	여사(女史)	1	자미원	군문(軍門)	2	진(軫)
칠공(七公)	7	천시원	상서(尙書)	5	자미원	토사공(土司空)	4	진(軫)
관삭(貫索)	9	천시원	음덕(陰德)	2	자미원	양문(陽門)	2	항(亢)
	(27)			(14)			(13)	
천기(天紀)	9	천시원	천상(天床)	6	자미원	돈완(頓頑)	2	항(亢)
직녀(織女)	3	우(牛)	천리(天理)	4	자미원	종관(從官)	2	방(房)
천시동원(天市東垣)	11	천시원	내주(内廚)	2	자미원	천복(天輻)	2	저(氐)
천시서원(天市西垣)	11	천시원	내계(内階)	6	자미원	건폐(鍵閉)	1	방(房)
제좌(帝座)	1	천시원	천주(天廚)	6	자미원	벌(罰)	3	방(房)
	(35)			(24)			(10)	
후(侯)	1	천시원	책(策)	1	자미원	열사(列肆)	2	천시원
환자(宦者)	4	천시원	부사(傅舍)	9	자미원	차사(車肆)	2	천시원
두(斗)	5	천시원	조보(造父)	5	위(危)	백도(帛度)	2	천시원
종정(宗正)	2	천시원	거부(車府)	7	위(危)	도사(屠肆)	2	천시원
종인(宗人)	4	천시원	인성(人星)	5	위(危)	해중(奚仲)	4	여(女)
	(16)			(27)			(12)	
종성(宗星)	2	천시원	내저(内杵)	3	위(危)	구(鉤)	9	위(危)
동함(東咸)	4	방(房)	구(臼)	4	위(危)	천부(天桴)	4	우(牛)
서함(西咸)	4	방(房)	부광(扶筐)	7	여(女)	천약(天鑰)	8	두(斗)
천강(天江)	4	미(尾)	사명(司命)	2	허(虛)	천연(天淵)	10	두(斗)
건성(建星)	6	두(斗)	사록(司祿)	2	허(虛)	제(齊)	1	여(女)
	(20)			(18)			(32)	
천변(天弁)	9	두(斗)	사위(司危)	2	허(虛)	조(趙)	2	여(女)
하고(河鼓)	3	우(牛)	사비(司非)	2	허(虛)	정(鄭)	1	여(女)
아주(離珠)	5	여(女)	패고(敗苽)	5	여(女)	월(越)	1	여(女)
패과(敗瓜)	5	여(女)	하고(河鼓)	3	우(牛)	주(周)	2	여(女)
천진(天津)	9	여(女)	천계(天雞)	2	두(斗)	진(秦)	2	여(女)
	(31)			(14)			(8)	
등사(螣蛇)	22	실(室)	나언(羅堰)	3	우(牛)	대(代)	2	여(女)
왕량(王良)	5	규(奎)	시루(市樓)	6	천시원	진(晉)	1	여(女)
각도(閣道)	6	규(奎)	곡(斛)	4	천시원	한(韓)	1	여(女)
부로(附路)	1	규(奎)	일(日)	1	방(房)	위(魏)	1	여(女)

별자리 이름	별의 수	원(垣) 수(宿)
천장군(天將軍)	11	루(婁)
	(45)	
대릉(大陵)	8	위(胃)
천선(天船)	9	위(胃)
권설(卷舌)	6	묘(昴)
오거(五車)	5	필(畢)
천관(天關)	1	필(畢)
	(29)	
남하(南河)	3	정(井)
북하(北河)	3	정(井)
오제후(五諸侯)	5	정(井)
적수(積水)	1	정(井)
적신(積薪)	1	정(井)
	(13)	
수위(水位)	4	정(井)
헌원(軒轅)	17	성(星)
소미(少微)	4	태미원
태미(太微)	10	태미원
삼태(三台)	6	태미원
	(41)	
상(相)	1	자미원
태양수(太陽守)	1	자미원
천뢰(天牢)	6	자미원
문창(文昌)	6	자미원
북두(北斗)	7	자미원
	(21)	
자미서번(紫薇西蕃)	7	자미원
자미동번(紫薇東蕃)	8	자미원
북극(北極)	5	자미원
구진(鉤陳)	6	자미원
천일(天一)	1	자미원
	(27)	
태일(太一)	1	자미원
[石申外官]		
고루(庫樓)	10	각(角)
남문(南門)	2	각(角)
평(平)	2	각(角)
	(15)	
기관(騎官)	27	저(氐)
적졸(積卒)	12	심(心)
귀(龜)	5	미(尾)
부열(傅說)	1	미(尾)
어(魚)	1	미(尾)
	(46)	
외저(外杵)	3	기(箕)
별(鼈)	14	두(斗)
구감(九坎)	9	우(牛)
패구(敗臼)	4	허(虛)
우림(羽林)	45	실(室)
	(75)	
	(15)	
항지(亢池)	6	저(氐)
점대(漸臺)	4	우(牛)
연도(輦道)	5	우(牛)
삼공(三公)	3	자미원
주정(周鼎)	3	각(角)
	(21)	
제석(帝席)	3	저(氐)
천전(天田)	2	각(角)
천문(天門)	2	각(角)
평도(平道)	2	각(角)
진현(進賢)	1	각(角)
	(10)	
알자(謁者)	1	태미원
삼공내좌(三公內坐)	3	태미원
구경내좌(九卿內坐)	3	태미원
내오제후(內五諸侯)	5	태미원
태자(太子)	1	태미원
	(13)	
종관(從官)	1	방(房)
행신(幸臣)	1	태미원
명당(明堂)	3	태미원
영대(靈臺)	3	태미원
세(勢)	4	자미원
	(12)	
내평(內平)	4	성(星)
관(爟)	4	귀(鬼)
주기(酒旗)	3	유(柳)
천준(天樽)	3	정(井)
제왕(諸王)	6	필(畢)
	(20)	
사괴(司怪)	4	자(觜)
좌기(左旗)	9	자(觜)
천고(天高)	4	필(畢)
여석(礪石)	4	필(畢)
팔곡(八穀)	8	자미원
	(29)	
천참(天讒)	1	묘(昴)
적수(積水)	1	위(胃)
적시(積尸)	1	위(胃)
좌경(左更)	5	누(婁)
우경(右更)	5	누(婁)
	(13)	
군남문(軍南門)	1	규(奎)
천황(天潢)	5	필(畢)
함지(咸池)	3	필(畢)
월(月)	1	묘(昴)
천가(天街)	2	필(畢)
	(12)	
천아(天阿)	1	묘(昴)
초(楚)	1	여(女)
	(6)	
연(燕)	1	여(女)
이유(離瑜)	3	허(虛)
천루성(天壘城)	13	허(虛)
허량(虛梁)	4	위(危)
천전(天錢)	10	위(危)
	(31)	
천강(天綱)	1	실(室)
부질(鈇鑕)	3	벽(壁)
천구(天廄)	10	벽(壁)
천음(天陰)	5	묘(昴)
	(19)	

별자리 이름	별의 수	원(垣) 수(宿)
북락사문(北落師門)	1	실(室)
토사공(土司空)	1	진(軫)
천창(天倉)	6	누(婁)
천균(天囷)	13	위(胃)
천름(天廩)	4	위(胃)
	(25)	
천원(天苑)	16	묘(昴)
삼기(參旗)	9	필(畢)
옥정(玉井)	4	삼(參)
병(屛)	1	삼(參)
측(厠)	4	삼(參)
	(34)	
천시(天矢)	1	삼(參)
군시(軍市)	13	정(井)
야계(野雞)	1	정(井)
낭성(狼星)	1	정(井)
호(弧)	9	정(井)
	(25)	
노인(老人)	1	정(井)
직(稷)	5	성(星)
	(6)	
[甘德外官]		
청구(靑丘)	7	진(軫)
절위(折威)	7	항(亢)
진거(陣車)	3	저(氐)
	(18)	
기진장군(騎陣將軍)	1	저(氐)
거기(車騎)	3	저(氐)
강(糠)	1	기(箕)
농장인(農丈人)	1	두(斗)
구(狗)	2	두(斗)
	(8)	
구국(狗國)	4	두(斗)
천전(天田)	9	우(牛)
곡(哭)	2	허(虛)
읍(泣)	2	허(虛)
개옥(盖屋)	2	위(危)
	(19)	
팔괴(八魁)	8	실(室)
뇌전(雷電)	6	실(室)
운우(雲雨)	4	벽(壁)
벽력(霹靂)	5	벽(壁)
토공(土公)	2	벽(壁)
	(25)	
토공리(土公吏)	2	실(室)
부질(鈇鑕)	5	벽(壁)
천혼(天溷)	7	규(奎)
외병(外屛)	7	규(奎)
천유(天庾)	3	루(婁)
	(24)	
추고(蒭藁)	6	묘(昴)
천원(天園)	13	필(畢)
구주수구(九州殊口)	9	필(畢)
천절(天節)	8	필(畢)
구유(九斿)	9	필(畢)
	(45)	
군정(軍井)	4	삼(參)
수부(水府)	4	정(井)
사독(四瀆)	4	정(井)
궐구(闕丘)	2	정(井)
천구(天狗)	7	귀(鬼)
	(21)	
장인(丈人)	2	정(井)
자(子)	2	정(井)
손(孫)	2	정(井)
천사(天社)	6	귀(鬼)
천기(天紀)	1	귀(鬼)
	(13)	

별자리 이름	별의 수	원(垣) 수(宿)	별자리 이름	별의 수	원(垣) 수(宿)	별자리 이름	별의 수	원(垣) 수(宿)
			외주(外廚)	6	귀(鬼)			
			천묘(天廟)	14	장(張)			
			동구(東甌)	5	익(翼)			
			기부(器府)	32	진(軫)			
				(57)				
	91좌	543성	118좌	495성			44좌	144성
총계 253좌 1,182성								

위의 표를 보면, 석신은 91좌에 이르는 별자리에 모두 543개의 별을, 감덕은 118좌에 495성, 무함은 44좌에 144개의 별을 각각 제시하고 있는 셈이 된다. 이 표에 수록된 별자리를 보면, 오오자끼의 견해 중 일부에는 의문이 생긴다. 먼저 그가 주장한 1., 5., 6.에 대해서는 동의한다. 그리고 2.에 대해서는 무함의 경우는 동의하지만, 감덕의 별들 중에도 밝은 별이 꽤 있어서 부분적으로 동의한다. 그러나 3.에 대해서는 동의할 수 없다. 석신의 별과 감덕의 별이 자미원에 있는 비율이 각각 15%와 14%로 별 차이가 없다. 말하자면, 하늘의 높은 위치를 석신의 별만이 차지하고 있지 않다는 뜻이다. 이런 견해의 차이로 인해서 오오자끼의 견해인 4.에 대해서도 필자는 회의적이다.

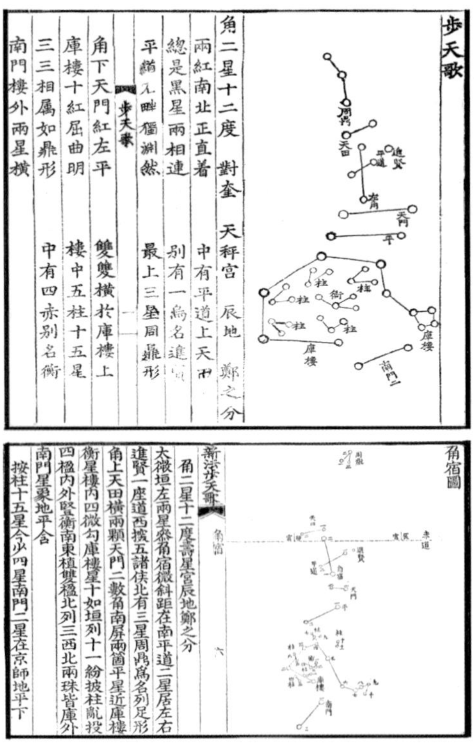

그림 VII-2. 「각수도(角宿圖)」. 위는 구도(舊圖) 『보천가』이고, 아래는 『신법보천가』이다. 이 두 『보천가』의 별자리 배치는 마치 전혀 다른 하늘을 보듯 현저하게 다르다.

(1) 『보천가(步天歌)』

『보천가』는 서문이나 설명문을 모두 생략한 채 3원28수의 그림과 일곱 글자로 된 시(詩)의 형식으로 별자리를 설명한 책이다.

송나라 말부터 『보천가』는 여러 가지 다른 판본으로 전해져 왔기 때문에 원래의 판본의 모습을 찾아보기 어렵다.[11,12] 이로 인해서 본래의 별자리 원형을 찾아보기 어려워졌을 뿐만 아니라, 『보천가』의 저자에 관해서도 단원자(丹元子)와 왕희명(王希明) 사이에 의견이 분분하다. 이에 관하여 최근에 Pan Nai(潘鼐)가 역사적 자료를 고증한 바가 있다. 그의 주장의 일부를 간략하게 요약하면 다음과 같다.[13]

> 송나라 이후, 『보천가』는 성상(星象)을 기술하는 데 표준 역할을 했다. 『보천가』를 저술한 사람에 관해서는 아래와 같이 주장이 다르기는 하나, 당나라 개원 때의 왕희명이라고 단정 지을 수 있다.
>
> ① 『신당서·예문지』 천문에 "왕희명과 단원자가 공동 저술"이라 했다. (新唐書, 藝文志三, 天文類)
>
> ② 남송 때의 정초(鄭樵)는 『통지·예문략』 천상에 "단원자의 보천가 1권"이라 하고, 첨가하여 왕희명이 저술했다는 기록도 있다고 주석했다.
>
> ③ 『통지 천문략』 천문서에도 "수나라 때 단원자라는 사람이 있었는데, 자신을 숨기며 다녔으며, 이름도 알 수 없었다. 그리고 『보천가』를 지었다."
>
> ④ 『옥해(玉海)』에 소개되기를, 『중흥서목(中興書目)』에 "작가 미상이거나 왕희명이 저술하였는데, 스스로 호를 단원자라 하였다."라고 기록하고 있다.
>
> ⑤ 송나라의 진진손(陳振孫)의 『직륜서록해제(直崙書錄解題)』에 "『보천가』의 저자는 알지 못한다. 혹 말하기를 당의 왕희명이라고 하고, 자기의 호가 단원자이다."라고 적혀 있다.

(2) 「돈황성도(敦煌星圖)」

당나라 때의 성도가 중국 감숙성 돈황의 막고(莫高)동굴 안에서 2개의 두루마리로 발

---

11 예를 들면, ①『通志』 天文略, ②『十通』중 文獻通考, ③『玉海』, ④文津閣本『灵台秘苑』, ⑤북경도서관의 明刊本『步天歌』, ⑥浙江圖書館의 彭氏知經道龠抄本『天文鬼料ㅁ』, ⑦上海自然博物館의 明刊本『步天歌』, ⑧梅文鼎의『中西經星同辨考』등 10여 종의 서로 다른 판본이 있다.

12 Shi Yunli(石云里)의 개인 서신(1998). 또한 Yi Shitong(伊世同)은 나일성에게 "『步天歌』에 관한 국제회의"를 개최할 것을 제안한 바 있었으나, 뜻을 이루지 못하고 2010년에 타계하였다.

13 潘鼐, 『中國恒星觀測史』, (學林出版社: 上海), pp. 123-4, 1989.

견되었다. 그 중 하나는 현재 영국의 왕실도서관에 MS-3326으로 등재되어 보존되어 있는데, 이것을 「돈황성도 갑본」이라고 한다. 그리고 다른 하나는 감숙성 돈황현문화관에 사경류(寫經類)58호로 보존되어 있다. 이것을 「돈황성도 을본」이라고 한다.

「돈황성도 갑본」은 하늘을 전부 13개로 나눠서 별들을 표시하고 그 옆에 간단한 설명을 붙인 채색(彩色) 성도이다. 다음 그림 VII-3에 보인 것처럼, 처음 3개는 겨울, 다음 3개는 봄, 세 번째는 여름, 네 번째는 가을에 해당하는 별자리들이다. 그리고 마지막은 자미원의 별자리들이다. 『보천가』의 별들과는 배치가 아주 다른 것이 많다.

「갑본」에 있는 별자리 수는 모두 243좌(座)이고, 별의 수는 1,187성(星)[14]이라고도 하고, 1,350성이라고도 알려져 있으나, Xi Zejong(席澤宗)의 조사에 의하면 모두 1,430성으로 진탁(陳卓)의 1,464성 보다

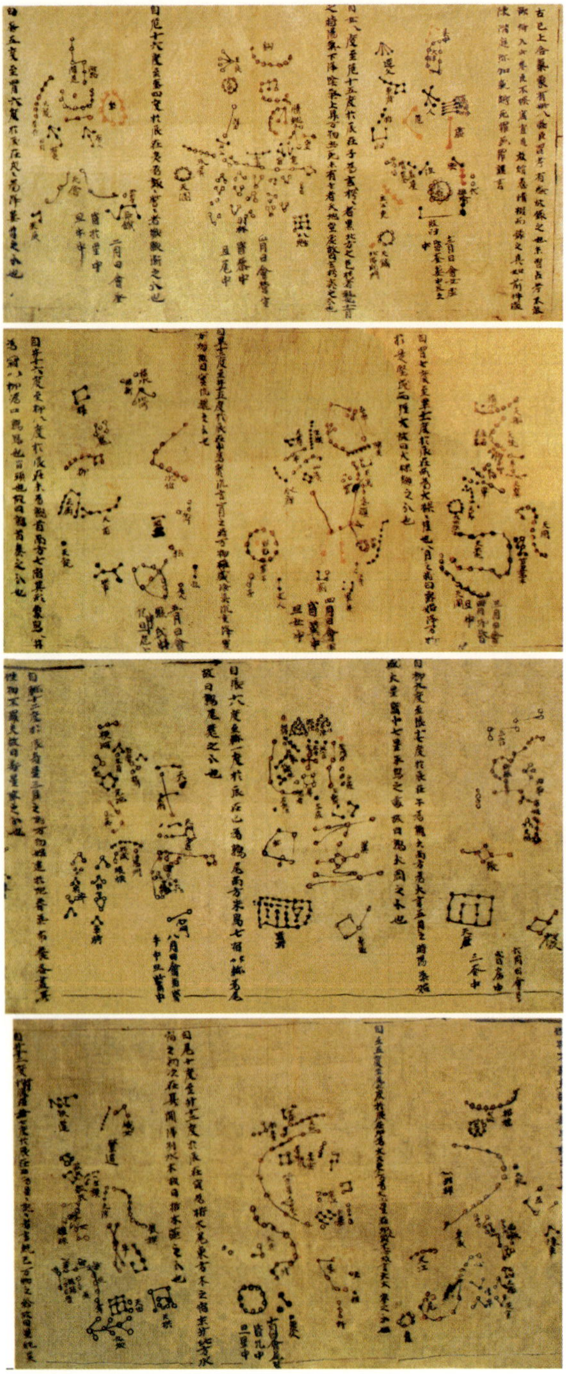

그림 VII-3/1.「돈황성도 갑본」

14 潘鼐, 『中國恒星觀測史』, (學林出版社: 上海), pp. 153-4, 1989.

는 34성이 적다.[15] 석씨와 무함씨의 별들은 황등색, 감씨의 별은 검은색으로 채색되어 있고 성도의 제작 연대는 940년으로 추정되고 있다. 이 갑본의 오른쪽 첫 머리에는 다음과 같은 글이 있다.

> 예전에 이미 기상의 물리적 변화현상이 공중에서 서로 합쳐진 것이 48 가지가 있는데, 신이 일찍이 조사한 경험이 있습니다, 때문에 그 조사내용을 기록한 것입니다. 일찍이 조사해보지 아니하고는 감히 곧 바로 이 책에 갖추어 기입할 수 없습니다. 신이 용렬함을 헤아리지 못하고 감히 어리석은 생각을 덧붙여서 모아서 기록 하기를, 모두 종전의 문건처럼 하였습니다. 외람되이 섬돌 앞 뜨락에서 말씀을 드려서 더욱 더 두려움에 떨고 있습니다. 죽을죄를 지었습니다, 죽을죄를 지었습니다. 삼가 말씀드립니다.
>
> (古已上合氣象 有卌八條, 臣 曾考有驗, 故錄之也. 未曾占考, 不敢輒備入此卷, 臣 不揆庸宜甩, 敢褙愚情, 掇而錄之, 具如前件, 濫陳階庭, 彌加戰越, 死罪死罪謹言.)
>
> [曾考] : 원문을 曾자와 考자의 이체자로 봄
>
> [宜甩] : 원문을 판독하기 어려워서 단순한 겸사로 번역함

이 글을 시작으로 그 왼쪽에 12월부터 차례로 별자리 그림이 위에 그려져 있고, 그 아래에 해당하는 곳에 태양의 위치를 적고 있다. 그리고 그 왼쪽에 한 줄 또는 두 줄로 28수, 12진(辰), 12차, 12분야와 연관지어 설명하고 있다. 월별로 된 12개의 성명문을 12월부터 차례로 다음과 같이 상자 안에 넣어서 소개하려고 한다. 각 상자 안의 위는 번역이고, 파선(----) 아래는 그 원문이다. 단, 이 원문의 판독과 번역은 김규탁[16]의 것이다.

---

15 席澤宗. "敦煌星圖", 『中國古代天文文物論集』, (文物出版社: 北京), pp. 181-194, 1989.

16 원문의 판독과 번역은 김규탁(金奎卓)선생의 것이다. 그는 경북 예천군에 거주하는 한학자이다.

12월에 태양은 여수(女宿)·허수(虛宿)와 만나고,
저녁에는 규수(奎宿)·루수(屢宿)에 있고,
아침에는 저수(氐宿)에 있다.

(28수에서는) 여수(女宿) 8도부터 위수(危宿) 15도에 이르며, (12진에서는) 자지(子地)에 있으며, (12차에서는) 현효(玄枵)가 된다. 현효는 검은 색이니 북방의 색이다. 효(枵)자는 텅 빈 모양이다. 11월의 시기는 양기가 아래로 내려가고 음기가 위로 올라가 만물이 죽은 듯이 고요하여, 살아있는 것이 없어서 천지가 공허해진다. 때문에 현효라고 한다. (12분야에서는) 제(齊)나라의 분야에 속한다.

十二月, 日會女虛
昏奎屢中
旦氐中

自女八度, 至危十五度, 於辰在子. 爲玄枵, 玄枵者黑, 北方之色, 枵者, 秏也, 十一月之時, 陽氣下降, 陰氣上昇, 萬物幽死, 未有生者, 天地空虛, 故曰玄枵, 齊之分也.

정월에는 태양이 실수(室宿)의 영성(營星)과 만나고,
밤에는 삼수(參宿)와 만나고,
아침에는 미수(尾宿)와 만난다.

(28수에서는) 위수(危宿) 16도부터 규수(奎宿) 4도에 이르며, (12진에서는) 해지(亥地)에 있으며, (12星次에서는) 추자(諏訾)가 된다. 추자는 탄식하는 모양이다. (12분야에서는) 위(衛)나라의 분야에 속한다.

正月, 日會營室
昏參中
旦尾中

自危十六度, 至奎四度, 於辰在亥, 爲諏訾, 諏訾者, 歎貌. 衛之分也.

2월에는 태양이 규수(奎宿)와 만나고,
밤에는 성수(星宿)와 만나며,
아침에는 우수(牛宿)와 만난다.

(28수에서는) 규수(奎宿) 5도부터 위수(胃宿) 6도에 이르며, (12진에서는) 술지(戌地)에 있으며, (12星次에서는) 강루(降婁)가 된다. (12분야에서는) 노(魯)나라의 분야에 속한다.

二月, 日會奎
昏於星中
旦牛中

自奎五度, 至胃六度, 於辰在戌. 爲降婁. 魯之分也.

3월에는 태양이 위수(胃宿)·묘수(昴宿)와 만나며,
저녁과 아침에도 만난다.

(28수에서는) 위수(胃宿) 7도부터 필수(畢宿) 11도에 이르며, (12진에서는) 유지(酉地)에 있으며, (12星次에서는) 대량(大樑)이 된다. 대량은 강하다. 8월의 시기에는 찬 가을 이슬이 내리기 시작하여 만물이 이에 단단해지고 강하고 커진다. 때문에 대량(큰 기둥)이라고 한다. (12분야에서는) 조(趙)나라의 분야에 속한다.

三月, 日會胃昴
昏·旦中

自胃七度, 至畢十一度, 於辰在酉, 爲大樑. 大樑, 强也. 八月之時, 白露始降, 萬物於是堅成而强大. 故日大樑. 趙之分也.

4월에는 태양이 필수(畢宿)·자수(觜宿)와 만나며,
저녁에는 익수(翼宿)와 만나며,
아침에는 여수(女宿)와 만난다.

(28수에서는) 필수(畢宿) 12도부터 정수(井宿) 4도에 이르며, (12진에서는) 신지(申地)에 있으며, (12星次에서는) 실침(實沉)이 된다. 말하자면, 7월의 시기에는 만물이 크게 성하고 음기(陰氣)의 비중이 무거워져서 만물의 열매가 태어난다. 때문에 실침(열매가 큼)이라고 한다. (12분야에서는) 위(魏)나라의 분야에 속한다.

四月, 日會畢觜
昏翼中
旦女中

自畢十二度, 至井十五度. 於辰在申. 爲實沉. 言七月之時, 萬物雄盛, 陰氣沉重, 降實萬物. 故日實沉. 魏之分也.

5월에는 태양이 정수(井宿)·귀수(鬼宿)와 만나며,
저녁과
아침에는 위수(危宿)와 만난다.

(28수에서는) 정수(井宿) 16도부터 유수(柳宿) 8도에 이르며, (12진에서는) 미지(未地)에 있으며, (12星次에서는) 순수(鶉首)가 된다. 순수는 남방의 일곱 별자리인데 그 모습이 새를 본뜬 것이다. 정수(井宿)로 관을 삼고, 유수(柳宿)로 입을 삼는다. 순(鶉)은 새요, 수(首)는 머리다. 때문에 순수(메추리 머리)라고 한다. (12분야에서는) 진(秦)나라의 분야에 속한다.

五月, 日會井鬼
昏
旦危中

自井十六度, 至柳八度. 於辰在未. 爲鶉首. 南方七宿, 其形象鳥, 以井爲冠, 以柳爲口. 鶉, 鳥也, 首, 頭也. 故日鶉首. 秦之分也.

6월에는 태양이 성수(星宿)와 만나며,
저녁에는 방수(房宿)와 만나고,
아침에는 규수(奎宿)와 만난다.

(28수에서는) 유수(柳宿) 9도부터 장수(張宿) 17도에 이르며, (12진에서는) 오지(午地)에 있으며, (12星次에서는) 순화(鶉火)가 된다. 남쪽이 오행의 화(火)이기 때문이다. 말하자면, 5월의 시기에 양기(陽氣)가 성하기 시작하고 화성(火星)이 저녁에 7좌의 별자리를 만나는데 주작(붉은 새)이 있는 곳이다. 때문에 순화(鶉火)라고 이른다. (12분야에서는) 주(周)나라의 분야에 속한다.

六月, 日會星
昏房中
旦奎中

自柳九度, 至張十七度. 於辰在午. 爲鶉火. 南方爲火. 言五月之時, 陽氣始盛, 火星昏中七星朱鳥之處. 故日鶉火. 周之分也.

(7월)

(28수에서는) 장수(張宿) 6도부터 진수(軫宿) 1도에 이르며, (12진에서는) 사지(巳地)에 있으며, (12星次에서는) 순미(鶉尾)가 된다. 남방의 주조(朱鳥) 7수(宿)는 진수(軫宿)로 꼬리를 삼는다. 때문에 순미(붉은 봉황의 꼬리)라고 한다. (12분야에서는) 초(楚)나라의 분야에 속한다.

自張六度, 至軫一度. 於辰在巳. 爲鶉尾. 南方朱鳥七宿, 以軫爲尾, 故日鶉尾. 楚之分也

8월에 태양이 각수(角宿)와 만나며,
저녁에는 우수(牛宿)와 만나고,
아침에는 자수(觜宿)와 만난다.

(28수에서는) 진수(軫宿) 12도부터다. (12진에서는) 진지(辰地)에 있으며, (12星次에서는) 수성(壽星)이 된다. 3월의 시기에는 만물이 처음으로 땅에 이르면, 봄기운이 생육을 펼쳐서 각각 그 본성을 다하여, 만물이 망라되지 않겠는가? 때문에 수성이라고 하는 것이다. (12분야에서는) 제(齊)나라의 분야에 속한다.

八月, 日會角
昏牛中
旦觜中

自軫十二度. 於辰(在辰, 爲)壽星. 三月之時, 萬物始逮於地, 春氣布養 各盡其性, 物不羅夫. 故日壽星. 齊之分也.
[在辰, 爲]: 원문에는 빠져 있으나 앞의 사례를 참고로 보완함

(9월)

(28수에서는) 저수(氐宿) 5도부터 미수(尾宿) 9도에 이르며, (12진에서는) 묘지(卯地)에 있으며, (12星次에서는) 대화(大火)가 된다. 동쪽을 그렇게 한 것은, 심수(心宿)가 묘지(卯地)에 있고, 불이 나무고갱이에서 일어난다. 때문에 대화(큰 불)라고 말한 것이다. (12분야에서는) 송(宋)나라의 분야에 속한다.

自氐五度, 至尾九度. 於辰在卯. 爲大火. 東方者大心星在卯, 火出木心. 故言大火. 宋之分也.

[氐]: 원문의 互자는 氐의 이체자로 봄.

10월에는 태양이 미수(尾宿)·기수(箕宿)와 만나며,
저녁에는 항수(亢宿)와 만나고,
아침에는 성수(星宿)와 만난다.

(28수에서는) 미수(尾宿) 10도부터 두수(斗宿) 12도에 이르며, (12진에서는) 인지(寅地)에 있으며, (12星次에서는) 석목(析木)이 된다. 미수(尾宿)는 동방 목(木)의 수(宿) 끝별이며, 두수(斗宿)는 북방 수(水)의 수(宿) 첫 번째이다. 그 사이에 거리가 있어서 수수(水宿)와 목수(木宿)를 나열해 놓았다. 때문에 석목(析木)이라고 했다. (12분야에서는) 연(燕)나라의 분야에 속한다.

十月, 日會尾箕
昏亢中
旦星中

自尾十度, 至升十二度. 於辰在寅. 爲析木. 尾, 東方木之宿末, 升, 北方水宿之初次, 在其間隔, 列水木. 故日析木. 燕之分也.

[升]: 斗宿의 斗자로 봄. 通用하였거나 아니면 誤記로 추정. 升과 斗는 같은 상형문자

(11월)

(28수에서는) 두수(斗宿) 12도부터 여수(女宿) 7도에 이르며, (12진에서는) 축지(丑地)에 있으며, (12星次에서는) 성기(星紀)가 된다. 성기라는 것은, 말하자면, 이미 만물을 끝까지 통제한 것이다. 때문에 성기(星紀)라고 한다. (12분야에서는) 오(吳)나라와 월(越)나라의 분야에 속한다.

自升十二度, ○辰在女七度. 於辰在丑. 爲星紀. 星紀者, 言統已萬物之終. 故日星紀. 吳越之分也.

「갑본」이 적도 주변에 있는 모든 별들을 Mercator 원통투영법으로 보여주고 있는데 반하여, 「을본」은 그림 VII-3/2에 보인 바와 같이 자미궁에 속한 별들이 있는 부분만이다. 이 「을본」의 별자리를 「갑본」의 자미원도(그림 VII-3/3)와 대조해 보니, 같은 별자리는 8개 정도에 불과하며 전체 별자리의 배치는 현저하게 다르다. 전반적으로 개관해 보면, 「을본」은 「갑본」에 비해 대단히 엉성하게 그렸다는 느낌이 든다. 한편 「을본」의 별들의 색깔은 석씨와 무함씨의 별은 붉은색이고, 감씨의 별은 「갑본」과 동일하게 검은색이다. 이 「을본」의 제작 연대는 10세기경이라고 추정되고 있다.

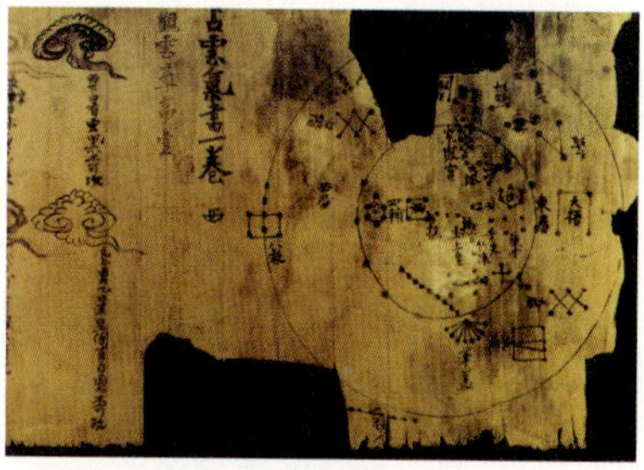

그림 VII-3/2. 「돈황성도 을본」

(3) 『신의상법요(新儀象法要)』

북송(北宋)의 소송(蘇頌)[17]이 1094년에 『신의상법요』를 저술하면서 3폭의 천문도를 만들었다. 이 중 첫째는 「혼상자미원성도(渾象紫薇垣星圖)」이고, 둘째는 「혼상남북극도(渾象南北極圖)」이며, 셋째는 「혼상중외관성도(渾象中外官星圖)」이다.

먼저 「자미원성도」부터 소개해 보자. 이것은 북극을 중심한 항현권에 있는 별들을 그린 원형 성도이다. 『송초본(宋鈔本)』에서 보면 이 원의 지름은 16.8 cm이나, 문헌마다 그 지름은 서로 다르다. 같은 별자리에 속한 별들은 직선으로 연결시키지 않고 있는

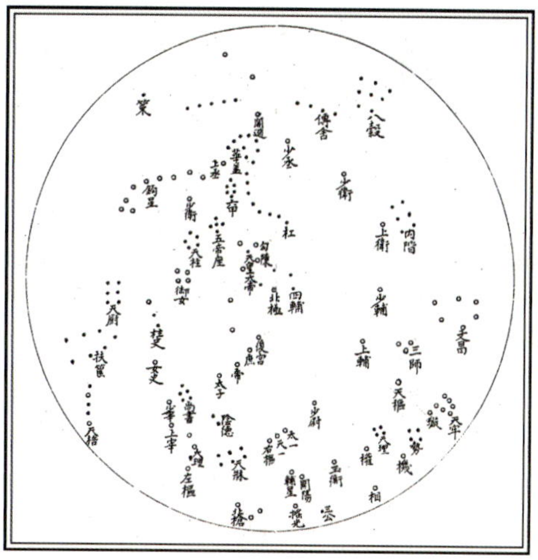

VII-4/1. 「신의상법요」의 혼상자미원성지도(渾象紫薇垣星之圖)

17 蘇頌(1020~1101)의 자는 자용(子容)이고, 지금의 복건성 남안 태생이다. 1042년에 진사가 되어 여러 관직을 거쳐 송나라의 철종 원유5(1090)년에 상서좌승에 올랐다. 그때 이부(吏部)의 영사(令史)라는 낮은 직위에 있던 한공염(韓公廉)과 합작하여 당시 세계에서 가장 앞선 물로 움직이는 소위 〈수운혼천의와 혼상〉을 설치한 〈수운의상대(水運儀象臺)〉를 건립했다. 그리고 1094년에는 『신의상법요(新儀象法要)』라는 명작을 저술했다.

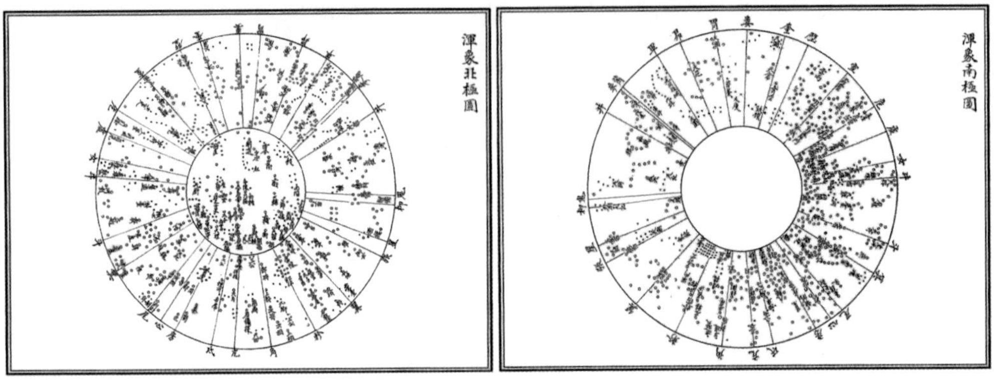

그림 VII-4/2. 「신의상법요」의 혼상남북극도(渾象南北極圖)

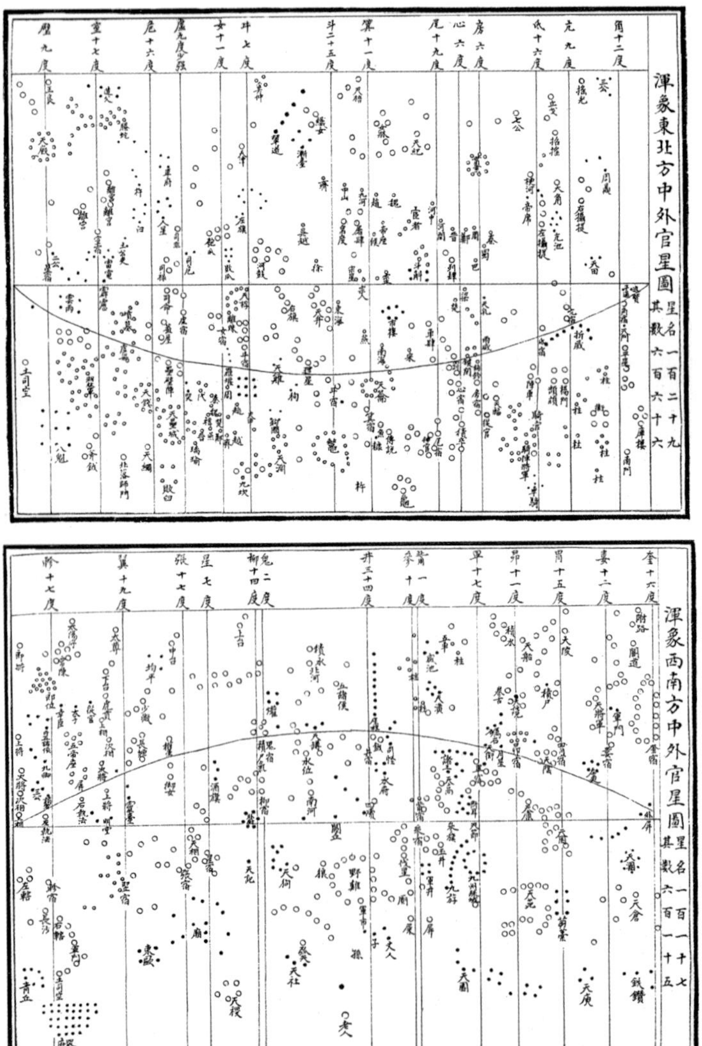

그림 VII-4/3. 「신의상법요」의 혼상중외관성도(渾象中外官星圖)

것이 다른 여러 천문도와 다른 특이한 점이다. 그러나 약 100년 전에 만든 「돈황성도」와 비교해 보면, 그 화법이 비슷하다고 한다.[18]

중외관(中外官)에 속한 별들은 두 장에 나눠서 그렸다(그림 VII-4/3). 이 그림의 위에 보인 그림에는 동방칠사와 북방칠사에 속한 14개의 수(宿)인 각, 항, 저, 방, 심, 미, 기, 두, 우, 여, 허, 위, 실, 벽이 포함되어 있다. 모두 129개의 별자리에 668개의 별들이 포함되어 있다. 그리고 서방칠사와 남방칠사에 속한 14개의 수(宿)인 규, 루, 위, 묘, 필, 자, 삼, 정, 귀, 류, 성, 장, 익, 진이 포함되어 있다. 별자리는 모두 117좌이며, 여기에 속한 별은 615성이다. 따라서 모두 246좌에 1,283성인데 이 별자리들을 『보천가』와 대조해 보면, 그 모양이 현저하게 다르다는 것을 알게 된다.

(4) 「북경융복사정각전조정천문도(北京隆福寺正覺殿藻井天文圖)」

융복사(隆福寺)는 명나라 경태4(1453)년에 건립된 사찰인데, 현재 위치는 북경의 인민시장 후원이다. 이 사찰의 정각전(正覺殿) 천정에 천화판(天花板)이 있고, 그 표면에 천문도가 그려져 있다. 이 판은 두께가 4 cm, 한 변의 길이가 75.5 cm되는 정8각형이다. 판의 바탕은 진한 남색이며, 기름이 섞인 옻칠을 했다.

그림 VII-5. 「북경융복사정각전조정천문도(北京隆福寺正覺殿藻井天文圖)」(Yi Shitong, 伊世同이 모사한 것을 옮김)

1977년에 이 사찰을 재건할 때 참여한 Yi Shitong(伊世同)[19]의 조사에 의하면, 항현권(恒見圈)은 반지름이 15.8 cm, 천구의 적도는 반지름이 47.5 cm, 항은권(恒隱圈)의 반지름은 80.5 cm라고 한다. 황도는 그려져 있지 않다. 그리고 이 원의 바깥쪽에 「소주천문도」와 마찬가지로 12차, 12분야 등이 기

18 席澤宗. "敦煌星圖", 『中國古代天文文物論集』, (文物出版社: 北京), 82, 1989.

19 伊世同. "北京隆福寺藻井天文圖", 『中國古星圖』(陳美東 主編), pp. 109~114, 1996.

입되어 있다. 별들은 273개의 별자리에 총 1,420성이라고 한다.

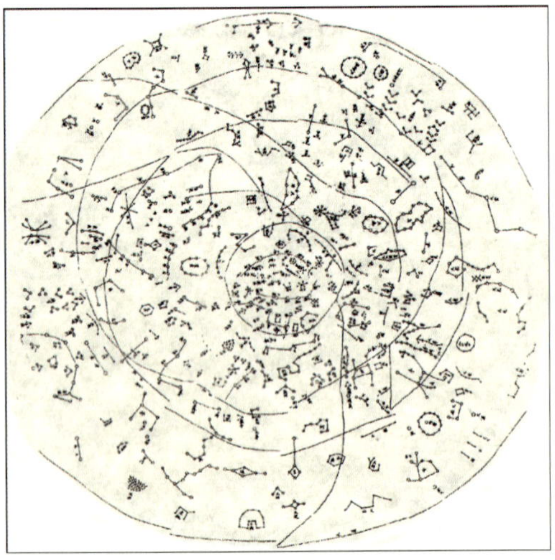

그림 VII-6. 유기(劉基)의 「관상완점 성도(觀象玩占星圖)」(『관상완점(觀象玩占)』에서 옮김)

(5) 유기(劉基)의 「관상완점 성도(觀象玩占星圖)」

명나라의 유기(劉基, 1311-1375)[20]가 만든 천문도라고 전해 오고 있다.[21] 전부 14장으로 되어 있는데, 그 중 한 장이 여기에 보인 전천성도(全天星圖)이다. 이 천문도의 크기는 성도의 지름이 62 cm이고, 항현권의 지름은 13 cm이다. 북극을 중심으로 항현권, 적도, 황도, 은하수가 비뚤비뚤 아무렇게나 그려져 있는 것 같은 인상을 주는데, 이 천문도가 점을 치는데 사용된 것이라는 것을 암시하고 있는지도 모른다. 따라서 전체 구성은 잘 그린 것으로 보기 어렵고, 「관상완점 성도」라는 이름도 이런 이유로 붙여진 것 같다. 천문도를 만든 양식은 전통적인 개도(盖圖)이고, 별자리 모양은 『보천가』를 닮았다. 성도의 테두리에는 12지나 12분야 등과 같은 표시는 전혀 없다.

6) 호제(昊悌)의 「호천성상지도(昊天成象之圖)」

「호천성상지도(昊天成象之圖)」[22]는 호제(昊悌)[23]의 『화소산공유집(吴疏山公遺集)』 또는 『호소산선생유집(昊疏山先生遺集)』라고 불리는 책에 있는 한 장의 천문도이다. 이 천문도가 제작된 것은 명나라 가정11-16(1532-1537)년으로 알려져 있으나 초간은 만력연간(1573-1619)이라는 설도 있다. 그런데 이 천문도와 이름이 비슷한 천문도가 두 장이 있

---

20 劉基(1311~1375)의 자는 백온(伯溫)이고 절강성 청전이 고향이다.

21 陳美東.『中國古星圖』, 遼寧教育出版社, 28, 1996.

22 *ibid*, pp. 134-150, 1996.

23 호제(昊悌, 1516-1568)의 자는 사성(思誠)이고, 지금의 강서성 금계현(金溪縣)에서 태어났다. 사람들은 그를 소산선생(疏山先生)이라 불렀다.

다. 다음 그림 VII-8에 보인 「호천성상도(昊天成象圖)」와 그림 VII-9인 「호천수상도(昊天垂象圖)」가 그것이다. 이름만으로는 혼동되지만, 이 두 천문도와는 별자리와 성도의 테두리의 구성은 완전히 다르다. 이 「호천성상지도」는 「소주천문도」를 연상시킬 정도로 별자리 모양이 닮았다. 중외궁은 28개의 방사선으로 각 수의 경계를 확실하게 표시했다.

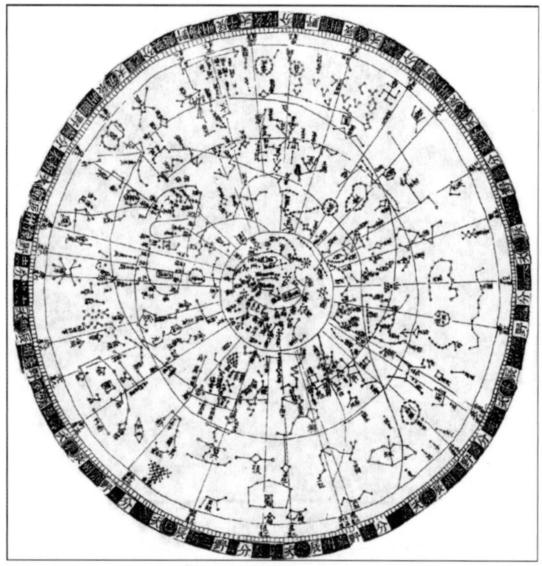

그림 VII-7. 호제(昊悌)의 「호천성상지도(昊天成象之圖)」(『화소산공유집(吳疏山公遺集)』에서 옮김)

(7) 진규(陳奎)의 「호천성상도(昊天成象圖)」

그림 VII-8에 보인 「호천성상도(昊天成象圖)」는 천문도의 이름만으로는 앞에 보인 그림 VII-7인 「호천성상지도(昊天成象之圖)」와 혼동되지만, 이미 언급한 바대로 성도의 구성은 완전히 다르다. 그런데 다음 그림 VII-9 「호천수상도(昊天垂象圖)」와는 그 구조와 외형이 서로 닮았다. 내용을 면밀하게 대조해 모아야 둘의 차이를 찾아낼 수 있을 정도이다.

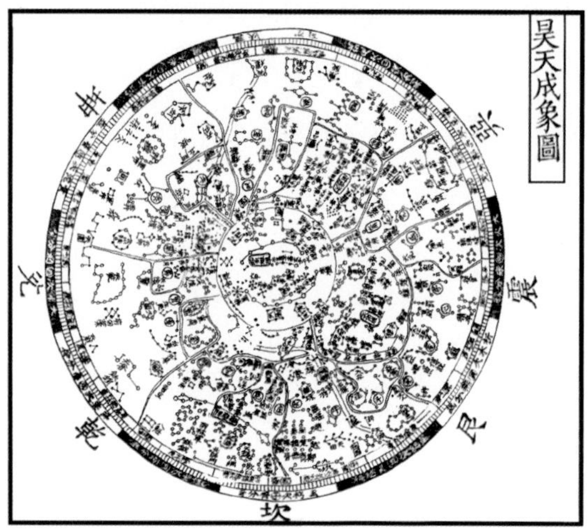

그림 VII-8. 진규(陳奎)의 「호천성상도(昊天成象圖)」(『역대지리지장도(歷代地理指掌圖)』에서 옮김)

「호천성상도」는 진규(陳奎)가 쓴 『역대지리지장도(歷代地理指掌圖)』라는 책에 첨가된 것으로 명나라 가정연간(1522~1566)에 그린 것으로 알려지고 있다. 이 천문도의 테두리

밖에 8방위인 진(震, 동), 간(艮, 북동), 감(坎, 북), 건(乾, 북서), 태(兌, 서), 곤(坤, 남서), 리(離, 남), 손(巽, 남동)이 큰 글자로 쓰여 있다. 북극에서 시작하는 방사선(放射線)으로 28수의 경계를 표시하지 않고 곡선으로 3원28수의 경계를 표시한 것은 독특한 시도이다. 이 성도에는 적도나 황도 조차도 그려져 있지 않다. 가장 두드러진 특징은, 이 성도로는 잘 구별이 되지 않지만, 다음 그림 VII-9에서 확인한 바에 의하면 전체 하늘을 이상하게도 모두 17개로 구획을 만든 점이다.

(8) 장황(章潢)의「호천수상도(昊天垂象圖)」

「호천수상도」[24]는 장황(章潢)[25]의『도서편(圖書編)』에 있는 천문도이다.[26] 이름과 전체 구도만으로는 앞에 소개한 그림 VII-8인「호천성상도(昊天成象圖)」와 아주 비슷하다. 이 천문도의 제작 연대는 명나라 만력13(1585)년이다.

성도 안에 그려져 있는 28수는 북극에서 밖으로 긋는 방사선으로 경계를 정하지 않고「호천성상도」와 마찬가지로 꾸불꾸불하게 2중선으로 그은 17개의 구획으로 표시되어 있다. 이런 식으로 28수의 경계를 표시하면 각 수가 차지하는 실질적인 구역을 알 수 있게 되기 때문에 혜성이나 객성이 나타날 때 그 위치를 기술하는 데 대단히 유용할 때가 많다.

이 천문도와 같은 이름의 목판 인쇄본 한 장이 현재 일본의 동경대학 동양문화연구소(東京大學東洋文化硏究所)에 소장되어 있으나 그림 VII-9와는 약간 다르다.

(9)「천문절후전차전도(天文節候躔次全圖)」

이것은 전부 25장으로 된 천문도집(天文圖集)이다. 25장 중 첫째는 여기에 보인 전천성도이고, 나머지 24장은 24절기에 남중하는 별들을 각 계절마다 1장씩 그린 중성도(中星圖)이다. 이 24 중성도는 Chen Meidong(陳美東)의『중국고성도』의 도판 12/2-25에 있으므로 여기서는 생략하고, 첫 번째인 총성도만 소개하기로 한다.

---

24 陳美東.『中國古星圖』, 遼寧教育出版社, 29, 도판 13-1, 1996. 단, 여기에 제시한「호천수상도」는 四庫全書969-11에서 옮긴 것이다.

25 장황(章潢, 1527~1608)의 자는 본청(本淸), 별호는 두율(斗律), 강서성 남창시(南昌市)의 태생이다.

26『四庫全書』〈圖書編二. 步天歌총서〉 卷16:19

이 천문도는 명나라 만력정축년(萬曆丁丑年, 1577)에 누장산방(壘嶂山房)에서 그렸다고만 쓰여 있어서 제작자의 이름은 알지 못한다. 원래 이 천문도는 복건성 천주(泉州)에 사는 달지선생(達知先生) 집안에서 소장하다가, 현재는 중국과학원 자연과학사연구소가 소장하고 있다고 한다.

이 천문도의 총성도를 검토한 Sun Xiao-Chun(孫小淳)에 의하면, 몇 개의 별이나 별자리가 누락된 것이 있으나, 전반적으로 전통적인 방식대로 기입된 것이라고 한다.[27] 그러나 필자가 보기에는 북극을 중심으로 항현권, 적도, 28수의 경계선 등 기본적인 표시가 전연 없는 것이 흠이 많은 성도라고 생각한다.

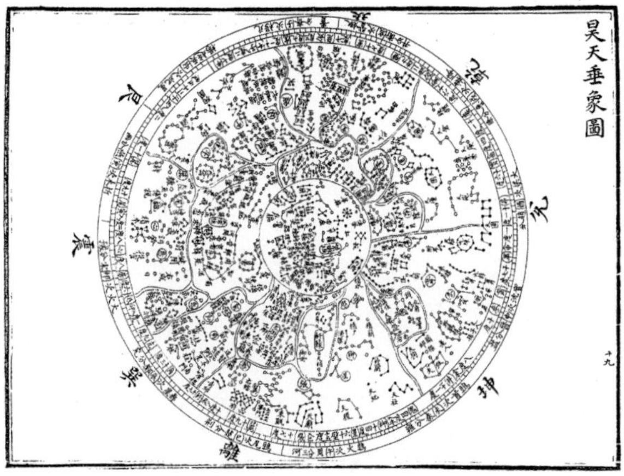

그림 VII-9. 장황(章潢)의 「호천수상도(昊天垂象圖)」(『도서편(圖書編)』에서 옮김)

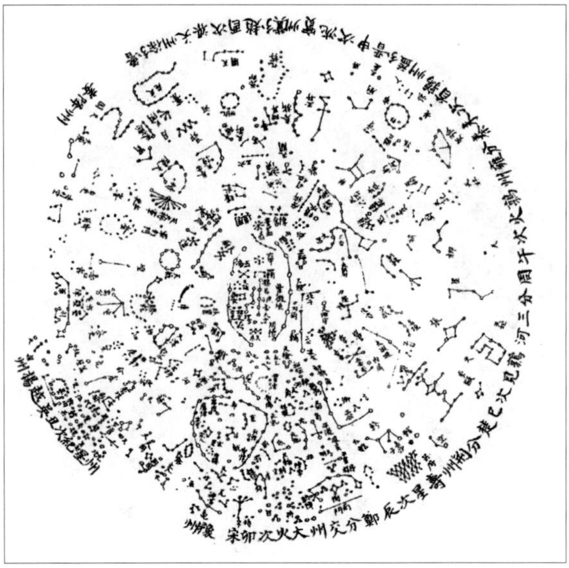

그림 VII-10. 「천문절후전차전도(天文節候躔次全圖)」

(10) 채여남(蔡汝南)의 「천문총도(天文總圖)」

「천문총도(天文總圖)」라는 이름을 가진 천문도는 중국에만 하더라도 적어도 2건 이상 있다. 여기에는 그 실례로 채여남(蔡汝南)의 『천문략(天文略)』 「천문총도(天文總圖)」와 『삼재도회(三才圖會)』의 「천문총도(天文總圖)」를 보기로 택했다. 이렇게 천문도 이름이 똑

27 Sun Xiao-Chun(孫小淳), "《天文節候躔次全圖》中的星官的証認", 『中國古星圖』(陳美東 主編), pp. 55~67, 1996.

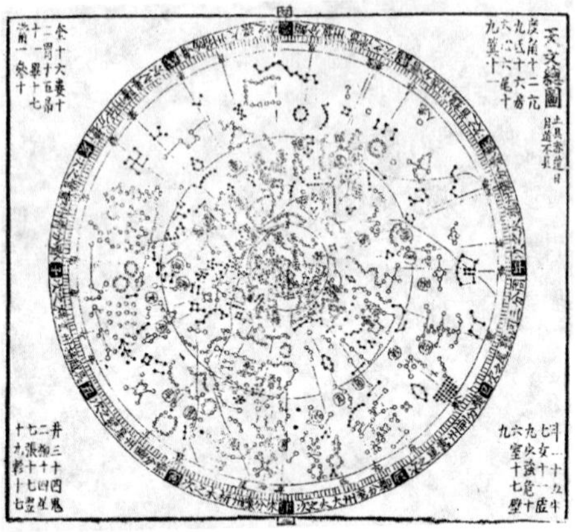

그림 VII-11. 채여남(蔡汝南)의 「천문총도(天文總圖)」

같은 천문도는 한·중·일 3개국을 통해서 보면 상당히 많다. 그래서 천문도 이름 앞에 그 천문도를 수록한 책의 이름이나 또 때로는 제작자의 이름을 밝히지 않으면 구별할 수 없는 경우가 생긴다. 그림 VII-11에 보인 천문도는 명나라 가정연간(1522~1566)에 『천문략(天文略)』을 저술한 채여남(蔡汝南)[28]이 만든 32장의 천문도 중 별 전부를 그린 개도(盖圖), 또는 전천성도(全天星圖)이다. 그리고 나머지 31장은 『보천가』와 같은 형식으로 3원28수를 각각 그린 것이다. 그러니까, 전천성도인 이 「천문총도」가 한 장 더 추가되어 32장이 된 셈인데, 『보천가』에는 전천성도가 없기 때문에 31장이다. 이 천문도에는 상현권을 표시하는 작은 원과 적도가 그려져 있으나, 황도는 없다.

채여남은 이 천문도의 사방에 칠사에 속한 수거성의 수도(宿度)를 기록해 두었다. 이 값을 「천상열차분야지도」와 비교해 보니, 주천도수(周天度數)는 365.25도로서 옛 주천도수와 일치하지만, 두 천문도의 28수 중에는 약간씩 다른 것이 있다. 단, 「천문총도」의 두수(斗宿)의 "一十五"는 "二十五"의 오기일 것이다.

표 VII-4. 수도(宿度)의 비교

동방칠사	수도(宿度)		북방칠사	수도(宿度)		서방칠사	수도(宿度)		남방칠사	수도(宿度)	
	천상열차 분야지 (1395)	천문략의 천문총도 (16세기 전기)		천상열차 분야지도 (1395)	천문략의 천문총도 (16세기 전기)		천상열차 분야지도 (1395)	천문략의 천문총도 (16세기 전기)		천상열차 분야지도 (1395)	천문략의 천문총도 (16세기 전기)
각	12	12	두	26.25	15	규	16	16	정	33	34
항	9	9	우	8	7	루	12	12	귀	4	2
저	15	16	여	12	11	위	14	15	류	15	14

28 채여남(蔡汝南, 1516~1568)의 자는 자목(子木)이고 호는 백석(白石)이다. 절강성(浙江省) 덕청현(德淸縣) 사람이다.

동방칠사	수도(宿度)		북방칠사	수도(宿度)		서방칠사	수도(宿度)		남방칠사	수도(宿度)	
	천상열차 분야지 (1395)	천문략의 천문총도 (16세기 전기)		천상열차 분야지도 (1395)	천문략의 천문총도 (16세기 전기)		천상열차 분야지도 (1395)	천문략의 천문총도 (16세기 전기)		천상열차 분야지도 (1395)	천문략의 천문총도 (16세기 전기)
방	5	6	허	10	9소강	묘	11	11	성	7	7
심	5	6	위	17	16	필	16	17	장	18	17
미	18	19	실	16	17	자	2	1	익	18	19
기	11	11	벽	9	9	삼	9	10	진	17	17
합	75도	79도	합	98.25도	84소강	합	80도	82도	합	112도	110도

16세기 중기에 오면, 전천성도만이 아니라 『보천가』의 형태를 좇아서 3원28수의 그림 31장을 그린다든가, 절기를 표시하기 위해 24장의 절기 성도를 그리는 복고풍이 유행한 것 같다.

(11) 왕기(王圻)·왕사의(王思義)의 「천문총도(天文總圖)」

명나라 만력35(1607)년 왕기(王圻)[29]는 아들 왕사의(王思義)[30]와 함께 『삼재도회(三才圖會)』라는 대작을 저술했다. 모두 106권으로 된 이 책은 〈천(天)〉, 〈지(地)〉, 〈인(人)〉을 삼재(三才)로 한 〈천문〉, 〈지리〉, 〈인물〉을 소재로 14부문으로 분류되어 있다. 그 책의 권1에서 권4에 천문도가 있는데, 모두 52장이나 된다. 그 중 권1에 있는 첫째가 여기에 보인 그림 VII-12 「천문총도(天

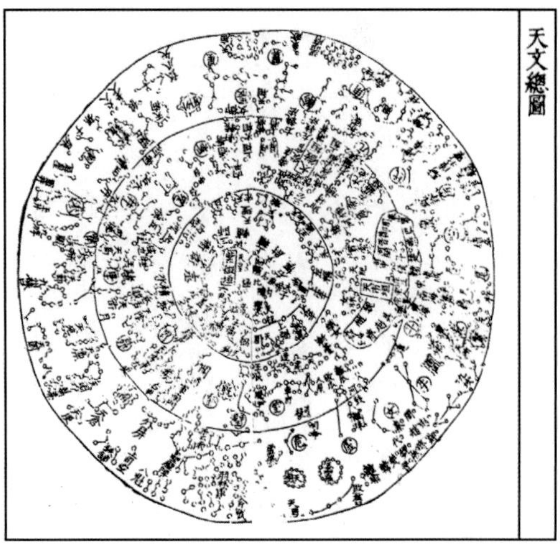

그림 VII-12. 『삼재도회(三才圖會)』의 「천문총도(天文總圖)」

29 왕기(王圻, 1530~1615)의 자는 원한(元翰), 호는 홍주(洪洲)이고, 출생은 상해(上海)이다.
30 왕사의(王思義, 생몰년은 미상)의 자는 윤명(允明)이며, 왕기(王圻)의 둘째 아들이다.

文總圖)」이다.

이 천문도의 특징은 3원의 이름은 □안에 적고 28수의 이름은 원 안에 적어서, 그 위치를 쉽게 알아 볼 수 있도록 배려한 점이다. 북극을 중심으로 동심원이 3개 있는데, 가장 안쪽에 있는 것은 상현권, 중간은 적도, 가장 바깥의 큰 원은 지평선을 가리키지만, 황도와 28수의 경계선은 그리지 않았다. 그런데, 적도 상에 있어야할 〈삼십(參十)〉이 적도의 이남으로 훨씬 비껴져 있는 점으로 보아, 위치의 정밀도는 별로 중요하게 그린 것은 아니라고 생각된다.

그림 VII-11과는 달리 천문도 둘레에 12차, 12분야, 12지는 그리지 않았고, 28수의 경계를 표시하는 방사선도 생략되어 있다. 그러니까 아주 간소화된 천문도라고 하겠다.

(12) 고석주(顧錫疇)의 『천문도(天文圖)』

고석주(顧錫疇)[31]가 명나라 만력의 말년(1619 또는 1620)에 그린 천문도이다. 이것은 『천문도(天文圖)』라는 이름으로 편집된 한 권의 책이며, 월별 천문도를 그린 것이다. 여기에 보인 그림 VII-13은 이 중 제일 먼저 있는 전천성도이고, 정월부터 12월까지의 월별천문도 12장이 뒤를 따른다. 월별천문도 1장에는 두 절기의 별들이 그려져 있기 때문에 24절기에 맞는 중성도(中星圖)라고도 할 수 있다.

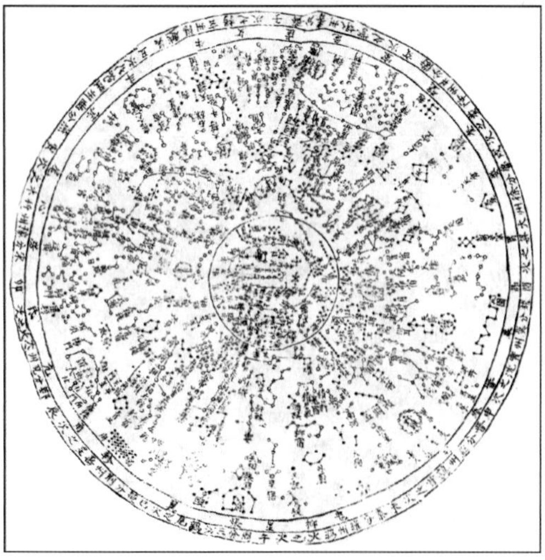

그림 VII-13. 고석주(顧錫疇)의 「천문도(天文圖)」

이 책에는 이 13장의 천문도 외에도 3원28수를 개별적으로 그린 『보천가』식의 31장도 함께 포함되어 있다.

「천문도」에는 적도, 황도, 은하수를 포함하여 28수의 경계선조차 없으나, 두 칸으로 된 테두리에 전통적인 12차, 12분야 등이 기입되어 있다.

현재 중국과학원 자연과학사연구소

31 고석주(顧錫疇, 생몰년은 미상)의 자는 구주(九疇)이고, 강소성 곤산(昆山) 태생이다.

에 수장되어 있다.

(13) 장여벽(張汝璧)의 「천관도(天官圖)」

이 천문도는 명과 청나라 때의 장여벽(張汝璧)[32]이 만든 것이다. 원래는 명나라 천계원년(1621)에 36장(성도 24장과 중성도 12장)의 천문도를 만들었지만, 청나라 강희3년(1664)에 〈식공반선생(息公潘先生)〉이라고 하는 사람과 함께 더 보충하여 42장을 만들었다. 하지만, 지금 남아 있는 것은 그 중 18장뿐이다. 이 중 첫 성도가 여기에 보인 전천성도인 「천관도(天官圖)」이다. 그리고 18장 중 「천관도(天官圖)」를 제외한 12장에는 두 절기를 1장에 수록하여 24절기를 보여주는 천문도를 그렸고, 나머지 5장은 3원28수의 그림이다.

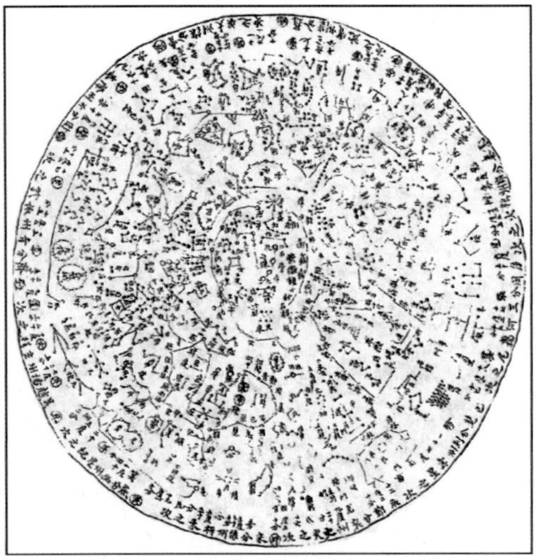

그림 VII-14. 장여벽(張汝璧)의 「천관도(天官圖)」

「천관도(天官圖)」에는 상현권, 적도와 황도, 은하수를 비롯하여 28수의 경계선 조차도 그려져 있지 않다. 그러나 성도의 테두리에는 동심원은 없지만, 12차, 12분야 등 「소주천문도」와 같은 내용은 잘 기록되어 있다.

함석주의 「천문도」(그림 VII-13)와 이 「천관도」는 같은 원본에서 만든 것으로 보인다.

(14) 「함강천후궁성도(涵江天后宮星圖)」

이것은 현재 복건성 보전시 문화관에 소장되어 있는 한 장의 천문도이다. 여기에 보인 그림 VII-15는 Yi Shitong(伊世同)이 모사한 것인데 함강천후궁(涵江天后宮)에 있다하여 「함강천후궁 명대성도(涵江天后宮 明代星圖)」라고도 불리기도 하고 또 「복건성보

32 장여벽(張汝璧, 생몰년은 미상)의 호는 감호(鑒湖, 별호로는 楝津野史), 절강성 소흥(紹興) 사람이다. 명나라 천계원년(1621)에 應天府 남경 欽天監 荻見監으로 있었다.

전시천후궁성도(福建省莆田市天后宮星圖)」라고도 불린다. 이 천문도는 명나라 숭정말년(1640년경)에 만든 것으로, 이것이 유명한 이유는 35개의 신상(神像)의 그림이 첨가되어 있기 때문이다.[33] 천문도에는 검은색, 붉은색, 노란색으로 3개의 동심원이 그려져 있다. 동심원 중에서 가장 작은 것은 지름이 3 cm, 중간 것은 17 cm로 항현권을 만들었다. 가장 큰 원은 지름이 62 cm인데, 항은권을 표시한 것이다. 지름이 35.7 cm되는 두 원이 서로 24도로 교차하여 그려져 있어서, 적도와 황도를 나타내고 있음을 알 수 있다. 적도는 북극에서 38 cm되는 동심원이다. 3원28수에 속한 별들은 전통적인 방식으로 288개 별자리에 약 1,400개의 별이 그려져 있으며, 별의 크기는 밝기에 따라 다르다.

이 천문도의 왕량(王良)–각도(閣道) 두 별자리 옆에 객성이 그려져 있다. 명실록(明實錄)을 보면, 융경6년 10월 초3일(1572년 11월 8일)에 있는 다음과 같은 기록과 일치한다.[34]

> "彗星見東北方, 如彈丸, 出閣道傍, 壁宿度, 漸薇芒, 有光."

(15)「혼천일통성상전도(渾天壹統星象全圖)」

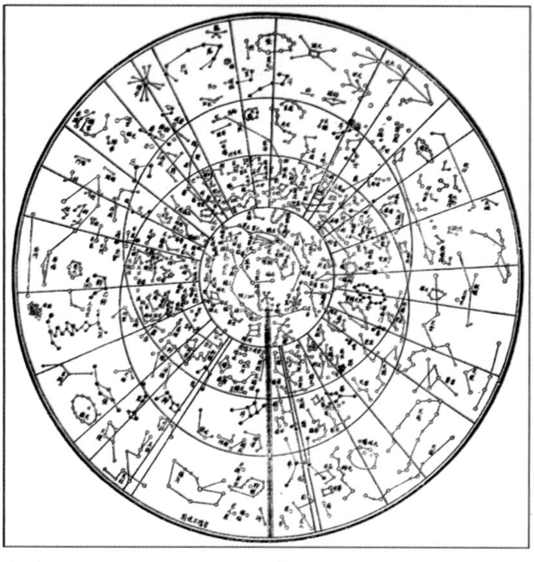

그림 VII-15.「함강성천후궁성도」(伊世同이 모사한 것임)

이 천문도는 청나라 말에 중국에서 인쇄된 천문도이지만, 무슨 이유인지는 알 수 없으나 중국과 한국에는 한 점도 남아있지 않는데 반하여 일본에만 6–7점이나 있다. 미야지마(宮島) 교수에 의하면, 일본에 있는 이「혼천일통성상전도(渾天壹統星象全圖)」에는 두 종류가 있다고 한다. 그 첫째 종류는 중국전통에 의해 만든 것이고, 둘째는 서

33 王恭·陳龍. "莆田明代彩繪星圖初探",『中國古星圖』(陳美東 主編), pp. 187–192, 1996.
34 융경(隆慶) 6년 10월 초3일(1572년 11월 8일)은 조선의 선조 5년에 해당한다.

양의 천문학 지식을 가미하여 만든 것이라고 한다.[35]

천문도는 6폭 또는 8폭의 병풍으로 되어 있지만, 어느 것이나 높이와 한 폭의 너비는 각각 약130 cm와 28 cm로 같다. 8폭인 경우는 중간의 6폭은 6폭병풍과 동일하나, 앞뒤에 각각 1폭씩 더 붙인 것이 다른 점이다. 이 8폭병풍의 제1폭에는 〈渾天壹統星象全圖〉라는 천문도 이름 8글자가 크게 쓰여 있고, 제8폭은 천문도 설명문이 5줄에 큰 글자로 적혀 있고 그 끝에 제작 연대와 제작자의 이름이 있다. 그러나 이 제8폭에 적혀 있는 이름은 여러 가지로 다르다. 먼저 道光2(1822)년의 것에는 전영(錢泳)인가 하면, 道光6(1826)년의 것에는 양회의(楊懷義)라는 다른 이름이다.

성도는 제3-6폭의 중앙에 있는 지름 97 cm되는 원 안에 그려져 있는데, 이 원 안에는 항현권과 적도를 나타내는 두 원을 비롯하여 두 개의 동심원이 더 있다. 황도는 없으나 은하수는 그려져 있다. 28수의 경계선은 적도 바깥쪽에 있는 원과 항은권 사이에만 그려져 있다. 별과 별자리는 모두 중국의 전통을 따른 3원28수로 표시되어 있다. 성도를 중심으로 상하와 좌우에는 당시의 천문 지식이 빼곡히 적혀 있는데 제2-7폭에 해당한다. 그 내

그림 VII-16.「혼천일통성상전도(渾天壹統星象全圖)」

35 宮島一彦, "中國·渾天壹統星象全圖について", 同志社大學 理工學硏究報告, 43(4), 62, 2003.

용의 제목만 소개하면 다음과 같은 11종이다.

천체(天體), 지체(地體), 북극과 남극, 적도와 황도, 일(日, 태양)과 월(月, 달), 경성(經星, 3원28수), 백도(白道), 오성(五星, 5행성), 천한(天漢, 은하수), 12차, 12분야.

2-2. 한국의 천문도

천문도 제작에 관한 한국의 역할은 중국대륙에서 시작한 중국식을 수용하여 많은 작품을 만든 것이었다. 그러나 삼국시대의 천문도는 고구려 고분의 벽화에만 일부가 남아 있을 뿐이고, 고려시대의 것은 뒤에 논의하겠지만 애매한 것이 두 점이 있을 뿐이다. 현재 남아있는 천문도의 대부분은 조선시대의 것이지만, 그 수와 가치에 있어서는 중국에 버금가는 우수한 것들이 많다.

여기에는 조선시대에 만든 천문도 중에서 중국식인 옛 방식의 천문도를 주로 소개하려고 하지만, 그에 앞서서 삼국시대와 고려시대의 기록을 참고로 살펴 보기로 한다.

고구려 석각천문도에 관하여

고구려에는 고분 벽화에 있는 별자리와는 완전히 다른 천문도도 있었다. 그것은 돌 판에 새긴 석각천문도로서 하늘의 북극을 중심한 전천성도(全天星圖)였다. 후대인 조선의 기록이기는 하지만 권근(權近)의 『양촌집(陽村集)』에 있는 천문도시(天文圖詩)와 이를 인용한 『대동야승(大東野乘, 卷五: 219)』 그리고 『천상열차분야지도(天象列次分野之圖)』 석각본을 비롯한 탁본과 선조 때에 만든 목판인쇄본 등에 이 고구려의 석각 천문도에 관한 소개가 있다. 이 기록들에 관해서는 제VIII장에서 깊이 있게 다루기로 하겠지만, 여기에는 중국 대륙에서 만든 같은 시기의 천문도와 비교하면서 그것이 중국에서 유입된 것이 아니라 고구려인의 창조물이라는 점을 밝히려고 한다.

위에 소개한 기록들은 이 고구려의 석각천문도가 담고 있는 내용을 구체적으로 적고 있지는 않다. 따라서 그 돌의 크기나 무게 그리고 새겨져 있는 내용물에 관하여는 짐작해 보는 수밖에 없다. 그럼에도 불구하고 분명한 사실은 고구려의 성도는 조선 태조4(1395)년의 「천상열차분야지도」의 중심에 있는 성도와 비교해 볼 때, 별들의 수와 상호간의 위치

는 동일할 것으로 보고 있다.[36]

그 점에 있어서만은 「천상열차분야지도」에 있는 권근의 글이 분명한 근거가 되기 때문이다. 천문도 내용에 있어서 다른 점이 있다면, 그것은 중궁(中宮)[37]의 크기가 조금 더 크다고 생각할 뿐이다. 평양은 한양보다 좀 더 북쪽이므로 평양에서 보는 중궁은 한양에서 보는 중궁보다 더 크기 때문이다.

「천상열차분야지도」에 관하여 처음 연구한 사람은 루훠스[38]이다. 그는 두 편의 논문을 23년이라는 긴 간격을 두고 같은 학술지에 발표하였는데, 첫째는 「천상열차분야지도」에만 한해서 쓴 자세한 분석이고,[39] 둘째는 한국천문학의 역사 전반을 다룬 단행본에 버금가는 분량의 논문을 발표했는데, 이 중에 「천상열차분야지도」에 할애한 부분은 짧다.[40] 이 두 논문의 내용은 서로 보완하는 면이 있으므로 일일이 구별하지 않고 설명에 인용해 보려고 한다.

우선 루훠스의 첫 논문은 「천상열차분야지도」를 처음 세상에 알리는 동시에 영문으로 자세하게 이 천문도의 가치를 높이 평가한 귀중한 작품이다. 그의 주장을 요약하면 다음의 3가지이다. 즉, (1)「천상열차분야지도」의 중앙에 있는 둥근 원 안에 그려져 있는 성도(星圖)는 BC 2세기에 정착된 중국 주(周)나라 때(약 600 BC)의 별자리 배치를 고구려 석각천문에 옮긴 것으로 추정한다, (2)고구려가 이 석각천문도를 제작한 것은 고구려가 망한 시기(668년)보다 앞서야 하기 때문에 태조4(1395)년에 얻은 탁본은 적어도 1395-668=727(년)보다 더 오래된 것일 것이다, (3)춘분에 해당하는 중성(中星)을 묘(昴)에서 위(胃)로 옮겼다고 하였으므로, 「천상열차분야지도」의 28수는 고구려 천문도를 약 14도 회전시킨 것이다. 따라서 이는 태조4(1395)년보다 약 1000년 이전의 천문도가 된다.

---

36 Shi Yunli(石云里)는 완전히 같다고 본다고 한다. 개인서신, 1995.

37 중궁에 관하여는 제VI장의 2-1절. 중외궁에 자세한 설명이 있다.

38 루훠스의 본명은 Will Carl Rufus이며, 생몰년은 1876~1946년이다. 1907년에 미국 감리교회가 파송한 교육담당 선교사로서 평양의 숭실학교와 연희전문학교에서 교수하는 동안 한국에 현대천문학을 처음 도입했다. 한국에 온지 10년째인 1917년에 미국으로 돌아가 미쉬건대학의 천문학 교수로 생을 마쳤다.

39 W. C. Rufus, "The Celestial Planisphere of King Yi Taijo", *Trans. of the Korea Branch, Royal Asiatic Soc.*, IV, 23, 1913. 그는 이 논문을 약간 수정하여 다시 다른 잡지에 보고한 바 있다. "Korea's Cherished Astronomical Chart", *Popular Astronomy*, XXIII(4), pp. 193~198, 1915.

40 W. C. Rufus, "Astronomy in Korea", *Trans. of the Korea Branch, Royal Asiatic Soc.*, Vol. 26, 1936.

한편, 「천상열차분야지도」를 비롯한 한국의 옛 천문도와 중국의 옛 천문도의 별자리 모양을 대비하는 연구를 한 Pan Nai(潘鼐)[41]는 대체로 진탁(陳卓, Chen Zhuo)의 삼가성도(三家星圖)[42]의 기본 틀에 의해 만든 수(隋)나라의 단원자(丹元子)가 쓴 보천가(步天歌)의 삼원이십팔수(三垣二十八宿)가 적용된 것이라고 한다. 그가 별자리의 모양이 중국과 한국의 천문도 사이에 상통하는 것이 대부분이지만, 서로 판이하게 다른 것이 많다는 것을 그림으로 보여 주고 있다. 뿐만 아니라, 글자도 다른 표기가 있다고 지적하면서, 그는 공감을 받을 수 있는 다음과 같은 세 가지 의견을 제시하였다: (1)「천상열차분야지도」의 '논천(論天)'에 『진수이서 천문지(晉隋二書天文志)』의 기록이 있다. 이 두 기록은 당(唐)의 정관(貞觀)년대에 살았던 이순풍(李淳風)이 AD 645년경에 쓴 것이다. 이 사실에 근거하면 고구려의 천문도는 고구려가 멸망한 AD 668년보다 약 20년 전에 각석되었을 것이다. 그런데, 현재까지 중국에는 이 시대에 제작된 당대(唐代)의 천문도가 남아 있는 것이 없다.[43] 이런 점으로 미루어 보면, 이 고구려의 천문도는 당 이전인 수대(隋代)의 유계재(庾季才)가 만든 천문도[44]의 영향을 받은 것일 것이다. (2)이십팔수(二十八宿)의 수거성(宿距星)의 적도(赤道)상에서의 거도(距度)는 전국초기(戰國初期)의 석씨(石氏)가 얻은 값을 취했고, 당의 일행(一行)이 측정한 값은 아니다. (3)몇 개의 수거성(宿距星)의 위치는 진탁(陳卓)이 살았던 3세기의 것이다. 이름이 조금씩 변한 별들이 있는 점으로 미루어 (고구려의) 천문도는 당 이전의 것이다.

루훠스의 실수

조선 태조의 「천상열차분야지도」를 세상에 처음 알린 루훠스가 다음과 같은 글을 남겼다.

---

41 Pan Nai, "Differences Between the Constellations as Envisaged in Ancient China and Korea, and Their Relations in the Middle Ages" *in Oriental Astronomy from Guo Shoujing to King Sejong*, eds. by Nha I.-S. and F R Stephenson(Yonsei University Press; Seoul), pp. 247~264, 1997.

42 AD 221-238에 완성된 것으로 전부 283관(官)에 1464성(星)이 수록되어 있다.

43 돈황성도(敦煌星圖)는 당대 초기(唐代 初期)의 것이기는 하지만 「천상열차분야지도」의 기산점(起算点)보다 더 후대이다.

44 이 천문도는 개도(蓋圖)를 뜻하는데, 황도, 적도, 내외이도(內外二道)가 명확하게 표시되어 있는 최초의 천문도이다.

> "고구려의 석각천문도는 중국 황제가 고구려 왕에게 하사한 것을 기본으로 삼아서 석각한 것이다.
> (The star map, on which the engraved stele was based, was a gift presented by a Chinese emperor to a Korean king.)"[45]

> "고구려가 가진 가장 값진 천문학적 소유물은 돌에 새긴 천문도인데, 이것은 중국 황제가 고구려 왕에게 보내준 것이다.(The most valued astronomical possession of that kingdom was the chart engraved in stone and presented to the king by the Emperor of China)"[46]

그러나 불행하게도 루휘스는 이에 대한 근거는 제시하지 않은 채 자기의 글에 이렇게 썼으니, 지금의 우리에게는 도무지 이해될 수 없는 일이다. 이 기사로 인해서 오늘의 중국 학자들은 그것을 사실로 받아들이는 경향이 있다. 그러나 과연 루휘스의 의견에 타당성이 있는 것일까? 이 물음에 대하여 이미 Pan Nai가 부분적인 해답을 내렸거니와 본 저자는 ①고구려의 석각천문도가 제작된 시기에 중국에는 돌판에 천문도를 새긴 일이 없었다는 사실에 주목한다. 돌판에 별을 새긴 것은 한나라 때에 있었지만, 이미 제III장 2절에서 소개한 바가 있듯이 그 그림들은 부분적인 소품일 뿐이다. 고구려의 석각천문도에 새겨져 있는 완벽한 전천성도는 그 시기에 중국에는 없었다. 고구려의 천문도와 비슷한 형식의 전천천문도가 돌판에 새겨진 최초의 중국 천문도는 그로부터 약 400년이 지난 송나라 때 만든 소주천문도(蘇州天文圖)가 있을 뿐이다. ②중국의 황제가 만든 일도 없는 석각천문도, 그것도 1톤이 넘는 무게를 가진 것으로 추산되는 석각천문도를 고구려를 위하여 만들어서 수 천 km나 되는 먼 고구려의 수도 평양까지 보내는 일은 상상할 수도 없는 일이다.

따라서 루휘스의 가설은 다른 데서 뚜렷한 근거가 나타나지 않는 한 잘못된 기술이라고 단정하지 않을 수 없다.

---

45 W. C. Rufus, "The Celestial Planisphere of King Yi Taijo", *Trans. of the Korea Branch, Royal Asiatic Soc.*, IV, 23, 1913.

46 W. C. Rufus, "Korean Astronomy", *Trans. of the Korea Branch, Royal Asiatic Soc.*, XXVI, 11, 1936.

백제의 천문도

백제의 천문도에 관하여는 아무것도 알려진 바가 없다. 다만, 역사책의 기록을 참고하여 추측해 볼 뿐이다. 서기602년에 백제의 중 관륵(觀勒)이 역서와 천문서를 가지고 일본에 가서 일본의 왕에게 천문학을 가르쳤다는 『해동역사(海東繹史)』의 기록을 통해서 천문도의 제작 가능성을 짐작하게 된다. 일본의 문헌에도 관륵의 기사가 있다. 이에 관하여는 전상운[47]이 『일본서기(日本書紀)』를 다음과 같이 소개하고 있다.

> 다만, 백제 성왕23(서기 545)년에 역박사(曆博士) 고덕왕손(固德王孫)을 일본에 보냈고, 그 뒤 무왕3(서기602)년에 관륵이 역서와 천문서를 가지고 일본에 갔다는 사실 등으로 미루어, 중국에서 천문도의 전래가 있었고 그것을 바탕으로 그들의 관측 결과를 가지고 성도를 만들었으리라고 추측할 뿐이다.

삼국 중에서는 가장 화려한 예술을 발전시킨 백제인들이 천문도를 제작했을 것으로 추측하는 것은 무리한 일이 아닐 것이다. 더욱이 다음과 같은 천문 관측 기록들이 『삼국사기』와 『증보문헌비고』에 남아 있다는 사실은 그 기록들이 천문도가 없었다면 불가능한 관측 대상임으로, 백제에 천문도가 있었다는 사실은 의심할 여지가 없다. 전설에 의하면, 충남 부여 근처의 강변에는 큰 바위가 많은데 백제의 일관(日官)들이 이 바위를 관측대로 사용했었다고 한다. 여러 가지 관측 기록 중 천문도를 사용해야만 가능한 다음과 같은 세 가지 대상을 소개하면서 백제 천문도의 존재를 강조해 본다.

(1) 오위엄범항성(五緯掩犯恒星): 이것은 5개의 행성(五緯) 중 어느 하나가 자리를 옮겨가다가 밝은 별에 아주 가깝게 접근하거나 또는 아예 가려 버리는 현상을 뜻하는 용어이다. 언제 어느 별을 가리거나 접근했다고 기록하려면 별자리와 별들이 자세히 기입되어 있는 천문도가 반드시 필요하다. 이에 관한 기록들을 『증보문헌비고』 상위고[48]에서 찾아보면

47 전상운, 『한국과학기술사』, (정은사: 서울), 42, 1984(중판).
48 『增補文獻備考』 象緯考 5: 5(五緯掩犯恒星)

신라에 4건

고구려에 2건

백제에 2건

이 있다. 신라에 더 많은 이유는 통일신라의 것까지 합했기 때문이다.

(2) 객성(客星): 옛 문헌에 '객성'이라고 기록된 것을 조사해 보면, ①신성(新星)과 초신성(初新星), ②변광성(變光星), ③혜성, 또한 경우에 따라서는 ④유성(流星, 별똥별)이 이렇게 기록되어 있다.[49] 이 중에 ①과 ③에 해당하는 천체의 출현은 국가적 정사에 중요한 사건으로 인식되었었고 점성술적으로도 큰 관심의 대상이었으므로, 그 나타난 시기와 위치는 정확하게 측정되어야 했다. 따라서 정확한 천문도가 필요했을 것임에는 틀림이 없다. 이에 관한 기록은『증보문헌비고』[50]에 전부 9건이 있는데, 백제에도 1건이 있다.

신라에 6건

고구려에 2건

백제에 1건

(3) 혜패(彗孛): 혜(彗)와 패(孛)는 다 같이 혜성을 뜻한다(제V장을 참조). 이 두 표현 이외에도 치우기(蚩尤旗)라는 용어도 가끔 사용되었었다. 혜성의 출현은 객성의 경우와 마찬가지로 대단히 중요하게 생각한 천체였기 때문에 그 출현한 시기와 위치는 정확해야 했다. 따라서 정확한 천문도가 사용되었을 것인데,『증보문헌비고』에 기록된 혜성의 기록을 보면,

신라에 29건

고구려에 9건

백제에 15건

이다[51]. 백제에 고구려의 기록보다 더 많은 것은 백제의 천문도 제작 가능성을 한 층 더 높여 준다.

---

49 羅逸星, '觀象監과 現代天文學 -星變測候單子篇-',『東方學志』, 20, 209, 1978.

50『增補文獻備考』象緯考 6: 20(客星), 6: 22-23(彗孛)

51 *ibid.*

신라의 천문도

천문학 전반에 관하여는 삼국 중 신라의 업적이 당연히 돋보이지만, 천문도의 유물이 없다는 점에 있어서는 신라는 백제의 경우보다 더 나을 것이 없어 보인다. 신라의 많은 무덤 중 벽화가 있는 무덤이 2기가 있지만 그 속에 있는 벽화는 천문과는 무관한 그림뿐이다. 그러나 분명한 예외는 있다. 그것은 신라가 중국에서 천문도를 가지고 온 일이 있었다는 두 기록이 그것이다.

제32대 효소왕 원년(孝昭王元年, 서기692년)에

> 고승 도증이 당에서 돌아와 (임금께) 천문도를 바치다.
> 高僧 道證 自唐廻. 上天文圖.

라는 짤막한 기록[52]이 『삼국사기』에 있고, 『증보문헌비고』에는 이 글을 포함해서 다음과 같은 비교적 상세한 기록이 있다.[53]

> 신(『증보문헌비고』의 저자)이 삼가 당대(唐代)의 역상(曆象)을 살피건대, 모두 이순풍(李淳風)과 일행(一行)을 조종(祖宗)으로 삼아서 2백 90여 년 동안에 역(曆)이 8번 바뀌었으나, 중요한 점은 인덕력(麟德曆)과 대연력(大衍曆)의 범위를 넘어서지 못하고 있습니다. 그러므로, 도증(道證)이 바친 천문도(天文圖)도 아마 이순풍의 개천법(蓋天法)에 의한 것일 듯합니다. 그러나 효소왕(孝昭王) 원년(서기692)에 도증이 당나라로부터 돌아왔는데, 이 해는 바로 무후(武后)의 장수(長壽) 원년인 임진년(壬辰年)으로, 30년 후에 일행(一行)이 천자의 명을 받아 역법을 만들었으니, 개천설을 참고하여 쓴 것은 도증이 당나라에 들어갔을 때에는 아직 행해지지 않았을 것입니다. 생각건대, 그는 다만 이순풍의 법을 취하여 나타낸 것으로 여기에 아울러 기록해 둡니다.
>
> 臣 謹按 唐代曆象 皆以 淳風一行 爲宗, 二百九十餘年之間 曆凡八改 而要不出 麟德大衍之範圍 則道證所上天文圖 抑亦 淳豊蓋天之法歟 然孝昭王元年, 道證自唐還是年, 卽武后長壽元年壬辰也, 後三十年 一行始承詔作曆, 則考定蓋天之說未必行於道

---

52 『三國史記』 卷八.
53 『증보문헌비고』 상위고 2: 22ㄱㄴ.

證入唐之時, 而惟取其發揮淳風之法, 并此收錄

이것은 도증(道證, 생몰년 미상)이 당에서 돌아올 때 천문도를 가지고 와서 692년에 효소왕에게 바쳤다는 기록인데, 이순풍[54]이 만든 개천법으로 된 천문도일 것이라고 하는 것이다. 그러나 이순풍 자신은 천문도를 만든 일이 없었으니, 누군가 다른 사람이 만든 천문도를 베껴서 가지고 온 것일 것이다. 그렇다면, 과연 누구의 것이었을까? 이에 대한 최초의 언급은 전상운(全相運)[55]의 것이다. 그는 〈사실상 고구려에 전래된 진탁(陳卓)의 성도와 다를 것이 없었을 것이다〉라고 쓰고 있다. 그러나 이에 관하여는 다음과 같은 의문이 제기된다. 즉, 고구려에 진탁의 천문도가 전래되었다고 하는 사실의 진위 여부는 비켜간다고 하더라도 총283관의 별자리에 1464성을 수록한 진탁의「삼가성도」는 앞절에서 상세히 언급한 대로 도증의 당나라 유학에 앞서기를 적어도 4세기나 된다. 뿐만 아니라 진탁은 당나라 장안에서 멀리 떨어져 있는 오나라의 태사령이었다는 점을 감안하면, 1건 밖에 없었던「삼가성도」가 당나라 장안에 와 있었다고 보기 어렵다. 앞에서도 언급했듯이 이 진탁의「삼가성도」는 오래전에 없어진 물건이다(앞절의「삼가성도」를 참조).

도증이 신라로 가지고 온 천문도는 그가 당나라 어디엔가 있었던 천문도를 모사해 온 것이었을 것이다. 왜냐하면, 당시 중국에는 탁본을 만들 석각천문도는 아직 없었고 또 목판으로 대량 생산도 하지 못하던 시기였다. 따라서 이미 있는 천문도를 보고 그대로 베끼는 수밖에 없었는데, 보고 베낄 만한 천문도로서 이름 있는 천문도로는 당나라에 있었던『보천가』(그림 VII-2)와「돈황성도」(그림 VII-3) 뿐이다. 그렇다면, 대안은 두 가지가 있다. 첫째는 도증의 천문도가 만약 책으로 된 것이라면『보천가』일 가능성이 있다는 것이다. 이『보천가』는 앞에서 이미 소개한 바대로 당의 왕희명이 책으로 출간한 것이므로, 도증이 당나라에서 입수했을 가능성이 있다고 본다. 그러나 이 가정(假定)에는 문제가 있다. 왜냐하면 왕희명이『보천가』를 출판한 것은 당나라 개원년간(開元年間, 서기

54 이순풍(李淳風, 서기602~670)은 당나라 초기에 태사승(太史丞)과 태사령(太史令)을 지낸 천문가인 동시에 수학자이다. 서기633년에 혼의를 새로 제작하는 일을 시작으로 여러 관측기기를 만들었고,『진서(晉書)』와『수서(隋書)』「천문지」와「율력지」편찬에도 관여했고, 인덕력(麟德曆)을 편찬하는 일을 하는 등 많은 업적을 남겼다.

55『한국과학기술사』, (정음사; 서울), 42, 1975.

713~741)인데, 도증이 신라로 돌아온 해는 서기692년으로 적어도 20년 이상 앞서기 때문이다. 말하자면 도증이 당에 있을 때는 『보천가』가 출판되지 않았었다는 이야기가 된다. 또 다른 가능성은 도증의 천문도가 두루마리로 된 것이라면 「돈황성도 갑본」을 베껴왔을 가능성이다. 도증이 당에 갔을 때 불교 유적이 많은 돈황을 방문하지 않았을 리 없을 것이다. 그가 만약 돈황에서 이 「돈황성도」을 베꼈다고 가정한다면, 옆으로 길기 때문에 두루마리 형식으로 만들었을 것이라고 생각된다. 참고로 뒤에 소개하려는 일본의 「격자월진도(格子月進図)」(그림 VII-28 참조)의 경우는 고승 길비진비(吉備眞備)가 735년에 당에서 가지고 온 것이라고 추정하고 있다. 현재 알려지고 있는 「격자월진도」는 길이가 3 m 정도되는 두루마리이다(다음 2-3절에서 다루려고 함).

고려 시대의 천문도

통일신라를 굴복시키고 한반도를 통일한 고려(918~1391)는 일월식을 비롯하여 여러 가지 천문과 기상 현상을 관측한 기록을 대단히 많이 후세에 남기고 있다.[56] 고려 475년간 기록한 일식과 월식만 하더라도 각각 135건과 226건에 이르고 있다는 사실만 보더라도 고려 시대의 천문 활동이 얼마나 활발했었던가를 짐작할 수 있다. 태양 흑점의 관측을 비롯하여 혜성과 유성(별똥별) 등이 출현했다는 기록 또한 방대한 양에 이른다. 뿐만 아니라, 고려는 지금의 개성에 첨성대[57]를 남겨 놓고 있다. 지금은 한 층으로 되어 있는 돌기둥과 상판(上板) 만이 남아 있어서 그 때의 모습을 정확히 그려낼 수는 없으나, 이 첨성대로 인하여 고려의 관측자들은 활발한 관측 활동을 했음이 분명하다.

이와 같은 정황으로 볼 때, 고려인들이 천문도 제작에도 열심이었을 것으로 생각되나 결과는 의외로 실망스럽다. 고려시대에 천문도를 만들었다는 공식적인 기록으로는 오윤부(伍允孚, ?~1305)가 제작했다는 다음과 같은 짧은 기록[58]이 전부이다.

---

56 고려시대의 천문과 기상 현상이 수록되어 있는 문헌으로는 『高麗史』, 『天東象緯考』, 『增補文獻備考』 등이다.

57 홍현선, '국내 최초 북한과학문화재 "고려 첨성대" 복원 전시', 『월간 과학관소식』, 3, 1997년 2월호. 이 호의 pp. 1~2에는 나일성의 '고려첨성대 복원의 의의'도 있다.

58 『高麗史』 122: 8ㄴ.

일찌기 스스로 천문을 그려 바쳤더니 천문관측자(日者)가 다 취하여 이를 본 받았다.
自圖天文以獻日者皆取法

한편 천문도의 존재에 관해서는 봉선사(奉先寺)에 천문도가 있었다는 다음과 같은 기록[59]이 있다.

(공민왕4년, 1355년) 7월 무인에 봉선사에 나아가 성상도를 보았다.
七月..... 戊寅幸奉先寺觀星象圖

지금도 개성에 남아 있는 고려첨성대를 비롯하여 자체적으로 일월식을 계산할 정도로 천문학을 발전시킨 사실을 감안한다면, 고려인들이 다양한 종류의 천문도를 가졌으리라고 짐작할 수는 있겠다. 다만, 이를 드러내 보일 자료가 불행하게도 남아 있지 않다는 사실이 안타까울 뿐이다. 따라서 오윤부가 제작했다는 천문도나 봉선사의 성상도의 크기나 내용은 물론이고, 과연 어떤 종류의 것이었는지 그 대략이라도 알 수 있는 길이 있으면 좋겠다.

『고려사』「열전(列傳)」과 「세가(世家)」편에 있는 오윤부에 관한 기록을 간추려서 루훠스[60]는 영어로 번역하고, 몇 마디 더 첨가한 다음과 같은 글을 남겼다:

그 (오윤부)는 믿을 만한 관측자였다. 날씨가 대단히 추운 날이나 더운 날이거나 가리지 않고, 그는 밤이 새도록 관측하는데 게을리하지 않았다. 그는 천문도를 제작하고 그 속에 우주의 조화를 보였다고 한다. 그는 점성가로서도 널리 알려졌다. 그래서 중국의 황제도 그의 도움을 요청했는데, 그의 예언은 모두 적중했다.

---

59 『高麗史』 世家 41: 12ㄴ.

60 W. C. Rufus, 'Korean Astronomy', *Transactions of the Korea Branch, Royal Asiatic Soc.*, Vol. 26, 21, 1936. "He was a faithful observer; though it was exceedingly cold or hot he continued to observe without fail all night long. He produced an astronomical chart which he said to have harmonized all the doctrines. He also acquired a wide reputation as an astrologer. Even the Chinese emperor requested his services and marvellous stories are told of his predictions that came true."

이 글을 참작해 보면, 훌륭한 관측자였던 오윤부가 제작한 천문도는 고려시대의 천문도를 대표하는 것일 수도 있겠다.

한편 봉선사라는 이름을 가진 절은 첫째 경기도 남양주군 진접면의 운악산 기슭에 하나가 있다. 하지만, 이 사찰은『고려사』「세가」에 기록된 봉선사는 아니다. 문제의 봉선사는 경기도 개성시 만원동 유암산 기슭에 있었던 사찰이다. 이 사찰과 관련있는 기사에 의하면,[61] 공민왕은 성상도를 본 후에도 자주 찾아갔던 곳이었다. 그러나 사찰규모나 폐사에 관한 기록은 전래되지 않고 있다고 한다.

고려시대의 천문도가 남아 있을 가능성이 전연 없는 것은 아니다. 국내에 현존하는 천문도 중에서 조선시대의 유물이라고 보기 어려운 두 점의 천문도가 있다. 이 두 천문도가 과연 고려시대의 유물인가에 관하여는 앞으로 학계의 신중한 검토가 있어야 하겠기에 본 저자는 이 두 천문도를 여기에 간단히 소개하려고 한다.

(1)「혼천요의(渾天要儀)」

제작자 이름이 없고, 제작연대를 추측하기 어려운 천문도이다. 그리고 천문도의 이름으로는 낯설은「渾天要儀」이라는 네 글자가 서툰 글씨로 상단에 적혀있다. 이 천문도의 크기는 가로 82.5 cm, 세로 72.5 cm 이며, 중앙에 지름이 65 cm인 원 안에 별과 별자리 이름이 있다. 현재 한국국학진흥원에 소장되어 있는데, 종이를 접었던 곳에 약간의 훼손이 있을 뿐, 글자와 별 표시 모두 판독이 가능하다.

이 천문도는 성도인 원의 좌우에 도설(圖說)이 있는데, 그 글은 오른쪽에 4행과 왼쪽에 2행을 차지하고 있다. 먼저 오른쪽을 보면 첫 2행에 이 천문도를 제작한 동기를 설명하고 평양의 석각천문도에 의해서 이 그림을 그렸다고 썼다. 그리고 나머지 2행은 태백(太白)과 진성(辰星)의 운행을 설명한 것이다. 다음 왼쪽을 보면 세성(歲星)과 형혹(熒惑) 그리고 진성(嗔星)의 운행이 2행에 설명되고 있다. 그런데 재미있는 사실은 이 그림을 '평양의 석각천문도에 의해서 그렸다(一依 箕都石儀作爲此圖)'는 대목이다. 이것으로 우리는 이 천문도는 고구려의 석각천문도가 유실되기 전에 고구려에서 만든 것임을 알게 되었다. 만

61 金渭錫,『한국정신문화대백과사전』의 봉선사 편.

약 이것이 사실로 판명된다면 이 천문도는 한국에서는 가장 오래된 것이므로 보물로 다루어야 할 천문도이다. 그리고 5행성의 운행을 설명한 도설(圖說)[62]은 조선시대의 천문도 중에는 「천상열차분야지도」를 포함하여 그런 예가 없다는 사실에도 주목할 필요가 있다. 그러니까 이 「혼천요의」는 5행성의 운행에 관심이 많았던 시기에 제작된 것으로도 해석된다.

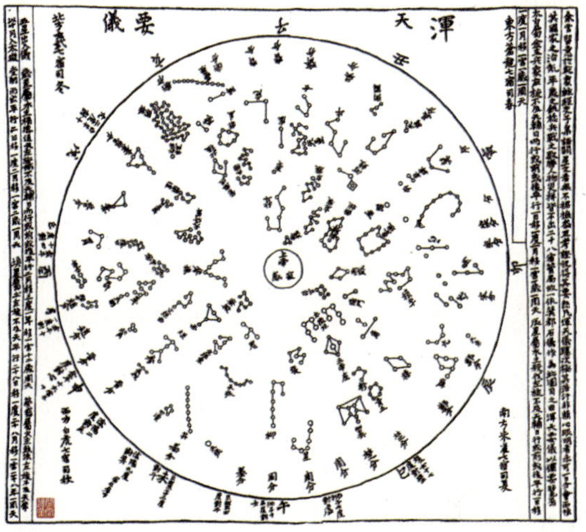

그림 VII-17. 「혼천요의」(한국국학진흥원의 원본을 나일성이 모사한 것이다.)

다음, 성도의 상하 좌우 사방에 「천상열차분야지도」에 있는 것과 비슷한 글귀가 있다. 즉, 東方蒼龍七宿司春, 北方玄武七宿司冬, 西方白虎七宿司秋, 南方朱雀七宿司夏인데 「천상열차분야지도」의 것 보다 짧아서 어쩐지 초기의 표현이라는 인상을 준다.

성도의 바깥쪽에는 12지가 큰 글자로 적혀있고, 그 틈새에 12궁 중 6궁만이 아래쪽에 적혀있다. 이 6궁의 이름을 인접한 수(宿)와의 이각(離角)과 함께 적은 것도 이 천문도가 갖는 특징 중 하나이다.

성도의 원 안에는 12궁의 이름이 해당하는 성수(星宿)에 기입되어 있는 것도 또한 이 천문도만의 특징이다.

이 성도에는 북극을 중심으로 지름이 약 5 cm되는 작은 원이 있다. 그리고 그 속에는 별이 하나도 없고, 대신에 〈上帝 感寂〉이라는 네 글자가 자리하고 있다.

성도에 표시된 별자리의 수는 28수를 포함해도 100좌를 넘지 못한다. 그리고 자미원과 태미원의 이름은 있으나 천시원의 이름은 보이지 않는다. 뿐만 아니라 별자리의 모양은 조선시대의 천문도의 별자리 모양과는 아주 다르며, 별자리들의 상대 위치도 일치되는 것이 아주 적다.

62 국립민속박물관, 『天文, 하늘의 이치, 땅의 이상』, 161, 2004.

(2)「고려천문도(高麗天文圖)」

1980년대에 연세대학교 도서관이 안동시에 있는 권씨 문중의 한 저택에서 다량의 고문서 일체를 접수한 바 있다. 이 고문서 중에 천문도 3건이 포함되어 있었다. 그 중 하나는 다음에 이어서 소개할 권근의 「건상열차분야지도」이고, 다른 2건은 세간의 주목을 별로 받지 못한 채 지금까지 수장고에 보관되고 있는 것이다. 필자가 최근에 그 중 하나를 조사해 본 결과, 이는 심상치 않은 작품임을 알게 되었다. 불행하게도 아직 조사를 마치지 못하였으므로, 상세한 소개는 어렵지만, 필자의 의견으로는 이는 권근이 「천상열차분야지도」를 완성하기에 앞서 시작(試作)한 「건상열차분야지도」를 만들 때 참고한 천문도였을 것으로 짐작한다. 그렇다면 이것은 오윤부의 것일 수도 있고, 봉선사의 것일 수도 있다. 아니면 권근 스스로가 평시에 가지고 있었던 또 다른 천문도일 수도 있다.

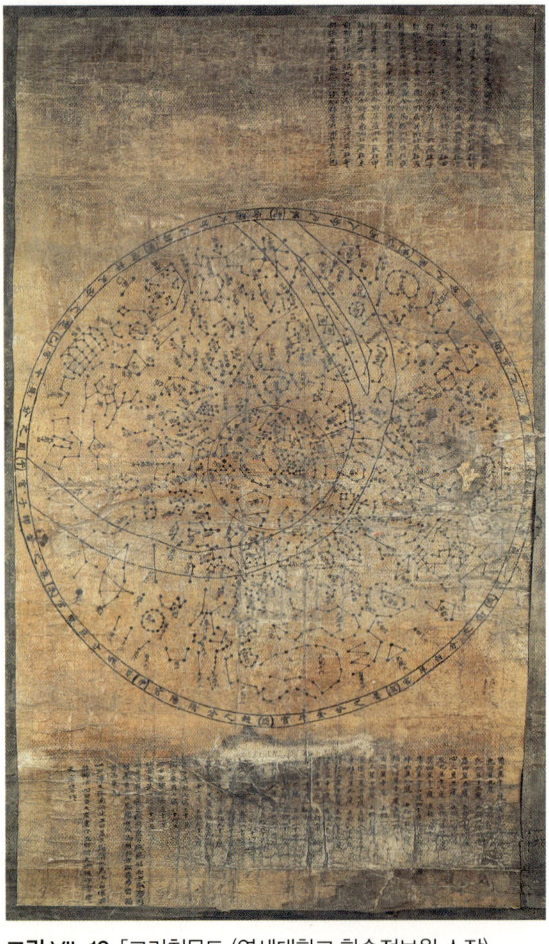

그림 VII-18.「고려천문도」(연세대학교 학술정보원 소장)

필자는 이 천문도에는 이름이 없기 때문에 잠정적으로 「고려천문도」라 부르기로 한다. 이 「고려천문도」는 그림 VII-18에 보인 것인데, 퇴색이 심하여 해상도가 높은 사진으로도 판독하기가 어렵다.

천문도의 중앙에는 지름이 약 72 cm인 원이 있고, 그 안에 「천상열차분야지도」의 원형 성도와 같은 방식으로 3원28수의 별들이 그려져 있는 성도가 있다. 그런데 이 성도는 「천상열차분야지도」의 성도와 비교하면 각도가 시계바늘의 방향으로 90도 돌려져 있다. 천문도 전체의 외형은 가로 74.3 cm, 세로 120 cm 크기의 족자로 되어 있다.

이 고려천문도에 기재되어 있는 글자는 현재 판독 중에 있으며, 그 내용은 다음 장의 그림 VIII-1에 제시한 것과 같이 배치되어 있는데 이 배치 방법에 관하여는 짤막하게 제 VIII장에서 소개하려고 한다.

조선의 천문도

조선 시대의 지식인들은 사대부(士大夫)에서 유생(儒生)들에 이르기까지 제각기 자기의 천문도를 갖기를 원했기 때문에 천문도가 대단히 많이 유포되었던 것 같다. 그러나 「천상열차분야지도」 탁본을 만들어서 소유한다는 것은 신분이 낮은 계층의 사람들에게는 넘볼 수 없는 일이다. 그리고 한양의 태조/세종 때의 천상열차분야지도 석판이나 숙종 대의 것을 보고 필사한다는 것은 대단히 어렵고 시간이 많이 요하는 일인 동시에 아무나 접근할 수 있는 일도 아니었다. 조선 초기에는 태조/세종 때의 석판에서 그리고 숙종 이후에는 숙종의 각석에서 1년에 여러 장의 탁본을 만들었다고 가정해도 그 수는 많지 못했을 것이다. 다행히 120장이나 되는 선조4년의 목판인쇄본이 있었기 때문에 당대의 세도가들이 소유하게 된 일이 있기는 했어도 그것조차도 대부분 사대부들의 집 깊숙한 곳에 있었을 것이므로, 연분이 닿는 유생들은 탁본이나 목판본을 보고 필사하는 수밖에는 다른 방법이 없었다.

이런 이유로 인해서 필사본이 널리 알려지게 되었지만, 지위가 낮은 신분이거나 형편이 어려운 처지에 있었던 사람들은 이렇게 필사한 것을 보고 또 이중삼중으로 베꼈을 것이다. 따라서 필사본에는 정밀도가 없는 엉성한 것을 비롯해서 잘 필사한 것이라 해도 많은 부분을 생략한 것들이 생기게 마련이다. 이런 천문도를 『손으로 베낀 천상열차분야지도』 또는 간단히 『민간 필사본』이라 하여 관상감에서 만든 탁본과 구별한다.

탁본한 「천상열차분야지도」는 현재 규장각에 소장되어 있는 것을 필두로 국내와 국외에 다수 존재하지만, 이런 것들은 모두 각석과 동일하기 때문에 여기서 따로 언급할 필요는 없으나, 탁본을 보고 필사한 「천상열차분야지도」 중에는 간혹 당시의 천문 지식을 엿볼 수 있는 자료를 첨가한 것이 몇 개 있다. 여기에는 이런 범주에 속한 필사본 2건을 포함시켰다(그림 VII-2와 VII-26을 참조).

지금까지 전해져 오고 있는 천문도를 보면 제작자의 능력과 제작 목적과 조건이 서로 다르기 때문에 그 크기나 내용이 각양각색이지만, 다음과 같은 유형이 있음을 알게 된다.

(1)『천상열차분야지도』 탁본을 보고 다시 베낀 것.

(2) 특수한 목적을 위해서 만든 것.

(3) 기타

등이다.

여기에 소개하려고 하는 한국의 옛 천문도는

가. 내용이 풍부한 천문도

나. 제작 시기가 이른 천문도

다. 제작 기법이 정교한 천문도

라. 보존 상태가 좋은 천문도

마. 독특한 의미가 있는 천문도

와 같다. 조건에 맞는 작품들이다. 지금까지 조사한 바에 의하면 대표적 작품이라고 할 수 있는 것은 모두 전천성도(全天星圖)이며, 다음 표 VII-5에 수록한 바와 같이 전부 〈민간 천문도〉들이다. 이 외에도 옛 천문도는 더 있으나 이 책에는 제외시켰다.[63]

표 VII-5. 대표적인 한국의 옛 천문도. 원본의 상태가 대단히 나쁜 것은 나일성천문관에서 새로 제작하였으며 이 표에는 (복원본)이라고 명기하여 (원본)과 구별했다.

번호	천문도 이름	제작 연대	제작자	자료 출처
1	건상열차분야지도(乾象列次分野之圖)	1393년경	權近	연세대 도서관(原本) 나일성천문관(복원본)
2	개형혼의회전지도(盖形渾儀回轉之圖)	18세기 말	미상	나일성천문관(原本)
3	혼천도(渾天圖) -대형(1)	1440년대(?)	朴堧(?)	일본 국회도서관(原本) 나일성천문관(복원본)
4	혼천도(渾天圖) -대형(2)	19세기 초(?)	미상	연세대 도서관(原本) 나일성천문관(복원본)

63 이 표에 수록된 천문도를 비롯하여 모든 천문도는 앞으로 출간 예정인『중국·한국·일본의 천문도보전(天文圖寶典)』을 참조.

번호	천문도 이름	제작 연대	제작자	자료 출처
5	혼천도(渾天圖) –초대형	19세기 초(?)	미상	나일성천문관(原本)
6	우의취영경도(愚意取影更圖)	1678 또는1858	미상	古都社(原本)
7	천상열차분야지도–안동권씨 手書本	1631년	미상	안동권씨댁(原本)
8	천상열차분야지도–대관령박물관 手書本	19세기 초	미상	대관령박물관(原本)
9	개천지도(蓋天之圖)	1774년	黃胤錫	頤齋新編

이제 위의 표에 수록된 차례대로 그 하나하나를 소개해 보자.

(1)「건상열차분야지도(乾象列次分野之圖)」

이 천문도는 앞에 소개한 바 있는「고려천문도」(그림 VII–18 참조)와 함께 입수한 것으로 현재 연세대학교 도서관에 수장되어 있다. 이 천문도의 존재에 관해서는 간단한 조사

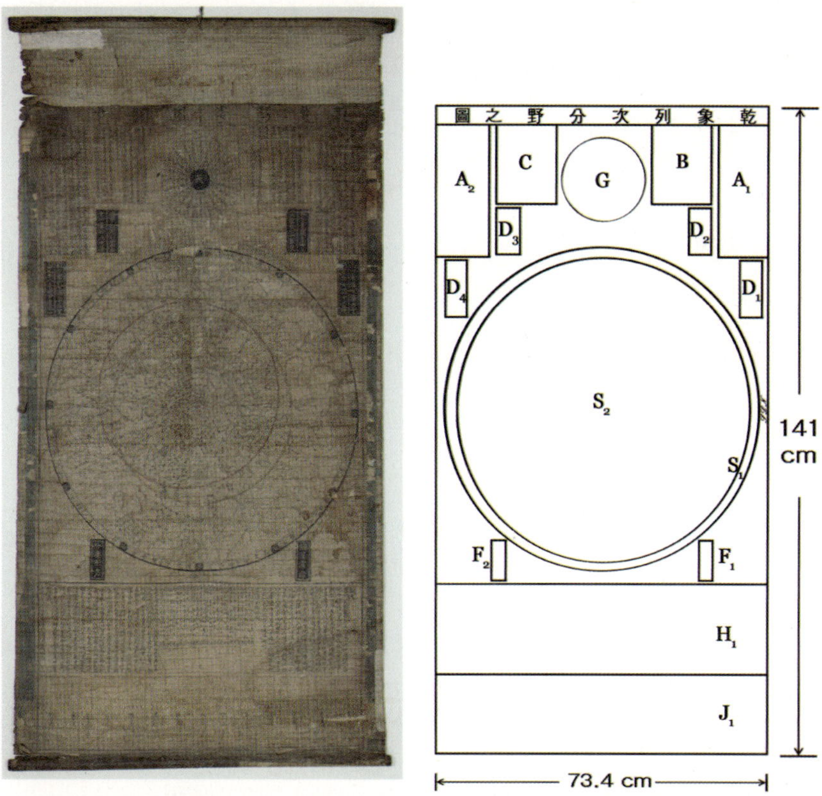

(A) (B)

그림 VII–19.「건상열차분야지도」(연세대학교 학술정보원 소장)

가 이미 있었기 때문에 30여 년 전부터 세상에 알려져 왔다.[64] 천문도의 크기는 가로 73.4 cm, 세로 141 cm이며, 석각본이나 목판본으로 만든 「천상열차분야지도」에 비해 약 12 cm 더 좁다. 별을 표시한 중앙에 있는 성도의 지름은 71 cm이다.

여덟 글자로 된 천문도 이름이 소전체(小篆體)와 고문체(古文體)로 「건상열차분야지도(乾象列次分野之圖)」라고 상단(上段)에 획이 가는 글씨로 적혀있다. 권근이 그린 것으로 그의 이름이 천문도 하단(下段)에 있는 도설 끝에 적혀 있고, 천문도는 족자로 보존되어 있으나 훼손된 부분이 많아서 전체적인 상태는 좋지 않은 편이다. 이 천문도에 관하여는 다음 제VIII장에서 다시 다루기로 하겠으며, 때때로 「천상열차분야지도」와 구별하기 쉽도록 하기 위해서 「건상도(乾象圖)」라는 약칭을 쓸 때도 있을 것이다.

(2) 「개형혼의회전지도(盖形渾儀回轉之圖)」

아름답게 채색된 이 천문도는 지금까지 보아온 다른 천문도와는 완전히 다른 독특한 내용을 재미있게 배치한 천문도이다. 동북아시아의 천문도 중 이와 필적할만한 천문도는 그 유래가 없다. 천문도의 이름인 「개형혼의회전지도」는 3가지 내용을 암시하고 있다. 즉, 〈개형(盖形)〉은 우주론을 의미하면서 하늘의 별의 세계를 표현하려하고 있고, 〈혼의(渾儀)〉는 하늘의 운동을 측정하는 기기(機器)인 동시에 그 원리를 기술한 것이고, 〈회전(回轉)〉은 하늘의 운동을 통해서 계시(計時)하는 일과 12차, 12분야, 12지 등 방위(方位)를 설명하고 있다.

이 천문도의 크기는 가로 55.5 cm, 세로 108 cm이며, 족자(簇子)로 표구(表具)되어 있다. 천문도는 여러 가지 색깔을 다양하게 사용하여 혼천의, 물시계, 천지(天池), 종각(鐘閣) 등을 정교하고 또 화려하게 그린 천문도이다.

천문도의 상단에는 천문도해가 있고, 그 바로 아래에 육상경기장을 닮은 모양으로 그린 하늘에 별들을 그린 성도가 있다. 그런데 이 성도 바로 밑에 침상에 누워서 하늘을 보고 있는 사람의 모습이 그려져 있는데, 이것은 대단히 재치 있게 그린 예술이다. 글자의 수는 족히 수 천에 이를 만큼 많아서 깨알처럼 작게 적혀 있는 것이, 마치 종이의 어느 구

64 나일성, "조선시대의 천문의기 연구, 천문도편", 『동방학지』, 제41집, pp. 205~237, 1984.

석이든지 활용할 만한 곳이라면 전부 채우려고 노력했음이 분명하다. 이 그림을 그린 사람은 그 시대의 하늘의 모든 지식을 마음속에 잘 정리했고, 한 장의 종이에 우주의 모든 원리를 압축해 그리는 데 지극 정성을 다 한 것이다. 그의 깊은 학문과 우아한 솜씨에 경의를 표하지 않을 수 없다.

이런 탁월한 작품을 만들었음에도 불구하고, 그는 자기의 이름과 제작 연대는 밝혀두지 않았다. 그래서 지금의 후학들에게 그림의 내용을 규명하는 일 외에 숙제를 하나 더 남겨둔 셈이다.

제작 연대는 이 그림의 중앙 오른쪽에 있는 〈24절기 중성도(中星圖)〉와 〈사시주야단장각분설(四時晝夜短長刻分說)〉 등을 포함하여 몇 가지 기록이 있으므로 추정이 가능할 것인데, 여기에는 일단 18세기의 작품일 것이라고만 적어 두기로 한다.

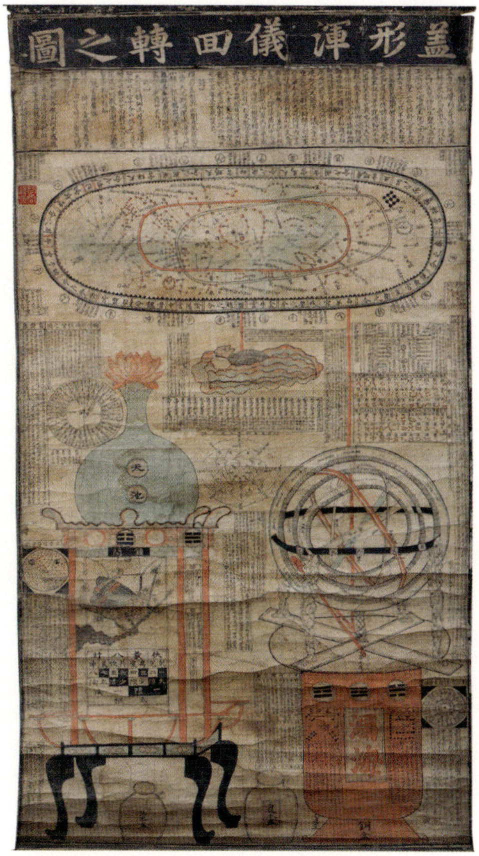

그림 VII-20. 「개형혼의회전지도」(개인 소장)

(3) 「혼천도(渾天圖)-대형(1)」

조선시대에 만든 천문도를 보면, 그 속에 그린 성도의 지름은 대략 「천상열차분야지도」의 지름인 76 cm이거나 오히려 더 작다. 그런데 예외로 이 지름의 2배를 넘는 천문도 4점이 있다는 사실이 알려졌는데, 그 3점을 「혼천도-대형(1)」, 「혼천도-대형(2)」, 「혼천도-대형(3)」이라 하고, 이 보다 3배 이상이나 더 큰 1점을 「혼천도-초대형」이라는 좀 어색한 이름을 붙여서 다른 것과 구별하도록 한다. 그리고 이 책에는 「혼천도-대형(1)」과 「혼천

그림 VII-21. 「혼천도(渾天圖)-대형(1)」(일본 국회도서관의 원본을 나일성이 모사한 것이다.)

도-대형(2)」 그리고 「혼천도-초대형」만 소개하려고 한다.

먼저 「혼천도-대형(1)」은 한쪽 변이 164 cm인 네모 반듯한 한지(韓紙)에 그려져 있다. 이 종이의 중앙에 지름이 164 cm되는 이중 원(二重圓)이 있고, 그 안에 조금 작은 동심원이 그려져 있다. 이 작은 동심원에는 안쪽으로 1도 간격의 각도 표시가 있다. 가장 큰 원의 오른쪽 위와 아래쪽 양 귀퉁이에는 모두 681 글자로 된 〈혼천도해(渾天圖解)〉가 있다. 바깥 이중 원과 작은 원 사이에 해당하는 공간에 표 VII-6에 제시한 12차(次)·12국(國)·12방(方)·12주(州)·12궁(宮)이 돌아가면서 차례로 기입되어 있다. 이 표에 있는 국·방·궁은 「천상열차분야지도」 계열의 천문도에는 다 있는 것이지만, 차와 주까지 전부 있는 경우는 이 천문도와 같은 대형천문도이기 때문에 가능한 일이다. 별, 적도와 황도 그리고 은하수는 채색되어 있다.

이 천문도는 현재 일본 국회도서관에 보존되어 있는데, 이 「혼천도」를 수납할 때 그곳

도서관 사서(司書)가 다음과 같은 설명문을 붙여놓고 있어서 이것을 「박연(朴堧)의 혼천도」라고 불러 왔다. 일본 국회도서관이 붙인 설명문은 다음과 같다.

> 박연. 호는 난계, 관직은 대제학이다. 지금으로부터 450년 전인 조선 세종대왕 당시 명현으로 음악을 바로 잡았고, 혼천도를 만들었다.[65]

[illegible]이것이 과연 박연이 만든 것이라면 그 시기는 1440년대로 봐야 할 것이나, 이「혼천도」에 관[illegible]서는 제VIII장에서 심도있게 다시 다루려고 한다.

표 VII-6.「대형[illegible]문도」에 있는 12차·12국·12방·12주·12궁

12次	12國	12方	12州	12宮
玄枵次	齊之分	子	青州	寶瓶宮
星紀次	吳越分	丑	楊州	磨蝎宮
析木次	燕之分	寅	幽州	人馬宮
大火次	宋之分	卯	豫州	天蝎宮
壽星次	鄭之分	辰	兗州	天秤宮
[illegible]尾次	[illegible]之分	巳	荊州	雙女宮
鶉[illegible]	周[illegible]分	午	三河	師子宮
鶉首[illegible]	秦之[illegible]	未	雍州	巨蟹宮
實沈次	晉魏[illegible]	申	益州	陰陽宮
大梁次	趙之分	酉	冀州	金牛宮
降婁次	魯之分	戌	徐州	白羊宮
娵訾次	衛之分	亥	并州	雙魚宮

(4)「혼천도(渾天圖)[illegible]대형(2)」

이「혼천도(渾天圖)-[illegible]형(2)」에는 제목이나[illegible]해설문이 없고, 바깥 지름이 165 cm 되는 이중 원과 그보다 약간 작은[illegible]심원 안쪽에 성[illegible]만 있다. 성도의 테두리에는「혼천도」-대형(1)과 마찬가지로 표 VII-6에[illegible]제시한 12차·1[illegible]국·12방·12주·12궁이 돌아가면서 차례로 기입되어 있고, 중심을 향해 360개의[illegible]어서 360도를 표시하였다. 별자리에 따라 네 가지 색(검정, 빨강, 노랑, 파랑)이 채색되어 있고, 적도는 빨강색, 황도는 노랑색, 은하수는 파랑색이다. 별들의 네 가지 색깔은「혼천도 대형(1)」과 같으나 그 색깔 하나하나

---

65 朴堧號蘭溪官大提學距今四百五十年前李朝世宗大王時名賢正音樂作渾天圖

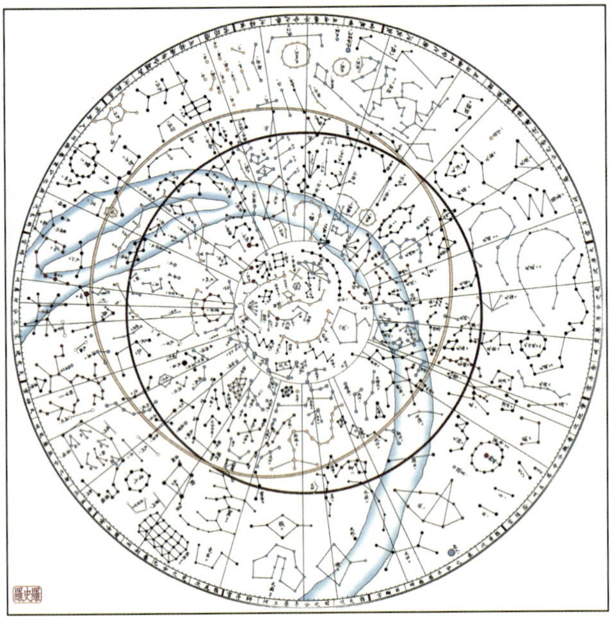

그림 VII-22. 「혼천도(渾天圖)-대형(2)」. 연세대학교 학술정보원의 원본을 나사라가 모사한 것이다.(나일성천문관 소장)

는 아직 대조해 보지 못했다. 어쩌면 이 색깔까지 찾아내는 일은 불가능할 것이다. 왜냐하면 두 천문도 모두 오랜 세월을 거치는 동안 본래의 색을 잃은 것이 많기 때문이다.

「혼천도-대형(1)」과 「대형(2)」는 그 크기와 테두리의 정보 그리고 채색된 별과 황적도(黃赤道)와 은하수 등이 서로 아주 닮았다. 대형(2)는 후대에 와서 대형(1)을 모방하여 그린 천문도일 가능성이 있다. 「대형(1)」의 경우는 원본 없이 사진으로만 보았기 때문에 몇 장으로 합성한 것인지는 알 수 없었으나, 「대형(2)」의 제작자는 작업하기에 너무 크기 때문에 12장의 작은 종이로 분리해서 그린 다음, 이것들을 합성해서 175 cm × 168 cm인 큰 종이 천문도를 만들었다는 것을 알 수 있었다. 그런데 이렇게 큰 천문도를 누가 무슨 목적으로 만든 것인가 하는 점이 궁금해지지만, 관상감이 제작한 것으로는 보이지 않는다. 그렇다면 개인이 집에 두기에는 너무 크기 때문에 사찰(寺刹)이나 서원(書院)에서 필사한 것으로 추측할 수밖에 없다. 한편, 이 천문도의 이름이 없기 때문에 지금까지 「연세대학교 도서관 소장 대형 천문도(약해서 「대형천문도」)」라고 불러 왔었으나, 대형천문도도 여러 건이 계속 나타나기 때문에 이 호칭은 버릴 수밖에 없다.

그림 VII-22의 왼쪽에 보인 「혼천도(渾天圖)-대형(2)」는 오랫동안 여러 겹으로 접어

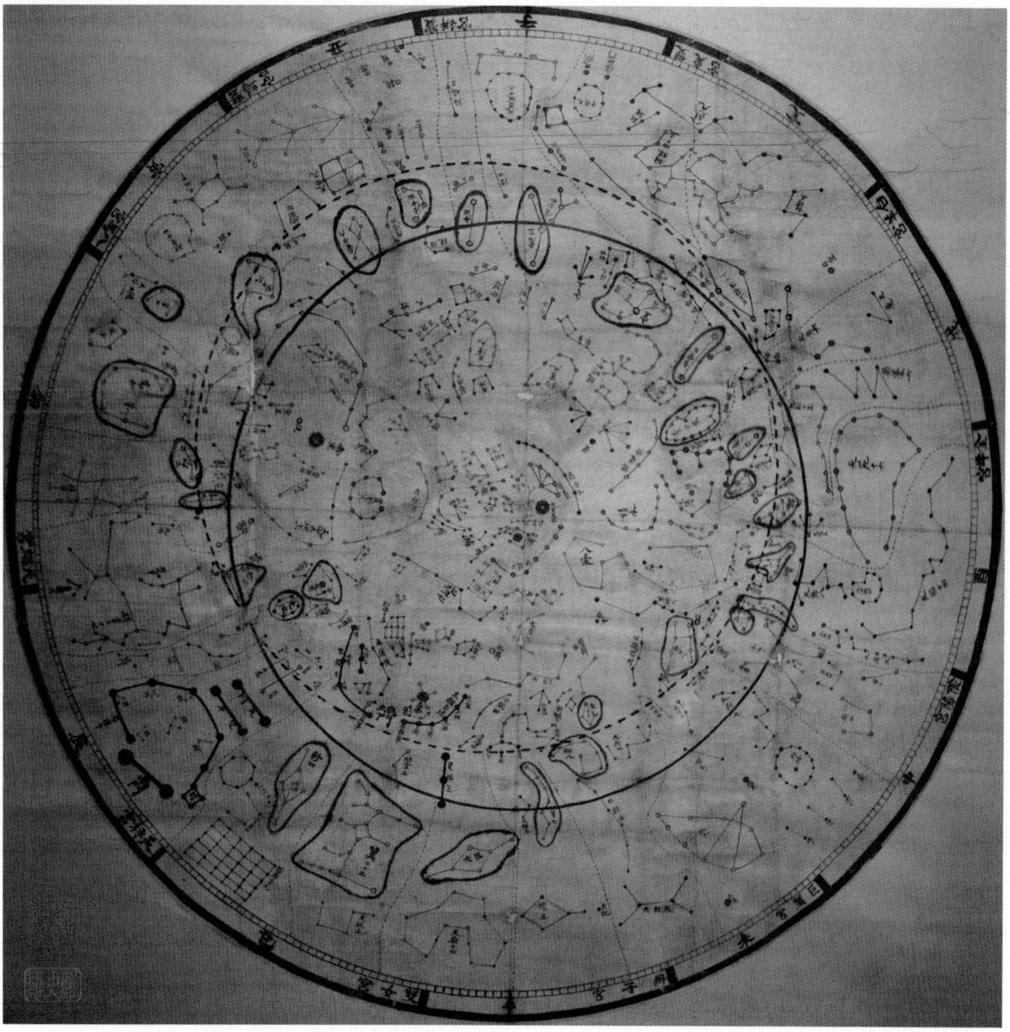

그림 VII-23. 「혼천도(渾天圖)-초대형」(나일성천문관 소장)

서 보관해 오는 동안 습기로 인해 꽃무늬 같은 얼룩이 전면에 번져있다. 그래서 이 얼룩과 더불어 탈색이 심하여 별들의 색깔을 판별하기가 대단히 어렵게 되어 버린 것이다.

(5) 「혼천도(渾天圖)-초대형」

지금부터 약 20년 전인 1990년대 초에 경주에 있는 〈신라역사과학관(新羅歷史科學館)〉

이 소장하고 있었던 희귀한 천문도 한 장이 세상에 알려졌다.[66] 이 천문도의 내용은 앞에서 소개한 바 있는 「혼천도-대형」에 있는 것과 같으나, 그 크기는 한 변이 250 cm나 되는 엄청난 크기의 정사각형 초대형이다. 한쪽 변이 164 cm 정도인 천문도에 〈대형〉이라는 명칭을 붙였으니, 이에는 〈초대형〉이라는 명칭이 알맞을 것이다.

현재 이 천문도는 가로와 세로가 각각 290 cm 되는 족자로 표구되어 있다. 내용은 「혼천도-대형(1)」과 동일하며, 불행하게도 이 제작자도 천문도 주변에 자기의 이름과 천문도 이름은 고사하고 도해(圖解) 같은 것조차 남기지 않았다.

(6) 「우의취영경도(愚意取影更圖)」

이 천문도는 별자리 방향에 맞춰서 조선의 지명(朝鮮地名)을 자세히 적어 놓은 대단히 흥미있는 천문도이다. 지명을 적은 천문도로는 다음에 보일 「천상열차분야지도 대관령박물관 수사본」(그림 VII-26)도 있기는 하지만, 이 「영경도」는 그보다 훨씬 자세하다. 이 천문도 하단에 「우의취영경도(愚意取影更圖)」라는 글귀가 있으므로 이것을 이 천문도의 이름으로 삼는다.

이 천문도에는 제작자의 이름은 없지만, 제작연대는 애매하게나마 밝히고 있어서 다행한 일이다. 먼저 이 천문도와 제작연대에 관하여 적은 그림 VII-24의 하단의 설명을 번역해 보면 다음과 같다.[67]

> 삼가 나의 얕은 소견(所見)으로 형상(形狀)을 취하여 다시 여기에 그렸으니,
> 뒷면에 별의 향배에 차이가 있는 것은 형세상 그런 것이다.
> 후일에 보는 자는 잘 살펴야 될 것이다.
> 무오년 이월 갑술에 쓰다.

여기의 무오년은 1618, 1678, 1738, 1798, 1858, 1918년의 여러 해 중 어느 해일 것이다. 그런데 이 설명문은 고갑자(古甲子)로 적은 것이므로, 단알(單閼)은 묘(卯)에 해당하

---

66 이 천문도는 신라역사과학관의 석우일(昔宇一)관장의 호의로 2015년에 나일성천문관에 기증되었다.

67 竊以愚意取影更圖于屼 後面星辰之向背有差勢也 後之覽者宜其詳察也哉 著雍敦牂歲單閼月閼逢閹茂書

그림 VII-24. 「우의취영경도(愚意取影更圖)」의 앞면과 뒤면(古都舍 제공)

므로 2월이 되며, 알봉(閼逢)은 갑(甲)이고 엄무(閹茂)는 술(戌)이어서 이날은 갑술(甲戌)일이다. 그래서 위의 여러 해 중에서 2월에 갑술일이 있는 해를 보니, 그 해가 1858년임을 알게 되었다. 이 천문도 항은권(恒隱圈) 바깥쪽에는 지명(地名)이 많이 적혀있어서 19세기 조선시대의 지명을 연구하는데 좋은 자료가 될 천문도이기도 하다.

이 천문도의 중앙에 그려져 있는 성도는 「천상열차분야지도」와 같은 종류인데, 휘귀하게도 종이가 아닌 헝겊에 그려져 있다. 성도를 둘러싼 테두리는 네 가지 색깔로 동(푸른색), 북(검은색), 서(흰색) 그리고 남(붉은색) 네 방향을 표시하고 있다. 그리고 성도의 바탕은 엷은 푸른색으로 칠한 것 같으나 여러 곳이 탈색되어 있다. 적도는 붉은 색, 황도는 노랑색, 그리고 은하수는 흰색이다. 별에도 색깔이 있으나 탈색된 별이 많아서 정확하게 판별하기는 어려우나 적어도 청, 적, 흑, 백의 네 색으로 채색되었다는 사실만은 분명하다.

(7) 「천상열차분야지도 안동권씨 모사본」

조선시대의 천문도 중에는 「천상열차분야지도」를 그대로 베낀 것이 대단히 많다. 그리고 여기에 소개하려는 두 천문도도 「천상 열차분야지도」 탁본을 보고 베낀 것이기는 하지만, 다른 것들과는 달리 약간의 특성이 있는 천문도이다.

그림 VII-25는 안동시에 사는 권씨댁의 소장품이다. 족자로 표구되어 있는데, 크기는

「천상열차분야지도」의 탁본보다 약간 작다. 내용은 「천상열차분야지도」탁본을 보고 그대로 베낀 것이어서 다른 특징은 없으나, 필사한 연대가 하단의 왼쪽 끝에 다음과 같이 적혀 있어서, 조선시대의 관례를 깼고 제작 연대를 적었다는 점에서 여기에 소개한다.

모사한 연대는

崇禎三年辛丑六月十四日模書

이지만, 여기에도 문제는 있다. 즉, 〈숭정3년〉은 명나라의 의종3년(毅宗三年, 1630년)에 해당한다. 그런데 이 해의 간지는 〈신축(辛丑)〉이 아니라 〈경오(庚午)〉이다. 연대와 간지가 서로 일치하지 않으므로 연대가 맞는지 아니면 간지가 맞는지를 결정하지 않고는 모처럼 적힌 제작 연대를 알아낼 수 없다.

연대를 가리키는 간지가 신축인 해를 조사해 보면, 다음과 같다.

(1601) 명의 신종(만력) 29년

그림 VII-25. 안동권씨 모사본 「천상열차분야지도」

그림 VII-26. 대관령박물관 모사본 「천상열차분야지도」

(1661) 명의 영명왕(영력) 15년

청의 세조(순치) 18년

(1721) 청의 성조(강희) 60년

(1781) 청의 고종(건륭) 46년

위의 연도는 어느 해이거나 60년의 간격이 있게 마련이지만, 〈숭정〉이라는 연호는 없다. 안동시에 거주하는 권씨의 모사본의 간지가 오기라고 가정하면, 숭정3년인 1631년에 제작한 것이라고 보는 것이 좋겠다. 이 모사본은 모사한 천문도 중에서는 비교적 정교한 것에 속하는 동시에 제작 연대가 애매하게 적혀 있기는 하지만, 일단 그 연대가 기록되어 있으므로 의미있는 작품이라고 하겠다.

(8)「천상열차분야지도 대관령박물관 모사본」

이 필사본에 관하여는 남문현과 한영호가 자세히 조사하여 보고한 바 있다.[68] 그들이 밝힌 바에 의하면, 이 천문도에는「천상열차분야지도」각석에는 없는 내용 두 가지가 있다. 그 첫째는 혼천의도(渾天儀圖)를 비롯하여 천일교도(天日交圖), 태음·태양·오행도설(太陰·太陽·五行圖說) 등 여러 그림이 첨부되어 있는 것이다. 이 그림 중 태음(달) 표면에 나무 밑에서 토끼 한 마리가 절구에 곡식을 찧고 있는 모습이 그려져 있는 것으로 보아 꽤 오래 전의 전설을 담고 있다고 할 수 있겠다. 둘째는 조선지명(朝鮮地名)이 상세하게 적혀 있어서 아주 보기 드문 천문도이다. 이 조선의 지명은 중앙에 있는 성도의 테두리에 있는 황도12궁, 12국 등이 있는 그 바깥에 겹쳐있는 테두리 안에 28수를 따라서 적은 것이다. 각 수마다 여백에 꽤 많은 지명이 기록되어 있어서 그 수를 셈해 보니 다음 표 VII-7에 수록한 바와 같다.

그런데 천문도 하단의 파손이 너무 커서 복원에 어려움이 있을 것이다.

---

68 南文鉉·韓永浩, "朝鮮地名이 있는「天象列次分野之圖」",『동방학지』, 93집 pp. 133~158, 1996.

표 VII-7. 각 수 별로 배치한 지명. 여러 지명 중에서 지금도 잘 알려진 지명 둘만 선택하여 ( )안에 적었다.

동방칠사 東方七舍	지명(地名)과 수(數)	북방칠사 北方七舍	지명(地名)과 수(數)	서방칠사 西方七舍	지명(地名)과 수(數)	남방칠사 南方七舍	지명(地名)과 수(數)
각 角	전주 등 12 (全州/淳昌)	두 斗	진주 등 19 (晋州/居昌)	규 奎	아산 등 16 (牙山/洪川)	정 井	평양 등 24 (平壤/甕津)
항 亢	남원 등 7(南原/茂州)	우 牛	대구 등 8 (大邱/密陽)	루 婁	천안 등 11 (天安/永同)	귀 鬼	당진 등 3 (唐津/金川)
저 氐	공주 등 14 (公州/扶餘)	여 女	부산 등 11 (釜山/慶州)	위 胃	강계 등 12 (江界/寧邊)	유 柳	경성 등 14 (松都/京城)
방 房	부안 등 5 (扶安/龍安)	허 虛	연일 등 11 (延日/永川)	묘 昴	선천 등 9 (宣川/鐵山)	성 星	수원 등 7 (水原/仁川)
심 心	함열 등 5 (咸悅/珍山)	위 危	안동 등 16 (安東/尙州)	필 畢	순천 등 12 (順川/博川)	장 張	청주 등 18 (淸州/龍仁)
미 尾	함흥 등 15 (咸興/鏡城)	실 室	강릉 등 16 (江陵/春川)	자 觜	2(미상)	익 翼	나주 등 15 (羅州/珍島)
기 箕	명천 등 8 (明川/茂山)	벽 壁	원주 등 9 (原州/平康)	삼 參	9(미상)	진 軫	순천 등 14 (順天/光州)
소계 71		소계 90		소계 71		소계 95	
						총계	317

(9)「개천지도(蓋天之圖)」

이 천문도는 황윤석(黃胤錫)[69]이 1774년에 편찬한 이재신편(頤齋新編)에 들어 있는 개천도이다. 천문도 안에 있는 성도에는 항현권이 조금 크게 그려져 있고, 적도는 황도와 교차하고 있지만 항현권과 동심원이 아니다. 3원의 이름은 네모난 상자 속에 씌여 있고, 28수의 이름은 동그란 원 안에 있다. 그리고 다른 별자리 이름들은 정성스럽게 적혀 있으나, 북두칠성의 7개의 별들은 알 수 없는 형태로 배치되어 있고, 삼수(參宿)는 이름은 있으나 별은 보이지 않는다. 황윤석이 무슨 의도를 가지고 이것을 만들었는지 알 수 없다.

성도의 네 귀퉁이에 다음과 같이 쓰여 있어서 여기에 그대로 옮겨본다.

69 황윤석(黃胤錫, 1729~1791)의 자는 영수(永叟), 호는 이재(頤齋), 본관은 평해(平海)이다. 영·정조 때의 유학자(儒學者)인 동시에 미호문인(美湖文人)으로서 이재신편(頤齋新編)을 비롯하여『이재속고(頤齋續稿)(난고 亂藁)』와『이재유고(頤齋遺稿)』26권 13책을 남겼다.

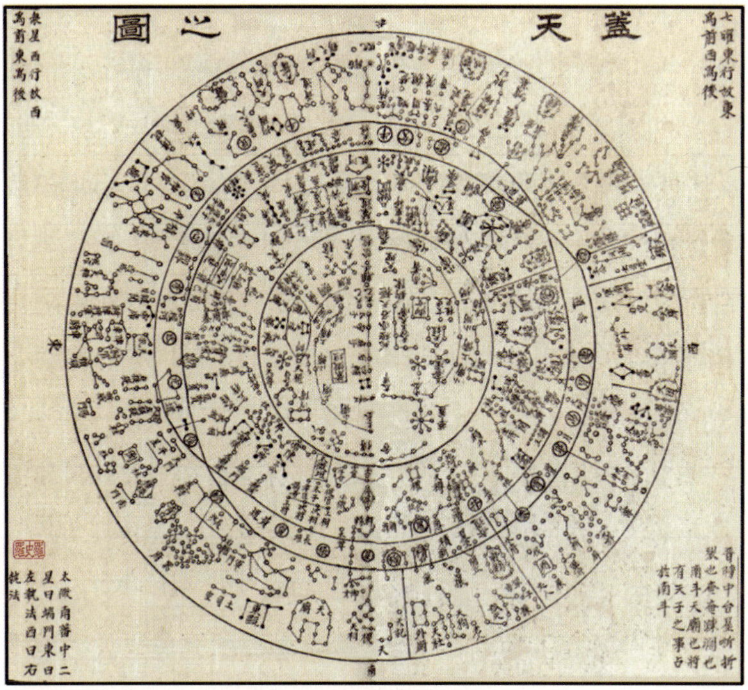

그림 VII-27. 황윤석의 「개천지도」(頤齋新編에서 옮김)

(오른쪽 위)　七曜東行, 故東爲前, 西爲後

(왼쪽 위)　衆星西行, 故西爲前, 東爲後

(오른쪽 아래)　晋時中台星晰折裂也 奄奄踈濶也 南斗天廟也 將有天子之事 占於南斗.

(왼쪽 아래)　太微南蕃中二星曰端門 東曰左執法 西曰右執法

2-3. 일본의 천문도

일본의 성도를 종합적으로 조사한 문헌은 많이 있다. 이것들을 참고로 하면서 이모도 스스무(井本進)는 일본 성도 47개 전부의 목록을 발표한 바 있다.[70] 그 중에는 이미 없어진 것이 5개이고, 존재 확인이 되지 않는 것이 2개이며, 있기는 하지만 소재지가 없는 경우가 나머지 40개 중에서 19개에 이른다. 따라서 일본의 성도를 연구할 수 있는 것은 21개가 되는 셈이다. 이모도의 목록에 있는 것 중에서 가장 최근의 것은 1858년의 『성도(星

70 井本進, "本朝星圖略考(下)", 『天文月報』, 35(5), pp.56~57, 1942.

圖)」라는 제목을 가진 단행본으로 추측되는 것이 있다. 만약 이것이 단행본이라면, 이것은 서양의 영향을 받은 성도일 가능성이 있다. 그리고 그 이전의 것이라 하더라도 순수하게 전통적인 동아시아의 성도(천문도)가 아닌 것도 다수 포함도어 있을 것으로 보인다.

이 2-3절에는 전통적인 동아시아의 천문도를 다루려고 하므로, 소품으로 보이는 천문도와 서양의 영향을 받은 것을 제외시키면 연구 대상은 크게 줄어든다. 그런데 이모도의 목록에는 일본이 만든 것으로 가장 오래된 「격자월진도(格子月進圖)」는 누락되어 있다. 이것은 이미 없어진 것이기 때문에 의도적으로 제외시킨 것으로는 볼 수 없다. 왜냐하면, 그의 목록의 처음 5점(1-5번)도 이미 없어진 것들이기 때문이다. 따라서 이 목록에는 없지만, 이 「격자월진도」를 포함하여 다음과 같은 성도 7점을 선택하여 소개하기로 한다.

표 VII-8. 대표적인 일본의 옛 성도

번호	천문도 이름	제작 연대	제작자	자료 출처
1	격자월진도(格子月進圖)	1308-1339	安倍泰世	나일성 복원
2	천문열차지도(天文列次之圖)	1670(寬文)	安井算哲	井本進 외 多數
3	천문분야지도(天文分野之圖)	1677(延寶)	保井春海	千葉市立鄕土博物館
4	천문성상(天文成象)	1699(元祿)	澁川春海·昔尹	千葉市立鄕土博物館
5	천문성상도(天文星象圖)	1824(文政7)	長久保赤水	일본 국립천문대
6	분야성도(分野星圖)	1849(嘉永2)	高柳信行	일본 국립천문대

(1) 「격자월진도(格子月進圖)」

「격자월진도(格子月進圖)」의 원본은 일본의 고승 길비진비(吉備眞備)가 735년에 당에서 가지고 온 것이라고 이미 밝힌 바 있다. 그렇다면 신라의 도증(道證)이 서기 692년에 당에서 가지고 왔다는 천문도와는 어떤 관계가 있지 않을까? 두 사람의 등장은 불과 43년의 시차를 두고 있다는 사실로 우리의 관심의 대상이 된다.

한편 지금의 「격자월진도」는 일본의 성도 중에서는 최고(最古)이지만, 실은 기비노 마끼비(吉備眞備)가 가지고 온 것을 1300년대 초에 아베 다이세이(安倍泰世)가 모사한 것이다. 이 모사된 「격자월진도」는 불행하게도 제2차 세계대전 말인 1945년에 미국 공군의 동경 폭격이 있었을 때 소실되고 말았다. 천문도는 소실되어 없어졌지만, 다행히 그 직전에 찍어 두었던 사진 건판(乾板)이 있어서, 그 후 여러 사람들의 연구를 가능케 하였다. 여러 사람들의 경험담과 연구 내용을 종합하여 오오자끼(大崎正次)는 다음과 같은 중요한 사실을 제시했다.[71]

> 제작자: 아베 다이세이(安倍泰世, 1308-1339)가 원본을 다시 모사함.
> 제작 연대: 일본 원형4(1324)년 아베가 종사위하(從四位下)의 벼슬을 받은 이후
> 소실된 날자: 1945년 4월 25일
> 사진: 요미우리신문(讀賣新聞) 오사까지사 과학부장 호리우찌(堀內龍獅虎)의 호의로 찍은 사진은 이모도가 보관하고 있다.[72]

「격자월진도」는 긴 두루마리로 되어 있는데, 오른쪽 첫 머리에 〈格子月進圖〉 다섯 글자가 있고, 별들은 북극을 중심에 둔 원도(圓圖)와 적도의 남북으로 펼쳐진 하늘을 방형으로 그린 방도(方圖)에 분리되어 그려져 있다. 그래서 이것은 소위 말하는 방원도(方圓圖)인 것이다. 그리고 방원도를 이어 간단한 글이 첨가되어 있고, 마지막 끝에 〈以家本寫之 散位從四位下安倍朝臣泰世〉가 두 줄로 쓰여 있다. 따라서 이것들을 전부 합쳐 보면 약 3m에 가까운 긴 두루마리가 된다.

지금까지 알려진 여러 조사 결과를 총 정리한 오오자끼(大崎正次)는 그 결과를 토대로 자기 나름의 고증을 피력했다. 그의 주장에 의하면,[73]

(1) 방도에 그린 싸인(sine) 곡선을 지금까지의 모든 연구자들은 황도라고 단언하고, 방도의 중앙을 가로지르는 적도와의 교점을 춘분과 추분점이라고 하였으나, 추분점이 정확하지 않다는 사실로 미루어 황도가 아니라 백도(白道)라는 점.

---

71 大崎正次, 『中國の星座の歷史』(雄山閣: 東京), pp. 256~7, 1987.

72 저자 주: 이때의 사진은 이모도가 보관하고 있었으나, 1974년 7월에 선배인 이모도가 사망하게 되면 중요한 사료들이 흩어져 없어질 것을 걱정한 동경천문대의 히로세 히데오(廣瀨秀雄)가 이 사진을 받아서 자기의 집으로 가지고 갔다. 이런 경위로 히로세가 보관하고 있었지만, 그와 이모도가 같은 해인 1981년에 사망하자, 함께 조사에 참여한 바 있었던 후루가와 기이찌로(古川麒一郎)에게 그것이 양도되어 지금에 이르고 있다.

73 大崎正次, 『中國の星座の歷史』(雄山閣: 東京), pp. 260-1, 1987.

(2) 12차에 관하여: 역법을 지배자의 권위의 상징으로 생각한 고대 중국의 역학자들은 역일 (曆日)의 기산점(원점)은 될 수 있으면 일월5성이 같은 수 안에 들어 있고, 적어도 음 11월 갑자 삭(朔)에 태양이 동지점에 있을 것 같은 날을 신성한 기산점으로 택하고 싶어 했다. 역법상으로는 이런 역일원점(曆日原點)을 특별히 이름 붙여 「상원(上元)」이라고 한다. 이런 생각이 「격자월진도」에 영향을 주었기 때문에 12차의 대응연대가 오래된 원인이 됐을 것이다. 분석 결과 12차(赤經)의 기산점은 BC 189±21년이라는 점.

(3) 적도수도(赤道宿度)는 『한서(漢書)』의 값을 그대로 사용하였다. 따라서 믿을 만한 것이 못된다는 점.

(4) 적위의 기산점의 경우 28개의 수거성과 163개의 별의 적위를 가지고 정밀도를 계산한 결과 「격자월진도」의 적위의 기산점은 AD 500±50년이라는 결과를 얻었다는 점.

등이다. 그의 분석으로 이 「격자월진도」의 가치가 더욱 심화되었다고 학계는 받아 들이고 있다고 보인다.

오오자끼는 마지막으로 다음과 같은 말을 남겼다.

> 마지막으로 간절히 바라고 싶은 것이 있다. 즉, 이와 같이 귀중한 가치를 지니는 「격자월진도」를 하루라도 빨리 완전한 모습으로 간행하여, 세상에 소개하고 싶다.

그의 염원인 「격자월진도」의 복원이 이모도가 찍은 사진을 기본으로 사사끼 에이지(佐々木英治)에 의해 시도되었다.[74] 물론 이 복원은 오오자끼가 생존해 있을 때인 1984년이었으므로 오오사끼가 확인한 것이기는 하나, 그가 바라던 것은 아니다. 왜냐하면 사사끼의 복원본에는 방도(方圖)에 있는 1도 간격의 눈금을 나타내는 경위선을 그려 넣지 않았기 때문이다. 오오자끼는 이에 대하여 다음과 같은 말을 남겼다.[75]

---

74 佐々木英治, 複製 「格子月進圖」, 1984(자가 출판). 저자 주: 사시끼는 이 복제에 이모도의 사진을 이용했고 「天之圖」를 참조했다고 썼으나, 오오자끼는 그가 호리우찌(堀內龍獅虎)가 소장하고 있는 사진을 차용했을 것이라고 한다. 이로 미루어 보면, 일본에는 원본사진이 두 벌이 있는 것 같다.

75 오오사끼(大崎正次)는 1912년 생으로, 1987년에 『中國の星座の歷史』를 저술하였고, 향년 92세에 생을 마쳤다.

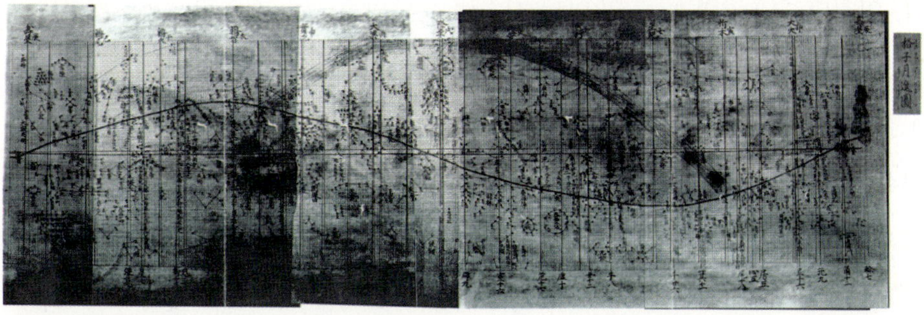

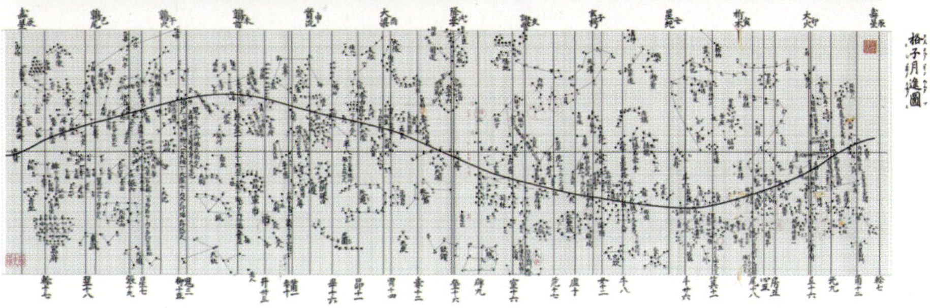

그림 VII-28. 「격자월진도(格子月進圖)」. 위는 사진이고, 아래는 나일성의 복원도이다.(나일성천문관 소장)

> 지금까지 사진으로 볼 수밖에 없었던 「격자월진도」가 후꾸이현 아사히마찌(福井縣朝日町)에 사는 사사기 에이지씨에 의해 복제되었다. 크기는 사진보다 약간 작으나, 3색으로 화지에 인쇄돼 있다. (중략) 그러나 애석하게도 복제 본에는 경위선이 인쇄돼 있지 않다. 가로세로 선이 있기 때문에 이 성도가 고대성도 중에서 그 존재를 빛낸 것인데, 그 선이 없다면 「格子」라는 명칭은 유명무실한 것이 되고 만다. 들은 바에 의하면, 인쇄기술상의 문제라 하나 대단히 안타깝다고 생각한다. 경위선을 넣는 일은 정교한 사진 제판에 의하지 않으면 무리한 일일 것이다.

그런데 다행한 것은 경위선(가로세로 선)을 포함한 복제가 한국의 오길순(吳吉淳)에 의해 시도되었다. 이 복제는 「격자월진도」 사진을 컴퓨터로 스캔하여 Photoshop 작업으로 경위선을 긋고, 별과 글자를 해당한 곳에 정확히 이식(移植, 임플랜트)한 것이다. 따라서 별의 위치가 정확하기 때문에 별들을 분석하는 일에는 요긴하게 쓰일 복제본이라고 할 만한 역작이다. 그런데 이 성도에 이식한 별자리 이름과 설명문이 컴퓨터에 내장된 현대식 서체(書體)로 된 한자(漢字)이기 때문에 「격자월진도」가 가지고 있는 오래된 원래의 글자가 아니다. 이것이 수작업(手作業)이 아닌 컴퓨터 작업의 한계인 것이다. 「격자월진도」의 글자 중에는 현재 통용되는 서체와는 전혀 다른 것이 많이 있고, 어떤 글자는 완전히 변형된 것들도 있다. 간단히 두 글자만 예를 든다면, 동방칠사의 두 번째와 세 번째 수(宿)의 이름은 각각 「亢」과 「氐」인데, 「격자월진도」의 글자는 그림 VII-28의 오른쪽 하단을 보면 전여 다른 이상한 서체로 쓰여있다는 것을 확인할 수 있을 것이다.

한편, 오길순의 복제 작업이 해결하지 못한 서체의 문제까지 해결한 복제본이 완성되었다. 이것은 나일성이 오길순의 방법과 비슷한 컴퓨터 작업으로 경위선을 복원한 다음, 별들을 스캔하여 원래의 크기와 모양대로 정확한 위치에 이식하였다. 그리고 사진에 있는 글자들은 정확히 그대로 붓으로 모사하여 그 크기와 위치에 기입했다. (그림 VII-28 아래를 참조)

(2) 「천문열차지도(天文列次之圖)」와 (3) 「천문분야지도(天文分野之圖)」

아베(安倍)가 1300년대 초에 「격자월진도(格子月進圖)」를 모사한 이래 300여 년이 지나는 동안 일본에는 이렇다 할 천문도 제작은 없었던 것 같다. 그러던 것이 시부가와 하루미(澁川春海)[76]가 조선의 「천문열차분야지도(天文列次分野之圖)」의 탁본을 기본 자료로 활용하여 만든 것이 1670년의 「천문열차지도(天文列次之圖)」와 1677년의 「천문분야지도(天文分野之圖)」이다.

「천문분야지도」의 분야는 중국 전국시대(戰國時代)의 12국을 뜻하는 것인데,[77] 시부가와는 일본의 여러 나라 이름을 그 대신에 기입했다.

---

76 시부가와 하루미(澁川春海, 1639~1715)의 본래 성은 야스이(安井)었으나 후에 보정(保井)으로 바꿨다. 그러나 그의 만년에는 다시 바꿔서 시부가와(澁川)가 된 것이다. 그의 이름의 성만 바꾼 것이 아니라 이름도 또한 여러 번 바꾸었다. 그는 일본의 역사상 처음으로 역법서인 정교역법(貞享曆法)을 창안하고, 1685(貞享2)년에 시행한 인물이며, 1689(元祿2)년에는 천문대도 건설했다.

77 중국의 12국에 대해서는 표 VII-6을 참조하라.

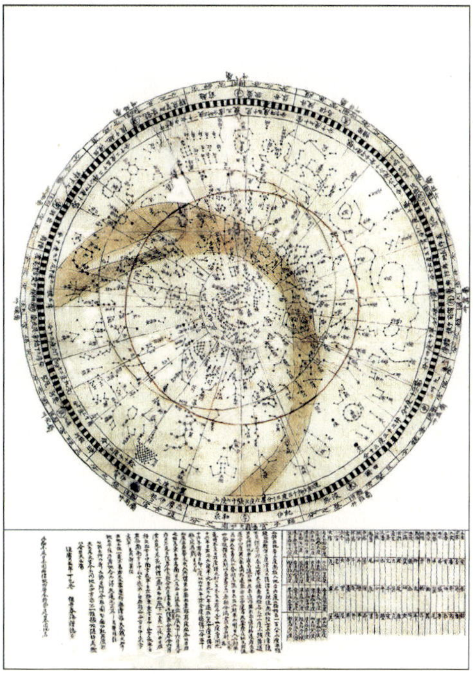

그림 VII-29. 「천문열차지도(天文列次之圖)」

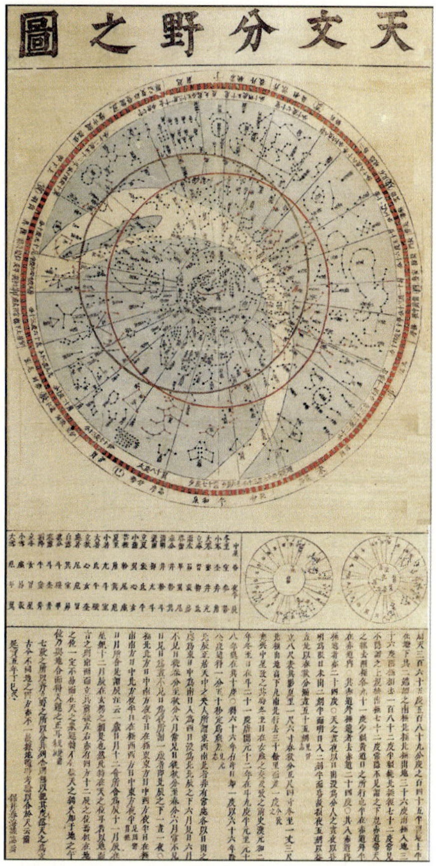

그림 VII-30. 「천문분야지도(天文分野之圖)」

(4) 「천문성상(天文成象)」

시부가와 하루미는 1698년에 자기의 천문과 역법에 관한 지식을 8권으로 집대성하여 『천문경통(天文瓊統)』이라는 책을 저술하고는 다음해인 1699년에 「천문성상(天文成象)」이라는 이름의 천문도를 만들어 이 책에 별첨하여 간행하였다.[78]

이 천문도의 큰 특징은 그가 스스로 혼의(渾儀)를 사용하여 관측하고 61개의 별자리를 만들어서 일본식 이름을 붙였는데, 이 별자리에 속한 별의 수는 모두 308개이다. 그 실예를 들어보면, 중국 별자리 천선(天船)의 북쪽에 새로 천범(天帆)이라는 별자리를 만들었

78 「천문성상(天文成象)」은 당시 16세인 사자(嗣子) 히사다다(昔尹)의 이름으로 출판되었다.

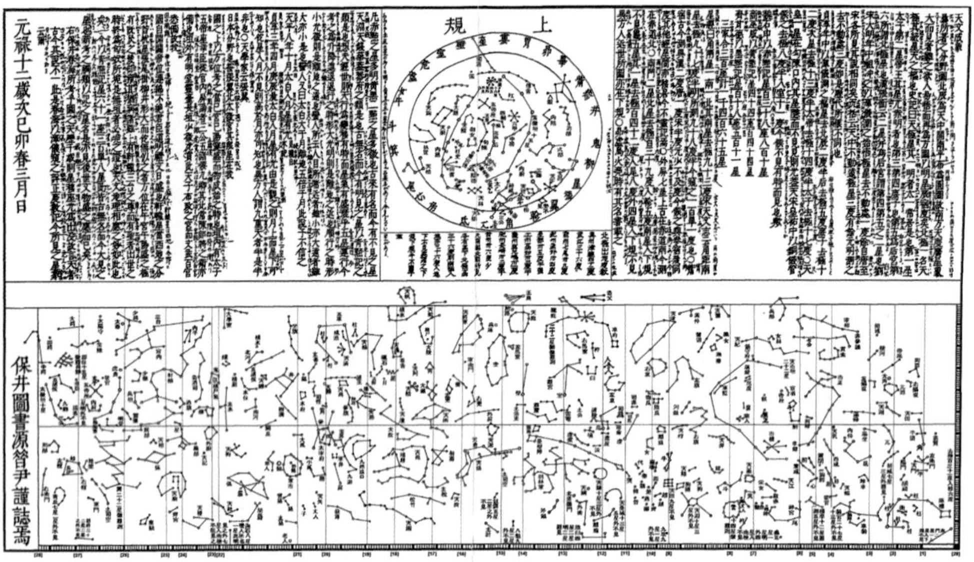

그림 VII-31. 「천문성상(天文成象)」

고, 별자리 손(孫) 근처에 증손(曾孫)과 현손(玄孫)이라는 별자리도 만들었다.

「천문성상」의 크기는 가로 81.7 cm, 세로 49.4 cm이며, 형식은 북극을 중심으로 그린 항현권의 상규도(上規圖)와 그 양쪽에 천문도설이 길게 적혀 있고, 다른 별들은 적도를 횡축으로 하여 만든 방형도(方形圖) 안에 그려져 있는 방도(方圖)로 구성되어 있다.[79]

(5) 「천문성상도(天文星象圖)」

여기에 제시한 성도는 일본에서는 최초로 발행한 천문서라고 알려진 『천문도해(天文圖解)』의 책 머리에 실려 있다. 이 『천문도해』는 1689(元祿2)년에 이구찌 쯔네노리(井口常範)가 저술한 것으로서 5권 5책으로 되어 있다.

그림 자체에는 저자의 이름이나 성도의 이름은 없다. 그런데도 「천문성상도(天文星象圖)」라고 이름을 붙인 이유는 상규, 적도, 하규가 뚜렷하며, 황도와 은하수도 채색되

---

79 이 천문도에는 도(圖)를 붙이지 않는다. 다음의 「천문성상도(天文星象圖)」와 구별하기 위한 것이 그 이유 중 하나이다.

어 있는 것이 1824년에 출판된 나가구보 세끼스이(長久保赤水)의 『천문성상도해(天文星象圖解)』에 있는 그림과 비슷하기 때문에 이 책과 짝을 맞춰서 만든 것이라고 가정하고 이렇게 이름을 붙인 것이다. 이 천문도는 19세기 초에 제작된 것임에도 불구하고 철저하게 전통적 중국식 천문도의 양식을 간직하고 있다.

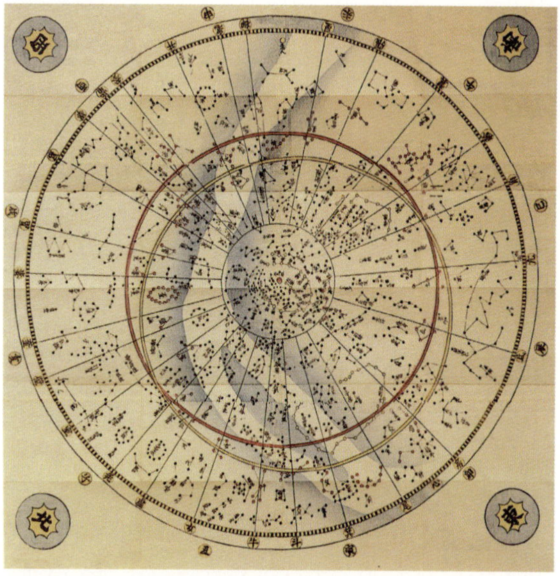

그림 VII-32. 「천문성상도(天文星象圖)」(日本國立天文台所藏 貴重資料展示図錄, 図54를 옮김)

(6) 「분야성도(分野星圖)」

다까야나기 노부유끼(高柳信行)가 1849(嘉永2)에 만든 이 「분야성도」의 크기는 가로 152.8 cm, 세로 54.1 cm이다. 형식은 방원성도(方圖)인데 적도를 중심으로 남북의 적위 60도까지의 별들이 표시되어 있고 은하수가 웅장하게 그려져 있다. 시부가와가 만든 「천문분야지도」의 수도(宿度)가 200년 가까이 지내오는 동안 세차로 인한 변화가 커졌기 때문에 이를 수정한 것이라고 한다.

그림 VII-33. 「분야성도(分野星圖)」(日本國立天文台所藏 貴重資料展示図錄, 図16을 옮김)

3

석판에 새긴 천문도

중국과 한국에는 종이에 별을 그리는 것 외에도 더 오래 보존하고 또 동시에 많은 사람들이 함께 볼 수 있도록 하기 위하여, 석판에 하늘 전체의 별들을 새긴 전천성도(全天星圖)가 있다. 이것들은 모두 북극을 중심으로 하여 만든 개도(蓋圖)이다. 한 개의 돌판에 하늘 전체에서 볼 수 있는 모든 별과 당시의 천문지식을 곁들인 도해까지 새긴 이런 천문도는 중국에 3건과 한국에 2건이 알려지고 있다. 단, 후진(後晉)의 천복7(天福七, AD942)년에 축조된 오월왕(吳越王) 전원관(錢元瓘)의 묘실 천정의 천문도도 석판에 새긴 것이기는 하지만, 여기에는 포함시키지 않는다.

중국에 있는 2건과 한국에 있는 2건의 석각 천문도는 모두 한자(漢字)로 새겨져 있으나, 중국에 있는 또 다른 1건은 몽골어로 새겨져 있다. 이 5건의 석각 천문도를 시대별로 간단히 소개하고자 한다. 그리고 1571년에 제작한 목판에 새긴 천문도도 여기에 천부한다.

표 VII-9. 석각과 목각 천문도

번호	천문도 이름	제작 연대	제작자	자료 출처
1	소주천문도(蘇州天文圖)	1247	黃裳/王致遠	소주시박물관(原本) 나일성천문관(탁본)
2	천상열차분야지도(天象列次分野之圖) 태조/세종본	1395/1433	서운관	국립고궁박물관(原本) 나일성천문관(탁본)
3	상숙천문도(常熟天文圖)	1506	楊子器/計宗道	常州市碑林博物館(原本) 나일성천문관(탁본)

번호	천문도 이름	제작 연대	제작자	자료 출처
4	천상열차분야지도(天象列次分野之圖) 숙종본	1687	관상감	국립고궁박물관(原本) 나일성천문관(탁본)
5	몽문석각성도(蒙文石刻星圖)	1761	明安圖	呼和浩特市慈灯寺(原本) 나일성천문관(복원도)
6	천상열차분야지도(天象列次分野之圖) 목판본	1571	관상감	일본 天理大學(原本) 국립고궁박물관(原本) 나일성천문관(복원도)

3-1. 「소주천문도(蘇州天文圖)」

이 「소주천문도」의 원본을 만든 황상(黃裳, 1147-1195)은 당대의 높은 벼슬을 한 학자 관리였다. 그가 이 천문도를 만든 시기는 1190년 전후라고 알려지고 있다. 황상이 만든 천문도를 석판에 새긴 사람은 왕치원(王致遠)인데, 그때가 남송시대의 순우(淳祐) 정미년(1247)이었다. 그래서 「순우천문도」 또는 「남송천문도」라고도 불린다. 현재 중국 강소성 소주시박물관이 소장하고 있다. 본래 이 박물관에는 4개의 석판이 좌우로 나란히 있었는데, 지금은 〈천문도(天文圖)〉, 〈지리도(地理圖)〉, 〈제왕소운도(帝王紹運圖)〉 3개만이 남아 있다. 고대 중국인의 우주관과 세계관을 보여주는 석판들이다.

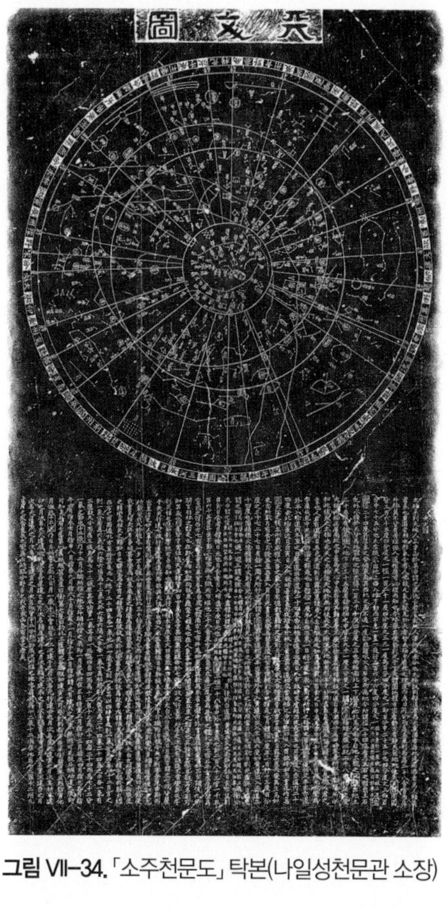

그림 VII-34. 「소주천문도」 탁본(나일성천문관 소장)

천문도는 높이 216 cm, 너비 108 cm, 두께 5-6 cm의 엷은 석회석으로 되어 있고, 글자와 별을 빼고는 모두 검은 색칠을 했다. 이 석판의 윗부분에 〈천문도(天文圖)〉라는 세 글자가 양각으로 새겨져 있다. 지름이 91.5 cm 되는 큰 원 안에 지름 85.3 cm 되는 하규(下規)가 있고, 이 하규 안에『보천가』의 3원28수의 별과 별자리 이름이 새겨져 있다. 별의 수는 모두 1,436이다. 북극을 중심으로 가장 작게 그린 내규(內規)는 지름 19.9 cm로 북위 35도에 해당한다. 그리고 가장 밖에 그린 하규(下規)는 적도 이남 55도이다.

3-2.「천상열차분야지도(태조본/세종본)(天象列次分野之圖(太祖本/世宗本)」

조선 태조4(1395)년에 검은 돌(靑石, 청석) 판에 새긴 천문도로서 〈천상열차분야지도〉라는 독특한 이름이 붙어 있다. 조선 초기를 대표하는 대학자 권근이 11명의 협력자들과 공동으로 만든 높이 211 cm, 폭 122.5 cm, 두께 12 cm 되는 돌의 무게는 약 1톤에 달한다. 이때 중성(中星)들의 위치 계산은 유방택(柳方澤)이 하였고, 글씨는 당대의 명필가 설경수(薛慶壽)의 것이다.

그림 VII-35/1. 국보228「천상열차분야지도」각석의 a면 탁본. 오른쪽은 나일성의 복원(나일성천문관 소장)

그림 VII-35/2. 「천상열차분야지도」 각석의 b면의 탁본. 오른쪽은 나일성의 복원(나일성천문관 소장)

돌의 중앙에는 직경 76cm의 원으로 표시한 성도가 있고, 그 안에 1,467개의 별과 290좌의 별자리 이름이 있다. 성도 주변에는 여러 가지 해설이 별자리 이름을 포함하여 2,932자에 달하는 많은 글자가 한 면에 새겨져 있다. 이 돌의 양면에 다음 그림 VIII-3에 제시한 것처럼 배치가 약간 다른 천문도가 있어서 지금까지 알려진 다른 석각천문도와는 구별된다. 그런데 애석하게도 현재는 돌이 심하게 마모되어 새겨진 글자와 별을 알아보기 어렵다. 국보 228호로 지정되어 있으며, 현재 경복궁에 있는 국립고궁박물관에 전시되어 있다. 이 천문도에 관하여는 다음 제VIII에서 상세히 다루려고 한다.

3-3. 「상숙천문도(常熟天文圖)」

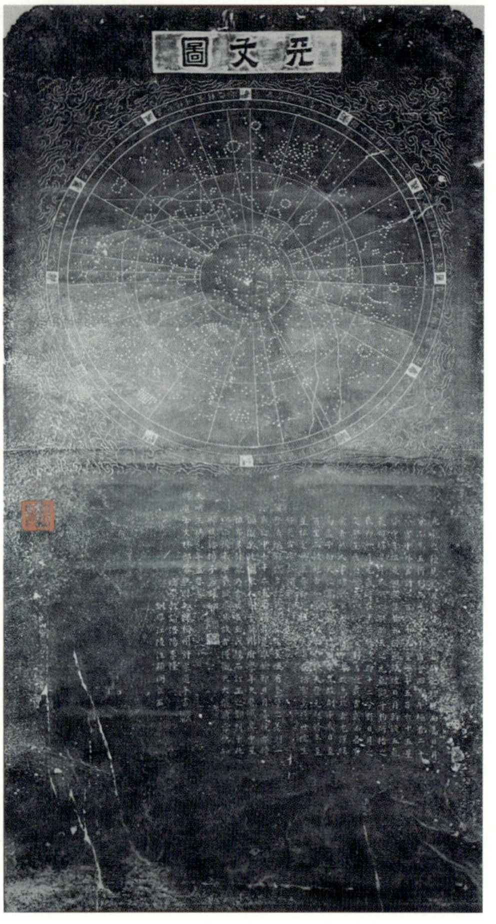

그림 VII-36. 상숙천문도 탁본(개인 소장)

「상숙천문도」는 1506년인 명나라 정덕 원년에 당시의 상숙현령(常熟縣令)이던 계종도(計宗道)가 전임자 양자기(楊子器)가 만든 것을 다시 돌에 새긴 것이다. 원래 상숙읍 학례문(常熟邑學禮門) 안에 있었으나, 지금은 상주시비림박물관(常州市碑林博物館)에 전시되고 있다.

돌판의 높이는 약 2 m이고, 너비는 1 m, 두께는 24 cm이다. 이 천문도는 「소주천문도」와 같은 내용을 담고 있으면서, 그 이름도 「소주천문도」와 마찬가지로 〈天文圖〉라고만 양각(陽刻)되어 있다. 별자리는 모두 284좌이고, 별은 1,466성이다. 그런데 소주와 상숙의 두 석각천문도 사이에는 큰 차이가 있다. 그것은 「상숙천문도」의 성도 안에 있는 별자리에는 이름을 새겨 넣지 않고 있다는 점이다. 별자리 이름이 없다는 것은 천문도로서는 결정적 결함임에도 불구하고 의도적으로 이름을 새기지 않은 것인지 알 방법은 없다. 성도의 둘레는 구름무늬로 장식되어 있고, 밑 부분에는 길지 않는 도설(圖說)이 있다.

3-4. 천상열차분야지도(숙종본, 肅宗本)

태조와 세종 때 만든 「천상열차분야지도」 각석(刻石)은 임진왜란을 겪은 후, 오래 방치되어 풍상(風霜)으로 글자와 별들은 마모되고 돌은 금이 가서 태조가 당부한 〈나라의 보배〉의 몰골이 처량한 신세가 되었다(제VIII장에서 다시 취급함). 이에 숙종13(1687)년에

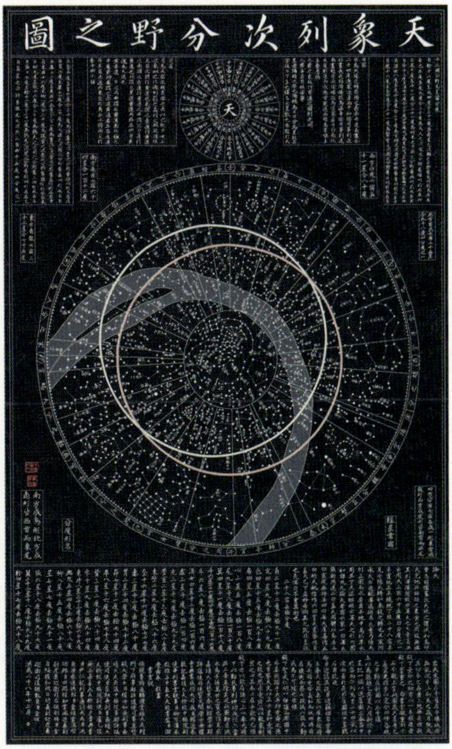

그림 VII-37. 보물837「천상열차분야지도」 각석의 사진. 오른쪽은 나일성의 복원(나일성천문관 소장)

관상감은 세종15년의「천상열차분야지도」 탁본을 가지고 새로 돌에 새겼다. 이때 사용한 돌은 흰 대리석으로, 높이 208 cm, 너비 108.5 cm, 두께 30 cm 이다. 돌의 색깔이 희기 때문에 글자와 별들을 읽기가 어렵고, 사진을 찍어도 선명하지 않다. 이 각석은 현재 보물 837호로 지정되어 경복궁 고궁박물관의 수장고에 있다.

그림 VII-43의 왼쪽에 보인 사진은 1980년경 세종대왕기념사업회 박물관에 있을 때 찍은 것이다. 이 숙종본에 관하여는 두 곳에 기록이 있다.

> 숙종조에 인본(印本)을 가지고 다른 돌에 다시 새겨서 관상감에 설치하고 조그마한 집을 지어 이를 보관하게 하였다.[80]

80 肅宗朝取印本改鐫他石置于觀象監構小屋讓之至是 (『增補文獻備考』 3:8ㄱ)

태조 을해년에 돌에 새긴 천문도가 경복궁에 있었는데, 세월이 오래 됨에 따라 닳고 갈라졌다. 숙종조에 인본을 가지고 다른 돌에 다시 새기고 본감에 보관하였다.[81]

3–5. 몽문천문도(蒙文天文圖)

중국 내몽골의 호화호특시(呼和浩特市)에 있는 자정사(慈灯寺) 금강좌사리보탑(金剛座舍利宝塔)의 벽돌담 동쪽 벽에는 여러 개의 큰 돌을 겹쳐서 만든 보기 드문 석각천문도가 있다. 이것은 청나라 건륭26(1761)년경 북경의 흠천감에 있던 몽골인 천문학자 명안도(明安圖)가 만든 것이다. 북극을 중심으로 다섯 겹의 동심원이 새겨져 있는데, 가장 큰 원의 지름은 좌우로 144.5 cm 상하로 146 cm이어서 같지 않다. 가장 작은 원의 지름은 13 cm인데 이 속에는 별이 이상하게도 한 개도 없다. 이 원과 가장 큰 원 사이에는 세 개의 동심원이 있는데, 작은 것부터 차례로 하지선(夏至線, 지름 46 cm), 적도(지름 71.4 cm), 동지선(冬至線, 지름 95.5 cm)이다. 이 원들은 모두 가는 선으로 표시되어 있지만, 각도

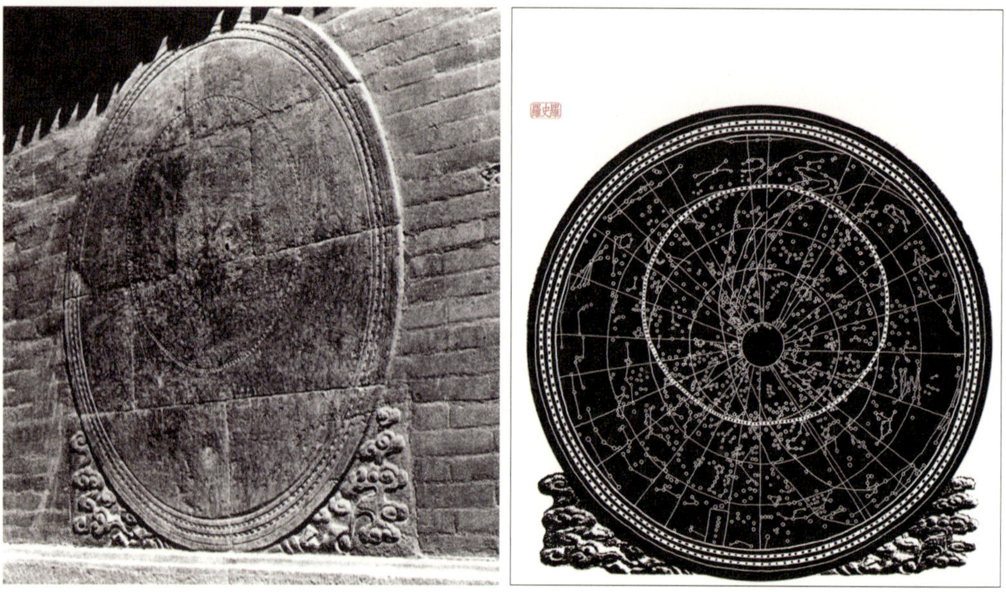

그림 VII–38. 몽문석각성도(蒙文石刻星圖) 각석(내몽고 呼和浩特市 소재)의 사진. 오른쪽은 나사라의 복원(나일성 천문관 소장)

81 太祖朝乙亥所定石鐫天文圖在景福宮歲久磨泐 肅宗朝取印本改鐫他石 置于本監 (『書雲館志』 4:6ㄴ)

(角度)의 표시가 있는 황도는 굵게 새겨져 있다.

이 천문도에는 한자(漢字)는 한 글자도 없이 몽골 문자로만 새겨져 있으면서 이름도 없다. 그래서 학계에서는 통상 「몽문천문도(蒙文天文圖)」라고 부른다. 별자리는 중국의 전통 양식을 따랐고, 모두 270개의 별자리에 1,550개의 별이 새겨져 있다.

3-6. 천상열차분야지도 목판인쇄본

태조4년이나 세종15년의 「천상열차분야지도」 각석에서 탁본을 만드는 일은 기술적으로 어려울 뿐만 아니라 지체 높은 관원이 아니면 아무도 허락 받을 수 없는 일이라는 이야기는 이미 여러 차례 한 바 있다. 많은 사람들이 「천상열차분야지도」를 가지기를 원했지만, 탁본은 다량으로 생산되는 것이 아니다. 그럼에도 불구하고, 당시의 민도(民度)는 높고, 학문하는 사람은 많아서 너도나도 천문도를 갖기를 원했다. 정부는 이 사정을 알고 이

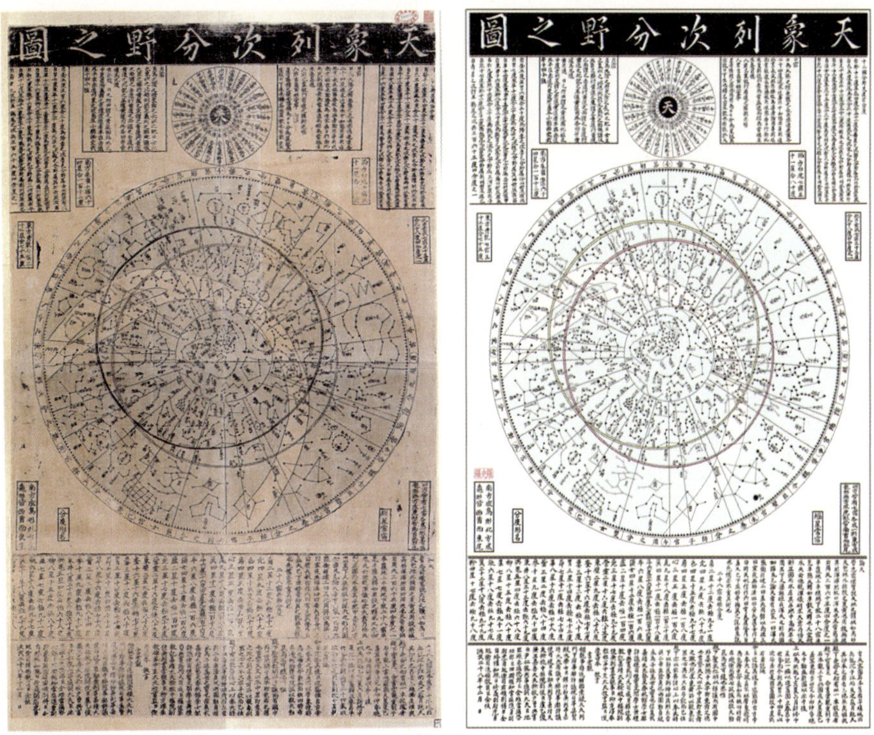

그림 VII-39. 「천상열차분야지도」 목판인쇄본(일본 천리대학 소장). 오른쪽은 나사라의 복원(나일성 천문관 소장)

들에게 조금이나마 도움을 주기 위해 선조4(1571)년에 「천상열차분야지도」의 목판을 만들었다. 그리고 이 목판으로 문신(文臣) 2품 이상되는 고위직 관원들에게 주기 위해 120장을 인쇄했다. 이렇게 많은 수의 천문도를 인쇄해서 배포했음에도 불구하고, 그때로부터 400여 년이 지난 오늘날에는 남아 있는 것은 고작 일본의 천리대학(天理大學) 도서관에 소장되어 있는 1장과 2007년에 국립고궁박물관이 수집한 1장이 전부이다.

제 VIII 장

조선 초기의 천문도 제작

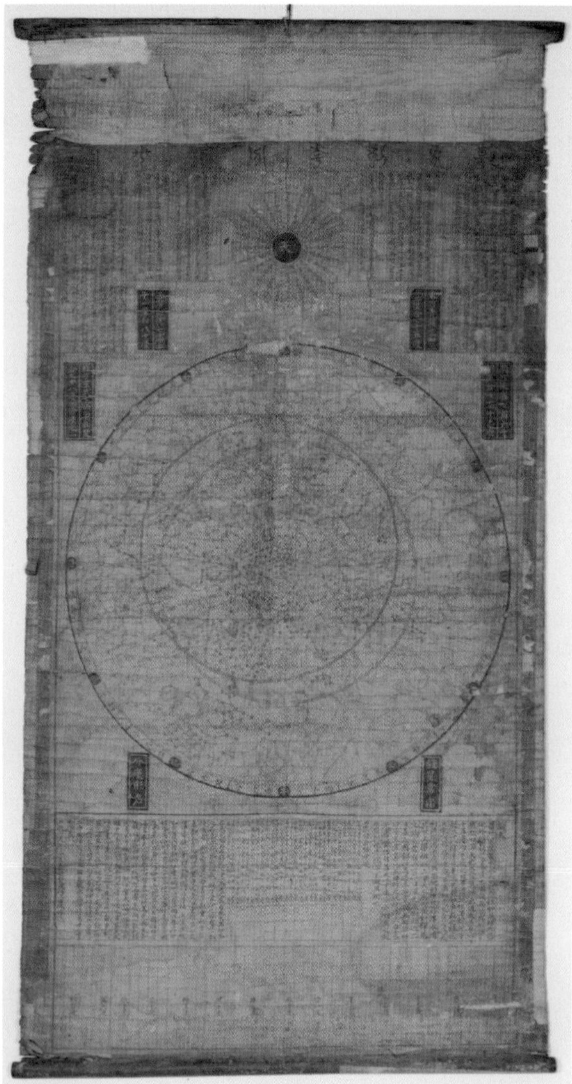

건상열차분야지도

이제 이 장에서는 조선 초기에 만든 대표적인 두 천문도 「천상열차분야지도(天象列次分野之圖)」와 「혼천도(渾天圖)」에 관하여 심도 있게 다루기로 하자. 그런데 엄밀하게 말한다면, 조선시대에 제작된 천문도들은 거의 다 「1395년 천상열차분야지도」라는 같은 뿌리에서 파생되었다고 말할 수 있다. 성도(星圖)에 기재된 별자리 수와 이름을 비롯하여 별의 수와 그 배치된 모양새가 「1395년 천상열차분야지도」와 거의 같기 때문이다. 이런 천문도를 「천상열차분야지도」 계열의 천문도라고 불러 왔다.

그러나 이와는 약간의 차이가 있어서 변형된 천문도도 있다. 천문도에는 성도만 있는 것이 아니라 해설이나 당시의 천문지식도 기재되어 있어서 전체적으로 「1395년 천상열차분야지도」와는 다르게 구성되어 있는 것도 있다. 뿐만 아니라 「1395년 천상열차분야지도」의 성도와 비교하여 월등하게 큰 성도를 가지고 있어서 천문도의 용도가 「1395년 천상열차분야지도」와는 다르다는 것을 보여 주기도 한다. 그래서 이런 종류의 천문도를 「혼천도」 계열의 천문도라고 부르기로 하자. 그림 VII-21, 22, 23, 27이 이에 속한다. 그러나 주의할 점은 이 「혼천도」는 다음 제X장 1-1절에서 소개될 「혼천전도(渾天全圖)」와는 전혀 다른 것이라는 것이다.

세 번째 종류는 위의 두 종류에 속하지 않는 독특한 형태의 천문도를 말하는데, 그 예를 들면 그림 VII-20, 24와 같은 천문도이나, 이 장에서는 그 것에 대한 소개는 생략한다.

1

이성계와 고구려 석각 천문도의 만남

한국 천문학사상 금자탑이라 할 수 있는 몇 가지 천문업적을 든다면, 그 중에는 조선 태조4(1395)년에 만든「천상열차분야지도(天象列次分野之圖)」도 포함될 것이다.

1-1.「건상열차분야지도(乾象列次分野之圖)」, 권근(權近)의 시도

「천상열차분야지도」를 소개하기에 앞서 권근이 사용했었던 것으로 보이는「고려천문도」와 권근의「건상열차분야지도」의 내용을 먼저 살펴 볼 필요가 있다. 이 두 천문도는 그림 VII-18과 19에 이미 보인 바와 같고, 그 내용은 다음 그림 VIII-1과 같은 배치를 하고 있다. 그 배치를 A, D, E, …등 기호로 표시했는데, 이 기호들은 순서가 좀 뒤바뀌었지만 다음에 이어서 설명할「천상열차분야지도」의 배치도에서 따온 기호이다(그림 VIII-2를 참조).

먼저「고려천문도」가 시사하는 바가 많다는 것을 지적해 보려고 한다. 왜냐하면,「고려천문도」는「건상열차분야지도」를 거쳐「천상열차분야지도」를 각석하기까지의 밑그림 역할을 했을 것이라는 점과, 어쩌면 고구려의 석각천문도의 인본(印本)에 근접한 모습을 가진 것이 아닐까하는 추측을 하게 하기 때문이다. 말하자면「건상열차분야지도」의 원형일 것이라는 의미이다.

이「고려천문도」에 대해서는 앞으로 여러 사람들의 연구가 뒤따를 것으로 기대되는데, 여기서 우선 두 가지만 지적해 두려고 한다. 즉, (1)거의 모든 옛 천문도는 성도를 그릴 때

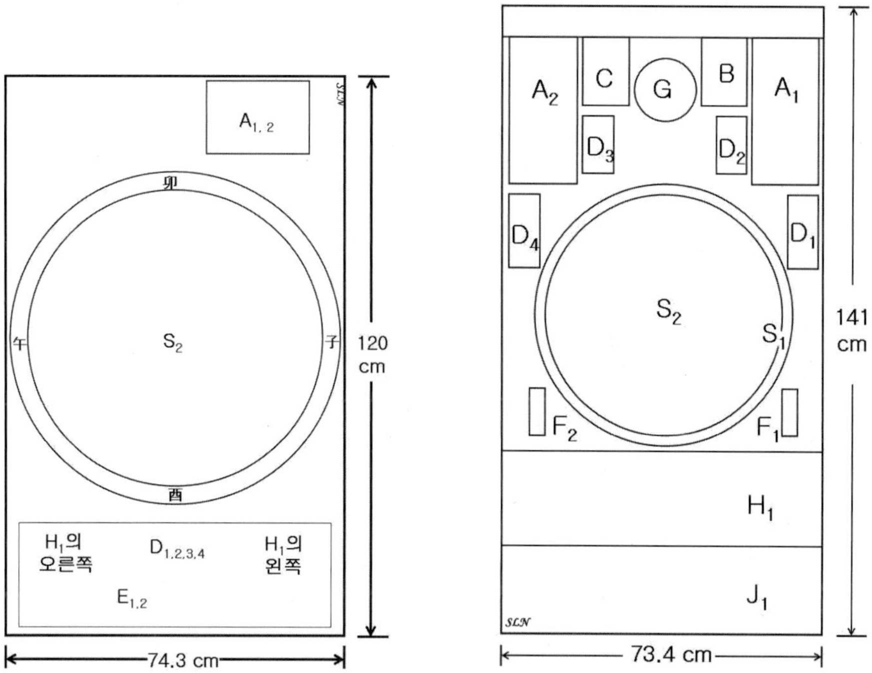

그림 VIII-1. 두 천문도의 배치도. 왼쪽은「고려천문도」이고 오른쪽은「건상열차분야지도」이다.

그 방향 표식으로 자(子)를 위에 오(午)를 밑에 두면서 28수를 배치하는 것을 하나의 정해진 원칙으로 삼고 있는데 반하여, 이「고려천문도」는 90도 우회전시켜서 자(子)를 오른쪽에 오(午)를 왼쪽에 있게 한 것이 특이하다. 이런 배치로는 위는 묘(卯), 밑은 유(酉)가 대신한다. (2)그림 VIII-1에 보인「건상열차분야지도(乾象列次分野之圖)」의 내용 배치도의 H1의 내용이「고려천문도」에도 있기는 하나, 이 H_1의 〈논천〉의 일부가 왼쪽을 차지하고, 〈이십팔수거극분도〉가 오른쪽에 있다.

「건상열차분야지도」를 거쳐「천상열차분야지도」로

「건상열차분야지도(이하 약해서 건상도)」가 처음 학계에 소개된 것은 1984년이었다.[1] 「고려천문도」와「건상열차분야지도」의 배치를 이해하기 위하여 여기에 국보 제228호인

1 羅逸星, '朝鮮時代의 天文機器 -天文圖-'『東方學志』第42輯, pp. 226~228, 1984.

태조4(1395)년의 「천상열차분야지도」각석의 앞뒤 양면에 있는 배치도를 제시해 본다.(그림 VIII-2를 참조) 「건상도」의 내용을 석각본의 배치와 비교해 보면, A, B, C, D, F, G, H에 해당하는 부분은 같으나 E_1과 E_2는 없다. 「천상열차분야지도」의 〈右天文圖 ……〉로 시작하는 H_2는 앞줄에서부터 동일하게 기록되어 있으나, 권근(權近)의 직위에서부터 〈書雲觀〉에 대한 부분은 없다. 다만 「천상열차분야지도」의 마지막 줄인

洪武二十八年乙亥十二月 日

대신에

洪武二十八年乙亥 嘉靖大夫成均館司成 權近

이 대신하고 있다. 이것에는 〈十二月〉이라는 달이 누락되어 있는데 이것이 이 「건상도」는 권근이 「천상열차분야지도」를 완성하기 직전에 만든 것임을 암시한다.

천문도 중앙에 있는 성도(星圖) 외의 기록을 자세히 보면, 「천상열차분야지도」의 글자와 다르거나 없는 것이 있다. 그리고 「건상도」에만 있는 것은 천문도의 가장 아래에 해당하는 J1의 내용이다. 오른쪽에서 왼쪽으로 세로로 쓴 이 내용을 편의상 가로로 옮겨 보면 다음 표와 같다.

표 VIII-1. 「건상열차분야지도」의 〈J_1〉에 해당하는 곳에 있는 내용

수(宿)		
	三卯 四辰 五巳 六旦在午	八卯 九辰 十巳 十一昏在午
奎○度	七未 八申 九酉 四卯 五辰 六巳 七旦在午	十二未 正申 二酉 九卯 十辰 十一巳 十二昏在午
婁○度	八未 九申 十酉 四卯 五辰 六巳 七旦在午	正未 二申 三酉 九卯 十辰 十一巳 十二昏在午

수(宿)		
胃十三度	八未 九申 十酉	正未 二申 三酉
昴十一度	同胃 五卯 六辰 七巳 八旦在午	十卯 十一辰 十二巳 正昏在午
畢十三度	九未 十申 十一酉	二未 三申 四酉
觜一度	同畢	
參十一度	同畢 六卯 七辰 八巳 九旦在午	十一卯 十二辰 正巳 二昏在午

수(宿)		
井三十四度	十未 十一申 十二酉	三未 四申 五酉
鬼二度	同井 七卯 八辰 九巳 十旦在午	十二卯 正辰 二巳 三昏在午
柳十三度	十一未 十二申 正酉	四未 五申 六酉

수(宿)		
星七度	同柳	
張十七度	同柳	
翼十八度	八卯 九辰 十巳 十一旦在午	正卯 二辰 三巳 四昏在午
軫十七度	十二未 正申 二酉	五未 六申 七酉

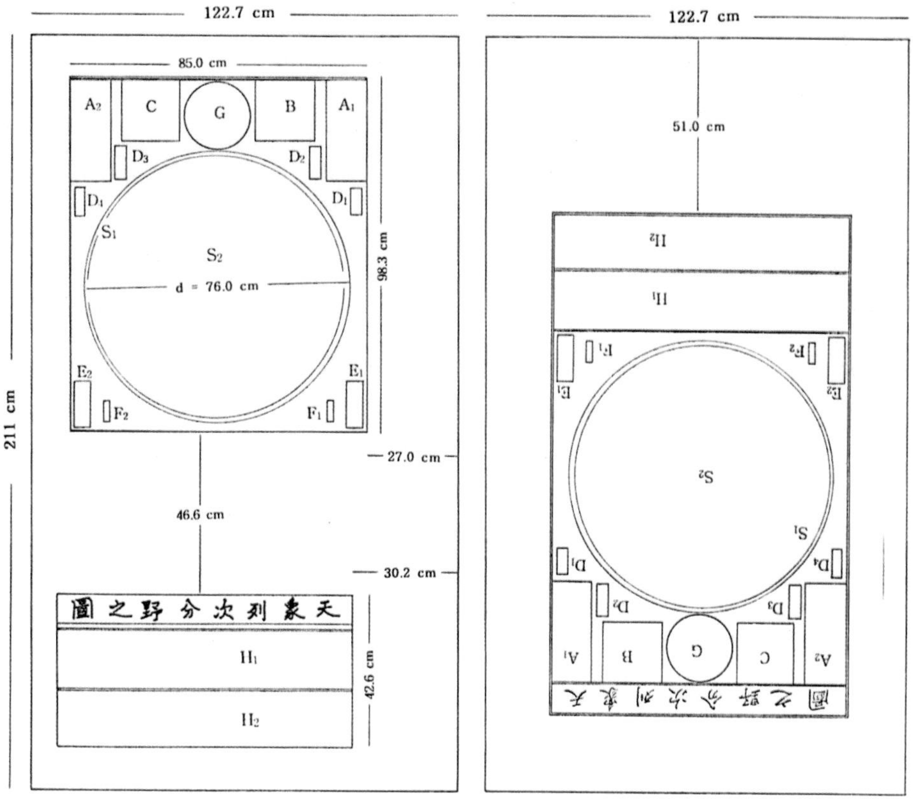

(a) (b)

그림 VIII-2. 「천상열차분야지도」각석의 한 면(a면)과 다른 쪽 면(b면)의 배치도[2]

이 표 VIII-1은 이상하게도 서방7사와 남방7사만 있고, 오른쪽에 있어야 하는 동방과

2 이 그림은 필자의 ①『동방학지』제42집, pp. 205-237 (1984)의 [그림 1]과 [그림 2], ②『동방학지』제93집, 70, 1996

북방7사는 기입되어 있지 않다. 권근이 「천상열차분야지도」 각석을 만들기 몇 달 앞서 이렇게 「건상도」를 종이에 그린 이유는 어쩌면 자명한 일이다. 석판에 새기기 전에 먼저 종이에 시제품을 만들어 보기 위함이었던 것이다. 그리고 함께 제작에 참여한 다른 연구진들의 의견을 수렴하여 목적한 석각본을 제작했던 것이며, 「천상열차분야지도」라는 멋진 이름도 다 함께 의견을 수렴하여 결정한 것일 것이다. 단순히 〈건(乾)〉 대신에 〈천(天)〉으로 바뀐 것이지만, 〈건(乾)〉과 〈천(天)〉은 같은 뜻을 가지고 있기에 좋은 선택으로 보인다.

1-2. 판독 작업과 그 내용

「천상열차분야지도」 각석에는 크게 두 가지 내용이 담겨 있다. 그 한 가지는 그림 VIII-2에 보인 바와 같이 돌의 중심에 있는 큰 원 S_1과 S_2이다. 이 S_1과 S_2 사이에는 12열차, 12분야와 12방위가 표시되어 있고, S_2 안에는 3원28수에 속한 별 1,467개가 별자리 이름과 함께 새겨져 있다. 그리고 그 두 번째는 이 S_1의 위와 아래 그리고 좌우에 있는 여러 가지 자세한 설명문이다.

그림 VIII-2의 S_1과 S_2를 제외한 설명문을 처음 소개한 사람은 루퀴스였다.[3] 그는 그림 VIII-2에 표시한 B(일수 日宿)와 C(월수 月宿) 그리고 H_1(논천 論天, 28수 거극분도 二十八宿去極分度)과 H_2(천문도의 제작 경위, 서운관을 전부 영어로 기술함으로써 한자(漢字)를 해독하지 못하는 사람이라도 그 내용을 알아볼 수 있도록 함과 동시에 한자(漢字)를 해독하여 전부 자기의 논문에 옮겨 적었다. 그는 돌 판의 마모가 심하여 글자를 판독할 수 없게 되었으므로 논문에 적어 둠으로써 후세에 도움을 주려고 배려한 것이다. 그런데, 루퀴스는 탁본을 가지고 판독하면서 가끔 돌(숙종 때의 각석인 듯함)을 참고하였다고 쓰고 있으나 한두 번 정도였을 것이라고 짐작된다. 왜냐하면 루퀴스가 이 연구를 했을 당시 그는 평양의 숭실학교에서 근무했으므로 교통이 불편했던 그 시대에 서울에 자주 들르기는

의 [그림 15] 그리고 ③Nha, I.-S., "Refined Revivals of Guo Shoujing's Instruments and the Invented Instruments Made For King Sejong's Observatory" in Oriental Astronomy from Guo Shoujing to King Sejong, eds. by Nha I.-S. and F. R. Stephenson(Yonsei University Press; Seoul), 207의 Fig. 2, 1997을 약간 수정한 것이다.

3 Rufus, W. C., 'The Celestial Planisphere of King Yi Taijo', *Transactions of the Korea Branch, Royal Asiatic Society*, Vol. IV, Part III, 27, 1913.

어려웠을 것이기 때문이다. 그런데, 현재 남아 있는 탁본을 보면 어느 것이나 완전한 것은 없고 약간씩 찢어졌거나 글자가 뭉개져 있는 부분이 반드시 있게 마련이므로 탁본을 가지고 판독하려면 여러 개의 탁본을 사용하여 서로 보완해야 되는 것이다.

한자(漢字)를 옮겨 적는 두 번째 작업은 나일성의 것이 있는데[4], 이 때 나일성은 앞에 소개한 그림 VIII-2과 같은 그림을 처음 만들었다. 그리고 루훠스가 판독한 B, C, H_1, H_2 뿐만 아니라 $S_{1,2}$를 제외한 나머지도 전부를 옮겼다. 이 일을 함에 있어서 나일성은 규장각에 있는 탁본과 1980년대에 숙종 때의 대리석판(大理石板)에 새긴 천문도 탁본을 주로 사용하였다. 두 장의 탁본을 서로 대조하면서도 숙종 때의 대리석을 직접 참고한 것은 2번 정도에 불과하였다. 왜냐하면 확대경을 가지고 대리석 판의 글씨를 확인하는 짧은 시간에도 석편이 떨어져 나가는 것을 보고 놀라서 더 훼손시키지 않으려고 했다.

세 번째로는 이은성이 다시 나일성이 한 작업을 반복한 바 있다.[5] 이때 이은성은 나일성이 만든 그림에 표시한 것을 더욱 세분하고 나일성이 제외시켰던 $S_{1,2}$에 있는 별자리 이름과 그 별자리에 속해 있는 별의 수(數)도 표를 만들어 수록하였다. 그런데 불행하게도 이은성은 그가 사용한 자료에 관하여는 언급이 없다. 그가 [관계 문헌]으로 제시한 물건(物件)으로 짐작해 보건대, 이은성은 그가 유일하게 명시한 「성신여자대학교 채색 사본」을 주로 사용한 것 같다. 그는 이것을 〈목판본〉이라고 썼는데 이는 잘못된 것이다.[6] $S_{1,2}$에 대해서는 『천문유초(天文類抄)』를 참고한 것 같다. 『천문유초』를 참고했을 것이라고 생각하는 이유는 그의 〈[표 14] 성관과 별의 수효〉에 배열한 3원28수의 순서가 『천문유초』와 똑같기 때문이다. 오자(誤字)와 탈자(脫字)가 많다.

마지막으로 박경규(朴庚圭)가 태조의 석각본 사진을 가지고 확인한 별들의 목록을 제시한 바 있다.[7] 이 자료를 토대로 하여 후에 나일성·이용삼·박경규가 공동으로 신라역사과학관이 소장하고 있는 탁본을 위시하여 여러 가지 탁본과 두 개의 천문도 각석을 참고

4 나일성, *Ibid.*

5 이은성, '천상열차분야지도의 분석', 『세종학연구』, 제1집, 63, 1986.

6 일본의 천리대학(天理大學)이 소장하고 있는 목판본이 처음 알려진 것은 2000년대에 들어와서의 일이다. 그 전에는 탁본 밖에는 알지 못했었다.

7 朴庚圭, 『朝鮮朝 天文圖의 比較 分析』, 충북대학교 석사학위 논문, 1995.

하면서 $S_{1,2}$에 있는 모든 성관과 별의 수 그리고 글자체까지 조사한 바 있다[8]. 이것은 뒤에 별도로 기술할 「천상열차분야지도」 복각을 위해서 S_2의 별들의 이름을 먼저 완성해야 하기 때문이었다.

1993년에 나일성은 그때까지의 모든 결과를 확대 보완하고 다시 판독하여 그림 VIII-2의 표시에 따라 모든 글자를 표를 만들어 발표한 바 있다.[9] 그는 3종의 탁본(규장각본, 신라역사과학관본, 세종대왕기념사업회가 만든 최근 본)을 참고하였을 뿐만 아니라, 확인할 필요가 있을 때마다 궁중유물전시관(국립고궁박물관의 전신)의 태조 때의 각석(국보 제228호)과 세종대왕기념사업회의 숙종 때의 각석(보물 제837호)[10] 을 수시로 대조하였다.

표 VIII-2. 「천상열차분야지도」의 여러 부분의 표시법과 여러 사람에 의한 판독(○표) 현황

새 방법	내 용	루훠스 1917	나일성 1984	이은성 1986	박성환 1987	나일성 1996
A_1 A_2	十二國分野及星宿分度	-	○	○	○	○
B	日宿	○	○	○	○	○
C	月宿	○	○	○	○	○
D_1 D_2 D_3 D_4	(方位)	-	○	○	○	○
E_1 E_2	四方昏有....	-	○	○	○	○
F_1 F_2	經星常宿, 分度形名	-	○	○	○	○
G	天	-	○	○	-	○
H_1	論天과 二十八宿去極分度	○	○	○	○	○
H_2	右天文圖.....와 書雲觀	○	○	○	○	○
S_1	十二宮과 分野	-	-	○	-	○
S_2	天文圖	-	-	○	-	○

이 외에도 별들의 이름이 있는 S_2가 제외된 박성환(朴成桓)[11]의 연구와 「성신여자대

8 나일성·이용삼·박경규, 『팔폭 병풍식 천문도』, 국립민속박물관 병풍식 천문도 복원 수리를 위한 연구 보고서, 1995.
9 나일성, 1996, 『東方學志』, 제93집, pp. 41-132.
10 이것은 2007년에 국립고궁박물관으로 이관되어 있다.
11 朴成桓, 1987, 『東方學志』제54-56합집, pp. 329-357.

학교 박물관의 목판인쇄본」[12][주: 이것은 탁본임]만을 사용한 박명순[13]의 판독 작업이 알려져 있다.

판독한 내용

여러 사람의 노력으로 일단「천상열차분야지도」각석에 새겨진 글자가 모두 활자화되기는 하였으나, 여기에는 가장 마지막인 1996년에 보고된 나일성의 결과를 소개하려고 한다. 이 보고는 태조의「천상열차분야지도」석각 600돌을 기념하여 복각하기 위한 노력의 일환으로 이루어진 것이다. 그런데,「천상열차분야지도」각석에 실제로 새겨져있는 글자에는 고서체(古書體)와 약자(略字)가 많다. 따라서 이런 옛날 서체(書體)와 약자(略字)를 그대로 한글 워드 프로세서(HWP)로 옮길 수는 없다. 그렇지만, 돌에 실제로 새겨진 형식의 옛날 서체와 약자를 밝혀 두지 않으면 석각본을 복원할 때 도움이 되지 않기 때문에 활자화하는 데 있어서 표 VIII-3과 표 VIII-4에는 다음과 같은 방법을 사용했다.

표 VIII-3의 〈구분/기록〉 난은 그림 VIII-2에 표시한 내용(A, B, C, ... , S_1)이지만, 컴퓨터로 〈아래 한글〉워드 프로그램(HWP)이 제공하는 글자를 옮긴 것이다. 이렇게 옮긴 한자(漢字) 중에서 옛날 서체(書體)와 약자(略字)인 글자는 밑줄로 표시하여 그것이 HWP에 있는 글자일 뿐 실제로 새겨져 있는 서체가 아니라는 것을 밝혔다. 〈글자 수〉 난은 각기 해당하는 〈구분/기록〉란에 새겨진 글자의 수를 가리킨다.

---

12 이것도 목판이 아니라 탁본이다.

13 박명순, 1995,『한국과학사학회지』, 17(1), 3.

표 VIII-3. 「천상열차분야지도」 각석에 새겨 있는 모든 글자. S_2 안에 있는 별자리 이름은 제외됨.

구분	기록	글자 수
題字	天象列次分野之圖	8 字
A_1	十二國分野及星宿分度 自軫十二度至氐四度合三十一度爲壽星之次鄭之分野屬兗州於辰在辰 自氐五度至尾九度合三十度爲大火之次宋之分野屬豫州於辰在卯 自尾十度至斗十一度合三十一度爲析木之次燕之分野屬幽州於辰在寅 自斗十二度至須女七度合三十度四分度之一爲星紀之次吳越之分野屬揚州於辰在丑 自須女八度至危十五度合三十度爲玄枵之次齊之分野屬靑州於辰在子 自危十六度至奎四度合三十一度爲娵訾之次衛之分野屬并州於辰在亥	193 字
A_2	自奎五度至胃六度合三十度爲降婁之次魯之分野屬徐州於辰在戌 自胃七度至畢十一度合三十度爲大梁之次趙之分野屬冀州於辰在酉 自畢十二度至東井十五度合三十一度爲實沈之次晉之分野屬益州於辰在申 自東井十六度至柳八度合三十度爲鶉首之次秦之分野屬雍州於辰在未 自柳九度至張十六度合三十度爲鶉火之次周之分野屬三河於辰在午 自張十七度至軫十一度合三十一度爲鶉尾之次楚之分野屬荊州於辰在巳 自壽星之次計至鶉尾之次共三百六十五度四分度之一	202 字
B	日宿 日爲大陽之精衆陽之長去赤道表裏各 二十四度遠寒近暑而中和陽用事則進 北晝長夜短陽勝故爲溫暑陰用事則退 南晝短夜長陰勝故爲凉寒若日行南北 生養恩德 人君之象故行有道之國則光明 人君吉昌百姓安寧 星者陽精之榮也陽精爲日日分爲星故其 字從日下生也釋名云星散也布散於天	140 字
C	月宿 月爲大陰之精衆陰之長以之配日女主 之象以之比德刑罰之義列之朝廷諸侯 大臣之類行黃道之東謂之靑道行黃道 之南謂之赤道行黃道之西謂之白道行 黃道之北謂之黑道黃道內外各四并黃 道爲九道也 黃赤道 日之所由謂之黃道南北極之 中度最均處謂之赤道黃道者半在赤道 外半在赤道內東交於角五小弱西交於 奎十四小强	139 字
D_1	北方玄武七宿三十五星 合九十八度四分度之一	20 字
D_2	西方白虎七宿五 十一星合八十度	14 字

구분	기록	글자 수
D_3	南方朱雀七宿六十 四星合一百十二度	16 字
D_4	東方靑龍七宿三 十二星合七十五度	15 字
E_1	四方皆有七宿各成一形東方成 龍形西方成虎形皆南首而北尾	26 字
E_2	南方成鳥形北方成 龜形皆西首而東尾	16 字
F_1	經星常宿	4 字
F_2	分度形名	4 字
G	天 冬至 昏室曉軫中 小寒 昏壁曉亢中 大寒 昏奎曉氐中 立春 昏胃曉氐中 雨水 昏畢曉心中 驚蟄 昏參曉尾中 春分 昏井曉尾中 淸明 昏井曉箕中 穀雨 昏星曉斗中 立夏 昏張曉斗中 小滿 昏翼曉牛中 芒種 昏軫曉女中 夏至 昏亢曉危中 小暑 昏氐曉室中 大暑 昏房曉壁中 立秋 昏尾曉奎中 處暑 昏尾曉胃中 白露 昏箕曉昴中 秋分 昏斗曉參中 寒露 昏斗曉井中 霜降 昏斗曉井中 立冬 昏女曉星中 小雪 昏虛曉張中 大雪 昏危曉翼中	169 字

<table>
<tr><th>구분</th><th>기록</th><th>글자 수</th></tr>
<tr><td>H1</td><td>論天
晉志前儒舊說天地之體狀如鳥卵
天包地外猶殼之裏黃也周旋無端
其形渾渾然故曰渾天也又晉葛洪
云周天三百六十五度四分度之一
半覆地上半繞地下故二十八宿半
見半隱天轉如車轂之轉也又宋何
承天云迺觀渾儀研求天意乃悟天
形正圓而水居其半地中高外卑水　　비(卑)? 또는 비(畀)?
周其下又梁祖暅云渾天之形內圓
如彈丸凡論天者有六家一曰渾天
張衡所述二曰盖天周髀以爲法三
曰宣夜無師法四曰安天虞喜作五
曰昕天姚信作六曰穹天虞聳作自
盖天已下並好奇徇異之說非至說
也先儒亦不重其術也

二十八宿去極分度
角二星十二度去極九十一度
亢四星九度去極八十九度
氐四星十五度去極九十七度
房四星五度去極一百八度
心三星五度去極一百八度
尾九星十八度去極一百二十度
箕四星十一度去極一百十八度
斗六星二十六度四分度之一去極一百十六度
牛六星八度去極一百六度
須女四星十二度去極一百六度
虛二星十度去極一百四度
危三星十七度去極九十九度
營室二星十六度去極八十五度
東壁二星九度去極八十六度
奎十六星十六度去極七十七度
婁三星十二度去極八十度
胃三星十四度去極七十二度
昴七星十一度去極七十四度
畢八星十六度去極七十八度
觜三星二度去極八十四度
參十星九度去極九十四度
東井八星三十三度去極六十九度
輿鬼五星四度去極六十八度
柳八星十五度去極八十度
星七星七度去極九十一度
張六星十八度去極九十七度
翼二十二星十八度去極九十九度
軫四星十七度去極九十八度</td><td>557 字</td></tr>
</table>

구분	기록	글자 수
H_2	右天文圖石本舊在平壤城因 兵亂沉于江而失之歲月旣久 其印本之存者亦絕無矣惟我 殿下受命之初有以一本投進者 殿下寶重之 命書雲觀重刻于 石本觀上言此圖歲久星度已 差宜更推步以定今四仲昏曉 之中勒成新圖以示于後 上以爲然越乙亥夏六月新修中 星記一編以進舊圖立春昴中 於昏而今則爲胃二十四氣以 次而差於是因舊圖改中星鐫 石甫訖迺 命臣近誌其後臣近竊惟自古帝 王奉天之政莫不以曆象授時 爲先務堯命羲和而秩四時舜 在璣衡而齊七政誠以敬天勤 民爲不可緩也恭惟 殿下聖武仁明以禪讓而有國中 外晏然躋于太平卽堯舜之德 也首察天文以正中星卽堯舜 之政也然求堯舜所以觀象制 器之心其本只在乎欽而已惟 殿下亦以欽存諸心上以奉天時 下以勤民事則神功茂烈亦當 與二帝並隆矣况此圖勒貞珉 永爲子孫萬世之寶也信矣哉 嘉靖大夫藝文春秋館學士都 評議使司使寶文閣學士兼禮 曹典書成均大司成臣權近奉 敎記嘉靖大夫檢校中樞院副 使兼判書雲觀事臣柳方澤奉 敎推筭中直大夫敎書監 臣偰 慶壽奉 敎書 書雲觀 領觀事特進輔國崇祿大夫判 門下府事都評議使司事集賢 殿大學士臣權仲和兼判事嘉 靖大夫商議中樞院事都評議 使司使 臣崔融兼判事嘉靖大 夫檢校中樞院副使 臣盧乙俊 兼正嘉善大夫檢校戶曹典書 臣尹仁龍判事通訓大夫 臣池 臣源丞通德郎 臣金堆掌漏啓 功郎 臣田潤權知掌漏進勇副 尉虎勇巡衛司右領別將 臣金 自綏權知視日修義副尉虎勇 巡衛司後領散員 臣金候 洪武二十八年十二月 日	559 字

구분	기록	글자 수
S_1	寶缾宮 子 齊之分 磨羯宮 丑 吳越之分 人馬宮 寅 燕之分 天蝎宮 卯 宋之分 天秤宮 辰 鄭之分 雙女宮 巳 楚之分 師子宮 午 周之分 巨蟹宮 未 秦之分 陰陽宮 申 晉魏分 金牛宮 酉 趙之分 白羊宮 戌 魯之分 雙魚宮 亥 衛之分 가장자리에 있는 두 개의 동심원 안에 쓰여 있는 궁, 방위, 그리고 분야의 이름	84 字
	합계	2,166字

표 VIII-4는 성도(星圖) S_2에서 판독한 별자리 이름과 별의 수를 제시한 것이다. 별자리의 배열은『천문유초』의 순서를 따랐으나, 별자리 이름(座名)은 석각된 것을「천상열차분야지도」난에 먼저 옮겼다. 그리고 발음하기 어려운 한자(漢字)가 많기 때문에 한글 표기를 그 옆줄에 달았다. 각석된 서체와 다른 형체의 글자가『천문유초』에 있는 경우에는〈천문유초 규장각본(奎章閣本)〉난에『천문유초』에 있는 그대로 적어 두었다. 석각본과『천문유초』에도 컴퓨터의 HWP에 없는 고서체(古書體)와 약자(略字)가 있는데 이에도 해당한 글자 밑에 밑줄을 달았다. 마지막 난인〈참고〉난에는 첨부할 내용이 있을 때에 한하여 작은 활자체로 설명을 달았다.

표 VIII-4. S2에 있는 별자리 이름(座名)과 별의 수(星數)

舍/垣	宿名	천상열차분야지도			천문유초	참고
		座名		별의 수		
東方七舍	角宿	左角	좌각	2		
		平道	평도	2		
		天田	천전	2		
		進賢	진현	1		
		周鼎	주정	3	周鼎	
		天門	천문	2		
		平	평	2		
		庫樓	고루	10	庫樓	
		柱	주	15		
		衡	형	4		
		南門二	남문2	2		
	亢宿	亢四	항4	4		
		大角一	대각1	1		
		折威	절위	7	折威七	
		攝提	섭제	3	攝提三	
		攝提	섭제	3	攝提三	
		頓頑二	돈완2	2		
		陽門	양문	2	陽門二	
	氐宿	氐四	저4	4		
		天乳	천유	1	天乳一	
		招搖	초요	1	招搖一	
		更河	경하	3	梗河三	
		帝席	제석	3	帝席三	
		亢池六	항지6	6		
		騎官二十七	기관27	27		
		陣車三	진거3	3		
		車騎	거기	3	車騎三	
		天輻二	천폭2	2		
		騎陣將軍	기진장군	1	騎陣將軍一	
	房宿	房四	방4	6		
		鍵閉	건폐	1		
		罰	벌	3		
		西咸	서함	4		
		東咸	동함	4		
		日一	일1	1	從官二	
		從官	종관	2		

舍/垣	宿名	천상열차분야지도			천문유초	참고
		座名		별의 수		
東方七舍	心宿	心三	심3	3		
		積卒十二	적졸12	12		
	尾宿	尾九	미9	9		
		龜五	귀5	5		
		天江四	천강4	4		
		傅說一	부열1	1		
		魚一	어1	1	神宮	
		神宮	신궁	1		
	箕宿	箕四	기4	4		
		外杵	외저	3	外杵三	
		糠一	강1	1		
	합계	47座		186星		105字
北方七舍	斗宿	南斗六	남두6	6		
		天弁九	천변9	9		
		建星六	건성6	6	立星六	
		鼈十四	별14	14		
		天雞二	천계2	2		
		天籥八	천약 8	8		
		狗國四	구국4	4		
		天淵十	천연 10	10		
		狗二	구2	2		
		農丈人	농장인	1	農丈人一	
	牛宿	牽牛六	견우6	6		
		天田九	천전9	9		
		九坎九	구감9	9		
		河鼓三	하고3	3		
		織女	직녀	3		
		左旗九	좌기9	9		
		右旗	우기	9		
		天桴四	천부4	4		
		羅堰	나언	3		
		漸臺	점대	4	漸臺	
		輦道六	연도6	6		

舍/垣	宿名	천상열차분야지도			천문유초	참고
		座名		별의 수		
北方七舍	女宿	須女四	회녀4	4	須女四	
		十二國	십이국	16		
		周二	주2			
		秦二	진2		秦二	
		代二	대2			
		趙二	조2			
		越一	월1			
		齊一	제1		숙종 탁본에 별 1개 더 있음	
		楚一	초1			
		鄭一	정1		楚一	
		魏一	위1		鄭一	
		韓一	한1		魏一	
		晋一	진1			
		燕一	연1			
		離珠五	이주5	5		
		苽	과	5		
		敗苽	패과	5	離珠五	
		天津九	천진9	9		
		奚仲	해중	4		
		扶筐七	부광7	7		
	虛宿	虛二	허2	2	虛二	
		司命	사명	2		
		司祿	사록	2	司祿	
		司危	사위	2		
		司非	사비	2		
		哭二	곡2	2		
		泣二	읍2	2		
		天壘城	천루성	13		
		敗臼	패구	4		
		離瑜三	이유3	3		
	危宿	危三	위3	3		
		人星	인성	5		
		內杵	내저	3		
		臼	구	4		
		車府七	거부7	7		
		鉤九	구9	9		
		造父五	조보5	5		
		墳墓	분묘	4		
		虛梁	허량	4	虛梁	
		天錢	천전	10		
		盖屋	개옥	2		

舍/垣	宿名	천상열차분야지도			천문유초	참고
		座名		별의 수		
北方七舍	室宿	室二	실2	2		
		離宮六	이궁6	6		
		雷電	뇌전	6		
		壘壁陣十二	누벽진12	12		
		羽林四十五	우림45	45		
		鈇鉞	부월	3		
		北落師門一	북락사문1	1		
		八魁九	팔괴9	9	八魁九	
		天綱	천강	1		
		土公吏	토공리	2		
		螣蛇二十二	등사22	22		
	壁宿	東壁二	동벽2	2		
		霹靂	벽력	5		
		雲雨	운우	4	雲雨四	
		天廐十	천구10	10	天廐十	
		鈇鑕	부질	5	鈇鑕	
	합계	66 座		407 星		193字
西方七舍	奎宿	奎十六	규16	16		
		外屛七	외병7	7	外屛七	
		天溷七	천혼7	7		
		司空一	사공1	1		
		軍南門	군남문	1		
		閣道六	각도6	6		
		附路	부로	1		
		王良	왕량	5		
		策	책	1		
	婁宿	婁三	누3	3	婁三	
		左梗	좌경	5		
		右梗	우경	5		
		天倉六	천창6	6		
		天庾三	천유3	3	天庾	
		天將軍	천장군	11		
	胃宿	胃三	위3	3		
		天廩	천름	4		
		天囷十三	천균13	13		
		大陵八	대릉8	8		
		天船九	천선9	9	天船九	
		積尸	적시	1		
		積水	적수	1		

舍/垣	宿名	천상열차분야지도			천문유초	참고
		座名		별의 수		
西方七舍	昴宿	昴七	묘7	7		
		天阿	천아	1		
		月一	월1	1		
		天陰五	천음5	5	天陰五	
		芻藁六	추고6	6	芻藁六	
		天苑十六	천원16	16		
		卷舌	권설	6		
		天讒	천참	1	天讒	
		礪石	여석	4		
	畢宿	畢八	필8	9	畢八	附耳를 구별못함
		天街二	천가2	2		
		天節八	천절8	8	天節八	
		諸王	제왕	6		
		天高四	천고4	4	天高四	
		九州殊口	구주수구	9		
		五車五	오거5	5		
		柱	주	9		
		天潢五	천황5	5		
		咸池三	함지3	3		
		天關	천관	1	天關	
		參旗九	삼기9	9		
		九斿九	구유9	9		
		天園十四	천원14	14		
	觜宿	觜三	자3	3		
		坐旗九	좌기9	9		
		司怪	사괴	4	司怪	
	參宿	參十	삼10	10		
		玉井四	옥정4	4		
		屛二	병2	2		
		軍井四	군정4	4		
		厠四	측4	4		
		天矢一	천시1	1		
	합계	54 座		298 星		139字
南方七舍	井宿	東井八	동정8	9		鉞(술)의 구별 무
		南河三	남하3	3		
		北河三	북하3	3		
		天樽	천준	3	天樽	
		五諸侯	오제후	5	五諸侯	
		積水	적수	1		
		積薪	적신	1		
		水府	수부	4		

舍/垣	宿名	천상열차분야지도			천문유초	참고
		座名		별의 수		
南方七舍	井宿	水位四	수위4	4		
		四瀆四	사독4	4		
		軍市十三	군시13	13		
		野雞一	야계1	1		
		丈人二	장인2	2	丈人二	
		子二	자2	2		
		孫二	손2	2		
		闕丘	궐구	2	闕丘	
		狼星一	낭성1	1		
		弧九	호9	9		
		老人	노인	1		
	鬼宿	鬼五	귀5	5	鬼五	積尸의 구별 무
		爟四	관4	4		
		天狗七	천구7	7		
		外廚六	외주6	6	外廚六	
		天社六	천사6	6	天社六	
	柳宿	柳八	유8	8		
		酒旗三	주기3	3		
	星宿	星七	성7	7		
		軒轅十七	헌원17	17	軒轅十七	
		内平四	내평4	4	内平四	
		天相	천상	3	天相三	
		稷五	직5	5		
	張宿	張六	장6	6		
		天廟十四	천묘14	14		
	翼宿	翼	익	22		
		東區	동구	5	東甌	
	軫宿	軫	진	4		
		長沙	장사	1		
		右轄	우할	1	左轄	
		左轄	좌할	1	右轄	
		軍門二	군문2	2		
		土司空四	토사공4	4		
		靑丘七	청구7	7		
		器府	기부	29		
	합계	43 座		41 星		108字
太微垣		大微	대미	5	太微	
		大微	대미	5	太微	
		謁者	알자	1	謁者一	
		三公内坐	삼공내좌	3	三公内坐三	
		九卿	구경	3	九卿	
		五諸侯	오제후	5	五諸侯	
		屛	병	4	屛	

舍/垣	宿名	천상열차분야지도			천문유초	참고
		座名		별의 수		
太微垣		五帝	오제	5		
		幸臣	행신	1		
		太子	태자	1		
		從官	종관	1	從官	
		郎將	낭장	1	郎將一	
		虎賁	호분	1	虎賁	
		常陳	상진	7		
		郎位	낭위	15		
		明堂	명당	3		
		靈臺	영대	3		
		少微四	소미4	4		
		長垣四	장원4	4		
		三台六	삼태6	6		
	합계	20 座		78 星		45字
紫微垣		紫微八	자미8	8		
		紫微七	자미7	7		
		北極五	북극5	5		
		四輔四	사보4	4		
		天一	천1	1		
		太一	태1	1		
		陰德	음덕	2	陰德	
		尙書五	상서5	5	尙書五	
		柱下史	주하사	1		
		女史	여사	1		
		女御宮四	여어궁4	4	女御宮四	
		天柱	천주	5		
		大理二	대리	2		
		句陳六	구진6	6		
		六甲	육갑	6		
		天皇大帝	천황대제	1		
		五帝坐	오제좌	5		
		華盖	화개	7		
		傳舍九	부사9	9	傳舍九	
		內階六	내계6	6	內階	
		天廚六	천주6	6	天廚六	
		八穀八	팔곡8	8		
		天棓五	천봉5	5		
		天床六	천상6	6		
		內廚二	내주2	2	內廚二	

舍/垣	宿名	천상열차분야지도			천문유초	참고
		座名		별의 수		
紫微垣		文昌	문창	1		
		太尊	태존	6		
		天牢六	천뢰6	1	太尊	
		大陽守	대양수	4		
		勢四	세4	1		
		相一	상1	3		
		三公	삼공	3		
		三公三	삼공3	1		
		玄戈一	현과1	4		
		天理四	천리4	3		
		天倉	천창	7		
		北斗七	북두7	1	天槍	
		輔星	보성	9		
		杠九	강9			
	합계	39 座		164 星		104字
天市垣		天市東垣十一	천시동원11			
		天市十一	천시11			
		市樓	시루			
		車肆	거사			
		宗正	종정			
		宗人	종인			
		宗星	종성			
		帛度	백도			
		屠肆	도사			
		侯一	후1			
		帝座	제좌			
		宦者	환자			
		列肆	열사			
		斗五	두5			
		斛四	곡4			
		貫索	관색			
		七公七	칠공7			
		天紀九	천기9			
		女牀	여상			
	합계	19 座		87 星		46字
새로운 별자리	壁宿	土公二	토공2	2		
	天市垣	宗大夫	종대부	4		
글자만 있는 별자리	角宿	柱	주	–		
		柱	주	–		
		柱	주	–		
		柱	주	–		
		庫樓	고루	–		
		壘壁	누벽	–		
	畢宿	柱	주	–		
		柱	주	–		

舍/垣	宿名	천상열차분야지도		천문유초	참고
		座名	별의 수		
天文用語		端門 단문 河間 하간 黃道 황도 黃道交處 황도교처			태미원에 있음 은하수가 갈라 진 곳
	합계	2 座	6 星		26字
총계		290 座	1,467星		766字

표 VIII-5. 글자와 별의 수 통계

번호	글자 수	별의 수
$A_{1,2}$	395	
B	140	
C	139	
$D_{1,2,3,4}$	65	
$E_{1,2}$	42	
$F_{1,2}$	8	
G	169	
H_1	557	
H_2	559	
S_1	84	
S_2	766	1467
	2,932	1,467

1-3. 천상열차분야지도의 탄생, 태조와 세종의 각석

하늘을 보면서 밤에 보이는 별들을 종이 위에 옮겨 적는 일, 즉 천문도를 제작하는 일은 직분을 맡은 관원들만이 할 수 있는 일이 아니다. 유생이거나 여유 있는 지방의 지식인이라면 자기가 즐겨 보는 별들을 위주로 하여 틈나는 대로 하나씩 적으면 되는 것이다. 완성이라는 것은 있을 수 없고, 다만 능력과 시간에 따라 자기가 만족하는 선에서 그칠 수 있는 것이기 때문에, 이렇게 제작된 천문도에는 개성이 엿보인다.

그럼에도 불구하고 한 때 쏟아져 나오듯 한국의 명문 집안의 것이라고 칭하는 천문도들은 「천상열차분야지도(天象列次分野之圖)」라는 8字가 붙어 있든 없든 조선 숙종 때인 1687년에 제작한 천문도의 틀을 벗어나지 않는다. 이로 인하여, 박물관의 것이든 개인 소장품이든 한국에는 옛 천문도라 하면 대부분 「천상열차분야지도」의 탁본이거나 모사한 것들이다. 말하자면, 하늘의 별을 보고 제작한 천문도가 아니라, 이미 제작된 「천상열차분야지도」 탁본을 보고 베낀 것이거나, 베낀 것을 보고 다시 또 베낀 것들이다. 이렇게 이중 삼중으로 베끼는 과정에 별들의 수는 줄어들게 되고, 별자리의 모양은 본래의 모양에서 조금씩 일그러지기도 하고 때로는 누락되기도 하였다. 이와 같이 조선 시대에는 그 수는 많게 보이는 천문도가 있기는 하지만, 개성 있게 독자적으로 만든 것은 거의 없고 태조4년에 각석된 「천상열차분야지도」의 틀에 얽매인 것들뿐이다.[14]

이렇게 조선시대에 절대적인 영향을 끼친 「천상열차분야지도」는 어디에 근거를 두고 제작된 것이었을까? 고려시대에 만든 천문도가 별로 남아있지 않았던 조선 초기는 정국이 어수선한 시기였다. 이런 때 「천상열차분야지도」가 아무 연유도 없이 권근 등에 의해 불쑥 만들어진 것은 아니었을 것이다. 이제 그 연유를 살피기로 하자.

앞에서 진술한 바 있는 고구려의 석각 천문도가 대동강에 빠진 것이 A.D. 668년경이었다. 그 때로부터 조선 태조4년인 1395년까지는 720여 년이나 되는 긴 세월이다. 이렇게 오랜 기간, 고구려 석각 천문도의 인본(탁본)을 보존한 가문이 있었다니 믿기 어려운 진귀한 일이다. 그런데 그 문제의 탁본이 고구려가 망하던 불안한 시기에 제작되었을 가능성은 생각할 수 없는 일이다. 탁본을 만들려면 전쟁 중이 아닌 평화로운 시기를 택했을 것이라고 생각해 본다면 720여 년보다 훨씬 더 오래된 것일 수 있겠다. 우리는 삼국시대를 계승한 고려시대의 천문도가 겨우 한두 장(그림 VII-17과 18을 참조)이 남아 있다는 사실로는 고려의 천문도가 진정 어떤 수준이었는가를 짐작하지 못한다. 따라서 이런 처지를 감안한다면 이 탁본의 귀중함을 짐작할 수 있는 일이다.

새 왕조를 일으킨 이성계(李成桂)와 그의 개국 공신들에게는 정국을 안정시키기 위해 어려운 일들을 많이 겪고 있었다. 그 중의 하나는 백성들에게 비쳐지는 국왕으로서의 이성계

---

14 17세기 말부터 서양의 천문도가 중국을 통해서 수입될 때, 비로소 별의 수가 달라지게 되었다. 별자리가 통째로 없어지기도 했고, 새로 추가된 것들이 생기게 된 것이다. 그러나 이와 같은 변화는 관상감에서의 일이었을 뿐, 민간에서는 여전히 「천상열차분야지도」에 더 큰 애착을 가지고 있었던 것 같다.

의 위상을 만들어 내는 일이 포함되어 있었을 것이지만, 분명 쉬운 일은 아니었을 것이다. 나라를 세운지 몇 해 되지 않은 초기에 뜻하지 않았던 희소식이 이성계에게 전달되었다. 그 때까지 있으리라고 생각도 하지 못했던 고구려의 천문도 석본(石本)의 인본(印本)이 나타난 것이다. 이것은 이성계에게 무력이나 정치적 수완과는 전연 다른 차원의, 그러나 어찌 보면 더 강력한 영향력이 있는 무기로 받아 들여졌을 것이다. 하늘의 뜻을 백성 앞에 펴는 권위를 가진 천자(天子)의 체통에 꼭 맞는 천문도가 그의 손에 들어 왔으니, 이성계의 기쁨이 얼마나 컸겠는가. 따라서 〈전하께서 중요한 보물(殿下寶重之)〉로 생각했다는 문구를 권근(權近)은「천상열차분야지도」에 새겨 두었다.[15] (그림 VIII-3을 참조)

고구려의 천문도 인본과 이성계와의 극적인 만남은, 이성계의 본래 뜻이 과학적 가치 판단의 결과와는 전혀 다른 의도의 소산일 가능성을 배제하지는 않는다 하더라도, 뒤에 기술할「천상열차분야지도」라는 세계적인 천문도의 제작으로 결실을 맺게 된 것은 과학사에 특기될 일이다. 더 나아가서, 돌에 새긴 하나의 천문도로서의 가치를 넘어서,「천상열차분야지도」는 조선의 건국 초기의 정신적 기틀을 마련하는 데 이바지한 바, 결국 세종이 과학 정책을 실현시키는 기폭제 역할이 된 전통을 확립한 것이라고 확대 해석이 가능하다. 이「천상열차분야지도」라는 거대한 석판을 궁궐 안에서 보았을 지체 높은 관리를 비롯해서 허다히 많은 사람들도 별 수 없이 이성계를 새 군왕으로 받아들이지 않을 수 없었을 것이다. 천문도는 하늘을 그린 것이었으니까.

고구려의 천문도가 이렇게 조선 초기에 지대한 영향을 미친 사실을 생각해 보면 볼수록 고구려를 이은 왕조인 고려에 이렇다 할 천문도가 없다는 것은 아직도 우리의 연구가 이에 미치지 못한 탓인가.

태조4(1395)년의「천상열차분야지도」

「천상열차분야지도」가 석각되기까지 무슨 준비가 필요했었고 또 어떤 과정을 밟았는가를 상고해 보자.

---

15 민족문화문고 간행회,『陽村集』第22卷, 1, 1986. 또한『大東野勝』海東雜錄六 p. 129(下)에는 다음의 기록이 있다. 天文圖石本, 舊在平壤城, 因麗季兵亂, 沉于江而失之, 國初有以一本, 投進者, 然歲久星度己差, 更推步以定今四件, 昏曉之中, 勤成新圖, 又新修中星記一編(陽村圖說).

태조4년 권근과 그의 작업반이 「천상열차분야지도」각석을 완성할 때까지의 당시 사정에 관하여는 정확히 밝히기 어려운 점이 몇 가지 있다. 첫째는, 기도(箕都, 지금의 평양)의 시민이 조선 태조에게 탁본을 바친 것이 어느 해였을까. 둘째, 중성기(中星記)를 완성한 것은 개경(開京, 지금의 송도)이었는가 아니면 한양(漢陽, 지금의 서울)이었던가. 셋째, 석각한 돌은 어느 지방에서 어떻게 운반하여 온 것이며 석각 작업을 한 곳은 개경과 한양 중 어느 곳이었는가 하는 등이다.

첫째 의문은 필히 알아야 할 정도로 중요한 것은 아닐지 모른다. 그러나 이 귀한 보물이 고려의 충신들의 반발이 거세던 이성계의 집권 초기에 지리적으로 멀리 떨어져 있는 평양의 소유자가 바쳤다고 하는 것은 분명히 기념비적인 사건이라 하지 않을 수 없다. 이에 관해서는 그림 VIII-2에 이미 제시한 바 있는 배치도의 H_2에 상세한 설명이 있다. 물론 이 기사의 전문은 표 VIII-3의 끝 부분에 있으나, 한자로 되어 있어서 읽지 못하는 독자들이 많을 것이다. 이 내용은 『양촌선생문집』에 〈천문도시(天文圖詩)〉로 남아 있으며 다음과 같이 번역되어 있다.

> 천문도의 석본은 옛날 평양성(平壤城)에 있었는데, 병란으로 강물에 잠겨 유실되었으며, 세월이 오래어 그 남아 있던 인본(印本)까지도 없어졌다. 우리 전하께서 즉위하신 처음에 어떤 이가 한 본을 올리므로, 전하께서는 이를 보배로 귀중히 여기시고 서운관(書雲觀)에 명하여 돌에다 다시 새기게 하매, 본관(本觀)이 상언(上言)하기를, "이 그림은 세월이 오래되어 별의 도수(度數)가 차이가 나니, 마땅히 다시 도수를 측량하여 사중월(四仲月; 음력 2, 5, 8, 11월)의 저녁과 새벽에 나오는 중성(中星)을 측정하여 새 그림을 만들어 후대 사람들에게 보이소서."하니, 왕께서 옳게 여기므로 지난 을해년(태조 4년, 1395년) 6월에 새로 「중성기(中星記)」 한 편을 지어 올렸다. 옛 그림에는 입춘에 묘성(昴星)이 저녁의 중성이 되는데, 지금은 위성(胃星)이 되므로, 24절기가 차례로 어긋난다. 이에 옛 그림에 의하여 중성을 고쳐서 돌에 새기기가 끝나자 신(臣) 근(近)에게 명하여 그 뒤에다 지(誌)를 붙이라 하였다. 신 근은 삼가 생각컨대, 자고로 제왕이 하늘을 받드는 정사는 역상(曆象; 달력)으로 시간(天時)을 알려주는 것을 급선무로 삼지 않는 이가 없다. 요(堯)는 희화(羲和)를 명하여 사시(四時)의 차례를 조절하게 하고, 순(舜)은 기형(璣衡)을 살펴 칠정(七政)을 고르게 하였으니, 진실로 하늘을 공경하고 백성의 일에 부지런함을 늦추어서는 안되기 때문이다.

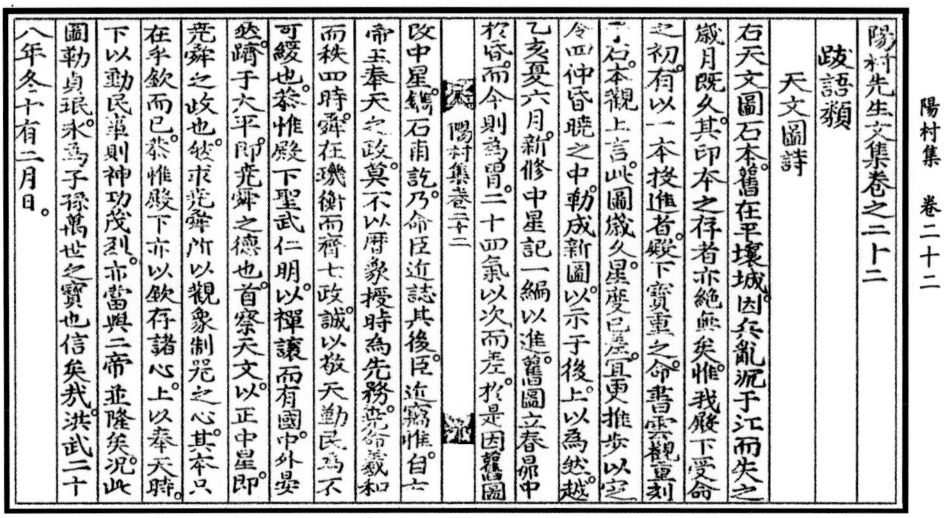

陽村集　卷二十二

陽村先生文集卷之二十二

跋語類

天文圖詩

右天文圖石本。舊在平壤城。因兵亂沉于江而失之。歲月既久。其印本之存者亦絶無矣。惟我殿下受命之初。有以一本投進者。殿下寶重之。命書雲觀重刻于石。本觀上言。此圖歲久。星度已差。宜更推步。以定今四仲昏曉之中。勒成新圖。以示于後。上以為然。越乙亥夏六月。新修中星記一編以進。舊圖立春昴中於昏。而今則胃。二十四氣以次而差。於是因舊圖

陽村集卷二十二

改中星。鐫石甫訖。乃命臣近誌其後。臣近竊惟自古帝王奉天之政。莫不以曆象授時為先務。堯命羲和以秩四時。舜在璣衡以齊七政。誠以敬天勤民。為不可緩也。恭惟殿下聖武仁明。以禪讓而有國。中外晏然。躋于太平。即堯舜之德也。首察天文。以正中星。即堯舜之政也。然求堯舜所以觀象制器之心。其本只在乎欽而已。恭惟殿下亦以欽存諸心。上以奉天時。下以勤民事。則神功茂烈。亦當與二帝並隆矣。況此圖勒貞珉。永為子孫萬世之寶也信矣哉。洪武二十八年冬十有二月日。

그림 VIII-3. 양촌 권근의 〈천문도시〉.

삼가 생각하건대, 전하께서는 성스럽고 인자하시므로 선위(禪位)를 받아 나라를 주신지라, 나라 안팎이 안일하여 태평을 누리니 이는 곧 요순(堯舜)의 덕이며, 먼저 천문을 살펴 중성을 바루니 이는 곧 요순의 정치이다. 그러나 요순이 천문을 보고 기구(器具)를 만들던 마음을 구한다면 그 근본은 다만 공경에 있을 뿐이니, 전하께서도 또한 공경을 마음에 두어 위로 천시를 받들고 아래로 민사(民事)를 부지런히 하시면, 그 신성한 공열(功烈)이 또한 요순과 같이 높아질 것이다. 하물며 이 그림을 정민(貞珉)에 새겼음에랴! 길이 자손만대에 보배로 삼을 것이 분명하도다.

홍무28년 겨울 12월 일

(민족문화추진회, 1986, 『양촌집』에서 옮김)

위에 보인 양촌 권근의 〈천문도시〉에 적힌 대로 태조 4년 6월에 중성기를 새로 지어 올린 것이라면, 평양의 시민이 태조에게 인본(탁본)을 바친 것은 태조 2년이나 늦어도 3년일 것이다.

둘째로, 태조 2년이나 3년에 천문도의 인본을 받은 다음 사중월(四仲月)에 나타나는 중성(中星)을 새로 측정하였다고 하니, 이는 개경에서였고 고려의 첨성대에서 관측한 결과를 가지고 중성기를 만들었을 가능성이 높다. 왜냐하면, 한양에는 천문대가 아직 건립되어 있지 않았기 때문이다.

마지막 의문인 돌의 산지와 운반 방법에 관하여는 알 길이 없다. 다만, 세종 때 만든 의기 중에서 큰 돌로 만든 것으로 유일한 규표(圭表)의 규의 경우를 들 수 있는데, 이에 관한 기록은『세종실록』에 있다.

> 청석(靑石)을 깎아 규를 만들고 규의 면에는 장(丈)·척(尺)·촌(寸)·분(分)을 새겼다.
> (『세종실록』 세종 19년 4월 15일)
>
> 옥공(玉工)을 성천(成川)에 보내어 옥을 캐게 하니, 장차 규를 만들기 위해서이다.
> (『세종실록』 세종 19년 4월 28일)

이 기록을 보면, 규표를 위해서 청석을 깎아 규(圭)를 만들었다고 하는데, 이 규의 크기는 길이 128척(약 26.5m)이고 폭은 4척 5촌(약 0.9m) 그리고 두께는 1척 4촌(약 0.3m)이나 되는 거대한 것이다.[16] 따라서 한 개의 돌이 이렇게 큰 것이었을 리는 없다. 그러니까 길이가 128척이라는 뜻은 여러 개의 돌을 이어서 만든 길이일 것이다. 그렇다면, 이 청석이라는 돌은 어떤 종류의 돌인가? 옥공을 성천(成川)에 보냈다고 하는데, 이곳은 지금의 평안남도 동남방(동경 126도 15분. 북위 39도 10분)에 있는 성천군을 가리키는지의 여부가 궁금하다. 강에 빠진 고구려의 석각 천문도가 평양에 있었던 점을 생각하면, 평양에 가까운 이 성천군에서 생산되는 돌이었을 가능성이 높지만 「천상열차분야지도」를 만든 돌이라고 단정지을 수는 없다.[17] 「천상열차분야지도」를 위한 돌의 재질에 관하여 처음 언급한 것은 전상운이며, 그는 흑요석(黑曜石)이라고 했다. 그러나 지금 경복궁의 국립고궁박물관에 전시되어 있는 「천상열차분야지도」 각석은 한눈으로 보아도 흑요석은 아니다. 흑요석은 일종의 단단한 옥석에 속하며 흔히 말하는 오석(烏石)이다. 한국에서 생산되는 오석은 깎은 부분이 희게 보이는 특징을 가지고 있는데, 「천상열차분야지도」 각석의 글자와 별들은 모두 희지 않고 깎지 않은 면과 꼭 같이 검다. 오석은 너무 단단하여 작은 글자를

16 『제가역상집』 3:31ㄱ.

17 한국에서 생산되는 벼룻돌로서 가장 품질이 좋다고 평이 있는 돌은 충청도 남포(藍浦) 지방에서 나는 남포석(藍浦石)이다.

깎아서 새긴다는 것이 대단히 어렵다. 「천상열차분야지도」가 석각된 돌은 흔히 벼룻돌이라고 말하는 검은 돌이다. 석질이 오석처럼 단단하지 않기 때문에 작은 글자와 별들을 깊게 새기기에 알 맞은 돌이다.

한편, 이 돌에 「천상열차분야지도」를 새기는 작업은 태조 4년에 일차 완공된 한양의 경복궁 경내였을 것이다. 경복궁은 태조 3년에 짓기 시작하였으므로 개경에서 돌 작업을 한 후 한양으로 운반하지는 않았을 것이라고 생각된다. 지금과 같은 연마 기술과 장비가 없었던 때였으므로 돌 표면은 광택이 날 정도로 잘 연마되어 있지 않다. 아마도 돌로 비벼대는 방식으로 표면을 깎았을 것이라고 추측된다.

이 돌에 「천상열차분야지도」가 석각된 지 600여년이나 지나는 동안, 석각된 내용이 풍상에 심하게 마모되었을 뿐만 아니라 돌 그 자체에도 손상이 심하다. 돌의 귀퉁이가 깨져 나갔고 또 균열이 생겼다. 이 때문인지는 몰라도 상하좌우의 길이가 서로 맞지 않으므로 정확한 길이를 재기도 어렵다. 또한, 지금은 화강석 받침대 위에 설치되어 있기 때문에 아래 부분이 얼마나 받침대 속으로 들어가 있는지 알 수도 없다. 따라서 창덕궁 유물창고에 눕혀 있었던 때에 재 본 결과와 당시에 만든 탁본을 가지고 조사한 크기를 소개하면 다음과 같다.[18]

세로 = 211 cm　가로 = 122.7 cm　두께 = 11.8 cm

그런데, 전상운[19]을 비롯하여 12명으로 구성된 조사팀이 덕수궁 궁중유물전시관에 전시된 상태에서 측정한 세로는 200.8 cm로서, 위의 값과는 크게 다르다. 이는 아마도 인쇄과정에서 생긴 오자일 것이다.

태조의 천문도가 각석된 검은 돌의 무게를 재 본 사람은 아직 없다. 따라서 이 돌의 무게를 알아보기 위해서는 전시되어 있는 돌을 들어내서 재 볼 수가 없는 형편이므로, 돌의 부피에 밀도를 곱해서 계산해 보는 다음과 같은 방법을 택하는 수밖에 없다. 돌의 부피는

$$211\ \text{cm} \times 122.7\ \text{cm} \times 11.8\ \text{cm} = 305{,}498.46\ \text{cm}^3 \text{ 또는 } 0.3055\ \text{cm}^3$$

이다. 이 돌의 평균 밀도는 잘 알려져 있지 않다. 이 돌이 대단히 희귀한 것이어서 접촉해

18 나일성은 창덕궁 유물창고에 눕혀 있었던 때 측정했다.

19 전상운·김성삼·김정흠·나일성·남천우·박성래·박익수·박홍수·유경로·이은성·이태녕·송상용, '韓國의 科學文化財調査報告', 『韓國科學史學會誌』 6, pp. 58~118, 1984.

본 광물학자들의 수치도 제각각이기 때문에 밀도의 하한 값으로 3을 택해서 계산하면

$$0.3055 \times 3 = 0.9165 \text{ ton}$$

이 되고, 상한 값을 4로 가정하면

$$0.3055 \times 4 = 1.222 \text{ ton}$$

이 된다. 결국 1 ton 정도라고 생각되는 무게이다.[20]

검은 돌 판에「천상열차분야지도」가 드디어 새겨졌다. 이 일의 총책임자는 권근이었고, 그를 도운 사람들 11명을 합한 12명의 이름은 다음과 같다.

권근(權近), 유방택(柳方澤), 설경수(偰慶壽), 권중화(權仲和),
최융(崔融), 노을준(盧乙俊), 윤인용(尹仁龍), 지신원(池臣源),
김퇴(金堆), 전윤권(田潤權), 김자수(金自綏), 김후(金候)

그리고 이 각석은 지금 국보 제288호로 지정되어 있다.

태조4(1395)년에 만든 검은 돌의 앞뒤 두 면에는 배치가 약간 다른「천상열차분야지도」가 각각 새겨져 있다. 이 천문도를 설명함에 있어서 어려운 점은 왜 두 면에 천문도를 새겼는가하는 의문을 밝히는 일이다. 또 하나의 의문은 두 천문도의 아래 위 방향이 서로 다른데 왜 그렇게 된 것인가 하는 것이다. 새겨진 내용은 서로 같은데도 불구하고, 내용을 배치한 모양은 그림 VIII-2에 보인 것처럼 약간 다르다. 이것은 둘 중 어느 한 면의 것이 마지막 완성품으로 보인다. 이렇게 배치가 서로 다른 두 천문도를 몇 사람이 다른 각도로 설명한 것이 있으나, 잠깐 뒤로 미루고 세종 때에도 석각한 천문도가 있었다는 사실부터 소개하자.

세종15(1433)년「신법천문도」

세종시대에도 천문도를 돌로 만든 일이 있다는 기록이 있는데, 태조 때의 것과는 달리 그 유물이 남아 있지 않다. 이에 관한 기록에는 두 종류가 있는데, 그 첫 째는 잘 알려져 있

20 2005년 7월에 덕수궁에 있던 '궁중유물전시관'은 경복궁의 '중앙박물관'이 용산에 지은 새 건물로 이전됨에 따라 이 건물을 인수받아 경복궁으로 옮기고 〈국립고궁박물관〉이라는 새 이름으로 바뀌었다. 이 때「천상열차분야지도」각석을 이전하는 책임을 맡은 서승우(徐昇佑, 후에 서준으로 개명) 학예관이 각석을 보호하기 위해 운반용 목판을 만들었는데, 이 목판을 합하여 무게를 달아 본 결과 약 1,300 kg였다고 한다. 그의 추정으로는 석판 자체의 무게는 약 1,250 kg(= 1.25 ton)이 될 것이라고 한다. 이는 밀도를 4로 했을 때의 값과 거의 일치한다.

는 『증보문헌비고(增補文獻備考)』와 『국조역상고(國朝曆象考)』의 것으로서 다음과 같이 세종15년에 석각되었음을 기록하고 있다.

> (세종)15년에 신법천문도를 세우다. 왕께서 고금의 천문도를 조사하여 28수의 경도와 12차와 궁의 수도를 측정하여 새 그림을 만들고 돌에 새겼다.[21]
> (世宗)十五年(建) 新法天文圖. 上哉酌古今天文圖其二十八宿距度及十二次交宮宿度一授時所測勒成新圖 鐫于石.
> (『증보문헌비고』 권2, 상위고 2:31ㄴ), (『국조역상고』 3:30ㄱ)

> 天文則於七政列舍中外官入宿巨極度分皆測之又將古今天文圖參別同異測定取正而其二十八宿度分及十二次宿度一依授時曆改以刊石本矣
> (세종27년 3월 30일, 『세종실록』107:22ㄱ), (『제가역상집』 4:1ㄱ)

위의 기록을 과연 어떻게 보아야 하는가에 대한 의견이 구구하다. 왜냐하면, 勒成鐫于石(참작하여 돌에 새기다)라고 적고는 있지만, 이때에 만든 돌이라고 할 만한 것이 지금은 없기 때문이다. 현재 보존되어 있는 석각 천문도는 지금까지 소개한 바 있는 태조4(1395)년의 것과 다음에 소개할 숙종 때 흰 대리석에 새긴 석각 천문도의 두 개 뿐이기 때문이다. 이 두 개 외에도 또 하나 더 있다면 상기한 세종15(1433)년의 천문도까지 설명되겠지만, 돌 하나가 부족하기 때문에 결국 세종의 것만이 의문으로 취급받게 된다.

그런데 태조 때의 석각 천문도가 남아 있듯이 세종 때 각석한 「신법천문도」가 왜 남아 있지 않는가 하는 점에 관한 의문이 의외로 간단히 해결될 단서가 나타났다. 돌은 두 개뿐이지만, 천문도는 세 개이다. 태조4(1395)년의 석각 천문도가 새겨진 검은 돌은 앞 절에서 이미 소개한 바대로 두께가 11.8 cm에 불과한 얇은 돌이지만, 이 돌의 앞뒤 양 면에 각기 상하가 거꾸로 된 천문도가 하나씩 새겨져 있다는 사실이 극히 최근에 알려졌기 때

21 (世宗)十五年(建) 新法天文圖. 上哉酌古今天文圖其二十八宿距度及十二次交宮宿度一授時所測勒成新圖 鐫于石. 『증보문헌비고』 권2, 상위고 2:31ㄴ, 『국조역상고』 3:30ㄱ.

문이다.[22] 그런데, 실은 그보다 약 80여 년 전에 이미 루휘스[23]에 의해 보고된 바 있었던 사실인데 그의 진술이 너무나 짧은 것이어서 지금까지 사람들의 주목을 받지 못하고 있었을 뿐이다.

이제 우리는 태조4년의 각석에 새겨진 앞뒤 두 면에 서로 반대되는 방향으로 있는 두 천문도를 다시 검토해 보게 된다. 세종의 천문도와 태조의 천문도 사이에 어떤 관련이 있는 것은 아닐까하는 생각이 이렇게 움튼다.

돌의 양면(그림 VIII-2의 a와 b)에 새겨진 천문도의 배치를 자세히 살펴보면, 몇 가지 재미있는 사실이 나타난다. 먼저 a면을 보면, 8 글자로 된 천문도 이름인 〈天象列次分野之圖〉와 그림 VIII-2의 H_1과 H_2가 한테 붙어서 돌의 아래 부분을 차지하고, 나머지는 전부 돌의 윗 부분에 분리되어 있다. 이렇게 분리된 두 부분은 어색하게 보일 정도로 서로 뚝 떨어져 있는데, 그 간격은 46.6 cm나 된다. 뿐만 아니라, 이 천문도 전체는 돌의 중앙에 있지 않고 왼쪽 끝에 더 가깝고, 오른쪽 끝과는 넓게 간격을 두고 있다. 이와 같은 어색한 배치는 한 가지 이유 때문일 것이다. 즉, 돌에 있는 이물질을 피해 보려고 했기 때문이었을 것이다. 그림 VII-37/1에 잘 나타나 있는 오른쪽 위의 균열은 제작 당시에 이미 발견되었을 것이라고 추측할 수 있다. 그렇게 생각할 수 있는 이유는 뒷면에 새긴 천문도(b면)의 배치도 이 부분을 피하고 돌의 아래 부분에 옮겨져 있기 때문이다. b면에 있는 천문도에는 〈天象列次分野之圖〉 8 글자가 위로 옮겨져 있고, a면의 천문도와는 달리 두 부분으로 갈라 놨던 것들을 하나로 합치면서 보기 좋은 모습으로 균형있는 형태로 바뀌어 있다.

나일성의 가설: 그림 VIII-2에 있는 a면은 태조4년의 천문도이고, b면은 세종15년의 천문도일 것이라는 것이다. 그러니까 태조4년과 세종15년의 〈天象列次分野之圖〉가 다함

22 Nha, I.-S., "Refined Revivals of Guo Shoujing's Instruments and the Invented Instruments Made For King Sejong's Observatory" in Oriental Astronomy from Guo Shoujing to King Sejong, eds. by Nha I.-S. and F. R. Stephenson(Yonsei University Press; Seoul), pp. 199~220, 1997.

23 Rufus, W.C., "The Celestial Planisphere of King Yi Taijo', *Transactions of the Korea Brench, Royal Asiatic Soc., IV*, 27, 1913.

께 한 개의 돌 앞뒤 면에 각각 새겨진 것이라는 것이다.[24] 그렇게 생각하는 이유는 a면과 b면은 배치가 다를 뿐만 아니라 상하도 서로 다르게 뒤바뀌어 있으므로 새로 만든 것을 분명하게 하기 위한 조치로 보인다. a면을 태조본으로 보면 천문도의 내용이 아래위로 두 부분으로 어색하게 분리되어 있는데 그 간격은 이미 밝힌 바대로 46.6 cm나 되어 균형을 잃은 것은 백성들에게 빨리 보이기 위해서는 서둘러야 했을 것이다. 그리고 세종은 새 돌을 구하기보다는 이미 있는 태조의 돌을 이용하는 지혜를 발휘했을 것이다.

b면의 것을 세종본이라고 생각하는 또 하나의 이유는 후대에 미친 영향을 고려한 것이다. 세종본은 태조본을 개선하기 위해서 만들어진 것이다. 그렇다면 후대의 사람들은 뒤에 만든 세종본을 따르는 것은 당연한 이치이다. 선조4(1571)년의 목판본이나 숙종 13(1687)년의 복각본을 만들 때, 이들은 후에 만든 세종본을 택했을 것이라는 것은 이래서 가능한 추측이라고 생각한다.

없어진 것으로 알고 있던 세종의 천문도를 이렇게 부활시켜 보려는 이 시도는 아직은 가설에 불과하다. 앞으로 다른 단서가 나타나기를 기다려야 할 일이다.

---

24 나일성, 『천상열차분야지도』와 각석 600주년 기념 복원', 『東方學志』, 제93집, pp. 41~132, 1996. 그리고 Nha, I.-S., "Refined Revivals of Guo Shoujing's Instruments and the Invented Instruments Made For King Sejong's Observatory" in *Oriental Astronomy from Guo Shoujing to King Sejong*, eds. by Nha I.-S. and F. R. Stephenson(Yonsei University Press; Seoul), pp. 199~220, 1997.

2

태조-세종의 각석이 겪어온 역사

역사상 어떤 시기에 제작된 유물이건 간에, 그 시기가 오래되면 될수록 고장이 생기고 부숴지기 때문에 수리하거나 다시 제작하게 되고, 또 궁궐안의 배치가 달라지면 자리를 옮겨놔야 하게도 된다. 태조4(1395)년에 제작된「천상열차분야지도」도 이 경우 예외가 될 수 없다. 제작된 지 600여년이나 되는 오랜 세월이 흐르는 동안 태조 때의 이 천문도 각석은 풍상에 의한 마모, 전쟁으로 인한 훼손, 그리고 후세 사람들의 무지로 인한 방치로 갖은 고난의 길을 걸어야만 했다. 과거 600여년을 어떻게 겪어 왔었는지 몇 가지 단계로 나눠서 고찰해 보자.

2-1. 경복궁 시대 (1395~1770)

「천상열차분야지도」 각석이 있었던 자리를 알려주는 기사는 조선 제3대왕인 태종 10(1410)년에 처음 나타난다. 각석된 때로부터 15년이 지난 시기이다.

> 성상(星像)을 소격전(昭格殿)에 옮겨 안치하였다. 처음에 궐 안에 별전(別殿)을 짓고 성상을 안치하였었는데, 이 때에 이르러 옮기었다. (태종10년 8월 3일 정유)[25]

25 『太宗恭定大王實錄』20:8ㄴ, 移置星像于昭格殿 初構別殿於闕內以安星像 至是移之

처음에는 궁궐 안에「천상열차분야지도」각석을 위한 별전을 지었다는 것이다. 이 별전은 궁궐 앞을 지나가는 백성들이 볼 수 있도록 궁궐 대문 옆에 설치했을 것이라고 가정해 본다. 왜냐하면, 건국 초기에 흐트러진 민심을 빨리 수습하기 위해서 이 천문도를 세상 사람들에게 보여줄 필요가 있었기 때문이다.

그 후, 이 별전이 태종에게는 못마땅한 곳이었는지 소격전으로 옮겼다. 선왕인 태조의 재위 기간은 경복궁 창건에 착수한 초기였으며, 따라서 한양에는 사람들이 별로 살지 않았으므로 궁궐에 출입하는 관리를 제외하면 경복궁 앞을 지나가는 사람이 별로 없었을 것이다. 천문도를 볼 사람이라면 송도(松都)에서 이사 온 새 왕조에 속한 사람들이 전부나 다름없으므로, 백성들에게는 보여줄 대로 다 보여 주었으므로 구태여 대문 곁에 둘 필요는 없다고 생각했을 것이다. 그래서 국보인 이「천상열차분야지도」각석을 좀더 안전하고 품위있는 곳인 소격전으로 옮기기를 원했던 것 같다.

소격전은 고려 때에 도교(道敎)의 재초(齋醮)를 거행하기 위하여 설치한 관서이다. 기록에 의하면, 복원궁(福源宮), 신격전(神格殿), 구요당(九曜堂), 소전색(燒錢色), 대청관(大淸觀), 청계배성소(淸溪拜星所) 등 다른 재초 장소와 함께 송도에 있었다. 소격전이 지금의 서울시 종로구 삼청동 자리에 옮겨진 것은 태조5(1396)년이었다.

소격전에 있던 기간은 얼마 동안이었을까? 이것을 이야기하기 전에 미리 알아둘 일이 있다. 그것은 세종의 천문도와 관련 있는 이야기이다. 정종(定宗)과 태종(太宗)을 거쳐 세종(世宗)에 이르면 조선조의 사정이 달라진다. 이 때가 되면 조선 왕조는 확고한 기반위에 서게 되었고, 국력이 융성하여 조선 왕조의 전성기를 맞이한다. 이에 힘입어 세종은 그의 탁월한 과학적 재능을 발휘하여 경회루(慶會樓) 주변에 〈15세기의 천문학〉을 상징할 거대한 천문대인 간의대(簡儀臺)를 만들고 각종 천문의기(儀器)를 제작하여 설치하게 된다. 이 대규모의 국책사업 중에 세종15(1433)년에는 새로운 석각 천문도 제작도 포함되었다.

세종은 그의 천문대 건설 사업의 일환으로 선덕 갑인(宣德甲寅, 1434)년에 강녕전(康寧殿) 옆에 흠경각(欽敬閣)을 지었다는 김육(金堉)의 기록이『증보문헌비고』에 있다.[26]

---

26 『증보문헌비고』 상위고 권3: 1ㄴ.

> 김육(金堉)이 말하기를, "흠경각은 선덕 갑인(세종16, 1434)년에 처음 지은 것으로, 경복궁 강녕전(康寧殿) 옆에 있었는데, 중간에 화재를 만나 가정 갑인(嘉靖甲寅, 명종 9, 1554)년에 다시 옛터에 지었다. 그러나 또 전쟁 중에 불타서 만력 갑인(萬曆甲寅, 광해군 6, 1614)년에 창덕궁 서린문(瑞麟門) 안에 다시 세웠다.

본래, 흠경각은 장영실(蔣英實)을 시켜서 세종을 위해 만든 옥루(玉漏)를 둔 곳이었다. 이 기록을 가지고 루훠스는 본래 경복궁에 있었던 태조4년의 석각 천문도도 이 흠경각에 설치되어 있었다고 쓰고 있다. 『증보문헌비고』의 기록에는 천문도에 관하여는 전혀 언급이 없는데 왜 그렇게 생각하게 되었는지 알 길이 없으나, 선덕갑인(宣德甲寅)년은 세종의 천문도 제작이 있은 다음 해에 해당되기 때문에 천문도를 흠경각에 설치한 시기는 비슷하게 맞는다. 『세종실록』에도 흠경각의 건립에 관하여 두 번 별도 기록된 것이 있다. 하나는 세종19(1437)년의 것이고,[27] 또 다른 하나는 20(1438)년의 기록이다.[28] 그런데, 이 두 기록에는 모두 흠경각의 위치를 『증보문헌비고』의 위치인 '강녕전 옆'이 아니라 〈천추전(千秋殿)의 서쪽〉이라고 적고 있다. 그러나 흠경각의 위치가 어디였던가에 관계없이 우리는 태조4년과 세종15년의 천문도가 새겨진 각석이 과연 흠경각에 설치되었던 것이었는가를 현 시점에는 명확히 밝힐 수 없음을 지적하지 않을 수 없다. 태조와 세종의 석각 천문도가 흠경각에 옥루와 나란히 있었다고 해도 위에 소개한 김육의 글을 통해서 보면, 경복궁 흠경각이 조선조에만 하더라도 두 번이나 불에 타는 비운을 맞았다. 한번은 원인을 알 수 없는 불에 타 버려서 가정 갑인(嘉靖甲寅, 명종9, 1554)년에 다시 지었고, 또 한 번은 임진–정유왜란(1692~1698) 때에 불에 타서 없어졌기 때문에 만력 갑인(萬曆甲寅, 광해군6, 1614)년에 창덕궁(昌德宮) 서린문(瑞麟門) 안에 옮겨 다시 세웠다. 그러나 그 후 반세기도 채 못 되어 이 흠경각은 효종7(1656)년에 그곳에 만수전(萬壽殿)을 지을 때 헐리고 말았다. 이런 와중에 석각 천문도가 많이 손상을 입었던 것일까? 흠경각이 어찌되었든 태조4년의 석각 천문도는 영조46(1770)년까지는 경복궁에 있었다고 보는 것이 옳은 견해일 것이다.

---

27 『세종실록』, 세종19년 4월 15일

28 『세종실록』 세종20년 1월 7일

임진-정유왜란으로 소격전이 불에 타버릴 때 「천상열차분야지도」 각석은 빈터 풀밭에 방치되었다. 그러니까 「천상열차분야지도」각석이 소격전에 안치되었던 기간은 약 280년간이다. 이때로부터 1770년에 영조의 지시를 받아 창덕궁으로 옮겨지기까지 약 80년을 「천상열차분야지도」각석은 바깥에 노출된 채 풍상을 겪어야 했다.

영조46(경인, 1770)년에 왕명으로 「천상열차분야지도」 각석은 당시 관상감이 있던 창덕궁으로 옮겨진다. 이에 관한 기사는 여러 곳에 있다. 그 중 하나는 영조가 쓴 흠경각기(欽敬閣記) 중에 있는 다음과 같은 기사이다(영조46년, 1770년).[29]

> .... 그런데 오늘 상위고랑(象緯考郎)이 아뢴 것을 듣고서야 옛 대궐에 관상도(觀象圖)의 석판(石板)이 있었음을 알고, 즉시 자세히 살피도록 명하였는데 과연 그것이 위장소(衛將所)에 매우 가까운 곳에 있다고 하니, (중략) 을해년(乙亥年)의 옛 판(板)이 아직도 경복궁에 있다 함을 듣고 즉시 호조판서 홍인한(洪麟漢)에게 명하여 이를 관상감에 옮겨 작은 집을 새로 짓고 이에 아울러 신판(新板, 숙종본)도 보관하게 하고, (하략)

이것을 뒷받침하는 또 다른 기사가 있다. 그것은 『서운관지(書雲觀志)』에 있는 다음과 같은 기록이다.

> 영조 경인(庚寅)(1770)년에 임금께서 을해(1395)년에 만든 옛 천문도 석판이 아직도 경복궁에 있다는 사실을 듣고, 곧 탁지(度支)에게 본감(本監)으로 옮겨 작은 누각을 짓고 신판과 함께 보관하도록 명했다. 그리고 임금께서 〈흠경각〉이라는 이름을 지었다.

이 기사의 〈본감〉은 관상감(觀象監)을 뜻하며, 이 관상감은 창덕궁에 있었다. 이래서 「천상열차분야지도」각석은 경복궁을 떠나 창덕궁에 새 보금자리를 틀었다. 그리고 〈신판〉은 그림 VII-39에 보인 숙종13(1687)년에 흰 대리석 판에 복각한 「천상열차분야지도」 각석을 가리킨다.

29 『증보문헌비고』 상위고 3: 7ㄴ~8ㄱ

2-2. 창덕궁(昌德宮) 흠경각시대 (1770~1920년대?)

영조의 명에 따라 창덕궁에 새 흠경각[30]이 세워지고, 태조4년과 세종15년의 천문도가 양면에 새겨져 있는 각석과 함께 숙종 때 복각한 석각천문도가 나란히 보존된 것은 영조 46(1770)년의 일이다. 이 흠경각에 안치되었던 두 개의 석각천문도는 그 후 일본이 조선을 강점할 때인 1910년까지는 별 탈 없이 이 흠경각에 잘 있었다. 그러나 1910년 일본이 조선을 강점한 후에는 또 변화가 생겼다. 루훠스가 『*The Celestial Planisphere of King Yi Tai-jo* (1913)』라는 역사적인 논문을 쓸 당시 이왕(李王) 박물관[31]에서 태조4년과 숙종13년의 두 석각천문도를 보았다고 한 것으로 보아서는 천문도 각석이 이미 흠경각에서 옮겨진 다음이라고 보인다. 일본 총독부 관리들도 이 천문도의 귀중함을 인식하고 있었던 것 같다. 루훠스의 논문이 출판된 것은 1913년이지만, 그가 이 천문도를 창덕궁에서 보았던 때는 1912년이라고 쓰고 있다.

그런데 이상한 점은 흠경각은 그 후 어떻게 되었으며 또 박물관이라고 하는 것은 무엇인가 하는 점이다. 흠경각을 박물관으로 개조하여 썼을 것이라고 생각할 수는 없다. 왜냐하면 흠경각은 분명히 크지 않은 집(小屋)이었기 때문이다. 그렇다면, 이 작은 흠경각은 어느 때인가 헐리고, 두 개의 각석은 창덕궁에 있던 다른 건물에 옮겨진 것이었거나 아니면 일본 사람들이 새 건물을 지어서 그 속에 전시했거나 한 것일 것이다. 이곳이 우리가 알고 있는 이왕(李王) 박물관이다. 하지만, 일본 사람들이 조선을 통치하던 시기에 그들이 한 일에 대해서 우리가 모르는 일이 너무도 많다는 사실에 새삼 놀라지 않을 수 없다.

2-3. 창경궁(昌慶宮) 시대 (1920?~1945)

창덕궁 박물관에 전시되었던 석각 천문도는 그곳에 오래 있지 않은 것 같다. 왜냐하면, 루훠스가 말한 그 박물관은 그가 그곳에서 석각 천문도를 본 1912년 이후 언젠가 폐쇄되었기 때문인데, 이 시기는 어쩌면 1917년의 큰 화재 때인지도 모른다. 따라서 이때로부터 광복이 될 때까지 석각 천문도의 행방을 추적해 보는 일은 쉬운 일이 아니다.

---

30 세종 때에 경복궁에 지은 흠경각과 구별해야 한다.

31 루훠스는 〈government museum〉이라고 쓰고 있다.

다음 절에 창경궁에서의 석각 천문도 발견에 관하여 자세히 기술하려고 하는데, 어쨌든 태조4년과 숙종13년의 각석은 일본 사람들에 의해 1920년경에 창덕궁에서 창경궁으로 옮겨졌다. 이렇게 생각해 보는 이유는 일본 사람들이 1920년대 초(?)에 창경궁(昌慶苑)을 창경원으로 격하시키고, 궁 전체를 동물원·식물원·박물관으로 개조할 때와 관련이 있을 것이라고 볼 수 있기 때문이다. 참고로 지금 보물 제851호로 알려져 있는 창경궁 관천대(觀天臺)만 하더라도 그 때 동물원 등을 만들 때 건물 배치 상 장애가 되었던지 본래의 자리에서 옮겨졌다 (현재 이 관천대가 있는 곳은 일본 사람들이 옮긴 자리가 아니라 1970년대 아니면 1984년에 궁의 복원 작업이 시작될 때 다시 옮겨진 곳이다). 일본 사람들이 창경원으로 개조했던 내용에 관하여는 김동현(金東賢)의 다음과 같은 기록이 있다.[32]

> ..... 금세기에 들어오면서 일본인들에 의하여 궁은 크게 변형, 개조되었으며, 새로운 일본식 건물이 들어서고 궁궐 전체를 동물원, 식물원 내지 박물관화 시키면서 웅장하였던 건축군은 원형(原形)을 잃어버렸다. 근농장(勤農場)이던 넓은 터전에 연못을 파고 춘당지(春塘池)라 불렀으며, (중략) 통명전 뒤 언덕에는 일본식 건물을 세워 박물관 본관으로 삼았다. 남아 있는 건물들도 개조하여 박물관의 진열실로 삼았는데 통명전에는 회화류를, 양화전에는 고분벽화의 모사류(模寫類)를, 경춘전에는 도자기와 칠기류를, 명정전에는 석각품(石刻品)을, 그 행각(行閣)에는 행렬 의장기구(行列儀仗器具)와 토기품을 진열하고, 영춘헌은 관리 사무소로 만들었다.

이 김동현의 글에 보이는 '명정전(明政殿)에는 석각품(石刻品)을'라고 한 대목은 우리의 주목을 끈다. 왜냐하면, 홍이섭(洪以燮)과 전상운이 광복 후에 천문도 석각본을 재발견한 곳이 바로 명정전 처마 끝이었기 때문이다(다음 절을 참조). 그러니까, 일본 사람들이 창덕궁 박물관을 창경원으로 옮겨 올 때 석각품을 전시한 명정전 밖의 적당한 곳에 태조4년의 석각 천문도를 옮겨다 논 것이다. 돌이 크고 또 무겁기 때문에 건물 안으로 들여다 넣지 못한 것 같다. 그러나 이 때 그들이 이 돌을 제대로 잘 세워 논 것이었을까 하는 의

---

32 金東賢, '창경궁', 『한국민족문화대백과사전』(한국정신문화연구원; 서울), 제21권, pp. 635~636, 1991.

문이 또 꼬리를 문다. 만약 그랬다면 1944년 일제시대에 홍이섭이 『조선과학사(朝鮮科學史)』를 쓸 때 이 석각본에 대하여 언급이 있었어야 했을 터이지만, 그의 책에 소개된 『천상열차분야지도』의 사진은 돌이 아니라 보존 상태가 나쁜 탁본의 사진이었고, 그 책의 제3장에 있는 천문·역학(天文·曆學)에 관한 항목에 석각 천문도의 보존 여부에 관하여는 일체 언급이 없다[33]. 전부 452쪽이나 되는 분량의 책을 쓰면서 많은 과학과 기술에 관계되는 기기들의 실물 사진을 제시한 것으로 미루어 보아 그는 박물관을 수 없이 방문했을 것이다. 그런 그가 『천상열차분야지도』의 실물 사진을 고의적으로 누락시켰을 것이라고는 생각하기 어렵다. 이런 점으로 미루어 보건대, 일본 사람들은 조선의 건국이념이 분명하게 새겨져 있는 돌이기 때문에 밖에 내버려 둠으로써 자연적으로 훼손되기를 바랬던 것이었을지도 모른다.

2-4. 광복(光復) 후와 국보로 지정받기까지

1945년 일본이 연합국에 무조건 항복을 한 뒤에 그들은 조선 땅을 떠났다. 그러나 그들이 심어 논 벚꽃은 매년 봄이 되면 아름답게 만발했다.[34] 그리고 이 때가 되면 수많은 사람들이 벚꽃을 보기 위해 창경원을 찾았지만, 「천상열차분야지도」각석(刻石)을 알아 본 사람은 홍이섭(洪以燮)뿐이었다. 이 때의 홍이섭의 반응에 관하여는 두 가지 이야기가 전해져 온다.

첫째 이야기: 때는 6.25 전쟁 전인지 아니면 그 직후인 50년대의 어느 때인지는 분명하지 않다. 그가 창경원에 갔다가 태조4년의 「천상열차분야지도」각석이 실개천에 놓여 있어서 사람들이 밟고 건너는 것을 보고 깜짝 놀라서 관계자에게 야단을 쳐서 옮겨 놓았다는 것이다. 불행하게도 이 이야기는 오래전에 들은 것이어서 누구에게서 들었는지 기억할 수 없다.

둘째 이야기: 이 이야기는 전상운으로부터 두세 번 들은 이야기인데, 다음에 소개할 전상운의 이야기와 겹치는 부분이 있기 때문에 뒤로 미룬다.

---

33 洪以燮, 『朝鮮科學史』(三省堂; 東京), 233, 1944.

34 이때의 벚나무는 일본 사람들이 만든 일본식 건물들과 더불어 지금은 전부 제거되어 없어졌다. 그리고 그 대신 없어졌던 옛 건물들이 재건되어 왔다.

다음은 전상운이 한국의 과학과 기술의 유물과 유적들을 조사하던 초기인 1962/3년경 창경궁 명정전을 지나다가 놀라운 광경을 목도했다. 부슬비가 내리는 날이었는데 보기 드물게 크고 넓직하게 생긴 검은 돌이 명정전 처마 밑에 있는 것을 보고, 가까이 가서 보니 그것이 말로만 듣던「천상열차분야지도」각석이었다는 것이다. 그 얼마 후에 다시 찾아가 보았을 때는 놀라운 광경이 벌어지고 있었다. 넓은 돌 위에 어린 아이를 데리고 온 부인이 앉아서 도시락을 먹고 있는 것이었다. 너무도 어이없는 탓에 그냥 돌아갔다가 홍이섭선생을 만나는 기회에 그 이야기를 드렸더니, 홍이섭선생의 말씀이 '그것은 아무 것도 아니야. 내가 보았을 때는 아이들이 각석위에 모래를 뿌리고 그 위에 벽돌을 굴리면서 놀고 있었지. 관계자들에게 여러 차례 주의시키라고 이야기해 봤지만, 내 얘기를 들어 줘야지. 내가 오죽 했으면 문화재 위원을 그만두었겠나' 하셨다는 이야기이다.

전상운이 전하는 더 자세한 이야기는 1996년도의「천상열차분야지도」각석 600주년 기념 학술대회 때 발표한 그의 글에 있다.[35] 그런데, 1962/3년에서 1973년 10월 사이에 해당하는 약 10년간의 이야기로 알려진 것이 하나 있다. 1973년 11월에「세종대왕기념사업회」가 개관을 앞두고 이 숙종13년의「천상열차분야지도」각석을 그때까지 남아 있던「일성정시의(日星定時儀)」의 부품 등과 함께 창경궁으로부터「세종대왕기념사업회」전시관으로 옮겨 왔다는 것이다. 이 때 이 각석은 다른 유물들과 함께 창경궁 명정전 앞에 있는 남월랑 안에 놓여 있었다고 전한다.[36] 명정전을 중심으로 오른쪽과 왼쪽에 있는 월랑(月廊)을 각각 남월랑과 북월랑이라고 한다. 월랑의 현재 모습은 그림 VIII-5와 같다.

태조4년의「천상열차분야지도」각석의 그 후의 행적도 순탄치는 않으나 덕수궁 궁중유물전시관에 전시되어 있는 일지(日誌)[37]에서 조사해 보았으나, 광복 후 언제 어디로 옮겨졌는지 분명하게 밝힐 수는 없었다. 먼저, 창경궁에 있었던「천상열차분야지도」각석이

---

35 全相運,『天象列次分野之圖』刻石이 國寶 제228호로 지정되기까지',『東方學志』제93집, pp. 35~39, 1996.

36「세종대왕기념사업회」의 이해철(李海澈)·박종국(朴鍾國) 두 분의 증언(1998년 2월). 그리고 첨부하여 이해철선생에 의하면, '홍이섭(洪以燮)선생이 살아 계실 때 고 육영수(陸英修) 여사에게 한국의 역사를 청와대에서 가르치셨는데, 강의가 끝난 다음 육 여사가 감사하는 뜻으로 홍 선생에게 무엇 도와드릴 것이 없느냐고 물었다고 한다. 이 때 홍 선생은 다른 것은 없으나, 창경궁 명정전 밖에 내버려진 태조의「천상열차분야지도」각석을 옮겨 줄 것을 부탁했다고 한다. 명정전 밖에 있었던 각석이 남월랑 안으로 옮겨진 것이 이런 연유로 된 것이 아닌가 생각한다.'는 이야기이다.

37 1995년 12월초에 덕수궁 궁중유물전시관의 이명희 관장의 도움을 얻어 유물 대장을 볼 수 있었다.

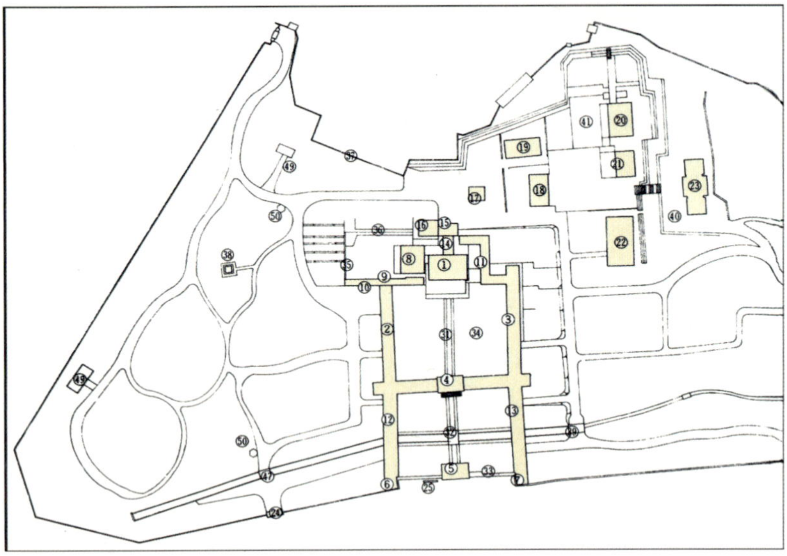

그림 VIII-4. 창경궁 중건 배치도의 일부.[38] 문영빈, 『창경궁』, 빛깔있는 책들 102, 대원사, 52, 1998(첫판 5쇄). 남월랑(그림의 ②번)에 놓여 있던 유물들은 환(環)만 남은 혼천의(현재 경기도 여주에 있는 세종대왕유적관리소 소장), 태조의 「천상열차분야지도」각석(눕혀 있었음), 숙종의 「천상열차분야지도」각석(역시 눕혀 있었음), 일성정시의 부품(현재「세종대왕기념사업회」전시관 소장), 다른 유물들, 정조 때의 측우기 대, 일영대 등이었다.(이해철의 증언에 의함)

그림 VIII-5. 창경궁 명정전 월랑의 모습.

창덕궁 유물창고로 옮겨진 것은 1974년 2월 18일이었다. 추측하건대 창경궁 명정전의 남회랑에 더 오래 놔둘 수가 없었기 때문이었을 것이다.

창덕궁 유물창고에 있었을 때는 흰 광목 같은 헝겊에 싸여 있었던 것을 필자가 확인하고 탁본을 만든 바 있다. 그리고 1980년경 이 각석을 조사한 결과를 보고했다.[39] 이 때 필자가 본 천문도 각석이 눕혀 있었기 때문에 윗면만 볼 수 있었는데,

38 문영빈, 『창경궁』, 빛깔있는 책들 102, 대원사, 52, 1998(첫판 5쇄).
39 羅逸星, '朝鮮時代의 天文儀器 硏究 -天文圖 篇', 『東方學志』, 第42輯, 1984.

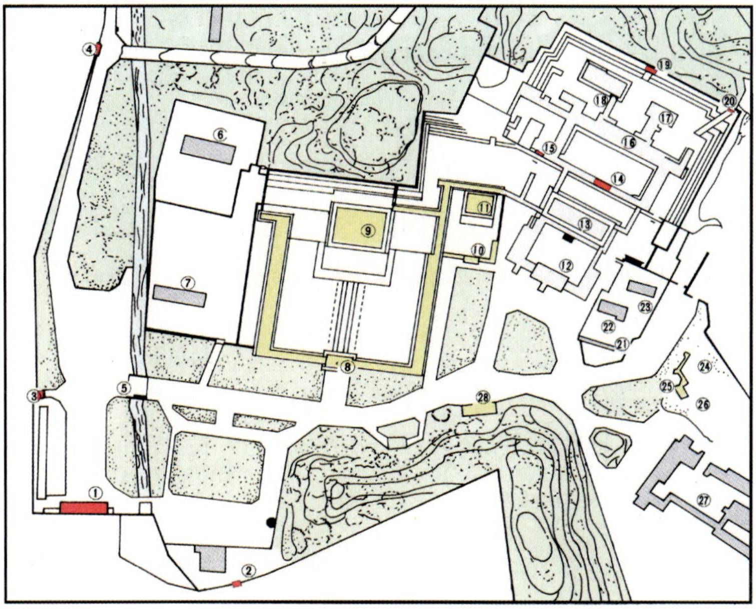

그림 VIII–6. 창덕궁의 건물 배치도. ⑦번이 태조4년의 「천상열차분야지도」각석이 보관되었던 유물창고이다.

이 면에 있는 천문도는 그 때까지 알고 있었던 「천상열차분야지도」와는 배치가 다른 것이었다(그림 VIII-2 a를 참조). 그 때까지 알려져 있던 태조4년의 「천상열차분야지도」는 첫째로 1936년에 출판된 루휘스의 논문[40]과 1944년의 홍이섭의 『조선과학사』와 1975년의 전상운의 『한국과학기술사』[41]에 소개되어 있는 「천상열차분야지도」사진이라고 사람들은 착각하고 있었다. 이것은 모두 그림 VIII-2 b의 모습이다. 둘째는 규장각을 비롯한 많은 박물관과 개인이 소장하고 있는 「천상열차분야지도」의 탁본, 그리고 셋째는 여러 사람들이 그린 수사본(手寫本)을 보면 모두 다 대리석에 새겨져 있는 숙종13년 「천상열차분야지도」 각석과 같은 배치임에도 불구하고, 이런 것들을 태조4년의 「천상열차분야지도」라고 믿고 있었다. 숙종13년 「천상열차분야지도」 각석에 새겨져 있는 그림도 그림 VIII-2 b를 바로 세운 모습과 같다.

창덕궁 유물창고에 있었던 태조4년「천상열차분야지도」각석이 처음에 있었던 경복궁으

40 Rufus, W. C., 'Korean Astronomy', *Transactions of the Korea Branch, Royal Asiatic Socety*, Vol. XXVI, 1936.

41 全相運, 『韓國科學技術史』(정음사; 서울), 46, 1975.

로 되돌아 온 것은 영조에 의해서 창경궁의 흠경각으로 옮겨진지 실로 215년만인 1985년 8월 16일이었다. 이보다 며칠 앞선 1985년 8월 3일에 당시의 문화재위원이었던 전상운의 노력으로 국보 제228호로 지정 받음으로써 태조4년의 「천상열차분야지도」 석각천문도(石刻天文圖)는 국초(國初) 석판의 명예를 되찾게 되었다.[42] 이 때 정부는 중앙청사로 사용하던 옛 조선총독부 건물에서 다른 건물로 이사하면서 경복궁 안에 현대식으로 새로 지은 건물을 중앙박물관으로 사용했었다. 중앙박물관을 이 건물에 이전하고 개관하게된 것은 1986년 8월 21일이었다.[43] 그러니까 「천상열차분야지도」각석을 경복궁으로 옮긴 것은 새롭게 확장하는 이 중앙박물관에 전시할 계획에 의한 것이라고도 짐작할 수는 있으나, 결과는 전시되지 못하고 다시 이 박물관의 보관 창고 속에 그 후 5년간이나 더 갇혀 있어야하는 신세가 되고 말았다.

태조4년의 「천상열차분야지도」각석이 드디어 햇빛을 보게 되었다. 1990년 12월 29일 중앙박물관의 보관 창고에서 덕수궁 궁중유물전시관 전시실로 옮겨졌던 것이다. 그러나 이 일은 쉽게 이루어진 것은 아니다. 전상운의 증언에 의하면, 1990년에 「천상열차분야지도」각석을 국보로 지정할 때 실무자 역할을 한 이명희씨가 궁중유물전시관의 초대 관장이 되면서 중앙박물관 창고에서 옮겨 오는 데 결정적 역할을 했기 때문에 이루어낸 쾌거라는 것이다.

태조·세종의 「천상열차분야지도」 각석이 덕수궁 궁중유물전시관에 바로 세워져서 전시될 때 두 면을 함께 볼 수 있게 됨으로써 새로운 놀라운 사실이 밝혀졌다. 나일성이 봤다는 배열의 천문도는 각석의 한 면에 있는 것이고, 돌의 다른 면에도 천문도가 새겨져 있었는데 이것이 숙종 때의 천문도와 꼭 같은 배열을 하고 있는 것이었다. 이것은 그때까지 아무도 상상하지 못했던 일이었지만, 사실은 이미 오래전에 루퀴스가 다음과 같이 기술한 것을 부끄럽게도 그 동안 아무도 주의 깊게 보지 않았던 것이다.[44]

---

42 이은성, '천상열차분야지도의 분석', 『세종학연구』, 1, 63, 1986.

43 韓炳三, '국립중앙박물관', 『한국민족문화대백과사전』(한국정신문화연구원; 서울), 제3권, pp. 616~618, 1988.

44 Rufus, W. C., The Celestial Planisphere of King Yi Tai-Jo, *Transactions of the Korea Branch, Royal Asiatic Society*, Vol. 12, p. 27, 1913. "The old stone, a huge slab of slate, shows marks of transportation and water erosion, rendering the inscription partly illegible; both sides are engraved, but symmetry and proportion are lacking."

아주 크고 넓적하게 생긴 오랜 돌(태조4년의 각석을 뜻함)은 운반하는 과정에 그리고 풍상으로 인하여 기록된 내용의 일부분이 읽을 수 없게 되었다. (그런데 석판의) 양면이 석각되어 있으나, 대칭이나 안배가 이루어지지 않았다.

덕수궁 궁중유물전시관에 이 석각본이 반듯하게 세워져서 전시되면서 학계는 새로운 도전을 받게 되었다. 루훠스가 밝힌 대로 돌은 여기저기 옮겨지는 과정에 그리고 밖에서 풍상을 겪으면서 사람들에게 밟혀서 글씨와 별들은 심하게 마모되었다. 다행히 그림 VIII-2의 a면은 그런대로 판독할 수 있는 부분이 약간이나마 남아 있지만, b면은 깊이 새긴 〈天象列次分野之圖〉 8자만 보일 뿐 나머지는 거의 완전히 마모되어 없어졌다.

1990년 12월에 덕수궁 궁중유물전시관의 전시실에 안전하게 자리를 잡았던 태조·세종의 「천상열차분야지도」 각석은 그곳에서도 오래 머물지는 못했다. 이 천문도는 처음부터 그런 모진 운명을 타고난 모양이다. 덕수궁 궁중유물전시관의 전시실에 둥지를 틀었던 1990년말로부터 15년이 지나자 또 자리를 옮겨야 했던 것이다. 덕수궁 궁중유물전시관이 경복궁으로 옮기게 되었기 때문에 함께 이사하지 않을 수 없게 된 것이다. 그때가 2006년이었으니, 실로 태어난 지 611년만에 고향으로 돌아오게 된 것이다. 늙고 초췌한 모습이기는 했지만, 태조 이성계가 "보물로 중히 하라(寶重之)"고 부탁한 대로 나라의 보배로 인정받고 돌아온 것이다.

앞으로 또 어떻게 될 것인지 아무도 예측할 수는 없지만, 오랫동안의 수난의 배회(徘徊)는 일단 끝난 셈이다. 그동안 이 「천상열차분야지도」각석이 겪었던 수난의 여정을 알기 쉽게 보이게 하기 위해서 그림 VIII-7과 같은 배회도(徘徊圖)를 만들어 보았다.

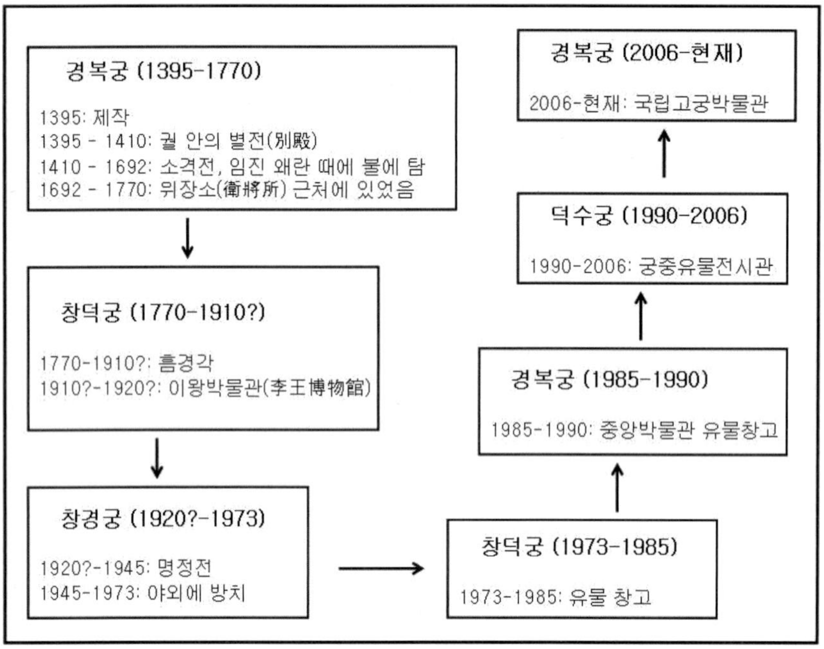

그림 VIII-7. 국보 제228호 「천상열차분야지도」 각석(1395)의 배회도(徘徊圖).

3

「천상열차분야지도」의 복각

3-1. 선조 4(1571)년의 목판본 제작

태조와 세종 때의 돌판에 새긴 천문도는 많은 사람들의 관심의 대상이 되어 당시의 세도가들은 탁본을 만들어 집에서 하늘을 공부하는 데 이용했다. 그러나 탁본을 만드는 일은 돌판이 대단히 크기 때문에 쉬운 일이 아니었다. 지체가 낮은 선비들과 젊은 유생들도 천문도가 필요했으나, 탁본을 만들 처지가 아니므로 다른 사람의 탁본을 보고 옮겨 그리는 수밖에 달리 방법이 없었다. 이것은 대단히 번거로운 일인 동시에 옮겨 그린 사람의 처지와 능력에 따라 그 크기와 모양은 제각각이었다. 이러한 천문도를 「민간 필사본」이라 하며 이미 제7장에서 다룬 바 있다.

선조4(1571)년에 관상감은 그림 VIII-2의 b에 보인 세종본과 똑같은 모양으로 목판을 만들어서 120장을 인쇄하여 신하들에게 나눠주었다. 이것을 「천상열차분야지도 목판본」이라고 하며, 간단히 「목판본」이라고도 한다. 이 「목판본」에 관하여 실록은 다음과 같이 두 곳에 기록하고 있다.[45]

관상감이 천문도 120축을 정원(政院)에 바치다. "천문도가 30점이 아직 남아 있어

45 『선조실록』 5: 6ㄱ, 『선조실록』 5: 7ㄱ.

서 문신 종 2품 이상인 자가 51명이어서 그 중에서 30명을 골랐습니다."하고 아뢰니, 왕이 알았다고 하다. (선조 4년 10월 19일 무신)

천문도를 (새로) 받은 세 사람은 박응남(朴應男), 노수신(盧守愼), 유희춘(柳希春)이다. (선조 4년 11월 3일 신유)

위의 기록에 의하면, 이때의 천문도가 여기서 다루려고 하는 「천상열차분야지도」 목판본이라고 뚜렷하게 기록하고 있지는 않으나,[46] 120점의 천문도를 처음 받은 사람이 90명이었다는 이야기는 재미있다. 나머지 30점을 다시 분배하려는데 그 기준을 문신 2품 이상으로 정했더니 모두 51명이나 되어 그 중에서 최종 30명을 골랐다는 것이다. 이것으로 120점이 전부 분배된 셈인데, 그로부터 13일 후인 11월 3일에 천문도를 받은 세 사람의 이름이 등장하고 있다.[47] 이 날의 실록은 단지 이것뿐이어서 왜 세 사람뿐인가에 대해서 더 알 길이 없다. 그러나 천문도를 받은 사람들은 적어도 2품 이상인 관원이거나 왕실과 특별한 관계를 맺고 있는 사람들일 것이라는 짐작이 간다.

120점이라는 수는 천문도로서는 결코 적은 것은 아니며, 더욱이 탁본의 수와 비교하면 굉장한 양이다. 옛날이라 하더라도 탁본하는 일은 1년에 고작 몇 점 정도에 제한되었을 것

46 이것이 바로 「천상열차분야지도」 목판본이라고 처음 주장한 사람은 전상운이다.

47 朴應男의 생몰년은 중종22(1527)~선조 5(1572)년이며, 본은 밀양(정신문화대백과에는 潘南)이다. 자는 유중(柔仲), 호는 남일(南逸) 또는 퇴암(退菴), 시호는 문정(文貞). 명종 임자(1552)년에 진사, 계축(1553)년에 문과대사간(文科大司諫), 선조 때에 대사헌(大司憲)에 이름 (『조선명신록』 2, p. 67). 한편, 『한국정신문화대백과사전』에도 등재돼 있으나, 학문적 업적은 없고 다만 왕비의 숙부로 왕의 총애를 받았다고 한다.

盧守愼의 생몰년은 중종10(1515)~선조23(1590)년이며, 본은 광주(光州)이다. 자는 과회(寡悔), 호는 소재·이재·암실·여봉로인(蘇齋·伊齋·暗室·茹峰老人), 시호는 문의(文懿) 뒤에 문간(文簡)으로 고침(『조선명신록』, 2). 1543년 식년문과에 장원, 1544년 시강원사서, 1547년 순천으로 유배 후 진도로 이배되어 19년간 섬에서 유배생활, 1565년 괴산으로 다시 이배되었다가 1567년에 선조가 즉위하자 교리(校理)에 등용, 그 후 대사간·부제학·대사헌 등에 올랐다. 그 후 선조 임신(1572, 선조 5년)에 이조판서와 대제학, 계유(1573, 선조 6)년에 우의정, 을유(1585, 선조 18)년에 영의정이 되었다 (조선명신록 2, pp. 420~421). 『정신문화대백과사전』에는 1588년에 영의정을 사임하고 영중추부사가 되었으며, 저서로는 『소재집』 18권 8책이 있다고 한다.

柳希春의 생몰년은 중종 8(1513)~선조10(1577)년이며, 본은 선산이다. 자는 인중(仁仲), 호는 미암(眉菴), 시호는 문절(文節). 중종33(1538)년에 별시문과에 병과로 급제. 중종39(1544)년에 사가독서하고 수찬·정언이 되었으나, 1547년 양재역의 벽서사건에 연루되어 제주도와 함경도 종성에 유배생활 19년만인 1565년 충청도 은진에 이배. 선조 즉위년(1567)년에 석방되어 직강·응교·교리·장령·집의·대사성·부제학·전라도 관찰사. 선조8(1575)년에 예조·공조·이조참판을 지내다가 낙향함(조선명신록 2, p. 324). 『정신문화대백과사전』에 그의 저서로서 『미암일기』, 『속몽구』, 『역대요록』, 『완심도(玩心圖)』 등과 편서 『국조유선록』이 소개되어 있음.

이기 때문이다. 지금은 숙종 때의 석판(뒤에 설명함)에서 탁본하는 일조차 엄격하게 금하고 있다. 그런데 120점이나 되는 많은 인쇄본들은 현재 남아 있는 탁본의 수보다 훨씬 더 많이 남아 있어야 함에도 불구하고, 현재 남아 있는「목판 인쇄본」은 이상하게도 일본 천리대학(天理大學)의 것과 2007년에 고궁박물관이 수집한 것 등 단 2점이 전부이다.[48] 그렇다면 나머지 118장은 어찌 그리 쉽게 없어지고 말았을까 하는 의문이 생긴다.

나사라의 복원

1998년 전상운이 입수한 일본 천리대학의「목판본」의 사진을 분석해 본 결과 목판은 4등분한 4장을 합성한 것이었다. 말하자면 한 장 한 장을 인쇄한 후 합성한 것이다. 나무는 길게 제재할 수는 있지만, 폭을 마음대로 늘릴 수는 없기 때문이다. 나무 판자 한 장의 폭을 사진에서 측정해 보니,「목판본」의 왼쪽에서부터 차례로 각각 19.2 cm, 21.5 cm, 21.45 cm, 19.5 cm인데, 가장 왼쪽과 가장 오른쪽의 폭이 가운데 2판의 폭보다 좁은 19.2 cm와 19.5 cm인 이유는 사진에는「목판본」의 좌우에 있어야할 선이 사진을 찍을 때 제외되어서 전부 나타나지 않았기 때문일 것이다. 가운데 두 판의 폭이 각각 21.5 cm와 21.45 cm이지만, 이것은 평균 21.5 cm로 보아도 무방하다. 따라서 이 천문도의 합성된 목판의 폭은 21.5 cm x 4 = 86.0 cm라고 추정된다. 한편,「목판본」의 상하의 길이는 사진으로는 128.2(?) cm이다. 이는 사진에 나타나지 않은 상단과 하단에 그었을 선까지의 길이는 아니므로, 실제 길이는 4~5 cm 더 길 것이다.

목판에 새긴 글자는 〈天象列次分野之圖〉 8글자와 24절기도(그림 VIII-2의 G)의 중앙에 있는 〈天〉 자만 음각이고, 나머지는 모두 양각이다. 그리고 H_1과 H_2 주위에 그은 두 겹으로 된 선들의 간격은 약 3 mm로서「석각본」의 5 mm보다 좁다. 글자체는 각석의 것과는 달리 조선 건국초의 명필가인 설경수의 필체가 아니다.「목판본」의 글씨는 본래의 위치를 철저하게 지킴으로서 전체 모습이「석각본」과 닮았으나, 목각한 글자의 획은 나무의 결로 인하여 같지 않다.

한편, 나사라는 2013~4년에 천리대학(天理大學)의「목판 인쇄본」을 가지고 새롭게 복

---

48 고궁박물관이 입수한「목판본」은 훼손이 대단히 심한 것이다.

원하는 과정에 「석각본」과 비교해 본 결과 몇 가지 현저한 차이가 있음을 알게 되었다.[49] 그것은 (1) 28수를 포함해서 여러 개의 별자리에 속한 별을 ○으로 표시한 점이다. 나머지는 「석각본」과 마찬가지로 ●로 표시하였다. (2) 「석각본」에는 적도·황도·항음권을 표시한 경계선(下矩圓)들이 모두 매끄러운 원이지만 「목판본」에는 꾸불꾸불한 곳이 많다. 이는 나무의 결 때문에 매끄럽게 깎지 못한 탓일 것이다. (3) 「석각본」의 적도와 황도는 둘 다 2중원으로 되어 있지만, 목판본의 황도는 군데군데 2중원이 보이기는 하지만 대부분은 진하게 먹으로 검게 채워져 있다. 이는 본래 검게 채워진 것인데 탈색되어 그렇게 보이는 것인지 아니면 인쇄는 2중원으로 했지만, 뒤에 적도와 구별하기 위해서 먹물로 덧칠한 것인지 원본을 보지 않고는 판단할 수 없다. (4) 별자리의 모양은 두 천문도가 거의 같으나, 「목판본」에는 별을 잇는 연결선이 없거나 다르게 연결한 별자리가 있다. 팔곡8(八穀八)이 그 좋은 예이다. (5) 하구원에 각도를 표시하는 방법으로 석각본은 짧은 직선을 사용했는데 「목판본」은 ▲표를 사용했다.

천리대학이 이 「목판본」을 언제부터 소장했는지는 알 수 없으나, 이 천문도 윗 단에 찍혀 있는 타원형 소인(消印)은

天理圖書館

昭和○六年十一月五日

이다. 판독하지 못한 ○을 十이라고 가정하면 이는 1941년에 해당하며 일본이 태평양전쟁을 일으키기 1개월 전이 된다. 판독하지 못한 글자는 분명히 한 글자이므로 二十 또는 三十은 아니지만, 二十 대신에 二 또는 Ⅱ로 그리고 三十 대신에 Ⅲ으로 가정하면 이는 각각 1951년과 1961년에 해당한다.

이 「목판본」에 찍힌 소인의 가운데 칸에 등록 번호인 244774가 있다. 이 소인의 오른쪽에는 〈天理圖書館印〉이라는 네모난 도장이 찍혀 있고, 천문도 오른 쪽 하단에 또 다른 도장이 찍혀 있는데, 도장은 3단으로 되어 있고 제1단에 〈446〉, 제2단에 〈3〉 그리고 제3단은 비어 있다. 천리대 도서관의 이 「목판본」도 인쇄가 깨끗하지 못하다. 인쇄할 때 묻은

49 일본의 천리대학의 목판 인쇄본의 보존 상태는 비교적 양호하나, 엄격하게 살펴보면 판독이 불가능한 곳이 많다. 최근에 나사라가 이 목판본을 기초자료로 삼아 복원한 것이 있는데, 그에 따르면 잘못된 부분이 많다고 한다.

먹물 자국이 여러 곳에 검게 남아 있고, 또 4장의 목판으로 인쇄한 종이의 이음새가 고르지 않다. 그리고 이 인쇄본도 400년이 넘는 세월의 흐름으로 인하여 탈색되고 오른쪽과 왼쪽 마지막 한 줄이 손상을 입었다. 만약 이 천문도를 이대로 둔다면, 훼손은 가속되고 경우에 따라서는 재난으로 소실되어 영구히 없어지고 말 위험성이 예상된다. 이와 같은 결함을 보완하고 동시에 불의의 재난에 대비하기 위하여 이 「목판본」을 복원하였다. 국보급에 속할 이 천문도가 후세에도 안전하게 전해지도록 하기 위함과 동시에 더 완전한 원형을 재현시켜 보려고 의도한 것이다. (그림 VII-39 참조)

3-2. 숙종13년의 복각

숙종본이 만들어지게 된 경위에 관해서는 관련 문헌을 소개하면서 제VII에서 이미 설명한 바 있다. 따라서 여기에는 이 숙종본의 제원(諸元)을 설명하고, 최근에 새로 만든 탁본에 대하여 소개하려고 한다.

이 숙종본은 1770년에 영조가 태조4년의 석각본을 창경궁으로 옮기고 작은 집을 지어 설치할 때 함께 설치된 이래, 태조본과 함께 창경궁 명정전 남월랑(南月廊)에서 수모를 당하다가 1970년경 세종대왕기념사업회 박물관에 일성정시의(日星定時儀) 부품과 함께 옮겨왔었다.[50] 그 후, 보물 제837호로 지정받아 세종대왕기념사업회 박물관에 진열되고 있다가 2007년에 국립고궁박물관으로 이관되어 있다.[51] 숙종본에 사용된 돌은 흰 대리석이며, 그 크기는

높이 = 208 cm　너비 = 108.5 cm　두께 = 30.2 cm

이다. 태조본과 비교해 보면, 높이와 너비는 각각 3 cm와 14.2 cm 작으나, 두께는 18.4 cm나 더 두꺼워서 훨씬 안정되어 보인다.

이 각석의 무게를 짐작하는 일도 쉽지 않다. 왜냐하면, 대리석의 비중은 그 산지(産地)에 따라 1.52~2.86의 범위로 대단히 다양하기 때문이다. 숙종의 각석(刻石)의 부피가 0.6816 m^3이므로, 이 돌의 무게는

50 세종대왕기념사업회 이해철 관장의 증언.

51 1395년 태조본은 고궁박물관에 전시되어 있으나, 1687년 숙종본은 수장고에 있어서 오랜 동안 공개되지 않고 있다가 수 년 전부터 태조본과 나란히 일반에게 전시되고 있다.

비중이 1.52의 경우는 1.04 ton

비중이 2.86의 경우는 1.95 ton

의 범위 안에 있다고 생각할 수 있다. 루퓌스는 이 숙종의 석각 천문도의 무게를 약 3,975 lbs로 추정하고 있다.[52] 이것은 약 1.8 ton에 해당한다.

한편, 새겨진 글씨와 별은 거의 전부 판독이 가능할 정도로 보존 상태가 좋다. 그러나 필자가 조사하던 시기에는 유리장 안에 보관되어 있었고, 또한 대리석 표면이 반사되기 때문에 좋은 사진을 찍을 수도 없었다(그림 VII-39를 참조). 따라서 이 숙종의 석각 천문도를 조사하는 데는 일차적으로 그림 VIII-8에 보인 것과 같은 탁본을 많이 이용한다.

돌에 새겨져 있는 부분은 상하의 길이와 좌우의 폭이 각각 140.7 cm와 86.1 cm인 네모난 칸 안에 0.5 cm의 간격을 두고 또 다른 네모난 칸이 그어져 있다. 이 네모난 칸의 중앙에 지름이 76.2 cm인 제일 큰 원이 있는데, 그 안쪽에 12열차와 분야가 12방위 표시와 함께 있다. 그리고 그 안쪽에 지름 72.4 cm인 작은 원이 그려져 있는데, 이 원에서 원의 중심을 향해서 1도를 표시하는 짧은 선이 있다. 원의 중심은 하늘의 북극이다. 이 천문도는 크기와 별이 그려져 있는 범위 그리고 설명문의 내용이 태조본이나 세종본과 똑같으므로 다음 절에 종합적으로 소개하기로 한다.

그림 VIII-8. 1980년대에 만든 탁본(개인 소장)

재현한 숙종본 탁본

현존하는 「천상열차분야지도」는 그림

52 W. C. Rufus, 'The Celestial Planisphere of King Yi Taijo', *Transactions of the Korea Branch, Royal Asiatic Society*, Vol. IV, Part III, 27, 1913.

VIII-8에 보인 것과 같은 것들이다. 국내의 여러 박물관과 각 대학박물관 그리고 개인 소장가들의 것을 포함하여 외국에 흩어져 있는 것들도 많이 있다. 그런데 이런 탁본은 어느 것이나 예외 없이 완전한 상태로 남아있는 것은 없고, 어느 부분이든지 조금씩 파손되어 있다. 그래서 각석을 새로 만들려면 여러 장의 탁본을 고루 참조하지 않으면, 완전한 내용을 복원할 수가 없다. 필자는 과거에 복각(復刻)을 세 번 시도한 바 있는데, 그때마다 어려움을 당했었다. 그래서 새로운 탁본을 먼저 만들기를 시작했는데, 이 탁본은 돌판에서 탁본하는 것이 아니라 기존의 탁본을 참고하여 새로 종이에 재구성하는 일이다. 숙종의 석판에서도 탁본을 시도해 보았지만, 지금의 기술로는 과거의 탁본과 같이 깨끗하고 글자가 뚜렷하게 보이는 것은 만들 수 없었다. 1980년대에 세종대왕기념사업회에서 만든 탁본을 그 실례로 그림 VIII-8에 제시한 것을 보면, 독자들이 이해할 것이다.

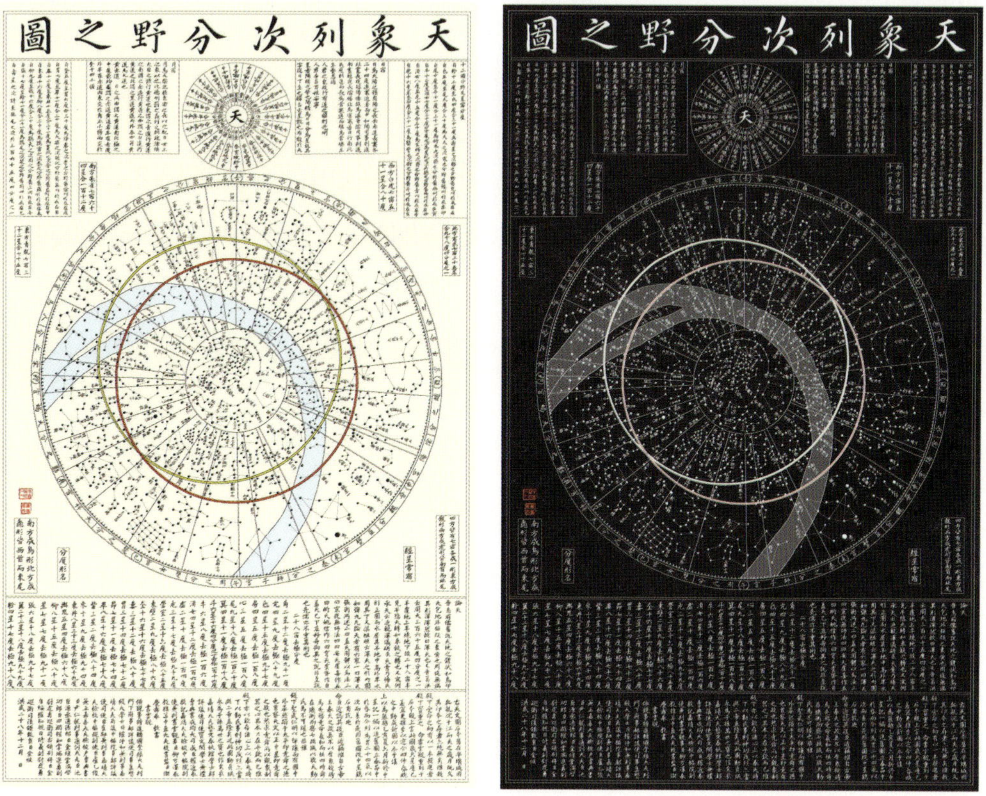

그림 VIII-9. 복원한 보물 제837호『천상열차분야지도』 탁본. 왼쪽은 흰 바탕이고, 오른쪽은 검은 바탕이며 그림 VII-39와 같은 것이다.(나일성천문관 소장)

필자가 새로운 탁본을 재구성한 것은 2007–8년에 규장각과 신라역사과학관의 탁본을 기본 자료로 하고 다른 여러 탁본과 석본(石本)을 참조하여 시도한 것일 것이다. 이때 두 가지 방법으로 시도했었는데, 그 하나는 숙종의 석판이 흰 대리석이기 때문에 그와 같이 바탕을 희게하고 별과 글자를 검게 한 것이고, 다른 하나는 대리석과는 반대로 검은 바탕에 흰 별과 글자를 표시한 것이다. 전자는 그림 VIII–8의 왼쪽이고, 후자는 그림 VIII–9의 오른쪽이다.[53]

3–3. 『천상열차분야지도』 두 각석의 특징

태조4년/세종15년과 숙종13년에 만든 두 석각 천문도는 그 제작경위야 어떻든, 이 석판에 각석된 천문도인 『천상열차분야지도』는 높이 평가되는 다음과 같은 특징을 가지고 있다.

천문도의 이름이 독특하다.

전부 8 글자로 표기된 이 천문도의 이름이 가리키듯이, 이 천문도는 3가지 그림 즉, 천상도(天象圖)와 열차도(列次圖) 그리고 분야도(分野圖)를 종합한 하나의 합도(合圖)이다. 중국의 남송 때인 1247년에 각석한 『소주천문도(蘇州天文圖)』와 그 후 명나라 때인 1506년에 각석된 『상숙천문도(常熟天文圖)』에도 이 세 가지 내용이 있기는 하나 천문도의 이름은 간단히 〈天文圖〉라고만 표기되어 있다.

천문도 제작에 과학적 방법을 적용시켰다.

태조나 세종 이전의 중국의 천문도 제작에서는 볼 수 없는 두 가지 새 기법이 발명되었다. 첫 째는 각도(角度) 표시이다. 천문도에 표기된 별들의 위치를 1도 간격으로 알아 볼 수 있도록 세 개로 된 큰 동심원(同心圓) 중 가장 안쪽 원에 중심을 향해 2 mm 정도의 길이로 선을 그어서 도(度)를 표시했다. 이런 표시 선은 전부 365개인데, 당시의 원주(圓周)인 365도 1/4를 표시한 것이다. 선과 선 사이의 간격은 서로 정교하게 같은데, 다만 심수

53 나일성·나사라. 『중국·한국·일본의 천문도보전(天文圖寶典)』 (출판예정임)

(心宿)에 간격이 약간 넓은 것이 두 개 있고 미수(尾宿)에 한 개가 있다. 이 세 개의 넓혀진 간격을 모두 합해서 1/4도를 만들려고 의도한 것인지도 모른다. 둘째는 별의 밝기 표시이다. 이것도 중국의 두 천문도에는 볼 수 없는 새 방식의 도입이라고 할 수 있다. 밝은 별을 크게 하고 희미한 별은 작게 새겼는데, 뚜렷한 구별은 없으나 대략 4가지 종류이다. 가장 밝게 표시한 몇 개의 별을 그 새긴 표시의 크기의 순서로 보면 다음과 같다.

노인(老人, α Carinae, Canopus), 낭성1(狼星一, α Canis Majoris, Sirius) 대각1(大角一, α Bootis, Arcturus), 천시1(天矢一, (?)), 사공1(司空一, β Ceti), 북두칠성(北斗七星)

새 별자리를 추가했다.

중국 천문도에 없는 두 개의 별자리인 〈토공2(土公二)〉와 〈종대부(宗大夫)〉 그리고 이 두 별자리에 속한 6개의 별들이 추가되어 있다. 이 중 〈토공2(土公二)〉는 북방7사의 벽수(壁宿)에 속하며 2개의 별로 구성되어 있고, 〈종대부(宗大夫)〉는 천시원(天市垣)에 속하며 4개의 별로 구성되어 있다. 이 두 별자리는「천상열차분야지도」에 처음 소개된 것인데,

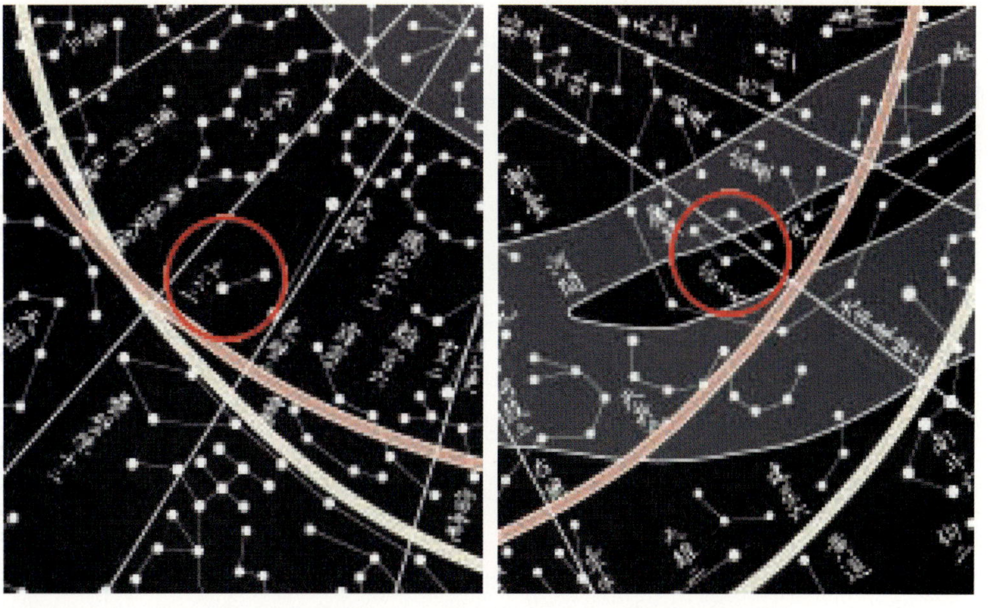

그림 VIII-10. 〈토공2〉와 〈종대부〉. 북방7사의 벽수(壁宿)와 천시원(天市垣)에 각각 속해 있다.

태조4년에 새로 명명(命名)된 것인지 아니면 잃어버린 고구려의 천문도나 고려의 오윤부(伍允孚)의 천문도로부터 따온 것인지 밝힐 수는 없다. 필자는 중국에서 가장 오래된 「돈황성도갑본(敦煌星圖甲本)」(그림 VII-3)을 비롯하여 「개원점경(開元占經)」(그림 VII-1) 그리고 단원자(丹元子)의 「보천가」와 「소주천문도」(VII-36)을 조사해 보았으나 문제의 〈토공2〉와 〈종대부〉가 없음을 알아냈다. 따라서 이 두 별자리는 「천상열차분야지도」에만 있는 고유의 별자리임에 틀림없다.[54] 이것은 단순히 독창성에 의한 천문도의 개량이라는 차원을 넘은 전통적인 권위에 대한 도전이요, 자주성의 표출이다.

뛰어난 예술적 작품이다.

큰 석판의 앞 뒤 두 면에 똑같은 내용을 서로 다른 배치로 각석(刻石)했다는 사실은 주목해야할 대목이다. 왜냐하면, 총 290좌(座)에 1,467성(星)이나 되는 많은 별들의 이름만이 아니라 천문도의 이름(題字)인 〈天象列次分野之圖〉라는 8자를 포함하여 전부 2,932자를 한 면에 새기는 작업은 대단히 까다롭고 또 시일이 많이 소요되는 일이다. 그럼에도 불구하고, 다시 또 다른 면에 같은 내용을 새겼다고 하는 사실에는 놀라움을 금할 수가 없다. 이 두 작업은 물론 같은 시기에 이룩된 것은 아니고 태조4년과 세종15년이라는 시간적 간격이 있었다. 말하자면, 그림 VII-37/1에 보인 것과 같은 배치로 태조4년(1395년)에 새겼을 때 이를 본 사람들은 그 정교한 새김에 경탄했을 것이다. 그러나 시일이 지나면서 ㉠왜 천문도가 두 부분으로 갈라져 있는가 하는 점, ㉡천문도 이름이 하필이면 어색하게 하단에 붙어 있는가하는 의문점, 그리고 ㉢새긴 내용들이 돌판의 왼쪽으로 치우쳐 있는 것은 균열이 나타나 보이는 오른쪽 윗 부분을 피하기 위함이라 하더라도, 아래쪽에 있는 H_1과 H_2가 위의 다른 부분과 나란하지 않고 왼쪽으로 약 3 cm나 더 옮겨져 있는 점 등등에 사람들은 의문을 갖게 되었을 것이다. 다시 새기는 일은 끔찍스러울 정도로 힘겨운 작업이었겠지만, 38년 뒤인 세종15(1433)년에는 그림 VII-37/2에 보인 것과 같은 짜임새까지 갖춘 예술품으로도 손색이 없는 아름다운 작품을 완성한 것이다.

---

54 「천상열차분야지도 목판본」에도 이 두 별자리는 있다. 하지만, 「혼천도」에는 〈종대부(宗大夫)〉가 〈종대부사(宗大夫四)〉로 되어 있고 〈토공2(土公二)〉는 없다. 그리고 『보천가』를 철저히 따른 『천문유초』에는 이 두 별자리는 물론 없다. 그런데 이상하게도 『신법보천가』에는 〈토공2(土公二)〉가 있지만 〈종대부(宗大夫)〉는 없다.

3-4. 태조4년의 각석 600돌 기념행사

1985년경 대한민국 정부는 서울에 여기저기 흩어져 있던 많은 정부출연 연구기관들을 충남 유성군에 건설 중인 대덕 과학단지(현 대전직할시 유성구)에 이전하기로 했었다. 그 일환으로 창경궁 옆에 있던 '국립과학관'을 '국립중앙과학관'으로 확장 개편하고 대전직할시 유성으로 이전하였다. 그 대신 서울에는 '서울과학관'이라는 명칭으로 규모가 축소된 기관으로 남겨 두었다. 한편, 새로 발족한 중앙과학관의 규모는 초대형으로 하여 한국의 고대과학을 보여 줄 수 있는 옛 천문대(신라첨성대, 고려첨성대, 창경궁에 있는 작은 첨성대 등), 각종 관측기기, 그리고 여러 개의 천문도 등을 구입하거나 복원하여 전시하는 사업을 추진하였다.

이 방대한 국가사업의 일환으로 석각 천문도의 복원이 포함되었다. 이 일로 인해서, 탁본이나 사진이 아닌 태조4년의「천상열차분야지도」의 각석을 접하게 되는 길이 열린 것이다 (이 때 이 각석은 경복궁 국립중앙박물관 유물창고에 이미 옮겨져 있었지만, 자료 조사는 이미 창덕궁 유물창고에 있을 때 시작한 것이다).

국립중앙과학관의 석각 천문도 복원(1987년)과 그 끼친 영향: 국립중앙과학관이 태조4년에 석각한「천상열차분야지도」의 복원제작을 계획할 당시(1986년) 재료는 FRP 합성수지(合成樹脂)를 사용하기로 하였었으나, 그 후 검은 오석(충남 보령산 黑烏石)으로 바꾸고, 그림 VII-37/1과 같은 것을 새기도록 결정하고, 1987년 12월에 완성하였다.

이 때, 참조한 태조4년의 석각 천문도의 탁본은 그 각석이 창덕궁 유물 창고에 눕혀져 보관되고 있었던 때에 이미 만들었던 것이다. 그리고 이 돌에 또 하나의 천문도가 뒷 면에 있으리라고는 상상도 하지 못했던 때였었다. 다만, 이 돌을 이런 기회에 만져 보게 되었다는 사실 하나만으로도 충분히 흥분되는 일이었기에, 앞에 소개한 루훠스가 남긴 중요한 정보인

.... 양 면에 석각되었다, ...
.... both sides are engraved, ...

는 불행하게도 필자의 시선에 들어오지 않았다. 필자는 다만 그때까지 어느 책에서도 보지 못했던 a면을 발견했다고 흥분했었다.

국립중앙과학관에 현재 전시되어 있는 복원된 이 석각 천문도(1987년도 본)는 이와 같은 사연을 안고 제작된 것인데, 별과 글자를 정확하게 새기는 방법으로서 규장각이 소장한 숙종의 천문도 탁본을 찍은 사진을 원본과 같은 크기로 인화하여 돌에 얹어 놓는 원본으로 삼았다. 숙종본의 내용의 배치가 태조본의 a면과는 다르므로, 사진을 잘라서 태조본과 같도록 재배치하여 각석공(刻石工)에게 주었다. 이와 같은 방법과 노력의 결과로 오석에 새긴 신각 천문도는, 마모되어 잃어버린 태조4년의 옛 모습을 되살린 셈이 되었으며, 전체적으로 풍기는 석각 천문도의 모습은 탁본보다 더 강하고 또한 분명했다.

국립중앙과학관에 복원한 천문도의 오석의 크기는

높이: 220 cm 너비: 120 cm 두께: 15 cm

이다. 두께를 태조 때의 것(11.5 cm)보다 더 두껍게 만든 이유는 돌의 크기에 어울리는 안전감을 갖게 하기 위해서였다. 이 복원을「1987년도 복각 천상열차분야지도 (약해서 1987년도 복각본)」이라고 명명하여, 다른 것들과 구별이 되도록 하였다. 그런데, 이「1987년도 복각본」은 검은 오석에 새긴 것으로 좋은 평가를 받은 면이 있기는 했었지만, 최근에 와서는 그 가치를 점점 잃어 가고 있다. 그 이유로서 다음과 같은 세 가지를 들 수 있을 것이다.

(1) 한 면에만 새긴 천문도이다

(2) 잘못 새긴 글자와 별자리가 많고, 누락된 별들도 많다

(3) 이 각석으로 인하여 무책임한 복제품이 양산되고 있다

그러나 이때의 경험이 뒤에 올「천상열차분야지도」각석 600주년을 맞이하여 새로 만들 때 큰 참고가 되었다.

「천상열차분야지도」각석 600주년 기념 복원 제1, 2호의 탄생

국보 228호「천상열차분야지도」가 각석된 것은 누누이 언급한 대로 태조4년인 1395년이다. 그때로부터 세월이 흘러 우리 시대가 되니 600돌이 되는 1995년이 가까이 다가오고 있었다. 이것은 천문학계나 과학사학계에게만 의미 있는 것이 아니라 역사 문화 모든

그림 VIII-11. 태조/세종의 「천상열차분야지도」 각석 600돌을 기념하여 찍은 사진. 1995년 7월, 신라역사과학관에서.

분야에서 경축할 일이었지만, 불행하게도 사정은 그렇지 않았다.

그러나 기회가 찾아왔다. 그때 마침 경주시에 〈신라역사과학관〉을 설립한 석우일(昔宇一)로부터 1395년 태조의 석각 천문도의 복원 가능성 여부의 문의가 있었던 것이다. 그리고 그의 요청에 따라 1995년 초에 완성할 계획을 수립하고, 1994년 10월에 제작에 착수했다. 태조의 각석(1395년)이 있은 지 약 300년 만에 숙종 때에 복각(復刻)이 있었고, 이때로부터 약 300년만인 1995년에 태조의 각석 600주년을 맞이해서 다시 복각하게된 것이다. 이 두 복각이 약 300년이라는 시차를 두고 각각 이루어진 것은 묘한 인연이다.

이로써 태조4년과 세종15년의 석각 천문도 복원 준비를 일단 마무리한 셈이다.

「1995년 복각(제1호)」

복원을 위한 일을 시작하고 보니, 지금까지 준비한 경험 중에 미비한 일들이 수 없이 나타났다. 단 하나의 점이라 하더라도 이상한 점이 어느 탁본이나 모사본에서 발견만 되면, 그것이 별인지의 여부를 확인하지 않을 수 없으므로, 당시 덕수궁에 있었던 태조본과 세종대왕 기념사업회의 숙종본을 전등과 확대경을 가지고 결론을 얻을 때까지 대조하고 확인하였다. 천문도에 새길 글자인 경우에는 조선 초기의 고서체(古書體)가 많이 섞여 있기

그림 VIII-12. 「천상열차분야지도」복각 제2호의 봉헌식 광경(1995년 12월 8일, 연세대학교 박물관 야외 전시장인 수경원에서)

때문에 확인 작업이 대단히 어려웠다. 컴퓨터에 입력되어 있지 않는 고서체와 약자인 경우에는 각석공이 이해할 수 있도록 별도의 조치를 강구해야 했다. 이때 사용한 석재는 충남 보령에서 채취한 오석으로

크기: 높이 220 cm, 너비 124 cm, 두께 21.4 cm

무게: (부피) x (비중) = (2.2 m x 1.24 m x 0.21 m) x 2.9 = 1.72 ton[55]

이었고, a면에 태조4년의 천문도(1,467星과 2,933字)와 b면에 세종15년의 천문도(1,467星과 2,933字)을 새겼다. 그러나 국보 제228호와는 달리, 관람하기 편하게 두 천문도를 모두 상하를 바로 세웠다.

「1995년 복각(제2호)」

신라역사과학관을 위한 「1995년 복각(제1호)」각석 작업이 보령군의 현장에서 진행되는 때를 당하여 또 하나의 각석의 필요성이 생겼다. 그것은 필자의 정년퇴임을 기회로 연세대학교 박물관에 기증할 복각본(제2호)의 제작을 위한 것이었다. 각석 600돌을 기념하기 위

55 충남 보령산 오석의 비중을 알아보기 위해서 1996년 7월 1일에 경기도 여주에 있는 영릉의 「세종대왕유적관리소」가 의뢰한 세종의 규표를 제작할 때 모형으로 만든 높이 14.8 cm, 넓비 29.8 cm, 길이 62.6 cm인 같은 지역의 오석의 무게를 재 보니 82,000 g이었다. 이 무게를 부피로 나눈 결과 2.97을 얻었다. 그런데, 이 돌에는 그 때 이미 물 홈이 약간 파여져 있었기 때문에 이것을 덜어낸 양을 감안해 보면, 오석의 비중은 약 3.0이라고 생각한다.

해서는 이 해 안에 완성하는 것이 의미가 더 있겠다고 판단해서였다.[56]

곧 이어 다시 기술하겠지만, 이 때, 연세대학교 국학연구원은 다산(茶山)기념 학술강좌의 일환으로 〈태조4(1395)년 천상열차분야지도 각석 600주년 기념 학술회의〉를 그 해 12월에 개최키로 한 때에 맞춰서 완성하게 된 것이다. 이 제작을 위한 작업 기간은 1995년 6월부터 12월초까지로서 제1호의 각석이 끝나자 곧 착수한 것이다. 돌의 크기와 새긴 내용은 제1호와 똑같다.

「1999년 복각(제3호)」와 그 후

필자가 제작한 복각은 그 후에도 한 번 더 있었다. 그것은 〈나일성천문관〉이 경북 예천군에 건립될 때 완성한 것이다. 이것이 「1999년 복각(제3호)」이다. 이 때까지 3건의 복각을 위해서 필자는 각석공에게 적어도 매번 2차례 이상 작업장으로 찾아가서 글자를 확인하고 지도하고 감수했었다. 그리고 보령산 오석으로 복각하는 일에 종지부를 찍었다. 그 이유는 밀도가 대단히 높은 오석에 획 수가 많은 복잡한 한자를 새기는 일은 쉽지 않아서 깊이 새기지 못하고 어떤 글자는 겨우 긁어내는 정도로 새겼기 때문이다. 3건을 제작하는 동안 같은 석공이 새기지 않고 매번 다른 사람이 새겼기 때문에 새기는 기술이 축적되지도 못했다. 국보 228호의 석재는 오석보다 묽은 청석(青石)이어서 깊이 깎아낼 수 있었던 것이지만, 이 오석으로 만든 3점의 복각은 그 점에서 허물이 많다고 판단된다.

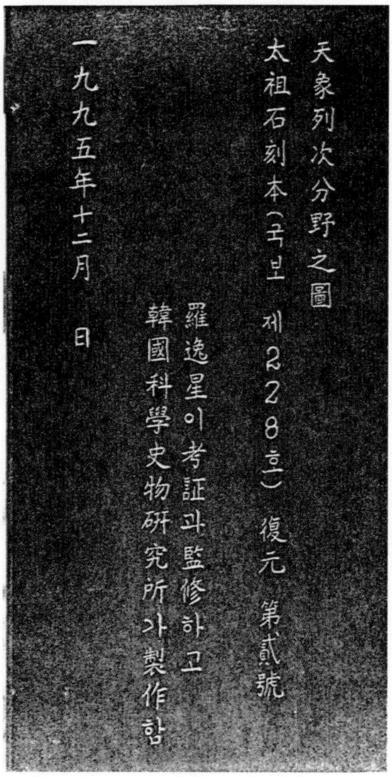

그림 VIII-13. 「1995년 복각(제2호)」의 옆면에 새긴 이름과 제작 년도

사정이 그럼에도 불구하고, 그 후에도 여러 곳에서 필자가 애써 만든 복원도를 가지고

---

56 태조의 각석은 〈홍무28년12월〉이다. 이는 음력이지만, 해를 넘기지 않기 위해 양력 12월에 완성한 것이다.

복각한 복원품이 있다고 듣고 있으나, 필자가 감수한 것이 아니기에 잘못된 점이 있다 하더라도 그것은 필자의 책임이 아님을 밝혀 둔다. 필자는 이런 폐단이 생길 것이 걱정되어 3건의 복각에는 돌판 옆에 〈1호, 2호, 3호〉라는 아라비아 숫자 대신에 〈壹號, 貳號, 參號〉라고 한자(漢字)를 사용하고, 필자의 이름과 제작 날을 새겨 두었다.

천상열차분야지도 600돌 학술대회

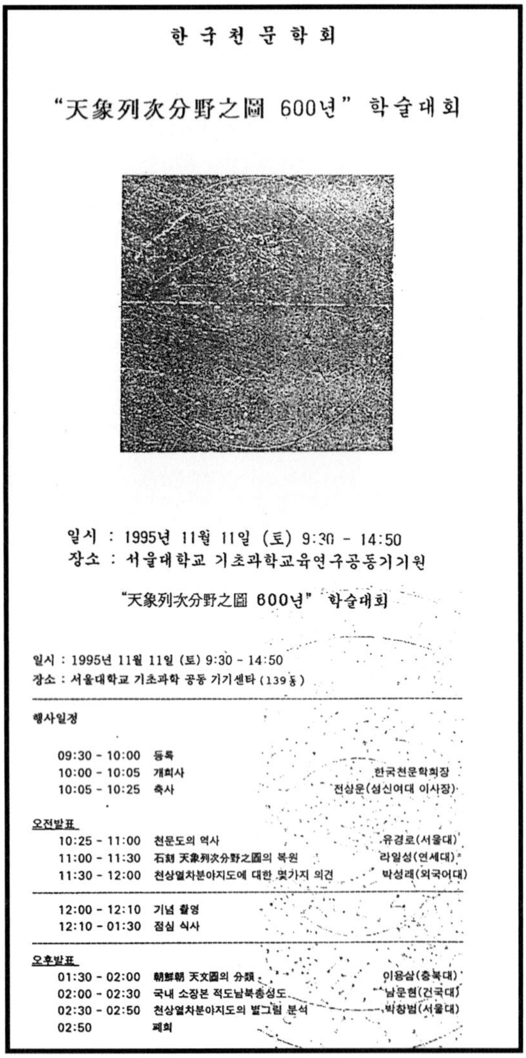
한 국 천 문 학 회

"天象列次分野之圖 600년" 학술대회

일시 : 1995년 11월 11일 (토) 9:30 - 14:50
장소 : 서울대학교 기초과학교육연구공동기기원

"天象列次分野之圖 600년" 학술대회

일시 : 1995년 11월 11일 (토) 9:30 - 14:50
장소 : 서울대학교 기초과학 공동 기기센타 (139동)

행사일정

09:30 - 10:00	등록	
10:00 - 10:05	개회사	한국천문학회장
10:05 - 10:25	축사	전상운(성신여대 이사장)

오전발표

10:25 - 11:00	천문도의 역사	유경로(서울대)
11:00 - 11:30	石刻 天象列次分野之圖의 복원	라일성(연세대)
11:30 - 12:00	천상열차분야지도에 대한 몇가지 의견	박성래(외국어대)
12:00 - 12:10	기념 촬영	
12:10 - 01:30	점심 식사	

오후발표

01:30 - 02:00	朝鮮朝 天文圖의 分類	이용삼(충북대)
02:00 - 02:30	국내 소장본 적도남북총성도	남문현(건국대)
02:30 - 02:50	천상열차분야지도의 별그림 분석	박창범(서울대)
02:50	폐회	

그림 VIII-14. 한국천문학회가 주최한 각석 600주년 기념학술대회 프로그램 표지.(1995년 11월 11일)

1995년에는 〈천상열차분야지도 600돌〉을 기념하는 학술 모임이 두 번 개최되었다. 이것은 14세기에 이룩한 과학사물(科學史物)로서 높이 평가받고 있는 「천상열차분야지도」에 대한 학계의 애정 표시의 하나였다. 그럼에도 불구하고, 국보 제228호로 지정까지 한 바 있는 정부는 마모가 되어 보는 이들의 마음을 안타깝게 하고 있는 이 천문도의 600주년을 당하여 정부 차원의 행사는 고사하고, 이런 민간의 행사에 아무런 관심을 보이지 않았다고 하는 사실은 관심 있는 이들의 이해의 범위를 벗어나고 있다.

기념행사의 첫 번째는 한국천문학회가 주최하여 1995년 11월 11일에 서울대학교 기초과학 공동기기센타 강당에서 개최한 학술회의이다. 이 학술회의의 프로그램의 표지, 발표자와 발표 제목은 그림 VIII-14에 보인 바와

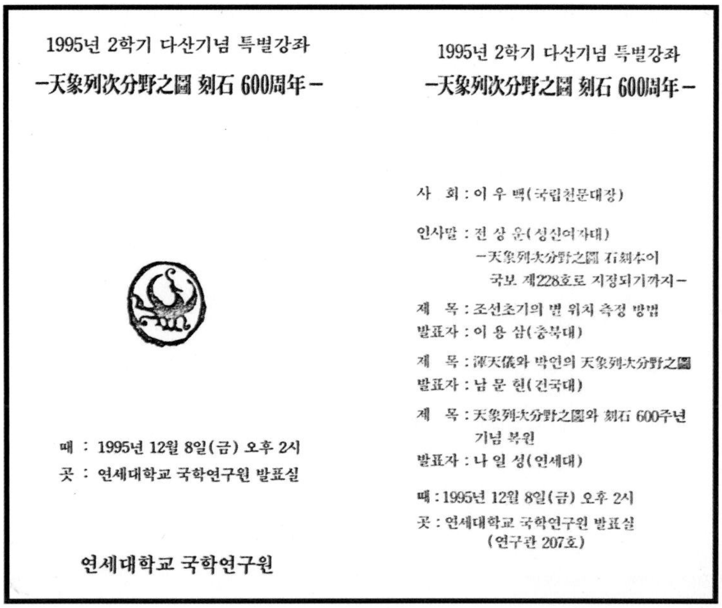

1995년 2학기 다산기념 특별강좌
-天象列次分野之圖 刻石 600周年-

때 : 1995년 12월 8일(금) 오후 2시
곳 : 연세대학교 국학연구원 발표실

연세대학교 국학연구원

1995년 2학기 다산기념 특별강좌
-天象列次分野之圖 刻石 600周年-

사 회 : 이 우 백(국립천문대장)

인사말 : 전 상 운(성신여자대)
-天象列次分野之圖 石刻本이
국보 제228호로 지정되기까지-

제 목 : 조선초기의 별 위치 측정 방법
발표자 : 이 용 삼(충북대)

제 목 : 渾天儀와 박연의 天象列次分野之圖
발표자 : 남 문 현(건국대)

제 목 : 天象列次分野之圖와 刻石 600주년
기념 복원
발표자 : 나 일 성(연세대)

때 : 1995년 12월 8일(금) 오후 2시
곳 : 연세대학교 국학연구원 발표실
(연구관 207호)

그림 VIII-15. 연세대학교 국학연구원이 주최한 〈다산기념 특별강좌〉-천상열차분야지도 각석 600주년' 순서지

같다. 그 내용을 소개하면, 전상운의 축사에 이어 유경로, 나일성, 박성래 등 6명의 학술 논문 발표가 차례로 하루 종일 이어졌다.

두 번째 기념행사는 연세대학교 국학연구원이 주최한 〈1995년 2학기 다산기념 특별강좌〉로서 천상열차분야지도 각석 600주년 공개 강좌였다. 개최 장소는 동 연구원 발표실이었고, 1995년 12월 8일 오후 2시에 시작되었다. 이날 모임에서는 전상운의 인사말로서 "천상열차분야지도 각석본이 국보로 지정된 경위를 밝힌데 이어 이용삼, 남문현, 나일성이 차례로 학술 강연을 하였다.[57] 이로써, 1995년에는 각석 600돌을 기념하여 2점의 복각이 완성됨과 함께 2회의 학술 대회가 열린 셈이다. 이것은 14세기에 이룩한 과학사물로서 높이 평가받고 있는 「천상열차분야지도」에 대한 한국 사람들의 애정의 표시인 동시에 선조들이 남겨준 값진 유물을 위한 의무를 실천한 것이다. 국보에 귀천이 있는가? 숭례문이 화재로 없어진 것에는 전국적 관심이 열화 같았다. 그러나 이것은 서울 장안에서 높이 위용을 떨치고 있었던 때문인가? 그래도 「천상열차분야지도」는 새로 발행한 1만원 지폐에 들어있는 보물로서, 모든 사람들의 품속에 항상 함께 살아 있다.

57 이 날은 「천상열차분야지도」복각 제2호의 봉헌식이 있던 바로 그날이었다.

이제 남은 과제는 지금까지의 복각의 수준을 뛰어넘어 청석(靑石)에 모든 별과 글자를 깊이 파는 원래의 방식으로 새 「천상열차분야지도」를 각석하는 일이다. 이때가 속히 오리라고 기대해 본다.

3-5. 「천상열차분야지도」가 한글로 읽히게 되다

「천상열차분야지도 석각본」 2점이 각각 국보와 보물로 지정된 소중한 유산임에도 불구하고 한자(漢文)로 표기되어 있어서, 현재를 살아가는 한글세대들은 그것에 담긴 의미는 고사하고 읽는 법도 모르고 있으니 딱한 일이다. 아무리 귀한 보물이라도 그 가치를 알지 못하면 아무 의미가 없다. 따라서 지금의 한글세대에게는 「천상열차분야지도」는 여러 가지

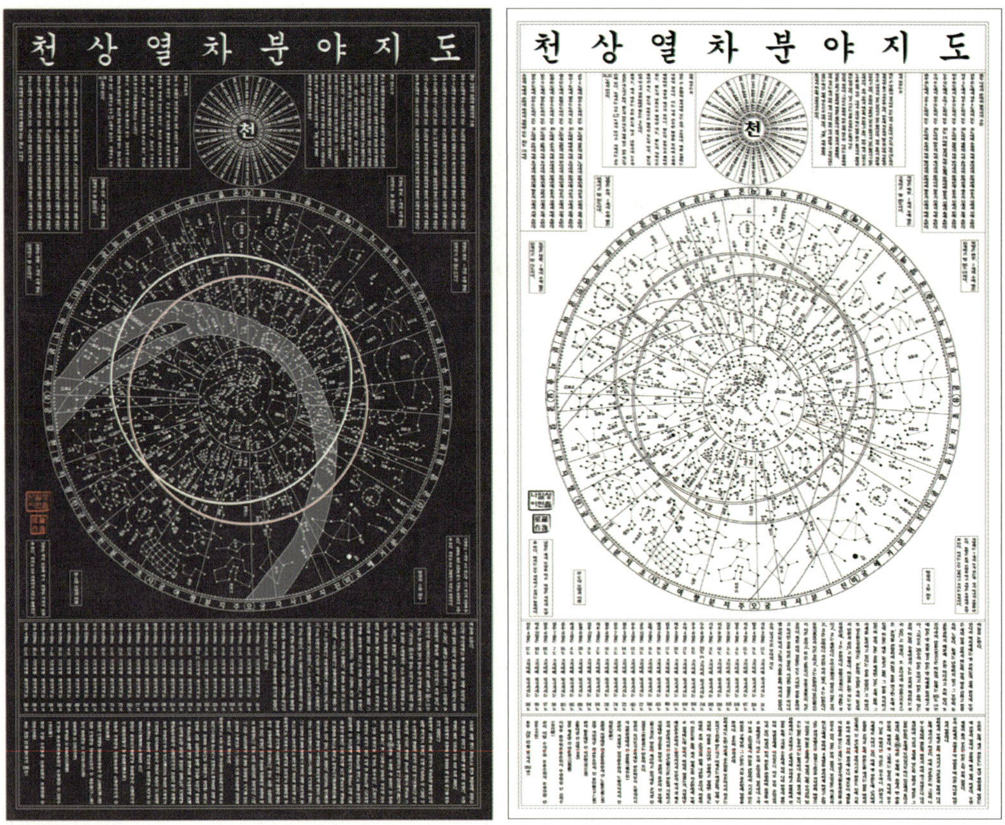

그림 VIII-16. 한글판 「천상열차분야지도」. 왼쪽은 검은 바탕이고, 오른쪽은 흰 바탕이다.(나일성·나사라, 「중국 · 한국 · 일본의 천문도보전(天文圖寶典)」, 출판예정)

알 수 없는 기호로 가득 찬 하나의 크고 넓은 돌판에 지나지 않을 것이다. 그 점을 해결하고 우리 조상들의 우주관을 이해시키기 위한 자료로서 「한글판 천상열차분야지도」를 제작하게 되었다. 이것을 지금의 세대들에게 전해야하는 일은 기성세대의 의무이기 때문이다.

그런데 「천상열차분야지도」에는 별에 대한 옛날의 지식과 그것을 탐구한 역사가 전부 2,933자나 되는 많은 한자로 기록되어 있다. 이제 이것을 지금의 세대들을 위해 풀어 써야하지만, 그것은 결코 쉬운 일이 아니다. 옛 글자를 현대어로 풀어 쓴다면, 문장이 너무 길어져서 천문도 안에 적을 자리가 넘칠 것이다. 이런 애로가 있어서 일단 별자리 이름을 비롯한 여러 고유명은 발음대로 표기하고, 설명문은 짧게 번역하기로 하여, 그림 VIII-16과 같은 두 종류의 번역판을 만들어 보았다. 하나는 검은 바탕에 별과 글자를 황금색으로 표현한 것이다. 사람들은 지금까지 접해본 탁본이 모두 검은 바탕이기 때문에 검은 바탕을 선호하는 경향이 있다. 다른 하나는 이와는 반대로 흰 바탕에 검은 색으로 별과 글자를 쓴 것이다. 이렇게 만든 이유는, 숙종13년에 만든 보물 837호는 흰 대리석이므로 이 흰 바탕의 것이 더 실제와 맞는다고 볼 수 있으며, 선조4년에 만든 목판인쇄본도 흰 바탕이기 때문이다. 그러나 두 번역판에 모두 적도, 황도, 은하수에는 색깔을 넣었다.

4

혼천도

4-1. 대형 천문도「혼천도-대형(1)」의 출현

조선의 세종시대는 각종 천문의기의 제작, 천문서적의 발간, 서운관의 제도 개선과 확충, 관측대의 건립 등등, 한국역사에 있어서 가히 천문학의 전성시대라고 할 만큼 활발하던 시기였다. 그래서 세종이 재위한 15세기를 세계천문학사에 있어서 "세종(世宗)의 세기(世紀)"라고 할 만하다.[58]

그럼에도 불구하고, 한 가지 결함이 엿보인다. 왜냐하면, 이 시기에 천문도에 관해서만은 이상하리만큼 신통한 기록이나 유물이 남아 있지 않기 때문이다. 지금 우리가 알고 있는 천문도로는 앞에 소개한 바 있는 세종15(1433)년의 기록과 그 실물로 추정되는 것이 국립고궁박물관에 보존되어 있는 국보 제228호「천상열차분야지도」각석의 한쪽 면(그림 VII-32/2)에 남아 있을 뿐이다. 천문관측이 활발하던 시기에 꼭 필요했던 천문도가 이것이 유일한 것이라면, 우리는 의아해 하지 않을 수 없는 일이다.

이런 상황에 한 장의 천문도가 1990년대 초에 알려졌었는데, 이 천문도는 일본 국회도서관에「조선박연혼천도(朝鮮朴堧渾天圖)」라는 이름으로 수장되어 있는 그것이며 이미 그림 VII-21에 보인 것이다. 그런데 이 문제의「박연혼천도」가 몇 사람에 의해 여러 번 소개된 바는 있다. 가장 먼저 세상에 알린 것은 일본의 노지리 호우에이(野尻抱影)였다.[59]

58 현재 집필중인『천문대와 관측기기(가칭)』과『시간을 잰다(가칭)』을 참조.
59『星座』, 恒星社, 東京, pp. 145~147, 1965.

그로부터 20여 년이 지나서, 중국의 Pan Nai(潘鼐)가 아무 설명 없이 「朝鮮朴堧渾天圖」라는 이름으로 사진 1장을 제시한 바 있었고,[60] 그 후 다시 별자리 표시법을 연구하면서 이 「혼천도」를 사용한 바 있다.[61] 이런 일련의 외국 학자들의 노력에 자극받아 2000년에 이은희(李銀姬)와 남문현(南文鉉)이 공동으로 깊이 있는 연구를 발표하게 되어 이 천문도가 세상에 제 모습을 드러내게 되었다.[62] 그들의 연구는 이 천문도에 있는 "혼천도해(渾天圖解)"를 찍은 사진에서 내용을 판독하여 「천상열차분야지도」에 새겨져 있는 글귀와 천문도 외곽에 적힌 12개의 열차, 분야, 궁의 배치를 함께 비교한 것이었다. 그들의 연구 중 주목할 점은 춘하추동 4분점의 위치를 가지고 수시력의 역원(曆元)의 바로 전 해인 1280년의 동지를 가지고 세차(歲差) 보정(補正)을 한 결과 「박연혼천도」의 제작 연대가 1647년과 1676년 사이라고 추정한 일이다. 이로 인해서 이 천문도는 세종시대의 인물인 박연이 제작한 것이 아니라고 주장하게 된 것이다.

그런데 작자가 누구였을까 하는 문제 이전에 필자는 〈혼천도해〉의 내용을 읽고 신선한 충격을 받았다. 「천상열차분야지도」의 하단에 있는 긴 설명문과는 달리 천문도 제작에 필요한 내용이 아주 풍부하기 때문이었다. 이 내용들은 조선시대의 어떤 천문도에서도 볼 수 없는 것들이다. 따라서 이 도해의 내용을 잘 해석해 보면, 「천상열차분야지도」만을 천편일률적으로 복제한 다른 천문도에서는 볼 수 없는 새로운 자료를 얻어낼 수 있을 것이라고 생각했다. 그리고 이것이 박연의 것이든 아니든 조선시대의 작품임에는 틀림없으므로, 복원하는 일은 때를 놓치지 말고 뒤로 미룰 수는 없는 일이라는 책임감을 느끼게 되었다. 더욱이 일본 국회도서관의 수장품의 행방이 묘연하다는 풍문이 연구 초기에 국내에 돌고 있었기에 더욱 시급한 일로 여겼던 것이다.

음악가 박연(朴堧)

박연은 세종시대의 음악가로 널리 알려진 인물이다. 그의 생몰년은 고려 우왕4(1378)년~조선 세조4(1458)년이며, 그의 본관은 밀양, 자는 탄부(坦夫), 호는 난계(蘭溪), 그리

60 潘鼐, 『中國恒星觀測史』, 圖版 46, 學林出版社: 上海. 452쪽, 1989.

61 潘鼐, "中國與朝鮮古代星座同異조원", 『自然科學史研究』, 제15권, 제1기, 32, 1996.

62 이은희·남문현, "「朴堧渾天圖」小考", 『한국과학사학회지』, 제22권, 제1호, pp. 33-50, 2000.

고 시호(諡號)는 문헌(文獻)이다. 그는 태종5(1405)년에 생원과 11(1411)년에 진사에 등과하였다. 『조선왕조실록』을 보면, 세종5(1423)년에 의영고 부사(義盈庫副使)였던 박연을 명하여 훈도관으로 삼아 전적으로 교훈을 맡게 하였다는 세종과 관련 있는 최초의 기록이 있다.[63] 그가 본격적으로 음악에 관여한 것은, 세종7(1425)년에 아악별좌(雅樂別座)에 임명된 때부터일 것이다.[64] 그 후, 아악별좌의 봉상판관(奉常判官)으로 있으면서 한 틀에 12개 달린 석경(石磬)을 새로 만들기에 이르러 악기 제조에 힘을 쏟았다.[65] 그는 마침내 예문관 대제학으로 승진하면서 세종시대의 음악을 체계화하는 데 크게 이바지하였다.

박연은 정확한 율관(律管)을 제작하기 위한 상소문을 위시하여 많은 상소문을 올렸는데, 그 중 세종8(1426)년 봉상판관일 때 올린 상소문을 보면, 그가 음악 이론에 얼마나 밝았는가를 보여 주고 있을 뿐만 아니라 천문학적 지식을 활용하여 하늘의 이치를 궁중 음악에 쓰이는 악기와 노래를 설명하는데 사용한 것이어서 주목할 만하다. 그의 상소문은 대단히 길고 상세하므로 그 시작만 소개하면 다음과 같다.

> 세종8(1426)년 봉상판관 박연이 상서하기를, "신이 삼가 생각하건대, 주례(周禮)의 춘관(春官) 태사(太師)가 육률(六律)과 육동(六同)을 관장하여 음양의 소리를 합하였는데, 황종(黃鐘) 태주(大簇) 고선(姑洗) 유빈(蕤賓) 이칙(夷則) 무역(無射)은 양성(陽聲)이요, 대려(大呂) 응종(應鐘) 남려(南呂) 함종(函鐘) 소려(小呂) 협종(夾鐘)은 음성(陰聲)입니다. 대개 두병(斗柄)이 십이신을 운행하되 왼쪽으로 돌게 되는데 성인(聖人)이 이를 본떠서 육률(六律)을 만들었고, 일월(日月)은 십이차로 모이되 오른쪽으로 돌게 되는데 성인이 이를 본떠서 육동(六同)을 만든 것입니다. ....)"[66]

박연의 천문학은 음악 이론에 적용하는 데 그치지 않는다. 왜냐하면, 그가 실제로 천문학에 공헌한 바 있었다는 사실이 『세종실록』에 다음과 같이 남아 있기 때문이다. 이 기록은 세종시대의 천문학사 연구에 있어서 대단히 중요한 것임에도 불구하고, 불행하게도 그 기록이 너무 간단하여 어떤 동기에 어떻게 혼천의를 만든 것인지 알아낼 방도가 없다.

---

63 『세종실록』, 세종 5(1423)년 3월 17일
64 『세종실록』, 세종 7(1425)년 2월 24일
65 『세종실록』, 세종 9(1427)년 5월 15일
66 『세종실록』, 세종 8(1426)년 4월 25일

세종15(1433)년 6월에 정초(鄭招), 박연, 김진(金鎭) 등이 새로 만든 혼천의(渾天儀)를 바쳤다.[67]

이것은 너무 짧은 기록이어서 안타까움을 금할 수 없지만, 그가 당대의 고명한 천문학자들인 정초와 김진 등과 함께 혼천의를 새로 만드는 데 기여했었다는 사실은, 박연이 천문 의기(儀器)를 만드는데 머물지 않고 천문관측에도 참여했을 가능성을 열어 놓고 있다. 왜냐하면, 혼천의는 별을 관측하는 관측기기이기 때문이다. 이 혼천의로 별을 관측하려면, 필수품이 하나 더 있다. 그것은 더 말할 것도 없이 천문도이다. 예나 지금이나 천문도(성도) 없이 별을 관측하지는 않는다. 따라서 혼천의를 만든 박연도 별과 별자리를 관측하기 위해서는 천문도가 필요했을 것이다. 그러나 그가 살던 시대에는 태조 때 만든 돌에 새긴「천상열차분야지도」가 유일한 것이었다. 그래서 사람들은 그 돌에서 탁본한 것을 사용하였었다. 천체의 운행에 기초를 둔 음악의 육율(六律)과 육동(六同)을 확실하게 체계화하기 위해서 박연은 천체관측을 했을 것이고, 관측하기 위해서 자기의 천문도가 필요했을 것이다. 그것이 과연 여기서 다루려고 하는「혼천도(渾天圖)」일까?「박연혼천도(朴堧渾天圖)」의 진위여부에 비상한 관심이 쏠리는 이유는 바로 여기에 있는 것이다.

이제 일본의 국회도서관에 소장되어 있다는「조선박연혼천도」에 관하여 조사해 보자.

4-2.「혼천도-대형(1)」의 구성

그림 VII-21로 이미 보인 이「혼천도-대형(1)」에는 세 귀퉁이에 많은 글자가 쓰여 있다. 그렇지만, 제작자의 이름은 고사하고 제작 연대나 제작한 기관의 이름도 없다. 그런데도 불구하고 일본 국회도서관이 이것을 〈조선박연혼천도(朝鮮朴堧渾天圖)〉라는 이름을 붙여서 수장하고 있는데, 그 시기에 어떤 근거할 만한 것이 있었기 때문이라고 믿어진다. 이 천문도 뒷면에는 일본 국회도서관의 사서(司書)나 자문한 학자가 쓴 것으로 보이는 두 줄의 글이 있는 쪽지가 세로로 붙어 있다.

---

67 『세종실록』, 세종15(1433)년 6월 9일

박연. 호는 난계, 관직은 대제학이다. 지금으로부터 450년전
조선 세종대왕 때의 명현(名賢)이요 정음악(正音樂)이다, 혼천도를 만들었다.[68]

이것은 「혼천도」를 제작한 박연의 신상에 대해서 잘 소개한 간결한 글귀라고 생각한다. 「혼천도-대형(1)」은 거의 반듯하게 생긴 네모난 한지(韓紙)에 그려져 있으며, 앞의 제 VII장에 이미 소개한 바가 있지만 그 크기는 가로 세로가 각각 164 cm이다. 이 네모난 종이에 「천상열차분야지도」와 똑같은 형식으로 북극을 중심으로 둥근 성도가 그려져 있다. 이 성도는 바깥 테두리에 해당하는 부분에 두 개의 둥근 원이 겹쳐져 있다. 그리고 '渾天圖解'라는 이름으로 전부 681자(字)에 달하는 설명문이 이 종이의 세 귀퉁이(오른쪽 위와 성도의 아래 좌우 양쪽)에 나뉘어서 기록되어 있다(그림 VII-21을 참조). 「혼천도」의 세 귀퉁이에 있는 〈혼천도해〉를 설명하기 위해 편의상 A1(오른쪽 위), A2(오른쪽 아래), 그리고 A3(왼쪽 아래)로 분리하였다.[69]

A1 혼천도해(渾天圖解)

〈혼천도해(渾天圖解)〉라는 4글자를 시작으로 11줄의 설명이 있다. 이 4 글자를 포함하여 이 설명문은 전부 219 글자로 구성되어 있고, 그 내용은 이 「혼천도」를 어떤 이치로 만든 것인가를 설명하고 있다. 여기서 주목할 점은 9번째 줄의 〈국분석본분야도(國分石本分野圖)〉이다. 이것은 태조4(1395)년이나 세종15(1433)년의 「천상열차분야지도」석각본을 지칭한 것이다. 〈혼천도해〉는 이 〈석본분야도(石本分野圖)〉의 "별의 배열과 형체는 하늘과 서로 다르기도 하고, 또 그 색깔이 혼동되어 분별하기 어렵다."라는 놀라운 지적을 하고 있다. 지금까지 「천상열차분야지도 석각본」에 시시비비를 언급한 일은 조선시대 전 기간을 통해서 없었던 일로서, 이것은 엄청난 사건이라 하지 않을 수 없다.

이 기록을 통해서 "그 색깔이 혼동되어 분별하기 어렵다."라는 지적은 이 석본의 별들이 색칠되어 있었다는 사실을 말하는 것이다. 태조4(1395)년의 석본은 검은 청석을 깎아서 새긴 것이어서, 새긴 글자와 별은 바탕의 검은 색 그대로이다. 이런 경우는 탁본을 떠 보면 그

68 朴堧號蘭溪官大提學距今四百五十年前李朝世宗大王時名賢正音樂作渾天圖
69 이은희·남문현은 각각 고유한 이름 "渾天圖解", "黃赤道", "欽若昊天"이라고 적었다.

내용을 식별하기 쉽지만, 석판을 직접 봐서는 판독이 대단히 어렵게 되어 있다. 그렇기 때문에 원래의 석판에는 색칠을 했었던 모양인데, 지금은 그때의 물감이 전부 지워져서 현재의 모습을 보고는 아무도 그것이 채색되어 있었다고는 생각조차 하지 못한다.[70]

이 「혼천도-대형(1)」의 작가는 그때 이미 "그래서 이 그림에는 그 형체가 서로 다른 별은 바르게 하고, 각기 여러 색깔을 칠하여 같지 않게 하였다. 대개 눈으로 볼 때 드러나도록 하였다."라고 기술하고 있다. 이는 당시로서는 가히 폭탄적인 선언을 하고 개혁했다는 사실이어서 놀라움을 금할 수 없다. 필자가 판독한 A1의 내용은 다음과 같다.

> 渾天圖解
> 渾天圖者, 以北極爲心, 而出地三十六度, 常見不隱者爲上規, 以定紫薇宮, 南極入地三十六度, 常隱不見者爲下規, 以定元周之限, 赤色爲赤道, 以定帶天之中規, 黃色爲黃道, 斜交於赤道之內外, 去赤道極遠者各二十四度也, 亦以二十八宿首星, 爲二十八直線分定, 相距而依其各宿, 度數點表於直線之間, 此則古人之遺法也, 且渾天形體圓如彈丸, 赤道以南, 天度漸狹, 而在圖則漸橫形勢相違, 是故凡星宿排列闊狹, 不得與天似 國分, 石本分野圖列星形體, 或有與天相殊, 又混其色而難辨, 故此圖則以正其形體相違者, 而各彩衆色之不同, 而盖要於接目之易見也.

A2 혼천도해(渾天圖解)

이 설명문은 15줄에 총 289 글자로 되어 있다. 그 내용은, 먼저 적도와 황도를 정의하고, 이 둘이 서로 만나고 멀어지는 각도를 제시하면서, 네 절기와 낮과 밤의 길이를 설명한 것이다. 중요한 천문 자료로서는 옛 법(「천상열차분야지도」의 자료를 뜻함)과 비교하여 16도의 세차가 있다는 기록이다. 그런데 이 부분에 있어서는 세심한 주의를 요한다. 역법으로는 대통력법(大統曆法)만 언급되어 있지만, 시대적으로 "요 임금 때의 측정(堯時之

---

70 중국에 남아 있는 '蘇州天文圖'와 '常熟天文圖'는 둘 다 흰 석회질 석판에 새겨져 있다. 그래서 중국 사람들은 글자와 별들을 남겨둔 나머지 바탕을 전부 검게 먹칠하고, 글자와 별은 알아보기 쉽도록 흰 칠을 하였다.

測定)"과 "구도(舊圖)"가 언급되어 있어서 갈피를 잡을 수 없기 때문이다. 「혼천도-대형(1)」의 작가가 잘못 쓴 글자도 있다. 즉, '夏至日'을 '夏之日'로 쓴 것이 그것인데, 여기에는 틀린 대로 옮겨 보면 다음과 같다.

> 赤道者 南北二極中均處也 黃道者 日之所由行者也槩冬至則日在赤道外極遠處二十四度 故出辰入申而晝短夜長 夏至則日在赤道內極遠處亦二十四度 故出寅入戌而晝長夜短 春分則日在赤道西交 秋分則日在赤道東交 故出卯入酉而晝夜平均矣 古者黃赤二道 秋分東交於角五度少弱春分西交於奎十四度少强冬至日在斗二十一度夏之日在井二十五度盖石本旧圖依此時而所圖者也今以大統曆法推步則冬至日在箕四度夏至在參九度春分在壁初度秋分在翼十八度黃赤道當交於壁初度翼十八度而黃道出入赤道內外極遠處亦箕四度參九度也擩古觀今則天道之變移者十六度矣歲差之多至於如此況其堯時之測定又何論哉今者一依舊本入圖而黃赤道西交處則依其大統曆所定改而圖之

A3 혼천도해(渾天圖解)

천문도 왼쪽 아래에는 153 글자가 8줄로 기록된 글귀가 있다. 이 글의 내용은 설명문이 있는 다른 천문도나 옛 책과 같이 의례히 있는 군주의 덕행과 관용어를 동원하여 천문도를 제작한 이유를 설명하고 있다. 그리고 이 천문도를 제작한 목적을 제시하고 있어서 제작자의 신분이 심상치 않다고 하는 것을 은연 중 나타나고 있다. 필자의 판독을 다음에 옮겨 본다.

> 欽昊敬授時在璣衡齊七政堯舜之首政也聖人之欽敬天道斯可想矣易日天垂象見吉凶盖天之於人君有誠告之道焉天何言哉示之象而己隨人事之得失先幾輒見若鏡之照物莫非欲人君之反

省修德也是以自唐虞以來歷代帝王莫不設官
使之察候也嗚呼若於圖形日不能慣熟則夜觀醋
落之星豈能推識而天之譴告亦可以測審乎是故
古人作爲圖形以著焉

12차, 12분야, 12방위, 12속지, 12궁

「혼천도-대형(1)」 중앙에는 북극을 중심으로 지름이 140 cm에 가까운 성도(星圖)가 있다. 이 성도는 넓이 약 13 mm 되는 한 개의 띠로 감싸여 있다. 이 띠에는 각 방위(子 丑 寅 卯 辰 巳 午 未 申 酉 戌 亥)를 중심에 두고, 해당하는 차(次)와 분야(分野)는 왼쪽에, 속지(屬地)와 궁(宮)이 오른쪽에 각각 시계 바늘과 같은 방향으로 적혀 있다.

흥미있는 사실은 조선 후기에 제작된 「혼천전도(渾天全圖)」를 비롯한 많은 신법천문도에는 24절기도 함께 기입한 예가 많다. 하지만 이 「혼천도-대형(1)」는 이와는 달리 「천상열차분야지도」의 12분야, 12방위, 12궁에 12차와 12속지를 첨가한 옛 전통을 따르고 있다. 「혼천도」의 제작자는 표 VIII-6에 보인 바대로 한 개의 오기(誤記)를 남겼다. 즉 〈송지분(宋之分)〉이 있는 묘(卯)의 속지는 〈서주(徐州)〉가 아니라 〈예주(豫州)〉이다.

표 VIII-6. 「혼천도-대형(1)」의 테두리 띠에 있는 기록

次	分野	方位	屬地	宮
玄枵次	齊之分	子	屬青州	寶瓶宮
星紀次	吳越分	丑	屬揚州	磨羯宮
析木次	燕之分	寅	屬幽州	人馬宮
大火次	宋之分	卯	屬徐州 屬豫州의 誤記이다	天蝎宮
壽星次	鄭之分	辰	屬兗州	天秤宮
鶉尾次	楚之分	巳	屬荊州	雙女宮
鶉火次	周之分	午	屬三河	師子宮
鶉首次	秦之分	未	屬雍州	巨蟹宮
實沉次	晋魏分	申	屬益州	陰陽宮
大梁次	趙之分	酉	屬冀州	金牛宮
降婁次	魯之分	戌	屬徐州	白羊宮
諏訾次	衛之分	亥	屬并州	雙魚宮

4-3. 성도의 별들

「혼천도」 중앙에 있는 성도는 「천상열차분야지도」의 성도와 아주 닮았고, 중국과 한국의 옛 천문도의 전통에 따라 적도의 북극을 중심으로 남쪽 지평선까지 보이는 별을 그렸다. 다만 별들을 흑색, 회색, 주황색, 적색의 4색으로 채색한 것은 흔한 일이 아니다.[71]

한편 여러 종류의 천문도의 별자리 이름을 비교해 보면, 천문도마다 표기한 한자가 서로 다르다는 것을 알게 된다. 「혼천도」의 별자리 이름도 예외는 아니다. 그래서 「천상열차분야지도」의 이름과 대비해 볼 수 있도록 표 VIII-6/1~7을 만들었다. 「혼천도」의 별자리 이름이 「천상열차분야지도」와 동일하면 (-)표로 표했고, 이 표의 참고란에 4개의 대표적인 자료인 『보천가(步)』, 『천문유초(類)』, 「천상열차분야지도(天)」, 「혼천도(渾)」의 표기에 다름이 있을 경우에는 이것들을 참고로 기입했다.

표 VIII-7/1. 「천상열차분야지도」와 「혼천도」의 성수명(星宿名)의 비교(자미원).

垣/舍 宿	별자리 이름과 별의 수			渾天圖	참 고 天: 天象列次分野之圖, 步: 步天歌, 渾: 渾天圖, 類: 天文類抄
	天象列次分野之圖		星數		
紫微垣 자미원	北極五	북극5	5	-	
	句陳六	구진6	6	-	
	四輔四	사보4	4	-	
	天皇大帝	천황대제	1	天皇大帝一	
	天柱	천주	5	天柱五	
	女御宮四	여어궁4	4	-	
	女史	여사	1	女史一	
	柱下史	주하사	1	柱下史一	步: 柱史
	尙書五	상서5	5	-	
	天床六	천상6	6	-	渾: 天床 회손
	大理二	대리2	2	-	
	陰德	음덕	2	陰德二	渾: 陰 회손
	六甲	육갑	6	-	六甲의 위치가 다르다.

71 Pan Nai는 三家(石氏, 甘氏, 巫咸氏)를 나타내는 三色이라 했으나, 이는 잘못이다.

垣/舍 宿	별자리 이름과 별의 수			渾天圖	참 고 天: 天象列次分野之圖, 步: 步天歌, 渾: 渾天圖, 類: 天文類抄
	天象列次分野之圖		星數		
	五帝坐	오제좌	5	五帝座五	
	華盖	화개	7	–	
	杠九	강9	9	–	天,渾: 별의 배치와 글자가 아래 위가 바뀌었다.
	紫微七	자미7	7	–	
	紫微八	자미8	8	–	
	天一	천1	1	–	
	太一	태1	1	–	
	內厨二	내주2	2	–	
	北斗七	북두7	7	–	
	輔星	보성	1	輔	
	天倉	천창	3	天槍三	天의 誤記
	玄戈一	현과1	1	–	上規 밖에 있음
	三公三	삼공3	3	–	上規 안에 있음
	相一	상1	1	–	상규 밖에 있음
	天理四	천리4	4	–	
	太陽守	태양수	1	大陽守一	상규 밖에 있음
	太尊	태존	1	太尊一	상규 밖에 있음
	天牢六	천뢰6	5	–	상규 밖에 있음. 天: 天 훼손
	勢四	세4	4	–	상규 밖에 있음. 天: 연결선이 훼손
	文昌	문창	6	文昌七	天: 끝에 별 같은 점이 있음.
	內階六	내계6	6	–	
	三公	삼공	3	三公三	上規 밖에 있음.
	八穀八	팔곡8	8	–	
	傳舍九	전사9	9	–	
	天厨六	천주6	6	–	
	天棓五	천봉5	5	–	上規 線에 있음
	積水	적수	1	積水一	天,渾: 上規 안과 내계 사이. 步: 없음

표 VIII–7/2. 태미원(太微垣).

垣/舍　宿	별자리 이름과 별의 수 天象列次分野之圖			渾天圖	참 고 天: 天象列次分野之圖, 步: 步天歌, 渾: 渾天圖, 類: 天文類抄
太微垣 태미원	五帝	오제	5	五帝大(?)	渾:五가 아닌 大로 보인다. 그림 3을 참조
	太子	태자	1	太子一	渾:太 마모
	從官	종관	1	–	渾: 불분명
	幸臣	행신	1	–	渾: 불분명
	五諸侯	오제후	5	五諸候五	
	九卿	구경	3	九卿三	渾:卿 훼손
	三公內坐	삼공내좌	3	三公內座三	渾:座　步:坐
	屏	병	4	屏四	
	大微	대미	5	太微五	오른 쪽
	大微	대미	5	太微五	왼쪽. 그 사이에는 端門이 있음
	少微四	소미4	4		
	郎將	낭장	1	郎將一	
	郎位	낭위	15	郎位十五	渾:글자와 별의 배치가 다름
	常陳	상진	7	常陳七	
	三台六	삼태6	6	–	
	虎賁	호분	1	?	渾:별은 있으나 이름이 없다.
	長垣四	장원4	4	–	
	靈臺	영대	3	靈臺三	
	明堂	명당	3	–	渾:堂이 불분명
	謁者	알자	1	–	渾:謁이 불분명
	謁者	알자	2	–	

표 VIII–7/3. 천시원(天市垣).

垣/舍　宿	별자리 이름과 별의 수 天象列次分野之圖			渾天圖	참 고 天: 天象列次分野之圖, 步: 步天歌, 渾: 渾天圖, 類: 天文類抄
天市垣 천시원	帝座	제좌	1	帝座一	
	侯一	후1	1	候一	
	宦者	환자	4	宦者四	
	斗五	두5	5	–	
	斛四	곡4	4	–	
	列肆	열사	2	列肆二	
	車肆	거사	2	車肆二	
	市樓	시루	6	市樓六	
	宗正	종정	2	宗正二	

垣/舍 宿	별자리 이름과 별의 수 天象列次分野之圖			渾天圖	참 고 天: 天象列次分野之圖, 步: 步天歌, 渾: 渾天圖, 類: 天文類抄
	宗人	종인	4	宗人四	
	宗星	종성	2	宗星二	渾: 宗 마모. 은하수에 걸침
	帛度	백도	2	帛度二	
	屠肆	도사	2	屠肆二	
	天市東垣十一		11	–	은하수 안.
		천시동원11			
	天市十一	천시11	11	–	
	天紀九	천기9	9	天記九	渾: 記, 步: 紀
	女牀	여상	3	女牀三	
	貫索	관삭	9	貫索九	
	七公七	칠공7	7	–	渾: 七公의 위치가 약간 다름
	宗大夫	종대부	4	宗大夫四	步: 없는 별자리

표 VIII–7/4. 동방칠사(東方七舍).

垣/舍 宿	별자리 이름과 별의 수 天象列次分野之圖			渾天圖	참 고 天: 天象列次分野之圖, 步: 步天歌, 渾: 渾天圖, 類: 天文類抄
東方七舍 角宿	左角	좌각	2	左角二	
동방칠사 각수	平道	평도	2	平道二	
	天田	천전	2	天田二	
	周鼎	주정	3	周鼎三	
	進賢	진현	1	進賢一	
	天門	천문	2	天門二	
	平	평	2	平二	
	庫樓	고루	10	庫樓十	
	柱	주	15	柱三	渾:柱三이 5개이다.
	衡	형	4	衡四	
	南門二	남문2	2	–	
東方七舍 亢宿	亢四	항4	4	–	
항수	攝提	섭제	3	攝提三	오른쪽
	攝提	섭제	3	攝提三	왼쪽
	大角一	대각1	1	–	
	折威	절위	7	折威七	
	頓頑二	돈완2	2	–	
	陽門	양문	2	陽門二	
東方七舍 氐宿	氐四	저4	4	–	

垣/舍 宿	별자리 이름과 별의 수 天象列次分野之圖			渾天圖	참고 天: 天象列次分野之圖, 步: 步天歌, 渾: 渾天圖, 類: 天文類抄
저수	亢池六	항지6	6	–	
	帝席	제석	3	帝席三	
	更河	경하	3	梗河三	
	招搖	초요	1	招搖一	
	天乳	천유	1	天乳一	
	天輻二	천복2	2	–	
	陣車三	진거3	3	–	
	騎官二十七	기관27	27	–	
	車騎	거기	3	車騎三	
	騎陣將軍	기진장군	1	騎陣將軍一	
東方七舍 房宿	房四	방4	4,2	房	天: 4+2성
방수	없음		2	鉤鈐	渾: 2星이 房에 붙어있음. 步: 없음
	鍵閉	건폐	1	鍵閉一	별의 위치가 서로 다름.
	西咸	서함	4	西咸四	
	東咸	동함	4	東咸四	
	罰	벌	3	罰三	
	日一	일1	1	–	渾: 글자 불분명
	從官	종관	2	從官二	渾: 글자 불분명
東方七舍 心宿	心三	심3	3	–	
심수	積卒十二	적졸12	12	–	
東方七舍 尾宿	尾九	미9	9	–	
미수	神宮	신궁	1	–	
	龜五	귀5	5	–	
	傳說一	부열1	1	–	
	魚一	어1	1	–	
	天江四	천강4	4	–	
東方七舍 箕宿	箕四	기4	4	–	
기수	糠一	강1	1	–	
	外杵	외저	3	外杵三	

표 VIII-7/5. 북방칠사(北方七舍).

垣/舍 宿	별자리 이름과 별의 수 天象列次分野之圖			渾天圖	참고 天: 天象列次分野之圖, 步: 步天歌, 渾: 渾天圖, 類: 天文類抄
北方七舍 斗宿	南斗六	남두6	6	–	
북방칠사 두수	建星六	건성6	6	立星六	渾: 立 步: 立

垣/舍 宿	별자리 이름과 별의 수 天象列次分野之圖			渾天圖	참 고 天: 天象列次分野之圖, 步: 步天歌, 渾: 渾天圖, 類: 天文類抄
	天弁九	천변9	9	–	
	鼈十四	별14	14	–	
	天雞二	천계2	2	–	
	天籥八	천약8	8	天籥	
	狗國四	구국4	4	–	
	天淵十	천연10	10	–	글자의 위치가 서로 다름.
	狗二	구2	2	–	
	農丈人	농장인	1	–	
北方七舍 牛宿 우수	牽牛六	견우6	6	–	天: 선이 없는 것이 있음
	天桴四	천부4	4	–	
	河鼓三	하고3	3	–	渾: Vega를 크게 잘 그렸음!
	右旗	우기	9	右旗九	
	左旗九	좌기9	9	–	
	織女	직녀	3	織女三	
	漸臺	점대	4	漸臺四	
	輦道六	연도6	6	–	
	羅堰	나언	3	羅堰三	
	天田九	천전9	9	–	글자 위치 서로 다름.
	九坎九	구감9	9	–	글자 위치 서로 다름.
北方七舍 女宿 여수	湏女四	회녀4	4	須女四	渾,步: 須수
	離珠五	이주5	5	–	
	越一	월1	1	–	
	趙二	조2	2	–	
	周二	주2	2	–	
	齊一	제1	1	–	
	鄭一	정1	1	–	
	楚一	초1	1	–	
	秦二	진2	2	–	
	魏一	위1	1	–	
	燕一	연1	1	–	
	代二	대2	2	–	渾: 伐二로 잘못 기록됨
	韓一	한1	1	–	
	晋一	진1	1	–	
	敗苽	패고	5	敗瓜五	渾: 敗瓜패과 步: 敗苽패고
	苽	고	5	苽五	
	天津九	천진9	9	–	

垣/舍 宿	별자리 이름과 별의 수 天象列次分野之圖			渾天圖	참고 天: 天象列次分野之圖, 步: 步天歌, 渾: 渾天圖, 類: 天文類抄
	奚仲	해중	4	奚仲四	
	扶筐七	부광7	7	–	天廚와 天棓사이. 步: 없는 별자리
北方七舍 虛宿	虛二	허2	2	–	
허수	司祿	사록	2	司祿二	渾: 祿 不明
	司危	사위	2	司危二	
	司非	사비	2	司非二	
	司命	사명	2	司命二	渾: 命 不明
	哭二	곡2	2	–	天: 哭二 위에 별 1개 더 있음.
	泣二	읍2	2	–	
	天壘城	천루성	13	天壘城十二	天,渾,步: 별은 모두 13개임.
	敗臼	패구	4	敗臼四	
	離瑜三	이유3	3	–	
北方七舍 危宿	危三	위3	3	–	天,渾,步: 모두 墳墓와 연결선
위수	墳墓	분묘	4	墳墓四	
	人星	인성	5	人星五	
	内杵	내저	3	内杵三	
	臼	구	4	臼四	
	車府七	거부7	7	–	별 배치가 약간 다름
	鉤九	구9	9	–	
	造父五	조보5	5	–	
	虛梁	허량	4	虛梁四	
	盖屋	개옥	2	盖屋二	
北方七舍 室宿	天錢	천전	10	天錢十	
실수	室二	실2	2	–	渾: 室二의 위치가 잘못되었다.
	離宮六	이궁6	6	–	天,渾,步: 모두 室二와 연결되어 있음.
	雷電	뇌전	6	雷電六	
	羽林四十五	우림45	45	–	
	壘壁陳十二	누벽진12	12	壘壁	天: 壘壁(오른쪽),壘壁陳十二(왼쪽) 步/類: 陳
	鈇鉞	부월	3	鈇鉞三	
	北落師門一		1	–	
	북락사문1				
	八魁九	팔괴9	9	–	
	天綱	천강	1	天綱一	天,渾: 綱 不明 土
北方七舍 壁宿	土公吏	토공리	2	–	土公史二로 적혀 있음. 土에는 점이 있음.
벽수	螣蛇二十二	등사22	22	–	
	東壁二	동벽2	2	–	

垣/舍 宿	별자리 이름과 별의 수 天象列次分野之圖			渾天圖	참고 天: 天象列次分野之圖, 步: 步天歌, 渾: 渾天圖, 類: 天文類抄
	霹靂	벽력	5	霹靂五	
	雲雨	운우	4	雲雨四	步: 없는 별자리
	鈇鑕	부질	5	鈇鑕五	
	天廄十	천구10	10	–	
	土公二	토공2	2	–	步: 없는 별자리

표 VIII-7/6. 서방칠사(西方七舍).

垣/舍 宿	별자리 이름과 별의 수 天象列次分野之圖			渾天圖	참고 天: 天象列次分野之圖, 步: 步天歌, 渾: 渾天圖, 類: 天文類抄
西方七舍 奎宿	奎十六	규16	16	–	
서방칠사 규수	外屛七	외병7	7	–	
	天溷七	천혼7	7	天溷七	
	司空一	사공1	1	–	
	軍南門	군남문	1	軍南門一	
	閣道六	각도6	6	–	
	附路	부로	1	附路一	
	王良	왕량	5	王良五	
	策	책	1	策一	上規 안에 있음.
西方七舍 婁宿	婁三	누3	3	–	
누수	左梗	좌경	5	左梗五	
	右梗	우경	5	右梗五	
	天倉六	천창6	6	–	
	天庾三	천유3	3	–	
	天將軍	천장군	11	–	
西方七舍 胃宿	胃三	위3	3	–	
위수	天廩	천름	4	天廩四	
	天囷十三	천균13	13	–	
	大陵八	대릉8	8	–	
	天船九	천선9	9	–	
	積尸	적시	1	積尸一	
	積水	적수	1	–	天,渾:上規 안, 內階 밑 步:없음
西方七舍 昴宿	昴七	묘7	7	–	
묘수	天阿	천아	1	天阿一	
	月一	월1	1	–	
	天陰五	천음5	5	–	

垣/舍 宿	별자리 이름과 별의 수 天象列次分野之圖			渾天圖	참 고 天: 天象列次分野之圖, 步: 步天歌, 渾: 渾天圖, 類: 天文類抄
	芻藁六	추고6	6	–	
	天苑十六	천원16	16	–	
	卷舌	권설	6	卷舌六	天: 별 3개 없어짐 渾:별이 7개
	天讒	천참	1	天讒一	
	礪石	여석	4	礪石四	
西方七舍 畢宿	畢八	필8	9	–	天,渾,步: 별은 8개 + 1개
필수	天街二	천가2	2	–	
	天節八	천절8	8	–	渾: 節자 파손
	諸王	제왕	6	五諸侯六	天,步: 동일 이름 渾:전연 엉뚱한 이름.
	天高四	천고4	4	–	渾: 4별이 모두 아주 밝다.
	九州殊口	구주수구	9	九州殊口九	天,步: 이름이 밖에 있으나, 渾에는 안에.
	五車五	오거5	5	–	
	柱	주	9	–	
	天潢五	천황5	5	–	
	咸池三	함지3	3	–	
	天關	천관	1	?	渾: 이름이 마모되었는지 보이지 않음.
	參旗九	삼기9	9	–	
	九斿九	구유9	9	–	
	天園十四	천원14	14	–	天,渾,步: 글자는 모두 불분명
西方七舍 觜宿	觜三	자3	3	–	天,渾,步: 연결선이 전부 다름
자수	坐旗九	좌기9	9	–	
	司怪	사괴	4	司怪四	computer에는 없는 怪의 俗字
西方七舍 參宿	參十	삼10	10	–	渾: 삼태성이 너무 크다.
삼수	없음			伐三	渾: 伐三 類,步: 없음
	玉井四	옥정4	4	–	
	軍井四	군정4	4	–	
	屛二	병2	2	–	渾: 별만 있고, 이름이 없음
	厠四	측4	4	–	
	天矢一	천시1	1	–	

표 VIII-7/7. 남방칠사(南方七舍).

垣/舍 宿	별자리 이름과 별의 수 天象列次分野之圖			渾天圖	참고 天: 天象列次分野之圖, 步: 步天歌, 渾: 渾天圖, 類: 天文類抄
南方七舍 井宿	東井八	동정8	9	–	天: 별이 9개 渾,步: 8개
남방칠사 정수	–		–	鉞井一	步:鉞一
	水府	수부	4	水府四	
	五諸侯	오제후	5	五諸侯六	渾: 六
	天樽	천준	3	天樽三	이름의 위치가 서로 다름
	北河三	북하3	3	–	
	南河三	남하3	3	–	
	積水	적수	1	積水一	上規 안에 있음
	積薪	적신	1	積薪一	
	水位四	수위4	4	–	
	四瀆四	사독4	4	–	
	闕丘	궐구	2	闕丘二	渾: 글자 마모
	丈人二	장인2	2	–	
	子二	자2	2	–	
	孫二	손2	2	–	
	老人	노인	1	老人一	
	軍市十三	군시13	13	–	
	野鷄一	야계1	1	–	
	狼星一	낭성1	1	–	
	弧九	호9	9	–	
南方七舍 鬼宿	鬼五	귀5	5	–	
귀수	爟四	관4	4	–	
	天狗七	천구7	7	–	
	外厨六	외주6	6	–	渾: 外厨 깨짐
	–		–	天紀一	渾,步: 각각 1개의 별. 天市垣에도 있음.
	天社六	천사6	6	–	
南方七舍 柳宿	柳八	유8	8	–	
유수	酒旗三	주기3	3	酒旗	
南方七舍 星宿	星七	성7	7	–	渾: 星七 글자가 없음!
성수	軒轅十七	헌원17	17	–	
	内平四	내평4	4	–	
	天相	천상	3	–	
	稷五	직5	5	–	
南方七舍 張宿	張六	장6	6	–	
장수	天廟十四	천묘14	14	–	

垣/舍　宿	별자리 이름과 별의 수 天象列次分野之圖			渾天圖	참 고 天: 天象列次分野之圖, 步: 步天歌, 渾: 渾天圖, 類: 天文類抄
南方七舍 翼宿	翼	익	22	翼二十二	
익수	東區	동구	5	東區五	步: 東甌
南方七舍 軫宿	軫	진	4	–	
진수	長沙	장사	1	–	
	右轄	우할	1	–	
	左轄	좌할	1	–	
	土司空四	토사공4	4	–	天: 이름이 土司空四에 더 가깝다.
	軍門二	군문2	2	–	
	器府	기부	29	器府二十九	
	靑丘七	청구7	7	–	

「혼천도」에 잘못 기록된 것들

「혼천도」의 별자리 이름과 "혼천도해"에는 잘못 기록한 것들이 있다. 그것들을 조사한 것을 차례로 열거해 본다.

「보천가」에 없는 별자리로서 조선의 천문도에만 있는 별자리

다음의 5개의 별자리는 「보천가」를 비롯하여 중국의 천문도에는 없으나, 「혼천도」를 포함한 조선의 천문도에만 있는 예이다.

표 VIII-8. 조선의 천문도에만 있는 별자리

원/수	별자리 이름	별의 수	참고
자미원	積水 적수	1	〈적수〉는 따로 또 있다.
천시원	宗大夫 종대부	4	
동방칠사 방수	鈐鈴 검령	2	〈방四〉에 붙어 있어서 별의 총수에는 변함이 없다.
북방칠사 여수 벽수	 扶筐七 부광 土公二 토공	 7 2	 「천상열차분야지도」와 『천문유초』에는 있다. 『천문유초』에는 없다.

「혼천도」에 틀리게 쓴 별자리 이름

〈혼천도해〉와 성도 테두리 띠에는 A2의 제7번째 줄의 〈至〉를 〈之〉로 쓴 것 외에는 오자(誤字)가 없다. 그러나 성도 안에 쓴 별자리 이름 중에는 이 「혼천도」의 작가가 잘못 쓴 것이 의외로 많다. 「혼천도」를 복원하기 위해서는 별의 위치, 크기, 색깔을 정확히 확인하는 일과 별자리 이름을 정확하게 판독하는 일은 기본이다. 복원은 본래의 상태를 가능한 한 그대로 재현해야 하기 때문에 「혼천도」에 잘못 적혀 있는 것이라 하더라도 교정하지 않고 원래 그대로 복원하는 것이 원칙이다. 한자(漢字) 중에는 속자(俗字)가 많은데, 이 경우에도 있는 그대로 옮기는 것이 좋다. 「혼천도」에 잘못 기재되어 있는 것은 모두 17개이지만, 그 중에서 4개는 단정지을 수는 없다. 여기에 그런 사례를 모아 표 VIII-9를 만들었다. 이 표의 둘째와 셋째 줄에 사용한 약자는 다음과 같다.

보=『步天歌』 탁본=「天象列次分野之圖」 류=『天文類抄』 혼=「渾天圖」
신보=『新法步天歌』 성경=『星鏡』

표 VIII-9. 「혼천도-대형(1)」에 틀리게 기록한 별자리 이름

원/수	바른 표기	틀린 표기	참고
태미원	五帝五 (보, 탁본, 류)	五帝大 또는 六(혼)	〈五〉를 〈六〉 또는 〈大〉로 틀리게 썼다. (그림 3을 참조)
천시원	天紀九 (보, 탁본, 류)	天記九(혼)	〈紀〉를 〈記〉로 틀리게 썼다. (그림 3을 참조)
동방칠사방수	房6성 (보, 탁본, 류)	房4성+駒鈴2성 (혼, 신보, 성경)	이것은 틀린 것이 아니다. 보의 설명문에도 駒鈴이 있다.
북방칠사두수	建星六 (탁본)	立星六(보, 류, 혼)	이 이름에 대해서는 3-5절에서 다시 설명함.
북방칠사여수	湏女四 (탁본)	須女四(보, 류, 혼)	〈湏〉를 〈須〉로 다르게 썼다. 두 글자의 의미도 약간 다르다.
북방칠사여수	代二 (보, 탁본, 류)	伐二(혼)	〈代〉를 〈伐〉로 틀리게 썼다. (그림 3을 참조)
북방칠사여수	敗苽 (보, 탁본, 류)	敗瓜 (혼, 신보, 성경)	조선후기의 경향으로 보인다.
북방칠사여수	苽 (보, 탁본, 류)	瓜五(?) 瓜 (혼) (신보, 성경)	조선후기의 경향으로 보인다.
북방칠사허수	泣 (보, 탁본, 류)	位二 (혼)	〈泣〉을 〈位〉로 틀리게 썼다. (그림 3을 참조)
북방칠사실수	土公吏 (보, 탁본, 류)	土公史二 (혼)	〈吏〉를 〈史〉로 틀리게 썼다. (그림 3을 참조)

원/수	바른 표기	틀린 표기	참고
서방칠사위수	天困十三 (보, 탁본, 류) 天船九 (보, 탁본, 류)	天園十三 (혼) 天舡九 (혼)	〈困〉을 〈園〉으로 틀리게 썼다. (그림 3을 참조) 舡(강)은 船의 俗字
서방칠사묘수	天阿 (보, 탁본, 류)	天河 (渾)	〈阿〉를 〈河〉로 틀리게 썼다. (그림 3을 참조)
서방칠사필수	諸王 (보, 탁본, 류)	五諸侯六 (혼)	〈諸王〉을 〈五諸侯六〉으로 틀리게 썼다. (그림 3을 참조)
서방칠사필수	九斿 (보, 탁본, 류)	九游 (혼)	〈斿〉를 〈游〉로 틀리게 썼다. (그림 3을 참조)
서방칠사삼수	없음 (탁본, 류)	伐三(보, 혼)	없는 〈伐三〉을 추가했다.
서방칠사삼수	玉井 (보, 탁본, 류)	王井 (혼)	〈玉〉를 〈王〉으로 틀리게 썼다.(그림 3을 참조)
남방칠사정수	五諸侯 (보, 탁본, 류)	五諸侯六 (혼)	〈六〉은 잘못 추가한 것이다. 별은5개 뿐이다. (그림 3을 참조)

탈자와 오자가 많다는 사실은 큰 오점이다. 이미 본문에서 밝힌 바대로, 탈자와 오자가 많은 것은 이것이 한 개인이 만든 수작본(手作本)이기 때문이다. 여러 사람이 합작하여 만든 「천상열차분야지도 석각본」에도 글자의 오기가 있고, 「천상열차분야지도 목판본」에는 더 많은 오기가 있다는 사실을 감안해 보면, 어쩌면 피할 수 없는 당연한 일이라 하지 않을 수 없겠다. 더욱이 「혼천도」에 그려져 있는 성도의 지름이 140 cm이나 되는 대형이라는 사실을 감안한다면 이해되는 일이다. 그러니까 「혼천도」는 「천상열차분야지도」각석(지름 76 cm)이나 「소주천문도」각석(지름 91.5 cm) 또는 「상숙천문도」각석(지름 80 cm), 「건상열차분야지도」필본(지름 76cm) 등보다도 훨씬 큰 천문도인 것이다.

별자리 이름이 적혀 있지 않은 것

별은 그려져 있으나, 별자리의 이름을 적지 않은 것이 「혼천도」에 다음 3개가 있다. 이것은 분명히 제작자의 부주의로 생긴 결과이다. 〈星七〉을 비롯하여 몇 개의 별자리 이름을 누락시켰다는 사실은 어이없는 실수라고 할 만하다.

표 VIII-10. 「혼천도-대형(1)」에 별자리 이름을 기입하지 않은 별자리

원/수	별자리 이름 (별의 수)	특징
태미원	虎賁(1星)	별은 희미하나, 이름이 없다.

원/수	별자리 이름 (별의 수)	특징
서방칠사 필수	天關(1星)	별은 있으나, 이름이 없다.
서방칠사 삼수	屛二(2星)	별은 있으나, 이름이 없다.
남방칠사 성수	星七(7星)	별은 있으나, 이름이 없다.

마모가 심하여 이름을 판독할 수 없는 별자리

마모된 부분은 그 상황이 천태만상이어서 그 정도를 분류하여 설명하기가 쉽지 않다. 별자리 이름 중 마모가 심한 예 하나만을 여기에 들어 보자.

〈서방칠사 필수〉에는 별 한 개로 된 〈천참(天讒一)〉이 있다. 그런데, 「혼천도-대형(1)」에는 획이 복잡한 〈참(讒)〉을 알아볼 수 없다. 별의 위치와 〈天〉을 참조하여 이 글자를 〈讒〉이라고 판단하는 수밖에 없다. 정도의 차이는 있으나, 〈천참〉과 같은 경우는 허다하다. 이런 글자는 모두 「천문유초」를 참조하여 쓰기로 하였다.

4-4. 「혼천도-대형(1)」이 갖는 특이한 점

이 「혼천도」만이 갖는 특이한 점이 많다. 그런데 이 모든 특이한 것들은 「혼천도-대형(1)」의 가치를 높여 주는 것들이며, 따라서 작가(박연?)이 얼마나 치밀한 성품의 소유자였던가를 보여 주는 자료이기도 하다. 그러나 이하에 열거한 것들이 전부 이 「혼천도」에만 국한된 사항은 아니다. 다만 이 기회에 「혼천도-대형」 전반에 대하여 새로 음미하는 계기로 삼고자 한다.

별들의 밝기

중국의 「소주천문도」나 「상숙천문도」에는 별의 밝기가 구별되지 않고 똑같은 크기의 점으로 표시되어 있으나, 「천상열차분야지도」는 가장 밝은 별들과 희미한 별들을 식별할 수 있도록 크기를 달리하여 새겼기 때문에 석각된 옛 천문도[72]중에서는 이 점의 가치가 크

72 석각된 천문도로는 중국에 3개(『蘇州天文圖』, 『常熟天文圖』, 『蒙文天文圖』)가 있고, 서울에 『天象列次分野之圖』 태조본과 숙종본의 2개가 있다.

다. 그러나 일등대성(一等大星)과 아주 희미한 별들 사이에 해당하는 별들은 구별이 어렵다. 뿐만 아니라, 하늘에서 가장 밝은 낭성(狼星, Sirius, −1.6등성)을 노인성(老人星, Canopus, −0.9등성)과 대각(大角, Alpha Boo, 0.1등성)보다 더 작게 새겼다. 더 심한 예로는 천시1(天矢一)이다. 이 별은 후대에 만든 신법천문도에는 포함시키지 않을 정도로 대단히 희미한데도 불구하고, 「천상열차분야지도」에는 낭성과 거의 같은 크기로 새겼다.

별의 밝기에 따라 밝은 별일수록 크게 그린다는 점에 있어서는 「천상열차분야지도」 보다 「혼천도-대형(1)」이 월등하게 더 향상되어 있다. 이 「혼천도」에도 노인성과 대각(大角)은 낭성(狼星)에 비해 약간 더 크게 그려져 있다. 그리고 낭성과 거의 같은 크기로 그려져 있는 별들은 의외로 아주 많다. 노인성을 크게 그린 이유에 대해서는 짐작이 가는 바가 있다. 이 별은 엄밀히 말한다면 한양에서는 보이지 않고 제주도 남쪽 해안에서나 겨울철에 지평선 가까이에서 겨우 보이는 별이다. 그럼에도 불구하고 노인성은 한국의 옛 천문도에는 빠지지 않고 등재되어 있다. 이 별이 보이면 나라의 안녕이 보호되고 개인으로는 장수한다는 길조로 중국에서 전해 오고 있기 때문에[73]. 한반도에서는 보이지 않는데도 불구하고 천문도에 빠지지 않고 들어 있는 이유이다. 노인성이 수성(壽星)이라고도 불리는 이유는 이런 이유 때문이다.

노인성(老人星)

노인성이 한국의 기록에 나타나기 시작한 것은 일찍이 삼국시대로 올라간다. 『삼국사기』에 신라 마지막 왕인 경순왕8년 9월에 〈노인성이 나타났다〉라는 기록이 그것이다. 이것은 삼국시대의 것으로는 유일한 기록이다.

『고려사』에는 노인성에 관하여 다음과 같은 여러 기록이 있으나, 보았다고 하는 지역의 위도가 너무 높기 때문에 신빙성은 없다. 보고 싶어도 보이지 않으니까 제(祭)라도 올린 행위라고 보여진다. 『고려사』에 있는 기록은 대략 다음과 같다.

---

73 『史記』卷12, 孝武本紀 第12, 壽星仍出에 대한 索隱에 壽星南極老人星也 見則天下理安 故言之也. 또는 『史記』卷28, 封禪書 第6, 壽星祠 索隱에 壽星盖南極老人星也 見則天下理安 故祠之以祈福壽也 (文淵閣四庫全書電子版)

태조17(934)년 9월 정사. 노안성을 보았다.(天文志 47:18ㄴ)
정종5(1039)년 2월 임오. 노인성 제를 남교에서 지냈다.(世家 6:16ㄴ, 禮志 63:21ㄱ)
예종3(1108)년 8월 병술. 유사에게 남단에 노인성을 모시라고 명했다.(禮志 63:23ㄱ)
인종1(1123)년 2월 임인. 서경의 유수가 노인성을 보았다고 아뢰다.(天文志 47:44ㄱ)
의종3(1149)년 2월 갑신. 낭성이 보였다. 남극 서해도 박순(朴純)이 노인성을 보았다고 아뢰다.
(世家 19:6ㄱ, 天文志 44:ㄴ에도 있으나 연도가 毅宗24 (1170)년)으로 다름. 후자가 맞는 것 같음.)
명종1(1171)년9월무자. 서해도 안찰사 박순의 첩이 노인성을 보았다고 아뢰다.
(世家 19:15ㄴ)

한편, 『조선왕조실록』에도 노인성의 이름은 많이 등장하지만 모두 제를 올리는 방식이나 제단에 관한 것들이다. 이에 관하여는 박연도 다음과 같이 한 몫을 하고 있다.

> "---그 밖에 영성(靈星)인 노인성단(老人星壇)과 마조단·마사단(馬祖壇·馬社壇) 등의 고쳐야 하고 수리해야 할 곳이 한 군데 뿐이 아니오니, 신은 점차로 정리하여 결함이 없도록 하시기 바라옵니다." (세종실록, 세종 12년 2월 19일)

북두칠성

「혼천도-대형(1)」에 있는 많은 별들 중에서 북두칠성은 가관이다. 하늘의 모든 별들 중 가장 큰 원으로 7개의 별 모두가 표기되어 있으니 말이다. 「혼천도」의 제작자는 이 북두칠성에 대해서 이상한 편견을 가지고 있었던 것 같다.

위에 열거한 것과 같이 이 「혼천도」에는 몇 가지 모순이 있기는 하지만, 「혼천도」에 있는 별들을 전체적으로 개관해 보면, 의외로 여러 가지 다른 크기로 별들의 밝기를 구분하고 있음을 발견하게 된다. 이것은 17세기 후반과 18세기에 제작된 예수회 선교사 천문학자들이 만든 여러 신법천문도가 알려지기 전까지 중국과 조선에서는 유례가 없는 일이다.

중국과 한국의 옛 천문도와 서책에는 가장 밝은 별로 16개를 꼽는다. 이것을 일등대성(一等大星)이라고 하는데, 이 일등대성이 「혼천도」에 표기된 것을 보면, 다음 표 VIII-11

과 같다. 가장 밝은 낭성으로부터 시작하여 밝은 순서에 따라 별들을 배열했는데, 이 표의 제4열을 보면 밝기에 따른 별의 크기 표시가 정확하지 않다는 것을 알 수 있다.

표 VIII-11. 16개의 일등대성의 크기 비교

중국 이름		학명(고유병)	밝기(등급)	『혼천도-대형(1)』에 표시된 원의 크기
狼星	낭성	α CMa (Sirius)	−1.6	보통 밝은 별 정도
老人星	노인성	α Car (Canopus)	−0.9	낭성의 1.2배 정도
南門二	남문2	α Cen (Rigel Kentaurus)	0.1	대단히 작다
大角一	대각1	α Boo (Arcturus)	0.1	노인성만큼 크다
織女一	직녀1	α Lyr (Vega)	0.1	노인성만큼 크다
五車五	오거5	α Aur (Capella)	0.2	낭성보다 작다
參宿七	삼수7	β Ori (Rigel)	0.3	낭성보다 약간 크다
參宿四	삼수4	α Ori (Betelgeus)	0–1	낭성보다 약간 크다
南河三	남하3	α CMi (Procyon)	0.5	희미한 별처럼 작다
河鼓二	하고2	α Aql (Altair)	0.9	노인성만큼 크다
畢宿五	필수5	α Tau (Aldebaran)	1.1	희미한 별처럼 작다
角宿一	각수1	α Vir (Spica)	1.2	희미한 별처럼 작다
心宿二	심수2	α Sco (Antares)	1.2	노인성만큼 크다
北落師門	북락사문	α PsA (Fomalhaut)	1.3	희미한 별처럼 작다
軒轅十四	헌원14	α Leo (Regulus)	1.3	낭성만큼 크다
天樞一	천추1	α UMa (Dubhe)	1.9	노인성보다 오히려 크다

별의 색깔

천문도의 별들을 잘 구별하기 위해 색칠하는 일이 있다. 일찍이 당나라 때의 천문도인 「돈황성도(敦煌星圖)」(그림 VII-3을 참조)가 채색한 성도로서는 가장 오래된 것으로 알려져 있으나, 한국에도 채색한 천문도가 조선 후기에 몇 점이 있다.

현재 남아 있는 「천상열차분야지도」 탁본을 보면, 소장자에 따라 황도를 노랑색, 적도를 붉은색, 은하수를 흰색이나 하늘색으로 색칠한 것이 있다. 그리고 별과 별자리 이름은 모두 흰색 또는 황금색으로 하고, 나머지 바탕은 진한 검정색으로 칠하고 있는 것이 공통

된 특징이다. 그러나 이 천문도들의 색깔이 삼가성도(石氏, 甘氏, 巫咸)를 표시한 것인지는 아직 조사된 바가 없다.

그런데 〈본래 「천상열차분야지도」각석의 별들이 채색되어 있었다〉는 사실을 명기한 이 「혼천도-대형(1)」의 기록은 어디에도 없는 새로운 사실이다. 그러니까 이 사실을 밝힌 것은 「혼천도-대형(1)」이 유일하다. 그리고 이 「혼천도」의 제작자는 〈오랜 세월이 지남에 따라 「천상열차분야지도」각석에 채색한 색깔이 분별할 수 없을 정도로 훼손〉되었다고 하는 재미있는 지적을 하고 있다. 그래서 〈잘 알아 볼 수 있도록 「혼천도」의 별들을 채색했다〉고 기록하고 있는 점을 감안해 본다면, 각석이 제작된 후 너무 오랜 세월이 경과하지 않은 시점이니까 가능한 일이라고 생각된다. 작가(박연?)은 희미하게나마 그때까지 남아 있었던 각석의 채색을 확인했었던 모양이다. 그렇지 않고는 각석이 채색되어 있다는 사실을 알 리가 없는 일이다.

이제 이 「혼천도」의 별들을 보자. 「혼천도」의 별들은 회색, 검정색, 주황색, 붉은색의 네 가지로 채색되어 있는 것이 독특하다. 그리고 더 흥미있는 사실은 같은 별자리의 별이라 하더라도, 몇 개의 별자리는 두 가지 색깔을 함께 택하고 있는 경우도 있다. 말하자면, 몇 개의 별은 붉은색인데 나머지 별들은 흰색이다. 이런 것은 다른 천문도에서는 볼 수 없는 것인데, 예를 들면 다음과 같은 것들이다(그림 VII-21을 참조).

표 VIII-12. 색깔이 다른 별로 혼합된 별자리

원/수	별자리 이름	별의 수와 색깔	『혼천도』에 표시된 원의 크기
자미원	北極五 북극5	4별(회색) + 1별(주황)	보통 밝은 별 정도
천시원	女牀三 여상3	1별(회색) + 2별(적색)	낭성의 1.2배 정도
우수	牽牛六 견우6	4별(회색) + 2별(적색)	대단히 작다
필수	畢八 필8	1별(회색) + 8별(주황)	노인성 만큼 크다
삼수	參十 삼10	6별(적색) + 4별(흑색)	노인성 만큼 크다
귀수	鬼五 귀5	1별(회색) + 4별(적색)	

건성(建星)과 입성(立星)

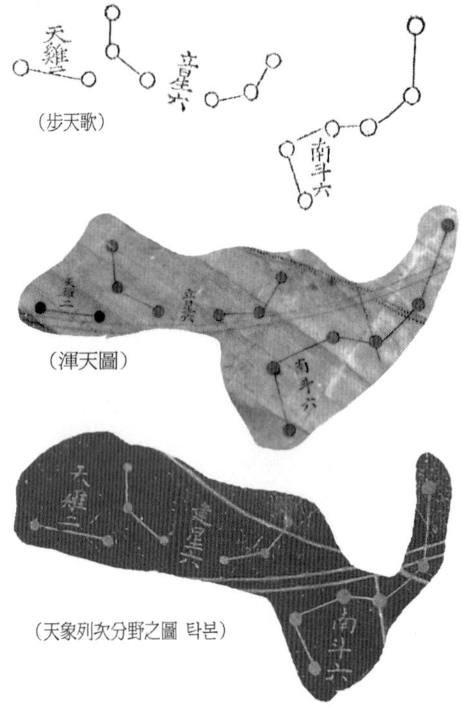

그림 VIII-17. 세 개의 천문도에 적혀 있는 〈입성〉과 〈건성〉의 예.

북방칠사의 두수(斗宿)에는 6개의 별로 구성된 별자리 한 개가 있다. 이 별자리는 성도에 따라 〈건성(建星)〉 또는 〈입성(立星)〉이라고 다르게 적혀 있다. 〈건(建)〉과 〈입(立)〉은 완전히 서로 다른 글자이지만, 그 한자의 뜻은 〈세운다〉라는 같은 의미를 가지고 있다. 이 별자리를 『진서(晉書)』에는 하늘의 서울에 들어가는데 거쳐야하는 관서라는 뜻으로 〈건성〉이라고 썼는데[74], 수나라의 『보천가』는 〈입성〉이라고 적고 있다. 그런데 『보천가』는 다른 별자리는 설명하면서도 이 〈입성〉에 대해서는 한마디도 없다. 북방7사의 남두와 이 건성(또는 입성) 사이에 해와 달 그리고 행성들이 지나가는 황도가 있기 때문에 특별히 주목을 받는 모양이다.

이 두 중국의 고전에 서로 다른 이름으로 등장한 이 별자리의 이름은 그 후의 중국의 천문도는 물론 한국의 옛 천문도와 문헌에도 갈피를 잡을 수 없을 만큼 제각기 다르게 기록되어 있다. 이제 그 예를 천문도와 별자리가 있는 문헌에 어떻게 기록되어 있는가를 시대순으로 조사해 보자.

74 『晉書』 天文志에는 天之都關.

표 VIII-13. 건성(또는 입성)이 있는 문헌과 천문도

번호	천문도 이름	제작 연대	제작자	자료 출처
-구법 천문도-				
『진서』 권11, 천문지 제1	건성	4세기	중국	『사고전서』
『보천가』	입성	수대·당대?	단원자/왕희명?	연세대 도서관
「돈황성도」	-	당대	작자 미상	나일성천문관 (사진)
「혼상남극도」	건성	송대	소송	『사고전서』
「소주천문도」	건	1247 각석	중국 남송	나일성천문관 (탁본)
「상숙천문도」	이름없음	1506	(중국)양자기·계종도	나일성 (탁본)
「건상열차분야지도」	입성	1393?	권근	연세대 도서관(수서본)
「천상열차분야지도」태조의 석본	미확인	1395	권근 등	나일성 (복원본)
「혼천도」	입성	1440년대	박연	나일성 (복원본)
『천문유초』	입성	1440년대	이순지	연세대 도서관
「천상열차분야지도」목판본	입성	1571	선조때 관상감	일본 천리대학
「천상열차분야지도」숙종의 석본	건성	1687	숙종때 관상감	나일성 (탁본)
『천문절후전차전도』	건	1577	루장산방	나일성 (복사본)
「격자월진도」	건성	1308~1339	아베 다이세이	나일성천문관 (사진)
「천문분야지도」	건	1677	야스이 하루미	나일성 (사진)
「천문성상도」	건	1699	시부가와 하르미/히사다다	나일성 (사진)
「천상총성지도」	-	1811	우메다니 고오도꾸	나일성 (사진)
「분야성도」	건	1840	다까야나기 노부유끼	나일성 (사진)
『신법보천가』「적도남항성총도」	건	1800년대	중국	규장각
『신법보천가』	건	1862	이준양	연세대 도서관
『성진도설』이십팔원 부보천가	건성	19세기	작자 미상	규장각 (수서본)
『환천도설』권중 북방원무칠숙보천가	건성	1821	송매헌 장판	규장각
『환천도설속편』권수 남극항성도	건성	1821	진홍장 식	규장각
평혼의	입성육	19세기	작자 미상	박찬우 (실물)
-신법 천문도-				
「천구십이장원형도」	건성	1636	샬 폰 벨	『사고전서』
「적도남북양총성도」	건성	1633	샬 폰 벨·로 ·서광계	Vatican도서관
「현계총성도」	별 없음	1630년대	샬 폰 벨	Vatican도서관
「적도남항성도」	건	1630년대	서광계	『사고전서』
「방성도」	건성	1711	그리말디	국립민속박물관
「황도총성도」	?	1723	쾨글러·목기	J. Needham Institute
「적도남항성도」	건	1720년대	쾨글러	『사고전서』
「항성황극경위남북계총도」	건성	1766	할러슈타인	국립민속박물관

번호	천문도 이름	제작 연대	제작자	자료 출처
「혼천전도」	건성	1740경	관상감	나일성 (목판본)
「천상열차분야도·황도남북총성도·칠정도 합본」		1743	관상감	Whipple Museum
천상열차분야도	–			
황도북총성도	건성			
「칠정도·황도남북총성도 합본」	건성	1744	관상감	법주사
『누주통의』	건성		관상감	
「황도북항성도」(1)	입성6	?	관상감	서울대 도서관
「황도북항성도」(2)	건성	1834	김정호	명지대 박물관
「황도중국합도」 북극	건성	조선후기	관상감?	고려대 박물관
「황도중서합도」	건	1807	서조준	성신여대 박물관
『성경』	건	1861	남병길	연세대 도서관

위의 표에 보인 〈건성〉과 〈입성〉의 빈도를 보면 아주 재미있다.

먼저 구법 천문도인 경우를 보자. 중국은 『보천가』만 제외하고는 전부 〈건〉 또는 〈건성〉이다. 그리고 일본의 경우도 예외 없이 전부 〈건〉 또는 〈건성〉이다. 그런데 조선의 경우만은 다르다. 가장 후대인 1687년에 만든 「천상열차분야지도」 숙종본만이 〈건성〉이고, 나머지는 「혼천도-대형(1)」를 포함하여 전부 〈입성〉이다. 이것은 무엇을 말하는가? 〈건〉은 고려태조 〈왕건(王建)〉의 이름이다. 그래서 조선초기에는 이 〈건〉자를 고의로 피하고 〈입〉를 의도적으로 대신 사용한 것이다.

신법의 경우는 어떤가? 중국은 예외 없이 〈건〉 또는 〈건성〉이고, 조선의 경우도 『누주통의(漏籌通義)』 하나만 제외하고는 모두 〈건〉 또는 〈건성〉으로 통일하고 있다. 이는 1600년대 중반부터는 〈왕건(王建)〉에 대한 거부감이 없어진 증거의 하나일 것이다.

조선 초기의 3대 천문도의 하나

천구(天球)를 탄환(彈丸)의 모양이라고 기술한 것은 「혼천도-대형(1)」만이 아니다. 중국의 「소주천문도」와 「상숙천문도」를 비롯하여 「천상열차분야지도」에는 이런 표현이 없으나, 후대의 천문도에는 자주 나타나는 말이다. 그러나 이 「혼천도」가 구(球)의 모양으로 분산되어 있는 하늘의 별들을 평면인 한 장의 종이에 그려 넣는 일이 별들의 위치 표시에 문제를 일으킨다고 하는 사실을 지적한 것은 대단히 중요한 「혼천도」의 특징 중 하나이다. 한 장의 평면에 별들을 기입하면, 북극 근처에 있는 별을 제외하고는 모두 실제와는 다르게 별들 상호간의 간격이 벌려지고 만다. 이런 현상은 적도 이남의 별들의 경우는 터무니없이 그 간격이 커져서 실제와는 맞지 않게 된다는 것을 조선 초기에 제시한 것이다.

실로 「혼천도-대형(1)」은 「천상열차분야지도 석각본」과 「개형혼의회전지도」와 더불어 조선 초기의 천문도를 대표하는 3대 천문도 중 하나라고 할 수 있다.

제 IX 장

서양 천문학이 들어오다

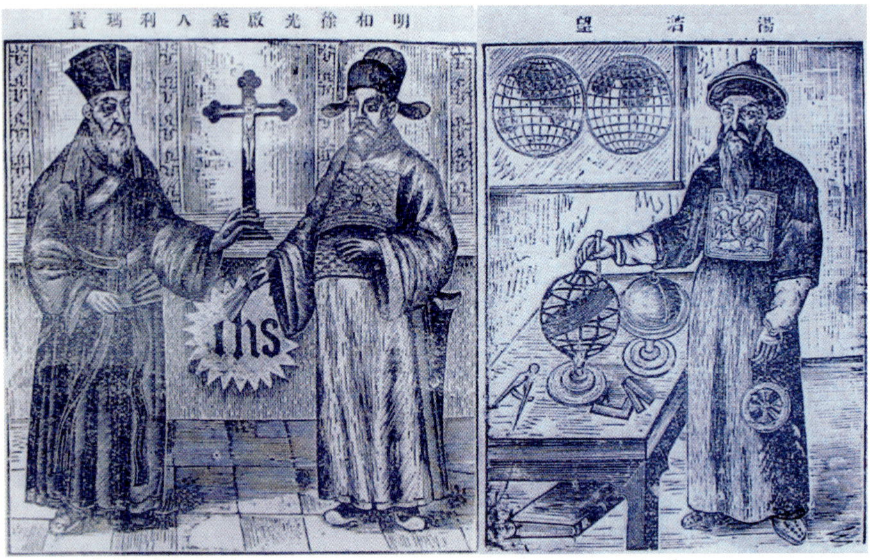

왼쪽 그림은 마테오 리치와 명나라의 서광계이고,
오른쪽 그림은 요한 아담 샬 폰 벨이다.

중국을 비롯하여 한국에서는 고대로부터 전해 내려오는 별자리와 별의 수를 가감하는 일은 묵시적으로 용납되지 않았었다. 이것들은 전부 제왕의 권위의 상징이며 불변의 가치를 지니는 것으로 백성에게 군림했기 때문이다. 따라서 당시의 학자나 관료들은 아무리 노력해도 맨눈으로는 볼 수 없는 (실은 있지도 않는) 별을 본 것처럼 행세했다. 『보천가』[1]를 암기하여 많은 별들의 이름을 외우면서도 보이지 않는 별을 제거하려는 생각은 엄두도 내지 못했다. 왕권에 도전하는 모험을 한 사람은 이렇게 해서 아무도 나타나지 않은 것이다. 이것은 불행한 일이 아닐 수 없다. 고려를 거쳐 조선에서도 『보천가』의 절대적인 권위는 손상되지 않고 계승되고 있었다. 『보천가』의 체제를 이어받은 조선 태조4(1395)년에 각석된 대표적인 천문도 「천상열차분야지도」의 절대적인 권위가 외부로부터의 도전을 받은 것은 그로부터 300여 년만인 17세기 하반기에 들어서면서부터였다.

명나라 말에 기독교를 포교하기 위해 서양으로부터 천문학에 능한 예수회 선교사들이 망원경과 천문 서적들을 가지고 와서 동양의 천문도와 서양의 천문도를 비교하는 작업을 하기 시작하였다. 그들은 동양의 전통적인 천문도에 있는 별자리 중에서 찾아 낼 수 없는 별들[2]을 과감하게 제거하는 동시에, 그 때까지 중국에서는 알지 못했던 남극에 가까운 별들을 새로 도입한 새로운 천문도를 제작하기 시작하였다. 유럽에서는 이미 여러 민족이 아라비아와 그리스에서 시작한 별자리와 별의 이름을 서로 공유할 수 있는 체계를 만들고 있었다. 어느 나라의 어떤 인물이 나타나서 훌륭한 성도를 제작하면, 곧 바로 다른 여러 나라 사람들이 사용하면서 자기들이 쓰던 성도를 개량했다. 이런 이유로 좋은 성도는 또 다른 성도를 만들게 되고 이렇게 만든 성도는 널리 전파되어 많은 사람들이 사용하게 됨으로써 확인되지 않는 별이 끼어들 여지를 주지 않은 것이다. 이렇게 발전된 성도와 성표를 사용하여 그들은 육안 관측뿐만 아니라 망원경을 사용하여 관측 대상을 넓혀 갔다.

---

1 이에 관하여는 이미 제VII장에서 설명한 바, 가장 오래된 별자리와 별의 이름은 중국의 삼가(三家) 즉 무함(巫咸), 감(甘), 석(石)씨가 만든 것이다. 그래서 이 별들을 '삼가의 별'이라고 한다. 그러나 이들의 별은 정확하게 잘 전해지지 못했고, 수나라 때에 와서 단원자(丹元子)라는 사람에 의해 재구성되어 『보천가(步天歌)』라는 이름의 천문도 책으로 태어났다.

2 북경이나 한양은 북위 40도 가까이 됨으로 적위(赤緯) −40도 이남의 남쪽 하늘의 별들은 전혀 볼 수 없다. 뿐만 아니라 −40도 근처에 있는 별들은 남쪽 지평선 근처에 있어서 찾아보기 어렵다. 그럼에도 불구하고 「천상열차분야지도」를 비롯하여 거의 모든 중국과 한국의 고대 천문도에는 볼 수 없는 남쪽 하늘의 별들이 그려져 있다. 서양 선교사들은 이런 별들을 지워 버리고 새 별들을 도입하였다. 이에 관하여는 본문 VI장의 1−(2)를 참조.

이 사실이 청(淸)의 조정에 알려짐으로써 강희황제(康熙皇帝)는 서양 선교사들이 천문 활동을 할 수 있도록 중국 정부 기관인 흠천감(欽天監)과 동격인 관상대(觀象臺)를 건립하게 하고, 천체관측을 비롯하여 역계산(曆計算)과 천문의기(天文儀器) 제작, 그리고 천문 서적의 출판까지 모든 활동을 허락하는 동시에 서양인에게 관직(官職)까지 주었다. 그 결과 서양 천문학이 중국에 활발하게 도입·수용되게 되어 마침내 1634年 샬 폰 벨(湯若望)[3]이 「적도남북양총성도(赤道南北兩總星圖)」라는 이름의 8첩 병풍에 표구한 큰 성도를 만들고, 뒤이어 1636년에는 「천구12장원형도(天球十二長圓形圖)」라는 이름의 또 다른 천문도를 제작하기에 이르렀다. 이 두 천문도를 제작함에 있어서는 서광계(徐光啓)[4]를 비롯한 여러 명의 중국 학자들의 적극적인 참여가 있었다.

서양선교사 천문학자들이 이룩한 또 다른 공적은 1631-1635년에 편찬한 『숭정역서(崇禎曆書)』이다. 이 역서의 기본 자료는 숭정원년(1628)에 행한 항성의 정밀 관측이었다. 이 역서의 발간으로 중국 천문학에는 획기적인 변화가 일어났다. 그 변화는 다음의 3가지로 요약할 수 있을 것이다.

(1) 중국의 주천도수(周天度數) 365도1/4를 폐지하고, 360도와 60진법(進法)을 채택한 점,
(2) 12차를 황도12궁으로 대체한 점,
(3) 육안으로 볼 수 있는 별의 밝기를 등급으로 표시한 점.

서양 선교사들이 만든 이런 천문도는 북경으로 갔던 조선의 사신들에 의해 국내에 수

---

3 본명은 Johann Adam Schall von Bell, S. J. (1591~1666)이며, 독일 태생의 예수회 선교사이다. 청나라에 22년간(1644~1666) 있으면서, 천문의기와 성도를 제작하였고, 1644년에 흠천감(欽天監)의 감정(監正)이 되면서 숭정역서(崇禎曆書)를 개정하는 일도 했다.

4 서광계(徐光啓, Xu Guangqi, 1562~1633)는 명나라 말에 활약한 특출한 과학자이다. 자는 자선(子先), 호는 원호(元扈)이며, 상해(上海) 출신이다. 천문학, 수학, 농학 분야에서 큰 공적을 남겼다. 만력31(1598)에 천주교에 입교하였고, 마테오 리치 등과 친밀하게 교유하면서 서양 천문학, 수학, 수리기술(水利技術) 등을 습득했다. 1610년 12월 15일의 일식 때, 대통력으로 계산한 흠천감의 예보가 크게 벗어난데 반하여 서양의 방법으로 계산한 서광계와 마테오 리치 등의 예보가 더 적중하였기 때문에 큰 명성을 얻었다. 이로 인하여 역법을 바꿔야한다는 건의가 여러 차례 있었으나 받아들여지지 않고 있다가, 1629년 6월 21일 일식 때 흠천감의 예보가 다시 잘못되자 드디어 개력이 시작되었고, 결국 137권에 달하는 『숭정역서(崇禎曆書)』가 완성되었으나, 서광계는 이것을 보지 못하고 죽었다.

입되었다. 그리고 관상감은 그들 나름대로 연구하여 독자적인 방식으로 우수한 천문도를 하나씩 만들기 시작함으로써 관상감의 측후관들은 「천상열차분야지도」 보다 이 새로운 천문도를 더 활용하기에 이르렀다. 서양의 영향을 받은 성도가 새롭게 각광을 받게 된 이유는 또 있다. 그 첫째는 망원경으로만 볼 수 있는 해와 달의 표면, 수성과 금성의 위상 변화, 화성 목성 토성의 표면, 그리고 목성과 토성의 달들이 새 성도에 소개되게 된 것이다. 이것은 당시의 관상감의 측후관들에게는 충격적인 사건이었다. 둘째는 서양 성도에 표기되어 있는 별들은 모두 히팔쿠스(Hipparchus)[5]의 방식에 따라 그 밝기를 알아 볼 수 있도록 등급 별로 표시한 것이다. 가장 밝은 1등성은 크게, 가장 희미하게 보이는 6등성은 제일 작게 구별하여 기입하였다. 동양의 천문도는 이런 밝기에 대한 구별이 철저하지 못했다. 그 예로서, 「천상열차분야지도」에는 가장 밝은 1등대성 16개는 크게 새겨져 있으나, 다른 별들은 밝기의 구별을 할 수 없을 정도로 거의 비슷한 크기이다. 중국의 「소주천문도」에는 가장 밝은 낭성(狼星 또는 天狼, 서양 이름은 Sirius)과 노인성(老人星, 서양 이름은 Canopus) 조차 다른 별들과 구별하지 않고 같은 크기로 새겨 놓고 있다.

5 히팔쿠스는 BC2세기에 활동한 고대 그리스의 천문학자이다. 그는 BC 134년에 나타난 초신성을 관측했는데, 이것이 계기가 되어 성표(星表)를 만들었다. 이 성표에는 1,080개의 별의 경도와 위도와 더불어 별의 밝기를 등급(等級)으로 표시했다. 이 등급은 오늘날에도 별의 밝기를 나타내는 척도로 사용되고 있다.

1

예수회 선교사 천문학자들에 의한 대 변혁(大變革)

1-1. 믿었던 별들이 줄줄이 없어지다

중국에 온 예수회 선교사로서 동서양의 성표와 천문도를 대조한 결과를 적은 최초의 책은 가장 먼저 중국에 온 마테오 리치(利瑪竇)[6]가 쓴 『경천해(經天該)』였다. 그러나 이 책의 별들이 『보천가』의 별들과 잘 맞지 않았다.[7] 마테오 리치의 뒤를 이은 선교사 천문학자들이 많았지만, 그 중에서 서양의 별과 중국의 별을 맞춰보는 작업을 다시 시도한 사람은 훼르비이스트(南懷仁)[8]였다. 그는 서양과 중국의 별을 대조해 본 결과를 『영태의상지(靈台儀象志)』에 기술하였다. 이것이 한국의 여러 옛 문헌에 소개되어 있는데, 그 중 『증보문헌비고』[9]의 기사는 다음과 같다.

> 서양 사람 훼르비이스트가 『영태의상지(靈台儀象志)』를 편찬하였는데, 옛 것(별)과 같은 이름이 총 259좌에 1,129성이다. 이것은 『보천가』의 것과 비교할 때 24좌에 335성이 적다. 그리고 이름이 있는 고정된 숫자 외에도 597성이 증가되었으며, 또 남극성에 가까운 것으로 23좌에 150성이 많다. 근년에 와서 성관(星官)의 도수(度

---

6 마테오 리치(Matteo Ricci, S. J.)의 중국 이름은 이마두(利瑪竇)이며, 중국에 온 최초의 예수회 선교사로서 재중 기간은 1601~1610이다.

7 『흠정사고전서』 총목, 권106. 『중서경성동이고(中西經星同異考)』를 참조.

8 중국명은 남회인(南懷仁)이고, 본명은 Ferdinand Verbiest, S. J.이다. 그의 생몰년은 1623~1688이며, 명(明)말과 청(淸)의 조정에서 1659~1688 사이에 벼슬까지 하였다.

9 象緯考1의 '恒星'에 기록이 있음: 권1: 23ㄴ.

> 數)를 관측한 것이 거듭 늘어남으로 해서, 『의상지』는 아직도 맞지 않는 것이 많다. 그래서 별을 하나하나 측량하여 그 도수를 추정하고, 그 형상(形象)을 관찰하여 그 순서를 매기어, 삼원(三垣) 28수(宿)를 계산하니, 옛날과 같은 별 이름이 총 277좌에 1,319성이다. 이것을 『의상지』에 비하면, 18좌에 190성이 더 많으며, 『보천가』의 것과 가깝다.
>
> 또 이름이 있는 고정된 숫자 외에도 1,614성이 증가되어 남극성(南極星)에 가까운 것이 23좌에 150성인데, 중국에서 보이지 않는 것은 서양에서 측정한 대로 따라서 합계한 항성이 300좌에 3,083성이다.

이 기사의 끝 부분이 암시하고 있는 동정(同定) 작업의 결과를 종합하여 「천상열차분야지도」의 별과 별자리가 18세기 조선에서 어떻게 변화되었는가를 다음 표로 제시해 보자. 비교한 문헌은 『동국문헌비고』이다. 이 표에는 없어진 별과 별자리만을 수록하고 새로 도입한 별은 포함시키지 않았다. 별의 수가 줄어든 별자리는 전부 12수(宿)에 속한 16개의 별자리(座)이고, 줄어든 별의 수는 77개에 이른다. 그리고 별자리 자체가 없어진 것은 4개의 수(宿)에 속한 6좌이며, 이에 해당하는 별의 수는 62성에 이른다. 따라서 『동국문헌비고』가 출판된 영조48(1770)년 이전에 없어진 별의 수가 145개에 달한 셈이다. 이것은 『보천가』와 「천상열차분야지도」가 얼마나 잘못된 기록인가를 단적으로 보여주는 실례 중 하나이다.

『보천가』와 「천상열차분야지도」에는 각각 1,460여 개의 별이 수록 또는 새겨져 있지만, 서양인들이 확인할 수 없는 위의 145성을 제외한 나머지 1,300여개의 별들이 전부 확인되었다는 뜻은 아니다. 그 시대에 확인되었는지의 여부도 알 수 있는 자료는 남아 있지 않다. 서양인들이 중국에서 출판한 별들의 이름은 서양식이 아닌 중국 이름을 사용했기 때문이다. 그러나 그렇다 하더라도 1,300개나 되는 많은 별들을 일일이 전부 점검하는 일은 많은 시간과 노력이 드는 것이므로 특별히 찾아내야 할 필요가 있지 않는 한 그들도 초기에는 확인하는 일을 별로 진행하지 않았던 것 같다. 이런 확인 작업을 통하여 서양식 이름을 중국식 이름과 맞춰 보는 동정작업(同定作業)에 관하여는 다음 절에서 다루기로 한다.

표 IX-1. 서양 천문학의 영향을 받아 없어진 별과 별자리

(1) 수	(2) 별자리 이름	(3) 천상열차분야지도의 별의 수	(4) 동국문헌비고의 별의 수	(3)-(4) 없어진 별의 수
각수	주(柱)	15	11	4
저수	항지(亢池)	6	4	2
	기관(騎官)	27	10	17
심수	적졸(積卒)	12	2	10
두수	천연(天淵)	10	3	7
	별(鼈)	14	11	3
우수	천전(天田)	9	4	5
	구감(九坎)	9	4	5
여수	이주(離珠)	5	4	1
위수	천전(天錢)	10	5	5
	인(人)	5	4	1
실수	팔괴(八魁)	9	6	3
벽수	천구(天廐)	10	3	7
규수	천혼(天溷)	7	4	3
필수	구주수구(九州殊口)	9	6	3
정수	군시(軍市)	13	6	7
성수	천직(天稷)	5	없어짐	5
장수	천묘(天廟)	14	없어짐	14
익수	동구(東甌)	5	없어짐	5
진수	군문(軍門)	2	없어짐	2
	토사공(土司空)	4	없어짐	4
	기부(器府)	32	없어짐	32
합계	22좌	232성	87성	145성

이 표의 숫자가 보여 주는 의미는 대단히 크다. 한마디로 표현하여 〈대 변혁〉인 것이다. 『보천가』 이래로 그 아무도 손댈 수 없었던 동양의 절대 권위에 일대 메스가 가해진 것이다. 과감하게 없애 버린 별이 전부 145개이며, 송두리째 지워버린 별자리가 6개에 이른다.

그 동안, 많은 사람들이 보이지도 않는 별과 별자리를 찾아 헤맸고, 보이지도 확인할 수도 없는 별을 마치 보고 알고 있는 것처럼 행세했었다. 별 하나도 가감하지 않고 천문도를 만들 때마다 그대로 옮겨 쓸 수밖에 없었던 맹종과 관행은 이방인들의 힘으로 이렇게

수정된 것이다. 위의 표를 보면 『동국문헌비고』와 『성경(星鏡)』 사이에는 다른 것이 하나도 없다. 『동국문헌비고』가 저술된 것은 영조46(1770)년이었고, 『성경』의 출판은 1861년이므로 약 100년 가까운 시간차가 있다. 그럼에도 불구하고 조선 시대말의 천문학자조차도 별에 관한한 손대기를 두려워했었던 것이다. 엄밀하게 말한다면, 훼르비이스트가 확인했다는 1,319개의 별들 중에는 지금 확인이 되지 않는 별들이 수백 개 이상이 포함되어 있을 것이다. 그러므로 남병길(南秉吉)이 정말 관측하여 확인한 별만을 수록하여 『성경』을 출판한 것이라면 『성경』에는 『동국문헌비고』에 소개된 표 VI-1의 별의 수보다 더 적은 수의 별이 기재되어 있었어야 마땅한 일이다.

1-2. 새로운 별들의 등장

서양인들의 또 다른 업적은 동양의 주 무대였던 남경, 북경 그리고 한양에서는 볼 수 없는 남극을 중심한 별들을 추가하여 소개한 것이다. 이 세 도시는 북위 30-40도 사이에 있다. 『성경(星鏡)』에는 「근남극성(近南極星)」이라고 이름하여 다음 표 IX-2와 같이 23좌에 130성을 소개하고 있다. 이것은 『동국문헌비고』 상위고의 150성보다 20성이 부족한 수인데 그 이유는 밝혀지지 않고 있다.[10]

표 IX-2. 서양 선교사들이 소개한 남극 근처의 별자리와 별의 수

별자리	수	별자리	수
해산(海山)	6	조훼(鳥喙)	7
십자가(十字架)	4	학(鶴)	12
마미(馬尾)	3	화조(火鳥)	10
마복(馬腹)	3	수위(水委)	3
밀봉(蜜蜂)	4	부백(附白)	2
삼각형(三角形)	3	협백(夾白)	2
이작(異雀)	9	금어(金魚)	5
공작(孔雀)	11	해석(海石)	5
파사(波斯)	11	비어(飛魚)	6
사미(蛇尾)	4	남선(南船)	5
사복(蛇腹)	4	소두(小斗)	92
사수(蛇首)	2		
합계		23좌	130성

10 권1: 24ㄱ

1-3. 별의 밝기(星等)

서양 사람들의 공헌은 이에 그치지 않는다. 그것은 그들이 별을 표시할 때 좌표상의 위치만이 아니라 그 별의 밝기(星等)도 함께 표시하는 더 확실한 방법을 사용하고 있었다는 점이다. 뿐만 아니라, 그들은 이미 망원경(당시는 천리경으로 불렸다.)으로 관찰한 일월과 5행성의 표면의 모습까지도 소개하였다.

별의 밝기를 밝은 순서로 등급으로 처음 정한 사람은 앞에서도 잠깐 소개한 바 있는 기원전 2세기 때의 그리스 천문학자 히팔쿠스(Hipparchus)였다. 그는 약 1,000여 개의 별을 수록한 성표를 만들면서 가장 밝은 별을 1등성이라 하고 맨 눈으로 겨우 보이는 희미한 별을 6등성이라 하였다. 그 가운데에 해당하는 별들은 밝은 순서로 2, 3, 4, 5등성으로 표시했다. 그러나 그의 책은 그 후 전해지지 않고 없어지고 말았다. 이미 제VI장 1-1절에서 소개한 바대로, 다행히 그리스 말기인 기원 1세기에 톨레미(Ptolemy)가 자기의 저서『알마게스트(*Almagest*)』[11]에 전재한 것이 있어서 이것이 지금까지 별의 밝기를 표시하는 척도가 되었다. 히팔쿠스의 성표를 소개한 영문판『알마게스트』의 성표는 이미 표 VI-1과 그림 VI-3에 제시한 바 있다.

이 등급 표시가 중국의 신법성도에 소개된 것은 뒤에 자세히 설명할 샬 폰 벨(湯若望)과 서광계(徐光啓)가 함께 만든「적도남북양총성도(赤道南北兩總星圖)」이다(그림 IX-5를 참조). 그리고 이 등급 표시 방법이 조선의 관상감에 전해진 것은 훼르비이스트(南懷仁)의『영태의상지(靈台儀象志)』가 도입된 이후라고 추측된다. 한편 관상감이 제작한 성도가 여러 개 있으나, 서양인이 중국에서 만든 성도에 있는 등급 표시는 이 시기에는 주목을 받지 못하다가 1700년대 후반에 와서야 채용되기 시작했다.

---

11 톨레미(Claudius Ptolemaeus)는 A.D. 100년경에서 A.D. 175년경에 살았으며, 이집트의 Greco-Roma의 주요 도시인 Alexandria에서 활동했다. 그가 A.D. 138-161에 저술한 *Almagest*는 지금 단 한 권도 남아 있지 않고, 다만 Nicholas Copernicus가 A.D. 1542-3년 사이에 저술한『회전론(*De Revolutionibus Orbium Celestium, 약해서 De Revolutionibus*)』에 그의 성표가 전재된 것이 오랜 동안 전해 옴으로써 알게 되었다. 다행히 아라비아의 사막에서 아라비아 어로 번역된 *Almages*가 발견되었다. 이 아라비아 판은 프랑스어, 독일어 그리고 영어로 번역되었는데, 그 중 1984년에 G. J. Toomer가 번역한 *Ptolemy's Almagest* (Springer-Verlag: New York)가 잘 알려져 있는 최신판이다.

2

동양의 별, 서양의 별

중국 명나라 말에 마테오 리치(利瑪竇)를 시작으로 서양 예수회 선교사들이 줄을 이어 북경에 모여 들었다.[12] 그들은 천주교를 전파하는 것이 목적이었지만, 중국 사람들과의 접촉을 원활하게 하기 위하여 서양의 과학기술을 소개하는 일에도 큰 비중을 두었다. 그 중에서도 천문학은 중국 사람들의 특별한 환대를 받았기 때문에 샬 폰 벨(湯若望)을 비롯하여 이그나티우스 쾨글러(戴進賢)와 같은 탁월한 천문학자의 노력으로 천문관측과 역서 계산법이 개량되었다. 그런 일을 하기 위해서 그들은 먼저 자기들이 사용한 별의 이름과 중국식 이름을 서로 대조해 보아야 했다.

2-1. 동서양의 별을 맞춰 보다

서양 사람들이 붙인 별의 이름은 고대 아라비아에서 시작하여 그리스에서 일단 정리되어 유럽 전 지역으로 확산되었다. 그 방법은 별자리 이름 앞에 속해 있는 별을 그리스 문

12 예수회 선교사들이 유교의 나라에서 기독교를 전파하는 일은 쉽지 않았다. 그런데 최초로 명나라 수도인 북경에 온 마테오 리치에게 절호의 기회가 왔다. 그때 마침 일식이 일어난다는 소문이 돌았기 때문이다. 그는 중국 사람들이 일식 계산을 한다는 사실을 알고 놀랐다. 이런 어려운 계산은 유럽 사람만이 할 수 있는 일이라고 자만하고 있었기 때문이다. 그는 중국의 천문대인 흠천감(欽天監)에 찾아 가서 그곳 학자들과 대화하는 중에 자기가 가지고 온 역서를 가지고 경도를 교정하여 일식이 일어날 시각을 알려 주었다. 흠천감의 학자들은 그들 나름대로 놀라운 표정이다. 이런 어려운 계산을 극서(極西)에서 온 사람이 한다는 사실이 믿기지 않은 것이다. 그래서 어느 쪽의 예보가 더 정확한가를 내기했다. 일식 날이 다가왔다. 그리고 일식이 일어난 시각이 마테오 리치의 계산치에 더 가까웠다. 이 일은 당시의 황제에게 보고되어 예수회 선교사들은 그들만의 천문대(현재 북경시에 남아 있으며, 북경고관상대(北京古觀象臺)로 불린다)를 왕실의 재정 후원으로 건설하고, 그 후 약 200년간 유럽식으로 운영하였다.

자 또는 아라비아 수자로 표기하는 것이다. 이런 방법으로 별을 식별하는 것을 오늘날 전 세계가 사용하는 학명(學名)이라고 하는데, 우리가 잘 아는 직녀를 예로 들면 중국식은 〈직녀(織女一)〉이지만 서양식으로는 거문고자리의 α별이고 학명으로는 〈α Lyrae(약해서 α Lyr)〉이다.

동서양의 별 이름을 서로 대조해 가면서 동정해야 할 필요성을 절실히 느낀 예수회 선교사들은 자기들이 익히 알고 있는 별들을 중국 사람들이 어떻게 이름 붙이고 있는가에 지대한 관심을 갖지 않을 수 없었다. 이런 이유로 동서의 별 이름을 동정하는 작업이 중국에 온 예수회 선교사들에 의해 시작하게 된 것이다. 이 작업은 밝은 별인 경우에도 어려움이 없었던 것은 아니었지만, 희미한 별인 경우에는 서로를 맞춰 본다는 일은 지극히 어려웠다. 유럽에서는 별의 위치(좌표)와 등급으로 표시한 밝기를 수록하여 근처의 다른 별과의 차이를 분별하도록 하는 성표(星表)가 출판되어 있었지만, 중국에는『보천가』처럼 부분적으로 그린 성도에 별들의 특징을 서술한 것이 거의 전부였다. 그리고 그들 자신도 잘 알지도 못하고 경우에 따라서는 보이지도 않는 별을 성도에 기입하는 것을 전통과 권위로 삼아 왔다. 다만 예외가 있다면, 경위도의 측정값을 적은『삼원열사입수거극집(三垣列舍入宿去極集)』이 있을 뿐이다. 이것은 원(元)나라의 곽수경(郭守敬, Guo Shoujing)이 만든 것이다.

중국의 별들을 조사한 선교사들의 행적에 관하여는 남병길이『성경』의 서문에 간단하지만 잘 요약하고 있다. 그에 따르면,『신법산서(新法算書)』의 항성과 도표에 1,266성을 6등급으로 나누어 수록한 사실을 필두로 다음과 같은 세 가지 획기적인 업적을 들었다.

(1) 강희13(1674)년 갑인: 훼르비이스트(南懷仁)가 실측한 259좌 1,129성과 새로운 별 597성 그리고 근남극의 23좌 150성을『신수 의상지(儀象志)』에 추가하여 기재했다. 이 별들은 밝기에 따라 6등급으로 나누어져 있다.

(2) 건륭9(1744)년 갑자: 쾨글러(戴進賢)가『의상고성(儀象考成)』에 기형(璣衡)과 무진의(撫辰儀)를 사용하여 측정한 별을 기재했는데,『의상지』보다 18좌에 190성이 더 많으나,『보천가』보다는 6좌와 145성이 적다. 그러나 그 외에 이름이 없는 1,614성과 근남극의 별을 합한 결과 전부 300좌에 3,083성이라는 많은 별을 수록했다.

(3) 도광24(1844)년 갑진: 흠천감정 주여경(周餘慶)등이 주청하여 3원28수에 있는

277좌 1,319성과 그 외 1,771성 그리고 근남극의 23좌 130성에 20성을 더하여 총 3,240성을 측정했다.

남병길의 『성경』에는 소개되어 있지 않지만, 중요한 업적이 또 있다. 그것은 뒤에 상세히 다시 언급하겠지만, 서양 선교사들이 만든 최초의 신법성도[13]로서 마테오 리치가 서광계 등과 함께 1634년에 만든 「적도남북양총성도(赤道南北兩總星圖)」이다. 이 성도를 어떻게 만들었는가에 관하여 『증보문헌비고』 상위고에 상세한 소개가 있다. 〈마테오 리치의 도설(圖說)〉이라는 항목이 바로 그것인데, 그 중 중국의 옛 천문도에 있는 별들을 어떻게 다루었는가에 대하여 언급한 부분만을 소개하면 다음과 같다.

> ..... 비록 옛 성도에는 3원28수와 300의 성좌에 1,461개의 이름을 가진 별이 있다는 것이 세상에 전해 오는 무함(巫咸)이나 단원자가 쓴 것과 같은 책에 기록되어 있다. 그러나 이 별들 중에는 성도를 그리는 사람이 그릴 수 없는 것들이 아직도 많다. 이미 그려진 것을 가지고 세밀히 관측해 보면, 그 중에는 의심이 가는 것이 또한 적지 않다. 그래서 지금은 옛 성도에 있는 별이라 하더라도 일일이 실제로 보고 측정하지 아니한 것은 감히 그리지 않았다. 옛 성도에는 실지 아니한 별이라 하더라도 측정할 때 각각 경도와 위도를 정한 것이라면 보충하여 증가시키는 데 아무 지장이 없다.
> (『증보문헌비고』 상위고, 3: 5ㄱ)

이상과 같은 오랜 기간의 노력으로 별들의 수는 급격하게 증가되었다. 그러므로 이제는 『보천가』의 형식에 얽매이지 않아도 되었지만, 서양에서 온 선교사들은 중국에서 활동하는 한 별의 이름은 충실하게 중국식으로 표기하였다. 그 결과, 중국식 이름만으로는 『보천가』를 비롯한 옛 천문도의 별들을 현대인들은 알아낼 수 없게 되는 이상한 일이 되고 말았다. 어렵게 만든 동정 작업도 쓸모없이 되고 만 것이다. 중국식 이름과 서양식 이름을 알고 있었던 당시의 선교사들은 다 가고 없고, 이제는 우리만 남게 된 것이다.

이런 이유로 선교사들이 떠난 지 150여년이 된 지금, 서양식 성도로 별을 보는 데 익숙한 사람들은 마테오 리치나 샬 폰 벨의 시대로 되돌아가야 만하는 신세가 되고 말았다. 그

13 서양 선교사들의 영향을 받아서 만든 천문도를 옛 전통 천문도와 구별하기 위하여 이렇게 부르기로 한다.

래서 『보천가』나 「천상열차분야지도」의 별들을 서양식으로 동정하는 작업을 시작하게 된 것이다. 나일성의 조사에 의하면, 1978년경까지 중국과 한국의 동정작업으로 다음과 같은 실적이 있었다.[14] 그리고 그 이후의 것은 오오자끼(大崎)가 소개한 것이 있다.[15]

1. 쯔찌하시 야지다(土橋八千太): 『의상고성』의 별 중 74성을 동정[16]
2. Gustane Schlegel(施古德/什雷該爾): 『성진고원(星辰考源)』의 별 759성을 동정[17]
3. Chang Fu Yuan(常福元): 『中西對照恒星錄』에 동정한 별을 수록했으나, 그 수는 미상이다.[18]
4. Ho Peng-yoke: 290성을 동정[19]
5. 야부우찌 기요시(藪內淸): 수거성(宿距星) 28성을 동정[20]
6. 나일성: 44성(수거성 28성과 일등대성 16성)을 동정[21]

그밖에도 한욱과 유경로가 공동으로 무려 923성을 동정하였다고 보고하고 있으나,[22] 이렇게 무리하게 많은 별을 동정했다는 것은 처음부터 신빙성을 잃는 일이다. 그들은 이전의 여러 사람들의 동정 결과와의 비교 검토도 생략하였으므로 의미 없는 작업이라는 평가를 받을 수밖에 없다.

2-2. 『보천가』에서 『신법보천가』로

중국 수(隋)나라 때의 단원자가 저술한 『보천가』는 1800년대 말까지 한국에서는 수 없이 많은 중판을 거듭하였지만, 별들의 모양과 위치 그리고 이름까지 조금도 변하지 않고

14 羅逸星, '黃胤錫의 恒星黃赤經緯表에 대한 검토', 『동방학지』, 19집, pp. 216~228, 1978.
15 大崎正次, 『中国の星座の歴史』, 雄山閣, pp. 294~5, 1988.
16 藪內淸, 新天文學講座, 第1卷, "星座", 恒星社,, 140, 19xx.
17 Gustane Schlegel: 星辰考源, (출판사, 발행년도 미상). 단, 이 동정 작업은 제1급의 문헌으로 볼 수 없는 『天元曆理』를 사용한 것이기 때문에 신빙성이 결여되었다고 오오자끼(大崎)는 평했다.
18 常福元, 중서대조항성록, 북경중앙관상대, 1920.
19 Ho Peng-yoke, *Vistas in Astronomy*, Vol. 5, 1965.
20 藪內淸, 新天文學講座, 第1卷, "星座", 恒星社,, 125, 19xx.
21 *ibid.*
22 韓郁·俞景老, 『한국천문학회지』, 7권, 1쪽, 1974.

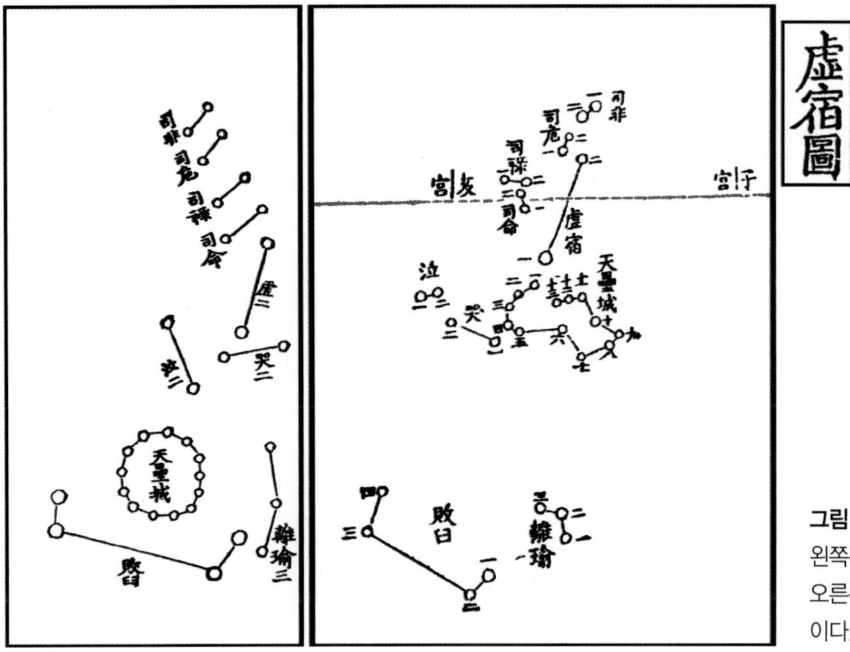

그림 IX-1. 〈허수도〉. 왼쪽은 『보천가』이고, 오른쪽은 『신법보천가』이다.

단원자의 초기 판형이 그대로 유지되어 왔었다. 그러나 그런 『보천가』도 서양 선교사들이 작업한 별들의 동정으로 인하여 별 수 없이 큰 수술대에 올랐다. 1862년 이준양(李俊養)이 『신법보천가(新法步天歌)』[23]를 출판할 때, 그는 1년 전에 출판된 남병길의 『성경』에 있는 성도와 거의 비슷한 모양의 별자리 그림과 새로운 표기를 사용하여 많은 별들을 과감하게 삭제하였다. 종래의 『보천가』에 있던 별자리 모양은 이 『신법보천가』에는 많이 변형되어 있고 또 경우에 따라서는 별자리의 상대 위치까지도 완전히 다른 것이 많이 생겼다. 그 중 대표적인 예로 〈허수도(虛宿圖)〉를 보자(그림 IX-1을 참조). 『보천가』에는 이 허수에 모두 10개의 별자리가 있지만 『신법보천가』에는 천루성(天壘城)이라는 별자리의 13성은 전혀 다른 모양으로 변한 채 엉뚱한 위치에 가 있고, 패구(敗臼) 하나만을 제외한 나머지 8개의 별자리 모양도 또한 알아 볼 수 없는 모습으로 변해 버렸다. 만약 별자리 이름이

23 聖上(哲宗)十三年歲在壬戌之秋七月朔에 臺官 李俊養이 『육일제교정본(六一齊校正本)』이라 하여 『신법보천가』의 開版藏으로 雲觀에서 출간했다. 그는 이 책 말미에 옛 보천가는 세월이 오래되어 과시(科試)에 쓰기에 적합지 않아 중국에서 실측한 책을 참고하여 새로 교정하였다고 쓰고 있다. 그리고 이 때 『성경』이 벌써 있으므로 참고하라고 기록하고 있다. 이 이준양은 관상소(觀象所, 관상감의 바뀐 이름)의 측후관으로 보이나, 『실록』에는 그의 이름이 보이지 않는다. 그는 『성경』 하편 끝에 '書星鏡後編'을 썼다. 이 때 그의 직분은 嘉善大夫 前 同知中樞府事'이다.

이 성도에 적혀 있지 않았다면 이 두 성도가 똑같은 〈허수도(虛宿圖)〉라고 보는 것 자체가 불가능할 정도이다.

『보천가』는 모든 별자리를 인상 좋게 만들어서 임의로 배치한 것임이 분명하게 들어난다. 단원자는 이런 모양으로 별자리들을 만들어 놓아야 그의 특유의 칠언시(七言詩)로 해설하기 쉬웠던 탓인가?

그림 VI-1에 보인 허수에 속한 별자리를 설명한 단원자의 다음과 같은 칠언시를 보면, 그가 의도한 뜻이 확실해진다. 조선의 유생들은 허수에 속한 10개의 별자리를 마치 천자문을 외우듯 열심히 외우면서 노래하듯 익히면서 과거시험을 준비했다. 하늘을 거닐면서 부르는 노래라는 뜻을 가진 『步天歌』는 이런 이유로 오랫 동안 많은 사람들의 사랑을 받아온 것은 사실이지만, 그들은 이 시구의 내용에 따라 밤하늘의 별들을 일일이 찾아 나서는 일은 하지 않은 채, 마치 그 많은 별들을 다 알고 있는 듯이 위장하고 있었다.

上下各一如連珠(상하각일여연주) 아래 위로 구슬을 각각 하나씩 연결한 듯
命祿危非虛上呈(명록위비허상정) 명, 녹, 위, 비가 허의 위에 있고
虛危之下哭泣星(허위지하곡읍성) 허와 위의 밑에는 곡과 읍이 있도다.
哭泣雙雙下壘城(곡읍쌍쌍하루성) 쌍을 이룬 곡과 읍 밑에는 누성이 있고
天壘圓黃十三星(천루원황십삼성) 천루성은 노랑색 13개의 별들로 원을 만드네.
敗臼四星城下橫(패구사성성하횡) 네 별로 된 패구는 천루성 밑에 옆으로 누워있고
臼西三點離瑜明(구서삼점이유명) 패구의 서쪽에는 세 별로 된 이유가 밝도다.

2-3. 고대 천문도로 위치 분석은 무의미

이순지의 『천문유초』는 전편과 후편으로 되어 있는 한 질의 책인데, 전편은 『보천가』의 별자리그림과 칠언시를 그대로 옮겨 적은 것이다. 그런데 「천상열차분야지도」의 별자리 모양과 배치를 보면, 이 두 문헌(『보천가』와 『천문유초』)의 것과 거의 동일하다. 다만 별의 이름을 새길 때 약자를 택한 점과 한 면에 모든 별을 전부 새겨야 했으므로 중심은 촘촘하고, 가장 자리는 확대되어 있다는 차이가 있을 뿐이다.

이 두 문헌의 별자리 그림과 「천상열차분야지도」를 비롯한 중국과 한국의 옛 천문도는

별의 위치를 정밀하게 작도한 것이 아니라는 것은 이미 앞에서 입증한 바 있으나, 아직도 한국의 젊은 연구가들에게는 위치 검증을 통한 동정 작업이라는 유혹을 뿌리치지 못하고 있는 경우가 종종 있다. 옛 천문도에서 별의 위치를 추정한다든지 그 결과를 가지고 새로운 동정을 시도하는 일은 의미 없는 것이라는 점을 다시 언급해 보자.[24]

무의미한 위치 분석

동양의 옛 천문도에는 좌표 표시가 없다. 「소주천문도」와 「천상열차분야지도」에 경도(經度)를 대신하는 표기(表記)로서 원의 둘레에 궁(宮)과 분야(分野)가 표시되어 있으나 이것들은 정확한 각도를 나타내는 눈금 역할은 하지 못한다. 위도(緯度)는 전혀 표시되어 있지 않고 항현권(恒見圈)을 나타내는 원과 적도와 황도가 그려져 있을 뿐이다. 「천상열차분야지도」의 경우, 지름이 76 cm 되는 큰 원 안에 1400여 개나 되는 많은 별을 작은 원으로 새겼기 때문에, 별을 표시한 원의 크기 자체가 항현권 안에서는 각도로 몇 도에 해당할 정도로 상대적으로 아주 크다. 그렇기 때문에 작업한 석공(石工)이 새긴 이런 석각천문도에는 얼마든지 있을 수 있는 착오와 실수를 피할 수 없는 일도 많이 발생한다. 따라서 정확한 좌표는 그림이 아니라 성표에 숫자로 기록해야 하는 것인데, 이런 성표는 동양에는 처음부터 존재하지 않았다.[25]

「소주천문도」나 「천상열차분야지도」 각석에서 만든 탁본을 사용하여 북극거리를 측정하여 별의 적위를 정하고, 적도와 황도의 교점으로부터 그 별의 적경을 측정하는 현대천문학적 검증 방법은 고대 천문도에서 별들의 위치를 정량적으로 분석할 때는 의미 없는 일이 될 수밖에 없다. 여기에 북극권의 별들을 서로 비교해 보도록 또 하려고 다른 분명한 자료를 그림 IX-2에 제시해 본다. 이것은 「천상열차분야지도」 탁본의 일부(왼쪽)와 최근에 발간된 「全天全圖 2000.0」의 일부(오른쪽)이다.

---

24 伊世同, 『全天全圖 2000.0』, (中國地圖出版社: 天津), 1991(第3刷). Yi Shitong(伊世同)이 이 대조용 성도를 만들 때 참고한 자료는 Yale Unversty Observatory의 Catalogue of Bright Stars와 Antonin Becbar의 Atlas Coeli Skalnate Pleso(1950.0)이다.

25 원나라의 곽수경(郭守敬)은 성표를 만들었으나, 고려나 조선시대에 도입하여 이것을 응용한 천문도는 없다. 그리고 「천상열차분야지도」 각석을 만들 때도 이용되지는 않았다.

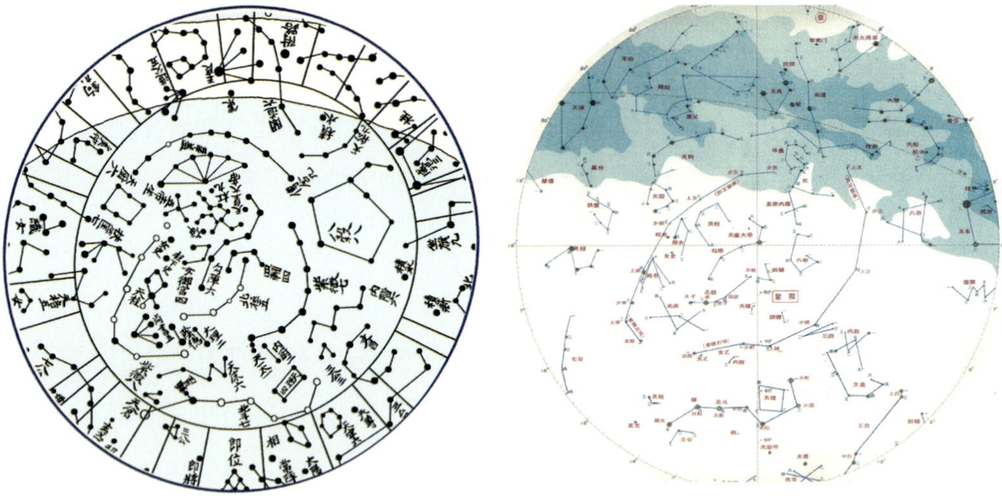

그림 IX-2. 북극권의 별자리들. 왼쪽은 「천상열차분야지도」이고, 오른쪽은 Yi Shitong(伊世同)이 만든 북극권 성도이다.[22]

위에 보인 두 성도는 북극 근처에 있는 자미원에 속한 별들이 있는 하늘이다. 그림 IX-2의 두 성도는 똑같은 하늘을 보여 주고 있지만, 자세히 보면 별자리의 배치와 모양은 북두칠성과 북극성이 있는 구진6(句陳六)을 제외하면 어느 하나도 서로 닮은 것이 없다. 전자는 전통적인 한국의 천문도를 대표하는 「천상열차분야지도」이고, 후자는 2000.0년을 기준한 현대 성도에서 별들을 맞춰본 성도이다. 이 두 성도에서 볼 수 있는 옛 별자리가 서로 다른 이유는 두말할 것 없이 중국이나 한국의 옛 천문도는 별들의 위치를 표시함에 있어서 모두 정확도는 무시하고 상징성만 부각시킨 것이기 때문이다.

시대 배경

옛 천문도의 가치는, 정량적인 분석을 위한 것이 아니라 그 천문도가 제작되었던 시대의 문화와 풍속을 가늠해 볼 수 있는 정성적인 고찰을 하는데 있다. 고구려의 천문도는 무거운 돌 판에 새긴 것이었기에 여기저기 옮기기에는 부적절한 것이었지만, 당(唐)의 침략을 받았을 때 대동강을 건너는 배에 싣고 옮기려다가 빠뜨려서 잃고 말았다. 전쟁 중에도 이 천문도는 얼마나 중요한 보물이었기에 이렇게 옮겨야 했었던가. 마치 사막을 방황하면서도 무거운 〈법궤(法櫃)〉를 귀중하게 운반하고 다녔던 구약시대의 이스라엘 사람들을 연상케 한다.

조선 태조4년에 새긴 「천상열차분야지도」는 태조가 〈나라의 중요한 보물〉이라고 강조했다. 고려말의 충신들이 새 왕조에 굴하지 않고 대항할 때, 조선의 태조 이성계는 이 「천상열차분야지도」를 만들어 세상 사람들에게 보이기를 원했다. 자기가 새 시대를 책임지는 천자(天子)임을 과시하고 싶었던 것이다. 권근으로 하여금 세차(歲差)를 교정하고 〈중성기(中星記)〉를 만들었다고는 하지만, 새로운 측정은 생략한 채 고구려의 탁본에 있는 별들을 그대로 돌 판에 새기게 한 것 같다. 1400여 개나 되는 많은 별들의 정확한 위치 측정은 1-2년이란 짧은 기간 안에 할 수 없는 일이다. 그러나 이렇게 만든 석각천문도는 왕의 권위의 상징물로 승격되어 아무도 잘못된 그림을 고치려고 생각할 수 없었던 것이 그 시대였다.

조선시대에는 「천상열차분야지도」 돌 판에서 탁본을 정규적으로 만들어서 높은 직위에 있던 사대부들이 가지고 있었다. 이들에게 접근할 수 있는 사람들은 그 탁본을 보고 필사본을 만들었다. 신분이 아주 낮은 사람들은 이 필사본을 또 베꼈다. 따라서 근본은 하나이지만 베끼는 솜씨와 형편에 따라 모양은 제각각으로 달라졌다. 이런 종류의 필사본 천문도에 관하여는 앞의 제VII장에서 이미 소개한 바 있다.

중국과 한국의 전통적인 천문도가 각 문헌과 옛 천문도에 어떻게 표기되어 있는가를 조사해 보자. 이 조사에는 「천상열차분야지도」와 5종의 문헌을 사용하였다. 그리고 별자리와 별들 그리고 이름들이 약간씩 다르게 표기되어 있다는 것을 보여주기 위해 목록을 만들어 표 VI-3/1~7에 수록했다. 이 목록은 『천문유초』에 있는 별자리의 순서를 따랐다. 표의 첫 줄에 「천상열차분야지도」의 별의 이름을 적어서 기본으로 하고, 다른 5종의 문헌에 있는 별자리 이름과 속해 있는 별의 수를 대비시켰다. 이 표에 있는 서양식 학명은 정평이 있는 『중국대백과전서 천문학(中國大百科全書 天文學)』[26]의 자료를 이용하였다. 이 표를 보면 알 수 있듯이 동정(同定)된 별의 수보다 동정되지 못한 별이 더 많다.

이 표와 그림 IX-2를 통하여 위에서 언급한 여러 문제들을 다음과 같이 다시 분명하게 지적해 둘 필요가 있다.

(1) 수(隋)나라의 『보천가』와 『천문유초』는 근본적으로 동일하다.

---

26 『中國大百科全書 天文學』, (中國大百科全書出版社: 北京·上海), pp. 571~576. 1980.

(2) 남병길의 『성경』과 이준양의 『신법보천가』도 근본적으로 동일하다.

(3) 남방칠사(南方七舍)의 귀수(鬼宿)에 속한 〈천기(天紀)〉 또는 〈천기(天記)〉라는 별자리는 별 1개로 되어 있는데, 이것이 「천상열차분야지도」와 『천문유초』에는 없다. 그 이유는 「천상열차분야지도」를 각석할 때 착오로 누락시킨 것을 이순지가 그대로 『천문유초』에 옮긴 것 같다.

(4) Yi Shitong(伊世同)의 「전천전도(全天全圖 2000.0)」(그림 IX-2 참조)는 그림으로 서로 비교할 수 있는 귀한 자료이다. 전부 9,091개의 별이 동정(同定)되어 있다.

(5) 『중국대백과전서 천문학』에는 학명을 붙인 489개의 별들을 소개하고 있다. 중국천문학계의 전문가들이 참여하여 만든 동정이지만, 그 수가 이렇게 적다는 것은 동정 작업이 얼마나 어려운가를 말해 주고 있는 것이다. 그런데 이 동정 중에는 위의 (4)와 일치하지 않는 것이 여러 개 있다.

다음 표 IX-3/1~7에 여러 성도와 성표에 있는 별을 「천상열차분야지도」를 기본으로 하여 수록하였다.

표 IX-3/1. 대표적인 동양의 성도와 성표에 있는 별의 목록(자미원).

垣/舍 宿	天象列次分野之圖	中國大百科全書 天文學(1980)			星鏡 (1861)	天文類抄 (1440년경)	步天歌 (7세기)	新法步天歌 (1862)
	星官(1395)	學名	General C. No.	다른 표기				
紫微垣 자미원	北極 북극一	13 γ UMi	20692	紐星유성	太子	北極五	北極五	太子
	二	7 β UMi	20029		帝星			帝
	三	5 UMi	19548		庶子			庶子
	四	4 UMi	19142		后宮			后宮
	五	Cam	17440		北極			北極
	句陳 구진一	1 α UMi	2243	–	1 α UMi	句陳六	句陳六	勾陳
	二							
	三							
	四							
	五							
	六							
	四輔 사보一	Cam	14305	–	–	四輔四	四輔四	
	二							
	三							
	四							
	天皇大帝천황대제	Cep	–	–	–	–	–	–

垣/舍 宿	天象列次分野之圖	中國大百科全書 天文學(1980)			星鏡 (1861)	天文類抄 (1440년경)	步天歌 (7세기)	新法步天歌 (1862)
	星官(1395)	學名	General C. No.	다른 표기				
紫微垣 자미원	天柱 천주一 二 三 四 五	76 Dra	29109					
	女御宮 여어궁一 二 三 四	60 τ Dra	26638	御女	御女	女御宮四	女御宮四	御女
	女史 여사	34 Dra	24459	–	–	–	–	–
	柱下史 주하사 尙書 상서一 二 三 四 五	43 φ Dra 27 f Dra	25114 23821	柱史 –	柱史 –	柱下史 尙書五	柱下史 尙書五	柱史 尙書
	天床 천상一 二 三 四 五 六	UMi	19189	–	–	天床六	天床六	天床
	大理 대리一 二	Cam	16672	–	–	大理二	大理二	大理
	陰德 음덕一 二	Dra	14507	–	–	–	–	–
	六甲 육갑一 二 三 四 五 六	Cam	8711	–	–	–	–	–
	五帝坐 오제좌一 二 三 四 五	– 47 Cas	– 2459	五帝內座	五帝內座	五帝坐	五帝坐	五帝內座
	華盖 화개一 二 三 四 五 六 七	36 Cas	1707	–	–	華盖	華盖	華盖

垣/舍 宿	天象列次分野之圖	中國大百科全書 天文學(1980)			星鏡 (1861)	天文類抄 (1440년경)	步天歌 (7세기)	新法步天歌 (1862)
	星官(1395)	學名	General C. No.	다른 표기				
紫微垣 자미원	杠 강一	ɣ Cam	4557	–	杠	杠九	杠九	–
	二							
	三							
	四							
	五							
	六							
	七							
	八							
	九							
	紫微 자미一	11 α Dra	19019	右垣右樞	右垣右樞	紫微七	紫微七	右樞
	二	5 κ Dra	17126	少尉	少尉			少尉
	三	1 λ Dra	15799	上補	上補			上補
	四	24 d UMa	13171	少補	少補			少補
	五	43 Cam	8957	上衛	上衛			上衛
	六	9 α Cam	5924	少衛	少衛			少衛
	七	Cam	3947	上丞	上丞			上丞
	天 천一	10 i Dra	18750	–	天乙	天一	天一	天乙
	太 태一	Dra	?	–	–	太一	太一	太乙
	內廚 내주一	7 Dra	17387	–	–	內廚二	內廚二	–
	二							
	北斗 북두一	50 α UMa	15185	天樞	天樞	北斗七	北斗七	天樞
	二	48 β UMa	15145	天璇	天璇			天璇
	三	64 ɣ UMa	16268	天璣	天璣			天璣
	四	69 δ UMa	16736	天權	天權			天權
	五	77 ε UMa	17518	玉衡	玉衡			玉衡
	六	29 ζ UMa	18133	開陽	開陽			開陽
	七	85 η UMa	18643	搖光	搖光			搖光
	輔星 보성	81 UMa	18353	輔星	輔一星	–	–	輔
	天倉 천창一	17 κ1 Boo	19204	天槍	天槍	天槍	天槍	
	二							
	玄戈 현과	19 λ Boo	19273	–	元戈	玄戈一	玄戈一	–
	三公 삼공一			–	–	–	–	–
	二	24 CVn	18356					
	三							
	相 상一	5 CVn	16906	–	–	–	–	相
	天理 천리一			–	–	天理四	天理四	天理
	二							
	三	66 UMa	16315					
	四							
	太陽守 태양수	63 χ UMa	16137	–	–	–	–	太陽守
	太尊 태존	52 ψ UMa	15340	–	–	大尊	大尊	–

垣/舍 宿	天象列次分野之圖	中國大百科全書 天文學(1980)			星鏡 (1861)	天文類抄 (1440년경)	步天歌 (7세기)	新法步天歌 (1862)
	星官(1395)	學名	General C. No.	다른 표기				
紫微垣 자미원	天牢 천뢰 一 二 三 四 五 六	45 ω UMa	14974	–	–	–	–	天牢
	勢 세 一 二 三 四	34 LMi	14501	–	–	勢四	勢四	勢
	文昌 문창 一 二 三 四 五 六 七	25 θ UMa	13157	– 없음	– 없음	文昌	文昌	–
	內階 내계 一 二 三 四 五 六	1 o UMa	11593	–	–	–	–	–
	三公 삼공 一 二 三	8 ρ UMa	12447	三師	三師	三公三	三公三	三師
	八穀 팔곡 一 二 三 四 五 六 七 八	33 δ Aur	7521	–	–	–	–	八穀
	傳舍 전사 一 二 三 四 五 六 七 八 九	55 Cas	2661	–	–	–	–	傳舍

垣/舍 宿	天象列次分野之圖	中國大百科全書 天文學(1980)			星鏡 (1861)	天文類抄 (1440년경)	步天歌 (7세기)	新法步天歌 (1862)
	星官(1395)	學名	General C. No.	다른 표기				
紫微垣 자미원	天廚 천주一 二 三 四 五 六	57 δ Dra	26520	–	–	–	–	天廚
	天棓 천방一 二 三 四 五	32 ξ Dra γ Dra	24364 24432	–	–	天棓	–	天棓

[주] 신법보천가의 별의 위치가 현저하게 다른 경우는 파랑색으로 표했음.

표 IX-3/2. 대표적인 동양의 성도와 성표에 있는 별의 목록(태미원).

垣/舍 宿	天象列次分野之圖	中國大百科全書 天文學(1980)			星鏡 (1861)	天文類抄 (1440년경)	步天歌 (7세기)	新法步天歌 (1862)
	星官(1395)	學名	General C. No.	다른 표기				
太微垣 태미원	五帝 오제一 二 三 四 五	94 ? Leo	16189	五帝座	五帝座	五帝	五帝	五帝座
	太子 태자	93 Leo	16173	–	–	太子	太子	–
	從官 종관	92 Leo	16030	內五諸侯	–	從官	從官	–
	幸臣 행신	Com	16410		–	幸臣	幸臣	–
	五諸侯 오제후一 二 三 四 五	39 Com	17767		–	–	–	–
	九卿 구경一 二 三	30 ρ Vir		–	–	九卿	九卿	–
	三公內坐삼공내좌一 二 三	– – 35 Vir	– – 17381	三公 – –	三公 – –	三公內坐三 – –	三公內坐 – –	三公
	屛 병一 二 三 四	2 ξ Vir		內屛	內屛	屛	屛	內屛

垣/舍 宿	天象列次分野之圖	中國大百科全書 天文學(1980)			星鏡	天文類抄	步天歌	新法步天歌
	星官(1395)	學名	General C. No.	다른 표기	(1861)	(1440년경)	(7세기)	(1862)
太微垣 태미원					(右垣墻)	(太微)	(太微)	
	大微 대미一	5 β Vir		右執法	右執法			右執法
	二	77 σ Vir		西上將	西上將			上將
	三	78 ι Leo		西次將	西次將			次將
	四	70 θ Leo		西次相	西次相			次相
	五	68 δ Leo		西上相	西上相			上相
					(左垣墻)	(少微)	(少微)	
	少微 소미一	15 η Vir		左執法	左執法			左執法
	二	29 γ Vir		東上相	東上相			上相
	三	43 δ Vir		東次相	東次相			次相
	四	47 ε Vir		東次將	東次將			次將
	五	2 α Com		東上將	東上將			上將
	郎將 낭장	31 Com	17455	–	–	郎將一	郎將一	–
	郎位 낭위一	15 γ Com	–	–	–	–	–	
	二							
	三							
	四							
	五							
	六							
	七							
	八							
	九							
	十							
	十一							
	十二							
	十三							
	十四							
	十五							
	常陳 상진一	12α2 CVn	–	–	–	–		
	二							
	三							
	四							
	五							
	六							
	七							
	三台 삼태一	9 ι UMa		上台一	一上台	三台六	三台六	上台一
	二	33 λ UMa		上台二	二上台			上台二
	三	54 ν UMa		中台一	一中台			中台一
	四			中台二	二中台			中台二
	五			下台一	一下台			下台一
	六			下台二	二下台			下台二
	虎賁 호분	72 Leo	15460	–	–	–	–	–
	少微 소미一	52 LMi	15284			少微四	少微四	少微
	二							
	三							
	四							

垣/舍 宿	天象列次分野之圖	中國大百科全書 天文學(1980)			星鏡 (1861)	天文類抄 (1440년경)	步天歌 (7세기)	新法步天歌 (1862)
	星官(1395)	學名	General C. No.	다른 표기				
太微垣 태미원	長垣 장원一 二 三 四	46 Leo	14468	–	–	長垣四	長垣四	長垣
	靈臺 영대一 二 三	63 χ Leo		靈台		靈臺三	靈臺三	靈臺
	明堂 명당一 二 三	84 τ Leo				明堂三	明堂三	明堂
	謁者 알자	16 c Vir				謁者一	謁者一	謁者

1. 밝기: 보천가의 경우와는 달리, 별의 밝기에 따라 원의 크기가 다르다.

2. 星數: 성경의 경우처럼 많은 별과 별자리가 줄었다.

표 IX-3/3. 대표적인 동양의 성도와 성표에 있는 별의 목록(천시원).

垣/舍 宿	天象列次分野之圖	中國大百科全書 天文學(1980)			星鏡 (1861)	天文類抄 (1440년경)	步天歌 (7세기)	新法步天歌 (1862)
	星官(1395)	學名	General C. No.	다른 표기				
天市垣 천시원	帝坐 제좌	–	–	–	–	帝座一	帝座一	–
	侯 후	55 α Oph	–	–	–	候一	候一	侯
	宦者 환자一 二 三 四	60 Her	23061	–	–	–	–	
	斗 두一 二 三 四 五	24 ω Her	–	–	–	斗五	斗五	斗
	斛 곡一 二 三 四	25 ι Oph	–	–	–	25ι Oph	斛四	斛
	列肆 열사一	50 σ Ser	–	–	–			
	車肆 거사一 二	3 ν Oph	–	–	–	車肆二	車肆二	車肆
	市樓 시루一 二 三 四 五 六	57 μ Oph	–	–	–	–	–	

垣/舍 宿	天象列次分野之圖	中國大百科全書 天文學(1980)			星鏡 (1861)	天文類抄 (1440년경)	步天歌 (7세기)	新法步天歌 (1862)
	星官(1395)	學名	General C. No.	다른 표기				
	市樓 시루一	57 μ Oph						
	二							
	三		–	–	–	–	–	
	四							
	五							
	六							
	宗正 종정一	60 β Oph				宗正二	宗正二	宗正
	二							
	宗人 종인一	66 Oph	24500			宗人四	宗人四	宗人
	二							
	三							
	四							
	宗星 종성一	110 Her	25698	宗	宗	宗星二	宗星二	宗(위치?)
	二							
	帛度 백도一	95 Her	24538			帛度二	帛度二	帛度二
	二							
	屠肆 도사一	109 Her	25116			屠肆二	屠肆二	屠肆
	二							
	帝座 제좌	64 α1 Her	23277			帝座一	帝座一	–
天市垣 천시원				(天市右垣)	(右垣墻)	(天市東垣)	天市東垣	
	天市東垣천시동원一	27 β Her	22193	河中	河中			魏
	二	20 γ Her	22012	河間	河間			趙
	三	7 κ Her	21696	晉	晉			九河
	四	41 γ Ser	21408	鄭	鄭			中山
	五	28 β Ser	21194	周	周			齊
	六	13 δ Ser	20942	秦	秦			吳越
	七	24 α Ser	21158	蜀	蜀			徐
	八	37 ε Ser	21288	巴	巴			東海
	九	1 δ Oph	21838	梁	梁			燕
	十	2 ε Oph	21920	楚	楚			南海
	十一	13 ζ Oph	22332	韓	韓			宋
				(天市左垣)	(左垣墻)	(天市十一)	(天市十一)	
	天市 천시一	65 δ Her	23294	魏	魏			河中
	二	76 λ Her	23726	趙	趙			河間
	三	86 μ Her	24138	九河	九河			晉
	四	103 ο Her	24711	中山	中山			鄭
	五	112 Her	25895	齊	齊			周
	六	17 ζ Aql	26279	吳越	吳越			秦
	七	63 θ1 Ser	25991	徐	徐			蜀
	八	58 η Ser	25046	東海	東海			巴
	九	64 ν Oph	24468	燕	燕			梁
	十	55 ξ Ser	23881	南海	南海			楚
	十一	35 η Oph	23158	宋	宋			韓

垣/舍 宿	天象列次分野之圖	中國大百科全書 天文學(1980)			星鏡 (1861)	天文類抄 (1440년경)	步天歌 (7세기)	新法步天歌 (1862)
	星官(1395)	學名	General C. No.	다른 표기				
天市垣 천시원	天紀 천기 一	19 ξ CrB				天紀九	天紀九	天紀
	二							
	三							
	四							
	五							
	六							
	七							
	八							
	九							
	女牀 여상 一	67 π Her		女床			–	女床
	二							
	三							
	貫索 관색 一	9 π CrB				貫索九	貫索九	貫索
	二							
	三							
	四	α CrB						
	五							
	六							
	七							
	八							
	九							
	七公 칠공 一	42 Her	22412			七公七	七公七	七公
	二							
	三							
	四							
	五							
	六							
	七							

1. 밝기: 보천가의 경우와는 달리, 별의 밝기에 따라 원의 크기가 다르다.
2. 星數: 성경의 경우처럼 많은 별과 별자리가 줄었다.

표 IX-3/4. 대표적인 동양의 성도와 성표에 있는 별의 목록(동방칠사).

垣/舍　宿	天象列次分野之圖	中國大百科全書 天文學(1980)			星鏡 (1861)	天文類抄 (1440년경)	步天歌 (7세기)	新法步天歌 (1862)
	星官(1395)	學名	General C. No.	다른 표기				
	左角 좌각一	67 α Vir	18144	角	角	–	–	角宿
	二	29 ζ Vir	18351					
	平道 평도一	51 θ Vir	17828	–	–	–	–	–
	二							
	天田 천전一	78 Vir	18335	–	–	–	–	–
	二							
	周鼎 주정一	43 β Com	17874	–	–	–	–	–
	二							
	三							
	進賢 진현	44 κ Vir	17631	–	–	–	–	–
	天門 천문一	53 Vir	17870	–	–	–	–	–
	二							
	平 평一	46 γ Hya	18012	平星	–	–	–	–
	二							
	庫樓 고루一	ζ Cen	18809	–	–	–	–	–
	二	η Cen	19656					
	三	θ Cen	19033					
	四							
	五							
	六							
	七	γ Cen	17262					
	八							
東方七舍　角宿	九							
	十							
	柱 주一	v2 Cen	18939	五柱	–	–	–	四柱
	二							
	三							四柱
	四							
	五							柱
	六							
	七							柱
	八							
	九							
	十							柱
	十一							
	十二				없음			없음
	十三				없음			없음
	十四				없음			없음
	十五				없음			없음
	衡 형一	v Cen	18665	–	–	–	–	배치가 다름
	二							
	三							
	四							
	南門 남문一	ε Cen	18458	–	–	南門二	南門二	南門
	二	α Cen	19728					

垣/舍 宿	天象列次分野之圖	中國大百科全書 天文學(1980)			星鏡 (1861)	天文類抄 (1440년경)	步天歌 (7세기)	新法步天歌 (1862)
	星官(1395)	學名	General C. No.	다른 표기				
東方七舍亢宿 동방칠사 항수	亢 항一	98 χ Vir	19168	–	–	亢四	亢四	亢宿
	二	99 ι Vir	19244					
	三	105 φ Vir	19504					
	四	100 λ Vir	19311					
	攝提 섭제一	8 η Boo	18895	右攝提	右攝提	攝提三	攝提三	右攝提
	二							
	三							
	攝提 섭제一	35 o Boo	19858	左攝提	左攝提	攝提三	攝提三	左攝提
	二							
	三							
	大角 대각一	16 α Boo	19742	–	–	–	–	大角
	折威 절위一	50 Hya	19163	–	–	折威七	折威七	折威
	二							
	三							
	四							
	五							
	六							
	七							
	頓頑 돈완一	φ1 Lup	20643	–	–	頓頑二	頓頑二	頓頑
	二							
	陽門 양문一	b Lup	19779	–	–	陽門二	陽門二	陽門
	二							
東方七舍氐宿 동방칠사 저수	氐 저一	9 α1 Lib	19975	–		氐四	氐四	氐宿
	二	24 L Lib	20433	–				
	三	38 γ Lib	20949					
	四	27 β Lib	20539					
	亢池 항지一	20 Boo	19334	–	–	亢池六	亢池六	亢池
	二							
	三							
	四							
	五				없음			없음
	六				없음			없음
	帝席 제석一	12 d Boo	19127	–	–	帝席三	帝席三	帝席
	二							
	三							
	更河 경하一	36 ε Boo	19856	梗河	梗河	梗河三	梗河三	梗河
	二							
	三							
	招搖 초요	27 Y Boo	10607	–	–	招搖一	招搖一	招搖
	天乳 천유	32 μ Ser	21269	–	–	天乳一	天乳一	–
	天輻 천복一	39 ν Lib	20929	–	–	天輻二	天輻二	天輻
	二							
	陣車 진거一	58 E Hya	19954	–	–	陣車三	陣車三	陣車
	二							
	三							
	騎官 기관一			–	–	騎官二十七	騎官二十七	騎官
	二							
	三							
	四							

垣/舍 宿	天象列次分野之圖	中國大百科全書 天文學(1980)			星鏡 (1861)	天文類抄 (1440년경)	步天歌 (7세기)	新法步天歌 (1862)
	星官(1395)	學名	General C. No.	다른 표기				
	五							
	六							
	七							
	八							
	九							
	十	σ Lup	19774					
	十一				없음			없음
	十二				없음			없음
	十三				없음			없음
	十四				없음			없음
	十五				없음			없음
	十六				없음			없음
	十七				없음			없음
	十八				없음			없음
	十九				없음			없음
	二十				없음			없음
	二十一				없음			없음
	二十二				없음			없음
	二十三				없음			없음
	二十四				없음			없음
	二十五				없음			없음
	二十六				없음			없음
	二十七				없음			없음
	車騎 거기一	ζ Lup	20418	–	–		車騎三	車騎
	二							
	三							
	騎陣將軍 기진장군	χ1 Lup	20409					
	房 방一	6 π Sco	21447	–	–	房四	房四	房四
	二	5 ρ Sco	21398					
	三	7 δ Sco	21489					
	四	8 β1 Sco	21609					
	鉤鈐一	9 ω1 Sco	21639	鉤鈐一	鉤鈐一			鉤鈐一
	二			二	二			二
	鍵閉 건폐一	14 ν Sco	21773	–	–	鍵閉	鍵閉	鍵閉
	西咸 서함一	ξ1,2 Sco	21593	–	–	–	–	–
	二							
	三							
東方七舍房宿 동방칠사 방수	四							
	東咸 동함一	8 φ Oph	22200	–	–	–	–	–
	二							
	三							
	四							
	罰 벌一	18 Sco	21864	–	–	–	–	–
	二							
	三							
	日 일一	43 χ Lib	21094	–	–	日一	日一	日
	從官 종관一	4 φ2 Lup	21106	–	–	從官二	從官二	從官
	二							

垣/舍 宿	天象列次分野之圖	中國大百科全書 天文學(1980)			星鏡 (1861)	天文類抄 (1440년경)	步天歌 (7세기)	新法步天歌 (1862)
	星官(1395)	學名	General C. No.	다른 표기				
	心 심一	20 σ Sco			–	心三	心三	心宿
	二	21 α Sco						
	三	23 τ Sco						
	積卒 적졸一	θ Lup			–	積卒十二	積卒十二	積卒
	二							
	三				없음			없음
	四				없음			없음
東方七舍心宿 동방칠사 심수	五				없음			없음
	六				없음			없음
	七				없음			없음
	八				없음			없음
	九				없음			없음
	十				없음			없음
	十一				없음			없음
	十二				없음			없음
	尾 미一	μ1 Sco				尾九	尾九	尾宿
	二	26 ε Sco						
	三	ζ2 Sco						
	四	η Sco						
	五	θ Sco						
	六	ι1 Sco						
	七	χ Sco						
	八	35 λ Sco	NGC					
	九	34 υ Sco	6231					
東方七舍尾宿 동방칠사 미수	神宮 신궁		21869			–	–	–
	龜 귀一	ε1 Ara				龜五	龜五	龜
	二							
	三							
	四							
	五		24188					
	傳說 부열一	G Sco	NGC			傳說一	傳說一	傳說
	魚 어一	M7 Sco	6475			–	–	魚
	天江 천강一							
	二							
	三	42 θ Oph	23451					
	四					天江四	天江四	–
	箕 기一	10 γ Sgr	24632	–	–	箕四	箕四	箕宿
	二	19 δ Sgr	25024					
	三	20 ε Sgr	25100					
東方七舍箕宿 동방칠사 기수	四	η Sgr	24944					
	糠 강一	45 d Oph	23627	–	糠	–	–	糠
	外杵 외저一			杵	杵	外杵三	外杵三	杵
	二	α Ara	23708					
	三							

표 IX-3/5. 대표적인 동양의 성도와 성표에 있는 별의 목록(북방칠사).

垣/舍 宿	天象列次分野之圖	中國大百科全書 天文學(1980)			星鏡	天文類抄	步天歌	新法步天歌
	星官(1395)	學名	General C. No.	다른 표기	(1861)	(1440년경)	(7세기)	(1862)
北方七舍 斗宿 북방칠사 두수	南斗 남두一	27 φ Sgr	25661	南斗	–	南斗六	南斗六	斗宿
	二	22 λ Sgr	25180					
	三	13 μ Sgr	24856					
	四	34 σ Sgr	25941					
	五	40 τ Sgr	26291					
	六	38 ζ Sgr	26161					
	建星 건성一	37 ξ2 Sgr	26019	建星一	建一	立星六	立星六	建一
	二			二	二			二
	三			三	三			三
	四			四	四			四
	五			五	五			五
	六			六	六			六
	天弁 천변一	σ Sct	25385	–	–	天弁九	天弁九	天弁
	二							
	三							
	四							
	五							
	六							
	七							
	八							
	九							
	鼈 별一	σ Tel	25154	–	–	鼈十四	鼈十四	鼈
	二							
	三							
	四							
	五							
	六							
	七							
	八							
	九							
	十							
	十一							
	十二							
	十三							
	十四							
	天雞 천계一	55 e Sgr						
	二							
	天鑰 천약一	58 Oph						
	二							
	三							
	四							
	五							
	六				없음			
	七				없음			
	八				없음			

垣/舍 宿	天象列次分野之圖	中國大百科全書 天文學(1980)			星鏡 (1861)	天文類抄 (1440년경)	步天歌 (7세기)	新法步天歌 (1862)
	星官(1395)	學名	General C. No.	다른 표기				
	狗國 구국一	58 ω Sgr	27583	–	–	狗國四	狗國四	狗國
	二							
	三							
	四							
	天淵 천연一			–	–	天淵十	天淵十	天淵
	二							
	三	α Sgr	26737					
	四				없음			
	五				없음			
	六				없음			
	七				없음			
	八				없음			
	九				없음			
	十				없음			
	狗 구一	52 h2 Sgr	27089	–	–	狗二	狗二	狗
	二							
	農丈人 농장인		25613	–	–	農丈人一	農丈人一	–
	牽牛 견우一	9 β Cap	28295	–	牛	牽牛六	牽牛六	牛宿
	二	6 α2 Cap	28200					
	三	2 ξ2 Cap	28035					
	四	10 π Cap	28442					
	五	12 ο Cap	28503					
	六	11 ρ Cap	28481					
	天桴 천부一	65 θ Aql	28010	–	–	天桴四	天桴四	天桴(모양)
	二							
	三							
	四							
北方七舍 牛宿 북방칠사 우수	河鼓 하고一	60 β Aql	27587	–	河鼓	河鼓三	河鼓三	河鼓
	二	53 α Aql	27470	牛郎星				
	三	50 γ Aql	27354					
	右旗 우기一	38 μ Aql	27030	–	–	右旗九	右旗九	右旗
	二							
	三							
	四							
	五							
	六							
	七							
	八							
	九							

垣/舍 宿	天象列次分野之圖	中國大百科全書 天文學(1980)			星鏡 (1861)	天文類抄 (1440년경)	步天歌 (7세기)	新法步天歌 (1862)
	星官(1395)	學名	General C. No.	다른 표기				
	左旗 좌기一	5 α Sgl	27215	–	–	左旗九	左旗九	左旗
	二							
	三							
	四							
	五							
	六							
	七							
	八							
	九							
	織女 직녀一	3 α Lyr	25466	–	–	織女三	織女三	–
	二							
	三							
	漸臺 점대一	12 δ2 Lyr	25959	漸台	–	–	–	–
	二							
	三							
	四							
	輦道 연도一	13 R Lyr	25996	–	–	輦道六	輦道六	–
	二							
	三							
	四							
	五							
	六			없음	없음			없음
	羅堰 나언一	14 r Cap	28748	–	–	羅堰三	羅堰三	–
	二							
	三							
	天田 천전一			天田一	–	天田九	天田九	–
	二	18 ω Cap	29079	二				
	三			三				
	四			四				
	五			五	없음			없음
	六			六	없음			없음
	七			七	없음			없음
	八			八	없음			없음
	九			九	없음			없음
	九坎 구감一	Mic	?	九坎一	–	九坎九	九坎九	九坎
	二			二				
	三			三				
	四			四				
	五			五	없음			없음
	六			六	없음			없음
	七			七	없음			없음
	八			八	없음			없음
	九			九	없음			없음

垣/舍 宿	天象列次分野之圖	中國大百科全書 天文學(1980)			星鏡	天文類抄	步天歌	新法步天歌
	星官(1395)	學名	General C. No.	다른 표기	(1861)	(1440년경)	(7세기)	(1862)
北方七舍 女宿 북방칠사 여수	須女 회녀一	2 ε Aqr	28978	須女, 婺무女	女	須女四	須女四	女宿
	二	6 μ Aqr	29109					
	三							
	四							
	離珠 이주一	70 Aql	28684	–	–	離珠五	離珠五	–
	二							
	三							
	四							
	五				없음			없음
					十二國			
	越 월一	19 Cap	29164	–	–	越一	越一	越
	趙 조一	26 Cap	29559	–	–	趙二	趙二	趙
	二							
	周 주一	22 η Cap	29419	–	–	周二	周二	周
	二							
	齊 제一	25 χ Cap	29543	–	–	齊一	齊一	齊
	鄭 정一	20 Cap	29287	–	–	鄭一	鄭一	鄭
	楚 초一	28 φ Cap	29722	–	–	楚一	楚一	楚
	秦 진一	23 θ Cap	27460	–	–	秦二	秦二	秦
	二							
	魏 위一	33 Cap	27953	–	–	魏一	魏一	魏
	燕 연一	34 ζ Cap	30020	–	–	燕一	燕一	燕
	代 대一	32 ι Cap	29903	–	–	代二	代二	代
	二							
	韓 한一	35 Cap	30027	–	–	韓一	韓一	韓
	晋 진一	36 b Cap	30059	–	–	晋一	晋一	晋
	敗苽 패과一	2 ε Del	28593	敗瓜	敗瓜	–	–	敗瓜
	二							
	三							
	四							
	五							
	苽 과一	9 α Del	28780	瓠瓜	瓠瓜	–	–	瓠瓜
	二							
	三							
	四	6 β Del	28709					
	五							
	天津 천진一	37 γ Cgy	28338	–	–	天津九	天津九	–
	二							
	三							
	四	50 α Cgy	28846					
	五							
	六							
	七							
	八							
	九	53 ε Cgy	28959					

垣/舍 宿	天象列次分野之圖	中國大百科全書 天文學(1980)			星鏡 (1861)	天文類抄 (1440년경)	步天歌 (7세기)	新法步天歌 (1862)
	星官(1395)	學名	General C. No.	다른 표기				
	奚仲 해중一	1 χ Cgy	26631	–	–	–	–	–
	二							
	三							
	四							
	扶筐 부광一	46 c Dra	25635	扶筐	–	없음	없음	扶筐
	二					없음	없음	
	三					없음	없음	
	四					없음	없음	
	五					없음	없음	
	六					없음	없음	
	七					없음	없음	
	虛 허一	22 β Aqr	30137	–	–	虛二	虛二	虛宿
	二	8 α Equ	29735					
	司祿 사록一	25		–	–	–	–	–
	二	d Aqr	30315					
	司危 사위一	10 β Equ	29931	–	–	–	–	–
	二	5						
	司非 사비一	ɣ Equ	29591	–	–	–	–	–
	二							
	司命 사명一	24 Aqr	30314	–	–	–	–	–
	二							
	哭 곡一	51 μ Aqr	30631	–	–	哭二	哭二	–
	二							
	泣 읍一	46 ρ Aqr	31225	–	–	泣	泣二	–
	二							
	天壘城 천루성一	53 ξ Aqr	30268	–	–	–	–	(위치,모양)
	二							
北方七舍 虛宿 북방칠사 허수	三							
	四							
	五							
	六							
	七							
	八							
	九							
	十							
	十一							
	十二							
	十三							
	敗臼 패구一	ɣ Gru	30640	–	–		–	–
	二							
	三							
	四		29774					
	離瑜 이유一	ε Mic		–	–	離瑜三	離瑜三	–
	二							
	三							

垣/舍 宿	天象列次分野之圖	中國大百科全書 天文學(1980)			星鏡 (1861)	天文類抄 (1440년경)	步天歌 (7세기)	新法步天歌 (1862)
	星官(1395)	學名	General C. No.	다른 표기				
北方七舍 危宿 북방칠사 위수	危 위一	34 α Aqr	30896	–	–		危三	危宿
	二	26 θ Peg	31013					
	三	8 ε Peg	31431					
	墳墓 분묘一			坟墓	–	–	–	–
	二	48 γ Aqr	31257					
	三							
	四							
	人星 인성一	2 Peg	30109	–	人	–	–	人
	二							
	三							
	四							
	五							
	內杵 내저一	1 Lac	31143	杵	없음 杵	–	–	없음 杵
	二							
	三							
	臼 구一			–	–	–	–	–
	二	10 χ Peg	30450					
	三							
	四							
	車府 거부一	15 Lac	31896	–	–	車府七	車府七	車府
	二							
	三							
	四							
	五							
	六							
	七							
	鉤 구一			天駒	天鉤	鉤九	鉤九	天鉤
	二							
	三							
	四	3 η Cep	28962					
	五	α Cep	29848					
	六							
	七							
	八							
	九							
	造父 조보一	27 δ Cep	31421	–	–	造父五	造父五	–
	二							
	三							
	四							
	五							
	虛梁 허량一	44 Aqr	31163	–	–	–	–	–
	二							
	三							
	四							
	蓋屋 개옥一	31 o Aqr	30844	–	–		–	–
	二							
	天錢 천전一	13 PsA	30856	天錢一	天錢一	–	–	–

垣/舍 宿	天象列次分野之圖	中國大百科全書 天文學(1980)			星鏡	天文類抄	步天歌	新法步天歌
	星官(1395)	學名	General C. No.	다른 표기	(1861)	(1440년경)	(7세기)	(1862)
	二			二	二			
	三			三	三			
	四			四	四			
	五			五	五			
	六			六	없음			없음
	七			七	없음			없음
	八			八	없음			없음
	九			九	없음			없음
	十			十	없음			없음
北方七舍室宿 북방칠사 실수	室 실一	54 α Peg	32149	營室	–	室二	室二	室宿
	二	53 β Peg	32135					
	離宮 이궁一	47 λ Peg	31776	–	–	離宮六	離宮六	離宮
	二							
	三							
	四							
	五							
	六							
	雷電 뇌전一	42 ζ Peg	31664	–	–	–	–	–
	二							
	三							
	四							
	五							
	六							
	羽林 우림一	29 Aqr	30823	羽林軍	羽林軍	羽林四十五	羽林四十五	羽林軍
	二							
	三							
	四							
	五							
	六							
	七							
	八							
	九							
	十							
	十一							
	十二							
	十三							
	十四							
	十五							

垣/舍 宿	天象列次分野之圖	中國大百科全書 天文學(1980)			星鏡 (1861)	天文類抄 (1440년경)	步天歌 (7세기)	新法步天歌 (1862)
	星官(1395)	學名	General C. No.	다른 표기				
	十六							
	十七							
	十八							
	十九							
	二十							
	二十一							
	二十二							
	二十三							
	二十四							
	二十五							
	二十六							
	二十七							
	二十八							
	二十九							
	三十							
	三十一							
	三十二							
	三十三							
	三十四							
	三十五							
	三十六							
	三十七							
	三十八							
	三十九							
	四十							
	四十一							
	四十二							
	四十三							
	四十四							
	四十五							
	壘壁陣 누벽진一			–	–	壘壁陣十二	壘壁陣十二	壘壁陣
	二							
	三							
	四	49 δ Cap	30491					
	五							
	六							
	七							
	八							
	九							
	十							
	十一							
	十二							
	鈇鉞 부월一	103A1 Aqr	32908	–	–	–	–	–
	二							
	三							
	北落師門북락사문	24 α PsA	32000	–	–	–	–	–

垣/舍 宿	天象列次分野之圖	中國大百科全書 天文學(1980)			星鏡 (1861)	天文類抄 (1440년경)	步天歌 (7세기)	新法步天歌 (1862)
	星官(1395)	學名	General C. No.	다른 표기				
	一							
	八魁 팔괴一	2 Cet	23	–	–	八魁九	八魁九	八魁一
	二							二
	三							三
	四							四
	五							五
	六							六
	七				없음			없음
	八				없음			없음
	九				없음			없음
	天綱 천강	23 δ PsA	31974	–	–	–	–	–
	土公吏 토공리一	31 Peg	31255	–	–	–	–	–
	二							
	騰蛇 등사一	7 α Lac	31471	–	–	騰蛇二十二	騰蛇二十二	–
	二							
	三							
	四							
	五							
	六							
	七							
	八							
	九							
	十							
	十一							
	十二							
	十三							
	十四							
	十五							
	十六							
	十七							
	十八							
	十九							
	二十							
	二十一							
	二十二							

垣/舍 宿	天象列次分野之圖	中國大百科全書 天文學(1980)			星鏡 (1861)	天文類抄 (1440년경)	步天歌 (7세기)	新法步天歌 (1862)
	星官(1395)	學名	General C. No.	다른 표기				
	東壁 동벽一	88 γ Peg	238	–	壁	東壁二	東壁二	壁宿
	二	21 α And	127					
	土公 토공一	32 c Psc	33341	–	–	없음	없음	土公一
	二	4						二
	霹靂 벽력一	β Psc	32134	–	–	–	–	–
	二							
	三							
	四							
	五							
	雲雨 운우一	8 χ Psc	32620	云雨一	雲雨一	雲雨四	雲雨四	雲雨
	二			二	二			
	三			三	三			
	四			四	四			
北方七舍 壁宿 北方七舍 벽수	鈇鑕 부질一	48 Cet	1808	–	–	鈇鑕五	鈇鑕五	鈇鑕
	二							
	三							
	四							
	五							
	天廄 천구一	24 θ And	334	–	–	天廄十	天廄十	天廄
	二							
	三							
	四				없음			없음
	五				없음			없음
	六				없음			없음
	七				없음			없음
	八				없음			없음
	九				없음			없음
	十				없음			없음

표 IX-3/6. 대표적인 동양의 성도와 성표에 있는 별의 목록(서방칠사).

垣/舍 宿	天象列次分野之圖	中國大百科全書 天文學(1980)			星鏡 (1861)	天文類抄 (1440년경)	步天歌 (7세기)	新法步天歌 (1862)
	星官(1395)	學名	General C. No.	다른 표기				
西方七舍 奎宿 서방칠사 규수	奎 규一	38 η And	1136	–	–	奎十六	奎十六	奎宿
	二	34 ζ And	940					
	三	65 I Psc	992					
	四	30 ε And	759					
	五	31 δ And	774					
	六	29 π And	729					
	七	35 ν And	989					
	八	37 μ And	1122					
	九	43 β And	1400					
	十	76 Psc	1320					
	十一	83 τ Psc	1441					
	十二	91 I Psc	1630					
	十三	90 ν Psc	1591					
	十四	85 ψ Psc	1474					
	十五	84 χ Psc	1437					
	十六	74 φ1 Psc	1309					
	外屏 외병一	63 δ Psc	963	–	–	–	外屏七	–
	二							
	三							
	四							
	五							
	六							
	七							
	天溷 천혼一	21 Cet	1082	–	–	天溷七	天溷七	天溷
	二							
	三							
	四							
	五				없음			없음
	六				없음			없음
	七				없음			없음
	司空 사공一	16 β Cet	865	土司空	土司空	司空一	司空一	土司空
	軍南門 군남문	42 φ And	1394	–	–	–	–	–
	閣道 각도一	ι Cas	2952	–	–	閣道六	閣道六	–
	二							
	三							
	四							
	五							
	六							
	附路 부로	17 ζ Cas	727	–	–	–	–	–
	王良 왕량一	11 β Cas	147	–	–	–	–	–
	二							
	三							
	四	α Cas	792					
	五							
	策 책一	27 ɣ Cas	1117	–	–	–	–	–

垣/舍 宿	天象列次分野之圖	中國大百科全書 天文學(1980)			星鏡 (1861)	天文類抄 (1440년경)	步天歌 (7세기)	新法步天歌 (1862)
	星官(1395)	學名	General C. No.	다른 표기				
西方七舍 婁宿 서방칠사 누수	婁 누一	6 β Ari		–	–	婁三	婁三	婁宿
	二	5 γ1 Ari						
	三	13 α Ari						
	左梗 좌경一	32 γ Ari		左更	–	左梗	左梗	左更
	二							
	三							
	四							
	五							
	右梗 우경一	98 ρ Psc		右更	–	右梗	右梗	右更
	二							
	三							
	四							
	五							
	天倉 천창一	8 ι Cet		–	–	天倉六	天倉六	–
	二							
	三							
	四							
	五							
	六							
	天庾 천유一	For		–	–	–	–	–
	二							
	三							
	天將軍 천장군一	57 γ1 And		天大將軍	天大將軍	–	–	天大將軍
	二							
	三							
	四							
	五							
	六							
	七							
	八							
	九							
	十							
	十一							

垣/舍 宿	天象列次分野之圖	中國大百科全書 天文學(1980)			星鏡 (1861)	天文類抄 (1440년경)	步天歌 (7세기)	新法步天歌 (1862)
	星官(1395)	學名	General C. No.	다른 표기				
西方七舍 胃宿 서방칠사 위수	胃 위一	35 Ari				胃三	胃三	胃宿
	二	39 Ari						
	三	41 c Ari						
	天廩 천름一	5 f Tau				–	–	–
	二							
	三							
	四							
	天囷 천균一	92 α Cet				天囷十三	天囷十三	天囷
	二							
	三							
	四							
	五							
	六							
	七							
	八							
	九							
	十							
	十一							
	十二							
	十三							
	大陵 대릉一					大陵八	大陵八	–
	二							
	三							
	四							
	五	26 β Per						
	六							
	七							
	八							
	天船 천선一	15 η Per				天船九	天船九	–
	二							
	三	α Per						
	四							
	五							
	六							
	七							
	八							
	九							
	積尸 적시	22 π Per				–	–	–
	積水 적수	47 λ Per				–	–	–

垣/舍 宿	天象列次分野之圖	中國大百科全書 天文學(1980)			星鏡 (1861)	天文類抄 (1440년경)	步天歌 (7세기)	新法步天歌 (1862)
	星官(1395)	學名	General C. No.	다른 표기				
西方七舍 昴宿 서방칠사 묘수	昴 묘一	17 Tau	4477	–	–	昴七	昴七	昴宿
	二	19 Tau	4486					
	三	21 Tau	4402					
	四	20 Tau	4500					
	五	23 Tau	4512					
	六	25 η Tau	4541					
	七	27 Tau	4536					
	天阿 천아	62 Ari	4017	–	–	–	–	–
	月 월一	37 A1 Tau	4807	–	–	–	–	–
	天陰 천음一			–	–	天陰五	天陰五	–
	二	58 ζ Ari	3872					
	三							
	四							
	五							
	芻藁 추고一	72 ρ Cet	2932	–	–	蒭藁六	蒭藁六	–
	二	o Cet	2796					
	三							
	四							
	五							
	六							
	天苑 천원一	34 γ Eri	4778	–	–	天苑十六	天苑十六	–
	二							
	三							
	四							
	五							
	六							
	七							
	八							
	九							
	十							
	十一							
	十二							
	十三							
	十四							
	十五							
	十六							
	卷舌 권설一	41 ν Per	4474	–	–	–	–	–
	二							
	三							
	四							
	五							
	六							
	天讒 천참	42 n Per	4592	–	–	–	–	–
	礪石 여석一	42 φ Tau	4944	–	–	–	–	–
	二							
	三							
	四							

垣/舍 宿	天象列次分野之圖	中國大百科全書 天文學(1980)			星鏡 (1861)	天文類抄 (1440년경)	步天歌 (7세기)	新法步天歌 (1862)
	星官(1395)	學名	General C. No.	다른 표기				
西方七舍 畢宿 서방칠사 필수	畢 필一	74 ε Tau	5430	–	–	畢八	畢八	畢宿
	二	68 Tau	5354					
	三	61 δ Tau	5304					
	四	54 γ Tau	5226					
	五	87 α Tau	5605					
	六	7 θ1 Tau	5433					
	七	71 Tau	5375					
	八	35 λ Tau	4805					
	九	92 σ2 Tau	5666	附耳一	附耳一	–	–	附耳
	天街 천가一	67 Tau	5351	–	–	天街二	天街二	–
	二							
	天節 천절一	73 π Tau	5383	–	–	天節八	天節八	–
	二							
	三							
	四							
	五							
	六							
	七							
	八							
	諸王 제왕一	136 Tau	7389	–	–	–	–	–
	二							
	三							
	四							
	五							
	六							
	天高 천고一	102 Tau	6158	–	–	天高四	天高四	–
	二							
	三							
	四							
	九州殊口구주수구一	39 A Eri	5114	–	–	–	–	–
	二							
	三							
	四							
	五							
	六							
	七							없음
	八							없음
	九							없음
	五車 오거一			–	–	五車五	五車五	–
	二	13 α Aur	6427					
	三	β Aur	7543					
	四							
	五	112 β Tau	6681					
	柱 주一			–	–	–	–	–

垣/舍 宿	天象列次分野之圖	中國大百科全書 天文學(1980)			星鏡	天文類抄	步天歌	新法步天歌
	星官(1395)	學名	General C. No.	다른 표기	(1861)	(1440년경)	(7세기)	(1862)
	二							
	三	10 η Aur	6226					
	四							
	五							
	六							
	七							
	八							
	九							
	天潢 천황一	19 Aur	6515	–	–	天潢五	天潢五	–
	二							
	三							
	四							
	五							
	咸池 함지一	20 ρ Aur	6556	–	–	咸池三	咸池三	–
	二							
	三							
	天關 천관一	23 ζ Tau	6985	–	–	–	–	–
	參旗 삼기一	4 o1 Ori	5942	–	–	參旗九	參旗九	–
	二							
	三							
	四							
	五							
	六							
	七							
	八							
	九							
	九斿 구유一			–	–	九斿九	九斿九	–
	二	57 μ Eri	5796					
	三							
	四							
	五							
	六							
	七							
	八							
	九							
	天園 천원一	δ Phe	1847	–	–	天園十四	天園十四	天園
	二							
	三							
	四							
	五							
	六							
	七							
	八							
	九							
	十							
	十一							
	十二							
	十三							
	十四			없음	없음			없음

垣/舍 宿	天象列次分野之圖	中國大百科全書 天文學(1980)			星鏡	天文類抄	步天歌	新法步天歌
	星官(1395)	學名	General C. No.	다른 표기	(1861)	(1440년경)	(7세기)	(1862)
西方七舍 觜宿 서방칠사 자수	觜 자一	39 λ Ori	6915	觜觿	–	觜三	觜三	觜宿
	二	37 ψ1 Ori	6907					
	三	40 ψ2 Ori	6972					
	坐旗 좌기一	57 ψ6 Aur	8858	座旗	座旗	坐旗九	坐旗九	座旗
	二							
	三							
	四							
	五							
	六							
	七							
	八							
	九							
	司(忄在) 사괴一	139 Tau	7507	–	–	–	司(忄在)	
	二							
	三							
	四							
西方七舍 參宿 서방칠사 삼수	參 삼一	50 ζ Ori	7089	–	–		參十	參宿一
	二	46 ε Ori	6960					二
	三	43 δ Ori	6947					三
	四	58 α Ori	7451					四
	五	24 γ Ori	6668					五
	六	53 κ Ori	7264					六
	七	19 β Ori	6410					七
	八	42 c Ori	6934	伐一	伐一	–	伐	伐一
	九	43 θ2 Ori	6935	伐二	伐二	–		伐二
	十	44 ι Ori	6937	伐三	伐三	–		伐三
	玉井 옥정一	69 λ Eri	6304	–	–	玉井四	玉井四	–
	二							
	三							
	四							
	軍井 군정一	3 ι Lep	6374	–	–	軍井四	軍井四	–
	二							
	三							
	四							
	屛 병一	5 μ Lep	6382	–	–	屛二	屛二	–
	二							
	厠 측一	11 α Lep	6875	–	–	厠四	厠四	–
	二							
	三							
	四							
	天矢 천시一	μ Col	7230	屎시	屎시	天矢一	天矢一	屎

표 IX-3/7. 대표적인 동양의 성도와 성표에 있는 별의 목록(남방칠사).

垣/舍 宿	天象列次分野之圖	中國大百科全書 天文學(1980)			星鏡	天文類抄	步天歌	新法步天歌
	星官(1395)	學名	GC No.	다른 표기	(1861)	(1440년경)	(7세기)	(1862)
南方七舍 井宿 남방칠사 정수	東井 동정一	13 μ Gem	8208	–	井	東井八	東井八	井宿
	二	16 ν Gem	8394					
	三	24 γ Gem	8633					
	四	31 ξ Gem	8823					
	五	27 ε Gem	8786					
	六	36 d Gem	8965					
	七	43 ζ Gem	9313					
	八	54 λ Gem	9701					
	九	7 η Gem	7969			–	鉞一	鉞
	水府 수부一	67 ν Ori	7772	鉞 월一	鉞一	–	–	–
	二			–	–			
	三							
	四 五諸侯							
	오제후一	34 θ Gem	8989	–	–	–	–	–
	二							
	三							
	四							
	五							
	天樽 천준一	57 A Gem	9843	天罇	天罇	–	–	天罇
	二							
	三							
	北河 북하一			–	–	北河三	北河三	–
	二	66 α Gem	10120					
	三	78 β Gem	10438					
	없음			北河四	없음	없음	없음	없음
	南河 남하一	3 β CMi		–	–	南河三	南河三	–
	二	10 α CMi	9947					
	三		10277					
	없음	65 Aur		南河四	없음	없음	없음	없음
	積水 적수一	77 κ Gem	9796	–	–	積水	積水	積水
	積薪 적신	6 CMi	10403	–	–	–	–	–
	水位 수위一		10024	–	–	水位四	水位四	–
	二							
	三							
	四							
	四瀆 사독一	17 Mon		–	–	四瀆四	四瀆四	–
	二		8880					
	三							
	四	18 Mon						
	闕丘 궐구一		8892	–	關邱	闕丘二	闕丘二	關邱
	二	α Col						
	丈人 장인一		7078	–	–	丈人二	丈人二	–
	二	λ Col						
	子 자一		7416	–	–	子二	子二	–
	二	κ Col						
	孫 손一		8062	–	–	孫二	孫二	–
	二							
	老人 노인	α Car	8302	–	–	–	–	–
	軍市 군시一	2 β CMa	8223	–	–	軍市十三	軍市十三	–

垣/舍 宿	天象列次分野之圖 星官(1395)	中國大百科全書 天文學(1980) 學名	GC No.	다른 표기	星鏡 (1861)	天文類抄 (1440년경)	步天歌 (7세기)	新法步天歌 (1862)
	二							
	三							
	四							
	五							
	六							
	七				없음			없음
	八				없음			없음
	九				없음			없음
	十				없음			없음
	十一				없음			없음
	十二				없음			없음
	十三				없음			없음
	野鷄 야계一	7 ν2 CMa	8624	–	野雞	野雞一	野雞一	–
	狼星 낭성一	9 α CMa	8833	天狼	天狼	–	–	天狼
	弧 호一	25 δ CMa	9443	弧矢	弧矢	弧九	弧九	弧矢
	二	η CMa	9886					
	三							
	四							
	五							
	六							
	七	ε CMa	9188					
	八							
	九							
	없음	ζ Pup	10947	弧矢增二十二	?	없음	없음	없음
南方七舍 鬼宿 남방칠사 귀수	鬼 귀一	31 θ Cnc		與鬼	–	鬼五	鬼五	–
	二	33 η Cnc						
	三	3 γ Cnc						
	四	47 δ Cnc						
	五	M44 Cnc		積尸氣	積尸氣一	–	–	積尸氣一
	爟 관一	144 Cnc	11091	–	–	爟四	爟四	鬼宿
	二							
	三							
	四							
	天狗 천구一	ε Vel		–	–	天狗七	天狗七	–
	二							
	三							
	四							
	五							
	六							
	七							
	外廚 외주一	2 Hya	11523	–	–	外廚六	外廚六	–
	二							
	三							
	四							
	五							
	六							
	누락되었음	λ Vel		天祀	天祀	없음	天紀	天記
	天社 천사一	γ Vel		–	–	天社六	天社六	–

垣/舍 宿	天象列次分野之圖	中國大百科全書 天文學(1980)			星鏡 (1861)	天文類抄 (1440년경)	步天歌 (7세기)	新法步天歌 (1862)
	星官(1395)	學名	GC No.	다른 표기				
	二	b Vel	11951					
	三	δ Vel						
	四							
	五	κ Vel						
	六							
南方七舍 柳宿 남방칠사 유수	柳 유一	4 δ Hya				–	–	柳宿
	二	5 σ Hya						
	三	7 η Hya						
	四	13 ρ Hya						
	五	11 ε Hya						
	六	16 ζ Hya						
	七	18 ω Hya						
	八	22 θ Hya						
	酒旗 주기一	16 φ Leo				酒旗三	酒旗三	–
	二							
	三							
南方七舍 星宿 남방칠사 성수	星 성一	30 α Hya		七星	–	星七	星七	星宿
	二	31 τ1 Hya						
	三	32 τ2 Hya						
	四	35 ι Hya						
	五	27 P Hya						
	六	26 Hya	12867					
	七		13148					
	軒轅 헌원一			–	–	–	–	軒轅
	二							
	三							
	四							
	五							
	六							
	七							
	八							
	九							
	十							
	十一							
	十二	ɣ Leo						
	十三							
	十四	32 α Leo						
	十五							
	十六							
	十七	31 A Leo		御女	御女	–	–	御女

垣/舍 宿	天象列次分野之圖	中國大百科全書 天文學(1980)			星鏡	天文類抄	步天歌	新法步天歌
	星官(1395)	學名	GC No.	다른 표기	(1861)	(1440년경)	(7세기)	(1862)
	內平 내평一	22 LMi	14068	–	–	–	–	內平
	二							
	三							
	四							
	天相 천상一	17 Sex	13969	–	–	–	–	–
	二							
	三							
	稷 직一	Vel	?	天稷	없음	–	–	없음
	二				없음			없음
	三				없음			없음
	四				없음			없음
	五				없음			없음
南方七舍 張宿 남방칠사 장수	張 장一	39 ν1 Hya	13570	–	–	–	–	張宿
	二	41 λ Hya	13982					
	三	42 μ Hya	14326					
	四		13839					
	五	38 κ Hya	13354					
	六	φ1 Hya	14631					
	天廟 천묘一	Ant		–	없음	–	–	없음
	二				없음			없음
	三				없음			없음
	四				없음			없음
	五				없음			없음
	六			없음	없음			없음
	七			없음	없음			없음
	八			없음	없음			없음
	九			없음	없음			없음
	十			없음	없음			없음
	十一			없음	없음			없음
	十二			없음	없음			없음
	十三			없음	없음			없음
	十四			없음	없음			없음
南方七舍 翼宿 남방칠사 익수	翼 익一	7 α Crt		–	–	–	–	翼宿
	二	15 γ Crt						
	三	27 ζ Crt						
	四	13 λ Crt						
	五							
	六							
	七							
	八							
	九							
	十							

垣/舍 宿	天象列次分野之圖	中國大百科全書 天文學(1980)			星鏡 (1861)	天文類抄 (1440년경)	步天歌 (7세기)	新法步天歌 (1862)
	星官(1395)	學名	GC No.	다른 표기				
	十一							
	十二							
	十三	21 θ Crt						
	十四							
	十五							
	十六							
	十七							
	十八							
	十九							
	二十							
	二十一	1 χ1 Hya						
	二十二							
	東區 동구一	Ant	東甌	東甌	없음	東甌	東甌	없음
	二				없음			없음
	三				없음			없음
	四				없음			없음
	五				없음			없음
南方七舍 軫宿 남방칠사 진수	軫 진一	4 γ Crv			–		–	軫宿
	二	2 ε Crv						
	三	7 δ Crv						
	四	9 β Crv						
	長沙 장사	5 ζ Crv			–		–	–
	右轄 우할	1 α Crv			–		–	–
	左轄 좌할	8 η Crv			–		–	–
	土司空 토사공一	Hya			없음		–	없음
	二				없음			없음
	三				없음			없음
	四				없음			없음
	軍門 군문一	Hya			없음		–	없음
	二				없음			없음
	器府 기부一	Cen			없음		–	없음
	二				없음			없음
	三				없음			없음
	四				없음			없음
	五				없음			없음
	六				없음			없음
	七				없음			없음
	八				없음			없음
	九				없음			없음
	十				없음			없음
	十一				없음			없음
	十二				없음			없음
	十三				없음			없음
	十四				없음			없음
	十五				없음			없음
	十六				없음			없음
	十七				없음			없음
	十八				없음			없음
	十九				없음			없음
	二十				없음			없음

垣/舍 宿	天象列次分野之圖	中國大百科全書 天文學(1980)			星鏡 (1861)	天文類抄 (1440년경)	步天歌 (7세기)	新法步天歌 (1862)
	星官(1395)	學名	GC No.	다른 표기				
	二十一			없음				없음
	二十二			없음				없음
	二十三			없음				없음
	二十四			없음				없음
	二十五			없음				없음
	二十六			없음				없음
	二十七			없음				없음
	二十八			없음				없음
	二十九			없음				없음
	三十			없음				없음
	三十一			없음				없음
	三十二			없음				없음
	青丘 청구一	β Hya		青邱			–	–
	二							
	三							
	四							
	五							
	六							
	七							

표 IX-3/8. 대표적인 동양의 성도와 성표에 있는 별의 목록(남극에 있는 별)

垣/舍 宿	星鏡(1861)	中國大百科全書 天文學(1980)		
	星官	學名	GC No.	다른 표기
南極星座 난극성좌	海山 해산一	4 S Car	14388	海山一
	二			
	三			
	四			
	五			
	六			
	十字架 십자가一	γ Cru	17052	十字架一
	二	α Cru	16952	二
	三	β Cru	17374	三
	四			
	馬尾 마미一	G Cen	16954	馬尾一
	二			
	三			
	馬腹 마복一	β Cen	18971	馬腹一
	二			
	三			
	蜜蜂 밀봉一	β Mus	17348	蜜蜂一
	二			
	三			
	四			
	三角形 삼각형一			

垣/舍 宿	星鏡(1861)	中國大百科全書 天文學(1980)		
	星官	學名	GC No.	다른 표기
	二			
	三	α TrA	22558	三角形三
	異雀 이작一			朱雀一
	二			二
	三			三
	四			四
	五			五
	六			六
	七			七
	八	α Aps	19834	八
	九			九
	孔雀 공작一			孔雀一
	二			二
	三			三
	四			四
	五			五
	六			六
	七			七
	八			八
	九			九
	十			十
	十一	α Pav	28374	十一
南極星座	破斯 파사一			破斯一
난극성좌	二	α Ind	28682	二
	三			三
	四			四
	五			五
	六			六
	七			七
	八			八
	九			九
	十			十
	十一			十一
	蛇尾 사미一	β Hyi	503	蛇尾一
	二			二
	三			三
	四			四
	蛇腹 사복一	ζ Hyi	3354	蛇腹一
	二			二
	三			三
	四			四
	蛇首 사수一	α Hyi	2405	蛇首一
	二			二
	鳥喙 조훼一	α Tuc	3118?	鳥喙一
	二			二
	三			三

垣/舍　宿	星鏡(1861)	中國大百科全書 天文學(1980)		
	星官	學名	GC No.	다른 표기
南極星座 난극성좌	四			四
	五			五
	六			六
	七			七
	鶴 학一	α Gru	30942	鶴一
	二	β Gru	31685	二
	三			三
	四			四
	五			五
	六			六
	七			七
	八			八
	九			九
	十			十
	十一			十一
	十二			十二
	火鳥 화조一	α Phe	519	火鳥一
	二			二
	三			三
	四			四
	五			五
	六			六
	七			七
	八			八
	九			九
	十			十
	水委 수위一	α Eri	1979	水委一
	二			二
	三			三
	附白 부백一	γ Hyi	4633	附白一
	二			二
	夾白 협백一			夾白一
	二	α Ret	5164	二
	金魚 금어一			金魚一
	二	α Dor	5600	二
	三			三
	四			四
	五			五
	海石 해석一	ε Car	11463	海石一
	二	ι Car	12831	二
	三			三
	四			四
	五			五
	飛魚 비어一	α Vol	12532	飛魚一

垣/舍　宿	星鏡(1861)	中國大百科全書 天文學(1980)		
	星官	學名	GC No.	다른 표기
	二			二
	三			三
	四			四
	五			五
	六			六
	南船 남선一			南船一
	二			二
	三			三
	四			四
南極星座	五	β Car	12764	五
난극성좌	小斗 소두一	β Cha	16775	小斗一
	二			二
	三			三
	四			四
	五			五
	六			六
	七			七
	八			八
	九			九

3

조선후기를 개화시킨 신법성도(新法星圖)들

서양의 영향을 받은 신법성도와 성표나 계산서(計算書) 등이 조선으로 수입된 사실에 관하여는『증보문헌비고』과『실록』그리고『승정원일기』를 비롯한 여러 문헌에 기록이 있다. 이런 기록들은 중국에서 제작된 모든 것에 대한 것은 아니고, 실제로 조선에 도입된 것에만 국한되고 있다.

중국 북경에 들어온 예수회 천문학자들이 제작한 소위 신법성도의 수는 대단히 많다. 그래서인지는 몰라도 서로 혼동하지 않도록 하기 위해 각기 이름을 달리 붙인 노력의 흔적이 엿보인다. 그러나 세월이 오래 지난 탓에 이제는 제대로 분간할 수 없는 일이 자주 생긴다. 여기에 일단 비교적 잘 알려진 신법성도만을 골라서 표 IX-4에 수록해 보자. 이 성도들은 예수회 선교사들이 중국식으로 새로운 형태의 성도를 만든 것뿐만 아니라 청나라 사람이 만든 것도 함께 포함한 것이다.

표 IX-4. 예수회 천문학자들이 중국에서 만든 성도

번호	성도 이름	제작자/제작연대	참 고
1	적도남북양총성도(赤道南北兩總星圖)	샬 폰 벨(湯若望)의 찬(撰), 서광계(徐光啓)가 제(題), 로우(羅雅谷) 등이 정(訂)한 것. / 숭정초(1628)년	도설이 따로 있고, 성도는 8폭병풍에 장정되어 있다. 흑백 사진복사본이 나일성천문관에 소장
2	적도남북양총성도(赤道南北兩總星圖)	샬 폰 벨(?) / 숭정초(崇禎初, 1630년 전후)	국립중앙박물관 소장

번호	성도 이름	제작자/제작연대	참 고
3	천구십이장원형도(天球十二長圓形圖)	샬 폰 벨 / 숭정9(1636)년	국내의 여러 곳에 있음
4	현계총성도(見界總星圖)	샬 폰 벨 / 숭정초(崇禎初, 1630년 전후)	Vatican 도서관
5	적도남북성도(赤道南北星圖)	서광계(徐光啓) / 숭정초(崇禎初, 1630년 전후)	『신법산서』 항성도설
	황도남북성도(黃道南北星圖)	서광계(徐光啓) / 숭정초(崇禎初, 1630년 전후)	『신법산서』 항성도설
6	방성도(方星圖)	그리말디(閔明我) / 1711년	『사고전서』와 국내에도 있음
7	항성전도(恒星全圖)	쾨글러(戴進賢) 등 / 1752	『의상고성』
	적도남북항성도(赤道南北恒星圖)	쾨글러(戴進賢) 등 / 1752	『의상고성』
8	황도총성도(黃道總星圖)	쾨글러가 입법, 목기(利白明)가 전(鐫) / 옹정원년(1723, 계묘)	(나사라의 복사)
9	천구황도남북계총도(天球黃道南北界總圖)	포 헬러슈타인(劉松齡) / 1766년	국립민속박물관 소장
10	황도중서합도(黃道中西合圖)	서조준(徐朝俊) / 가정정묘(1807)년	(나사라 모사)
11	적도남북항성총도(赤道南北恒星總圖)	작자 미상 / 연대 미상	『사고전서』(나사라 모사)

3-1. 샬 폰 벨의 「적도남북양총성도(赤道南北兩總星圖)」

샬 폰 벨(湯若望)이 그림 IX-3에 보인 바와 같은 성도를 만들었는데, 〈황도총성도(黃道總星圖)〉라고 크게 쓰고 그 밑에 〈황도남북양총성도설(黃道南北兩總星圖說)〉을 15줄에 총 473자를 쓴 것이 그것이다. 그러나 제작한 연도를 밝히지 않았는데 이상하게도 황도좌표계로 만든 이 성도는 없다.[27] 그 소재가 파악되지 않고 있어서 앞으로의 조사가 필요한다. 한편, 샬 폰 벨이 찬(撰)하고 명나라 황실의 고위 관리인 서광계(徐光啓)의 도움을 받아 숭정초년(崇禎初年, 1628)에 제작한 「적도남북양총성도(赤道南北兩總星圖)」가 있다. 이것은 앞에 소개한 「황도남북양총성도(黃道南北兩總星圖)」와는 좌표계가 다를 뿐 이름이 비슷하여 혼동하기 쉽다. 이 성도는 중국에서 만든 신법성도 중에서는 가장 먼저

27 제 3-8절에 소개할 쾨글러와 목기의 「황도총성도(黃道總星圖)」와는 이름이 같으나, 내용은 전혀 다른 성도이다.

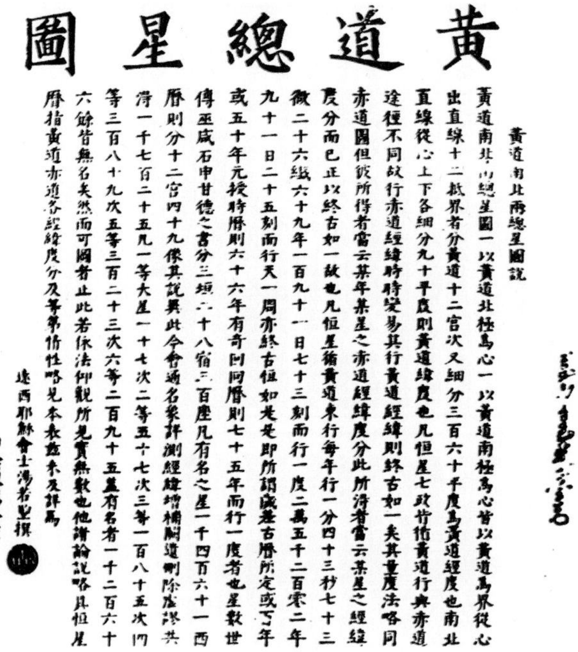

黃道總星圖

黃道南北兩總星圖說

黃道南北兩總星圖一以黃道北極爲心一以黃道南極爲心皆以黃道爲界從心出直線十二抵界者分黃道十二宮次又細分三百六十平度爲黃道經度也南北直線從心上下各細分九十平度則黃道緯度也凡恒星七政皆循黃道行與赤道途徑不同故行赤道經緯時時變易其行黃道經緯則終古如一矣其量度法略同赤道圖但彼所得者當云某年某星之赤道經緯度分此所得者當云某星之經緯度分而已正以終古如一故也凡恒星循黃道東行每年行一分四十三秒七十三微二十六纖六十九年一百九十一日七十三刻而行一度二萬五千二百零二年九十一日二十五刻而行天一周亦終古恒如是是即所謂歲差古曆所定或百年或五十年元授時曆則六十六年有奇回回曆則七十五年而行一度者也星數世傳巫咸石申甘德之書分三垣二十八宿三百座凡有名之星一千四百六十一西曆則分十二宮四十九像其說異此今會通名象詳測經緯增補闕遺刪除舛謬共得一千七百二十五凡一等大星一十七次二等五十七次三等一百八十五次四等三百八十九次五等三百二十三次六等二百九十五蓋有名者一千二百六十六餘皆無名矣然而可圖者止此若依法仰觀所見實無數也他諸論說略具恒星曆指黃道赤道各經緯度分及等第情性略見本表茲未及詳焉

遠西耶穌會士湯若望撰

山陰陳應登較

그림 IX-3. 황도남북양총성도설(黃道南北兩總星圖說)

만든 것으로 보인다.[28]

이 성도에 관하여는 "숙종34(1708)년에 관상감에서 샬 폰 벨의 「적도남북총성도」를 바쳤다."는 기록이 『증보문헌비고』[29]에 있다. 원문은 대단히 길고 상세하기 때문에 그 일부를 그림 IX-4로 제시하고, 여기에는 앞부분만을 번역하여 옮겨 본다. 이 기록을 읽어 보면, 서양식이 가미된 천문도 제작에 관하여 관상감의 학자들이 대단한 관심을 가지고 검토했을 것이라는 것은 분명해진다. 그들이 숙종에게 보고한 내용은 샬 폰 벨의 「적도남북양총성도」에 있는 도설(圖說)을 옮긴 것이다. 서양의 천문학을 이해하려고 옮긴 것이지만, 우리는 앞으로 다른 신법성도를 설명할 때마다 자주 참고할 것이다. 목판으로 인쇄한 후 채색한 것이 Vatican도서관을 비롯하여 여러 곳에 남아 있으나, 채색되지 않은 인쇄본 원본은 한 벌 뿐이다(그림 IX-5를 참조).[30]

---

28 이 천문도의 제작 연대에 대해서는 1634년이 아닌 명나라 숭정(崇禎)6년(1633)이라고 하는 루양(盧央) 등의 주장이 있다.

29 『증보문헌비고』 상위고, 3: 3~6.

30 흑백인쇄본 원본은 원래 일본의 나까무라 히로시(中村拓) 교수가 수집한 것이데, 2007년에 그의 아들 나까무라 쯔꼬(中村士) 박사가 일본 메이지대학(明治大學)에 기증하였다. 메이지대학은 이때 함께 기증받은 다른 성도와 지도

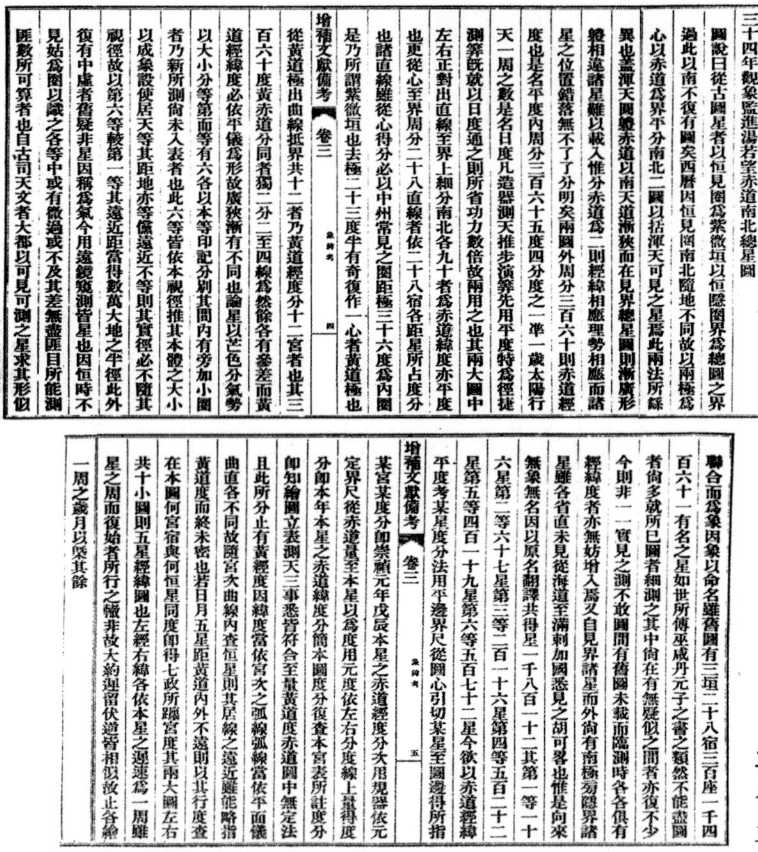
三十四年觀象監進湯若望赤道南北總星圖
圖說曰從古圖星者以恒見圈爲紫微垣以恒隱圈界爲總圖之界過此以南不復有圖矣西曆因恒見圈南北隨地不同故以兩極爲心以赤道爲界平分南北二圖以括渾天可見之星焉此兩法所繇異也盖渾天圖體赤道以南天道漸狹而在見界總星圖則漸廣形體相違諸星難以載入惟分赤道爲二則經緯相應理勢相應而諸星之位置錯落無不了了分明矣兩圖外周分三百六十則赤道經度也是名平度內周分三百六十五度四分度之一準一歲太陽行天一周之數是名日度凡造器測天推步演筭先用平度特爲徑捷測筭既就以日度通之則所省功力數倍故兩用之也其兩大圖中左右正對出直線至界上細分南北各九十者爲赤道緯度亦平度也更從心至界周分二十八直線者依二十八宿各距星所占度分也諸直線雖從心得分必以中州常見之圈距極三十六度爲內圈是乃所謂紫微垣也去極二十三度半有奇復作一心者黃道極也
增補文獻備考 卷三 象緯考 四
從黃道極出曲線抵界共十二者乃黃道經度分十二宮者也其三百六十度黃赤道分同者獨二分二至四線爲然餘各有參差而黃道經緯度必依平儀爲形故廣狹漸有不同也論星以芒色分氣勢以大小分等第而等有六各以本等印記分別其間內有旁加小圈者乃新所測向未入表者也此六等皆依本視徑推其本體之大小以成象設使居天等其距地亦等儻遠近不等則其實徑必不隨其視徑故以第六等較第一等其遠近距當得數萬大地之半徑此外復有中虛者舊疑非星因稱爲氣今用遠鏡窺測皆星也因恒時不見姑爲圈以識之各等中或有微過或不及其差無盡匪目所能測匪數所可算者也自古司天文者大都以可見可測之星求其形似
聯合而爲象因象以命名雖舊圖有三垣二十八宿三百座一千四百六十一有名之星如世所傳巫咸丹元子之書之類然不能盡圖者尙多就所巳圖者細測之其中尙在有無疑似之間者亦復不少今則非一一實見之測不敢圖間有舊圖未載而臨測時各各俱有經緯度者亦無妨增入焉叉自見界諸星而外尙有南極旁隱界諸星雖各省直未見從海道至滿剌加國悉見之胡可畧也惟是向來無象無名因以原名翻譯共得星一千八百一十二其第一等一十六星第二等六十七星第三等二百一十六星第四等五百二十二星第五等四百一十九星第六等五百七十二星今欲以赤道經緯平度考某星度分法用平邊界尺從圖心引切某星至圖邊得所指
增補文獻備考 卷三 象緯考 五
某宮某度分卽崇禎元年戊辰本星之赤道經度分次用規器依元定界尺從赤道量至本星以爲度用元度依左右分度線上量得度分卽本年本星之赤道緯度分簡本圖度分復查本宮表所註度分卽知繪圖立表測天三事悉皆符合至量黃道度赤道圖中無定法且此所分止有黃經度因緯度當依宮次之弧線弧線當依平面儀曲直各不同故隨宮次曲線內查恒星則其居線之遠近雖能略指黃道度而終未密也若日月五星距黃道內外不遠則以其行度查在本圖何宮宿與何恒星同度卽得七政所躔宮度其兩大圖左右共十小圖則五星經緯圖也左經右緯各依本星之遲速爲一周雖星之周而復始者所行之轍非故大約遲留伏逆皆相似故止各繪一周之歲月以槩其餘

그림 IX-4. 「적도남북양총성도」에 관한 『증보문헌비고』의 기록 중 일부

숙종34(1708)년에 관상감에서 탕약망의 『적도남북총성도』를 바쳤다. 도설에 이르기를, "옛부터 성도를 그리는 자는, 항현권(恒見圈)을 자미원으로 삼고, 항은권(恒隱圈)의 경계를 총성도의 경계로 삼았으며, 그 이상의 남쪽에 대해서는 도(圖)가 있지 않다. 서력(西曆)에서는 항현권(恒見圈)의 남북이 지점에 따라 같지 않다. 그래서 양극(兩極)을 중심으로 하고 적도로 경계를 삼아 남북의 두 도(圖)를 똑같이 나누어서 전체 하늘의 볼 수 있는 별을 총망라했는데, 이 두 방법은 그 연유한 바가 서로 다르다. ....
(『증보문헌비고』 상위고, 3: 3ㄴ~4ㄱ)

를 가지고 《中村拓文庫》를 설립했다. 그림 IX-5에 보인 성도는 까무라 쯔꼬 박사의 동의를 얻어 일본의 천문학자들이 사진복사하여 1999년에 《나일성천문관》 봉헌식 때 기증한 것이다. 한편 채색된 성도는 Vatican Library, 벨지움의 훼어비이스트 센터(Ferdinand Verbiest Centre)에 각각 1점씩 있다. 그런데 본래 훼어비이스트 센터에 있던 것은 중국이 되돌려 받아 과학문화재로 지정하여 현재 「中國第一歷史ㅁ案館」에 전시하고 있다고 한다.

위의 기록으로 우리는 샬 폰 벨의 「적도남북양총성도」 목판 인쇄본이 조선에 수입된 것은 첫 출판이 있은 지 78년만인 숙종34(1708 무자)년 임을 알게 되었다. 뿐만 아니라 이 성도를 만든 기법, 사용하는 방법, 옛 천문도에는 있으나 확인되지 않는 별과 옛 천문도에는 없으나 새로 도입한 별들, 별의 밝기에 따른 등급 표시 방법, 10개의 그림으로 보여 준 오성경위도(五星經緯度) 등등도 자세히 알게 되었다. 그러나 이 성도의 여기저기에 그린 4개의 측성기(測星器)에 대해서는 설명이 없다.

한편, 일본의 오사까남만문화관(大阪南蠻文化館)이 소장하고 있는 8폭병풍을 2007년에필자가 조사하던 중에 한 첩(帖)에 적힌 도설을 발견했다. 여기에 그것을 번역하여 옮겨보면 다음과 같다.[31] 단, 병풍에서 판독이 어려운 글자는 최석정(崔錫鼎)의 『명곡집(明谷集)』을 참조하였다.

> 명의 숭정 연초에 서양인 탕약망이 천문도와 곤여도를 만들어서 8첩 병풍을 만들었는데, 이것이 우리나라에 전해졌다.
> 금상 34년 봄에 서운감이 천문도(乾象圖) 병풍을 바쳤다. 왕이 이 천문도를 모사하라고 명했다. 본감은 옛날 천상분야도 석본을 가지고 있는데, 북극이 중앙에 있어서 적도 이북의 별들의 위치는 별로 다르지 않습니다. 그러나 적도 이남의 별들은 점점 서로 더 가까워져야 하는데도 불구하고 점점 더 서로 멀어져 있어서 실제로 확인하기 어렵습니다. 지금 서양 사람들은 하늘을 둘로 나눠서 별들을 나누었습니다. 하나는 북극을 중심으로 또 하나는 남극을 중심으로 하고, 은하수는 무수히 많은 작은 별

---

31 西洋乾象坤與圖二屏編(總)序
皇明崇禎初年。西洋人湯若望。作乾象坤輿圖作八帖爲屏子。印本傳於東方。
上之三十四年春。書雲監進乾象圖屏子。
上命繼模坤輿圖以進。盖本監舊有天象分野圖石本。而以北極爲中央。赤道以北纏度無差。赤道以南纏度。宜漸窄而反加濶。與上玄本體不侔。今西士爲二圓圈。平分天體。一則以北極爲中。一則以南極爲中。以天漢爲無數小星。列宿中觜參換置。此與石本不同。而却得天象之眞面矣。坤輿圖則古今圖子非一揆。而皆以平面爲地方。以中國聲教所及爲外界。今西士之說。以地球爲主。其言曰。天圓地亦圓。所謂地方者。坤道主靜。其德方云爾。仍以一大圓圈爲體。南北加細彎線。東西爲橫直線。就地球上下四方。分布萬國名目。中國九州。在近北界亞細亞地面。其說宏濶矯誕。涉於無稽不經。然其學術傳授有自。(有)不可率爾卞破者。當存之。以廣異聞。(噫)。乾象圖有崇禎戊辰字。坤輿圖有
大明一統字。而睠焉中朝。世運嬗變。禹封周曆。非復舊觀。志士忠臣匪風下泉之思。庸有旣乎。臣於是重有感焉。模寫裝屏旣(訖)。略識于左方空幅云。
歲次戊子秋九月 日大匡輔國崇祿大夫議政府領議政兼領經筵弘文館藝文館春秋館觀象監事 世子師臣崔錫鼎拜手謹跋
監董官通訓大夫前觀象監正臣李國華
通訓大夫前觀象監正臣柳遇昌

들로 하였습니다.

28수 중의 자(觜, Zi)와 삼(參, Can)은 서로 바뀌어 있습니다. 이 천문도는 우리에게 더 정확한 하늘을 보여 주고 있으나, 석본과는 다릅니다. 천문도는 고금을 통하여 조금씩 다르지만, 중국의 영향을 받아 지구를 모두 네모난 평면으로 하고 하늘을 그렸습니다. (그러나) 지금 서양 사람들의 설에 의하면 하늘도 둥글고 지구도 둥글다는 것입니다. 所謂地方者坤道主靜其德方云爾仍. (따라서 그들은) 한 개의 큰 원을 만들어서 지구를 표현하고, 촘촘하게 곡선을 그려 남북을 표하고, 옆으로 직선을 그어 동서를 표시하여 지구의 상하 사방에 분포되어 있는 여러 나라를 나타냈습니다. 이 중에 중국은 아시아의 북쪽 경계에 있습니다. 그 설은 기괴하고, 믿기 어렵고 따라서 비합리적입니다. 그러나 그 학술은 그들 나름의 뿌리가 있어서 잘못된 것이라고 증명하기는 어렵습니다. 그러므로 우리는 당연히 우리들의 새로움에 대한 지식을 향상시키기 위해서라도 보존해야 합니다. 건상도(乾象圖)에는 숭정무신(崇禎戊辰)이라고 적혀 있습니다.

대명일통(大明一統)이라는 글은 우리들이 모사한 그림에 옮겨 놓은 것입니다. 중국에는 여러 왕조가 차례로 등장했습니다. 그러나 새 통치자들은 옛 규례를 따르지 않았습니다. 우왕(禹王)이 순(舜)으로부터 그리고 주(周)가 상(商)으로부터 한 것과 같습니다. 성실한 사람과 충신들은 항상 그와 같은 상황으로 고통을 받았습니다.

이것이 신의 마음에 깊은 울림을 주었기 때문에, 이것을 모사하여 병풍을 만든 다음 왼쪽 여백에 기록했습니다.

세차 무자년 가을 9월 일.

대광보국 숭록대부 의정부 영의정 겸 영 경연홍문관춘추관 관상감사 세자사

신 최석정 배수근 발

감동관 통훈대부 전 관상감정 신 이국화

통훈대부 전 관상감정 신 유우창

이를 통해서 우리는 숭정초년(崇禎初年)에 서양인 샬 폰 벨이 「건상곤여도(乾象坤輿圖)」를 두 개의 8첩병풍으로 만들었는데, 그 인쇄본이 우리나라에 전해졌고 상지(上之)34년 봄에 서운관이 그 둘 중 건상도 병풍을 진상하였다는 사실을 알게 된 것이다. 이 두 그림에는 서양의 성도와 지도의 내용을 설명한 내용이 자세하다. 그리고 끝에는 무자년 가을

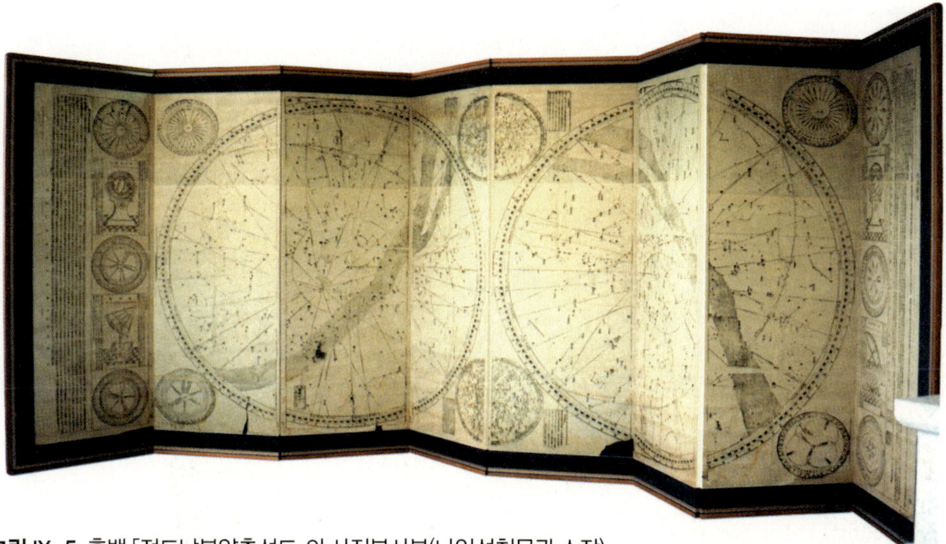

그림 IX-5. 흑백「적도남북양총성도」의 사진복사본(나일성천문관 소장)

9월이라는 날자와 최석정(崔錫鼎), 이국화(李國華), 유우창(柳遇昌)의 이름이 적혀 있다. 그러나 불행하게도 이 건상도 병풍은 전해오지 않고 행방이 묘연하다. 여기에 그림 IX-5로 제시한 것은 일본에 있는 숭정초년(崇禎初年)에 중국에서 만든 흑백 원본이다. 참고로 여기에 「곤여전도(坤輿全圖)」도 그림 IX-6으로 보였다. 이 지도는 성도와 짝을 지어 만든 보기 드문 사례인 동시에 동양의 〈천원지방(天圓地方)〉이라는 잘못된 우주관을 바로 잡는 데 큰 역할을 하였다.

이 글의 숭정초년은 명(明)의 의종원년(毅宗元年)으로 무진(1628)년에 해당한다. 그리고 상지34년은 조선의 숙종34(무자, 1708)년이다. 관상감은 이 해에 이 8첩으로 된 천문도인「건상도(乾象圖)」를 진상하였으나, 지도인「곤여도(坤輿圖)」에 관한 기록은 찾지 못하고 있다. 여기서 「건상곤여도(乾象坤輿圖)」는「적도남북양총성도(건상도)」와「곤여만국전도(곤여도)」를 뜻한다. 일본에서 필자가 찾은 한 첩의 글은 바로 위에 소개한『증보문헌비고』의 기록인

> 숙종34(1708)년에 관상감에서 탕약망의『적도남북총성도』를 바쳤다.

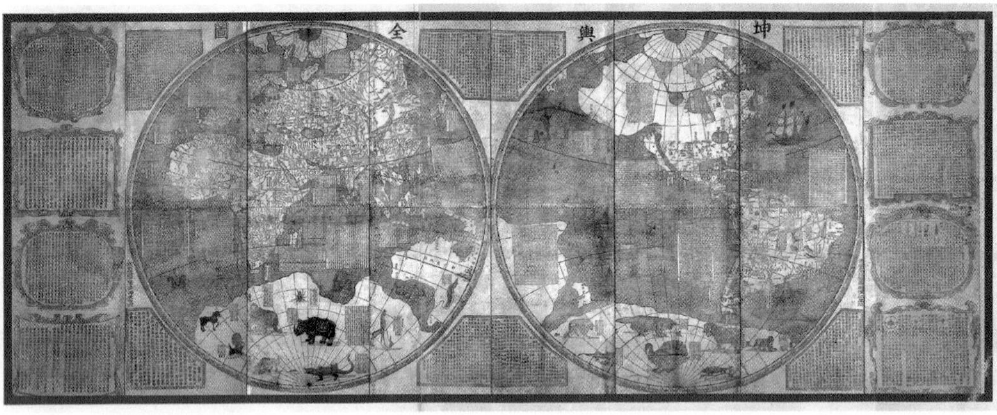

그림 IX-6. 샬 폰 벨의 「곤여전도(坤輿全圖)」(고려대학교 박물관 소장)

와 일치한다. 그리고 최석정과 이국화와 유우창 세 사람의 이름으로 계모(繼模)된 것으로 숙종에게 진상된 것이 「건상도」만이지만 봄에 도입한 「건상도」를 그 해 9월에 계모하여 바쳤다고 하니, 당시의 관상감의 작업 능률이 비범하였음을 알게 된다.

샬 폰 벨의 「적도남북양총성도」의 크기를 사진 복사한 것을 가지고 조사해 보니, 8첩의 전체 크기는 가로가 451 cm이고, 세로가 184 cm이다. 이는 뒤에 소개할 조선의 관상감이 제작한 2점의 신법성도 병풍의 크기와 비슷하다.

1634년의 샬 폰 벨의 「적도남북양총성도」의 제1첩에는 서광계(徐光啓)가 제(題)한 「적도남북총성도서(赤道南北總星圖敍)」가 11줄에 빽빽하게 쓰여 있고, 그 왼쪽에 혼천의와 사분의의 그림이 있다. 제8첩에는 샬 폰 벨이 서술한 「적도남북총성도설(赤道南北總星圖說)」이 10줄에 적혀 있고, 그 오른쪽에 선기옥형과 앙의(仰儀)의 그림이 있다. 가운데 있는 제2~4첩과 제5~7첩에는 각각 북항성총도(北恒星總圖)와 남항성총도(南恒星總圖)가 적도좌표계로 된 큰 원(지름 157.8 mm) 안에 그려져 있다. 성도 여기저기에 여러 가지 그림과 글이 또 많이 있다. 제2~4첩과 제5~7첩에 있는 북항성총도와 남항성총도를 감싸고 있는 큰 원에는 각도를 표시하는 눈금을 흑백을 교대로 사용하여 1도 간격으로 표시했으나, 성도는 중국식 28수에 따라 별과 별자리를 그렸다. 별들은 그 밝기에 따라 크기가 다른 점(원?)으로 표시했고, 그 크기를 등급으로 알 수 있는 기호를 제3첩과 제7첩 하단에 삽입하고 있다. 앞에서도 언급하였듯이, 이 등급 표기는 중국에 소개된 것으로는 최초의 것이다. 이 성도에 관한 자세한 검토는 이미 1959년에 d'Elia가 연구한 바 있다.[32]

3-2. 작자미상의 「적도남북양총성도(赤道南北兩總星圖)」

「적도남북양총성도」라는 동일한 이름을 가진 성도 1점이 현재 국립중앙박물관에 수장되어 있다. 이 성도에는 43줄에 표제와 작자의 이름을 빼고도 777에 달하는 글자로된「적도남북양총성도해」가 위에 적혀있고, 이 해(解)와 성도(星圖) 사이에는 작은 원이 좌우에 하나씩 있는데 그것이 무엇인지는 아직 조사된 바가 없다. 이 작은 두 원의 밑으로 두 개의 큰 성도가 아래위로 나란히 있다. 위가 적도북도이고 아래가 적도남도이다. 이 성도에는 작자의 이름이나 제작 연대는 적혀 있지 않다.

이 성도는 샬 폰 벨의「적도남북양총성도」와 이름이 같기 때문에 이와 구별하기 위하여「적도남북양총성도해」라고 〈해(解)〉를 더 첨가하기로 한다. 이 해의 내용은 다음과 같다.

赤道南北兩總星圖解
視學有云凡有形象之物 其徑線直射人目若人目 與所□之物中有
透明平面之形以間以間 之如□ □等則其物之徑 線直透明窓而象
見於其中矣緣此按視學 之理□爲赤道南北兩總 星圖益人
目從天球南北兩極視赤 道圈之平面爲透明之體 如玻
□水晶之爲平面□夫赤 道當南北兩極之中人目 從南
極而窺赤道以北則北半 天球之星座宮度等必從
目所射之直線□云 爲從 □線 □人 目或 云人而
從□ □□ 見□ 形理 無二 也
透映其象於赤 道乎平□ 之北其星象宮次皆有□
密不同之度分也用□依 人目於南極窺射之光線

於北極窺射南半天球之 諸象而圖赤道南之總星

---

32 Pasquale M. d'Elia, 'The Double Stellar Hemisphere of Johann Schall von Bell S.J. (1634)', *Monumenta Serica*, 18: 328~59. 1959.

ㅁ此理ㅁㅁ於 總之赤道 南北兩總星圖一以北極
視學ㅁ內
爲心一南極爲心皆以赤 道爲界從心出直線低
界凡二十八者爲二十八 宿線又相分爲三百六十
則赤道之徑度也全圖之 半徑分爲九十者則赤道
之緯度也ㅁ黃赤二道俱 分十二宮三百六十度其
同度同分者獨二分二至 四正其餘各有參差簡平
ㅁ總星圖自見界諸星而 外尙有南極旁隱界諸星
舊圖未載此ㅁ各省ㅁ未 見從海道至滿ㅁ加ㅁㅁ
見之滿ㅁ加者屬國也考 一ㅁ志輿地圖凡屬國越

在萬里之外皆得附載何 獨略於天文如海南諸國
近在ㅁ帶間所也星辰曆 曆指掌而圖籍之中可ㅁ
諸乎ㅁ是ㅁ來無象無名 故以原名飜譯附ㅁ若赤
道左右星座爲赤道所ㅁ 分載兩圖求其全像具在
簡平ㅁ總星圖也至若測 驗時于南北兩圖之中心
安軸并置時盤及地平半 圈設ㅁ半圈一在南極上
一在北極下合爲地平
全 則兩圖旋轉與天球無 異見左 右 益時盤同地平
ㅁ 二ㅁ
圈不動而但于南北極之 兩軸以圖旋轉之則見諸
星自西而東出入地乎一 如天球之轉動ㅁ若圖不
動而以時盤及地平圈轉 移之其用一也又若以平

面一版上置北極星圖下 置南極星圖其南北兩極
所安之時盤及地平弧相 合於一軸卽如天球南北
兩半球相合亦如渾天依 南北兩極之運動ㅁ其用
法約ㅁ三端亦如簡平ㅁ 總星圖 如求某時刻渾
天之象則以時盤上之某 時刻移對於本日節氣度
視地平圈之上下及東西 南北所列諸星卽所求本
日ㅁ時渾天之諸象也 如來某星出入地平及在

天中等ㅁ係何時刻則先 以某星正對地平上之東
西南北等方向次査本日 節氣度於時盤內對何時
刻卽某星是日在天某方 向之何時刻也　如來某

星之赤道經緯度則用界 尺從圖心引線切本星視
尺造所指之度爲本星或 南或北之緯度其尺銳所
指經圈之度卽本星ㅁ赤道之經度也

한편, 이 국립중앙박물관의 「적도남북양총성도해」는 가로 95 cm, 세로 147 cm인 한 장에 필사한 것이다. 그런데 제작 연대나 제작자의 이름이 없기 때문에, 이것이 과연 숙종 34(1701)년에 샬 폰 벨의 「적도남북양총성도」을 보고 관상감이 모사한 것인지, 아니면 중국에서 수입한 것인지 조차 간단히 판별하기가 쉽지 않다. 따라서 이 성도에 관해서는 앞으로의 연구가들의 몫으로 남겨 두고자 한다.

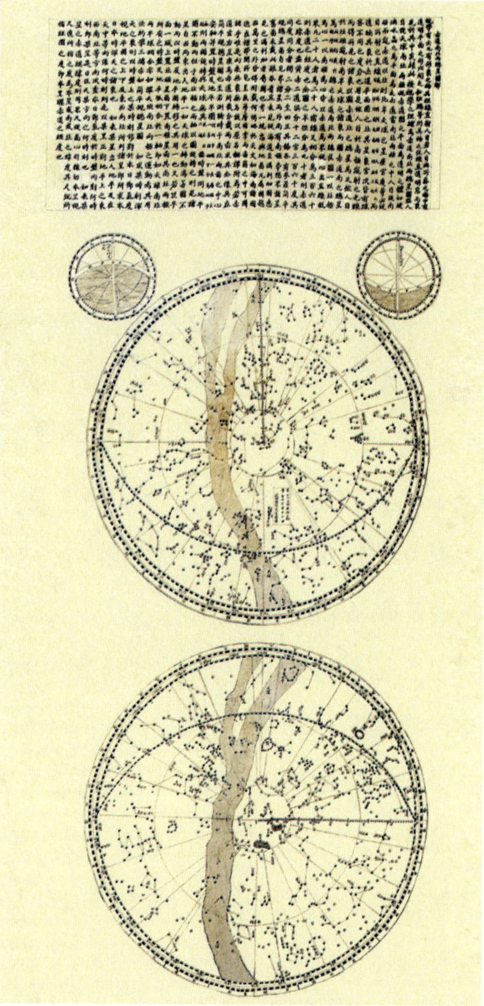

그림 IX–7. 작자미상의 「적도남북양총성도해」. 원본은 국립중앙박물관 소장의 것이며, 이것을 약간 보정한 것이다.

3-3. 샬 폰 벨의「천구십이장원형도(天球十二長圓形圖)」

샬 폰 벨은「천구십이장원형도(天球十二長圓形圖)」라는 이름의 신법성도를 숭정 9(1636)년에 또 제작했다. 이 천문도가 조선에 수입되었다는 기록은 아직 찾아내지 못하고 있으나, 현재 국내에는 숭실대학교 기독교박물관에 원본 한 점이 소장되어 있다. 따라서 숭실대학교의 것이 오래전에 관상감이 수입한 것인지 아니면 후대에 무명의 수집가가 도입한 것인지는 명확하게 밝힐 수 없다. 숭실대학교의「천구십이장원형도」는 한 장의 크기가 세로 28.9 cm, 가로 21.9 cm인 갈색 바탕의 종이에 검은 색으로 인쇄된 3장으로 구성되어 있다. 이것이 본래의 크기인지는 의심이 가는데, 그 이유는 인쇄된 글자는 이 크기로는 판독하는 데 너무 작기 때문이다. 이 성도가 다행히『사고전서』에 그림으로 남아 있기 때문에 이 그림을 가지고 더 나은 형태로 필자가 확대해서 재현한 것이 있다(그림 IX-8을 참조). 그런데, 목판으로 인쇄한 것인데도 불구하고,『사고전서』에 있는 것과 숭실대학 박물관에 보존되어 있는 것을 서로 대조해 보면, 몇 곳에 서로 다른 것이 있다.

이 성도의 특징은 둥근 하늘에 보이는 별들의 상대 위치를 실제로 보는 것과 비슷하도록 그린 점이다. 즉 적도근처는 부풀게 하고, 양 극(極)에 가까이 갈수록 좁아지는 소위 장원형(長圓形)의 모양을 한 12장으로 하늘 전체를 그리는 방식이다. 샬 폰 벨은 이 기법으로 혼상(천구의)을 만드는 데 사용하려고 했을 것이다. 하지만, 당시의 중국이나 조선 학자들에게는 잘 이해되지 않았던 탓인지 이와 같은 방식을 채택한 성도는 그 후 단 한 번 제작되었을 뿐 중국과 조선에서 제작되지 않았다. 여기서 단 번 제작되었다는 성도는 황도좌표(黃道座標)로 하늘을 14등분한 황도항성도(黃道恒星圖)를 뜻한다.[33] 샬 폰 벨은 이 성도를 황도좌표계로 만들고, 그가 만든「적도남북양총성도」와 마찬가지로 별을 밝기에 따라 6등급으로 하고 밝은 성운(星雲)을 뜻하는 기(氣)도 표시했다. 그런데 이「천구십이장원형도」의 별 표시는「적도남북양총성도」처럼 분명하게 구별이 잘 되지는 않는다. 이는 아마도 성도의 크기가 작기 때문에 정확하게 기입하기가 어려웠기 때문이라고 추측된다.

이 성도에는 제작 연도와 제작에 참여한 사람들의 이름을 성도 안에 별이 없는 공간을 이용하여 다음과 같이 적었다.

---

33 欽定大淸會典圖 卷 108, 天文二, 中華書局, 1990.

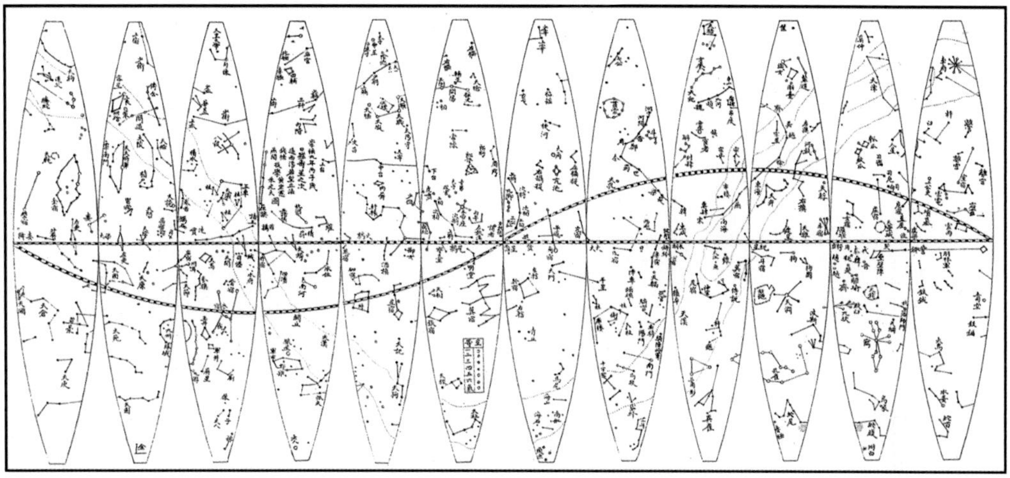

그림 IX-8. 「천구십이장원형도(天球十二長圓形圖)」(나일성의 모사도를 옮김)

崇禎九年丙子歲
日躔壽星之次
遠西湯若望立法
錢塘 燕閩 後學
黃宗憲 朱光大 圖

이것으로 이 성도의 제작 연대와 성도를 제작한 5명 모두 알게된 것이다. 제작 연대인 숭정9년병자(崇禎九年丙子)는 조선 인조14(1636)년에 해당하며, 샬 폰 벨이 「적도남북양총성도」를 제작한지 8년 후의 작품인 셈이다.

3-4. 샬 폰 벨의 「현계총성도(見界總星圖)」

이 성도는 상단과 하단으로 크게 나뉘어져 있다. 상단에는 〈見界總星圖〉라는 이름이 크게 쓰여 있고, 그 밑에 〈현계총성도해(見界總星圖解)〉라는 긴 설명이 23줄에 총 777자로 적혀 있다. 그리고 그 끝에 〈극서야소회사 탕약망 찬(極西耶蘇會士湯若望讚)〉이라고 쓰여 있으므로 이것이 샬 폰 벨이 제작한 것임을 알 수 있으나, 제작 연대는 기록하지 않았다.

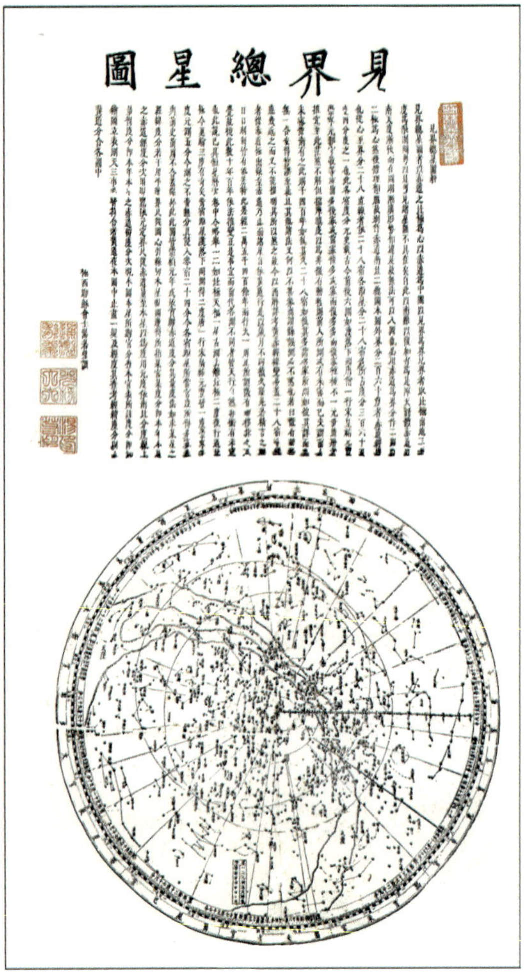

그림 IX-9. 전통적인 중국식으로 만든 「현계총성도」(개인 소장)

하단은 성도가 차지하고 있다. 재미있는 사실은 이 성도가 중국의 전통적인 천문도로 보일 정도로 중국식이다. 「소주천문도」나 「천상열차분야지도」와 마찬가지로 하늘을 3원28수로 그린 것이다. 북극이 높이 30도로 보이는 곳에서 볼 수 있는 남쪽 지평선의 하늘을 그렸으나, 〈기부(器府)〉를 비롯하여 선교사들이 제거시킨 별들은 여기서도 제외시킨 반면 〈보천가〉에 없는 별들이 추가되어 있다. 이런 혁신적인 내용을 보면, 이 성도는 샬 폰 벨이 그림 IX-5에 보인 「적도남북양총성도」 보다 더 먼저 만들었을 가능성이 있다.

상단의 〈현계총성도해〉 맨 밑의 글자들은 인쇄가 나빠서 판독이 거의 불가능하다. 하단의 성도는 마치 한 장으로 인쇄한 것처럼 보이지만 자세히 보면, 모두 4장의 목판으로 인쇄한 종이 4장을 잘 합성한 것이다. 그러나 목판 사이가 벌어져서 별자리가 잘 이어지지 않고 있다. 현재 Vatican 도서관에 1장이 보존되어 있는데, 그림 IX-9에 보인 것은 지저분하게 묻어 있는 때를 벗겨내고 갈라진 목판의 틈새를 맞추려고 노력한 나사라의 복원도이다.

성도를 전통적 중국식인 3원28수로 그린 것은 이후에도 쾨글러가 만든 일이 있지만, 예수회 선교사들이 만든 것으로는 최초의 것이므로, 동서양의 별자리 동정과정을 연구하는데 중요한 자료가 될 것이다. 그런데 중국인 유예(游藝)[34]가 찬(撰)한 「현계총성도」가 따로 또 있다.[35] 이것은 하늘을 여러 부분으로 나눈 것인데 그 내용은 「북극자미원현계성도(北極紫薇垣見界星圖)」, 「남극자미원현계성도(南極紫薇垣見界星圖)」, 「황적이도현계총성도(黃赤二道見界總星圖)」, 「이십팔수현계총성도(二十八宿見界總星圖)」, 「북극지적도권중분일반현계총성도(北極至赤道圈中分一半見界總星圖)」, 「남극지적도권중분일반현계총성도(南極至赤道圈中分一半見界總星圖)」, 「북극하한성현계도(北極河漢星見界圖)」, 「남극하한성현계도(南極河漢星見界圖)」의 8개로 세분되어 있다. 이것이 여기에 소개하는 샬 폰 벨의 「현계총성도(見界總星圖)」와 어떤 관계가 있는 것인지 조사할 대상으로 남겨 둔다.

3-5. 서광계(徐光啓)의 「적도남북성도(赤道南北星圖)」와 「황도남북성도(黃道南北星圖)」

샬 폰 벨(湯若望)이 「적도남북양총성도」와 「천구12장원형도」등을 만들던 시기에 중국인도 서양의 영향을 받아서 신법성도를 제작하기 시작하였다. 서양 선교사로부터 그들의 새 기법을 배운 중국인들이 생겨났기 때문이다. 그 대표적인 인물 중에 서광계(徐光啓)[36]가 있다. 그는 이미 앞에서 소개한 「적도남북양총성도」를 만들 때, 샬 폰 벨과 함께한 일이 있는 인물이다. 서광계가 스스로 만든 성도는 두 점이 있는데, 그것은 「적도남북도」와 「황도남북도」이다.

서광계는 그의 「적도남북성도」와 「황도남북성도」의 제작 연대를 밝히지 않았으나, 샬 폰 벨이 「적도남북양총성도」를 만들 때 동참했기 때문에 「적도남북양총성도」가 제작되던 시기와 같은 시기에 만든 것으로 짐작된다. 이 두 성도는 각각 성도의 중심에서 30도 간격으로 방사선이 그려져 있어서 별들의 경도를 가늠할 수 있게 하고, 가장 바깥쪽에 그린 적도원(赤道圓)이나 황도원(黃道圓)에는 2도(度) 간격으로 각도를 표시한 눈금으로 1도의 정확도로 별들의 경도를 읽을 수 있게 하였다. 그리고 위도는 원의 중심(적도남북극 또는 황도남북극)에서 한 방향으로 1도를 표시하는 눈금이 매겨져 있어서 이 눈금으로 별의 위

34 유예(游藝, 1600~1690)의 자는 자육(子六)이고 건녕인(建寧人)이다.
35 「사고전서」 天經或問, 卷一.
36 서광계(徐光啓, 1562~1633)의 자는 자선(子先)이고 호는 현호(玄扈)이다. 상해(上海) 출신.

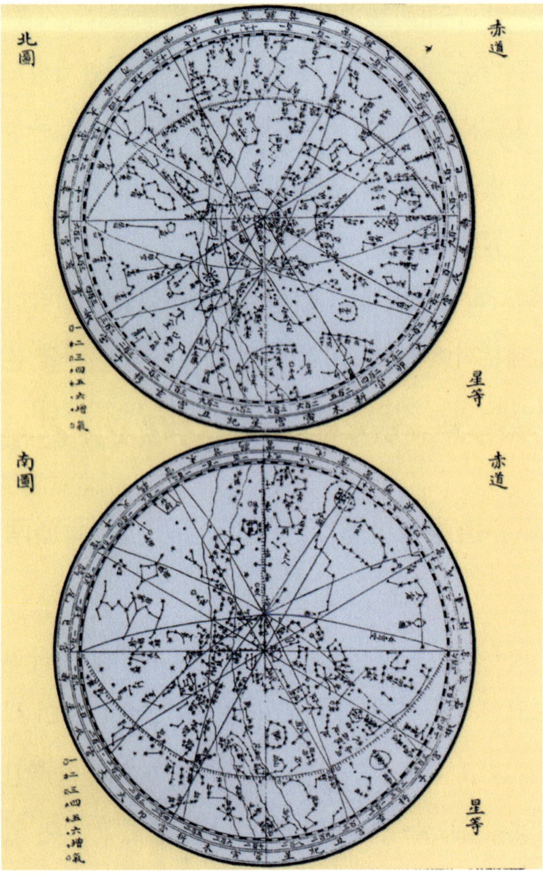

그림 IX-10. 서광계의 「적도남북성도」

도를 알아 볼 수 있게 했다.

이 두 성도의 특징은 그 외에도 많다. 첫째로 「적도남북성도」에는 황도좌표계를 보여 주는 황극(黃極)과 경선(經線)도 곡선으로 함께 표시되어 있다. 둘째로 별의 밝기와 기(氣)를 샬 폰 벨의 「적도남북양총성도」나 「천구12장원형도」와 마찬가지로 6등급과 기(氣)로 표시했으나, 그는 서양 선교사들이 소개한 다른 별들도 많이 포함시켰다. ○표로 표시한 〈증(增)〉이라는 것이 그것이지만, 크게 확대해 보지 않으면 확인하기 어렵다. 별들은 모두 밝기에 따라 표시되어 있으나 원이나 점으로 표시하는 대신 모두 별표(*)를 사용하고 있다. 서양의 성도에는 흔히 볼 수 있는 표기 방법이지만, 중국인이 이 방식을 채용한 것은 의외의 일로 보인다. 세 번째는 하늘을 30도 간격으로 나눈 것이다. 이것은 28수의 경계가 아닌 당시로서는 과감한 시도였고 샬 폰 벨도 하지 못한 일이었다. 넷째는 별자리는 전부 중국식을 따랐으나 종래의 별은 많이 없어지고 별자리의 모양도 「보천가」나 「천상열차분야지도」와는 현저하게 다른 것이 많다.

그림 IX-10(적도남북성도)과 IX-11(황도남북성도)을 보면 별 표시나 전체 구도가 아주 깔끔하고 과학적이다. 서광계를 비롯한 당시의 중국학자들이 얼마나 서양 천문학을 잘 소화했었느냐 하는 것을 보여 주는 좋은 자료이다. 『사고전서(四庫全書)』에는 서광계가 「적도남북성도」와 「황도남북성도」를 만들 때, 「현계총성도(見界總星圖)」, 「적도남북양총성도(赤道

南北兩總星圖)」, 「황도남북양총성도(黃道南北兩總星圖)」, 「황도이십분성도(黃道二十分星圖)」를 설명하면서 「적도남북양총성도」와 「황도남북양총성도」를 각각 그림 IX-10(적도남북도)과 IX-11(황도남북도)의 모양으로 제시했다. 그런데 여기에도 앞에서 언급한 바 있는 「현계총성도(見界總星圖)」란 이름이 등장하지만, 그림은 없다. 이런 점으로 미루어 보면, 「현계총성도」란 말은 흔히 쓰던 용어인지도 모른다. 그림 IX-10과 IX-11을 소개함에 있어서 성도의 이름 중에서 〈양총(兩總)〉 두 자를 뺀 이유는 이것과 샬 폰 벨의 성도가 구별하기 위해서였을 것으로 보인다.

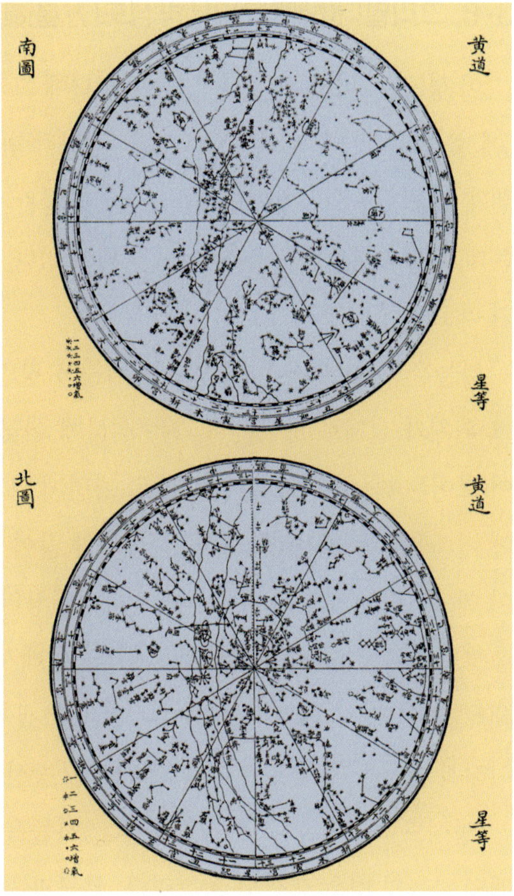

그림 IX-11. 서광계의 「황도남북성도」

서광계가 만든 이 「적도남북성도」와 「황도남북성도」가 조선에 도입된 기록이 없고 현물도 없으나, 절기 때마다 북경으로 갔었던 조선의 관상감 관원들이 수집했었을 가능성은 충분히 있어 보인다. 따라서 현물이 없으므로 중국 문헌을 통해서만 어떤 것인지 알아 볼 뿐이다.[37] 앞으로 신법성도를 소개할 때 성도의 이름이 없거나 있는 것 중에는 같은 이름이 붙은 것들이 자주 등장할 것이다. 이런 경우 혼동을 피하려고 제작자의 이름을 먼저 쓰거나, 제작 연대나 참고가 될 용어를 앞에 붙이도록 노력하려고 한다.

37 『사고전서』〈항성도설〉에 그림으로 남아 있지만, 작아서 자세한 검토가 어렵다.

3-6. 그리말디(閔明我)의 「방성도(方星圖)」

이 성도는 강희신묘(康熙辛卯, 1711)년에 그리말디(閔明我)[38]가 찬한 『방성도해(方星圖解)』에 소개되어 있다. 한 변이 26 cm인 정사각형(正四角形)인 6면체에 그린 독특한 성도이다. 현재 한국에는 숭실대학교 기독교선교박물관과 국립민속박물관에 각각 1건씩 수장되어 있는데, 전부 6첩으로 접을 수 있도록 되어 있다. 그리고 이와는 별도로 「방성도해(方星圖解)」가 따로 더 있다.[39]

하늘은 구형(球形)인데, 보이는 별들을 평면인 종이나 돌 판에 그리거나 새겨야 하므로 그 위치가 실제로 보이는 것과는 심하게 어긋나게 마련이다. 북극을 중심으로 북두칠성이 보이는 하늘의 별들은 그런대로 평면에 그려도 판별하는 데 큰 어려움이 없지만, 적도에 가까울수록 별자리의 모양은 실제와 많이 달라진다. 적도를 지나 남쪽 하늘로 갈수록 이 어그러지는 모양은 더욱 심해진다. 「천상열차분야지도」는 말할 것도 없고 「적도남북양총성도」도 이런 폐단을 피하지 못했다. 이래서 개량한 것이 「천구12장원형도(天球十二長圓形圖)」인데, 이것은 하늘을 너무 많이 쪼갰기 때문에 사용하기가 불편하다고 받아졌다. 이래서 대안을 내 놓은 것이 그리말디의 「방성도」였을 것이다.

「방성도」의 좌표는 적도좌표계이다. 하늘을 6개로 구분하여 한 변이 26 cm인 종이에 6개의 하늘의 별을 각각 따로 그렸다. 북극과 남극을 중심으로 약 50도의 하늘이 각각 그려져 있고, 적도를 기준으로 남북으로 +35도에서 −35도 사이의 하늘을 4등분하여 4장에 수록하고 있다. 그러니까 종이 1장은 남북으로 70도와 동서로 90도의 하늘을 담고 있는 것이다. 전체 하늘의 별을 손바닥보다 약간 더 큰 종이에 그렸음에도 불구하고, 이렇게 함으로써 지름이 약 76 cm인 「천상열차분야지도」 보다도 면적은 작지만 남북의 모든 별을 다 수록할 수 있게 된 것이다.[40] 이 성도에 수록된 별의 총수는 1,876성이며, 이 별들을 등급별로 보면 다음과 같다.

---

38 중국 이름은 민명아(閔明我, 1639~1712)이고, 본명은 Phillipus Maria Grimaldi, S. J.이다. 청나라에서 활동한 기간은 1666~1712년이나 된다.

39 윤형식이 소장하고 있는 『방성도해』는 가로 17.3 cm, 세로 29.4 cm이다.

40 「천상열차분야지도」의 원의 면적은 약 4534 cm²이나, 26 x 26 x 6장의 「방성도」의 면적은 4056 cm²이다.

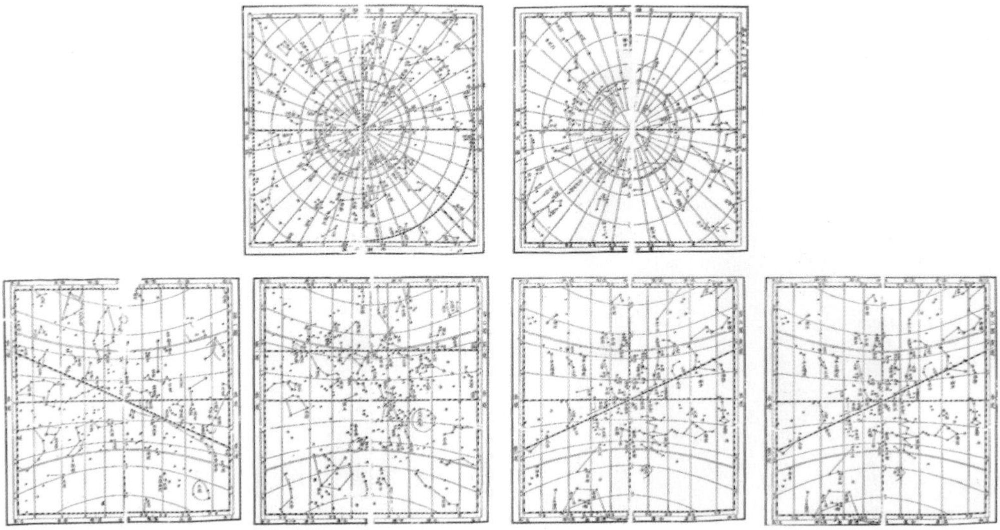

그림 IX-12. 6면체를 폈을 때의 「방성도」

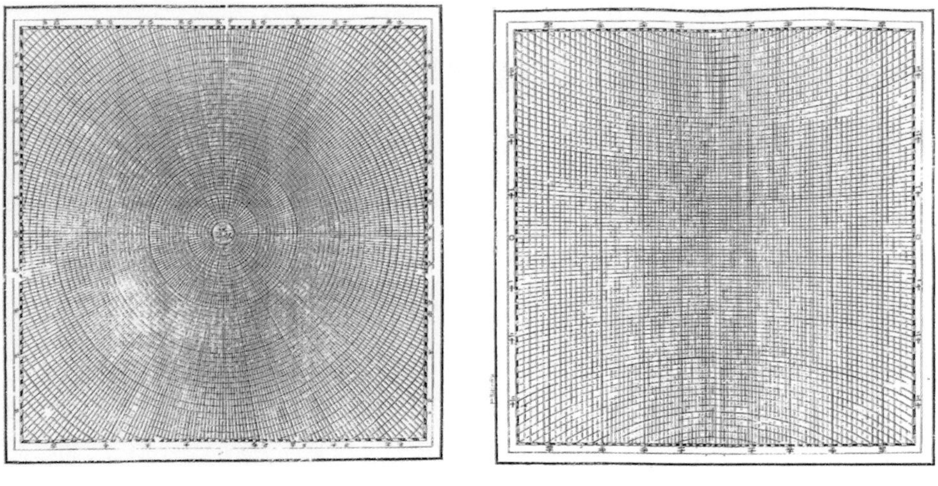

그림 IX-13. 투명한 눈금 종이. 왼쪽은 양극 부근을 위한 것이고, 오른쪽은 적도를 중심으로 남북으로 +35도에서 -35도 사이의 하늘을 위한 것이다.

1등성(等星)=16 2등성=68 3등성=208 4등성=513 5등성=339 6등성=721

기(氣)=11

이 성도를 실제로 사용할 때는 이 6장의 성도를 펴기도 하고 또 6면체로 조립할 수도 있다. 그리고 투명한 모눈종이에 눈금을 새겨서 해당하는 성도에 얹어서 정확한 별의 위치

그림 IX-14. 북경에서의 쾨글러(戴進賢)

를 읽을 수 있도록 고안한 것은 획기적인 창안이라 하지 않을 수 없다. 이와 같은 방법은 지금은 널리 상용(常用)되고 있지만, 18세기 초의 청나라 사람들에게는 신기한 방법이 아닐 수 없었을 것이다.

이 「방성도」가 언제 조선에 도입되었는지는 정확히 알 수 없으나, 이것의 원리와 용도를 이익(李瀷)이 자세히 설명한 것이 있다.[41] 현물로는 현재 국립민속박물관에 하나가 소장되어 있고,[42] 오길순(吳吉淳)이 2010년에 새로 만든 것이 있다.[43]

3-7. 쾨글러(戴進賢)의 「항성전도(恒星全圖)」와 「적도남북항성도(赤道南北恒星圖)」

쾨글러(戴進賢)[44]는 1716년에 북경에 올 때까지는 독일의 대학에서 수학 교수였으며, 1696년에 예수회 선교단에 가입하였다. 북경에서 천문학에 정통한 선교사가 천주교 포교에 절대적으로 필요하다는 요청을 받은 교황청이 이 청을 받아들임으로써 쾨글러가 북경에 파견되게 된 것이다. 이런 연유로 중국에 온 쾨글러는 선배인 샬 폰 벨과 훼르비이스트가 잘 닦아 놓은 길을 따라 활동할 수 있었으므로 그들과 견줄만한 큰 업적을 남겼다.

쾨글러가 단독으로 종이에 그린 것으로 보이는 3장의 성도가 『의상고성(儀象考成)』에

41 이익(李瀷)의 『성호사설(星湖僿說)』 권2, '方星圖'

42 국립민속박물관, 『天文, 하늘의 이치·땅의 이상』, pp. 142~145, 2004.

43 OH Gilsun, "The Replications of Ancient Star Maps using a Computer", In NAKAMURA, Tsuko, ORCHISTON, Wayne, SOMA, Mitsuru and STROM, Richard. (eds.). *Mapping the Oriental Sky (The seventh Proceedings of ICOA)*, Tokyo, pp. 152~163. 2010.

44 쾨글러(戴進賢, 1680~1746)는 독일 태생으로 본명은 Ignatius Kögler, S. J.이다. 16세 때 예수회에 가입했고, 청나라에는 1716년에 와서 흠천감에서 일하면서 경좌리역정(京佐理曆政)이라는 벼슬을 받았다. 1725년에는 제6대 흠천감감정(欽天監監正)이 되면서 청나라의 관직인 가례부시랑위(加禮部侍郎銜)라는 벼슬을 받았다. 그는 1746년에 사망할 때까지 29년간 북경에서 활동했다. 흠천감에 있는 동안 그는 역계산, 별의 위치 관측, 관측 기기의 제작, 천문도 제작, 각종 천문서의 저술 등 큰 업적을 남겼다.

있는데,[45] 「항성전도(恒星全圖)」와 「적도북항성도(赤道北恒星圖)」 그리고 「적도남항성도(赤道南恒星圖)」이다. 이 중 뒤의 두 성도를 하나로 묶어서 「적도남북항성도(赤道南北恒星圖)」라 한다. 이제 이 성도들을 차례로 설명해 보자.

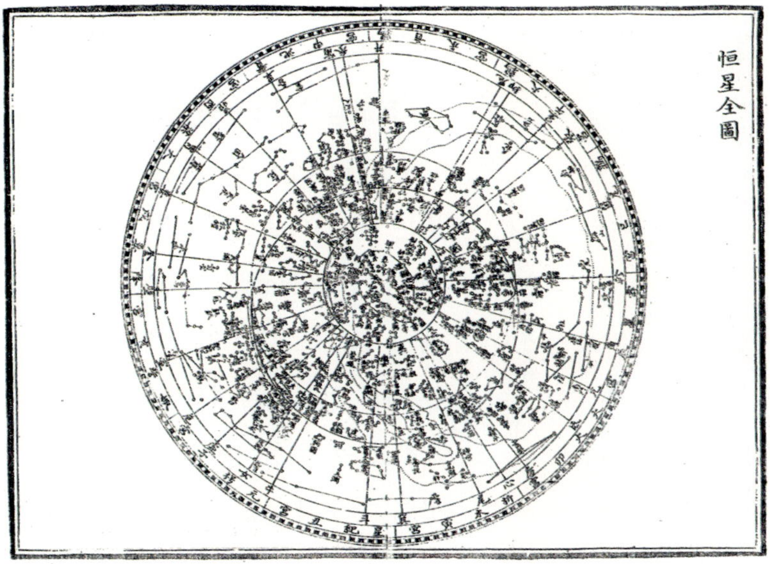

그림 IX-15. 쾨글러의 「항성전도」

「항성전도(恒星全圖)」

이 「항성전도」는 「천상열차분야지도(天象列次分野之圖)」와 같은 개도식(蓋圖式) 전천성도(全天星圖)이다. 그런데 이상하게도 이 성도는 서광계의 두 성도보다 거의 100년이나 뒤에 제작되었음에도 불구하고 중국식으로 28수의 경계를 긋고 별들을 표시했다. 이 성도에는 5개의 동심원이 있는데 가장 작은 원은 항현권(恒見圈) 또는 상구(上矩)이고, 외곽에는 4개의 동심원이 있다. 이 4개 중 가장 안쪽의 원은 항은권(恒隱圈) 또는 하구(下矩)이다. 항은권 바깥쪽에는 28수의 이름이 해당하는 위치에 적혀 있고, 또한 그 바깥쪽에 있는 동심원에는 12지(支)와 12궁이 적혀있다. 그리고 가장 바깥의 원에는 1도 간격으로 각도 표시가 있다. 성도에는 적도와 황도가 있고, 은하수도 잘 그려져 있다.

쾨글러의 이 「항성전도」는 정확도가 높은 성도임에도 불구하고 별들은 모두 똑같은 크

45 『사고전서(四庫全書)』 子部 九十五, pp. 793~118/9.

기의 속이 빈 원(ㅇ)으로 표시하고 또 그 표시가 별의 밝기와 관계없이 동일하다. 이것은 중국에서의 신법성도 제작과정에 있어서 하나의 후퇴인 것이다.

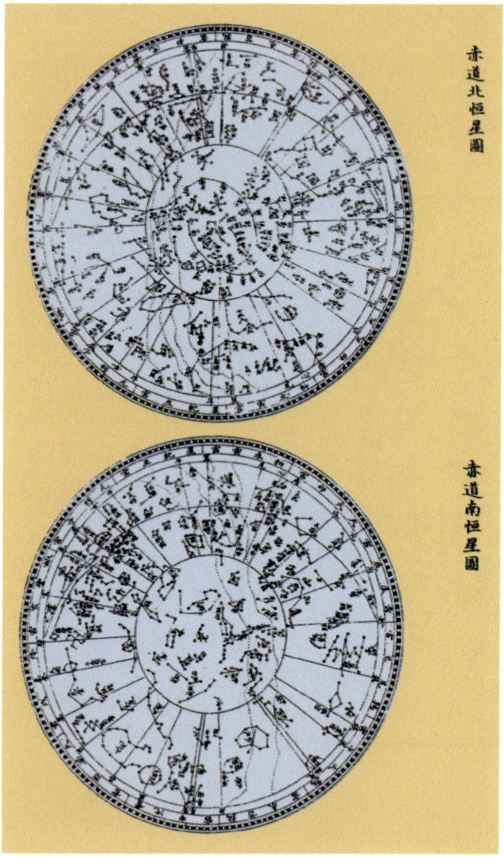

그림 IX-16. 쾨글러의 「적도남북항성도」

「적도남북항성도(赤道南北恒星圖)」

「적도남북항성도」에도 별을 속이 비어 있는 원(ㅇ)으로 표시하고 있다. 그런데 중국의 Pan Nai(潘鼐) 교수가 20년 전에 필자에게 보내 준 출처가 확실하지 않는 다른 성도에는 별을 모두 점으로 표시하고 있다. 그 성도는 위에는 해설이 있고 그 밑에 남북의 두 성도가 그려져 있으나, 해상도가 너무 나빠서 여기에는 소개할 수가 없다. 따라서 그림 IX-16에 보인 것은 문연각(文淵閣) 『사고전서(四庫全書)』에서 옮긴 것이다.

이 「적도남북항성도」도 「항성전도」처럼 28수로 경계를 만들었다. 「적도북항성도」에도 5개의 동심원이 그려져 있는데, 가장 작은 것은 물론 항현권(恒見圈)이고, 그 밖으로는 「항성전도」와 마찬가지로 4개의 동심원이 촘촘히 있다. 이 4개의 동심원 중 가장 안쪽에 있는 작은 원은 적도이다. 이 항현권의 원에서 적도까지는 28수의 경계가 각 수의 크기대로 구분하여 그은 방사선(放射線)으로 표시되어 있다. 적도를 표시한 큰 원을 둘러싼 바깥쪽에는 12지와 12궁이 기입되어 있고, 그 바깥쪽에 도수 표시가 있다.

「적도남항성도」의 경우는 중심에 항은권(恒隱圈) 또는 하구(下矩)가 그려져 있고 다른 부분은 모두 「적도북항성도」와 같다. 물론 항은권 안이라 하더라도 이 영역에 있는 별들을 알고 있던 시기였으므로 별들은 모두 기입되어 있다.

3-8. 쾨글러와 목기(利白明)의「황도총성도(黃道總星圖)」

이 성도는 대청옹정원년(1723, 계묘)에 쾨글러가 입법하고, 목기(利白明 또는 利博明)[46]가 전(鐫)한 것이다. 크기는 가로 62.0 cm, 세로 39.2 cm이다. 현재 단 한 곳에 흑백 인쇄본이 남아 있다.

제작 연대와 제작자에 관하여는 이 성도의 하단에 새겨져 있는 긴 설명문의 끝에 다음과 같이 적혀 있다. 옹정원년세차계묘는 1723년이다.

> 옹정원년세차계묘(雍正元年歲次癸卯)
> 극서대진현입법(極西戴進賢立法)
> 이백명전(利白明鐫)

이「황도총성도」는 한 장의 목판(또는 돌판?)에 새긴 것인지 아니면 여러 장의 목판에 새긴 것인지는 모르나, 현재 유일하게 알려진 것은 영국 런던에 살고 있는 사람의 개인 소장품이다.[47] 니담 등은 이것이 선교사들이 만든 유일한 석각천문도[48]라고 주장하고 있다.

「황도총성도」가 조선에 전해진 것은 1741년경으로 추측하는데, 그때 그것을 수입한 사람은 당시의 역관(譯官) 안국린(安國麟)과 변중화(卞重和)로 주목하고 있기는 하나 증거가 확실하지 않다. 왜냐하면 이때의『영조실록』은 다음과 같이 지극히 간단하게 기록하고 있을 뿐만 아니라 가지고 온 물품 중에「황도총성도」는 없기 때문이다.[49]

---

46 목기(利白明 또는 利博明, 1685~1761)의 본명은 Fernando Bonaventra Moggi이며, 이탈리아 출신이다. 그의 본업은 그림, 조각 그리고 건축이었다. 그래서 요청이 있으면 나무나 돌에 새기는 일을 즐겼다.

47 1998년 경 조사한 바에 의하면, 영국 런던에 살고 있는 Tayler씨가 소장하고 있음이 밝혀졌으나, 지금은 그 소재가 확인되지 않고 있다.

48 J. Needham and Lu Gwei-Djen, "Korean Astronomical Screen of the Mid-Eighteenth Century from the Toyal Palace of the Yi Dynasty" in Rivista Internationale Di Storia Della Scienza, Vol. VIII, Fasc. 2, p. 154, 1966. 똑같은 내용이 다시 J. Needham, Lu Gwei-Djen, J. H. Combridge and J. S. Major의 *The Hall of Heavenly Records*(Cambredge University Press: Cambridge), p. 175, 1986에 발표되었다. 그들에 의하면, 석판에 새겨진 이 천문도가 세상에 알려진 것은 1959년이었고, 소유자는 Mr. Philip Robinson이다. 앞에 소개한 나일성의 조사에 의하면, 소유자는 Tayler씨인 점으로 미루어 니덤 등이 상기 논문을 발표한 후 소유자가 바뀐 것 같다.

49 觀象監啓言 節行時覓來天文圖及五層輪圖 俱緊天文地理之用 請模置造成 上可之.

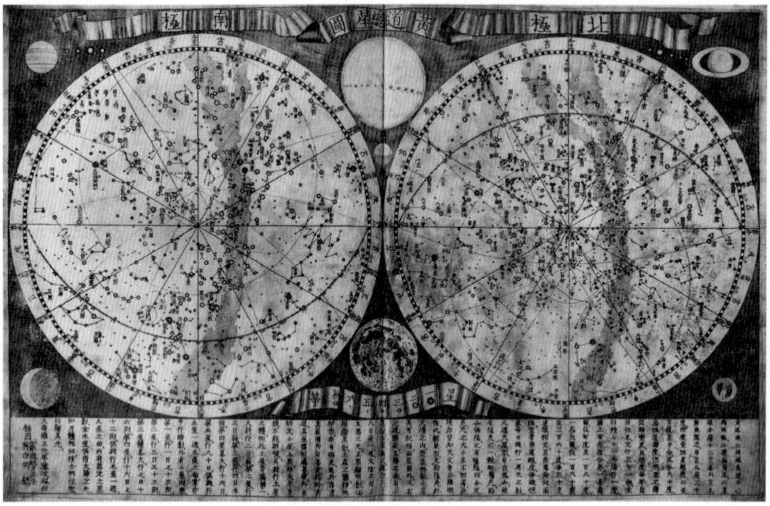

그림 IX-17. 쾨글러가 입법하고 목기가 새긴 「황도총성도」(Shi Yunli 교수의 제공)

> 관상감에서 아뢰기를 "북경에 갔을 때 어렵게 천문도와 5층윤도(五層輪圖)를 구해 왔습니다. 이는 천문과 지리에 요긴하게 쓰일 것이오니, 모방하여 만들어 설치하기를 청합니다."하니, 왕이 허락하였다.
>
> (『영조실록』 56: 29ㄱ, 영조18(1742)년 11월 20일(을해)

그러나 이틀 후의 『승정원일기』의 기록은 다음과 같이 대단히 상세하다.[50] 그러나 이 기록에는 작년에 북경에 갔던 사람이 과연 역관(譯官) 안국린(安國麟)과 변중화(卞重和)인지 아니면 안국빈(安國賓)과 김태서(金兌瑞)인지 분명하지 않다.

> "작년에 북경에 갔을 때 새 천문도를 어렵게 얻어 가지고 왔습니다. 그 천문도에는 하늘이 북반부와 남반부 둘로 나뉘어져 있고, 경도와 위도가 나란히 표시되어 있으며 또한 수평선이 표시되어 있습니다. 이 모든 것들은 별들의 분포를 명확하게 잘 보여주고 있습니다. 이 성도에 의하면, 28수와 다른 별자리와 별들을 그 크기(밝기)에 따라 6등급으로 나누고 있습니다. 해에는 검은 것이 있고, 달에는 꺼져있는 곳과 튀

50 以觀象監官員 以領事提調意啓日 上年節行 天文圖新本覓(멱)來 而盖其圖 以天之南北平剖爲二圖 均賦經緯 署以維辰 此皆按圖指陳明晳天象者也 考其星圖 二十八宿 雜座諸星 以其體之大小分爲六等 至若日中之有闇虛 月體之有坳(요)突 土星之爲撱形 木星之旁附四小星 金水二星之有上下弦 纖悉(실)圖繪 皆與新曆志 無不口合 此乃前所未有 而緊於今測者也 依此模出 須給曆官俾便測驗 似不可己 旦地理所用 五層輪圖 只是一件 而今巳(己?)破傷 指南輪圖 元無精品 亦不可不及始造置 天文新圖 粧屛所八及五層輪圖造成 物力並磨鍊上下之意 分付該曺何如. 傳曰允.

어 나온 곳이 있고, 토성에는 타원(橢圓) 모양이 있고, 목성 주변에 작은 별 4개가 있고, 금성과 수성은 아래위로 현(弦)이 되어 있는 것이 잘 그려져 있는 것이 모두 신역지(新曆志)에 있는 것과 같습니다. 이것들은 이전에는 전혀 알지 못하던 사실이며, 지금의 관측에 대단히 요긴한 것입니다. 따라서 이 그림을 모사하여 역관(曆官)들에게 주어 관측에 도움이 되게 하는 것이 좋겠습니다. 또한 지리에 사용되는 5층윤도(五層輪圖)가 1건 뿐인데 파손되었습니다. 지남윤도(指南輪圖)도 원래의 정품은 없습니다. 따라서 즉시 새로이 만들어야겠습니다. 새 천문도는 병풍에 넣고, 5층윤도를 만들도록 하심이 어떻겠습니까."하니, 왕이 허락하였다.

(『승정원일기』, 영조18(1742)년 11월 22일, 정축)

이『승정원일기』에 있는 기록은 쾨글러와 목기의「황도총성도」에 있는 기록의 일부와 흡사하다. 이 점에 관하여는 뒤에 오는 제X장 1-2절에서 다시 논의하기로 하자.

3-9. 할러슈타인(劉松齡)의「항성황극경위천구남북계총성도(天球黃道南北界總星圖)」

먼저『승정원일기』[51]에서 할러슈타인(劉松齡)[52]의 신법천문도와 관련된 다음과 같은 기록[53]을 보는 것으로 시작하자.

김노영이 관상감 관원과 영사 제조와 함께 아뢰기를 "얼마 전 신법천문도가 나타난 후, 본감에서 그려서 병풍을 만들어 바친 일이 있습니다. 근년에 서양인 유송령(劉松齡)의 신법(천문도)이 또 나왔습니다. 이것으로 별의 수와 위치를 조사해 보니 천상의 여러 가지가 참됩니다. 불가불 지금 장(粧)하여 비치하여 임금께서 보시도록 했습니다."

(『승정원일기』영조 50(갑오, 1774)년 9월 24일, 갑술)

---

51 『승정원일기』영조 50(갑오, 1774)년 9월 24일, 갑술

52 할러슈타인(劉松齡, Augustin von Hallerstein, S. J., 1703~1774)은 독일 출신으로 대진현을 도와서「건윤성표(乾隆星表, 1752)」를 만들 때 별들의 위치 측정을 한 선교사이다(홍대용의『담헌연행록』, 3장, 113 쪽을 참조). 이때 고게이슬(당시 64세로 欽天副監, 鮑友管, Anton Gogeisl, S. J., 1701~1771, 바바리안 출신)도 함께 하였다. 그는 또 고게이슬과 로챠(博作霖, Felix da Rocha, S. J., 1713~1781, 포루투갈 출신)의 도움을 받아 *Memoirs on the Astronomical Equipment Used*(1756)라는 책을 출판하기도 한 인물이다.

53 金魯永 以觀象監官員 以領事提調意啓日 在前 新法天文圖出來之後 自本監 圖畵粧屛 例爲進上矣. 近年 西洋人劉松齡新法又爲出來 而星數位置考驗天象類多眞的 不可不 今粧進以備睿覽矣.

위의 **“얼마 전 신법천문도가 나타난 후, 본감에서 그려서 병풍을 만들어 바친 일이 있습니다”**라는 기사는 「황도총성도」와 분명히 관련이 있는 「8폭천문도」에 관한 이야기이다.

한편, 이 기록에 따르면, 서양인들이 만든 천문도를 말할 때면 〈신법(新法)〉이라는 용어로 통했던 모양이다. 그리고 서양인 유송령이 또 새로운 신법성도를 만든 것이 나타났기에 임금이 보시도록 배접(褙接)하였다는 것이 이 기사의 내용이다. 그러니까 새로 본 떠 만든 것이 아니라 수입해온, 즉 중국에서 인쇄된 것을 가지고 임금님이 보기 편하게 표구했다는 이야기이므로 앞에 소개한 몇 개의 다른 성도와는 다르다.

「천구황도남북계총성도」가 중국에서 제작된 것은 건륭병술(乾隆丙戌, 1766)년이며, 영조42년에 해당한다. 흥미로운 사실은 이 해에 홍대용(洪大容)과 일관(日官) 이덕성(李德星)[54]이 당시 62세로 흠천정감(欽天正監)으로 있었던 할러슈타인을 찾아간 것이다. 이 때 포우관(당시 64세로 欽天副監)도 함께 하였다고 한다.[55] 그런데 할러슈타인의 신법성도가 조선에 전래된 것이 위의 『승정원일기』의 기록에 의하면 1774년의 수년전이라고 하니, 이보다 8년 전에 홍대용이 북경에서 만났을 때에는 아직 이 성도가 제작되지 않았던 것으로 보인다.[56] 만약 이때 이미 제작되었다면 홍대용과 이덕성이 그때 가지고 왔었을 것이다. 이 성도는 과연 어떤 것일까.

「천구황도남북계총성도(天球黃道南北界總星圖)」

현재 국립민속박물관에 「천구황도남북계총성도」라는 이름으로 이 신법성도는 보존되어 있다. 이 성도는 2장으로 구성되어 있으며, 한 장은 황도의 북극을 중심으로 북반구를, 다른 한 장은 황도의 남극을 중심으로한 남반구를 각각 그린 것이다. 북반구 그림의 네 모퉁이에 검은 흑점이 나란히 있는 붉은 해, 검은 색의 작은 수성, 속에 검은 무늬가 있는 붉은 화성, 그리고 5개의 위성과 테에 둘러싸인 토성이 그려져 있다. 남반구 그림의 네 모퉁이에는 복잡하게 생긴 검은 무늬로 얼룩져 보이는 달, 붉은 색이지만 초승달과 같은 위상을 보인 금성, 평행한 줄무늬가 있고 4개의 위성을 가진 목성이 각각 그려져 있다. 이런 해와 달과 행성의 겉모습은 전부 망원경으로 관찰한 것들이다.

---

54 관상감 관원에는 李德星과 李德成 두 사람의 이름이 나타난다.
55 홍대용의 『담헌연행록』, 3장, p. 113., 『을병연행록 번역판』, p. 139, 183 등 참조.
56 홍대용(洪大容)과 이덕성(李德星)이 천주당을 방문하여 할러슈타인을 만난 것은 1766년 1월 19일(음역)이었다.

각 성도의 아래쪽 좌우에는 다음과 같은 글귀가 적혀 있다. 황위(黃緯)는 변하지 않으나 황경(黃經)은 동으로 매년 51초(秒) 변한다고 밝히고 있다. 제작자의 이름과 연도가 없는 것이 유감이다.

북반구: 大統斜分 三周干支 乾隆丙戌 恒星黃極 經緯天球 北界總圖
黃有赤交 各宗其極 黃緯不動 星經東差 歲五一秒 赤緯甚變 星經亦差 歲自不等
남반구: 大統斜分 三周干支 乾隆丙戌 恒星黃極 經緯天球 南界總圖
黃有赤交 各宗其極 黃緯不動 黃經東差 歲五一秒 赤緯甚變 星經亦差 歲自不等

현재 국립민속박물관에 소장되어 있는 책의 크기는 가로 세로가 약 74 cm인 목판으로 인쇄된 것이 아니라 필사한 것으로 보인다. 만약 필사한 것이 아니라 목판으로 찍어낸 것이라면, 후에 채색한 것일 것이다. 제작 기법은 중국 전통의 삼가성도(三家星圖)의 별을 표시하기 위함인지는 모르나, 세 가지 모양으로 별들을 구별하여 황도좌표계(黃道座標系)로 표시했다. 그 첫째는 붉은 색을 칠한 원으로, 둘째는 검은 색을 칠한 원으로, 세 번째는 속이 빈 원을 검은 색으로 표시한 것이다. 하늘을 푸른색으로 입히고 은하수는 흰색으로 남겨 두었다. 천문도의 원은 검은 색과 노란색을 교대로 칠한 눈금으로 경도(經度)의

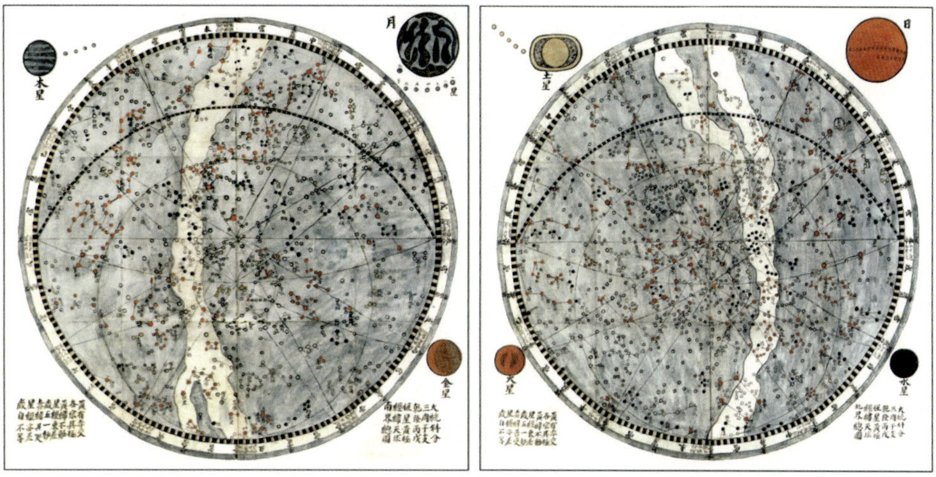

그림 IX-18.「천구황도남북계총도(天球黃道南北界總圖)」(국립민속박물관 소장)

각도를 표시했다. 이 눈금을 둘러싼 바깥 원이 2개가 있는데, 안쪽 원에는 12지와 12궁과 24절기의 이름이 적혀 있고, 바깥 원에는 24절기에 해당하는 곳에 각각 글자가 하나씩 적혀 있지만 글자가 마모되어 판독할 수가 없다.

앞으로의 조사를 위해 몇 가지 이상하게 보이는 점을 지적한다면,

(1) 태양면의 흑점(黑點)을 두 줄로 너무 많이 그려 넣은 점,

(2) 토성의 테의 모양이 타원에서 많이 일그러진 점,

(3) 달 그림 밑에 별의 밝기를 나타내는 성등(星等)을 표시하기는 했으나, 그 의미를 모른 것 같다는 점. 왜냐하면 6개의 원을 오른쪽에서 왼쪽으로 그렸는데, 1등성만 약간 클 뿐 나머지 원의 크기는 구별이 되지 않는다. 그리고 星(성) 자는 크게 쓰고 等(등) 자는 아주 작게 썼을 뿐만 아니라 서로 관계가 없는 것처럼 좌우로 멀리 떨어져 있다.

유송령이 만든 이 「천구황도남북계총성도(天球黃道南北界總星圖)」는 그가 만든 때로부터 불과 8년 만인 1774년에 관상감에 입수되었다는 사실은 당시의 관상감이 중국의 동향에 얼마나 민감했었던가를 보여주는 사례라 할 수 있겠다. 이 성도는 탕약망의 「적도남북양총성도」와 대진현·이백명의 「황도총성도」와 더불어 조선 후기를 개화시킨 〈3대 성도〉의 하나라고 평가받을 만하다.

3-10. 서조준(徐朝俊)의 「황도중서합도(黃道中西合圖)」

황도좌표로 된 북도(北圖)와 남도(南圖)의 두 장으로 되어 있는 목판 인쇄본이다. 성도의 제목 밑에 간단한 설명문이 다른 색깔로 희미하게 있어서 판독하기가 어려우나, 다행히 그 끝에 〈가경정묘(嘉慶丁卯) 서조준(徐朝俊) 지(識)〉라고 적혀 있다. 가경정묘는 순조 7(1807)년에 해당하므로 19세기에 들어서자 곧 출판된 것이며, 이로 인해서 이때부터 한국에서도 제작자와 제작 연대를 확실하게 밝히도록 영향을 받은 것 같다. 제작자 서조준은 천문학자로 잘 알려져 있는 사람이다.[57]

---

57 서조준(徐朝俊, 생몰년 미상)의 자는 노당(恕堂)으로 강소성 화정(江蘇 華亭) 출신이며, 청의 인종(仁宗) 때인 가경연간(嘉慶年間, 1796~1819)에 활동한 저명한 천문역상가(天文曆象家)이다.

이 성도의 이름 중 네 번째 글자를 〈국(局)〉으로 표기한 논문들이 있으나, 이 글자는 〈서(西)〉이다. 종이의 크기는 가로 69.5 cm, 세로 93.5 cm이고, 성도의 지름은 63.9 cm이다. 좌표계는 황도좌표이고, 적도선이 성도에 그려져 있다.

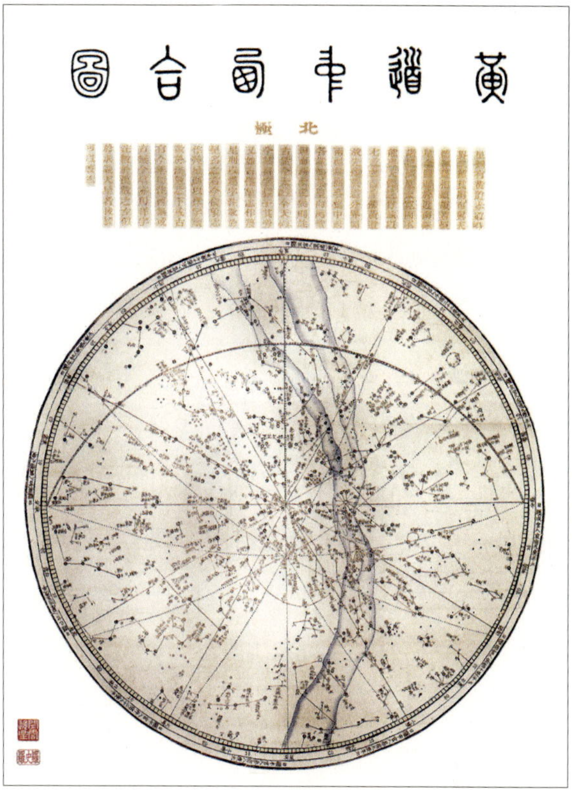

그림 IX-19/1. 「황도중서합도」의 북극도(나사라 소장)

「황도중서합도」 전체는 엷은 갈색을 바탕으로 하고 있으나 성도는 검은 색으로 인쇄했다. 그리고 설명문은 연한 붉은 색으로 제목과 「북극도」와 「남극도」 사이에 인쇄되어 있는데, 각각 180자이다. 그런데 이 색이 뚜렷하지 않아서 기사 내용을 판독하기가 어렵다. 성신여자대학과 일본의 지바시립향토박물관(千葉市立鄉土博物館)에 있는 두 「황도중서합도」를 대조하면서 판독한 내용은 다음과 같다.

[「북극도」에 있는 기사]

星圖有黃道赤道分 界二種基用可與天 體渾儀相○○若恒 星全圖則於近南極
諸星圖度太寬因不 能與天體道ㅁ玆以 七政○○並傍黃道 故先作黃道分界圖
兩幅○間參○中西 各識如某星向屬紫 垣而西數字異則註 古紫今太太.今天天
微 市
今某宿字樣于其旁 又如古儀象志作幾 星則以漢字注數於 星名之右今儀象志
作幾星則以洋字ㅁ 數於漢數之下或古 有今無則注西無或 古無今增亦用洋字
注數於漢數之左似 於求ㅁ天星者披圖 可以瞭然

「남극도」에 있는 기사]

虞唐以前學士大夫 類皆洞曉天文洎乎 司天專屬一家而完 心此道者遂○江左
○稱才○於天學獨 缺師承此無他心畏 其難故講貴少而肄 業恒不及○余輯高
厚蒙求備○步天經 天兩訣區○之忱長 欲爲○人子弟不煩 指示而○識星名又
念有歌無圖循○適 增淳悶○作此黃道 中西合圖創坊刻舊 本所未有學者第以
歌按圖按圖求象則 何止二十八宿羅胸 中而己哉.

星○○○○○○○○○○ 洋字 1 2 3 4 5 6 7 洋字 8 9 10 11 20 30 40
等一二三四五六七氣 一二三四五六七 .八 九 十 十 二 三 四
一 十 十 十 嘉慶丁卯徐朝俊識

성도 안에 있는 별에 아라비아 숫자로 번호가 붙어있는 것이 있다. 서양의 어느 성도와 비교한 것인지는 알 수 없으나 대단히 흥미있는 일이다. 서조준은 아라비아 숫자를 양자(洋字, 서양글자)라고 하고, 1에서 40까지 소개하면서 그 밑에 한자(漢字) 숫자 一에서 四十까지 병기하였다. 아라비아 숫자를 중국에 전한 좋은 사례이다.

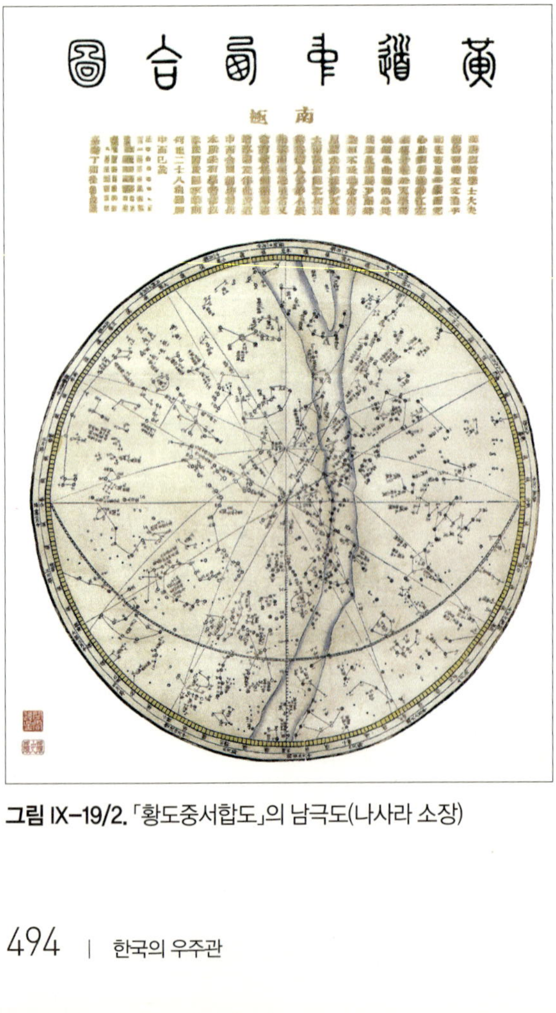

그림 IX-19/2. 「황도중서합도」의 남극도(나사라 소장)

3-11. 작자미상 「적도남북항성총도(赤道南北恒星總圖)」

이 성도는 지금까지 소개한 여러 성도와는 판이하게 다른 전문적인 관측자용 성도이다. 적도를 기준하여 하늘을 북반구와 남반구로 분리한 두 장으로 되어 있는데, 「적도북항성총도(赤道北恒星總圖)」의 좌우에 각각 네 줄로 해설이 있으나, 불행하게도 이 성도의 제작자나 제작 연대는 모두 미상이다.

성도의 기본은 적도좌표계이나, 황극을 중심으로 30도 간격으로 12개의 곡선이 그어져 있어서 황경(黃經)도 표시되어 있다. 성도의 북극과 남극을 중심으로 1도 간격의 가는 방사선이 적도까지 그어져 있어서 적경(赤經)을 알 수 있고, 매 30도에 해당하는 선들은 굵게 그어져 있다. 그리고 적위(赤緯)를 위해서는 북극과 남극에서 각각 1도 간격으로 적도까지 동심원이 잘 그려져 있다.

이상 소개한 성도 외에도 신법성도는 더 많이 있으나, 여기서 그만하려고 한다.[58]

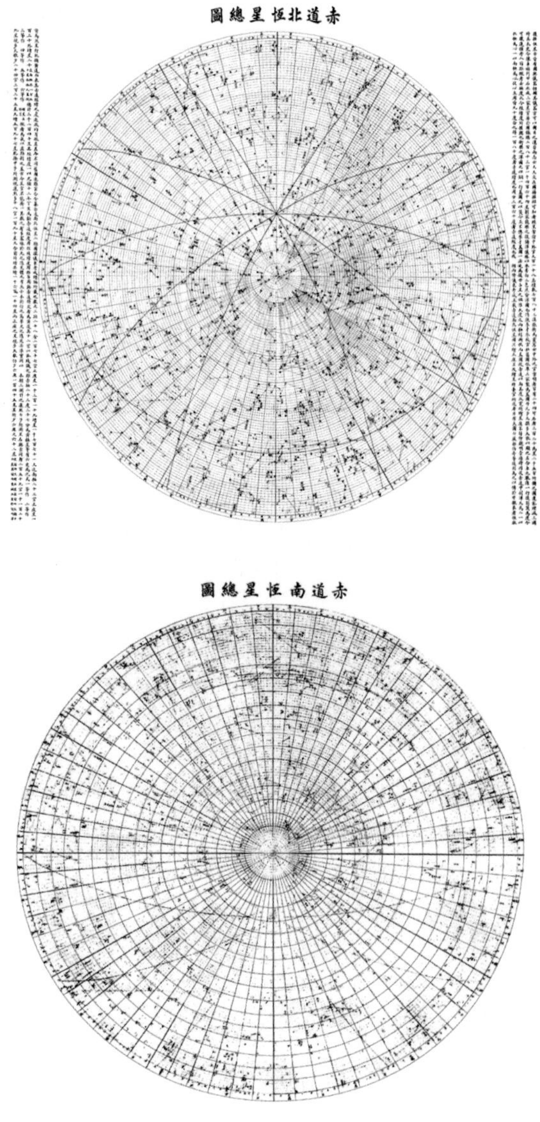

그림 IX-20. 「적도북항성총도」(위)와 「적도남항성총도」(아래)

58 신법성도 뿐만 아니라 다른 종류의 천문도도 소개하지 못한 것이 많다. 또한 지금까지 소개한 성도들은 지면이 허락하지 않아서 자세히 보기에는 너무 작다. 따라서 관심있는 독자들은 앞으로 출간 예정인 나일성·나사라(공저) 『중국·한국·일본 천문도보전(中國·韓國·日本 天文圖寶典)』을 참조하기를 바란다.

4

중국에서 수입한 서양 성표와 계산표

다음은 성표(星表)를 비롯하여 계산(計算)에 필요한 여러 책들 중 조선(朝鮮)에 소개된 것을 보자. 조선의 역관(曆官)들이 북경에 가서 서양 선교사와 접촉하여 천문에 관한 여러 책을 얻어 가지고 온 일은 인조 9년(1631)의 정두원(鄭斗源)으로부터 시작하였다. 그 후 여러 사람들의 노력으로 많은 서책들이 수입되었는데, 대부분의 천문서(天文書)들은 역법과 관계된 것들이다. 따라서 성도를 제작하는데도 도움이 되는 성표나 계산표를 구해 오는 일은 영조17(1741)년의 안국린(安國麟)과 변중화(卞重和)의 활약을 시발점으로 보는 것이 좋겠다. 이런 기간에 관상감 스스로도 『대수표(代數表)』를 비롯한 여러 가지 성표를 만드는 일을 했던 것 같다.

중국에서 선교사와 중국학자들이 서양 법으로 저술한 천문서적의 수는 100여 종을 넘는데 한국 문헌에 소개되어 있는 것은 그 중 18종에 이른다.[59] 그런데 불행하게도 현재 한국내에서 이 문헌들을 찾는 일은 대단히 어렵다. 따라서 그 책들이 어떤 것인가를 살펴보려면, 중국의 것을 보아야 하나, 한국 기록에 있는 명칭과 『사고전서(四庫全書)』에 있는 명칭이 달라서인지 그것마저도 쉽지 않다. 필자가 지금까지 한국의 기록을 통해 찾아낸 것은 아래에 소개한 18종의 책에 불과하다. 이 자료들을 되도록 시대 순으로 다음과 같이 배열해 본다.

59 저자가 찾아내지 못한 책이 더 있으리라고 짐작된다.

(1)『천문략(天文略)』1권

인조9(1634)년에 부연사(赴燕使) 정두원(鄭斗源)이 로드리구스(陸若漢)[60]로부터 얻어가지고 온 책이다.[61] 이『천문략(天問略)』은 명(明)의 만력 을묘(1615)년에 서양인 디아즈(陽瑪諾)[62]가 찬한 1권으로 되어 있다. 내용은 '제천중수(諸天重數)', '칠정부위(七政部位)', '태양절기(太陽節氣)', '주야영단(晝夜永短)', '교식본원(交食本原)', '지영추세(地影麤細)', '몽기영양(蒙氣映漾)', '몽영유광(矇影留光)'에 관하여 문답식으로 기술되어 있다. 국내에는 없는 것 같다.

(2)『치력연기(治曆緣起)』

인조9(1634)년에 부연사(赴燕使) 정두원(鄭斗源)이 로드리구스(陸若漢)으로부터 얻어가지고 온 책이다.[63]

국내에는 규장각에 〈규중 3488-v.1-8)로 수장되어 있다.

(3)『시헌력법서(時憲曆法書)』

인조22(1644)년에 관상감 제조(提調)인 김육(金堉)이 사명(使命)을 받들고 연경(燕京)에 들어 갔을 때 샬 폰 벨(湯若望)에게서 새 역법(시헌력법)을 배우고 여러 책을 구입하여 올 때 이 책도 함께 가지고 왔다.[64]

국내에는 없을 뿐만 아니라, 책 내용도 알아내지 못하고 있다.

(4)『일월오성역지(日月五星曆指)』

이 책은 중국 명(明)의 숭정(崇禎) 연간에 예부상서 서광계와 우참정 이천경(李天經)이

60 로드리구스(陸若漢)의 본명은 Joao Rodrigues(생몰년 미상)이며, 마테오 리치의 벗으로 부연사 정두원이 만났을 때 이미 97세의 고령이었으나, 정신이 수려하여 신선(神仙) 같았고 천문에 정통했다고 한다.

61『增補文獻備考文』, 상위고, 1: 4ㄴ

62 디아즈(陽瑪諾)의 본명은 Emmanuel Diaz(1574-1659)이고, 포르투갈 태생이다. 1601년에 신학과 철학을 공부한 후, 신학 교수로 6년간 지냈다. 1614년과 15년에 중국과 일본을 순회하는 업무를 담당하다가 남경과 북경 교구를 차례로 담당하다가 마침내 로마 총회장까지 되었다. 천문학 저서로는『천문략(天問略)』이 있다.

63『增補文獻備考文』, 상위고, 1: 4ㄴ

64『增補文獻備考』, 상위고, 1: 6ㄱ~ㄴ

서양의 방법을 배워서 일월오성(日月五星)의 운행을 계산한 책이다.

인조22(1644)년에 김육(金堉)이 샬 폰 벨(湯若望)에게서 구입하여 온 것으로 추측되고 있다.[65]

(5)『시헌력칠정표(時憲曆七政表)』

숙종34(1708)년에 관상감의 추산관(推算官)인 허원(許遠)이 연경에 가서 흠천감에서 구입하여 온 책이다. 그리고 이를 추보(推步)하는 데 사용했다.[66]그 뒤부터 ① 달의 대소, ② 24절기, ③ 상하현망(上下弦望)의 시각분초, ④ 일전(日躔)의 최고충(最高衝), ⑤ 금수성(金水星)의 인수(引數)와 연근(年根) 등의 추보에 사용하였다니 이런 것이 책의 내용일 것이다.[67]

(6)『일월교식표(日月交食表)』

영조17(1741)년에 역관(譯官) 안국린(安國麟)과 변중화(卞重和)가 천주당(天主堂)에 왕래하여 쾨글러(戴進賢)와 페레이라(徐懋德)[68]와 깊이 사귀고, 백방으로 주선하여 얻어 온 일식과 월식을 계산하는 책이다.[69]

(7)『대수천미표(對數闡微表)』

영조17(1741)년에 역관 안국린(安國麟)과 변중화(卞重和)가 천주당에 왕래하여 쾨글러(戴進賢)와 페레이라(徐懋德)[70]와 깊이 사귀고, 백방으로 주선하여 얻어 온, 계산하는데 필요한 표(表)로 된 책이다.[71]

---

65 『增補文獻備考』, 상위고, 1: 6ㄱ~ㄴ

66 『增補文獻備考』, 상위고, 1: 6ㄴ~7ㄱ

67 『增補文獻備考』, 상위고, 1: 6ㄴ

68 서무덕(徐懋德)의 본명은 Andreas Pereira(1690~1743)이고 포르투갈 태생이다. 17세에 예수회에 가입하고, 1716년에 중국으로 가서 1724년부터 역산(曆算)에 참여하였다. 15년간 이 직에 있는 동안 관상감의 부대장으로서 쾨글러와 함께 전 52권에 달하는 역작『역상고성(曆象考成)』을 공저하였다.

69 『증보문헌비고』, 상위고, 1권 73-74.

70 페레이라(徐懋德)의 본명은 Andreas Pereira(1690~1743)이고 포르투갈 태생이다. 17세에 예수회에 가입하고, 1716년에 중국으로 가서 1724년부터 역산(曆算)에 참여하였다. 15년간 이 직에 있는 동안 관상감의 부대장으로서 쾨글러와 함께 전 52권에 달하는 역작『역상고성(曆象考成)』을 공저하였다.

71 『增補文獻備考文』, 상위고, 1: 9ㄱ

이에 대해서는 다음 (8)『수리정온(數理精蘊)』을 참조하라.

(8)『수리정온(數理精蘊)』

영조17(1741)년에 역관 안국린(安國麟)과 변중화(卞重和)가 쾨글러(戴進賢)와 페레이라(徐 懋德)에게서 구입하여 왔다.[72] 『사고전서』에는 강희52년에 발간하였고, 『어제수리정온(御製數理精蘊)』 53권으로 율력연원(律曆淵源)의 제2부라고 기록되어 있다. 상편 5권에는 『수리본원(數理本源)』, 『하도(河圖)』, 『낙서(洛書)』, 『주비경해(周髀經解)』, 『기하원본(幾何原本)』, 『산법원본(算法原本)』이 있고, 하편 40권에는 기하학에 관하여 방대한 서술이 있다.

마지막에 각종 계산을 쉽게 하기 위한 「어제수리정온표(御製數理精蘊表) 8권이 있다. 이 8권의 내용을 보면, 아래와 같은 4종의 수표로 되어 있다.

『팔선표(八線表)』가 권1상, 권1하, 권2상, 권2하
『대수천미(對數闡微)』가 권3의1,2,3,4,5,6,7,8,9,10
『대수표(對數表)』가 〈대수표상〉(권5의1,2,3,4,5), 〈대수표하〉(권6의1,2,3,4,5)
『팔선대수표(八線對數表)』가 〈팔선대수표설〉(권7의상), 〈팔선대수표하〉(권7의하, 권8의상,하)

현재 국내에는 『팔선표(八線表)』와 『대수천미(對數闡微)』는 없으나, 『대수표(對數表)』와 『팔선대수표(八線對數表)』는 개인 소장으로 남아 있다.

이 책은 청(淸)의 강희52(1713, 조선 숙종39)년에 간행되었고, 그 내용은 다음과 같이 방대한 양이다.

상편 권1: 수리본원(數理本原), 하도(河圖), 낙서(洛書), 주비경해(周髀經解)
권2 :
권3 : 기하원본(幾何原本) 6~10

72 『增補文獻備考文』, 상위고, 1: 9ㄱ

권4 : 기하원본(幾何原本) 11~12
하편 권1: 수부(首部)1
권2 : 수부(首部)2
권3 : 선부(線部)1
권4 : 선부(線部)2
권5 : 선부(線部)3
권6 : 선부(線部)4
권7·8 : 선부(線部)5·6
권9 : 선부(線部)7
권10 : 선부(線部)8
권11 : 면부(面部)1
권12 : 면부(面部)2
권13 : 면부(面部)3
권14 : 면부(面部)4
권15 : 면부(面部)5
권16 : 면부(面部) 할원(割園)
권17 : 면부(面部) 삼각형변선각도상구(三角形邊線角度相求)
권18 : 면부(面部)8
권19 : 면부(面部)9
권20 : 면부(面部)10
권21 : 면부(面部)11
권22 : 면부(面部)12
권23 : 체부(體部)1
권24 : 체부(體部)2
권25 : 체부(體部)3
권26 : 체부(體部)4
권27 : 체부(體部)5
권28 : 체부(體部)6
권29 : 체부(體部)7
권30 : 체부(體部)8
권31 : 말부(末部)1

권32 : 말부(末部)2
권33 : 말부(末部)3
권34 : 말부(末部)4
권35 : 말부(末部)5
권36 : 말부(末部)6
권37 : 말부(末部)7
권38 : 말부(末部)8
권39 : 말부(末部)9
권40 : 말부(末部)10
권1上: 팔선표(八線表)
권1下: 팔선표(八線表)
권2上: 팔선표(八線表) 下
권2下: 팔선표(八線表) 下
권3지1: 대수천미(對數闡微)1
권3지2: 대수천미(對數闡微)2
권3지3: 대수천미(對數闡微)3
권3지4: 대수천미(對數闡微)4
권3지5: 대수천미(對數闡微)5
권4지1: 대수천미(對數闡微)6
권4지2: 대수천미(對數闡微)7
권4지3: 대수천미(對數闡微)8
권4지4: 대수천미(對數闡微)9
권4지5: 대수천미(對數闡微)10
권5지1: 대수표설(對數表說)
권5지2: 대수표상(對數表上)
권5지3: 대수표상(對數表上)
권5지4: 대수표상(對數表上)
권5지5: 대수표상(對數表上)
권6지1: 대수표하(對數表下)
권6지2: 대수표하(對數表下)
권6지3: 대수표하(對數表下)

권6지4: 대수표하(對數表下)
권6지5: 대수표하(對數表下)
권7上: 팔선대수표설(八線對數表說)
권7下: 팔선대수표하(八線對數表下)
권8上: 팔선대수표하(八線對數表下)
권8下: 팔선대수표하(八線對數表下)

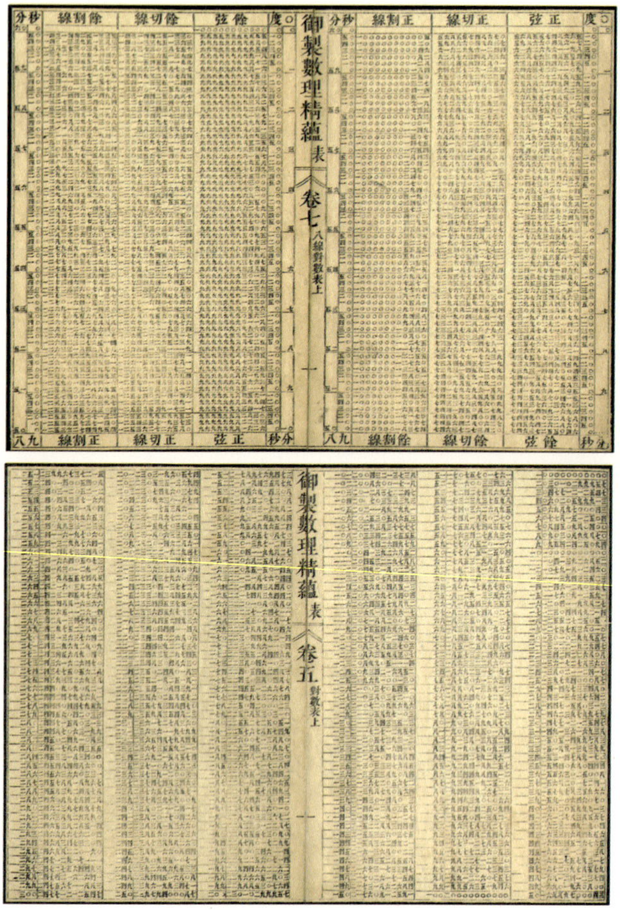

그림 IX-21. 『어제수리정온(御製數理精蘊)』의 「대수표(對數表)」와 「팔선대수표(八線對數表)」(나일성 소장)

상기한 내용 중 『대수표(對數表)』상하와 『팔선대수표(八線對數表)』 만이 남아 있다. (그림 IX-13을 참조)

(9) 『월식주고(月食籌稿)』

영조17(1741)년에 역관 안국린(安國麟)과 변중화(卞重和)가 천주당에 왕래하여 쾨글러(戴進賢)와 페레이라(徐懋德)에게서 월식을 계산하는 이 책을 구해왔다.[73]

(10) 『일식주고(日食籌稿)』

영조17(1741)년에 역관 안국린(安國麟)과 변중화(卞重和)가 천주당에 왕래하여 쾨글러(戴進賢)와 페레이라(徐懋德)에게서 일식을 계산하는

73 『증보문헌비고』, 상위고, 1권 73-74.

이 책을 구해왔다.[74]

(11)『일월오성표(日月五星表)』

영조17(1741)년에 역관 안국린(安國麟)과 변중화(卞重和)가 천주당에 왕래하여 쾨글러(戴進賢)와 페레이라(徐懋德)에게서 일월과 5행성의 위치를 계산하는 이 책을 구해왔다.[75]

(12)『역상고성후편(曆象考成後編)』10권

영조20(1744)년에 역관 안명열(安命說), 김정호(金挺豪), 이기흥(李箕興) 등이 이 책 10권을 구입하여 왔다.[76]

淸의 건륭2(1737)년, 즉 조선 영조13년에 찬한 역상(曆象)에 관한 책이다. 그 내용은 아래와 같다.

제1권 : 일전수리(日躔數理)
제2권 : 월리수리(月離數理)
제3권 : 교식수리(交食數理)
제4권 : 일전보법(日躔步法)과 월리보법(月離步法)
제5권 : 월식보법(月食步法)
제6권 : 일식보법(日食步法)
제7권 : 일전표(日躔表)
제8권 : 일전표상(月離表上)
제9권 : 일전표하(月離表下)
제10권 : 교식표(交食表)

---

74 『增補文獻備考』, 상위고, 1: 9ㄱ
75 『增補文獻備考』, 상위고, 1: 9ㄱ
76 『增補文獻備考』, 상위고, 1: 9ㄴ

(13) 『신법역상고성후편(新法曆象考成後編)』 1질

영조20(1744)년에 김태서(金兌瑞)가 이 책 한 질을 구입하여 왔다.[77]

이 책이 앞의 『역상고성후편(曆象考成後編)』 10책과 같은 것인데, 구입해 온 사람이 다르기 때문에 이렇게 『증보문헌비고』, 「상위고」에 함께 기록되어 있는 것인지, 아니면 내용이 다른 것인지 확인할 필요가 있다.

(14) 『신법일월교식산표(新法日月交食算表)』 10책

영조27(1751)년에 김성대(金成大)가 구입하여 왔다.[78]

(15) 『의상도(儀象圖)』 2책

영조27(1751)년에 김성대(金成大)가 구입하여 왔다.[79]

이 책은 퀘르비이스트(南懷仁)가 쓴 것으로, 현재 장서각에 보존되어 있다.

(16) 『칠요법(七曜法)』 10책

영조27(1751)년에 김성대(金成大)가 구입하여 왔다.[80]

국내에서는 찾지 못했고, 따라서 책 내용도 조사하지 못하고 있다.

(17) 『교식칠요추산(交食七曜推算)』

영조29(1753)년에 이동양(李東樑)과 동행한 역관 장채유(張采維)가 흠천감에서 구입하여 왔다.[81]

국내에서는 찾지 못했고, 따라서 책 내용도 조사하지 못하고 있다.

77

78 『승정원일기』, 영조27년 윤4월17일

79 『승정원일기』, 영조27년 윤4월17일

80 『승정원일기』, 영조27년 윤4월17일

81 『승정원일기』, 영조29년 9월 24일

(18)『신법항성표(新法恒星表)』

영조29(1753)년에 이동량(李東樑)과 동행한 역관 장채유(張采維)가 흠천감에서 구입하여 왔다.[82]

국내에서는 찾지 못했고, 따라서 책 내용도 조사하지 못하고 있다.

이상의 책들을 정리해 보면, 재미있는 면이 있다. 그 중 첫째로 책을 수입하는데 공을 세운 다음과 같은 사람들이다.

인조9(1634)년에 정두원(鄭斗源)이 2종
인조22(1644)년에 김육(金堉)이 2종
숙종34(1708)년에 허원(許遠)이 1종
영조17(1741)년에 역관 안국린(安國麟)과 변중화(卞重和)가 6종
영조20(1744)년에 안명열(安命說), 김정호(金挺豪), 이기흥(李箕興)등이 1종
영조20(1744)년에 김태서(金兌瑞)가 1종
영조20(1744)년에 안명열(安命說), 김정호(金挺豪), 이기흥(李箕興)이 1종
영조27(1751)년에 김성대(金成大)가 3종
영조29(1753)년에 이동량(李東樑)과 동행한 역관 장채유(張采維)가 2종

이들 중 가장 돋보이는 것은 안국린과 변중화의 활약이다,

둘째는 인조 때의 4종과 숙종 때의 1종을 제외하면, 나머지는 전부 영조 17년에서 29년 사이에 도입한 것들이다. 이렇게 영조시대에 편중된 것은 영조의 천문(天文)에 대한 열의가 컸었다는 것을 입증하는 좋은 사례이다. 한편 이는 1700년대에 들어서면서 중국에서 활동한 서양 선교사들의 업적이 활발했었고, 그로 인해서 많은 서적의 출판이 대량으로 간행된 측면도 있다.

마지막으로,『수리정온』중에 포함되어 있는 4개의 표인 ①『팔선표(八線表)』, ②『대수천미표(對數闡微表)』, ③『대수표(對數表)』, ④『팔선대수표(八線對數表)』중에서

---

82 『승정원일기』, 영조29년 9월 24일

『팔선표(八線表)』권1의 상하와 권2의 상하
『대수천미표(對數闡微表)』권3과 권4

는 없으나, 다행히 『수리정온』 표의 반(半)인
『대수표(對數表)』권5와 권6
『팔선대수표(八線對數表)』권7의 상하(上下)와 권8의 상하(上下)

는 한국 내에 고스란히 남아 있어서 다행한 일이다.

제 X 장

관상감의 맹활약

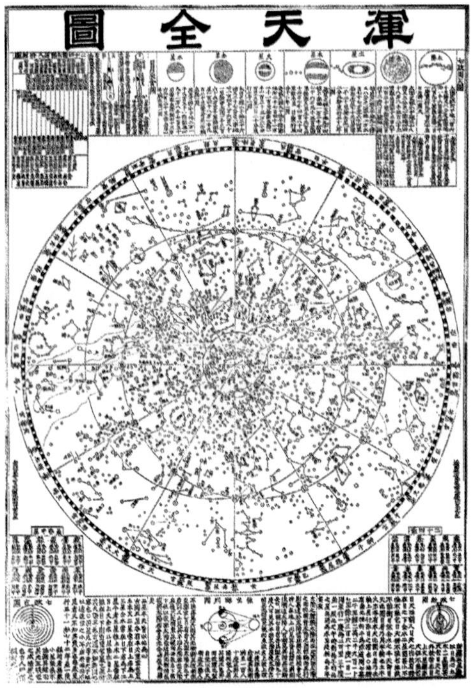

혼천전도(渾天全圖)

예수회 선교사들이 가지고 온 서양의 과학 서적 중에는 역법을 개선하기 위한 역법서를 비롯하여 천문도와 지도가 있다. 그러나 고집스런 당시의 중국인들에게 건상(乾象)과 곤여(坤輿)를 제대로 알리는 새 지식은 예기치 못했던 큰 저항을 일으킨 사건도 있었고, 도입에 회의적이고 적극적인 사례도 물론 많았다. 오랜 전통을 가진 중국 사회에 변화를 일으키기 위해서는 피할 수 없는 과정이었다.

이에 반하여 조선의 관상감 학자들은 중국인들보다 더 호의적으로 서양의 성도를 적극 받아들였다. 이 장에는 관상감이 서양의 영향을 받아서 만든 신법성도(新法星圖)를 소개하려고 한다. 그 중에서 이곳에 먼저 소개하려고 하는 것은 18세기 조선의 신법성도의 대표작이라고 할 수 있는 세 성도이고, 이 3건에 관하여는 비교적 자세하게 소개하려고 한다. 그리고 그 외에도 몇 건을 더 추가해서 차례로 다루려고 한다.

1

18세기에 만든 3대 신법성도(新法星圖)

중국대륙에서 일고 있는 천문도에 관한 엄청난 바람은 약간의 시차를 두고 조선에 전파되었다. 그 결과로 얻은 것이 관상감의 3대 신법성도인 ①「혼천전도(渾天全圖)」, ②「천상열차분야도·황도남북양총성도·칠정도 합본(天象列次分野圖·黃道南北兩総星圖·七政圖合本)」 그리고 ③「칠정도·황도남북양총성도 합본(七政圖·黃道南北兩総星圖 合本)」의 제작인데, 이 세 성도는 모두 영조시대에 만든 것들이다.

그런데 이 3대 성도는 중국에서 수입한 여러 성도를 참고하고 필요하다면 중국에 가서 예수회 선교사들의 조언을 받아가면서 제작하기는 했어도, 이것은 어디까지나 조선의 관상감 관원들의 자력으로 완성한 작품임을 높이 평가해야 한다. 왜냐하면 예수회 선교사 중 단 한 사람도 조선에 온 일이 없기 때문이다.

이 세 종류의 영조시대 신법성도가 신법을 수용하는 과정을 알아보는 데 있어서 중요한 몫을 하고 있기 때문에 그 동안의 연구 결과를 바탕으로 하여 깊이 있게 차례로 다루어 보기로 하자.

1-1. 「혼천전도(渾天全圖)」 목판본

관상감이 제작한 최초의 신법천문도로 보이는 것이 「혼천전도(渾天全圖)」 목판본이다. 이 성도에는 제작자나 제작 연대가 없으나 최초로 만든 것이라고 하는 이유는 뒤이어 소개될

성도는 모두 8폭이나 되는 대형 성도이므로, 이런 큰 성도를 만들기 전에 작은 것을 먼저 만들었을 것이라고 보기 때문이다. 「혼천전도」 목판본은 한 장으로 되어 있으며, 그 크기는 가로 59.0 cm, 세로 85.5 cm인 테두리가 있고, 그 안의 중심에 지름 57.6 cm 되는 성도가 있다. 현재 여러 장의 목판본이 박물관과 개인 소장품으로 남아있으나, 여기에 보인 것은 나일성천문관이 소장하고 있는 것으로 가장 깨끗하게 보존된 것 중의 하나이다(그림 X-1).

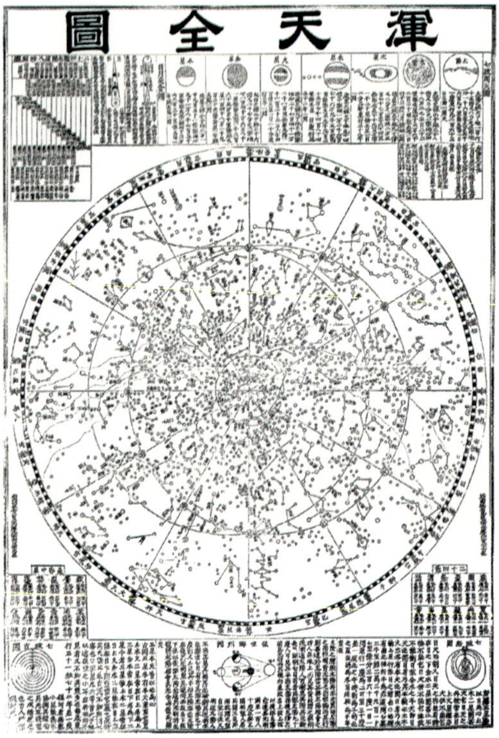

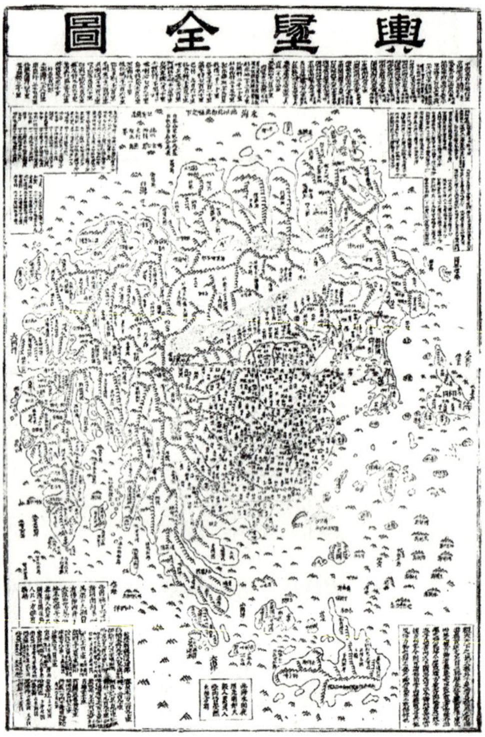

그림 X-1. 혼천전도(渾天全圖)와 여지전도(輿地全圖)[1](나일성천문관 소장)

혼천전도(渾天全圖)가 보여주는 우주 (태양계의 참모습)

「혼천전도」는 중국에 들어온 서양의 천문학을 활발하게 도입하던 시기인 영조시대에 관상감(觀象監)이 목판을 만들어 인쇄한 최초의 신법성도이다.[2]

1 훼르비이스트(南懷仁)가 「황도남북양총성도(黃道南北兩總星圖)」를 만들 때 「곤여전도(坤輿全圖)」를 쌍이 되게 함께 만들었듯이 조선의 관상감은 「혼천전도(渾天全圖)」를 만들면서 쌍이 되게 이 「여지전도(輿地全圖)」도 함께 만들었다.

2 「혼천전도(渾天全圖)」에 관하여는 필자가 이미 자세히 연구하여 발표한 바가 있다. [주: K-Y Chen and Sun X.

한지(90.0 cm x 62.7 cm)에 세로 85.5 cm 가로 59.0 cm 크기로 굵은 선을 네모나게 긋고 그 안에 성도를 비롯하여 여러 가지 천문 자료를 목판 인쇄한 것이다(그림 X-1을 참조). 종이의 상단에 큰 글자로 〈渾天全圖〉가 적혀 있기 때문에 이 성도의 명칭은 분명하다.

이 종이의 중심에 지름이 57.6 cm 되는 원이 있고, 그 안에 성도가 인쇄되어 있다. 이 원 안에는 전통적인 278개의 별자리에 속한 1,145개의 별이 그려져 있고, 이 외에도 어느 별자리에도 속하지 않는 새 별이 892개가 또 있다. 따라서 이 천문도에 수록된 별의 총 수는 2,037개에 이른다. 이 별들은 밝기에 따라 모양이 다른 기호로 표기되어 있는데, 가장 밝은 1등성은 ◎로, 2등성은 ⊙표로, 3등성은 중간 크기의 원(○)으로, 4등성과 그 이하는 작은 원(◦)으로 각각 표시되어 있다. 그리고 별표인 (*)로 표시된 것도 있는데, 이는 아마 5등성과 밝은 성운(星雲)을 표시한 것 같다. 1등대성인 남하3(南河三, Procyon)이 2등성으로 표시된 반면에 2등성인 성수(星宿)와 오제(五帝)의 밝은 별을 1등성으로 밝게 표시한 착오도 있다.

개도식(蓋圖式) 전천(全天)성도이기 때문에 원의 중심은 하늘의 북극이다. 이 북극점을 중심으로 30도 간격을 이루는 12개의 방사선이 밖으로 그어져 있다. 이 방사선으로 구분되는 하늘의 구역은 종래의 28수를 표시하던 성수(星宿)를 위한 구역과는 다르다. 따라서 이는 하늘을 365도와 ¼로 표시하던 종래의 방식이 아니라 360도라는 새로운 방식에 따른 것임을 알 수 있다.

춘분과 추분을 가리키는 술(戌)과 신(辰)에서 교차하는 두 개의 원이 있다. 그러나 이 두 원 중에서 어느 것이 황도이고 어느 것이 적도인지는 알 수 없게 그려져 있다.

12개의 방사선이 끝나는 곳에 큰 원이 있으며 검은 색으로 1도 간격을 표시하고 있다. 각도(角度)를 표시한 원과 바깥의 제일 큰 원 사이에는 24절기, 12궁 그리고 28수의 이름이 다음과 같은 차례로 적혀 있다.

『혼천전도』에 기재된 별의 수를 당시의 서양 선교사들이 만든 성표(星表)와 비교해 볼 필요가 있다. 그 이유는『혼천전도』가 얼마나 많은 별을 수록하려고 노력했는가를 가늠해

(eds.) "Honcheon Jondo, a Star Map in the 18th Century", in *Frontiers of Oriental Astronomy*, (China Science & Technology Press: Beijing), pp. 53~66, 2006]을 참조.

보기 위함이다. 조선시대에 처음 제작된 신법성도이기 때문에 이 조사는 중요하다고 생각된다. 이 일을 위해 참고할 수 있는 문헌은 1752년 쾨글러(戴進賢) 등이 출판한 『의상고성(儀象考成)』의 표 1~12이다. 조사한 결과는 다음 표 VII-1에 보인 바와 같다.

표 X-1. 두 성표와 혼천전도에 수록된 별의 수

번호	중국식 12궁	별의 수		
		의상고성(성표)	신법산서(성표)	혼천전도(성도)
1	星紀宮(성기)	269	115	170
2	玄枵宮(현효)	301	110	177
3	諏訾宮(추자)	259	98	159
4	降婁宮(강루)	254	101	154
5	大梁宮(대량)	236	132	187
6	實沈宮(실침)	296	164	235
7	鶉首宮(순수)	237	107	179
8	鶉火宮(순화)	262	111	153
9	鶉尾宮(순미)	241	91	151
10	壽星宮(수성)	227	95	143
11	大火宮(대화)	246	127	164
12	析木宮(석목)	255	98	162
	합계	3,083	1,349	2,034 (+3)

이 표의 수를 보면, 「혼천전도」에 있는 별의 수는 『의상고성』의 성표에 수록된 수보다는 적다. 그러나 이 『의상고성』의 「항성전도(恒星全圖)」[3]와 비교하면 별로 다름이 없다. 이는 성표에는 많은 별을 수록할 수 있는데 반하여 한정된 공간인 성도(星圖)에 기입하는 일이 더 어렵다는 것을 뜻한다.

이제 다시 좀 더 자세한 비교를 해 보자. 표 X-2는 「혼천전도」의 원 안에 있는 성도에 기입되어 있는 별자리 이름과 별의 수가 쾨글러의 「의상고성 항성전도(儀象考成恒星全圖)」에 있는 것과 얼마나 비슷한가를 알아보기 위하여 대비한 것이다. 「의상고성 항성전도」에 있는 별자리 이름을 표의 첫 줄에 기록하였는데, 「혼천전도 성도」에 있는 별자리 이

3 『儀象考成』 恒星全圖, 乾隆17年(1752)12月16日奉, 卷1, 34.

름이 이와는 다른 글자인 경우에 한하여 그 글자를 숫자 앞에 기록해 두었다. 「혼천전도 천문도」에 있는 별의 수는 「의상고성 항성전도」보다 적다. 그 이유는 「혼천전도」의 경우는 별자리를 분별할 수 있도록 직선으로 연결하였는데, 이렇게 연결된 별만을 셈했기 때문이다. 직선으로 연결되지 않고 흩어져 있는 별들이 많으나 이런 별들이 어느 별자리에 속하는 것인지 알 수 없기 때문에 별의 수가 적은 것이다. 「천상열차분야지도」에 있던 별만 연결선으로 표시하고 새로 추가된 별은 어느 별자리에도 소속시키지 않은 탓이다. 별자리(座) 또는 원(垣)이 끝나는 곳에 별자리 수와 소속한 별의 수를 끝에 합산하였다. 한편, 서양의 영향을 받아 새로 추가된 이런 별들은 30도 간격으로 만든 궁(宮) 별로 따로 셈하여 보아야 한다.

별자리 이름(座名)은 모두 한자(漢字)로 기입하였기 때문에 발음을 참고할 필요가 있는 경우는 앞에 이미 소개된 제6장의 표 VI-2를 이용하면 좋겠다. 모든 신법천문도에는 「천상열차분야지도」계열의 별자리가 다 있지 않고 인위적으로 제외시킨 것이 많기 때문에 옛 별자리를 전부 수록한 표 VI-3/1~7에만 한글 발음을 병기한 것이다.

표 X-2. 『의상고성』과 「혼천전도」의 삼원에 있는 별

별자리 이름	천문도에 표시되어있는 별의 수	
	儀象考成의 恒星全圖	渾天全圖
자미원 紫微垣		
북극 北極	5	5
사보 四輔	4	4
천황대제 天皇大帝	1	1
천주 天柱	5	5
어녀 御女	4	4
여사 女史	1	1
주사 柱史	1	1
상서 尙書	5	5
천상 天床	6	6
대리 大理	2	2
음덕 陰德	2	2
육갑 六甲	6	6
오제내좌 五帝內座	5	5

별자리 이름	천문도에 표시되어있는 별의 수	
	儀象考成의 恒星全圖	渾天全圖
태미원 太微垣		
오제좌 五帝座	5	5
태자 太子	1	1
종관 從官	1	1
행신 幸臣	1	1
오제후 五諸侯	5	
구경 九卿	3	3
삼공 三公	3	3
내병 內屛	4	4
우원장 右垣墻	5	右執法 5
좌원장 左垣墻	5	左執法 5
낭장 郎將	1	1
낭위 郎位	12	11
상진 常陳	7	2

별자리 이름	천문도에 표시되어있는 별의 수	
	儀象考成의 恒星全圖	渾天全圖
화개 華蓋	9	6
강 杠	5	8
우원장 右垣墻	7	右樞 7
좌원장 左垣墻	9	左樞 9
천을 天乙	1	1
태을 太乙	1	1
내주 內廚	2	2
북두 北斗	7	7
보 輔	1	1
천창 天槍	3	3
원과 元戈	1	玄戈 1
삼공 三公	1	–
상 相	4	4
천리 天理	4	4
태양수 太陽守	1	1
태존 太尊	1	1
천뇌 天牢	7	4
세 勢	4	–
문창 文昌	6	6
내계 內階	6	6
삼사 三師	3	3
팔곡 八穀	8	8
전사 傳舍	8	4
천주 天廚	6	6
천봉 天棓	5	5
	38座 157星	36座 148星

별자리 이름	천문도에 표시되어있는 별의 수	
	儀象考成의 恒星全圖	渾天全圖
삼태 三台	6	6
호분 虎賁	1	1
소미 少微	4	4
장원 長垣	4	4
영대 靈臺	3	3
명당 明堂	3	–
알자 謁者	1	1
	20座 75星	18座 61星
천사원 天市垣		
제좌 帝座	1	1
후 候	1	1
환자 宦者	4	4
두 斗	5	5
곡 斛	4	4
열사 列肆	2	2
거사 車肆	2	2
시루 市樓	6	2
종정 宗正	2	2
종인 宗人	4	3
종 宗	2	宗星 2
백도 帛度	2	2
도사 屠肆	2	2
우원장 右垣墻	11	11
좌원장 左垣墻	11	11
천기 天紀	9	9
여상 女牀	3	3
관삭 貫索	9	10
칠공 七公	7	7
	19座 87星	19座 83星

표 X-3/1. 동방칠수에 있는 별

별자리 이름	천문도에 표시되어있는 별의 수	
	儀象考成의 恒星全圖	渾天全圖
각수 角宿		
각 角	2	2
평도 平道	2	2
천전 天田	2	2
주정 周鼎	3	3
진현 進賢	1	1
천문 天門	2	2
평 平	2	平星 2
고루 庫樓	10	5
주 柱	11	6
형 衡	4	4
남문 南門	2	2
	11座 41星	11座 31星
항수 亢宿		
항 亢	4	4
대각 大角	1	1
우섭제 右攝提	3	4
좌섭제 左攝提	3	4
절위 折威	7	–
돈완 頓頑	2	1
양문 陽門	2	2
	7座 22星	6座 16星
저수 氐宿		
저 氐	4	4
항지 亢池	4	4
제석 帝席	3	–
경하 梗河	3	3
초요 招搖	1	1
천유 天乳	1	1
천복 天輻	2	2
진거 陣車	3	1
기관 騎官	10	7
거기 車騎	3	3
장군 將軍	1	–
	11座 35星	9座 26星

별자리 이름	천문도에 표시되어있는 별의 수	
	儀象考成의 恒星全圖	渾天全圖
방수 房宿		
방 房	4	4
구령 鉤鈐	2	2
건폐 鍵閉	1	1
벌 罰	3	3
서함 西咸	4	4
동함 東咸	4	4
일 日	1	1
종관 從官	2	2
	7座 21星	7座 21星
심수 心宿		
심 心	3	3
적졸 積卒	2	2
	2座 5星	2座 5星
미수 尾宿		
미 尾	9	9
신궁 神宮	1	1
천강 天江	4	4
부열 傅說	1	
어 魚	1	1
귀 龜	5	4
	5座 21星	5座 20星
기수 箕宿		
기 箕	4	4
강 糠	1	1
저 杵	3	2
	3座 8星	3座 7星

표 X–3/2. 북방칠수에 있는 별

별자리 이름	천문도에 표시되어있는 별의 수	
	儀象考成의 恒星全圖	渾天全圖
두수 斗宿		
두 斗	6	6
천약 天籥	7	–
천변 天弁	9	9
건 建	6	建星 6
천계 天雞	2	天鷄 2
구 拘	2	2
구국 狗國	4	4
천연 天淵	3	11
농장인農丈人	1	–
별 鼈	11	13
	10座 51星	8座 53星
牛宿		
우 牛	6	8
천부 天桴	4	2
하고 河鼓	3	3
우기 右旗	9	7
좌기 左旗	9	6
직녀 織女	3	3
점대 漸臺	4	4
연도 輦道	5	6
나언 羅堰	3	2
천전 天田	4	4
구감 九坎	4	3
	11座 54星	11座 48星
여수 女宿		
여 女	4	4
이주 離珠	4	–
패과 敗瓜	5	4
고과 瓠瓜	5	4
천진 天津	9	10
해중 奚仲	4	4
부광 扶筐	7	3
십이국 十二國	12	13
	8座 50星	7座 42星
虛宿		
허 虛	2	2
사명 司命	2	2
사록 司祿	2	2
사위 司危	2	1
사비 司非	2	2
곡 哭	2	2
읍 泣	2	2
이유 離瑜	3	3
천루성 天壘城	12	5
패구 敗臼		
	10座 33星	10座 25星
위수 危宿		
위 危	3	3
분묘 墳墓	4	4
개옥 蓋屋	2	1
허량 虛梁	4	4
천전 天錢	5	4
인 人	4	4
저 杵	3	2
구 臼	4	4
거부 車府	7	5
조보 造父	5	3
천구 天鉤	8	5
	10座 49星	10座 39星
실수 室宿		
실 室	2	2
이궁 離宮	6	6
등사 螣蛇	20	15
뇌전 雷電	6	7
토공리 土公吏	2	土公吏 1
누벽진 壘壁陣	12	12
우림군 羽林軍	45	1
천강 天綱	1	1
북락사문 北落師門	1	1
부월 鈇鉞	3	3
팔괴 八魁	6	–
	10座 98星	10座 49星
벽수 壁宿		
벽 壁	2	2
천구 天廏	3	3
토공 土公	2	2
벽력 霹靂	5	5
운우 雲雨	4	4
부질 鈇鑕		
	6座 21星	6座 20星

표 X-2/3. 서방칠수에 있는 별

별자리 이름	천문도에 표시되어있는 별의 수	
	儀象考成의 恒星全圖	渾天全圖
규수 奎宿		
규 奎	15	16
왕량 王良	5	5
책 策	1	1
부로 附路	1	1
군남문 軍南門	1	1
각도 閣道	6	6
외병 外屛	7	7
천혼 天溷	4	4
토사공 土司空	1	토사공 1
	9座 45星	9座 47星
누수 婁宿		
누 婁	3	3
천대장군 天大將軍	10	10
우경 右更	5	5
좌경 左更	5	5
천창 天倉	6	6
천유 天庾	3	2
	6座 33星	6座 31星
위수 胃宿		
위 胃	3	3
대릉 大陵	8	9
적시 積尸	1	1
천선 天船	9	9
적수 積水	1	1
천름 天廩	4	4
천균 天囷	6	6
	7座 39星	7座 41星
묘수 昴宿		
묘 昴	6	7
천하 天河	1	1
월 月	1	1
권설 卷舌	5	6
천참 天讒	1	1
여석 礪石	4	4
천음 天陰	5	4
추고 芻藁	6	6
천원 天苑	16	17
	9座 45星	9座 47星

별자리 이름	천문도에 표시되어있는 별의 수	
	儀象考成의 恒星全圖	渾天全圖
필수 畢宿		
필 畢	8	8
부이 附耳	1	1
천가 天街	2	2
천고 天高	4	4
제왕 諸王	6	6
오거 五車	5	5
주 柱	9	9
함지 咸池	3	3
천황 天潢	5	1
천관 天關	1	1
천절 天節	7	7
구주수구 九州殊口	6	구주수역 九州殊域 5
삼기 參旗	9	9
구유 九斿	9	8
천원 天園	13	13
	14座 88星	14座 82星
자수 觜宿		
자 觜	3	3
사괴 司怪	4	4
좌기 座旗	9	4
	3座 16星	3座 11星
삼수 參宿		
삼 參	7	9
벌 伐	3	3
옥정 玉井	4	4
군정 軍井	4	4
병 屛	2	2
측 厠	4	4
시 屎	1	1
	6座 25星	6座 27星

표 X-2/4. 남방칠수에 있는 별

별자리 이름	천문도에 표시되어있는 별의 수	
	儀象考成의 恒星全圖	渾天全圖
정수 井宿		
정 井	8	8
월 鉞	1	1
수부 水府	4	4
천준 天罇	3	3
오제후 五諸侯	5	5
북하 北河	3	3
적수 積水	1	–
적신 積薪	1	1
수위 水位	4	4
남하 南河	3	3
사독 四瀆	4	4
궐구 闕邱	2	2
군시 軍市	6	5
야계 野雞	1	野鷄 1
천랑 天狼	1	1
장인 丈人	2	장인 2
자 子	2	2
손 孫	2	1
노인 老人	1	1
호시 弧矢	9	9
	19座 63星	18座 60星
귀수 鬼宿		
귀 鬼	4	4
적시 積尸	1	적시기 1
적시기 積尸氣	1	1
관 爟	4	4
외주 外廚	6	5

별자리 이름	천문도에 표시되어있는 별의 수	
	儀象考成의 恒星全圖	渾天全圖
천기 天記	1	1
천구 天狗	7	6
천사 天社	6	6
	6座 29星	6座 27星
유수 柳宿		
유 柳	8	8
주기 酒旗	3	3
	2座 11星	2座 11星
성수 星宿		
성 星	7	8
천상 天相	3	3
헌원 軒轅	17	16
내평 內平	4	4
어녀 御女	–	1
	4座 31星	5座 32星
장수 張宿		
장 張	6	6
	1座 6星	1座 6星
익수 翼宿		
익 翼	22	22
	1座 22星	1座 22星
진수 軫宿		
진 軫	4	4
우할 右轄	1	1
좌할 左轄	1	1
장사 長沙	1	1
청구 青邱	7	3
	5座 14星	5座 10星

이 성도의 위와 아래에는 해설문이 있는데 전부 3,132나 되는 많은 한자(漢字)로 되어 있다. 당시의 관상감 학자들이 알고 있었던 천문학 지식을 총 정리한 것이며, 다음과 같은 내용으로 되어 있다. 즉, 성도 위에 있는 것은 오른 쪽에서부터 ①「칠정주천도(七政周天圖)」, ②「일월교식도(日月交食圖)」, ③「이십사절태양출입시각도(二十四節太陽出入時刻圖)」이고, 성도 아래에 있는 것은 ①「이십사절신혼중성(二十四節晨昏中星)」, ②「칠정신도(七政新圖)」, ③「현망회삭도(弦望晦朔圖)」, ④「칠정고도(七政古圖)」이다.

이제 이 기록들을 차례로 살펴보기로 하자.

칠정주천도(七政周天圖)

이것은 해와 달과 5행성에 대해서 그 당시까지는 몰랐던 새로운 사실을 보여 주고 있다. 서양에서 가지고온 망원경으로만 볼 수 있는 이 일곱 천체의 표면과 행성들이 가지고 있는 달들까지도 소개한 경이(驚異)로운 새 지식이다. 망원경을 구경하지 못한 사람들이 이것을 어떻게 받아들였는지 지극히 호기심이 가는 부분이다.

해(太陽)와 달(太陰): 많은 흑점(黑點)이 태양 표면에 나란히 있다. 흑점의 수는 적어도 60개 정도나 되는데, 이는 현대 관측으로는 드문 경우에 속한다.

태양의 크기와 지구와의 거리는 표 X-3에 제시하여 5행성과 함께 검토하기로 한다. 여기서 먼저 태양이 하루에 1도씩 동쪽으로 움직여서 하늘을 한 바퀴 도는데 365일 3시간이라는 기록은 이 시대에는 놀라운 정확도였다는 사실을 지적하고 싶다.

달 표면에는 분화구들이 잘 분포되어 있다. 그러나 작은 망원경으로도 확인할 수 있는 티코 분화구와 같은 뚜렷한 모습이 그려져 있지 않아서 약간 실망이다. 수성(水星)까지의 거리를 436,230리라고 추정했는데, 이는 태양계의 구조를 인식하지 못한 의미 없는 수치에 불과하다. 하루에 13도씩 간다는 것도 의미가 없기는 마찬가지다.

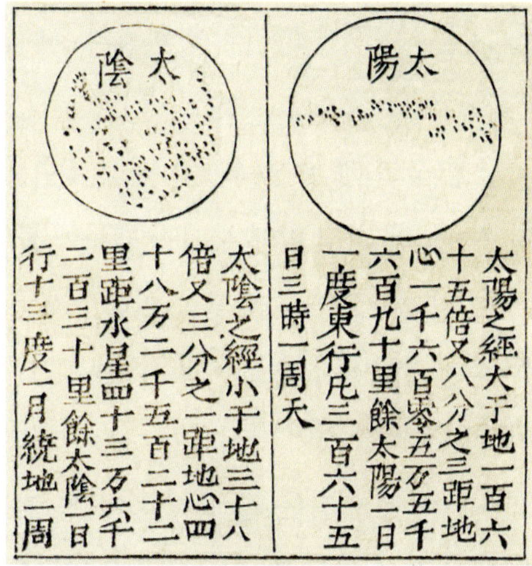

그림 X-2. 태양(해)과 태음(달)의 표면

토성(土星), 목성(木星), 화성(火星): 진성(鎭星)이라는 옛 이름을 가진 토성은 굉장히 넓은 테를 가지고 있고, 5개의 달이 왼쪽에 나란히 몰려 있다. 그 중 4개의 달은 타이탄(C. 호이헨스가 1655년에 발견), 이아페투스(카씨니가 1671년에 발견), 테디스(카씨니가 1684년에 발견), 디오네(카

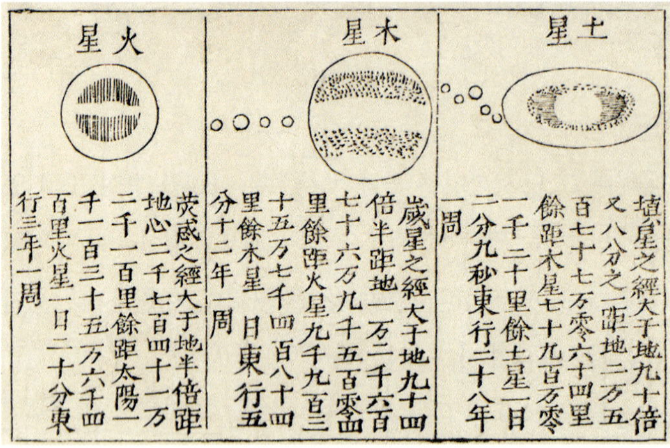

그림 X-3. 오른쪽에서 차례로 토성, 목성, 화성

씨니가 1684에 발견)이다. 마지막 다섯 째 달은 1789년에 W. 허쉘이 발견한 2개의 달 (미마스와 엔세라드스) 중 어느 것을 보인 것인지는 분명하지 않다.

세성(歲星)은 목성의 옛 이름이다. 목성이 이런 이름을 가진 이유는 이 목성이 하늘을 일주하는데 약 12년이 걸리므로 12지(支) 역할을 하기 때문이다. 목성의 표면에는 남북으로 각각 한 개씩 줄무늬가 넓게 보인다. 4개의 갈릴레오의 달이 왼쪽에 일직선을 이루고 있다.

형혹(熒惑)은 화성의 옛 이름이다. 여기에 보인 화성의 겉모습은 현재 우리가 관찰하고 있는 모양과는 현저하게 다른 모습이다. 그럼에도 불구하고 이 작은 화성의 표면의 모습을 그렸다는 것은 당시의 망원경의 분해능(分解能)이 아주 좋았다는 것을 입증해 주는 좋은 자료이다.

금성(金星)과 수성(水星): 태백(太白) 또는 계명성(啓明星)이라는 이름은 금성이 초저녁과 새벽에 가장 밝게 보이기 때문에 붙여진 이름이다. 「혼천전도」에 보인 초승달의 모습은 이 시대의 많은 사람들을 이해시키는 데 어려움이 있었을 것이다. 신법천문도에도 있는 흔한 것이어서 새로운 것은 아니다. 수성까지의 거리가 1,481,930리라고 적고 있으나 이것은 정확한 것이 아니다.

수성의 옛 이름은 진성(辰星)이다. 예부터 잘 알려진 행성이지만, 실은 지평선에 가까이 있을 때에만 볼 수 있으므로 망원경으로도 관찰하기가 어려운 천체이다. 반달 모양으로 제시한 것은 이 또한 망원경의 분해능이 좋았다는 증거이다.

위에 보인 칠정주천도(그림 X-2~4)에는 천문학의 기본 자료도 있다. 이 자료 중 각 천체의 지름과 거리를 현재의 수치와 비교해 보면, 다음 표 X-3과 같다. 현재의 수치에 비해 모두 큰 차이를 보여 주고는 있지만, 18세기에 이미 조선의 지식인들이 이런 자료를 알고 있었다는 것은 높이 평가할 일이라고 하겠다.

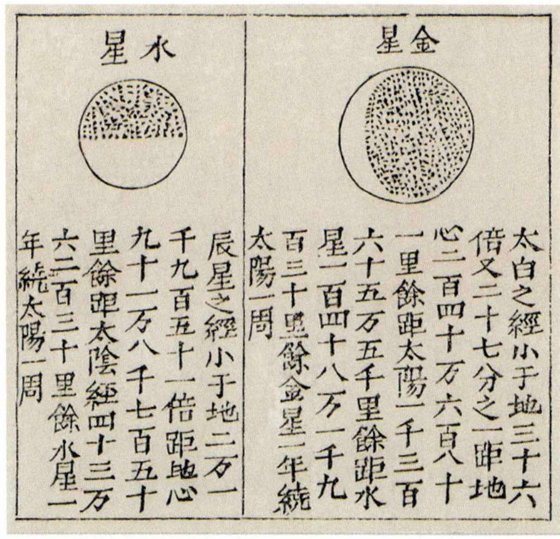

그림 X-4. 금성(오른쪽)과 수성

표 X-4. 해와 달 그리고 5행성의 지름과 거리

천체	지름(단위는 지구)		거리		
	혼천전도	현재수치	혼천전도		현재수치
태양	165+⅜	109	지구↔태양	16,055,690 리 8,936,597 km	149,600,000 km
달	1/(38+⅓) 0.026	0.27	지구↔달	436,230 리 242,806 km	384,000 km
토성	90+⅛	9.01	지구↔토성	205,770,064 리 114,531,610 km	1,277,000,000 km
목성	94+½	10.77	지구↔목성	126,769,504 리 70,559,903 km	628,700,000 km
화성	½	0.53	지구↔화성 태양↔화성	27,412,100 리 15,257,574 km 11,356,400 리 6,320,972 km	78,400,000 km 228,000,000 km
금성	1/(36+1/27)	0.95	지구↔금성 태양↔금성	2,400,681 리 1,336,219 km 13,655,000 리 7,600,373 km	41,400,000 km 108,200,000 km
수성	1/21,951	0.38	지구↔수성 태양↔수성	918,750 리 511,376 km 436,230 리 242,806 km	91,700,000 km 57,900,000 km

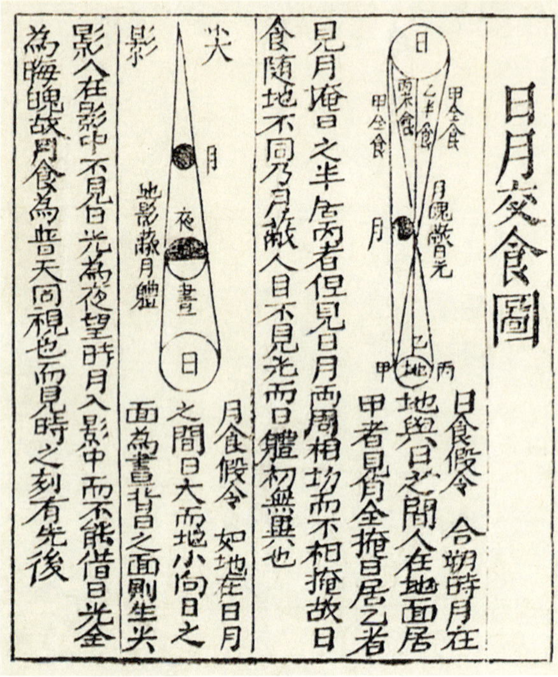

그림 X-5. 일월교식도(日月交食圖)

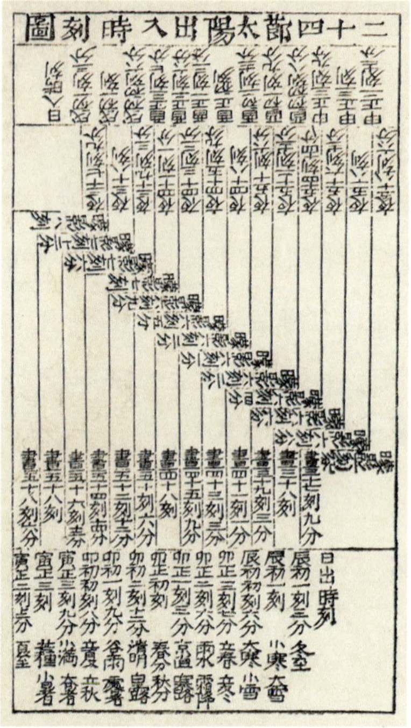

그림 X-6. 이십사절 태양출입 시각도(二十四節太陽出入時刻圖)

일월교식도(日月交食圖): 일식과 월식의 원리를 그림으로 설명한 것으로는 이「혼천전도」가 최초이다. 종래의 일월식 계산은 이런 그림을 바탕으로 한 것이 아니어서 항상 예보에 어려움이 많았지만, 이런 서양의 지식이 도입됨으로써 해와 달과 지구의 상대 운동을 이해하게 되어 그 원리를 깨닫게 된 것이다. 이 그림은 칠정주천도의 왼쪽에 있다.

이십사절태양출입시각도(二十四節太陽出入時刻圖): 24절기마다 해가 뜨고 지는 시각을 보여주기 위해 만든 그림이지만, 알아보기 쉽지 않은 형식으로 되어 있다. 한양(漢陽, 서울)을 기준으로 했을 것으로 추측하지만 분명한 자료 제시는 없다. 이 그림은「혼천전도」의 상단의 가장 좌측에 있다.

이제「혼천전도」의 아래 부분을 차지하고 있는 내용을 차례로 해설해 보자.

이십사절신혼중성(二十四節晨昏中星): 이것은 「천상열차분야지도」 상단에 있는 것과 비슷한 내용으로 절기마다 남중(南中)하는 별자리를 적은 것인데, 「혼천전도」에 있는 이 표처럼 잘 제시한 성도는 별로 없다. 이 표는 24절기 때에 남중하는 성수(星宿)가 무엇인지 각 절기를 기준으로 제시하고 있어서 『동국문헌비고』의 신법중성기[4]에 있는 수치와 비교해 보았다(표 X-5를 참조). 이 신법중성기의 수치는 1755년을 기산점으로 택하고 있다. 이 표의 절기 중 한 가지 흥미있는 사실은 「혼천전도」에는 경칩(驚蟄)을 경직(京直)으로, 곡우(穀雨)를 곡우(谷雨)로 표기한 점이다.

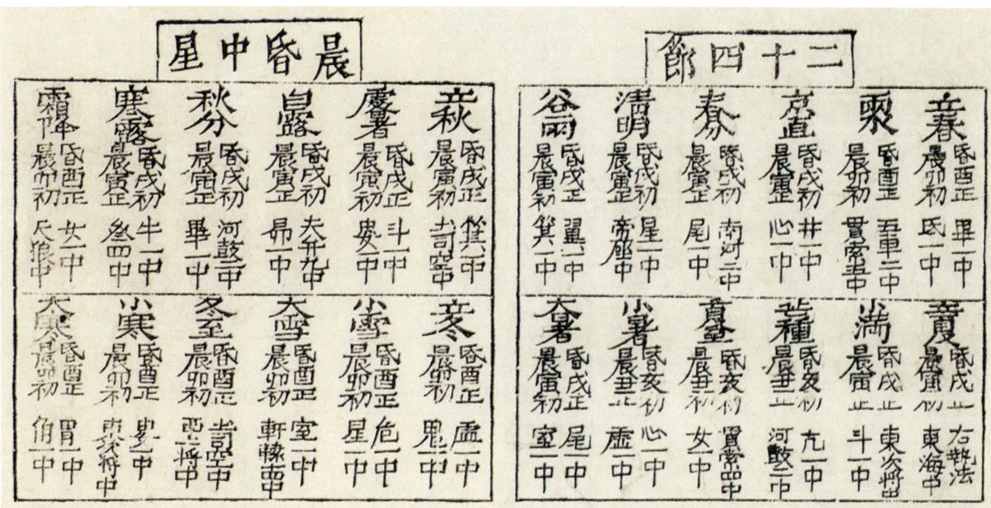

그림 X-7. 이십사절 신혼 중성(二十四節晨昏中星)

표 X-5. 「이십사절신혼중성」 표

「혼천전도」			『증보문헌 비고』	
24 절기	동틀 때(晨) 해질 때(昏)	중성	동틀 때(晨) 해질 때(昏)	중성과 시각(時角)
立春	昏酉正 晨卯初	畢一中 氐一中	昏刻酉正二刻十分 朝刻卯初一刻五分	昴宿一偏西五度十八分 氐宿一偏東一度四十三分
雨水	昏酉正 晨卯初	五車二中 貫索五中	昏刻酉正三刻十一分 朝刻卯初初刻四分	參宿七偏西空度三十一分 氐宿四偏西二度十八分

4 『東國文獻備考』 2: 16ㄱ~20ㄱ.

「혼천전도」			『증보문헌 비고』	
24 절기	동틀 때(晨) 해질 때(昏)	중성	동틀 때(晨) 해질 때(昏)	중성과 시각(時角)
京直	昏戌初 晨寅正	井一中 心一中	昏刻戌初初刻十四分 朝刻寅正三刻一分	井宿一偏西二度五十分 房宿一偏西一度四十八分
春分	昏戌初 晨寅正	南河二中 尾一中	昏刻戌初二刻五分 朝刻寅正一刻十分	北河三偏西一度二十分 尾宿一偏東一度二十五分
淸明	昏戌初 晨寅正	星一中 帝座中	昏刻戌初三刻十三分 朝刻寅正初刻二分	星宿一偏東五度二十八分 帝座偏東二度十二分
谷雨	昏戌正 晨寅初	翼一中 箕一中	昏刻戌正一刻七分 朝刻寅初二刻八分	軒轅十四偏西四度四十四分 箕宿一偏東四度三十分
立夏	昏戌正 晨寅初	右執法 東海中	昏刻戌正三刻二分 朝刻寅初初刻十三分	五帝座偏西空度十八分 箕宿一偏西三度五十一分
小滿	昏戌正 晨寅正	東次將中 斗一中	昏刻亥初初刻十分 朝刻丑正三刻五分	角宿一偏東二度二十七分 斗宿一偏西二度五十一分
芒種	昏亥初 晨丑正	亢一中 河鼓二中	昏刻亥初一刻十二分 朝刻丑正二刻三分	氐宿一偏東三度四十四分 河鼓二偏東二度三十四分
夏至	昏亥初 晨丑初	貫索四中 女一中	昏刻亥初二刻四分 朝刻丑正一刻十一分	房宿一偏東二度二十四分 女宿一偏東一度五十八分
小暑	昏亥初 晨丑正	心一中 虛一中	昏刻亥初一刻十二分 朝刻丑正二刻三分	尾宿一偏西空度二十二分 危宿一偏東三度三十九分
大暑	昏戌正 晨寅初	尾一中 室一中	昏刻亥初初刻十分 朝刻丑正三刻五分	帝座偏西三度十二分 室宿一偏西一度四十二分
立秋	昏戌正 晨寅初	箕一中 土司空中	昏刻戌正三刻二分 朝刻寅初初刻十三分	箕宿一偏西二度十九分 土司空偏東一度五十四分
處暑	昏戌正 晨寅初	斗一中 婁一中	昏刻戌正一刻七分 朝刻寅初二刻八分	斗宿一偏西空度九分 婁宿一偏西一度三十一分
白露	昏戌初 晨寅正	夫弁九中 昂一中	昏刻戌初三刻十三分 朝刻寅正初刻二分	斗宿一偏西八度十五分 天囷一偏西四度二十七分
秋分	昏戌初 晨寅正	河鼓二中 畢一中	昏刻戌初二刻五分 朝刻寅正一刻十分	河鼓二偏東空度四十七分 畢宿一偏西二度五十一分
寒露	昏戌初 晨寅正	牛一中 參四中	昏刻戌初初刻十四分 朝刻寅正三刻一分	牛宿一偏西空度三十八分 參宿四偏東空度二分
霜降	昏酉正 晨卯初	女一中 天狼中	昏刻酉正三刻十分 朝刻卯初初刻四分	女宿一偏西三度二十六分 天狼偏西五度二十五分
立冬	昏酉正 晨卯初	虛一中 鬼一中	昏刻酉正二刻十分 朝刻卯初一刻五分	虛宿一偏西三度八分 鬼宿一偏東一度四十三分
小雪	昏酉正 晨卯初	危一中 星一中	昏刻酉正一刻十三分 朝刻卯初二刻二分	北落師門偏東五度五十六分 星宿一偏西二度二分
大雪	昏酉正 晨卯初	室一中 軒轅十四中	昏刻酉正一刻五分 朝刻卯初二刻十分	室宿一偏西五度四十三分 翼宿一偏東三度九分

「혼천전도」			『증보문헌 비고』	
24 절기	동틀 때(晨) 해질 때(昏)	중성	동틀 때(晨) 해질 때(昏)	중성과 시각(時角)
冬至	昏酉正 晨卯初	土司空中 西上將中	昏刻酉正一刻二分 朝刻卯初二刻十三分	土司空偏東三度二十三分 五帝座偏西一度四十七分
小寒	昏酉正 晨卯初	婁一中 東次將中	昏刻酉正一刻五分 朝刻卯初二刻十分	婁宿一偏東三度四十八分 角宿一偏東六度三十八分
大寒	昏酉正 晨卯初	胃一中 角一中	昏刻酉正一刻十三分 朝刻卯初二刻二分	胃宿一偏西二度五分 亢宿一偏東四度三十三分

표 X-5의 제2열과 제4열에 제시한 두 문헌의 해 뜰 때(晨)와 해 질 때(昏)를 비교해 보면, 5계절이 맞지 않고 다른 계절은 잘 일치한다. 그러나 제3열과 제5열에 제시한 두 문헌의 중성의 경우는 같은 것이 27이고 다른 것이 21이나 되므로 거의 절반 정도가 일치하지 않는다. 그 이유는「혼천전도」가 기산점이 1755년인『동국문헌비고』를 참고하지 않았다는 사실을 증명해 준다. 그렇다면「혼천전도」의 제작은 1755년 이전일 가능성이 크다고 보여진다.

칠정신도(七政新圖)와 칠정고도(七政古圖): 일월5성으로 구성된 태양계의 구조에 대한 새로운 지식으로 받아들인 것으로 왼쪽을 옛 그림(칠정고도), 오른쪽을 새 그림(칠정신도)이라고 쓰고 있다. 이 그림들은 앞에서 이미 소개한 바 있는 3개의 중천도가 변화하여 발전한 것이라고 할 수 있다.

칠정고도(그림 V-23)를 보면, 이미 앞에서 보인 세 가지 중천도(그림 V-17~19를 참조)의 제1겹에서 제7겹까지와 같다. 따라서 그림 그 자체만을 보면 별로 새로운 것이 없는 것처럼 보이지만, 이 그림의 각 겹을 설명한 다음의 글귀를 읽어보면 새로운 정보가 있음을 알게 된다.

> 5성(星)이 있는 이 하늘은 모두 지구가 그 중심이다. 옛 그림에는 5성이 각기 해당하는 하늘을 겹겹이 싸고 있는데, 토성·목성·화성은 항상 해의 위에 있어서 상3성(上三星)이라 하고, 금성과 수성은 항상 해의 아래에 있어서 하2성(下二星)이라 한다. 지금의 생각으로는, 토성과 목성의 2성만이 항상 해의 위에 있으나, 화성 금성 수성은 해의 위에 있기도 하고 또 해의 아래에 있기도 하여, 그 겹겹이 싸고 있는 모습이 신

도(新圖)의 정밀함과는 같지 않다.

항성(恒星)에는 6등급이 있는데 모두 지구보다 크지만, 멀리 있기 때문에 작게 보인다. 지면에서는 보이지 않는 별도 있고 또 얼마나 많은 지도 알 수 없다.

매년 별은 동쪽으로 51초 움직이고, 72년이 되면 1도가 된다.

은하(銀河)라고 하는 것은 무수히 많은 작은 별들이 모여 있는 것으로서, 그 크기 (또는 밝기)는 측정할 수 없으나, 그 빛이 서로 엉켜서 색을 이루었기 때문에 옛 사람들이 은하라고 한 것이다.

다음, 칠정신도(그림 V-24)는 새로운 우주의 중심이 두 곳에 있도록 그린 그림이다. 그 중심 중 하나는 지구이고, 또 다른 하나는 태양이다.

신도(新圖)에서 오성(五星)은 다 태양을 중심으로 삼는다. 토성과 목성 두 별은 궤도가 매우 커서 태양의 궤도 바깥까지 에워싼다. 때문에 항상 태양의 위에 있다. 화성의 궤도도 크다. 다만 태양의 궤도를 에워싸지는 못한다. 그래서 태양 궤도의 안으로 잘려 들어간다. 때문에 어떤 때는 태양의 아래에 있다. 금성과 수성 두 별은 궤도가 매우 작아서 태양의 궤도를 에워싸지 못할 뿐만 아니라, 지구도 에워싸지 못한다. 때문에 지구와 태양의 일직선에 놓이는 것은 불가능하다. 그러나 금성과 수성의 본래의 궤도는 곧 태양의 궤도이다. 이 궤도에서 태양이라는 것은 곧 그 본륜(本輪)이다. 토성과 목성과 화성 또한 각각의 하늘이 있다. 이 행성들은 태양을 둘러싼 것으로서 곧 차륜(次輪)이다. 차륜 위에서 별들이 운행하는 것이 태양과의 거리에 대한 궤적이다.

지구의 몸체에는 남극과 북극이 있고, 그 반으로 접히는 중간지점이 적도가 되며, 둘레가 72,000리이고, 지름이 22,917리 남짓한데, 365도로 나누어서 하루에 한 바퀴를 돌고 동쪽으로 1도를 가면 200리가 된다. 30도마다 1시간의 차이가 나서 여기가 오시(午時)이면 맞은편은 자시(子時)가 되고, 여기가 하지(夏至)면 맞은편은 동지(冬至)가 된다. 남극과 북극 등 극지에 가까운 지역은 낮과 밤이 반년씩 된다.

이 칠정신도는 티호 브라헤의 학설에 따른 태양계(당시에는 우주)의 구조이다. 이것은 이미 그 이전에 세상에 발표된 바 있는 코페르니쿠스의 우주(1543년)에 비해 일보(一步) 후퇴한 것인데도 불구하고, 로마 교황청이 코페르니쿠스의 학설을 인정하지 않았기 때문에 중국에 온 예수회 선교사들이 티호 브라헤의 학설(1601년)을 소개한 결과이다.

티호 브라헤의 학설인 이 칠정신도는 설명문의 글귀에 있는 것과 같이 우주에 중심이 두 개가 있다는 것을 보여 주고 있다. 지구를 중심으로 달과 해가 돌고 있으나, 다른 5행성은 전부 태양을 중심으로 돌고 있다는 것이 이 학설이다. 그러니까 다른 5행성은 태양이 지구를 중심으로 돌고 있으니까 태양과 함께 또 지구를 중심으로 돌고 있는 셈이 된다. 티호 브라헤는 한 세기에 한 번 나올까 말까 할 정도로 훌륭한 관측자였다. 그러나 그럼에도 불구하고 코페르니쿠스보다 후세에 태어난 인물인 그가 이런 잘못된 생각을 하고 말았으니 후대의 사람들이 애석하게 여기고 있는 것이다. 그리고 중국에 이 잘못된 학설이 먼저 전해졌었기 때문에 조선의 관상감의 학자들이 이 학설을 여기에 소개하게 된 것이다. 그러나 코페르니쿠스의 학설이 조선에까지 전해져 오는 데는 그리 오랜 시일이 걸리지는 않았다.

현망회삭도(弦望晦朔圖): 이 그림은 두 칠성도 사이에 있는 것으로 해와 달과 지구의 상대 운동을 통해서 달이 초승달, 보름달, 그믐달로 변하는 이치를 보여 주는 그림이다.

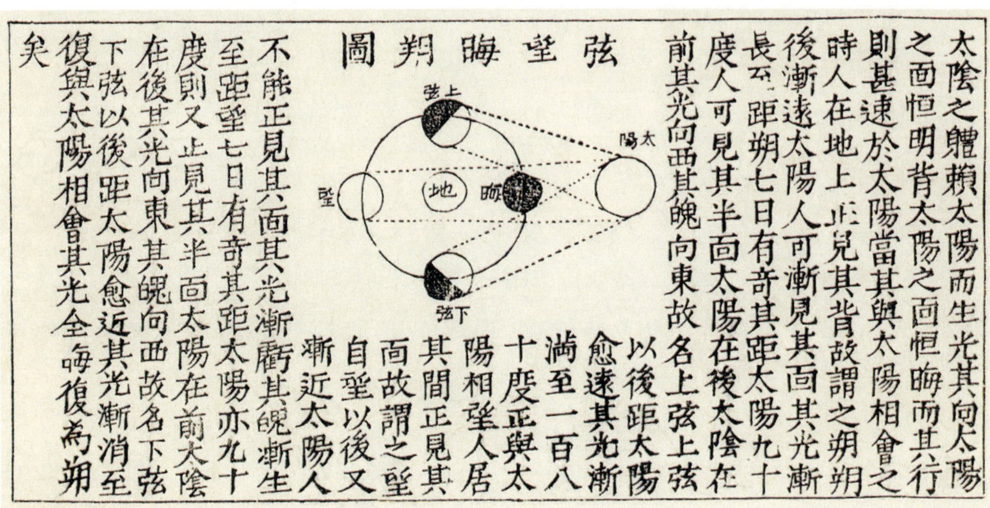
弦望晦朔圖

太陰之體賴太陽而生光其向太陽之面恒明背太陽之面恒晦而其行則甚速於太陽當其與太陽相會之時人在地上止見其背故謂之朔朔後漸遠太陽人可漸見其面其光漸長至距朔七日有奇其距太陽九十度人可見其半面太陽在後太陰在前其光向西其魄向東故名上弦上弦以後距太陽愈遠其光漸滿至一百八十度正與太陽相望人居其間正見其面故謂之望自望以後又漸近太陽人不能正見其面其光漸虧其魄漸生至距望七日有奇其距太陽亦九十度則又止見其半面太陽在前太陰在後其光向東其魄向西故名下弦下弦以後距太陽愈近其光漸消至復與太陽相會其光全晦復為朔矣

그림 X-8. 「혼천전도」의 현망회삭도(弦望晦朔圖)

제작된 시기

다음에 소개할 2건의 신법병풍천문도와는 달리 이 「혼천전도」는 관상감이 목판으로 인쇄하여 널리 보급한 것이다. 따라서 지금까지 알려진 것만 하더라도 5건 이상이 국내외에 남아있다. 그럼에도 불구하고 이 천문도에는 제작자와 제작 연대를 알아 볼 단서가 전혀 없다.

도대체 이 「혼천전도」는 언제쯤 제작되었을까 알아보기 위하여 다음과 같은 자료를 검토해 보기로 하자.

(1) 토성의 달의 발견 연대를 통한 검토

현재 알려지고 있는 토성의 달은 20여 개 이상이지만, 18세기에는 밝은 달만 발견되었으므로 그 수는 훨씬 적다. 이 달들의 발견을 연대별로 조사해 보면, 「혼천전도」에 소개되어 있는 5개의 달을 알아낼 수 있다.

표 X-6. 가장 밝은 5개의 토성의 달들.

번호	이름	발견 연도	공전주기		반지름	참고
			현재 값	*8폭천문도		
1	타이탄(Titan)	1655	15.95 일	十六日(第四星)	2,425 km	「황도총성도」와 병풍천문도에 가장 크게 표시되어 있음
2	이아페투스(Iapetus)	1671	79.3 일	八十日(第五星)	575 km	
3	레아(Rhea)	1672	4.5 일	四日半强(第三星)	650 km	「혼천전도」에 가장 크게 표시되어 있음.
4	티티스(Tethys)	1684	1.8 일	二日弱(第一星)	600 km	
5	디오네(Dione)	1684	2.7 일	三日弱(第二星)	(410) km	

* 8폭병풍천문도라 함은 다음에 소개할 「천사열차분야도·황도남북양총성도·칠정도 합도(약해서 8폭천문도1)」을 뜻한다. 그리고 이 중의 ( )안에 있는 第一星에서 第五星은 토성에 가까운 순서이다.

이 표에 있는 달(위성)들의 발견 연대를 보면, 제4번째와 제5번째 달이 가장 늦은 1684년이다. 이로 미루어 본다면, 「혼천전도」의 제작은 1684년 이후인 동시에 1789년 이전임이 분명하다. 그렇다면 유럽에서 1684년에 제4와 5번째 달이 발견된 후 중국에 전해지고 그 후 다시 조선으로 전해지려면 상당한 시일이 또 걸렸다고 보아야 한다. 결국 「혼천전도」의 제작은 1700년대 전반일 가능성이 커진다.

한편, 「병풍천문도(1)」에 있는 토성의 달은 「혼천전도」와는 달리 토성의 오른쪽에 나란히 그려져 있다. 그리고 「병풍천문도(1)」의 제6폭에는 5개의 달의 공전주기가 표 6의 여섯 번째 줄에 명시되어 있다. 또한 〈第1星〉에서 〈第5星〉까지의 공전주기는 넷째 줄에 최근의 값과 비교했는데, 서로 잘 일치하고 있다. 모든 달(위성)들의 반지름은 최근 값을 제시한 것이다. 〈第4星〉은 5개의 위성 중 가장 밝은 타이탄(Titan)으로 분명하게 크게 그렸다. 그러나 이상하게도 이 제1 큰 위성 대신에 「혼천전도」에는 제3번째 위성인 레아(Rhea)를 제1 크게 그렸다. 이로 미루어 보아 「혼천전도」가 잘못 기재한 것을 후에 만든 「8폭천문도(1)」에는 바로 잡았다는 증거이다.

(2) 행성과 행성의 달에 관한 중국의 신법천문도

중국에서 만든 신법천문도로는 이미 앞에서 소개한 바와 같이 샬 폰 벨의 「적도남북양총성도(1628년)」가 최초이다. 그런데 이 두 천문도에는 행성의 그림은 없다. 이것은 지극히 당연한 일이다. 갈릴레오가 망원경을 발명하고 4개의 목성의 달을 발견하였지만, 당시의 유럽 사회는 이를 인정하지 않았고 로마법황청은 이 사실을 금기시하던 시대였다. 따라서 샬 폰 벨은 그의 천문도 제작에 이 사실을 넣을 수 있는 처지가 아니었다. 망원경으로 이룩한 여러 발견들이 세상에 널리 알려지기에는 그 때로부터 거의 100년이라는 세월이 필요했었다.

망원경으로 관측한 행성과 달들이 소개된 최초의 천문도는 1923년에 제작한 쾨글러와 목기의 「황도총성도」이다. 이 천문도의 수입은 앞장의 3-6절에 소개한 바대로 영조18년(1742)이므로 이 「황도총성도」가 행성과 달들에 관한 지식을 조선에 전달했다고 보인다. 그리고 「혼천전도」의 목성, 화성, 수성과 타이탄의 그림이 다음에 소개할 「병풍성도(1)」과 「병풍성도(2)」의 그림에 비해 허술한 점이 있다는 사실로 보아 「혼천전도」의 제작이 앞섰다고 보인다. 또한 「혼천전도」는 두 건의 「병풍성도」에 비해 월등하게 작기 때문에 이 두 「병풍성도」를 만들기에 앞서 최초의 작품으로 만들었을 것으로 추정된다. 그렇다면 「혼천전도」의 제작은 1742년이거나 그 이전이 될 것이다.

(3) 「칠정신도」에는 지구의 크기를 기술하고 있다

「8폭천문도(2)」의 제1폭의 왼쪽 모서리는 심하게 손상되어 있고, 또 토성의 오른쪽도 훼손되어 있다. 그래서 이 성도의 토성은 확인되지 않는다.

한편 이 「칠정신도」에는 지구의 적도 지름을 72,000리라고 하고, 지름을 12,917리라고 적혀 있다. 그런데 1770년에 출판된 「동국문헌비고」에도 이것과 똑같은 값이 등재되어 있다. 따라서 「혼천전도」는 이보다는 먼저 제작되었을 것이다.

(4) 좌표계의 문제

「혼천전도」의 좌표계(座標系)는 적도좌표인데 반하여 「병풍성도(1)」와 「병풍성도(2)」는 모두 황도좌표이다. 그런데 전통적으로 중국과 한국에서는 적도좌표계를 사용해 왔었다. 그러므로 이 사실을 통해 「혼천전도」는 두 「병풍성도」 보다 제작이 앞섰다는 셈이 된다.

결론으로 「혼천전도」의 제작 연대는 일월과 5행성을 망원경으로 관측한 결과를 처음 보여준 쾨글러와 목기의 「황도총성도」가 도입된 1741년이거나 그 이전일 것이다.

1-2. 「천상열차분야도·황도남북양총성도·칠정도 합본 (天象列次分野圖·黃道南北兩總星圖·七政圖 合本)」

이 성도의 이름은 「천상열차분야도·황도남북양총성도·칠정도 합본(天象列次分野圖·黃道南北兩總星圖·七政圖 合本)」이나, 이름이 길고 또 다른 신법성도와의 혼동을 피하기 위해 이 책에는 간단히 「병풍천문도(1)」이라고 표기하기로 한다.

영국 케임브리치에 있는 휩플과학박물관(Whipple Museum of Science, 약해서 휩플박물관)에 수장되어 있는 이 성도는 1966년에 니덤(Joseph Needham)과 그의 부인의 발표로 세상에 알려졌다. 이 성도가 알려진 후, 이어서 같은 것이 일본에도 두 점이 있다는 사실이 알려졌다. 이 중 하나는 오오사까시(大阪市)에 있는 남만문화관(南蠻文化館)에 소장되어 있는 것이고[5], 다른 하나는 일본 국회도서관에 있는 것이다.[6] 그리고 이어서 또 같은 종류의 것 하나가 경복궁 안에 있는 국립민속박물관에 있다는 사실이 1995년에 나일성에 의해 밝혀졌다.[7]

이 「병풍천문도(1)」를 국립민속박물관이 수집한 것은 1900년이었으나, 많은 부분이 파손되어 떨어져서 없어졌고 나머지 부분도 마모가 심하여 판독이 어려운 상태였다. 그러나 이 성도의 중요성이 점차 인식되면서 국립민속박물관은 1차로 예비 조사를 실시한 바 있다. 이 과정에 그 동안 동일한 성도가 다른 나라에도 있으므로 이를 참고하여 원본을 보존처리를 하고, 새로운 복원도를 제작하기로 하였다. 나일성은 이 복원을 의뢰받고, 영국 케임브리치에 있는 휩플박물관과 일본의 남만문화관(南蠻文化館)이 소장하고 있는 것을 조사해 본 결과 두 점이 다 국립민속박물관의 것과 동일하다는 사실을 알고, 2000년에 이 두 점을 참고하여 복원한 바 있다.[8]

국립민속박물관의 소장품은 대단히 심하게 훼손되었기 때문에 정확하게 가로 세로의 크기를 재기는 어렵지만, 그 크기를 5 mm정도의 정확도로 잰 결과는 다음과 같다.

한 폭의 세로는 168 cm, 가로는 56 cm

8폭 전부를 펼치면 전체의 너비는 약 448 cm

8폭의 내용을 보면, 크게 세 종류로 나눌 수 있다. 그 첫째는 제1–3폭에 있는 「천상열차분야도(天象列次分野圖)」이다. 이름에 〈지(之)〉가 없다는 것 외에는 태조4년의 석각천문도에 있는 천문도를 그대로 옮긴 것이다. 그리고 제4–5폭과 제6–7폭에 각각 「황도북성도」와 「황도남성도」가 그려져 있다. 그리고 마지막 제8폭 전체에 「칠정도(七政圖)」가 있다.

그런데 이 3점의 「병풍천문도(1)」 외에 또 하나의 「병풍천문도(1)」가 일본 국회도서관에 있다는 것이 알려져서 모두 4점이 있는 셈이다. 이렇게 큰 천문도는 하나만 만들려고 해도 대단한 일임에도 불구하고 똑같은 것이 4점이나 있다고 하는 사실은 놀라운 일이 아닐 수 없다. 이 네 점의 「병풍천문도(1)」를 얼핏 봐서는 적어도 네 사람이 각기 똑같이 만들려

---

5 남만문화관에 있는 성도 사진은 1980년대에 미야지마 가즈히꼬(宮島一彦) 교수가 찍어서 1993년에 전상운 교수에게 보내 준 바 있다.

6 이것은 2006년 10월에 일본 국회도서관에 가서 나일성이 확인하였다.

7 나일성, 2000, 『혼합식 병풍천문도 복원』, 국립민속박물관 복원 보고서.

8 *ibid.*

고 노력한 것이라고 생각할 수도 있었다. 왜냐하면, 몇 곳에 약간의 모양새가 서로 다르다는 것이 눈에 띠었기 때문이다. 게다가 휩플박물관의 것은 비단에 그린 것으로 판단되는데, 남방문화관과 국립민속박물관의 것은 한지(韓紙)에 그린 것이다. 남만문화관의 한지는 얇게 배접되어 있지만, 국립민속박물관의 것은 여러 겹으로 두껍게 배접되어 있어서 배접(褙接)한 방법도 서로 달랐다. 다만 일본 국회도서관에 있는 「병풍천문도(1)」는 직접 보지 못했기 때문에 재질과 배접에 관하여는 알 수 없다.

지금까지 알려진 「병풍천문도(1)」를 알려진 순서로 배열하면, 다음 그림 X-10, 11, 12, 13과 같다.

나일성의 복원본

이 성도(星圖)가 복원된 후, 국립민속박물관은 본래의 파손된 원본을 〈보물〉로 지정받기 위해 신청하는 과정에 이 성도의 명칭을 〈신구법천문도(新舊法天文圖)〉라 정했다. 이렇게 된 이유는 뒤에 소개할 법주사(法住寺)의 〈신법천문도〉라는 이름을 참고하여 지은 것이라고 한다. 이 당시에는 〈신법〉에 속한 성도에 관한 총체적인 인식이 없었고, 많은 신법성도가 중국에 있다는 사실을 감안하지 않은 채, 국내에 별로 알려진 것이 없어서 명칭을 분명하게 해야 할 필요성을 느끼지 못하던 시기였기 때문이다.

중국에서 만든 최초의 신법천문도로서 8첩 병풍에 표구한 대형 성도가 조선 숙종 때(1634년)에 제작되었었다는 것은 이미 앞장에 소개한 바 있고 불행하게도 이 성도의 소재가 아직 밝혀지지 않고 있던 터에 영국 케임브리치 대학의 휩플박물관이 소장하고 있는 관상감의 8첩 성도에 대한 연구 논문이 니담 등에 의해 1966년에 발표되었다. 그들은 이 성도를 설명하면서 그 배경이 된 천문도로 쾨글러와 목기가 1723년에 만든 「황도총성도」를 들었다.[9]

한편, 조선조 후기인 영조 시대에 제작된 이 「병풍천문도(1)」도 앞에서 이미 소개한 「혼천전도」나 뒤에 이어 소개하려고하는 「법주사 병풍천문도」와 마찬가지로 지금까지 국내

9 Joseph Needham과 그의 부인 Gwei-Djen Lu가 함께 쓴 이 논문의 제목과 논문집의 이름은 'A Korean Astronomical Screen of the Mid-eighteenth Century from the Royal Palace of the Yi Dynasty(Choson Kingdom, 1392 to 1910)', 1866, *Physis*, Vol. VIII, Fasc. 2, 1966이다. 본인도 전상운교수의 것을 복사하여 열람할 수 있었다.

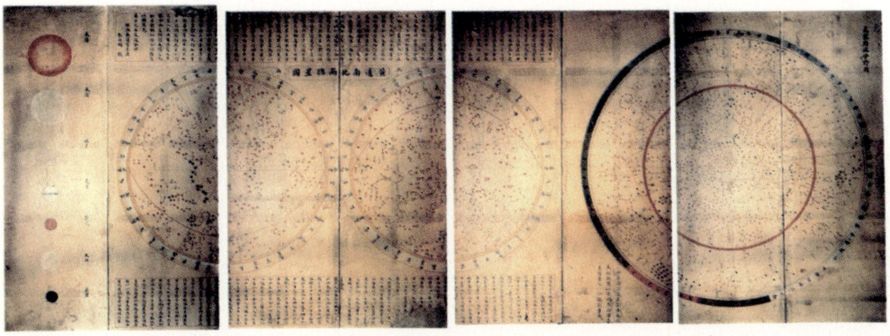

그림 X-9. 휩플과학박물관 본

그림 X-10. 남만문화관 본

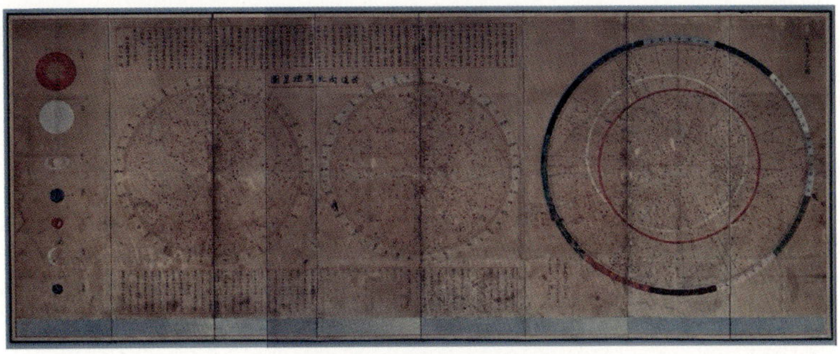

그림 X-11. 일본 국회도서관 본

그림 X-12. 보물1318호로 지정된 국립민속박물관 본

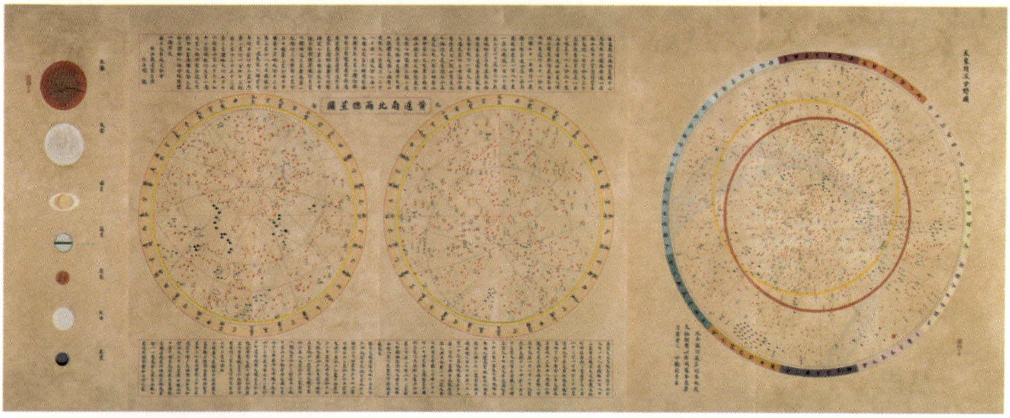

그림 X-13. 나일성의 복원도(개인 소장)

에는 잘 알려져 있지 않다. 그러나 이「병풍천문도(1)」의 경우가 특히 마모가 심하다. 그 이유는 이 성도가 국내에 있지 않고 영국 케임브리치 대학에 속해있는 휩플박물관[10] 이 소장하고 있기 때문이다. 이 천문도가 처음 세상에 알려진 것은 꽤 오랜 1966년이었지만 발표된 논문을 읽은 국내 학자는 거의 없었다. 다행히 그로부터 20년후 니담 등이 저술한 *The Hall of Heavenly Records*(1986)[11]에 이 논문이 포함되게 됨으로서 이 방면의 학자들이 이 성도의 사진을 비로소 보게 된 것이다.

이렇게 니담 등에 의한 휩플박물관의 병풍성도가 세상에 알려진 후 얼마 되지 않아서 일본 오오사까시에 있는 남만문화관(南蠻文化館)에도 비슷한 것이 또 1건이 있다는 사실이 1980년대 후반에 한국의 전문가 몇 사람에게 알려졌다. 이 두 성도가 같은 것인지는 즉각 알려지지 않았는데, 그 이유는 남만문화관은 작은 개인 박물관이어서 1년 중 개관(開館)은 3개월로 제한하고 있었으며 또 이에 관하여 그때까지 아무도 조사한 바가 없었기 때문이었다. 오랜 숙제를 풀 절호의 기회가 왔다. 그것은 1994년에 심하게 파손된 8장의 성도가 국립민속박물관에 입수된 것이다. 국립민속박물관의 조사 의뢰를 받은 나일성은 우선 세 성도의 사진을 면밀하게 검토한 결과 이 세 성도는 동일한 내용으로 구성된 것임

---

10 정확한 이름은 Whipple Museum of Science이다.

11 J. Needham, Lu Gwei-Djen, J. H. Combridge and J. S. Major, *The Hall of Heavenly Records*(Cambridge University Press: Cambridge), 177. 1986.

을 알게 되었다.[12]

얼마 후 이 천문도를 「신구법 8첩병풍천문도(新舊法8帖屛風天文圖)」라고 문화재위원회가 이름 지었는데, 그 이유는 이 천문도가 구법 천문도인 「천상열차분야지도」를 신법인 「황도남북양총성도(黃道南北兩總星圖)」와 함께 나란히 수록한 것과 8첩으로 된 것을 모두 한 개의 병풍으로 표구한 것이기 때문이다. 여기의 「황도남북양총성도」라는 이름은 샬 폰 벨의 「적도남북양총성도」와 이름은 같으나 적도가 아닌 황도로 좌표계가 다를 뿐만 아니라 제작 기법도 다르기 때문이다. 그리고 서광계의 「황도남북도」나 그 외의 신법성도와는 완전히 다르다. 지금까지 소개한 여러 신법성도 중에서 체제와 기법이 같은 것으로는 위에 언급한 쾨글러와 목기가 만든 「황도총성도」 뿐이다. 이로서 「신구법 8첩병풍천문도」와 「황도남북도」를 상세히 비교 검토할 필요가 생기는데, 그렇게 하기 위해서는 그에 앞서 세 개의 「신구법 8첩병풍천문도」의 내용을 파악해야 한다.

한편 국내에서는 국립민속박물관이 수장하게 된 소위 국립민속박물관본을 조사한 나일성의 연구 보고서가 발표된 데 뒤이어 2000년에는 이 성도의 복원 제작이 있었다.[13] 나일성의 조사에 의하면, 이 성도는 충남 천안군 목천면에 있는 어떤 소장가가 8첩으로 된 병풍에 있던 옛 그림을 해체하던 중에 발견된 것이라고 한다. 이 「병풍천문도(1)」는 그 그림을 배접하는 데 사용된 종이에 불과하다고 생각한 소장가가 그림을 떼 내는 과정에 그만 이 「병풍천문도(1)」를 손상시키고 말았다. 1994년 12월 12일에 다행히 국립민속박물관이 이 파손된 「병풍천문도(1)」를 구입하여 한동안 수장고에 보관하여 왔다. 이 성도는 이미 〈신법천문도〉라는 이름으로 보물 제848호로 지정된 〈법주사 병풍천문도〉 보다 국내에서는 늦게 알려진 탓으로 보물로 지정되지 못하다가, 2004년경 〈신구법천문도〉라는 이름으로 보물 제1318호로 지정 받았다. 그러나 시대적으로 「법주사 병풍천문도」 보다 앞섰고 또 서양 천문도의 도입과정에 「천상열차분야지도」의 권위와 전통성을 이 성도 제작에 어떻게 융화시키느냐를 고민한 관상감의 입장을 더듬어 볼 수 있는 귀중한 자료이다.

국립민속박물관본은 나일성에 의한 복원이 끝난 후 보존 처리되어 보물 1318호로 지정받

---

12 나일성, 2000, 『혼합식 병풍천문도 복원』, 국립민속박물관 복원 보고서.

13 나일성, 『혼합식 병풍천문도 복원』, 국립민속박물관소장 「혼합식 병풍도」복원보고서(2000년 12월), 국립민속박물관.

았고, 국립민속박물관 복원본은 복원된 후 병풍(451 x 184 cm)으로 표구되었다. 그리고 다음 해인 2001년에는 부본(副本)으로 하나 더 만들어서 나일성천문관이 수장하고 있다.

구성

8첩 병풍으로 장병(粧屏)되어 있는 이 성도에는 서로 다른 내용을 가진 3개의 그림으로 구성되어 있다. 그 그림을 차례로 소개해 보자.

(1) 천상열차분야도(天象列次分野圖): 제 1, 2, 3 첩에는 한 개의 큰 천문도가 둥글게 그려져 있는 데, 이 천문도의 오른쪽 위인 제1첩에 〈天象列次分野圖〉라는 7자가 적혀 있다. 조선 태조 4년(1395년)과 숙종 13년(1687년)에 각각 돌에 새긴 두 석각천문도와 그 후 선조 4년(1571년)에 목판으로 인쇄한 천문도의 이름인 "天象列次分野之圖"에서 "之"자만 빠져 있는 것이 기이하다. 조선시대의 선비들은 석각본이나 목각인쇄본을 보고 필사한 천문도를 소장하였는데, 사람에 따라서는 천문도의 이름을 적당히 고쳐서 간단하게 쓰는 경우가 많이 있기는 하나, 이 천문도처럼 정부 기관인 관상감이 제작한 것으로 보이는 천문도의 이름이 단 한 글자라 하더라도 다르다고 하는 사실은 이 천문도를 조사하는 입장에서 볼 때 혹시 변형이나 개정한 부분이 있기 때문이 아닐까 하는 생각을 갖게 한다.

세 첩에 그려져 있는 「천상열차분야도」는 지름 94.0 cm인 원 안에 있고, 이 원은 지름이 각각 96.5 cm와 106.6 cm인 더 큰 동심원으로 에워싸여 있다.

제3첩 왼쪽 아래에는 다음과 같이 3줄로된 기록이 있다.

> 此本觀所藏石刻本也我
> 太祖朝有以箕城舊本進者
> 上寶重之 命觀刻于石

그러나 남만문화관본(南蠻文化館本)의 것은 왼쪽 위에 있다.

이 천문도의 가장자리에 있는 큰 두 원(96.5 cm와 106.6 cm) 사이에는 황도 12궁, 12방위, 그리고 12분야가 다음과 같이 적혀 있고, 서로를 구별하도록 다른 색으로 칠해져 있다. 그리고 성도 안에 기입된 별이나 별자리는 모두 1395년 태조본과 다름이 없어 보인다.

寶缾宮 子 齊之分

磨竭宮 丑 吳之分

人馬宮 寅 燕之分

天蝎宮 卯 宋之分

天秤宮 辰 鄭之分

雙女宮 巳 楚之分

獅子宮 午 周之分

巨蟹宮 未 秦之分

陰陽宮 申 晉魏分

金牛宮 酉 趙之分

白羊宮 戌 魯之分

雙魚宮 亥 衛之分

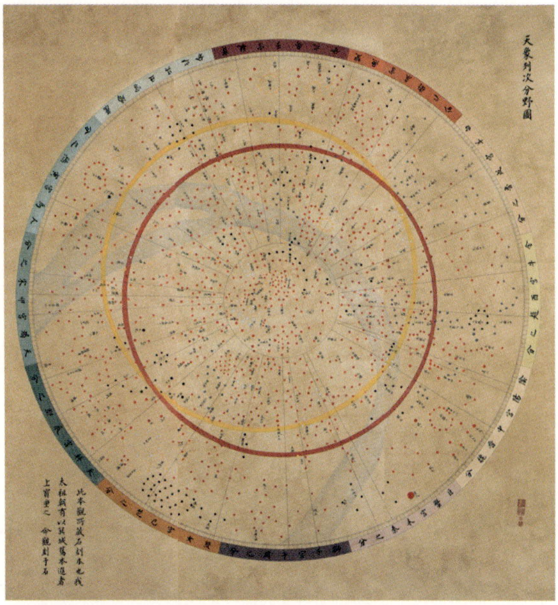

그림 X-14. 제1~3첩에 있는 「천상열차분야도」

(2) 황도남북양총성도(黃道南北兩總星圖): 제4~7첩에는 황도의 북반구와 남반구의 두 성도가 중심에 있고, 그 위와 아래에 설명문이 각각 있다. 그리고 제5~6폭에 이 두 천문도의 이름인 '黃道南北兩總星圖'라는 8자(字)가 적혀 있다.

별들은 황도좌표에 의하여 각기 제 위치에 기입되어 있는데, 황도의 지름은 94.0 cm이다. 황도의 북반구를 나타내는 북성도(北星圖 제4, 5첩)와 남반구를 나타내는 남성도(南星圖 제6, 7첩)가 각각 2첩씩 차지하고 있다. 지름이 94.0 cm인 이 황도는 지름이 각각 96.5 cm와 106.6 cm인 두 개의 더 큰 동심원으로 둘러 싸여 있다. 94.0 cm인 황도와 96.5 cm 원 사이는 각도를 가리키는 눈금이 1도마다 표시되어 있다. 그리고 96.5 cm 원과 106.6 cm 원 사이의 공간은 24절기의 이름과 12궁의 이름이 원을 따라 큰 글자로 다음과 같이 쓰여 있다.

春分	→	戌	→	淸明	→	宮	→	穀雨	→	酉	→	立夏	→	宮	→	小滿	→	申	→	芒種	→	宮

夏→未→小→宮→大→午→立→宮→處→巳→白→宮
至　　　暑　　　暑　　　秋　　　暑　　　露

秋→辰→寒→宮→霜→卯→立→宮→小→寅→大→宮
分　　　露　　　降　　　冬　　　雪　　　雪

冬→丑→小→宮→大→子→立→宮→雨→亥→驚→宮
至　　　寒　　　寒　　　春　　　水　　　蟄

북성도와 남성도의 황도좌표는 황극점(黃極點)을 기준하여 황도까지 30도 간격으로 직선으로 된 방사선이 붉은 색으로 표시되어 있다. 이 선과 황도상에 매겨 놓은 각도 표시로 별들의 경도(黃經)를 읽을 수 있다. 한 편 위도(黃緯)는 황극점으로부터 위로 황도까지의 직선에 1도 간격을 표시한 눈금이 매겨져 있어서 이것으로 별들의 위도를 1도의 정밀도로 읽을 수 있도록 하였다.

한편, 이 성도에는 적도좌표도 함께 그려져 있다. 적도는 춘분점에서 추분점까지 붉은 색으로 2중(二重) 곡선으로 그려져 있고, 이 2중 곡선 사이를 직선으로 연결하여 1도를 표시하였다. 한편 황극에서 23도 떨어진 곳에 북성도에는 북극점을, 남성도에는 남극점을 각각 표시하고 이 극점을 시작점으로 하여 황도까지 곡선으로 적도좌표계의 경도를 검은 색으로 그었다.

별들은 밝기에 따라 크기가 다른 점으로 표시하였다. 그리고 별의 색깔은 적색, 흑색, 회색, 황색의 네 가지로 구별하였다. 은하수는 검은 선으로 그 경계를 표시하였는데, 은하수 안쪽으로 약간 색깔이 퍼지게 하였다.

제6~7첩에는 「天象列次分野圖」에 없는 근남극성(近南極星)이 포함되어 있다. 어떤 별자리가 있는지 그 이름과 각 별자리에 속한 별의 수를 표 X-7에 제시해 본다.

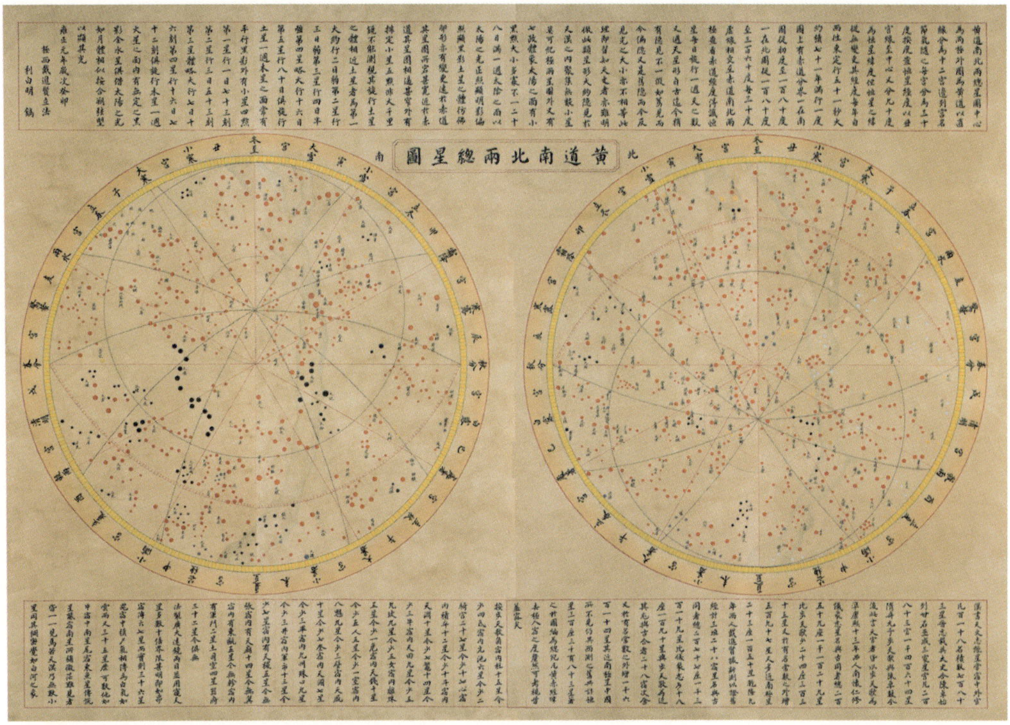

그림 X–15. 제4~7첩에 있는 「황도남북양총성도」

표 X–7. 근남극성(近南極星)의 별자리 이름과 별의 수. 표의 둘째 줄에 있는 별자리 이름과 별의 수는 「성경(星鏡, 1863)」의 것을 택한 것이다. 「병풍천문도(2)」의 숫자 왼쪽에 적은 것은 색깔과 표시된 기호이다. 「병풍천문도(1)」, 「병풍천문도(2)」 그리고 「방성도(方星圖)」의 별의 수 옆에 +한 수는 직선으로 연결되어 있지 않으나 근접해 있는 별의 수를 의미한다. 단, 「병풍천문도(1)」의 별의 수는 복원도를 완성하고 병풍으로 장병(粧屛)하던 중이어서 원래의 자료를 가지고 셈한 것이므로 정확하지 않을 수도 있다.

번호	별자리 이름	별의 수				
		남병길의 星鏡	케글러의 적도 남북 항성도	병풍 천문도(1)	병풍 천문도(2)	방성도
1	해산 海山	6	6	4	黑 6	6
2	십자가 十字架	4	4	4	赤 4	4
3	마미 馬尾	3	2	4	赤☼ 2	3+1
4	마복 馬腹	3	3	2	赤 3	?
5	밀봉 蜜蜂	4	4	3	赤☼ 4	4
6	삼각형 三角形	3	3	3	赤 3	3+1

번호	별자리 이름	별의 수				
		남병길의 星鏡	케글러의 적도 남북 항성도	병풍 천문도(1)	병풍 천문도(2)	방성도
7	이작 異雀	9	9	12	赤 12	7+5
8	공작 孔雀	11	11	4	赤 14	9+8
9	파사 波斯	11	11	11	赤 11	7+4
10	사미 蛇尾	4	4	7	黑☼ 7	8
11	사복 蛇腹	4	4	1	黑☼ 4	5
12	사수 蛇首	2	2	5	黑☼ 6	3
13	조훼 鳥喙	7	7	6	赤☼ 6	5
14	학 鶴	12	12	12	赤☼ 13	10
15	화조 火鳥	10	10	11	赤 11	9
16	수위 水委	3	3	3	赤 3	3
17	부백 附白	2	2	2	赤 2	2
18	협백 夾白	2	2	?	赤 1	2+1
19	금어 金魚	5	5	5	黃☼ 3	4+1
20	해석 海石	5	6	5	赤 5	5+1
21	비어 飛魚	6	7	7+1	赤☼ 7+1	7
22	남선 南船	5	5	南海 4	赤 5	4+1
23	소두 小斗	9	9	7	赤 7	7
합계	23座	130星	131星	122+1星	139+1星	117+23星

(3) 제4~7첩 상단에 있는 설명문: 설명문의 글자는 몇 줄을 제하고는 전부 한 줄에 10자(字)씩 모두 52줄에 적혀 있다. 내용은 이 천문도에 대한 소개를 시작으로 세차(歲差)로 인해서 하늘이 매년 동으로 51초 이동한다는 사실, 태양에 크고 작은 흑점이 있고 달이 28일 만에 한 바퀴 돈다는 사실, 그리고 5개의 행성을 망원경(千里鏡)으로 관찰한 내용 등이다. 세 곳에 있는 「병풍천문도(1)」에서 각기 판독한 글자를 서로 대조하고 보완할 수 있도록 다음 표 X-8에 제시하였으나, 휩플박물관본과 민속박물관본에서 판독한 것만은 서로 보완하여 같은 줄에 기입하였다. 그리고 「병풍천문도(2)」에도 같은 내용이 있으므로 참고가 되도록 마지막 줄에 함께 포함시켰다.

표 X-8. 제4~7첩 상단에 있는 기록. 세 개의 「병풍천문도(1)」과 한 개의 「병풍천문도(2)」에 있는 글자를 대비시켰다. 판독이 불가능한 글자는 ○표로 대신했다. 이 표에 수록된 글자는 보고서 『팔폭 병풍식 천문도, 1995』에 있는 오자를 교정한 것이며, 남만문화관본의 자료는 더 보완한 것이다.

번호	휩플박물관본과 국립민속박물관본	남만문화관본 (흑백사진)	병풍천문도(2)
제4첩	黃道南北兩總星圖中心	黃道南北兩總星圖中心	黃道南北兩總星圖中心
	爲兩極外圈爲黃道以直	爲兩極外圈爲黃道以直	爲兩極外○爲黃道以直
	線分爲十二宮邊列宮名	線分爲十二宮邊列宮名	線分爲十二宮邊列宮名
	節氣隨之每宮分爲三十	節氣隨之每宮分爲三十	○○○之每宮分爲三十
	度按度査恒星經度以丑	度按○査恒星經度以丑	○按度査恒星經度以丑
	宮線至中心又分九十度	宮線至中心又分九十度	宮線至中心又分九十度
	爲恒星緯度但恒星之緯	爲恒星緯度但恒星之緯	爲恒星緯度但恒星之○
	從無變更其經度每年自	從無變更其經度每年自	○無變更其經度每年自
	西往東定行五十一秒大	西往東定行五十一秒大	西往東定○五十一○大
	約積七十一秊滿行一度	約積七十一秊滿行一度	約積七十○年滿行一○
	圖上有赤道分界一在南	圖上有赤道分界一在南	○○有○道分界一在南
	圖從初度至一百八十度	圖從初度至一百八十度	○○初度至一百八○○
	一在北圖從一百八十度	一在北圖從一百八十度	○在北○○一百八十度
제5첩	至三百六十度每三十度	○○○○十度每三十度	至三百六十度每三十度
	虛線相交至赤道南北兩	虛線相交至赤道南北兩	虛線相交至赤道南北兩
	極査看赤道經度得識恒	極査看赤道經度得識恒	極査看赤道經度○○恒
	星每日旋行一週天之數	星每日旋行一週天之數	星每日旋行一○○○數
	又週天星形自古迄今稍	又週天星形自古迄今稍	又週天星形自古迄今稍
	有隱見不一假如舊見而	有隱見不一假如舊見而	有○見不一假如舊見而
	今偏隱又是舊隱而今反	今偏隱又是舊隱而今反	今偏隱又是舊隱○今反
	見光之大小亦不相等此	見光之大小亦不相等此	見光之大小亦不相等此
	理卽習知天文者亦難明	理卽習知天文者亦難明	理卽習知天文者亦難明
	徹此類星形大約隱見於	徹此類星形大約隱見於	徹此類星形大約隱見於
	天漢之內聚集無數小星	天漢之內聚集無數小星	天漢之內聚集無數小星
	莫可紀極兩星圖外又有	莫可紀極兩星圖外又有	莫可紀極○○圖外又有
	七政體象太陽之面有小	七政體象太陽之面有小	七○體象太陽之面有小
	黑點大小多寡不一二十	黑點大小多寡不一二十	黑影亦○無定運行二十

번호	휩플박물관본과 국립민속박물관본	남만문화관본 (흑백사진)	병풍천문도(2)
第6첩	八日滿一週太陰之面以 太陽之光正照顯明影偏 照顯黑影土星之體彷彿 卵形亦有變更遠於赤道 其星圈所宕甚寬近於赤 道其星圈相逼甚窄外有 排定小星五點非大千里 鏡不能測視其旋行土星 之體相近土星者爲第一 大約行二日弱第二星行 三日弱第三星行四日半 强第四星畧大行十六日 第五星行八十日俱旋行 土丶星一週木星之面常有	○○○○○○○○○○○ 太陽之光正照顯明影偏 照顯黑影土丶星之體彷彿 卵形亦有變更遠於赤道 其星圈所宕甚寬近於赤 道其星圈相逼甚窄外有 排定小星五點非大千里 鏡不能測視其旋行土星 之體相近土星者爲第一 大約行二日弱第二星行 三日弱第三星行四日半 强第四星略大行十六日 第五星行八十日俱旋行 土星一週木星之面常有	○日滿一週○陰之面以 太陽之光正照顯明影偏
第7첩	平行黑影外有小星四點 第一星行一日七十三刻 第二星行三日五十三刻 第三星體略大行七日十 六刻第四星行十六日七 十二刻俱旋行木星一週 火星之面內有無定之黑 影金水星俱借太陽之光 如月體相似按合朔弦望 以顯其光 雍正元年歲次癸卯 極西戴進賢立法 利白明 鐫	平行○影外有小星四點 第一星行一日七十三刻 第二星行三日五十三刻 第三星體略大行七日十 六刻第四星行十六日七 十二刻俱旋行木星一週 火星之面內有無定之黑 影金水星俱借太陽之光 如月體相似按合朔弦望 以顯其光 雍正元年歲次癸卯 極西戴進賢立法 利白明 鐫	以顯其光 – 끝 –

(4) 제4~7첩 하단에 있는 글: 이 글은 『한서천문지(漢書天文志)』에 처음 소개된 별자리(星官)들이 그 후 여러 시대를 거치는 동안 어떻게 변화하고 발전하였는가를 기술한 것과 서양 선교사들이 보이지 않아서 확인할 수 없는 별과 그들이 새로 추가한 별들에 관하여 설명한 것들이다.

이것은 몇 줄의 예외는 있으나 전부 12자씩 54줄에 달하는 설명문으로 되어 있다. 이 설명문은 휩플박물관본과 민속박물관본에서 판독한 것을 서로 보완하였기 때문에 다음 표 X-9의 둘째 줄에 함께 수록하고 남만문화관본을 별도로 하여 셋째 줄에 수록하였다. 그리고『증보문헌비고』에도 거의 같은 기록이 있기에 참고로 마지막 줄에 함께 수록하였다.

표 X-9. 제4~7첩 하단에 있는 기록. 이 기록은「병풍천문도(2)」에는 없으나『증보문헌비고』에는 약간 다른 내용으로 있다. 판독이 불가능한 글자는 □표로 대신했다. 이 표에 수록된 글자는 보고서『팔폭 병풍식 천문도, 1995』에 있는 오자를 교정한 것이며, 남만문화관본의 자료를 사용하여 더 보완한 것이다.

첩(帖)	병풍천문도(1)		증보문헌비고 1:23ㄴ~24ㄱ
	Whipple Museum본 민속박물관본	남만문화관본 (흑백사진)	
	漢書天文志經星常宿中外官	같음	같음
	凡百一十八名積數七百八十	같음	같음
	三星晋志載吳太史令陳卓始	같음	같음
	列甘石巫咸三家星官凡二百	같음	列甘石巫咸三家星官著於圖錄
			凡二百
	八十三官一千四百六十四星	같음	같음
	隋丹元子步天歌與陳卓數合	같음	같음
제4첩	後此言天官者皆以步天歌爲	같음	같음
	準康熙十三年西人南懷仁修	같음	準泰西人南懷仁修
	儀象志星名與古同者總二百	같음	같음
	五十九座一千一百二十九星	같음	같음
	比步天歌少二十四座三百三	같음	같음
	十五星又於有名常數之外增	같음	같음
	五百九十七星又多近南極星	같음	같음
	二十三座一十五星□□□□	二十三座一百五十星乾隆九	二十三座一百五十星近年以
	年西人□□□□□□□□□	年西人戴進賢據新測以證舊	來累加測驗星官度數儀象志尚多
			未合於是逐星測量推其度數觀其
			形象序其次
	經計三垣二十八宿□□□□	經計三垣二十八宿星名與古	第計三垣二十八宿星名與古
	同者總二□七十七□□□□	同者總二百七十七座一千三	同者總二百七十七座一千三
	百一十九星比儀□□□□□	百一十九星比儀象志多十八	百一十九星比儀象志多十八
	座一百九十星與步天歌□□	座一百九十星與步天歌爲近	座一百九十星與步天歌爲近
제5첩	其尤與古合於二十八宿次□	其尤與古合者二十八宿次舍	
	又於有名常數之外增一千六	又於有名常數之外增一千六	又於有名常數之外增一千六
	百一十四星其近南極星□國	百一十四星其近南極星中國	百一十四星又近南極星二十三座
			一百五十星中國
	所不見仍依西測之舊共計恒	所不見仍依西測之舊共計恒	所不見仍依西測之舊共計恒
	星三百座三千有八十三星著	星三百座三千有八十三星著	星三百座三千八十三星
	又於圖編□總紀凡黃赤經緯	又於圖編□總紀凡黃赤經緯	－끝－
	去極入宿□度□然可考視首	去極入宿之度釐然可□□□	
	盖密矣	盖密□	

첩(帖)	병풍천문도(1)		증보문헌비고 1:23ㄴ~24ㄱ
	Whipple Museum본 민속박물관본	남만문화관본 (흑백사진)	
제6첩	按步天歌角宿内杜十五星ㅁ 少四氐宿内亢池六星今少二 騎官二十七星今少十七心宿 内積卒十二星今少十斗宿内 天淵十星今少七鼈十四星今 少三牛宿内天田九星今少五 九坎九星今少五女宿内離珠 五星今少一危宿内天錢十星 今少五人五星今少一室宿内 八魁九星今少三壁宿内天廄 十星今少七奎宿内天溷七星 今少三井宿内軍市十三星今	ㅁ步天歌角宿ㅁ杜ㅁㅁㅁ今 같음 같음 같음 같음 같음 같음 같음 같음 같음 같음 같음	步天歌角宿内杜十五星今 少四氐宿内亢池六星今少二星 騎官二十七星今少十七星心宿 内積卒十二星今少十星斗宿内 天淵十星今少七星鼈十四星今 少三星牛宿内天田九星今少五星 九坎九星今少五星女宿内離珠 五星今少一星危宿内天錢十星 今少五星人五星今少一星室宿内 八魁九星今少三星壁宿内天廄 十星今少七星奎宿内天溷七星 今少三星井宿内軍市十三星今 稷五星
제7첩	張宿内有天廟十四星今無翼 宿内有東甌五星今無軫宿内 有軍門二星土司空四星器府 三十二星今俱無 法製廣大遠鏡兩目並用窺天 星多數十倍界限甚明卽如昴 宿傳云七星而實則三十六星 鬼宿中積尸氣相傳爲白氣如 雲而又三十五星歷可數他如 牛宿中南星尾宿東魚星傳說 星觜宿南星所稱微茫難見者 皆一一見焉若天漢乃無數小 星因其稠密覺如白河之象	같음 같음 같음 같음 같음 같음 같음 같음 雲而又三十五星歷歷可數他如 같음 星觜宿南星所稱微茫難見者 같음 같음	張宿内天廟十四星翼 宿内東甌五星軫宿内 軍門二星土司空四星器府 三十二星共六座六十二星今無 – 끝 –

(5) 일월오성도(日月五星圖): 전부 8첩인 이 천문도의 마지막 제8첩에는 「칠정도(七政圖)」 또는 「일월오성도(日月五星圖)」라고 불리는 그림이 있다. 위에서부터 차례로 태양(太陽, 日), 태음(太陰, 月), 진성(鎭星, 土星), 세성(歲星, 木星), 형성(熒星, 火星), 태백(太白, 金星), 진성(辰星, 水星)의 순으로 배열되어 있는데, 이는 5개의 행성들의 태양으로 부터의 거리의 순서에 따른 것이므로 코페르니쿠스와 케플러의 태양계의 구조가 반영되었다는 증거이기도 하다. 태양은 붉은 색이며, 그 속에 검은 색의 흑점이 좌우로 나란히 있다. 태양 표면은 주변이 중심보다 구별이 뚜렷하게 더 붉게 칠해져 있다. 이는 태

양의 표면(太陽面)의 주변감광 효과(周邊減光 效果, limb darkening effect)를 보이려고 노력한 한 예이다. 달은 흰색으로 그 크기는 태양과 같다. 달 표면은 검게 보이는 소위 바다라고 불리는 무늬가 상징적으로 그려져 있다.

5행성 중 가장 크고 먼 곳에 있는 것이 토성이다. 이 토성을 둘러싸고 있는 큰 테가 타원형으로 잘 그려져 있고, 그 오른쪽에 5개의 달이 일렬로 나란히 있다. 중국에 온 예수회 선교사들이 성능이 좋은 망원경을 가지고 왔었다는 증거이다.

목성에 있는 갈릴레오의 달 4개도 분명하게 표시되어 있는데 아주 인상적이다. 이것은 갈릴레오가 자기가 발명한 망원경으로 1609년에 발견한 달로서 이미 앞절의 「혼천전도(渾天全圖)」의 칠정도(七政圖)에서 소개했었다. 이 달들에 관해서는 로마 교황청이 인정하지 않았을 뿐만 아니라 오히려 이런 새로운 관측을 하지 못하도록 엄하게 다스렸었다. 그런데도 불구하고, 중국에 천주교를 선교하러 온 예수회 선교사들이 갈릴레오의 발견을 여과없이 중국에 소개함으로써 조선의 관상감에까지 전달되도록 영향을 주었다는 사실은 선교사들이 보여 준 용기의 산물이며 높이 평가 받을만한 일이다.

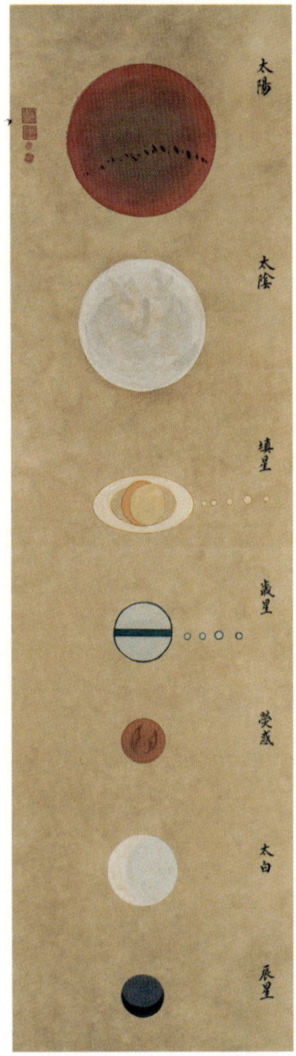

그림 X-16. 칠정도(七政圖) 태양(해)과 태음(달) 표면이 자세하고, 진성(鎭星, 토성)과 세성(歲星, 목성)에는 각각 5개와 4개의 작은 달이 옆에 붙어 있다.

화성, 금성, 수성 등에도 옛 이름인 형성(熒星), 태백(太白), 진성(辰星)을 각각 적고 있다. 이 세 행성의 크기는 모두 조금씩 다르고 또 색깔도 아주 다르다. 먼저 크기를 보면, 화성은 금성의 반 정도로 작고 수성은 화성 보다 더 작다. 「혼천전도」의 그림도 이와 비슷하기는 하나, 이것처럼 뚜렷하지는 않다. 다음으로 색깔을 보면, 화성은 붉은 색이고 금성은 희고 수성은 그림자 부분은 검고 햇빛을 받는 부분은 푸른색이다.

내행성(內行星)인 금성과 수성의 위상이 아주 뚜렷하게 그려져 있다. 금성의 겉모습이 눈썹달의 모양으로 더 가늘고, 수성은 반달을 조금 지난 모습이다. 「혼천전도」의 경우보다 더 정확한 모습이어서 이때 사용한 망원경은 성능이 더 향상된 것이었음이 확실하다.

보존 상태

그림 VII-17에 보인 바와 같이 4점의 성도 중에서 휩플박물관본과 남만문화관본은 국립민속박물관본에 비하여 보존 상태가 양호하다. 이제 그 하나하나를 입수한 사진을 가지고 검토해 보자.

(1) 국립민속박물관본: 이것은 지금까지 알려진 4점의 「병풍성도(1)」 중 가장 먼저 만든 것으로 보인다. 현 시점에서 확실하게 단정지을 수는 없지만, 국립민속박물관본과 휩플박물관본은 필사한 것이지만, 남만문화관본은 비단에 목판 인쇄한 것으로 추정되기 때문이다. 필사(筆寫)한 2점 중 국립민속박물관본이 휩플박물관본 보다 먼저라고 생각된다, 이 두 점의 필사가 완성된 다음 목판을 만들어 비단에 인쇄한 것이 남만문화관본인 것으로 추정된다. 일본 국회도서관의 것은 자세히 살필 기회를 얻지 못해서 이 소개에서는 제외한다.

국립민속박물관본은 가장 훼손이 심하다. 훼손된 부분은 제1첩만을 제외한 나머지 7첩 전부인데, 그 중에서도 제 2, 3, 4, 7의 네 첩은 그 일부가 떨어져 없어졌다. 그리고 제 1첩을 포함하여 모든 첩에 별이나 글자의 판독이 어렵거나 전연 불가능한 부분이 또한 많다. 그리고 여러 곳에 낙서까지 있어서 볼품도 없다. 그러나 다행히 판독이 가능한 부분이 또한 많이 남아 있기 때문에 이 천문도를 가지고 복원하는데 많은 참고가 되었다.

(2) 휩플박물관본: 휩플박물관본은 국립민속박물관본이나 남만문화관본에 비하여 보존 상태가 대단히 좋다. 따라서 제6첩 하단 오른쪽 글씨 29字가 완전히 없어진 것과 제8첩의 7성도의 색깔이 퇴색된 것을 제외하면 거의 모든 글자와 별을 판독할 수 있다. 뿐만 아니라 국립민속박물관본에 비하여 글씨체가 더 좋고 전체 모습이 더 다듬어져 있다. 이러한 여러 가지 우수한 점이 있음에도 불구하고 이 성도에는 여러 개의 잘못된 기록이 있

다. 예를 들면, 제1첩에 있는 정수(井宿)의 군시(軍市)를 군정(軍井)으로 잘못 기입하고, 제6첩에 있는 진수(軫宿)라는 별자리 이름은 쓰지 않았고, 근남극성의 하나인 남선(南船)을 남해(南海)로 잘못 기입한 것 등을 들 수 있다.

이 복원 작업에는 2000년 8월 현지에 한 번 가서 확인 작업을 했을 뿐 가까이서 필요할 때마다 점검을 할 수 없었던 애로가 있다. 영국 케임브리치까지는 거리가 너무 멀 뿐만 아니라 이 성도는 평소에는 수장고에 보관하는 것이어서 절차가 복잡하기 때문이다. 이 성도는 다행히 영국 대영박물관에 2000년 11월에 한국 전시실이 새로 개설되는 때를 기회로 이곳에 앞으로 1년 동안 대여 전시하게 되어 일반에게 항시 공개될 예정이었다.[14] 그럼에도 불구하고 진열장 안에 안전하게 전시될 것이기 때문에 연구 조사하는 데는 또 다른 어려움이 있으리라고 생각된다.

(3) 남만문화관본: 이 성도에 관하여는 좀 상세한 설명이 선행하여야 한다고 생각한다. 왜냐 하면, 휩플박물관본이 케임브리치에 가게 된 경위에 대해서는 니담과 루가 *The Hall of Heavenly Records*에 자세하게 소개한 바 있어서 많은 사람들이 잘 알고 있다고 생각되지만, 남만문화관본이 일본에 가 있게 된 경위에 대해서는 전혀 밝혀진 바가 없기 때문이다.

이 성도가 일본으로 밀반출되기 전까지는 경기도 남양주군 집전면 부평리 운악산(雲岳山) 기슭에 있는 봉선사(奉先寺)에 있었던 것일 것이라고 전상운 교수는 주장한다.[15] 그의 말에 의하면 1961년에 김양선(金良善)이 '마테오 리치의 세계지도와 그 조선본'에 대한 긴 논문을 썼는데, 그 글 속에 이 성도를 함께 보았다고 썼다는 것이다. 그런데, 그 후 이 지도와 천문도가 함께 없어진 것이다.

필자는 이 이야기를 마음에 두고 2000년 11월 6일 일본 오오사까시에 있는 남만문화관을 방문하고 기따무라(北村芳郎, 당시 나이 80세라고 함)관장의 호의로 수장고에 있던 이 성문도를 볼 기회를 가졌었다. 1994년과 1998년에도 보여줄 것을 희망했었으나 뜻을 이

14 그러나 대영박물관 관장인 Robert Anderson관장은 필자에게 2~3년 계속 전시하기를 희망한다고 말했는데 현재 상황은 알지 못하고 있음.

15 전상운(全相運)교수의 개인 서신.

루지 못했었던 바로 그것이다. 내가 도시샤(同志社)대학의 미야지마(宮島一彦) 교수와 함께 이 성도를 조사하는 중에 기따무라(北村)씨는 다음과 같은 이야기를 들려 주었다.

> 약 20년 전에 일본 고베(神戸)시의 한 골동품 가게에서 지도가 탐이 나서 구입했는데 10첩 짜리 지도 뒷면 8첩에 「병풍천문도(1)」이 있었습니다. 그러나 그 두 그림이 같은 병풍의 앞뒤에 있은 것이 아니라 두 개의 독립된 병풍에 장병(粧屛)된 것이어서 얼마 전에 그 둘을 함께 두지 않고 분리해서 따로 보관하고 있습니다.

필자가 이 성도를 보았을 때는 그가 지도와 성도를 분리해서 따로 보관하고 있었기 때문에 지도는 보지 못했다. 그러나 그의 지도는 그때로부터 수년전 이찬 교수[16]가 이곳을 방문하고 조사한 바 있다고 한다. 성도를 위한 병풍은 요새 한국에서 흔히 볼 수 있는 병풍보다 엷었다. 테두리의 나무는 가늘었지만 단단해 보였다. 휩플본을 본 것은 이보다 3개월 전이어서 생각이 잘 나지 않으나 이것도 좀 엷어 보였으나 분명하지는 않다. 만약 남만문화관본만이 엷은 것이라면 일본에 간 후에 다시 장병(粧屛)한 것일 수도 있을 것 같다.

이제 남만문화관본을 소개해 보자. 이 천문도의 재질은 종이가 아니라 헝겊(비단)이었다. 그래서 그런지는 몰라도 제8첩에 그린 칠정도(七政圖)의 그림이 다른 두 천문도 보다 색감이 현저하게 밝게 보였다. 그리고 약 10년 전에 얻은 사진과 현지에서 실물을 본 바로는 필사한 것이 아니라 인쇄한 것으로 보였으나 나는 이에 대한 지식이 없으므로 단언하기는 어렵다. 다만 ①한자(漢字) 중 옆으로 쓴 획이 필사하기 어려울 정도로 일직선인데다가 가늘다는 사실, ②여러 번 되풀이하여 나타난 글자는 다른 두 성도의 경우 서로 다른 글자체(字體)가 많은 데 반하여 이 남만문화관본의 것은 모두 같다는 사실, ③글자는 모두 정자체(正字體)로 되어 있는 것이 다른 두 성도의 명필체(名筆體)와는 너무 대조적이라는 사실 등을 보고 그렇게 생각할 뿐이다. 성도의 보존 상태가 나쁘고 또 면밀하게 관찰할 시간이 없었으나, 목판의 이음새로 인한 흔적 같은 것은 찾아 내지 못했다. 한 가지 더 추가할 점이 있다면, 휩플박물관과 국립민속박물관의 제3첩 왼쪽 아래에 있는 다음과 같은 세 줄의 글이 이 남만문화관본에는 같은 제3첩의 왼쪽 위에 옮겨져 있었다.

16 이찬(李燦)교수의 개인 서신

此本觀所藏石刻本也我

太祖朝有以箕城舊本進者

上寶重之 命觀刻于石

새로운「병풍성도(1)」의 제작

「병풍성도(1)」를 복원함에 앞서 기본적으로 설정해야 하는 몇 가지 조건이 있다. 유물이 있을 때에는 하나 뿐인 경우에는 그것에만 의존해서 하는 복원이기 때문에 비교적 간단해지지만, 이「병풍성도(1)」처럼 4점이나 있을 경우에는 서로간의 차이점이 있게 마련이기 때문에 오히려 복잡한 문제가 야기된다. 몇 가지 설정해야하는 문제들을 먼저 열거해 보자.

(1)「병풍성도(1)」의 크기: 성도의 크기를 알아보는 데는 표구할 때 가장자리가 여유 있게 크게 될 수도 있고 그렇지 않을 수도 있기 때문에 이「병풍성도(1)」를 복원할 때 가장 어려운 문제 중의 하나는 8첩의 크기를 어떻게 잘 맞추는가 하는 것이었다. 왜냐 하면, 제4~7첩에는 상단과 하단에 간격이 각각 3.5 mm와 약 1.5 mm인 2중으로 된 평행선이 있어서 아래 위의 길이를 정할 수가 있었으나, 제1-3첩과 제8첩에는 그런 선이 없어서 제4~7첩과 같은 크기를 컴퓨터로 만들기가 어려웠다. 시제품을 위해 컴퓨터로 scanning을 한 것을 출력해 보면, 언제나 여덟 첩 각각의 넓이가 고르지 않았다. 이런 상태의 출력으로는 성도를 만들기 위해 반듯한 원(圓)을 만들 수가 없는 것이다. 따라서 이 문제를 해결하는 방법으로는 비용이 많이 들어도 여러 번 출력해서, 그 중에서 가장 잘 맞는 그림을 가지고 짝을 맞추는 방식을 취했다. 이 때 기준이 되는 것은 제4~7첩의 높이를 정하는 척도가 되는 윗 부분에 있는 위의 굵은 선에서 아래 부분에 있는 밑의 굵은 선까지의 간격이다. 그 간격은 국립민속박물관본과 휩플박물관본을 재 본 결과 꼭 같은 160.5 cm이었다.

(2) 잘못 기입된 글자: 국립민속박물관본과 휩플박물관본 그리고 남만문화관본은 모두 같은「병풍성도(1)」임에도 불구하고, 서로 비교해 보면 글자가 잘못된 것이라고 판독되는

경우가 더러 있다. 이런 경우 글자가 마모되었거나 퇴색이 심해서 판단이 어려운 경우가 있는데, 더 어려운 경우는 세 성도가 서로 다른 경우이다. 어느 것을 택할 것인가는 잘 알려진 많은 여러 가지 문헌과 성도를 참고하는 수밖에는 없다. 이에 관한 사례 중 일부를 들어 보면 다음과 같다. 이 여러 표에 적혀있는 「병풍천문도(1)」는 제1-3첩에 있는 「천상열차분야도」를 의미하고, 「병풍천문도(2)」는 제4-7첩에 있는 「황도남북양총성도」를 가리킨다. 그리고 「병풍천문도(1), (2)」이라고 한 것은 양 쪽 모두에게 있는 경우이다.

표 X-10/1. 여러 가지 다른 표기의 예. 저수(氐宿)에 있는 경하(更河/梗河)에 대한 표기

更河	梗河
天象列次分野之圖拓本 天象列次分野之圖木版本	天文類抄 步天歌 日躔壽星之次圖 徐光啓의 赤道北圖(신법산서) 徐光啓의 黃道北圖(신법산서) 屛風天文圖(1),(2) 星鏡

표 X-10/2. 여러 가지 다른 표기의 예. 두수(斗宿)에 있는 입성/건성(立星/建星)에 대한 표기

更河	梗河
天象列次分野之圖拓本 天文類抄 步天歌	日躔壽星之次圖 赤道南北恒星圖 屛風天文圖(1),(2) 法住寺屛風天文圖 渾天全圖 星鏡

표 X-10/3. 여러 가지 다른 표기의 예. 필수(畢宿)에 있는 구주수구(九州殊口)에 대한 표기

更河	梗河	九州殊域
天象列次分野之圖拓本 天文類抄 步天歌 赤道南北恒星圖 屛風天文圖(1) 法住寺屛風天文圖 星鏡	天象列次分野之圖木版本	日躔壽星之次圖 屛風天文圖(2) 渾天全圖

표 X-10/4. 여러 가지 다른 표기의 예. 실수(室宿)에 있는 누벽진(壘壁陳/陣)에 대한 표기

壘壁陳	壘壁陣
	天象列次分野之圖木版本
	混合式屛風天文圖(1), (2)
天象列次分野之圖拓本	日躔壽星之次圖
天文類抄	徐光啓의 赤道北圖(신법산서)
步天歌	徐光啓의 黃道北圖(신법산서)
	赤道南北恒星圖
	星鏡

표 X-10/5. 여러 가지 다른 표기의 예. 실수(室宿)에 있는 등사(騰蛇/螣蛇)에 대한 표기

騰蛇	螣蛇
天象列次分野之圖拓本	
天文類抄	日躔壽星之次圖
步天歌	屛風天文圖(1),(2)
天象列次分野之圖木版本	赤道南北恒星圖
徐光啓의 赤道北圖(신법산서)	星鏡
徐光啓의 黃道北圖(신법산서)	

표 X-10/6. 여러 가지 다른 표기의 예. 익수(翼宿)에 있는 동구(東區/東甌)에 대한 표기

騰蛇	螣蛇
天象列次分野之圖拓本	天文類抄
天象列次分野之圖木版本	步天歌
	混合式屛風天文圖(1)

표 X-10/7. 여러 가지 다른 표기의 예. 진수(軫宿)에 있는 청구(靑丘/靑邱)에 대한 표기

騰蛇	螣蛇
天象列次分野之圖拓本	
天象列次分野之圖木版本	
天文類抄	徐光啓의 黃道南圖(신법산서)
步天歌	屛風天文圖(1)
日躔壽星之次圖	星鏡
屛風天文圖(2)	
徐光啓의 赤道南圖(신법산서)	

(3) 별과 별을 연결한 선: 국립민속박물관본에는 보이지 않는 별들이 너무 많다. 따라

서 별을 잇는 직선이 확인되지 않는 경우도 허다하다. 그런데 휩플박물관본 사진의 각 첩의 한 쪽 모서리는 사진을 만든 사람이 교묘하게 잘라 버렸기 때문에 잃어버린 별과 글자가 많다. 그래서 어느 한 쪽도 표준으로 삼을 수 없는 형편이었다. 있어야할 별이 없는 경우와 연결되어야할 직선이 보이지 않을 경우에는 필자의 고증에 따르는 수밖에 없었다. 제1-3첩에 있는「천상열차분야도」의 경우는 석각본의 탁본에 있는 별을 전부 살려 내는데 어려움이 없으나, 신법인 제4-7첩에 있는「황도남북양총성도」의 경우는 관상감의 학자들이 어느 별을 버리고 어느 별을 더 추가했는지 알 길이 없다. 따라서 몇 개의 별을 더 살려내는 일에 있어서 착오가 있을 것이나, 이는 불가항력이다. 누가 복원해도 신통한 방법은 없을 것이다.

(4) 판독한 글자의 수: 복원을 위해서는 글자 판독을 먼저 하여야 하는데, 판독할 글자의 수를 분류하여 보니 다음과 같은 약 2,900자에 이른다.

표 X-11. 판독한 글자의 수

제1~3첩	天象列次分野圖 此本觀所藏石刻本也 太祖朝有以箕城舊本進 上寶重之命觀刻于石 12宮, 12方位, 12分 별자리 이름	7자 28자 84자 약 760자
	소계	약 880자
제4~7첩	黃道南北兩總星圖 상단의 설명문 하단의 설명문 별자리 이름	8자 504자 620자 약 900자
	소계	약 2,030자
제8첩	七政의 이름	14자
총계		약 2,900자

(5)『천상열차분야도』에 수록된 별의 수: 제1-3첩에 있는「천상열차분야도」에 수록된 별의 수는 총 293좌에 1,469성이다. 이는「천상열차분야지도」탁본에 있는 수와 같다. 다만, 탁본에는 없는 삼수(參宿) 영역 안에 시(屎)라는 1개의 별로 되어 있는 별자리가 추가

되어 있어서 별자리 수가 1개 더 증가했다.

그러나 제4~7폭에 있는 「황도남북양총성도(黃道南北兩總星圖)」에 있는 별과 별자리 수를 표 X-8의 마지막 줄에 적기는 했지만 이것은 정확한 것이 아니다. 왜냐하면 이 보고서를 작성하는 마지막 단계에 이르렀을 때 장병(粧屛)작업이 시작되었기 때문에 정확하게 기입된 수를 셈할 수 없었기 때문이다. 제6첩과 제7첩 하단에 있는 기록에는 어느 별자리를 없앴고 또 어느 별자리의 별이 몇 개 감소했는가 하는 내용이 적혀 있지만, 이것을 확인하는 작업은 앞으로의 과제로 삼을 수밖에 없다.

가장 안쪽의 지름 94.0 cm인 원 안에는 「천상열차분야도」가 그려져 있는데, 이 그림에 있는 별자리와 별의 수를 「천상열차분야지도」탁본과 대비해 보았다(표 X-8을 참조). 그리고 제4-7첩에 있는 신법천문도에는 어떤 가감이 있는가를 보기 위해서 해당하는 별의 수를 마지막 줄에 기입하였다. 그리고 「천상열차분야지도」와 다른 형태의 글자로 별자리 이름을 표기했을 경우에는 그 다른 글자를 해당하는 별자리 숫자 앞에 적었다.

표 X-12. 「천상열차분야지도」탁본과 「혼합식 병풍천문도」의 「천상열차분야도(제1~3첩)」 그리고 휩플박물관본과 민속박물관본(제4~7첩)의 별자리 이름과 별의 개수 비교

垣/舍	천상열차분야지도		휩플박물관과 민속박물관본	
	별자리 이름	별의 수	천상열차분야도	황도남북양총성도
동방칠사 각수	좌각 左角	2	2	角宿 4
	평도 平道	2	2	2
	천전 天田	2	2	2
	진현 進賢	1	1	1
	주전 周鼎	3	3	3
	천문 天門	2	2	2
	평 平	2	2	平星 2
	고루 庫樓	10	10	황색 별 1개를 포함 10
	주 柱	15	15	4
	형 衡	4	4	2
	남문2 南門二	2	2	
동방칠사 항수	항4 亢四	4	4	亢宿 4
	대각1 大角一	1	大角 1	1
	절위 折威	7	7	없음 –

垣/舍	천상열차분야지도		휩플박물관과 민속박물관본	
	별자리 이름	별의 수	천상열차분야도	황도남북양총성도
동방칠사 항수	섭제 攝提	3	3	左攝提 3
	섭제 攝提	3	3	右攝提 3
	돈완2 頓頑二	2	頓頑 2	황색 별 1개 2
	양문 陽門	2	2	2
동방칠사 저수	저4 氐四	4	4	氐宿 4
	천유 天乳	1	1	1
	초요 招搖	1	1	1
	경하 更河	3	梗河 3	梗河 3
	제석 帝席	3	3	없음 –
	항지6 亢池六	6	6	亢池 4
	기관27 騎官二十七	27	27	騎官 7
	진차3 陣車三	3	3	陣車 3
	천복2 天輻二	2	2	天輻 2
	기진장군 騎陣將軍	1	1	1
동방칠사 방수	방4 房四	6	4	房宿 4
	–	–	駒鈐 2	2
	건폐 鍵閉	1	1	1
	벌 罰	3	3	3
	서함 西咸	4	4	4
	동함 東咸	4	4	4
	일1 日一	1	日 1	1
	종관 從官	2	從官二 2	從官 2
동방칠사 심수	심3 心三	3	3	心宿 3
	적졸12 積卒十二	12	12	2
동방칠사 미수	미9 尾九	9	9	尾宿 9
	귀5 龜五	5	5	4
	천강4 天江四	4	4	4
	부열1 傅說一	1	1	1
	어1 魚一	1	1	1
	신궁 神宮	1	1	1
동방칠사 기수	기4 箕四	4	4	箕宿 4
	외저 外杵	3	3	杵 3
	강1 糠一	1	1	1
소계	46座	183星	47座 183星	45座 124星

垣/舍	천상열차분야지도		휩플박물관과 민속박물관본	
	별자리 이름	별의 수	천상열차분야도	황도남북양총성도
북방칠사 두수	남두6 南斗六	6	6	斗宿 6
	천변9 天弁九	9	9	9
	별14 鼈十四	14	14	13
	천계2 天雞二	2	2	2
	천약8 天鑰八	8	8	–
	구국4 狗國四	4	狗國 4	4
	천연10 天淵十	10	10	10
	구2 狗二	2	2	없음 –
	농장인1 農丈人一	1	農丈人 1	없음 –
북방칠사 우수	견우6 牽牛六	6	6	牛宿 6+1
	천전9 天田九	9	9	없음 –
	구감9 九坎九	9	9	4
	하고3 河鼓三	3	3	3
	직녀 織女	3	3	3
	좌기9 左旗九	9	9	7
	우기 右旗	9	右旗九 9	7
	천부4 天桴四	4	4	2
	나언 羅堰	3	3	3
	점대 漸臺	4	4	4
	연도6 輦道六	6	6	없음 –
북방칠사 여수	수녀4 須女四	4	4	女宿 4
	주2 周二	2	2	1
	진2 秦二	2	2	1
	대2 代二	2	2	1
	조2 趙二	2	2	1
	월1 越一	1	1	1
	제1 齊一	1	1	1
	초1 楚一	1	1	1
	정1 鄭一	1	1	1
	위1 魏一	1	1	1
	한1 韓一	1	1	1
	진1 晋一	1	1	1
	연1 燕一	1	1	1
	이주5 離珠五	5	5	없음 –
	과 苽	5	5	□瓜 4
	패과 敗苽	5	5	敗瓜 4
	천진9 天津九	9	9	天津 10
	해중 奚仲	4	4	4
	부광7 扶筐七	7	7	이름 없이 2?
북방칠사 허수	허2 虛二	2	2	虛宿 2
	사명 司命	2	2	2

垣/舍	천상열차분야지도		힙플박물관과 민속박물관본			
	별자리 이름	별의 수	천상열차분야도		황도남북양총성도	
북방칠사 허수	사록 司祿	2		2		2
	사위 司危	2		2		1
	사비 司非	2		2		2
	곡2 哭二	2		2		1
	읍2 泣二	2		2		1
	천루성 天壘城	13		13		5
	패구 敗臼	4		4		4
	이유3 離瑜三	3		3		2
북방칠사 위수	위3 危三	3		3	危宿	3
	인성 人星	5		5		4
	내저 內杵	3		3		1
	구 臼	4		4		4
	차부7 車府七	7		7		5
	구9 鉤九	9		9	天鉤	6
	조보5 造父五	5		5		5
	분묘 墳墓	4		4		3
	허량 虛梁	4		4		4
	천전 天錢	10		10		4
	개옥 蓋屋	2		2	없음	–
북방칠사 실수	실2 室二	2		2	室宿	2
	이궁6 離宮六	6	離宮	6		6
	뇌전 雷電	6		6		6
	누벽진12 壘壁陣十二	12	壘壁陣十二	12	壘壁陣	12
	우림45 羽林四十五	45	羽林軍四十五	45	羽林軍	23
	부월 鈇鉞	3		3		3
	북락사문1 北落師門一	1		1	北落師門	1
	팔괴9 八魁九	9		9	없음	–
	천강 天綱	1		1		1
	토공리 土公吏	2	土公吏	2	土公吏	1
	등사22 騰蛇二十二	22	螣蛇二十二	22		18
북방칠사 벽수	동벽2 東壁二	2	東壁	2	壁宿	2
	토공2 土公二		土公	2		2
	벽력 霹靂	5		5		5
	운우 雲雨	4		4		4
	천구10 天廏十	10	天廚十	10		3
	부질 鈇鑕	5		5		5
소계	77座	403星	77座	403星	69座	279星

垣/舍	천상열차분야지도		휩플박물관과 민속박물관본	
	별자리 이름	별의 수	천상열차분야도	황도남북양총성도
서방칠사 규수	규16 奎十六	16	15	奎宿 16
	외병7 外屛七	7	7	7
	천혼7 天溷七	7	7	4
	사공1 司空一	1	1	土司空 1
	군남문 軍南門	1	1	1
	각도6 閣道六	6	6	6
	부로 附路	1	1	1
	왕량 王良	5	5	5+客星 1
	책 策	1	1	1
서방칠사 누수	누3 婁三	3	3	婁宿 3
	좌경 左梗	5	5	5
	우경 右梗	5	5	5
	천창6 天倉六	6	6	6
	천유3 天庾三	3	3	天庾 2
	천장군 天將軍	11	11	천대장군 天大將軍 11
서방칠사 위수	위3 胃三	3	3	胃宿 3
	천름 天廩	4	4	4
	천균13 天囷十三	13	13	天囷 13
	대릉8 大陵八	8	8	大陵
	천선9 天船九	9	9	天船 8
	적시 積尸	1	1	1
	적수 積水	1	1	1
서방칠사 묘수	묘7 昴七	7	7	昴宿 7
	천아 天阿	1	1	1
	월1 月一	1	1	月 1
	천음5 天陰五	5	5	天陰 4
	추고6 芻藁六	6	6	6
	천원16 天苑十六	16	16	16
	권설 卷舌	6	6	6
	천참 天讒	1	1	1
	여석 礪石	4	4	4
서방칠사 필수	필8 畢八	9	8	畢宿 8
			附耳 1	1
	천가2 天街二	2	2	天街 2
	천절8 天節八	8	8	天節 7

垣/舍	천상열차분야지도		휩플박물관과 민속박물관본	
	별자리 이름	별의 수	천상열차분야도	황도남북양총성도
	제왕 諸王	6	6	6
	천고4 天高四	4	4	天高 4
	구주수구 九州殊口	9	9	구주수역 九州殊域 7
	오거5 五車五	5	5	五車 5
	주 柱	9	9	9
	천황5 天潢五	5	5	天潢 5
	함지3 咸池三	3	3	없음 –
	천관 天關	1	1	1
	삼기9 參旗九	9	9	參旗 9
	구유9 九斿九	9	9	九斿 8
	천원14 天園十四	14	14	天園 13
서방칠사 자수	자3 觜三	3	3	觜宿 3
	좌기9 坐旗九	9	9	坐旗 3
	사괴 司怪	4	司怯 4	司怯 3
서방칠사 삼수	삼10 參十	10	10	參宿 7 + 伐 3
	옥정4 玉井四	4	4	玉井 4
	병2 屛二	2	2	屛星 2
	군정4 軍井四	4	4	軍井 4
	측4 厠四	4	4	厠 4
	천시1 天矢一	1	1	없음 –
	–	–	屎 1	屎 1
	54座	298星	54座 298星	54座 272星

垣/舍	천상열차분야지도		휩플박물관과 민속박물관본	
	별자리 이름	별의 수	천상열차분야도	황도남북양총성도
남방칠사 정수	동정8 東井八	9	9	井宿 8
	남하3 南河三	3	3	南河 3
	북하3 北河三	3	3	北河 3
	천준 天樽	3	3	天罇 3
	오제후 五諸侯	5	5	5
	적수 積水	1	1	없음 –
	적신 積薪	1	1	1
	수부 水府	4	4	3
	수위4 水位四	4	4	水位 4

垣/舍	천상열차분야지도		휩플박물관과 민속박물관본	
	별자리 이름	별의 수	천상열차분야도	황도남북양총성도
남방칠사 정수	사독4 四瀆四	4	4	四瀆 4
	군시13 軍市十三	13	군정십삼 軍井十三 13	군시군정 軍市軍井 5
	야계1 野雞一	1	1	野雞 2
	장인2 丈人二	2	丈人二 2	丈人 2
	자2 子二	2	2	子 2?
	손2 孫二	2	2	없음 –
	궐구 闕丘	2	2	2
	낭성1 狼星一	1	狼一 1	天狼 1
	호9 弧九	9	9	弧矢 9
	노인 老人	1	1	1
남방칠사 귀수	귀5 鬼五	5	鬼宿 4	4 + 積氣 1
	관4 爟四	4	4	爟 4
	천구7 天狗七	7	7	天狗 7
	외주6 外廚六	6	6	外廚 5
	천사6 天社六	6	6	天社 6
	–	–	天紀一 1	天紀 1
남방칠사 유수	유8 柳八	8	8	柳宿 8
	주기3 酒旗三	3	3	酒旗 3
남방칠사 성수	성7 星七	7	7	星宿 7
	헌원17 軒轅十七	17	17	軒轅 16
	내평4 內平四	4	4	內平 4
	천상 天相	3	3	3
	직5 稷五	5	5	없음 –
남방칠사 장수	장6 張六	6	6	張宿 6
	천묘14 天廟十四	14	14	없음 –
남방칠사 익수	익 翼	22	22	翼宿 22
	동구 東區	5	東甌 5	없음 –
남방칠사 진수	진 軫	4	4	軫宿 4 +1
	장사 長沙	1	1	1
	좌할 左轄	1	1	1
	우할 右轄	1	1	1
	군문2 軍門二	2	2	없음 –
	토사공4 土司空四	4	4	없음 –
	청구7 靑丘七	7	靑邱七 7	靑丘 3
	기부 器府	29	29	없음 –
소계	43座	241星	44座 241星	36座 166星

垣/舍	천상열차분야지도		휩플박물관과 민속박물관본	
	별자리 이름	별의 수	천상열차분야도	황도남북양총성도
太微垣	대미 大微	5	太微垣 5	左執法 5
	대미 大微	5	太微垣 5	右執法 5
	알자 謁者	1	1	1
	삼공내좌 三公內坐	3	3	三公 3
	구경 九卿	3	3	3
	오제후 五諸侯	5	5	없음 –
	병 屛	4	4	內屛 4
	오제 五帝	5	5	五帝座 5
	행신 幸臣	1	1	1
	태자 太子	1	1	1
	종관 從官	1	1	1
	낭장 郎將	1	1	1
	호분 虎賁	1	1	1
	상진 常陳	7	7	3
	낭위 郎位	15	15	10
	명당 明堂	3	明堂三 3	明堂 3
	영대 靈臺	3	靈臺三 3	靈臺 3
	소미4 少微四	4	4	少微 4
	장원4 長垣四	4	4	長垣 4
	삼태6 三台六	6	6	上台中台下台 6
소계	20座	78星	20座 78星	19座 64星

垣/舍	천상열차분야지도		휩플박물관과 민속박물관본	
	별자리 이름	별의 수	천상열차분야도	황도남북양총성도
紫微垣	자미8 紫微八	8	8	左樞 7?
	자미7 紫微七	7	7	右樞 등 5?
	북극5 北極五	5	5	北極 등 5
	사보4 四輔四	4	4	四輔 4
	천1 天一	1	1	1
	태1 太一	1	1	1
	음덕 陰德	2	2	2
	상서5 尙書五	5	5	尙書 5
	주하사 柱下史	1	1	없음 –
	여사 女史	1	1	1
	여어궁4 女御宮四	4	4	없음 –
	천주 天柱	5	5	없음 –
	대리2 大理二	2	2	없음 –
	구진6 句陳六	6	勾陳六 6	없음 –

垣/舍	천상열차분야지도		휩플박물관과 민속박물관본	
	별자리 이름	별의 수	천상열차분야도	황도남북양총성도
紫微垣	육갑 六甲	6	6	없음 –
	천황대제 天皇大帝	1	1	1
	오제좌 五帝坐	5	5	없음 –
	화개 華盖	7	7	4
	부사9 傅舍九	9	9	傅舍 8
	내계6 內階六	6	6	內階 6
	천주6 天廚六	6	6	天廚 6
	팔곡8 八穀八	8	8	八穀 7?
	천봉5 天棓五	5	5	天棓 5
	천상6 天床六	6	6	없음 –
	내주2 內廚二	2	2	없음 –
	문창 文昌	7	7	5
	태존 太尊	1	1	1
	천뢰6 天牢六	6	6	天牢 4
	태양수 太陽守	1	太陽守 1	1
	세4 勢四	4	4	없음 –
	상1 相一	1	1	相 1
	삼공 三公	3	3	3
	삼공3 三公三	3	3	三師 3
	현과1 玄戈一	1	1	玄戈 1
	천리4 天理四	4	4	天理 4
	천창 天倉	3	天槍 3	天槍 3
	북두7 北斗七	7	7	天樞 등 7
	보성 輔星	1	1	1
	강9 杠九	9	9	없음 –
소계	39座	164星	39座 164星	28座 102星

垣/舍	천상열차분야지도		휩플박물관과 민속박물관본	
	별자리 이름	별의 수	천상열차분야도	황도남북양총성도
天市垣	천시동원11 天市東垣十一	11	11	宋 등 11
	천시11 天市十一	11	天市西垣十一 11	韓·楚·梁 등 11
	시루 市樓	6	6	2
	거사 車肆	2	2	2
	종정 宗正	2	2	2
	종인 宗人	4	4	4
	종성 宗星	2	2	2

垣/舍	천상열차분야지도		휩플박물관과 민속박물관본	
	별자리 이름	별의 수	천상열차분야도	황도남북양총성도
天市垣	백도 帛度	2	2	2
	도사 屠肆	2	2	1?
	후1 侯一	1	侯 1	侯 1
	제좌 帝座	1	1	1
	환자 宦者	4	4	4
	열사 列肆	2	2	2
	두5 斗五	5	5	斗 5
	곡4 斛四	4	4	斛 4
	관삭 貫索	9	9	9
	칠공7 七公七	7	7	七公 7
	천기9 天紀九	9	9	天紀 9
	여상 女牀	3	3	3
소계	19座	87星	19座 87星	19座 82星

垣/舍	천상열차분야지도		휩플박물관과 민속박물관본	
	별자리 이름	별의 수	천상열차분야도	황도남북양총성도
其他	토공2 土公二	2	土公二 2	???
	종대부 宗大夫	4	4	???
	단문 端門	–	端門 –	없음
소계	2座	6星	2座 6星	

垣/舍	천상열차분야지도		휩플박물관과 민속박물관본	
	별자리 이름	별의 수	천상열차분야도	황도남북양총성도
소계	292座	1,460星	293座 1460星	270座 1089星

(6) 사용한 종이: 이 복원에 사용한 종이는 경북 안동시 풍산면에 있는 풍산제지회사에서 주문 생산하는 두 겹짜리 한지(韓紙)이다. 본래 흰색인 한지를 약간 황토색(黃土色)을 띠도록 염색을 하여 원본의 바탕색에 가깝도록 하였다. 원본의 바탕색은 훨씬 진한 흑갈색(黑褐色)이지만, 이것은 아마 오랜 세월로 변색된 것으로 짐작한다. 그러나 이 정도로 진한 색을 바탕으로 하면 강한 조명(照明)을 사용해도 빛이 투과(透過)되지 않기 때문에 이 복원에 채택한 바탕색은 엷은 색으로 한 것이다.

제작 연대 추정

이 성도의 제작 연대를 추정하는데 도움이 될 만한 자료는 별로 없다. 다만 최석정(崔錫鼎)과 이국화(李國華)와 유우창(柳遇昌) 3인이 건상도(乾象圖) 병풍을 (왕에게) 바쳤다는 기록이 있지만, 이 기록에 대해서는 이미 제IX장 3-1절에서 소개한 바 있듯이 시기적으로 너무 이른 숙종34(1708)년 봄의 일이므로, 이 「병풍성도(1)」의 제작과는 관련이 없다.

가장 확실한 자료라고 할 만한 것으로는 이미 제IX장 3-8절에 소개한 영조18(1742)년 11월 22일 자의 『승정원일기』의 기사뿐이다. 이 기사의 내용은 쾨글러와 목기가 1723년에 만든 「황도총성도(黃道總星圖)」가 도입된 것이 1741년이었다는데, 그 성도의 내용을 다 소화하고는 불과 1년만에 이 성도를 '새로 만들어서 천문도는 장병(粧屛)하고'라는 기록을 참작하면, 우리는 늦어도 다음 해인 1743년 초에는 이 「병풍성도(1)」의 제작을 완성했을 것으로 본다.

1-3. 칠정도·황도남북양총성도 합본(七政圖·黃道南北兩總星圖 合本)

신법성도로서 세 번째인 이 성도는 또 다른 8첩으로 된 병풍식 성도인데, 이것은 1961년 이용범(李龍範)교수가 법주사 불상 뒤를 살피던 중에 우연히 발견했다. 그는 이 성도를 면밀히 조사한 결과를 1966년에 논문으로 발표함으로써 세상에 알려지게 된 것이다.[17] 이해에는 공교롭게도 이 성도와 직간접으로 관계가 깊은 「병풍천문도(1)」를 연구한 니담 등의 연구발표도 있었다.[18] 니담 등은 「병풍천문도(1)」의 해설문이 그림 IX-15에 보인 쾨글러와 목기의 「황도총성도(黃道總星圖)」의 해설문과 같기 때문에 「병풍천문도(1)」와의 연관성에 초점을 둔 연구를 하였지만, 실은 이 「병풍천문도(2)」와의 관계도 포함했어야 좋았을 것으로 생각된다.

한편, 이용범 교수의 연구가 발표됨으로 인하여 이 성도는 〈신법천문도(新法天文圖)〉라는 이름으로 널리 호칭되어 왔으며 지금은 보물 제848호로 지정되어 있다. 그런데 〈신

---

17 李龍範, '法住寺所藏의 新法天文圖說에 對하여', 『歷史學報』 第31-32合本, pp. 1~66, 1966.

18 Needham, J., Lu Gwei-djen, "A Korean Astronomical Screen of the Mid-Eighteenth Century from the Royal Palace of the Yi Dynasty(Choson Kingdom, 1392 to 1910)", *Physics*, 8,2; 137-63, 1966.

법천문도(新法天文圖)〉라는 이름은 서양의 영향을 받아서 만든 모든 성도(星圖)를 통칭하는 용어일 뿐, 그것이 하나의 특정한 성도의 이름이 될 수는 없다. 그러나 이렇게 모호한 이름이 붙은 이유는 이 성도보다 후에 보물로 지정받은 바 있는 앞에 소개한 국립민속박물관본인 「병풍성도(1)」의 경우와 마차가지로, 당시에는 이름을 붙이는데 전문적인 지식이 부족했기 때문이다. 이 성도의 이름은 조금은 긴 『칠정도·황도남북양총성도 합본(七政圖·黃道南北兩總星圖 合本)』이어야 하는데, 그 이유는 이 성도의 제1폭에 있는 〈신법천문도설(新法天文圖說)〉이라는 설명문의 첫 머리가 〈黃道南北兩總星圖〉로 시작하고 있기 때문이다. 그러나 이 〈黃道南北兩總星圖〉라는 이름을 가진 성도는 이미 앞에서 소개한 것처럼 많기 때문에 그 자체가 이름이 될 수는 없는 것이다. 이 책에는 긴 이름이 불편하기 때문에 그 대신 「병풍천문도(2)」라고 간단히 표기하여 다른 신법성도, 특히 천상열차분야도·황도남북양총성도·칠정도 합본(병풍성도(1))과 구별기로 한다.

내용과 구성

이 「병풍천문도(2)」의 크기도 「병풍천문도(1)」와 비슷한 대형이어서, 한 폭의 크기는 세로 168 cm, 가로 58 cm이다. 따라서 8폭 전체의 가로는 464 cm이며, 성도를 그린 재료는 종이가 아니라 비단이다. 제1폭의 오른쪽에 〈신법천문도설(新法天文圖說)〉이라는 설명문이 있고, 왼쪽에 망원경으로 관측한 〈칠정도(七政圖)〉가 잘 그려져 있다. 제2–4폭에는 황도북성도가, 제5–7폭에는 황도남성도가 각각 그려져 있다. 그리고 마지막 제8폭에는 이 성도를 제작할 때 참여한 6명의 관상감 관원들의 관직과 이름이 적혀 있다.

이제 이 세 가지 내용을 좀 더 구체적으로 알려면, 제1첩에 있는 도설이 아주 자세히 기술하고 있으므로 이것을 참고하면 족하다. 도설은 여덟 줄에 모두 509자(字)로 되어있다. 이 도설의 첫 문장이 이 성도의 이름을 뜻하는 〈黃道南北兩總星圖〉로 시작하고 있는데, 도설 전체를 번역하면 다음과 같다. 그리고 판독한 원문을 참고로 여기에 옮겨둔다.

> 황도남북양총성도의 중심은 양 극(極)이고, 외권(外圈)은 황도이다. 황도를 직선으로 나눠서 12궁(宮)을 만들고, 곁에 궁의 이름과 절기를 차례에 따라 나열한다. 매 궁을 30도로 나누고, 성도에 의거하여 항성의 경도를 조사하고, 축궁선(丑宮線)에서 중심까지 90

도로 또 나누어 항성의 위도로 삼았다. 다만 항성의 위도를 쫓아서 변경한 것은 없다.

그 경도는 매년 서쪽으로부터 동쪽으로 가는데 일정하게 51초를 운행한다. 대략 71년이 쌓이면 1도를 운행한다. 성도에는 적도의 경계가 있다. 그 중 하나는 남쪽 권역으로 첫 도(度)에서 운행하여 180도까지 이르고, 또 하나는 북쪽 권역으로 180도에서부터 360도까지 이른다. 매 30도마다 허선(虛線)[19]이 서로 교차하면서 적도에 이른다. 남북 두 극에서 적도 경도를 조사해보면, 항성이 매일 한차례 하늘을 선행하는 이치를 알 수 있다. 또 하늘을 순환하는 별의 모습이 옛날부터 지금에 이르기까지 자취를 감추거나 나타남이 일정하지 않음이 있다. 가령 예전에는 나타났다가 지금은 자취를 감추는데 치우치는 경우가 있고, 또 옛날에는 자취를 감추었다가 지금은 도리어 나타나는 경우가 있다. 빛의 크고 작음이 또한 서로 같지 않다. 이 이치는 곧 천문을 익히 아는 학자도, 또한 이러한 종류의 별 모습을 철저히 밝히기가 어렵다. 대략 은하계[20]의 안에서 자취를 감추거나 드러내는데, 모여 있는 수없이 많은 작은 별들을 다 살필 수가 없다.[21] 두 별들의 권역 밖에 또 칠정(해와 달과 5행성)의 체상(體象)이 있다.

태양의 표면에 작은 검은 그림자가 있으니 또한 항상 정해진 대로 운행하지 않고 28일이 차면 한 바퀴 돈다. 달의 표면을 태양 빛이 바로 비치면 밝은 그림자가 드러나고 옆으로 비치면 검은 그림자가 드러난다.

토성의 형체는 달걀의 모습과 비슷하나 변하기도 한다. 적도에서 멀어지면 그 별의 권역의 넓이가 매우 넓어지고, 적도에 가까워지면 그 별의 권역이 서로 가까이 다가가 매우 좁아진다. 토성 바깥에 배정된 작은 별 다섯이 있는데, 큰 망원경이 아니면 그 토성을 따라 운행하는 이 작은 별들을 관측할 수 없다. 토성에 가장 근접해 있는 첫째 별은 대략 2일 조금 모자라게 돌고 있고, 둘째 별은 3일 조금 모자라게 돌고 있고, 셋째 별은 4일 반을 조금 더 돌고, 넷째 별은 대략 16일을 운행하고, 다섯째 별은 80일을 운행하여, 모두 토성을 한 바퀴 도는 것이다.

목성의 표면에는 항상 평행하는 어두운 그림자가 있고, 그 바깥에는 작은 별 네 점이 있다. 첫째별은 하루와 73각을 운행하고, 둘째별은 3일과 53각을 운행하고, 셋째별은 형체가 약간 큰데 7일과 16각을 운행하고, 넷째별은 16일과 72각을 운행하여, 모두 목성을 한 바퀴 돈다.

화성의 표면에는 일정하지 않는 검은 그림자가 있다. 금성과 화성과 수성은 모두

19 [虛線] : 射影幾何學의 虛要素, 虛平面.
20 [天漢] : 은하수
21 [紀極] : 끝남. 다함.

태양의 빛을 받아서 빛을 내는데 달의 경우와 같다. 해와 달이 만나는 음력 초하루 전후와 반달과 보름달일 때 그 빛을 드러내는 것을 자세히 살펴본 것이다.

(번역: 김규탁)

[원문]

新法天文圖說

黃道南北兩總星圖中心爲兩極外圈爲黃道以直線分爲十二宮邊列宮名節氣隨之每宮分爲三十度按度査恒星經度以丑宮線至中心又分九十度爲恒星緯度但恒星之緯
從無變更其經度每年自西往東定行五十一秒大約積七十一年滿行一度圖上有赤道分界一在南圈行初度至一百八十度一在北圈從一百八十度至三百六十度每三十度
虛線相交至赤道南北兩極査看赤道經度得識恒星每日旋行一週天之數又週天星形自古迄今稍有隱見不一假如舊見而今偏隱又有舊隱而今反見光之大小亦相不同此
理卽習知天文者亦難明徹此類星形大約隱見於天漢之內聚集無數小星莫司紀極兩星圈外又有七政體象太陽之面有小黑影亦常無定運行二十八日滿一週太陰之面以
太陽之光正照顯明影偏照顯黑影土星之體彷彿卵形亦有變更遠於赤道其星圈所宕甚寬近於赤道其星圈相逼甚□外有排定小星五點非大千里鏡不能測視其旋行土星
之體相近土星者爲第一大約行二日弱第二星行三日弱第三星行四日半强第四星略大行十六日第五星行八十日俱旋行土星一週木星之面常有平行暗影外有小星四點
第一星行一日七十三刻第二星行三日五十三刻第三星體略大行七日十六刻第四星行十六日七十二刻俱旋行木星一週火星之面有無定之黑影金火水星俱借太陽之光
如月體相似按合朔弦望以顯其光

제2~7첩에 있는 황도북성도와 황도남성도는 앞에서 소개한 바 있는 「병풍성도(1)」과 대동소이하다. 다만 차이가 있다면, 성도의 크기이다. 「병풍성도(1)」의 경우와는 달리 「병풍성도(2)」의 성도는 북도와 남도 모두 각각 병풍의 8첩 등 3첩씩 차지하고 있는 것이다.

제8첩에는 다른 신법성도에는 없는 중요한 정보가 있다. 〈觀象監〉이라는 제목으로 6명의 관상감 관원들의 관직과 이름이 있는 것이다. 말하자면, 조선시대의 천문도의 경우에는 제작자의 이름이 없는 것이 통례처럼 되어 있어서 늘 아쉬움을 느꼈었는데, 반갑게도 이 「병풍천문도(2)」에는 제작한 사람들이 누구인지를 알리고 있는 것이다. 다만 제작 연도를 밝히지 않은 것이 유감이지만, 추적할 수는 있다. 이 「병풍천문도(2)」의 연대는 앞에서 소개한 「혼천전도」와 「병풍천문도(1)」의 연대를 추정하는데도 중요한 기준이 된다.

觀象監

領事大匡輔國崇祿大夫議政府領議政兼領經筵弘文館藝文館春秋館觀象監事世子師 臣金在魯

提調 崇政大夫行吏曹判書兼知春秋館事 臣李箕鎭

提調 資憲大夫戶曹判書兼弘文館提學同知成均館事 臣徐宗伋

監董官 嘉義大夫行龍驤衛副司果 臣安國賓

監董官 通訓大夫行歸厚署別提 臣李始完

校正官 通訓大夫行天文學兼教授 臣邊億老

이제 이 6명의 인물들에게서 어떤 정보를 얻을 수 있겠는지 주로 실록에서 살펴보자.

김재로(金在魯)[22]가 「병풍천문도(2)」를 제작할 당시의 관직은 의정부 영의정 겸영(兼領) =(經筵) 홍문관 예문관 춘추관 관상감사(觀象監事)였다. 여기서 영관상감사라는 직위는 영의정이 되면 자동으로 겸직하는 관상감의 총책임자 또는 지금의 직책으로는 천문대대장 아니면 기상청장과 같은 직위이다. 그가 이 직위에 처음 있었던 것은 1740년[23]이었고, 1749년[24]까지의 9년간이었다. 이렇게 오랜 기간 영의정이라는 막중한 자리에 계속하여 있었다는 것은 그 시대의 예로서는 아주 드믄 일인데 실록에는 도중에 사임했다는 기록이 없다. 그가 다시 영의정으로 있던 기간은 1751~1752년이었고,[25] 1753년부터 1759년에 사망할 때까지는 중추부영사 자리에 있었다. 이와 같은 김재로의 경력으로 미루어 보면, 「병풍천문도(2)가 제작된 해는 1740~1749년이거나 1751~1752년인 두 기간으로 그 윤곽이 잡혀진다. 이기진(李箕鎭)[26]이 「병풍천문도(2)」를 제작할 당시의 관직은 제조 행이조판서(行吏曹判書) 겸지 춘추관사(兼知 春秋館事)였다. 그런데 그가 이조판서로 재직한 기간은 단 1년뿐인 영조19(1743)년이다.[27]

그러므로, 「병풍천문도(2)」가 제작된 해는 1743년이 유력하게 된다.

서종급(徐宗伋)[28]이 「병풍천문도(2)」를 제작할 당시의 관직은 제조(提調) 자헌대부(資憲大夫) 호조판서 겸 홍문관 제학(提學) 동지 성균관사(同知 成均館事)였다. 1743년을 전후하여 그의 이력을 보면 2년 전인 영조17(1741)년에 여러 직책을 거처 호조판서가 되었

22 김재로의 생몰년은 숙종 8(1682 임술)~영조35(1759 기묘)이고, 본관은 청풍(淸風)이다. 자는 중례(仲禮) 호는 청사(淸沙) 또는 허주자(虛舟子)이고, 시호는 충정(忠靖)이다.

23 영조16(1740)년에 임금이 영의정 김재로(金在魯)를 인견하고 백마 산성(白馬山城)을 간심(看審)한 일에 대해 하문하였다. (영조실록, 16년 10월 14일 신해)

24 영조25(1749)년에 영의정 김재로(金在魯)가 면직되었다. 처음에 김재로가 송형중(宋瑩中)의 소장으로 인책하여 면직을 빌었다. (영조실록, 25년 9월 5일 경술)

25 영조27(1751)년에 김재로(金在魯)를 다시 영의정으로 삼았다. (영조실록, 27년 3월 25일 임술)

26 이기진의 생몰년은 숙종13(1687 정묘)~영조31(1755)이고, 본관은 덕수(德水)이다. 자는 군범(君範),호는 목곡(牧谷)이고, 시호는 문헌(文憲)이다.

27 영조19(1743)년에 이기진(李箕鎭)을 이조 판서로 삼았다. (영조실록, 19년 1월 15일 경오). 다음 해인 1744년에는 경기 관찰사가 되었고 (실록, 20년 7월 2일 정축), 그 다음 해인 1745년에는 관상감 제조가 되었다. (승정원일기, 21년 6월 5일)

28 서종급의 생몰년은 숙종14(1688 무진)~영조38(1762)이고, 본관은 달성(達城)이다. 자는 여사(汝思), 호는 퇴헌(退軒)이며 시호는 문정(文貞)이다.

다.[29] 그리고 그 다음 해 일식이 있었던 1742년에는 관상감 제조로서 임금에게 일식 진행 상황을 전달하는 역할을 하였다.[30] 그러나 1744년에 홍문관 제학에 제수된 기록 외에는 해당되는 기사를 찾지 못했다.[31]

안국빈(安國賓)[32]이 「병풍천문도(2)」를 제작할 당시의 관직은 가의대부(嘉義大夫) 행용양위 부사과(行龍驤衛副司果)였다. 그는 영조17(1741)년에 중국에 사신으로 갔다 온 것을 시작으로, 영조19(1743)년에는 관상감(觀象監)에서 안국빈(安國賓)이 역상(曆象)을 환히 이해하고 추보(推步)에 정통하다 하여 가자(加資)할 것을 계청(啓請)하니, 윤허하였다.[33] 다음 해인 영조20(1744)년에는 흠천감(欽天監)의 관원인 쾨글러(戴進賢)와 하국신(何國宸)을 통하여 자기의 추보법(推步法)·좌향법(坐向法)·연길법(涓吉法)과 교식(交食) 등 신법(新法) 가운데 미진했던 조목을 빠짐없이 배워 가지고 오게 한 일이 있었다.[34] 또한 같은 해 6월의 실록에는 "본감(本監)의 관원 안국빈(安國賓)이 중성에 대한 신법을 얻어 가지고 와서 낮에는 오영(午影)을 참고하고 밤에는 중성을 고증해 보니, 시각을 헤아리는 법이

---

29 영조17(1741)년에 서종급(徐宗伋)을 발탁하여 판윤으로 삼고, 예조 판서, 홍문관 제학, 판윤, 동의금(同義禁), 호조 판서로 삼았다. (영조실록, 2월 19일 갑인, 2월 29일 갑자, 3월 20일 을유, 5월 20일 계미, 7월 2일 갑자, 7월 30일 임진)

30 영조18(1742)년에 일식(日蝕)이 있었다. 임금이 친히 구식(救蝕)을 행하였으니, 예(禮)인 것이다. (중략) 임금이 해를 향하여 앉으니, 관상감 제조 서종급(徐宗伋)이 앞으로 나와 무릎을 꿇고 아뢰기를, "해가 장차 먹혀 이지러지려 합니다. 청컨대 경척(警惕)하고 수성(修省)하소서."하고, 드디어 향을 피우고 북을 쳐서 전례대로 구식을 행하였다. 임금이 물동이가 상(床) 아래에 있는 것을 보고 상 위에 올려놓으라고 명하여 관측하였다. (영조실록, 18년 5월 1일 기미)

31 영조20(1744)년에 서종급(徐宗伋)을 홍문관제학으로 삼았다. (영조실록, 20년 5월 11일)

32 안국빈의 생몰년은 숙종25(1699 기묘)~(미상)이고, 본관은 순흥(順興)이다.

33 영조실록, 영조19년 2월 25일 기유에는 다음과 같은 기사가 더 있다. "우리나라의 역관(曆官)은 역법(曆法)에 소루하여 일식(日食)·월식(月食)의 시각을 추보한 것이 청나라의 자식(咨式)과 선후가 맞지 않았다. 그래서 일찍이 절사(節使)의 행차 편에 일식·월식을 추보한 책을 사왔는데 안국빈이 연구하여 자세하게 이해하도록 문자를 지어냈으므로 청나라의 역법과 차이가 없게 되었던 것이었다."

34 영조실록, 영조20년 5월 15일 임진의 기록은 다음과 같다. "관상감에서 아뢰기를, "칠정력(七政曆) 가운데 자기(紫氣)·일요(一曜)를 청나라[彼中]에서는 임술년부터 비로소 첨입했습니다만, 우리나라에서는 아직 배우지 못했습니다. 지난해 절일(節日)의 사행(使行) 때 본감(本監)의 관원 안국빈(安國賓)을 역관(譯官) 변중화(卞中和)·김재현(金在鉉)과 동행시켜 흠천감(欽天監)의 관원인 대진현(戴進賢)·하국신(何國宸)을 통하여 자기의 추보법(推步法)·좌향법(坐向法)·연길법(涓吉法)과 교식(交食) 등 신법(新法) 가운데 미진했던 조목을 빠짐없이 배워 가지고 오게 했었습니다. 그리하여 역관(曆官)으로 하여금 기왕의 것을 추구하게 하였더니 대부분 꼭 들어맞았으니, 오는 을축년부터 첨입시키게 하소서. 시헌력(時憲曆) 가운데 좌향을 이정하여 진상하고 반행하는 것을 그만둘 수가 없습니다. 배워 가지고 온 역관(曆官)에게는 해조(該曹)로 하여금 전례에 따라 논상하게 해야 합니다." 하니, 임금이 옳게 여겼다. 뒤에 이조의 복계(覆啓)로 인하여 아울러 가자(加資)하게 하였다."

참으로 주밀하였습니다."라고 기록하고 있다.[35] 이로서 안국빈은 1743년과 1744년 2년간 활발하게 천문활동을 하였다는 사실이 분명하게 나타났지만, 「병풍천문도(2)」에 기록되어 있는 그의 관직명은 밝혀지지 않고 있다.[36]

이시완(李始完)[37]이 「병풍천문도(2)」를 제작할 당시의 관직은 통훈대부(通訓大夫) 행귀후서별제(行歸厚署別提)였다.[38] 영조20(1744)년에 대청건륭구년세차갑자시헌서(大淸乾隆九年歲次甲子時憲書)를 편찬할 때 그의 관직은 바로 통훈대부 전행귀후서별제(前行歸厚署別提)였다. 이 단 하나의 정보가 위의 세 사람(김재로, 이기진, 안국빈)의 경력과 대단히 근접한다. 그러니까 이기진의 1743년과 이시완의 1744년의 두 해 중 하나로 제작연도는 좁혀졌다.

변억로(邊億老)[39]가 「병풍천문도(2)」를 제작할 당시 그의 관직은 통훈대부(通訓大夫) 행천문학 겸교수(行天文學兼教授)였다. 영조 8(1732)년에 통훈대부(通訓大夫) 전관상감정(前觀象監正)으로 대청옹정십년세차임자시헌력(大淸雍正十年歲次壬子時憲曆)편찬에 참여한 사실이 있을 뿐 그의 이력은 더 알려진 사실이 없으므로, 「병풍천문도(2)」의 제작 연도 추정에는 도움이 되지 않는다.

이제 제작 연대를 결정할 단계에 왔다고 하겠다. 결론은 간단하다. 즉, 「병풍천문도(2)」가 제작된 해는 「병풍천문도(1)」이 제작된 1년 후인 1743년이다. 이 해는 이기진이 이조판서로 재직한 바로 그 해였고, 이시완이 대청건륭구년세차갑자시헌서(大淸乾隆九年歲次

35 영조실록, 영조20년 6월 25일 신미. 관상감에서 아뢰기를, "낮의 시각은 일영(日影)으로 측후할 수 있어서 큰 착오가 없습니다만 밤의 시각은 중성(中星)을 모르기 때문에 단지 누각(漏刻)에만 의지하고 있습니다. 그래서 경주(更籌)가 고르게 맞게 할 수 없어서 파루(罷漏)가 이르기도 하고 늦기도 합니다. 이는 바로 주관(周官) 설호씨(挈壺氏)의 직책인데, 허술함이 이와 같으므로, 지난해 절사(節使)의 사행길에 본감(本監)의 관원 안국빈(安國賓)이 중성에 대한 신법을 얻어 가지고 와서 낮에는 오영(午影)을 참고하고 밤에는 중성을 고증해 보니, 시각을 헤아리는 법이 참으로 주밀하였습니다. 우리나라에서는 역서(曆書)를 이미 시헌력(時憲曆)을 쓰고 있으니 중성도 마땅히 저 신법을 따라야 합니다. 오는 입추일부터 금루(禁漏)에서 측후하여 누주(漏籌)를 바르게 고증할 방도를 마련하게 하소서." 하니, 임금이 윤허하였다.

36 「병풍천문도(2)」에 적힌 안국빈의 관직 용양위(龍驤衛)는 병조에 속한 오위(五衛) 중 하나이다. 이 부서의 부사과(副司果)는 종6품으로서 참상(參上)이다. 관상감 관원에게 병조에 속한 오위(五衛) 중 하나라는 벼슬이 주어졌다는 것은 좀 이해하기 어렵다.

37 이시완의 생몰년은 숙종24(1698 무인)~(미상)이고, 본관은 전주(全州)이다.

38 이시완의 귀후서(歸厚署)는 관곽(棺槨)을 만들고, 장례에 관한 사무를 보던 관청이다. 이 부서의 별제(別提)는 종6품에 해당하는 삼상(參上)이다. 관상감의 주요 업무 중에는 장례와 묘지 관리를 하는 것도 있었으니까 이 경우는 기술직으로 참여한 모양이다.

39 변억노의 생몰년과 본관 등 모두 미상이다.

그림 X-17. 「병풍천문도(2), 보물 제848호」 앞에서. 오른쪽부터 정장해, 송상용, 나일성(중앙)이 1986년 법주사를 방문하여 두 스님의 안내를 받았다.(나일성 소장)

甲子時憲書)를 편찬한 바로 전 해이다. 만일 이시완이 이 1743년에도 역서 편찬에 참여했었다면 더 좋았겠지만, 애석하게도 그는 이 1743년 역서편찬에는 참여하지 않았다. 그러나 그의 관직은 같았을 것이다.

김재로와 안국빈의 이력은 이 1743년을 너그럽게 받아 주고 있다. 이 해에 두 사람 다 천문과 관계가 있는 일에 관여하고 있었다. 그러나 서종급과 변억로의 이력으로는 도움되는 정보를 얻지 못했으나, 앞으로 더 조사해볼 일이라 하겠다.

복원

「칠정도·황도남북양총성도 합도(七政圖·黃道南北兩總星圖 合圖)」 약해서 「병풍성도(2)」는 발견된 이래 보존처리를 하지 않은 상태로 여러 기회가 있을 때마다 법주사 측은 일반에게 공개했다. 이로 인하여 본래부터 상해 있던 부분뿐만 아니라 전체적으로 훼손되기 시작하였다.

(1) 세종대왕기념사업회가 복원

법주사에서 희귀한 병풍천문도를 발견했다는 소식이 전해지자 (사단법인)세종대왕기념사업회는 이 성도(星圖)의 부본(副本)을 만들기 위해 1960년대 말 당시에 학자들로 복

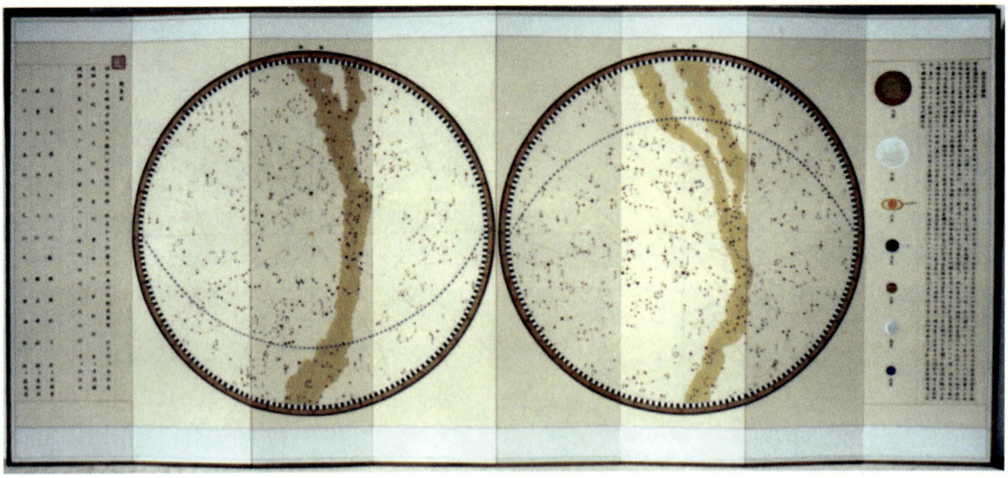

그림 X-18. 2000년에 만든 나일성의 복원도(개인 소장)

원팀을 구성하였다. 그리고 그 결과 화가의 도움을 얻어 그림을 완성하여 현재까지 세종대왕박물관에서 전시하고 있다. 그런데 이 작품에는 토성과 목성의 달들이 빠져있다. 법주사의 원본에 있는 달들은 육안으로 겨우 보일까말까 할 정도로 퇴색돼 있기 때문에 이 달들을 인식하지 못했던 것이다.

(2) 국립중앙과학관의 「신법 병풍천문도」사진 복사본

1980년대에 들어서면서 서울에 있던 과학관이 대전광역시로 이전하면서 국립중앙과학관으로 확장되었다. 이때 많은 과학 유물이 복원되었는데, 「신법 병풍천문도」라는 이름으로 이 「병풍성도(2)」가 사진으로 복사되어 병풍으로 제작되었다. 그 당시는 예산 부족으로 완전한 복원을 할 수 없었기 때문이었다.

(3) 나일성의 복원

국립중앙과학관의 사진 복사본이 만들어진 후 거의 20년이 지난 2000년이 되자 법주사의 원본이 더 훼손되기 전에 완전한 복원이 절실하였다. 이로 인해 필자는 국립중앙과학관의 사진 복사본을 기본 자료로 택해서 작업을 수행하는 중에 한 번 더 법주사를 방문하여 진본을 확인하고 모사본(模寫本) 한 벌을 완성했다(그림 X-22 참조).

확대된 황도남북양총성도

「병풍성도(2)」의 가장 큰 특징은 두 가지이다. 그 첫째는 조선의 관상감의 오랜 전통인 구법(舊法)에서 완전히 독립했다는 점이다. 이 성도보다 앞선 두 성도 중 「혼천전도(渾天全圖)」는 신법성도로서는 가장 먼저라는 명예를 가지고는 있지만, 천상열차분야지도의 형식을 완전히 벗지는 못했다. 그 이유 몇 가지를 열거하면, ①남극의 별들을 포함하지 못했다. ②별의 등급 표시가 정착되지 못했다. ③성도의 항음권(恒陰圈) 바깥에 구법의 대표적인 정보인 12지(支), 12궁(宮), 12분야(分野) 등을 표기하고 있다. 「병풍성도(1)」의 경우는 모든 면에서 신법성도의 면모를 잘 갖추기는 했지만 「천상열차분야지도(天象列次分野之圖)」를 위해 8폭 중 3폭을 할애한 것은 옥의 티라고나 할까? 구법을 완전히 털어 버리지 못하고 흔적을 남기고 있다.

두 번째 특성은 성도를 마음껏 크게 확대한 점이다. 「병풍성도(2)」는 「혼천전도」와 「병풍성도(1)」 조차 버리지 못했던 구법의 모든 굴레를 벗어 던지고 「황도남북양총성도(黃道南北兩總星圖)」의 북도(北圖)를 제2, 3, 4폭에, 남도(南圖)를 제5, 6, 7폭에 그림으로써 각각 3폭씩 차지하게 하여 성도를 비약적으로 확대했다. 이로 인하여 성도의 지름은 160 cm나 되었다. 이것은 조선시대에 제작된 천문도 중에서 가장 큰 종류인 「혼천도-대형」과 비슷한 크기이다. 「혼천도-대형」은 이미 그림 VII-21, 22에 보인 바 있다.

2

19세기에 만든 여러 신법성도(新法星圖)

위에 소개한 세 종류의 신법성도가 관상감에 의해서 제작된 후, 약 1세기 후에는 여러 가지 형태를 가진 다른 신법성도가 제작되었다. 이런 신법성도는 관상감에서만 제작된 것은 아니고 개인이 만든 것도 몇 종류가 있다. 그러나 문헌에 의하면 영조 시대에 와서 처음으로 신법성도가 제작되기 시작한 것이 아닌 것 같다. 그 이전인 숙종 시대에 관상감이 신법성도를 병풍으로 만들어서 임금에게 바친 일이 있었음은 「병풍성도(1)」을 설명할 때 이미 소개한 바 있으므로 여기에 다시 반복하지 않겠다.

지금까지 살펴본 신법성도와는 약간 모양새와 크기는 다르지만, 19세기 중기에 접어들면서 신법성도의 제작이 활발하게 이어졌다. 이것은 서양문물이 중국을 통해 물밀듯 흘러들어 왔었다는 방증의 하나이지만, 남쪽 하늘에 눈을 돌려 우주를 바라보는 폭을 넓히려는 지식인들의 열망을 보여 주는 것이기도 하다. 그리고 이때 제작된 것들 중에는 걸작품으로 높이 평가받을 성도도 몇 건이 있다.

조선 후기의 지식인들이 그린 우주(宇宙)는 한반도에서는 볼 수 없는 남반구의 별을 포함시켰다는 사실에만 그치지 않는다. 그 전까지 답습만 하던 「천상열차분야지도」계열의 별자리 모양새를 적당히 옮기는 일이나 보이지도 않는 별을 그대로 버리지 못했던 관행을 용감하게 떨쳐 버리고, 정확한 위치 표시는 물론 별들을 밝기에 따라 서로 다르게 표기하는 획기적인 변화를 실천에 옮겼다. 위에 소개한 3점을 제외하고, 이제부터 19세기에 만든 다른 신법성도 몇 점을 차례로 소개해 보기로 하자.

2-1. 「황도남북항성도·지구전후도 합本(黃道南北恒星圖·地球前後圖 合本)」

이것은 10폭병풍에 그린 성도와 지도이다. 성도는 오른쪽 5폭과, 지도는 왼쪽 5폭을 각각 차지하고 있다. 병풍의 높이는 128 cm이고, 10폭의 총 길이는 326 cm이다. 오른쪽에서 왼쪽으로 「황도북항성도(黃道北恒星圖)」, 「황도남항성도(黃道南恒星圖)」, 「지구전도(地球前圖)」, 「지구후도(地球後圖)」가 차례로 그려져 있는데, 그 하나하나는 대략 2폭(32.6 cm x 2)씩을 차지하고 있다. 따라서 성도의 크기는 지름이 66 cm 정도로 별로 큰 것은 아니다. 이 66 cm가 황도의 크기이다.

이 병풍 건상곤여도(乾象坤輿圖)의 이름은 「황도남북항성도·지구전후도 합도(黃道南北恒星圖·地球前後圖 合本)」라는 긴 이름이 될 수밖에 없다. 그 이유는 이미 〈黃道南北恒星圖〉라는 이름의 성도가 여러 번 있었고, 또 바로 뒤에 소개할 〈김정호의 「황도남북항성도(黃道南北恒星圖)」〉와 이름이 같기 때문에 구별해야 한다.

이 「황도남북항성도·지구전후도 합본」의 황도를 나타내는 원의 바로 안쪽에는 붉은색과 흰색으로 1도 간격의 각도 표시가 있다. 그러나 성도 안에는 적도가 그려져 있을 뿐, 다른 표시는 없다. 은하수가 상하로 흐르고 있는데, 그 색은 병풍의 색깔과 같은 감색이어서 성도의 회색빛과 구별이 된다. 별들은 3색(흑, 적, 백)으로 채색되어 있고, 밝기에 따라 그 크기도 다르지만 정확하지는 않다. 「천상열차분야지도」의 별들을 그대로 옮긴 듯하다. 그리고 서양의 영향을 받은 성도에는 제거해 버린 별의 일부도 수록하고 있어서 조금은 후퇴한 성도(星圖)이다.

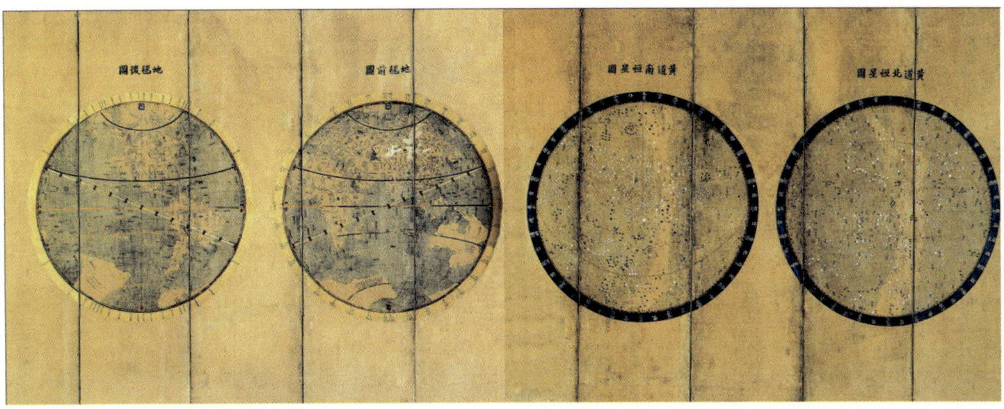

그림 X-19. 「황도남북항성도·지구전후도 합본」(고려대학교 박물관 소장)

성도의 이름은 「황도남북항성도」이고, 지도의 이름은 「지구전후도」이지만, 도설(圖設)도 없고 제작 연도나 제작자의 이름이 없다. 또한 성도의 정확성이 떨어지고 병풍의 높이가 낮은 점 등을 고려해 보면, 이 병풍은 아마도 관상감에서 제작한 것 같지는 않다. 성도와 지도를 한 쌍으로 만든 이와 같은 사례는 샬 폰 벨의 「적도남북양총성도(赤道南北兩總星圖)」/「곤여전도(坤輿全圖)」(그림 IX-5, 6 참조)가 조선에 들어온 이후, 관상감이 만든 「혼천전도(渾天全圖)」/「여지전도(輿地全圖)」 밖에는 없다 (그림 X-1을 참조). 그럼에도 불구하고 민간에서 제작된 것으로 보이는 이 10폭 「황도남북항성도·지구전후도 합본」에 이런 「건상곤여도(乾象坤輿圖)」가 그려져 있다는 것은 지구와 우주를 폭 넓게 이해하려던 당시의 조선사회의 학풍을 잘 대변해 주고 있다고 하겠다.

이 병풍은 현재 고려대학교 박물관에 소장되어 있으며, 보존상태는 대단히 양호하다.

2-2. 김정호의 「황도남북항성도(黃道南北恒星圖)」

이 신법성도는 「황도북항성도」와 「황도남항성도」의 두 장으로 목판 인쇄한 것이다. 제작 연도는 도광갑오(道光甲午)이니 순조34(1834)년에 해당한다. 그리고 태연재중간(泰然齋重刊)〉이라고 적고 있으니 〈태연재〉는 김정호(金正浩)의 당호(堂號)이다.

현재까지 조사한 바에 의하면, 이 성도는 적어도 네 곳에 보존되어 있다. 그런데 이상하게도 이 네 곳에 있는 성도의 크기가 서로 다르다. 그 이유는 길이를 재는 방법이 서로 다르기 때문일 것이다. 말하자면 종이의 크기일 수도 있겠고, 또 성도의 원의 크기(지름)일 수도 있지만, 이 경우에는 간단히 판단하기가 쉽지 않다.

우선 네 대학에서 각기 출판한 자료를 통해서 얻은 이 성도의 크기는 다음과 같다.

표 X-13. 「황도남북항성도」의 크기 비교

소장한 기관	가로	세로	참고
명지대학교 박물관	42.8 cm	40 cm	한 장의 성도의 크기
숭실대학교 기독교박물관	33.7 cm	62.6 cm	두 장을 좌우로 연이은 크기
성신여자대학교 박물관	36 cm	55 cm	황도남항성도 한 장의 크기
연세대학교 도서관	40.4 cm	24.5 cm	성도가 있는 면(책)의 크기

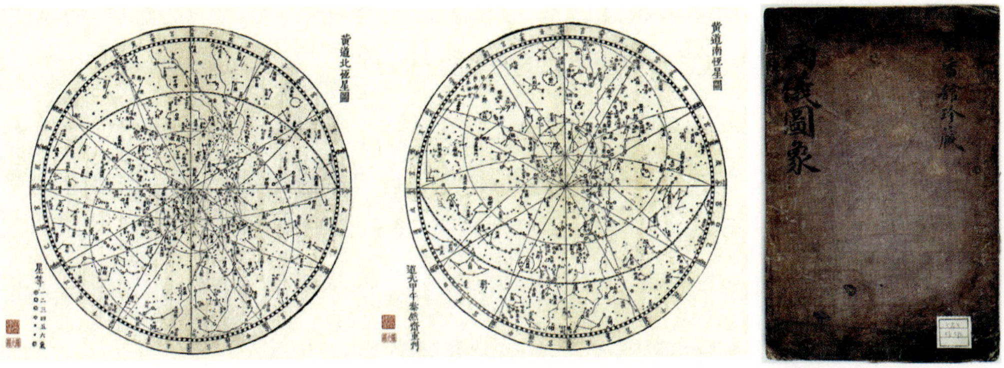

그림 X-20. 김정호의 「황도남북항성도」. 오른쪽은 연세대학교본의 표지. 왼쪽은 「황도남북항성도」의 황도북항성도와 황도남항성도.(개인 소장)

위의 표가 보여주는 크기로 봐서는 〈중간(重刊)〉이라는 표현에 주목할 필요가 있다. 아마 이 성도가 출판되자, 사람들의 호응이 컸던 모양이다. 매번 수요(需要)에 맞춰서 찍다 보니, 종이의 크기가 그때마다 달라진 모양이다. 따라서 천문도의 크기를 제시할 때는 종이의 크기도 중요하지만, 그 보다도 성도의 지름을 밝히는 것이 더 중요하다. 그런데 성도의 지름도 주의를 요한다. 성도마다 테두리에 여러 겹의 동심원이 있다. 그렇기 때문에 성도의 지름이라고 한다면 가장 안쪽 테두리의 지름이 그 성도의 지름인 것이다.

그 한 예로 성신여자대학교 박물관본의 성도의 지름은 31 cm이다.[40]이것은 대략 맞는 값이다. 필자가 연세대학의 안쪽 테두리의 지름을 재 본 결과는 약 30 cm이다.

성도의 크기에 관하여는 이 정도로 하고, 그 구성을 보자. 이 성도의 전체 구성은 쾨글러(戴進賢)와 목기(利白明)가 1723년에 만든 「황도총성도(黃道總星圖)」[41](그림 IX-17을 참조)를 따랐다고 하는 주장이 있다. 그러나 성도 안에 그린 별들의 밝기를 보면, 「황도총성도」와는 많이 다르다. 말하자면 밝기를 철저하게 잘 나타내지 못한 것이다. 중국에서 발간된 성도와 비교해 보면, 김정호의 「황도남북항성도」는 오히려 서조준(徐朝俊)의 「황도중서합도」(그림 X-19)를 빼 닮았다고 하겠다. 왜냐하면 「황도중서합도」는 이름이 황도이지만, 내용을 보면 이는 적도좌표계도 함께 표시하고 있다. 성도 안에는 황극(黃極)과 적

40 전상운 외. "한국의 과학문화재 조사보고", 『한국과학사학회지』, 6, pp. 58-118, 1984.
41 「황도총성도(黃道總星圖)」에 대한 자세한 설명은 제IX장 3-8절을 참조하라.

극(赤極)을 위시하여 적도(赤道)를 비롯하여 황경선(黃經線)과 적경선(赤經線)이 잘 그려져 있다. 그리고「황도총성도」에 있는 별의 등급표시가 없는 것도 두 성도가 가지고 있는 공통점이다.

연세대학교 도서관본은 〈양의도상(兩儀圖象)〉이라는 제호를 가진 두꺼운 표지 안에 두 장의「황도남북항성도」가 1첩으로 끼어 있어서 보관 상태가 양호하다.

2-3.「격자무늬황도남북성도(格子黃道南北星圖)」

이 성도에는 이름이 있었을지 모르나, 현재 보존된 종이는 아래 위가 잘려 나간 상태여서 이름을 위시하여 다른 아무 기록도 없이 북성도와 남성도만이 있다. 각 성도의 크기는 각각 가로 140.2 cm, 세로 137.9 cm이며, 각각 석 장의 목판으로 인쇄한 것을 합성했다. 석 장의 목판은 가운데 것이 너비가 약 77 cm로 가장 넓고, 이 판자의 좌우에 있는 것은 너비가 32 cm 정도이다. 인쇄된 바탕에는 가는 선으로 된 격자(格子) 무늬가 깔려있다. 그리고 좌표계는 황도좌표이다. 그래서 이런 이유로 이 성도를「격자무늬황도남북성도(格子黃道南北星圖)」라는 이름을 붙인다.[42] 그러나 이 격자무늬는 주황색 바탕에 희미하게 깔려 있을 뿐 각도를 표시하기 위한 것은 아닌 것 같다.「격자무늬황도남북성도」라는 이름을 붙이는 이유는 앞에서 이미 소개한 바 있는 고려대학교박물관 소장「황도남북항성도·지구전후도 합도」나 김정호의「황도남북항성도」와 구별하기 위해서이다. 이렇게 혼동되는 이름은 중국의 성도까지 고려하면 아주 많다.

황도의 지름은 약 130 cm이며, 1도의 간격으로 눈금이 그려져 있다. 황도 바깥 쪽으로 두 개의 동심원이 있는데, 12지와 12궁 그리고 24절기의 이름이 적혀있다.「황도북도(黃道北圖)」와「황도남도(黃道南圖)」에는 중심에 붉은 큰 원으로 황도북극점과 황도남극점을 각각 표시하고 있다. 이것은 아무 의미가 없는 표시일 뿐이다. 이 점을 중심으로 황도까지 30도 간격으로 방사선이 그어져 있다. 그리고 2중곡선으로 적도도 그려 넣고 있다.

전통적으로 알려져 온 별들은 3색(검정색, 붉은색, 노란색)으로 채색되어 있으나, 서양

42 국립민속박물관.『天文. 하늘의 이치·땅의 이상』그림 68, 2004, 이 도록에는「황도남북항성도(黃道南北恒星圖)」라는 이름을 붙이고 있다. [주: 도록의 그림은 상하가 바뀌었다.]

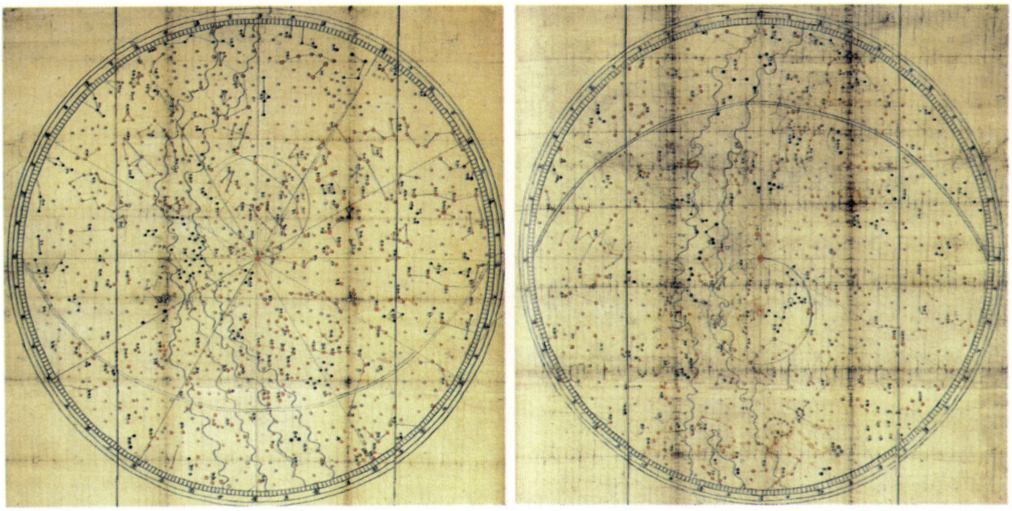

그림 X-21. 「격자무늬 황도남북성도(格子黃道南北星圖)」. 왼쪽은 북항성도이고 오른쪽은 남항성도이다.(고려대학교 박물관 소장)

에서 새로 도입된 별들은 작은 원 안에 붉은 점을 찍어서 표시했다. 그리고 별들의 밝기에 따른 원의 크기는 불과 3-4종으로 밝기의 식별은 잘 되어 있지 않다.

제작 연대는 19세기 중반으로 보인다. 현재 고려대학교 박물관에 소장되어 있다.

2-4. 「구장 천상열차분야지도(舊藏天象列次分野之圖)」

시대가 변함에 따라 〈천문도(天文圖)〉라는 일반 호칭이 〈성도(星圖)〉로 바뀌고 또 모양새도 다양하게 변해 왔다. 그런데 이런 변화에 역행하는 듯한 이름과 내용을 가진 성도가 있다. 이 성도의 제작자와 연도는 드러내지 않은 채 〈구장천상열차분야지도(舊藏天象列次分野之圖)〉라는 이름을 무명의 작가는 당당하게 붙였다.

이 천문도의 이름에 구장(舊藏)이라는 두 자가 왜 붙어 있는지 그 이유가 얼핏 봐서는 잘 나타나 있지 않다. 따라서 이는 「천상열차분야지도」 계열의 천문도이지 신법성도는 아닐 것 같다. 내용 중 대부분이 「천상열차분야지도」 각석(刻石, 이하 약해서 석각본)에 있는 것을 그대로 옮긴 것이다. 좀더 자세히 실례를 들면 석각본의 《A1,2》가 이 성도에는 좀 다른 형태로 성도의 네 귀퉁이에 적혀 있고, 《H1》의 왼쪽에 있는 28수거극분도(28宿去極

分度)는 성도의 테두리 바깥쪽에서 방사선 방향으로 적혀있다. 그리고 중앙에 있는 성도는 각석본의 성도와 동일하다. 따라서 이런 각도로 보면「천상열차분야지도」축소형이라고 할 수 있겠다.

그런데 이 성도의 왼쪽에「석각본」의 내용을 약간 변형시킨 내용과「석각본」에는 아예 없는 새로운 내용이 방향을 90도 돌려서 붙어 있다. 이 중「구장천상열차분야지도(이하 약해서 구장도)」의【B】의 내용을 보면 전반부는 별의 개수를 기록한 새로운 사실이지만, 뒤의 절반은「석각본」의《$D_{1,2,3,4}$》를 옮긴 것이다.「구장도」의【C】는 황도와 적도에 관한 설명으로 새로운 것이다. 이상과 같은 내용만을 보면,「구장도」는 의심할 수 없는「천상열차분야지도」계열의 천문도이다.

그런데 대단히 놀라운 사실이【$D_{1,2}$】에 기록되어 있다. 먼저【D_1】을 보면, 여기에는 "훼르비이스트(南懷仁)에 의하면, 단원자(丹元子)의 옛 책인『보천가』에 있는 별 중에는 오늘날에는 보이지 않는 별들이 있다. 그리고『의상지(儀象志)』에 없는 별들을 참고로 왼편에 기록했다"라는 새로운 사실이 기록되어 있는 것이다. 그리고【D_2】에는 "자미원(紫微垣)의 오제(五帝), 내주(內廚), 세(勢), 강(杠), 여(女), 어천주(御天柱), 천상(天床), 대리(大理). 태미원(太微垣)의 오제후(五諸侯). 동방칠사(東方七舍)의 절위(折威), 제석(帝席). 북방칠사(北方七舍)의 천약(天籥), 농장인(農丈人), 천전(天田), 이주(離珠), 팔괴(八魁). 서방칠사(西方七舍)의 함지(咸池). 남방칠사(南方七舍)의 적수(積水), 천직(天稷), 천묘(天廟), 동구(東甌), 토사공(土司空), 군문(軍門), 기부(器府)"라고 예수회 선교사들이 제거시킨 별자리 이름을 열거하고 있다.

이상과 같은「구장도」의【C】의 일부와【D_1, D_2】의 해설을 통해서 보면 이「구장도」는 서양천문학의 영향을 받은 18세기나 그 후의 신법성도임을 분명히 보여 주고 있다. 그리고 이런 변화된 내용을 가지고 이 천문도의 이름을 생각해 본면,〈舊藏〉이라는 수식어가 붙은 이유를 짐작할 수 있겠다. 말하자면 이 천문도는 신법성도이기는 하지만 옛 것을 품고 있다는 것(舊藏)을 나타내려고 한 것이라고 해석된다. 그때의 조선 사회는「천상열차분야지도(天象列次分野之圖)」에 대한 미련을 떨쳐 버리지 못하고 있었고, 오히려 큰 자부심을 가지고 있었음을 말해 준다.

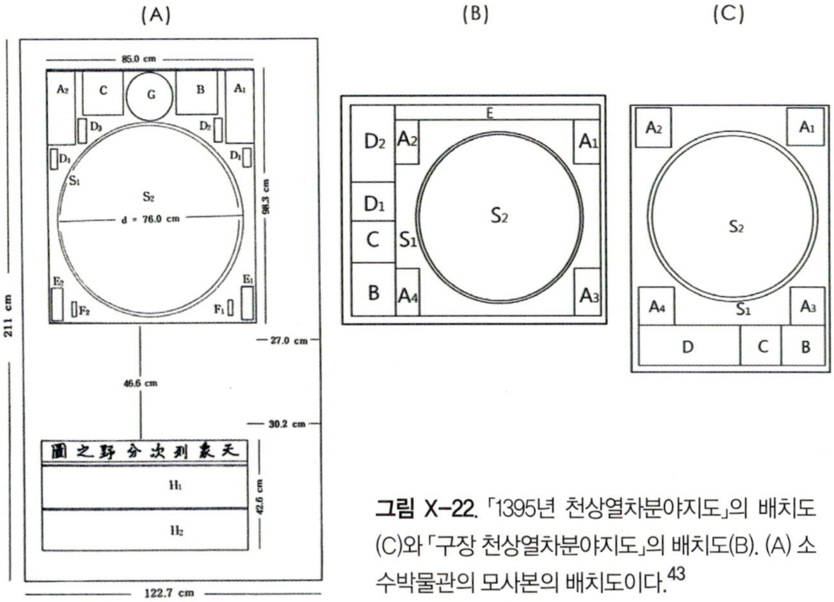

그림 X-22. 「1395년 천상열차분야지도」의 배치도(C)와 「구장 천상열차분야지도」의 배치도(B). (A) 소수박물관의 모사본의 배치도이다.[43]

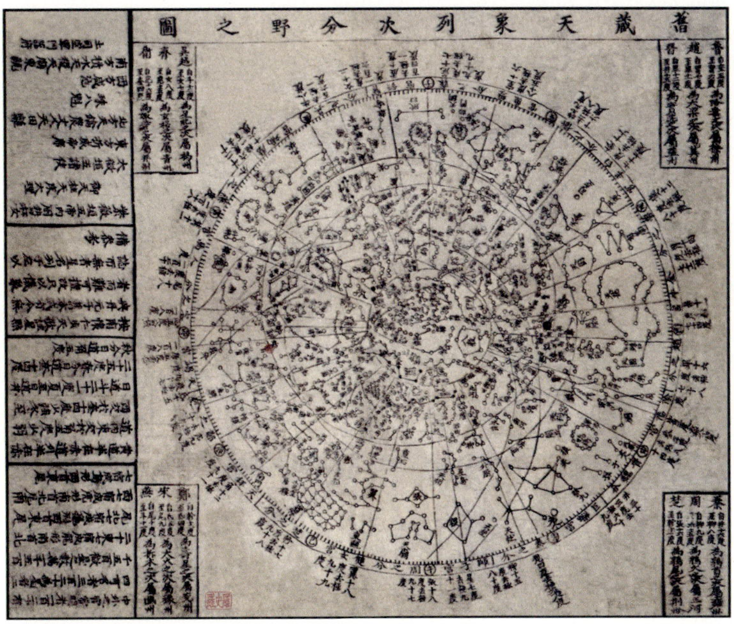

그림 X-23. 구장 천상열차분야지도(개인 소장)

43 소수박물관에는 「구장천상열차분야지도」와 똑같은 성도가 소장되어 있다. 그런데 이 소수박물관본에는 〈金淡謹記〉라는 작자의 이름이 【D】의 끝에 추가되어 있다. 그런데 「구장천상열차분야지도」는 17세기 후반에 중국에서 활동한 훼르비이스트(南懷仁)의 업적을 소개하고 있으므로, 여기의 〈金淡〉은 세종시대의 〈金淡〉은 아니다. 필자는 『한국 고대 과학·기술자 자료집(가제)』를 준비하면서 17세기와 그 이후의 〈金淡〉을 찾아보았으나 현재까지는 그런 이름을 찾아내지 못했다.

2-5.「앙관천상도(仰觀天象圖)」

이 성도의 상단에 붉은 색의 네 글자로된 〈仰觀天象〉이라는 특이한 이름이 있다. 그래서 이 성도의 이름은「앙관천상도(仰觀天象圖)」라고 부르기로 한다.

흰색 한지로 만든 이 성도는 북극을 중심으로 그린 개도이며, 크기는 가로 87cm, 세로 94.5cm이다. 북극점을 중심으로 10도 간격으로 동심원을 그려서 위도를 표시했는 데, 그 중 90도 되는 동심원만은 굵고 붉은 색으로 적도(赤道)가 표시되어 있다. 그리고 황도(黃道)는 노란색으로 좀 어색한 곡선으로 그려져 있다. 적도 밖으로는 5개의 동심원이 더 있다. 이 중 가장 큰 원은 항은권(恒隱圈)을 뜻하며 북극거리는 140도가 된다. 이는 남쪽 한계가 적도에서 남쪽 지평선으로 50도까지인 셈이다. 흥미있는 사실 하나가 있는데, 그것은 노인성(老人星)이 이 항은권에서 벗어난 곳에 그려져 있는 것이다. 옛 천문도에는 어김없이 노인성(老人星)은 항은권 안쪽에 자리하고 있는 마련인데, 이것과 비교하면 이것은 큰 변화이다. 따라서 이 앙관천상도가 향상된 성도임을 말해 준다.

북극점을 중심하여 36개나 되는 방사선이 10도 간격으로 종이의 끝까지 그어서 있는데, 이것은 경도이다. 이로서 이 성도는 별들의 위치를 적도좌표계로 표기한 비교적 정밀한 성도라고 할 수 있겠다.

이 성도에 그려진 별과 글자는 모두 검은 색이다. 다만 성도 안에 있는 12방위의 글자에는 눈에 잘 띄도록 붉은색 원을 둘렀고, 28수의 이름에는 붉은색 사각형을 둘렀다. 그리고 항은권 바깥에도 12방위를 큰 글자로 썼으나 테두리는 없다. 이 성도는 신법성도답게 구법에 항상있는 12차, 12분야, 12궁 등의 표시가 없다.

별들은 밝기에 따라 서로 약간씩 다른 크기의 원으로 표시되어 있다. 노인성(老人星, Canopus)과 낭성(狼星, Sirius)은 다른 밝은 별 보다는 크게 그렸지만, 전통적인 천문도에서 흔히 보는 과장된 크기는 아니다. 전통적인 옛 천문도에 있는 별자리 중에서 신법성도에는 없는 별자리들은 이 성도에도 포함되지 않다. 그러나 남극부근에 있는 새 별자리인 〈화조(火鳥)〉가 남위 40도와 50도 사이에 그려져 있어서 좀 이색적이다. 이 화조자리는 모두 10개의 별로 구성된 별자리인데, 이 10개가 모두 잘 보이도록 표시되어 있다.

이 성도의 이름이 특이하다. 한국의 옛 천문도는 불과 몇 개를 제외하고는 모두「천상

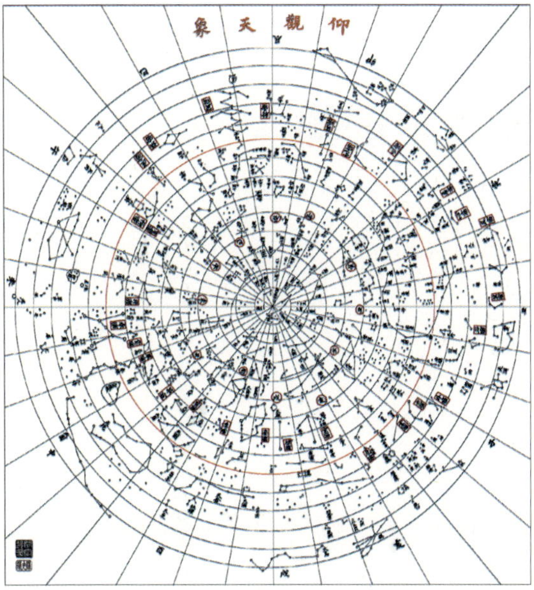

그림 X-24. 앙관천상도. 연세대학교 학술정보원 소장본을 모사한 것.

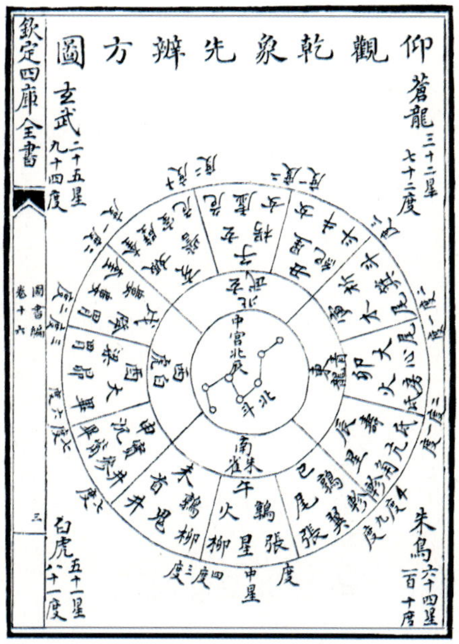

그림 X-25. 중국의 「앙관건상선변방도」

열차분야지도」라는 이름이 붙어 있거나 그렇지 않으면 이름을 달지 않는 것이 통례처럼 되어 있다. 이에 비하여 제작자나 제작연도와 해설문도 없는 이 성도에 〈앙관천상(仰觀天象)〉이라는 이름이 붙어 있어서 아주 이색적이다. 그런데 중국에 「앙관건상선변방도(仰觀乾象先辯方圖)」라는 그림이 있다.[44] 이 그림의 이름인 〈앙관건상(仰觀乾象)〉은 〈앙관천상(仰觀天象)〉과 같은 뜻이다.

이 성도는 이름만이 아니라 별자리의 배치와 별자리 이름에 쓴 한자(漢字)도 다른 성도와는 조금이지만 다르다. 한국의 천문도 중에는 〈앙관천상〉의 별자리 배치와 유사한 것이 없는데, 중국의 옛 천문도를 조사해 보니 명(明)나라의 장사순(章士純)이 찬(撰)한 『삼원칠정이십팔수주천정감(三垣七政二十八宿週天精鑑)』[45]에 있는 삼원도(三垣圖)와 유사한 점이 보인다. 하지만 이 둘 사이의 연관성 여부는 앞으로의 연구 과제이다.

44 『欽定四庫全書』 圖書編, 권16
45 『續修四庫全書』 子部, 天文算法類, 422.

3

조선의 측광학(測光學)

3-1. 동국문헌비고의 자료

별들의 밝기를 정량화하는 작업에 있어서 조선의 관상감의 업적에 주목을 끄는 기록이 있다. 그것은『동국문헌비고』에 등급을 정량적으로 정의한 다음과 같은 기록이다.[46]

恒星大小分六等	항성은 6가지 크기(밝기)로 나뉜다.
一等星體大于地球六十有八倍	1등성은 그 크기가 지구의 68배
二等星體大于地球二十八倍有奇	2등성은 그 크기가 지구의 28배 남짓
三等星體大于地球一十一倍	3등성은 그 크기가 지구의 11배
四等星體大于地球四倍有半	4등성은 그 크기가 지구의 4.5배
五等星體比地球得一又一十八分之一	5등성은 그 크기가 지구의 1과 1/18
六等星體比地球得三分之一	6등성은 그 크기가 지구의 1/3

이 기록이 1770년에 발행된『동국문헌비고』에 있다는 사실은 등급의 정량적(定量的) 표시 방법이 이 해보다 더 일찍 이미 알려졌었다는 것을 암시해 준다. 중국에 온 서양 선교사들의 가르침으로 인해서 비로소 쓰게 된 등급임에도 불구하고, 정량적인 해석은 선교사들 자신들도 알지 못했던 것인지도 모른다. 왜냐하면 관측의 귀재라고 하는 티코 브라

46『증보문헌비고』상위고 1: 24ㄴ~25ㄱ.

헤(Tycho Brahe)[47]도 별의 위치 측정에는 큰 업적을 남겼지만, 등급을 정량화하는 시도는 하지 못했다. 유럽의 천문학사상 등급의 정량화를 처음 시도한 사람은 영국의 윌리암 허쉘(William Herschel)[48]이다. 그는 '별들은 모두 같은 밝기를 갖는다. 다만, 밝게 보이는 별은 우리에게 가까이 있기 때문이고, 희미하게 보이는 것은 우리로부터 멀리 있기 때문이다. 그 한 예로 두 별이 있는데, 하나는 다른 별보다 9배 더 밝다면 이 별은 다른 별보다 3배 더 가까이 있기 때문이다.'라는 가설을 세우고 수많은 별들을 관측하여 최초로 우리 은하의 모습을 만들어냈다. 이어서 그의 아들 좐 허쉘(John Herschel)[49] 이 남아프리카의 희망봉까지 망원경을 가지고 가서 많은 별들의 밝기를 측정한 일이 있다. 그러나 허쉘 부자는 1등성이 2등성보다 몇 배 더 밝으며, 2등성은 3등성보다 몇 배 더 밝다는 등등의 정량화 작업은 끝내 찾아내지 못했다. 이 때가 1800년대 초(初)이므로『동국문헌비고』의 기록보다 40~50년 뒤의 일이다.

등급의 정량화에 성공한 사람은 노르만 포그손(Norman Robert Pogson)[50]이다. 1856년에 그가 만든 공식으로 지금은 별의 등급을 계산할 수 있게 되었다. 그가 만든 공식을 사용하여 계산해 보면, 1등성은 2등성보다 2.51배 밝고, 2등성은 3등성보다 2.51배 밝다. 다른 것도 이와 마찬가지로 한 등급차는 2.51배의 밝기의 차이를 갖는다. 이렇게 계산해 보면, 1등성은 6등성보다 정확하게 100배 더 밝다. 이것이 그가 등급 계산을 위해 미리 설정한 두 값인 것이다. 이로써, 천문학의 한 중요한 분야가 시작되었는데, 그것을 '측광학(測光學)'이라고 한다. 실로『동국문헌비고』의 기록이 있은지 약 100년 후에 이룩한 결

47 Tycho Brahe(1546~1601)는 덴마크에서 한 귀족의 장남으로 태어났으나, 갓난아이 때 숙부에게 입양되었다. 그는 불과 13세에 코펜하겐대학에 입학하여 수사학과 철학을 공부했으나, 1560년의 일식을 본 후 천문학과 수학에 흥미를 갖게 되어 1562년에 라이프니츠대학으로 가서 천문학을 전공했다. 1576년에 그는 덴마크 왕 후레드리히 2세의 전폭적인 재정 후원을 받아 빈(Hveen)이라는 작은 섬에 Uraniborg(하늘의 별장)라는 이름의 초호화 천문대를 짓고, 화성의 위치관측을 하여, 후일 케플러로 하여금 타원궤도를 발견하게 하였다.

48 William Herschel(1738~1822)은 독일 태생으로 영국에 가서 처음에는 음악가로 후에는 천문학자로 활동하였다. 1781년에 천왕성을 발견함으로서 '영국 왕실 천문학자'의 칭호를 받은 후에는 당시 최대의 망원경을 자작하여 수십만 개의 별을 관측하여 많은 발견을 하였다.

49 John Herschel(1792~1871)은 William Herschel의 아들로 태어나 아버지의 뒤를 이어 영국 왕실 천문학자가 되었다. 그는 다방면의 관측활동을 하였는데 특히 희망봉에서의 안시쌍성 관측으로 큰 업적을 남겼다.

50 Norman Robert Pogson(1829~1891). 그가 발견한 등급 계산을 위한 공식은

$$m_{*1} - m_{*2} = -2.5 \log(L_{*1}/L_{*2})$$

이다. 이 공식의 m과 L은 한 별의 등급과 그 별의 밝기이다. 따라서, 별 *1과 별 *2의 등급의 차(差)는 그 두 별의 밝기의 비(比)이다.

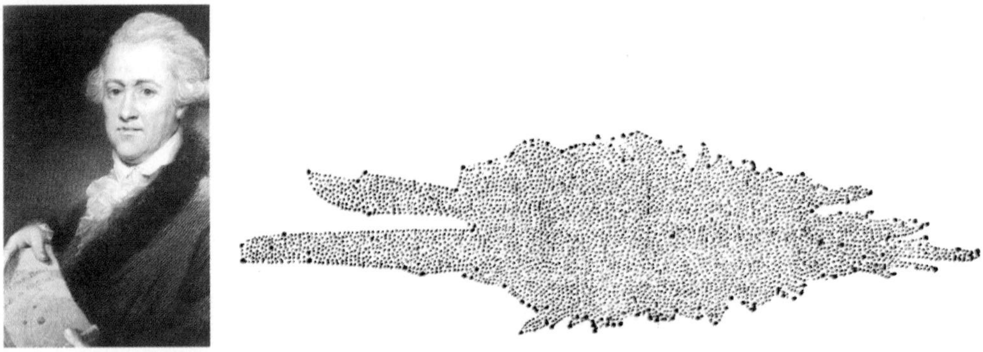

그림 X-26. 윌리암 허셸과 그가 처음 만든 우리 은하의 모습.

실이다.

그런데, 여기서 우리는 재미있는 사실을 유추해 낼 수 있다. 즉, 『동국문헌비고』의 기록 중 '체대(體大)' 또는 '체비(體比)'를 부피의 크기로 보지 말고 밝기를 표현한 것이라고 생각해 보자. 왜냐하면, 한국말에 '별이 밝다 또는 별이 희미하다' 하는 표현 대신 '별이 크다 또는 별이 작다'고 하는 경우가 많기 때문이다. 그렇다면, 포그손의 방정식에 1등성의 '六十有八(68)'과 2등성의 '二十八(28)'을 대입하여 계산한다면,

$$2\text{등급} - 1\text{등급} = -2.5\log(28/68)$$
$$1(\text{등급차}) = -2.5\log(68/28) = 2.43$$

즉, 1등성은 2등성보다 2.43배 더 밝다. 이와 같은 방식으로 계산해 보면, 2등성은 3등성보다 2.55배, 3등성은 4등성보다 2.44배 더 밝다. 이 세 값을 평균하면

$$(2.43 + 2.55 + 2.44)/3 = 2.47$$

이 되어 포그손의 값인 2.51에 대단히 가깝다. 따라서 상기한 『동국문헌비고』의 '체대론(體大論)'은 5등성과 6등성에 이르면 2.51이라는 값에서 많이 벗어나기는 하지만, 측광학

(測光學)의 새 장을 포그손보다 1세기나 앞서서 이룩한 성과라고 높이 평가할 수 있는 일이다.

이 성과는 필자가 1988년에 발표한 바가 있는데[51], 그 분석한 값들은 표 X-13에 제시했다. 그리고 '체대론'의 별들의 수를 각 등급별로 대조해 보니 그림 X-27에 보인 바와 같은 관계가 있음을 알게 되었다.

표 X-14. '체대론'의 별들의 밝기와 등급 분석.

Magnitude scale i	Brightness (earth=1) l_i	Ratio of brightnesses l_i/l_{i+1}	Magnitude difference $\Delta m = m_i - m_{i+1}$	No. of stars Seonkyung (星鏡) (1861)
1	68			16
		2.43	0.96	
2	28			51
		2.55	1.01	
3	11			159
		2.44	0.97	
4	4.5			349
		(2.18)	(0.85)	
5	2.06			(399)
		(1.55)	(0.48)	
6	1.33			(343)
		$l_1/l_6 = 51.19$		1,317

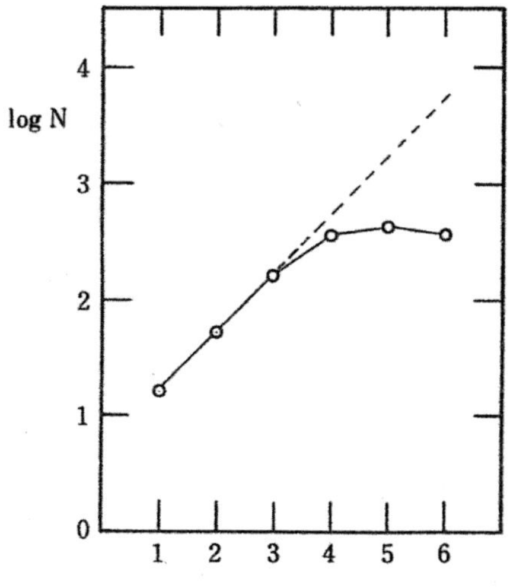

그림 X-27. 등급 대 별의 수(N)의 관계. 1등급에서 3등급까지는 이론과 잘 맞으나 그 후는 파선으로 표시된 예상치와는 현저한 차이를 보인다.(NHA의 Figure 1을 옮김)

51 NHA Il-Seong(羅逸星), "Calibration of the Stellar Magnitude Scale Prior to Pogson", *Historia Scientiarum*, No. 35, pp. 697~702, 1988.

3-2. 남병길의 등급 표시

서양 선교사가 『보천가』에서 확인한 1,319성을 수록한 중국 목록은 웬 일인지 알려져 있지 않다. 그런데 남병길(南秉吉)이 뒤늦게나마 새로운 성도 책인 『성경(星鏡)』을 1861년에 출판하였는데, 이 책에 등급별로 별의 이름을 기록한 부록을 첨부하였다. 그 방식은 1등성에서 시작하여 6등성까지 등급별로 해당하는 별들의 이름을 적은 것인데, 사용하기에는 불편하지만 지금까지 알려진 것으로는 유일하다. 그것을 여기에 옮겨 보면, 다음과 같다. 단, 16개의 1등성에 한하여 독자들의 편의를 위해 서양의 고유명을 ( )안에 참고로 적어 넣었다.

1등성 (16개)

織女一(직녀1, Vega), 河鼓二(하고2, Altair), 北落師門(북락사문, Fomalhaut), 畢宿五(필수5, Aldebaran), 五車二(오거2, Capella), 參宿四(삼수4, Betelgeus), 參宿七(삼수7, Rigel), 老人(노인, Canopus), 天狼(천랑, Sirius), 南河三(남하3, Procyon), 軒轅十四(헌원14, Regulus), 天樞(천추, Dubhe), 角宿一(각수1, Spica), 大角(대각, Arcturus), 南門二(남문2, ?), 心宿二(심수2, Antares)

2등성 (51개)

天津四(천진4), 室宿一(실수1), 室宿二(실수2), 壁宿一(벽수1), 壁宿二(벽수2), 王良一(왕량1), 土司空(토사공), 奎宿九(규수9), 句陳一(구진1), 天大將軍(천대장군), 婁宿三(누수3), 大陵五(대릉5), 天船三(천선3), 天苑一(천원1), 五車三(오거3), 五車五(오거5), 參宿一(삼수1), 參宿二(삼수2), 參宿三(삼수3), 參宿五(삼수5), 丈人一(장인1), 軍市一(군시1), 井宿三(정수3), 北河二(북하2), 北河三(북하3), 天社一(천사1), 天社三(천사3), 天社四(천사4), 天社五(천사5), 天記(천기), 軒轅十二(헌원12), 天璇(천선), 西上相(서상상), 五帝座一(오제좌1), 天璣(천기), 庫樓三(고루3), 庫樓七(고루7), 玉衡(옥형), 常陳一(상진1), 開陽(개양), 南門一(남문1), 搖光(요광), 氐宿一(저수1), 氐宿四(저수4), 帝(제), 貫索四(관색4), 蜀(촉), 房宿四(방수4), 尾宿五(미수5), 후(侯), 天棓四(천봉4)

3등성(159개)

箕宿一(기수1), 箕宿二(기수2), 箕宿三(기수3), 東海(동해), 句陳二(구진2), 漸臺二

(점대2), 漸臺三(점대3), 斗宿四(두수4), 斗宿六(두수6), 天弁七(천변7), 吳越(오월), 天厨一(천주1), 右旗五(우기5), 河鼓一(하고1), 河鼓三(하고3), 天津一(천진1), 天津二(천진2), 天津八(천진8), 天津九(천진9), 天桴一(천부1), 瓠瓜一(호과1), 瓠瓜二(호과2), 瓠瓜四(호과4), 九坎一(구감1), 九坎二(구감2), 九坎三(구감3), 天鉤五(천구5), 虛宿一(허수1), 臼一(구1), 壘壁陣四(누벽진4), 敗臼一(패구1), 危宿一(위수1), 危宿三(위숙3), 墳墓二(분묘2), 羽林軍八(우림군8), 羽林軍二十六(우림군26), 雷電一(뇌전1), 離宮四(이궁4), 天倉一(천창1), 天倉二(천창2), 天倉三(천창3), 天倉四(천창4), 天倉五(천창5), 奎宿五(규수5), 王良四(왕량4), 策(책) 閣道二(각도2), 閣道三(각도3), 天園一(천원1), 天園六(천원6), 天園十(천원10), 天園十二(천원12), 婁宿一(누수1), 外屏七(외병7), 天囷一(천균1), 天囷八(천균8), 天囷九(천균9), 天苑三(천원3), 天苑四(천원4), 天苑六(천원6), 天苑七(천원7), 天苑十(천원10), 胃宿三(위수3), 天船二(천선2), 天船五(천선5), 天廩三(천름3), 卷舌二(권설2), 卷舌四(권설4), 畢宿一(필수1), 畢宿四(필수4), 九州殊口三(구주수구3), 九斿八(구유8), 玉井三(옥정3), 厠一(측1), 厠二(측2), 厠三(측3), 厠四(측4), 伐三(벌3), 天關(천관), 參宿六(삼수6), 子二(자2), 井宿一(정수1), 井宿五(정수5), 井宿七(정수7), 弧矢一(호시1), 弧矢二(호시2), 弧矢七(호시7), 弧矢九(호시9), 南河二(남하2), 天狗五(천구5), 外厨二(외주2), 文昌四(문창4), 星宿一(성수1), 軒轅九(헌원9), 軒轅十(헌원10), 軒轅十一(헌원11), 軒轅十三(헌원13), 中台一(중태1), 中台二(중태2), 太尊(태존), 翼十六(익16), 西次相(서차상), 上輔(상보), 右執法(우집법), 天權(천권), 軫宿一(진수1), 軫宿三(진수3), 軫宿四(진수4), 左執法(좌집법), 少尉(소위), 東上相(동상상), 東次相(동차상), 東次將(동차장), 平一(평1), 柱十一(주11), 角宿二(각수2), 右攝提一(우섭제1), 右攝提二(우섭제2), 庫樓一(고루1), 庫樓二(고루2), 右樞(우추), 招搖(조요), 騎官四(기관4), 騎官十(기관10), 左攝提三(좌섭제3), 梗河一(경하1), 折威七(절위7), 七公七(칠공7), 太子(태자), 左樞(좌추), 秦(진) 周(주) 巴(파) 鄭(정) 房宿一(방수1), 房宿三(방수3), 上宰(상재), 梁(양), 楚(조), 河間(하간), 少宰(소재), 河中(하중), 韓(한), 天紀二(천기2), 天紀三(천기3), 尾宿一(미수1), 尾宿二(미수2), 尾宿六(미수6), 尾宿八(미수8), 龜一(귀1), 宋(송), 帝座(제좌), 上弼(상필), 女牀一(여상1), 天江三(천강3), 天棓一(천봉1), 天棓三(천봉3), 宗正一(종정1), 宗正二(종정2),

4등성(349개)

中山(중산), 帛度一(백도1), 帛度二(백도2), 斗宿一(두수1), 斗宿二(두수2), 斗宿三(두수3), 斗宿五(두수5), 箕宿四(기수4), 鼈一(별1), 鼈七(별7), 屠肆一(도사1), 御女

一(어녀1), 御女二(어녀2), 御女四(어녀4), 天弁一(천변1), 天弁二(천변2), 天弁三(천변3), 天弁四(천변4), 天弁五(천변5), 天弁六(천변6), 宗二(종2), 齊(제), 徐(서), 扶筐四(부광4), 漸臺一(점대1), 少弼(소필), 建三(건3), 天淵一(천연1), 天淵二(천연2), 天淵三(천연3), 奚仲一(해중1), 奚仲三(해중3), 天廚二(천주2), 天廚六(천주6), 右旗一(우기1), 右旗八(우기8), 左旗三(좌기3), 左旗五(좌기5), 天桴四(천부4), 天津三(천진3), 天津五(천진5), 天津六(천진6), 牛宿一(우수1), 牛宿二(우수2), 敗瓜一(패과1), 瓠瓜三(호과3), 瓠瓜五(호과5), 離珠二(이주2), 女宿一(여수1), 天鉤四(천구4), 天鉤八(천구8), 秦一(진1), 車府四(거부4), 車府六(거부6), 司非一(사비1), 司非二(사비2), 離瑜一(이유1), 離瑜二(이유2), 虛宿二(허수2), 人一(인1), 人二(인2), 人四(인4), 壘壁陣二(누벽진2), 壘壁陣三(누벽진3), 壘壁陣五(누벽진5), 壘壁陣七(누벽진7), 天錢二(천전2), 天錢三(천전3), 天錢四(천전4), 螣蛇一(등사1), 螣蛇四(등사4), 螣蛇九(등사9), 螣蛇十三(등사13), 螣蛇十九(등사19), 螣蛇二十一(등사21), 螣蛇二十二(등사22), 臼二(구2), 臼三(구3), 危宿二(위수2), 杵二(저2), 造父一(조보1), 造父二(조보2), 泣二(읍2), 墳墓一(분묘1), 墳墓三(분묘3), 羽林軍二十八(우림군28), 離宮一(이궁1), 離宮二(이궁2), 離宮五(이궁5), 句陳三(구진3), 句陳四(구진4), 句陳六(구진6), 霹靂二(벽력2), 霹靂五(벽력5), 天廏一(천구1), 王良三(왕량3), 王良五(왕량5), 奎宿一(규수1), 奎宿二(규수2), 奎宿四(규수4), 奎宿六(규수6), 奎宿七(규수7), 奎宿八(규수8), 附路(부로), 外屏一(외병1), 外屏二(외병2), 外屏三(외병3), 閣道四(각도4), 右更二(우경2), 天大將軍二(천대장군2), 天大將軍九(천대장군9), 天大將軍十(천대장군10), 婁宿二(누수2), 天園二(천원2), 天園三(천원3), 天園四(천원4), 天園五(천원5), 天園七(천원7), 天園八(천원8), 天園九(천원9), 天園十三(천원13), 鈇鑕四(부질4), 鈇鑕五(부질5), 杠五(강5), 天囷三(천균3), 天囷四(천균4), 天囷五(천균5), 天囷六(천균6), 芻藁一(추고1), 胃宿一(위수1), 胃宿二(위수2), 天苑二(천원2), 天苑八(천원8), 天苑九(천원9), 天苑十一(천원11), 天苑十二(천원12), 天苑十三(천원13), 天苑十五(천원15), 天苑十六(천원16), 天船一(천선1), 天船七(천선7), 大陵三(대릉3), 大陵六(대릉6), 大陵七(대릉7), 天廩四(천름4), 卷舌一(권설1), 畢宿三(필수3), 畢宿八(필수8), 積水(적수), 九州殊口二(구주수구2), 九州殊口四(구주수구4), 九斿二(구유2), 參旗一(삼기1), 參旗二(삼기2), 參旗五(삼기5), 參旗六(삼기6), 參旗七(삼기7), 參旗八(삼기8), 五車一(오거1), 五車四(오거4), 柱一(주1), 柱二(주2), 柱三(주3), 天高一(천고1), 八穀一(팔곡1). 八穀六(팔곡6), 屏一(병1), 屏二(병2), 玉井一(옥정1), 玉井四(옥정4), 軍井三(군정3), 丈人二(장인2), 觜宿一(자수1), 諸王二(제왕2), 子一(자1),

司怪二(사괴2), 水府一(수부1), 水府二(수부2), 鉞(월), 四瀆一(사독1), 四瀆三(사독3), 四瀆四(사독4), 井宿二(정수2), 井宿八(정수8), 座旗六(좌기6), 闕邱一(궐구1), 五諸侯一(오제후1), 五諸侯三(오제후3), 天蹲二(천준2), 積薪(적신), 積薪(적신), 爟一(관1), 內階一(내계1), 內階四(내계4), 柳宿一(유수1), 柳宿三(유수3), 柳宿五(유수5), 柳宿六(유수6), 柳宿八(유수8), 天狗一(천구1), 天狗三(천구3), 天狗四(천구4), 天狗六(천구6), 天狗七(천구7), 鬼宿三(귀수3), 鬼宿四(귀수4), 上台一(상태1), 上台二(상태2), 軒轅一(헌원1), 軒轅二(헌원2), 軒轅三(헌원3), 軒轅四(헌원4), 軒轅七(헌원7), 軒轅八(헌원8), 軒轅十五(헌원15), 軒轅十六(헌원16), 少輔(소보), 酒旗二(주기2), 天社六(천사6), 星宿四(성수4), 張宿二(장수2), 張宿三(장수3), 張宿五(장수5), 文昌二(문창2), 天相二(천상2), 勢一(세1), 勢二(세2), 勢三(세3), 勢四(세4), 翼宿一(익수1), 翼宿二(익수2), 翼宿三(익수3), 翼宿五(익수5), 翼宿六(익수6), 翼宿七(익수7), 翼宿十三(익수13), 天牢一(천뇌1), 少微二(소미2), 靈臺一(영대1), 下台一(하태1), 下台二(하태2), 西上將(서상장), 西次將(서차장), 明堂一(명당1), 明堂二(명당2), 明堂三(명당3), 靑邱一(청구1), 靑邱五(청구5), 太陽守(태양수), 太子(태자), 右轄(우할), 軫宿二(진수2), 郞位十一(낭위11), 庫樓四(고루4), 庫樓五(고루5), 庫樓六(고루6), 庫樓八(고루8), 郞將(낭장), 周鼎二(주정2), 周鼎三(주정3), 平道一(평도1), 東上將(동상장), 天門一(천문1), 柱五(주5), 柱六(주6), 柱七(주7), 柱八(주8), 柱九(주9), 衡一(형1), 衡二(형2), 衡三(형3), 右攝提三(우섭제3), 平二(평2), 亢宿一(항수1), 亢宿二(항수2), 亢宿四(항수4), 天槍一(천창1), 天槍二(천창2), 天槍三(천창3), 元戈(원과), 梗河三(경하3), 庶子(서자), 陽門一(양문1), 陽門二(양문2), 左攝堤一(좌섭제1), 左攝堤二(좌섭제2), 騎官一(기관1), 騎官二(기관2), 騎官三(기관3), 騎官六(기관6), 氐宿二(저수2), 氐宿三(저수3), 七公二(칠공2), 七公六(칠공6), 貫索二(관삭2), 貫索三(관삭3), 貫索五(관삭5), 貫索六(관삭6), 貫索七(관색7), 天輻一(천복1), 天輻二(천복2), 西咸二(서함2), 西咸三(서함3), 西咸四(서함4), 天乳(천유), 房宿二(방수2), 積卒二(적졸2), 晉(진), 鍵閉(건폐), 罰一(벌1), 心宿一(심수1), 心宿三(심수3), 東咸一(동함1), 列肆二(열사2), 斗四(두4), 尙書二(상서2), 龜二(귀2), 龜三(귀3), 龜四(귀4), 龜五(귀5), 尾宿三(미수3), 尾宿四(미수4), 尾宿七(미수7), 尾宿九(미수9), 斛一(곡1), 斛二(곡2), 魏(위), 市樓一(시루1), 市樓四(시루4), 市樓六(시루6), 女牀二(여상2), 女牀三(여상3), 天江四(천강4), 趙(조), 南海(남해), 天棓二(천봉2), 天棓五(천봉5), 傅說(부열), 九河(구하), 魚(어), 燕(연), 天紀九(천기9), 宗人一(종인1), 宗人二(종인2), 宗人三(종인3), 宗人四(종인4), 女史(여사), 杵二(저2), 杵三(저3)

5등성(399개)

天柱一(천주1), 天柱二(천주2), 天柱五(천주5), 扶筐一(부광1), 扶筐二(부광2), 扶筐三(부광3), 扶筐七(부광7), 宗一(종1), 織女二(직녀2), 織女三(직녀3), 建一(건1), 建二(건2), 建五(건5), 建六(건6), 鼈五(별5), 鼈六(별6), 漸臺四(점대4), 狗一(구1), 狗二(구2), 右旗二(우기2), 右旗四(우기4), 左旗一(좌기1), 左旗二(좌기2), 左旗九(좌기9), 天雞一(천계1), 天雞二(천계2), 輦道五(연도5), 狗國一(구국1), 狗國二(구국2), 狗國三(구국3), 狗國四(구국4), 天廚三(천주3), 天廚四(천주4), 天廚五(천주5), 牛宿三(우수3), 牛宿四(우수4), 離珠一(이주1), 離珠四(이주4), 敗瓜二(패과2), 天鉤三(천구3), 天鉤六(천구6), 天鉤九(천구9), 羅堰一(나언1), 羅堰二(나언2), 上衛(상위), 天田四(천전4), 女宿二(여수2), 女宿四(여수4), 周一(주1), 周二(주2), 天壘城一(천루성1), 天壘城四(천루성4), 天壘城八(천루성8), 天壘城十(천루성10), 車府一(거부1), 車府二(거부2), 車府三(거부3), 車府五(거부5), 九坎四(구감4), 天津七(천진7), 螣蛇二(등사2), 螣蛇三(등사3), 螣蛇五(등사5), 螣蛇六(등사6), 螣蛇十二(등사12), 螣蛇十四(등사14), 代一(대1), 司危一(사위1), 壘壁陣一(누벽진1), 壘壁陣六(누벽진6), 壘壁陣八(누벽진8), 壘壁陣九(누벽진9), 壘壁陣十(누벽진10), 壘壁陣十一(누벽진11), 壘壁陣十二(누벽진12), 造父五(조보5), 哭一(곡1), 蓋屋一(개옥1), 敗臼二(패구2), 敗臼三(패구3), 敗臼四(패구4), 天錢五(천전5), 羽林軍四(우림군4), 羽林軍五(우림군5), 羽林軍六(우림군6), 羽林軍十一(우림군11), 羽林軍二十四(우림군24), 羽林軍二十五(우림군25), 羽林軍二十九(우림군29), 羽林軍三十一(우림군31), 羽林軍三十三(우림군33), 羽林軍三十四(우림군34), 羽林軍三十七(우림군37), 羽林軍三十八(우림군38), 羽林軍三十九(우림군39), 羽林軍四十三(우림군43), 羽林軍四十四(우림군44), 羽林軍四十五(우림군45), 杵一(저1), 泣一(읍1), 墳墓四(분묘4), 虛梁三(허량3), 離宮三(이궁3), 離宮六(이궁6), 雷電二(뇌전2), 雷電四(뇌전4), 雷電六(뇌전6), 天綱(천강), 霹靂一(벽력1), 霹靂三(벽력3), 少衛(소위), 雲雨一(운우1), 雲雨四(운우4), 鈇鉞一(부월1), 鈇鉞二(부월2), 傳舍一(부사1), 傳舍六(부사6), 傳舍七(부사7), 傳舍八(부사8), 傳舍九(부사9), 土公一(토공1), 八魁一(팔괴1), 八魁二(팔괴2), 天廏二(천구2), 天廏三(천구3), 王良二(왕량2), 天溷二(천혼2), 天溷四(천혼4), 閣道一(각도1), 閣道五(각도5), 奎宿十一(규수11), 奎宿十三(규수13), 奎宿十四(규수14), 奎宿十五(규수15), 奎宿十六(규수16), 軍南門(군남문), 華蓋三(화개3), 華蓋五(화개5), 右更一(우경1), 右更三(우경3), 右更四(우경4), 外屛四(외병4), 外屛五(외병5), 外屛六(외병6), 天大將軍三(천대장군3), 天大將軍四(천대장군4), 天大將軍六(천대

장군6), 天大將軍七(천대장군7), 天大將軍十一(천대장군11), 鈇鑕二(부질2), 鈇鑕三(부질3), 杠一(강1), 杠七(강7), 五帝內座二(오제내좌2), 天倉六(천창6), 天囷二(천균2), 天囷七(천균7), 天囷十(천균10), 芻藁六(추고6), 天庾三(천유3), 大陵二(대릉2), 大陵四(대릉4), 積尸(적시), 天陰二(천음2), 上丞(상승), 天苑五(천원5), 天苑十四(천원14), 天廩一(천름1), 天廩二(천름2), 天船四(천선4), 天船五(천선5), 天船六(천선6), 天船八(천선8), 卷舌三(권설3), 卷舌五(권설5), 昴宿一(묘수1), 昴宿二(묘수2), 昴宿四(묘수4), 昴宿五(묘수5), 昴宿六(묘수6), 昴宿七(묘수7), 礪石一(여석1), 礪石三(여석3), 礪石四(여석4), 九州殊口一(구주수구1), 天節一(천절1), 天節二(천절2), 天節四(천절4), 天節五(천절5), 天節七(천절7), 天節八(천절8), 天街一(천가1), 畢宿二(필수2), 畢宿六(필수6), 天園十一(천원11), 九斿一(구유1), 九斿三(구유3), 九斿七(구유7), 附耳(부이), 諸王一(제왕1), 諸王四(제왕4), 諸王六(제왕6), 少衛(소위), 八穀二(팔곡2), 八穀三(팔곡3), 八穀四(팔곡4), 八穀五(팔곡5), 八穀七(팔곡7), 八穀八(팔곡8), 參旗九(삼기9), 六甲二(육갑2), 六甲六(육갑6), 天湟二(천황2), 天湟四(천황4), 天湟五(천황5), 軍井一(군정1), 軍井二(군정2), 軍井四(군정4), 咸池二(함지2), 咸池三(함지3), 柱五(주5), 柱六(주6), 柱칠(柱7), 觜宿二(자수2), 觜宿三(자수3), 伐一(벌1), 司怪一(사괴1), 司怪三(사괴3), 司怪四(사괴4), 孫一(손1), 孫二(손2), 軍市二(군시2), 軍市五(군시5), 軍市六(군시6), 座旗三(좌기3), 座旗五(좌기5), 座旗七(좌기7), 座旗八(좌기8), 野鷄(야계), 四瀆二(사독2), 上衛(상위), 井宿六(정수6), 弧矢三(호시3), 弧矢五(호시5), 弧矢六(호시6), 弧矢八(호시8), 五諸侯二(오제후2), 五諸侯四(오제후4), 五諸侯五(오제후5), 闕邱二(궐구2), 積水(적수), 天蹲一(천준1), 南河一(남하1), 北河一(북하1), 水位三(수위3), 水位四(수위4), 爟四(관4), 外廚一(외주1), 外廚三(외주3), 鬼宿一(귀수1), 鬼宿二(귀숙2), 柳宿二(유수2), 柳宿四(유수4), 天社二(천사2), 天狗二(천구2), 內階二(내계2), 內階三(내계3), 內階五(내계5), 內階六(내계6), 三師一(삼사1), 三師三(삼사3), 文昌一(문창1), 文昌三(문창3), 文昌五(문창5), 文昌六(문창6), 酒旗一(주기1), 酒旗三(주기3), 星宿二(성수2), 星宿三(성수3), 張宿一(장수1), 張宿六(장수6), 內平二(내평2), 陰德一(음덕1), 少微一(소미1), 少微三(소미3), 靈臺二(영대2), 翼宿四(익수4), 翼宿八(익수8), 翼宿九(익수9), 翼宿十(익수10), 翼宿二十(익수20), 虎賁(호분), 青邱七(청구7), 內屏一(내병1), 內屏二(내병2), 內屏三(내병3), 內屏四(내병4), 大理一(대리1), 大理二(대리2), 常陳四(상진4), 常陳五(상진5), 常陳六(상진6), 郎位一(낭위1), 郎位三(낭낭3), 郎位四(낭위4), 郎位五(낭위5), 郎位六(낭위6), 郎位七(낭위7), 郎位八(낭위8), 郎位九(낭위9), 郎位十(낭위

10), 郎位十二(낭위12), 謁者(알자), 長沙(장사), 庫樓十(고루10), 左轄(좌할), 九卿一(구경1), 北極(북극), 內廚二(내주2), 五諸侯一(오제후1), 五諸侯二(오제후2), 五諸侯三(오제후3), 周鼎一(주정1), 天門二(천문2), 天田一(천전1), 天田二(천전2), 三公一(삼공1), 三公二(삼공2), 輔(보), 天乙(천을), 柱一(주1), 柱二(주2), 柱三(주3), 柱四(주4), 柱十(주10), 帝席一(제석1), 帝席三(제석3), 衡四(형4), 折威一(절위1), 折威二(절위2), 折威四(절위4), 天床一(천상1), 天床五(천상5), 亢池一(항지1), 后宮(후궁), 亢宿三(항수3), 車騎一(차기1), 車騎二(차기2), 車騎三(차기3), 梗河二(경하2), 陣車一(진거1), 陣車三(진거3), 騎官五(기관5), 騎官七(기관7), 騎官八(기관8), 騎官九(기관9), 騎陣將軍(기진장군), 頓頑一(돈완1), 頓頑二(돈완2), 從官一(종관1), 從官二(종관2), 貫索一(관색1), 貫索八(관색8), 積卒一(적졸1), 西咸一(서함1), 鉤鈐一(구검1), 鉤鈐二(구검2), 斗三(두3), 列肆一(열사1), 車肆一(차사1), 東咸二(동함2), 東咸三(동함3), 東咸四(동함4), 天紀一(천기1), 天紀四(천기4), 天紀六(천기), 天紀七(천기7), 天紀八(천기8), 斛三(곡3), 斛四(곡4), 尙書一(상서1), 尙書三(상서3), 尙書五(상서5), 天江二(천강2), 穅(강) 天籥一(천약1), 天籥三(천약3), 天籥六(천약6), 杵一(저1), 市樓二(시루2), 市樓三(시루3), 屠肆二(도사2).

6등성(343개)

鼈二(별2), 鼈三(별3), 鼈四(별4), 鼈八(별8), 鼈九(별9), 鼈十(별10), 鼈十一(별11), 農丈人(농장인), 輦道一(연도1), 輦道二(연도2), 輦道三(연도3), 輦道四(연도4), 扶筐五(부광5), 扶筐六(부광6), 天弁八(천변8), 天弁九(천변9), 天柱三(천주3), 天柱四(천주4), 建四(건4), 右旗三(우기3), 右旗六(우기6), 右旗七(우기7), 右旗九(우기9), 奚仲二(해중2), 奚仲四(해중4), 左旗四(좌기4), 左旗六(좌기6), 左旗七(좌기7), 左旗八(좌기8), 天桴二(천부2), 天桴三(천부3), 天鉤一(천구1), 天鉤二(천구2), 天鉤七(천구7), 牛宿五(우수5), 牛宿六(우수6), 敗瓜三(패과3), 敗瓜四(패과4), 敗瓜五(패과5), 離珠三(이주3), 羅堰三(나언3), 天田一(천전1), 天田二(천전2), 天田三(천전3), 女宿三(여수3), 越(월), 鄭(정), 天壘城二(천루성2), 天壘城三(천루성3), 天壘城五(천루성5), 天壘城六(천루성6), 天壘城七(천루성7), 天壘城九(천루성9), 天壘城十一(천루성11), 天壘城十二(천루성12), 天壘城十三(천루성13), 趙一(조1), 趙二(조2), 楚(초), 秦二(진2), 司危二(사위2), 魏(위), 韓(한), 離瑜三(이유3), 晉(진), 代二(대2), 車府七(차부7), 司命一(사명1), 司命二(사명2), 司祿一(사록1), 司祿二(사록2), 螣蛇七(등사7), 螣蛇八(등사8), 螣蛇十一(등사11), 螣蛇十五(등사15), 螣蛇十六(등사16), 螣蛇十七(등사17), 螣蛇十八(등사18), 螣蛇二十(등사20), 人三(인3), 造父三(조보3), 造父四(조보

4), 羽林軍一(우림군1), 羽林軍二(우림군2), 羽林軍三(우림군3), 羽林軍七(우림군7), 羽林軍九(우림군9), 羽林軍十(우림군10), 羽林軍十二(우림군12), 羽林軍十三(우림군13), 羽林軍十四(우림군14), 羽林軍十五(우림군15), 羽林軍十六(우림군16), 羽林軍十七(우림군17), 羽林軍十八(우림군18), 羽林軍十九(우림군19), 羽林軍二十(우림군20), 羽林軍二十一(우림군21), 羽林軍二十二(우림군22), 羽林軍二十三(우림군23), 羽林軍二十七(우림군27), 羽林軍三十(우림군30), 羽林軍三十二(우림군32), 羽林軍三十五(우림군35), 羽林軍三十六(우림군36), 羽林軍四十(우림군40), 羽林軍四十一(우림군41), 羽林軍四十二(우림군42), 天錢一(천전1), 盖屋二(개옥2), 杵三(저3), 哭二(곡2), 虛梁一(허량1), 虛梁二(허량2), 虛梁四(허량4), 土公吏一(토공리1), 土公吏二(토공리2), 臼四(구4), 天皇大帝(천황대제), 雷電三(뇌전3), 雷電五(뇌전5), 雲雨二(운우2), 雲雨三(운우3), 霹靂四(벽력4), 鈇鉞三(부월3), 八魁三(팔괴3), 八魁四(팔괴4), 八魁五(팔괴5), 八魁六(팔괴6), 土公二(토공2), 傳舍二(전사2), 傳舍三(전사3), 傳舍四(전사4), 傳舍五(전사5), 閣道六(각도6), 天溷一(천혼1), 天溷三(천혼3), 少丞(소승), 奎宿三(규수3), 奎宿十二(규수12), 句陳五(구진5), 華盖一(화개1), 華盖二(화개2), 華盖四(화개4), 華盖六(화개6), 華盖七(화개7), 杠二(강2), 杠三(강3), 杠四(강4), 杠六(강6), 杠八(강8), 鈇鑕一(부질1), 天大將軍五(천대장군5), 天大將軍八(천대장군8), 右更五(우경5), 天庾一(천유1), 天庾二(천유2), 天囷十一(천균11), 天囷十二(천균12), 天囷十三(천균13), 蒭藁二(추고2), 蒭藁三(추고3), 蒭藁四(추고4), 蒭藁五(추고5), 大陵一(대릉1), 大陵八(대릉8), 五帝內座一(오제내좌1), 五帝內座三(오제내좌3), 五帝內座四(오제내좌4), 五帝內座五(오제내좌5), 左更一(좌경1), 左更二(좌경2), 左更三(좌경3), 左更四(좌경4), 左更五(좌경5), 天阿(천아), 天陰一(천음1), 天陰三(천음3), 天陰五(천음5), 卷舌六(권설6), 昴宿三(묘수3), 天讒(천참), 礪石二(여석2), 天船九(천선9), 天街二(천가2), 天節三(천절3), 天節六(천절6), 畢宿七(필수7), 六甲一(육갑1), 六甲三(육갑3), 六甲四(육갑4), 六甲五(육갑5), 九州殊口五(구주수구5), 九州殊口六(구주수구6), 天高二(천고2), 天高三(천고3), 天高四(천고4), 九斿四(구유4), 九斿五(구유5), 九斿六(구유6), 九斿九(구유9), 參旗三(삼기3), 參旗四(삼기4), 諸王三(제왕3), 諸王五(제왕5), 玉井二(옥정2), 天潢一(천황1), 天潢三(천황3), 咸池一(함지1), 伐二(벌2), 柱四(주4), 柱八(주8), 柱九(주9), 屎(시), 水府三(수부3), 水府四(수부4), 座旗一(좌기1), 座旗二(좌기2), 座旗四(좌기4), 座旗九(좌기9), 井宿四(정수4), 軍市三(군시3), 軍市四(군시4), 天罇三(천준3), 水位一(수위1), 水位二(수위2), 爟二(관2), 爟三(관3), 外厨四(외주4), 外厨五(외주5), 外厨六(외주6), 柳宿七(유

수7), 星宿五(성수5), 星宿六(성수6), 星宿七(성수7), 軒轅五(헌원5), 軒轅六(헌원6), 內平一(내평1), 內平三(내평3), 內平四(내평4), 三師二(삼사2), 張宿四(장수4), 御女(어녀), 四輔一(사보1), 四輔二(사보2), 四輔三(사보3), 四輔四(사보4), 天相一(천상1), 天相三(천상3), 長垣一(장원1), 長垣二(장원2), 長垣三(장원3), 長垣四(장원4), 少微四(소미4), 天牢二(천뢰2), 天牢三(천뢰3), 天牢四(천뢰4), 天牢五(천뢰5), 天牢六(천뢰6), 靈臺三(영대3), 翼宿十一(익수11), 翼宿十二(익수12), 翼宿十四(익수14), 翼宿十五(익수15), 翼宿十七(익수17), 翼宿十八(익수18), 翼宿十九(익수19), 翼宿二十一(익수21), 翼宿二十二(익수22), 天理一(천리1), 天理二(천리2), 天理三(천리3), 天理四(천리4), 青邱二(청구2), 青邱三(청구3), 青邱四(청구4), 青邱六(청구6), 五帝座二(오제좌2), 五帝座三(오제좌3), 五帝座四(오제좌4), 五帝座五(오제좌5), 從官(종관), 幸臣(행신), 常陳二(상진2), 常陳三(상진3), 常陳七(상진7), 郞位二(낭위2), 郞位十三(낭위13), 郞位十四(낭위14), 郞位十五(낭위15), 五諸侯四(오제후4), 五諸侯五(오제후5), 庫樓九(고루9), 九卿二(구경2), 九卿三(구경3), 三公一(삼공1), 三公二(삼공2), 三公三(삼공3), 內廚一(내주1), 進賢(진현), 三公三(삼공3), 太乙(태을), 平道二(평도2), 帝席二(제석2), 亢池二(항지2), 亢池三(항지3), 亢池四(항지4), 折威三(절위3), 折威五(절위5), 折威六(절위6), 尙書四(상서4), 天床二(천상2), 天床三(천상3), 天床四(천상4), 天床六(천상6), 陣車二(진거2), 七公一(칠공1), 七公三(칠공3), 七公四(칠공4), 七公五(칠공5), 日(일), 罰二(벌2), 罰三(벌3), 貫索九(관색9), 斗一(두1), 斗二(두2), 斗五(두5), 車肆二(차사2), 宦者一(환자1), 宦者二(환자2), 宦者三(환자3), 宦者四(환자4), 天紀五(천기5), 天江一(천강1), 市樓五(시루5), 天籥二(천약2), 天籥四(천약4), 天籥五(천약5), 天籥七(천약7), 天籥八(천약8), 御女三(어녀3).

氣(2개):

神宮(신궁, 尾宿, NGC 6231, Scorpius), 積尸(적시, 胃宿, π Per).

위에 소개한 1,319개에 이르는 많은 별로 만든『성경』의 등급표는 사실상 신빙성은 없다. 왜냐하면 이 등급은 그가 관측하여 정했다는 설명이 없는 점으로 미루어 보아 중국의 자료를 이용하여 만든 것으로 보이지만, 중국에 그런 문헌이 어디에 있는지 아직은 찾지 못했다.

제 XI 장

기물을 장식한 별들

별들은 인간의 일상생활의 구석구석에 배어있다. 몸에 지닌 장신구에서 집이나 공공건물을 비롯한 시설물에 이르기까지 별을 상징하는 표식은 어디나 있다. 인간이 다가갈 수 없는 우주 공간에 있는 별이 이토록 일상생활의 공간에 자리하고 있다는 것은 인간만이 소유하는 지성이 있기에 가능한 일일 것이다.

여기에 별을 가지고 있는 새겨둘 가치가 있는 기물(器物)로는 어떤 것이 남아 있는가를 찾아보면서, 한국인의 정서(情緖) 속에 스며있는 우주의 모습을 생각해 보자.

1

인검(寅劍)

조선시대에 만든 검[刀劍]에도 별들이 은입상감(銀入象嵌)되어 있는 것이 몇 개가 알려져 있다. 그 좋은 예는 국립중앙박물관의 한 자루와 국립고궁박물관의 두 자루가 그것이다. 국립고궁박물관의 한 자루와 국립중앙박물관에 있는 둘 중 한 자루의 칼날의 한 쪽 면에는 북두칠성이 은으로 상감되어 있다. 그런데 국립중앙박물관의 다른 한 자루에는 별들이 칼날뿐만 아니라 손잡이에도 가득 있다. 이 인검을 조사한 좋은 사진과 모사한 그림이 있는 책[1]이 있기에 그 자료에 기초하여 필자가 초기단계의 연구를 한 바를 소개하기로 한다.

일반적으로 이런 검을 인검(寅劍)이라고 부르는데, 이렇게 부르는 이유는 검의 이름 중에 〈인(寅)〉이 있기 때문이다. 인검 중에는 〈寅〉이 3개 있는 경우와 4개 있는 경우가 있는데, 전자를 삼인검(參寅劍) 후자를 사인검(四寅劍)이라고 부른다. 삼인검(參寅劍)의 경우는 〈寅〉이 있는 해에 〈寅〉이 있는 달에 〈寅〉이 있는 날을 택해서 만든 칼이라는 것이다. 말하자면 〈寅〉이 3개가 있다하여 〈삼인(參寅)〉이 붙은 것이다. 그리고 사인검(四寅劍)의 경우는 한 발 더 나아가 〈寅〉이 있는 시각에 만들었다는 것이다. 그런데 왜 하필 12지 중 세 번째인 〈寅〉인가? 이는 두 말할 것 없이 호랑이를 상징하기 때문이다. 한민족에게는 모든 동물 중에서 호랑이는 으뜸가는 영물이다. 이런 특별한 시기를 택한 이 검은 전투용으로

---

1 국립광주박물관 발행.『우리나라 금속공예의 精華 –入絲工藝–』, 1997.

사용되는 것이 아니라 의식용으로 상징성을 갖는다.

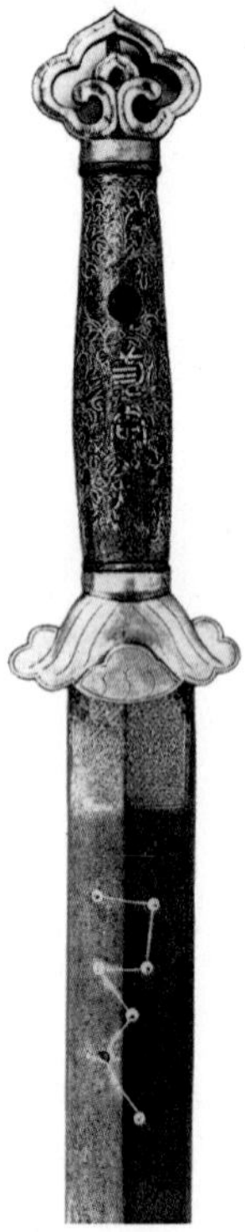

그림 XI-1. 북두칠성만이 새겨있는 삼인검(參寅劍)(국립중앙박물관 소장)

1-1. 삼인검(參寅劍)

이 검에는 칼날 위 부분에 북두칠성이 금으로 상감되어 있다. 국립중앙박물관의 삼인검의 길이는 135 cm인데, 별을 상징하는 다른 표시는 없다.

1-2. 사인검(四寅劍)

사인검(四寅劍) 중 국립고궁박물관의 길이 134.5 cm되는 검에는 북두칠성이 금으로 상감되어 있을 뿐 다른 표식은 없지만, 국립중앙박물관의 검에는 북두칠성 뿐만 아니라 28수의 별이 칼날 한 면 가득히 금으로 상감되어 있다. 그리고 또 다른 면에는 전서체(篆書體)로 된 27자가 중앙에 상감되어 있고 그 양쪽에 상형 문자인 듯한 문양이 칼끝까지 상감되어 있다. 이 검은 좀 짧아서 134.5 cm이고, 사인참사검(四寅斬邪劍)이라고 부른다.

이 검의 별자리는 손잡이에서 칼끝으로 차례로 다음과 같은 순서로 한 면 가득히 상감되어 있다. 즉, 북두칠성. 각(角). 항(亢). 저(氐). 방(房). 심(心). 미(尾). 기(箕). 두(斗). 우(牛). 녀(女). 허(虛). 위(危). 실(室). 벽(壁). 규(奎). 루(婁). 위(胃). 묘(昴), 필(畢). 자(觜). 삼(參). 정(井). 귀(鬼). 유(柳). 성(星). 장(張). 익(翼). 진(軫)의 순이다. 이 별자리의 모양은 북두칠성을 포함해서 모두 『천문유초』의 그림과 대단히 흡사하다.

글자와 문양: 우선 이 검의 글자가 있는 면을 보자. 전서체(篆書體)로 상감한 그림 XI-2의 ①과 ②에서 글자를 판독해 보면 다음과 같다.[2]

2 이것은 안나미 박사의 도움을 받아서 판독한 것이다.

편의상 세로로 배열된 것을 가로로 옮겼다.

표 XI-1. 사인검에 상감된 글자(윗 줄)와 해독한 글자(둘째 줄). 모두 27자이다.

四	寅	劍	乾	降	精	坤	授	靈	日	月	象	岳	瀆	形	撝	雷	電	運	玄	坐	推	凶	惡	玄	斬	貞
													瀆							星				亨	利	

이 표의 제일 밑줄에 있는 네 글자 〈瀆〉, 〈星〉, 〈亨〉, 〈利〉는 중국 당나라의 〈경진검문(景震劍文)〉에 있는 글자이다.[3] 내용으로 봐서는 사인검의 것과 큰 차이는 없다. 따라서

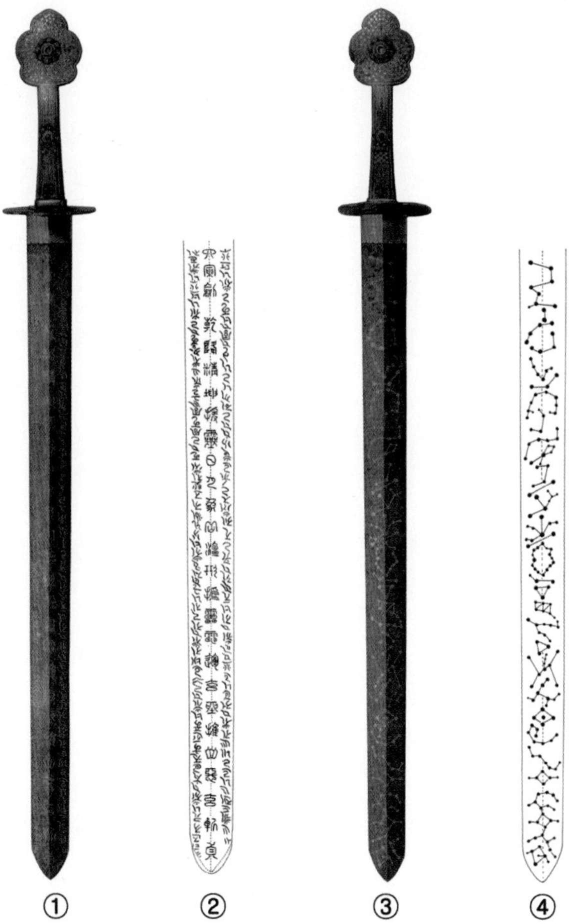

그림 XI-2. 28수가 새겨져 있는 사인참사검(四寅斬邪劍) ①은 칼날의 한 면이고, ②는 ①을 모사한 것이다. ③은 28수의 별자리가 있는 칼날의 다른 면이고, ④는 ③을 모사한 것이다.(국립중앙박물관 소장)

3 Chen Jiujing(陳久金) 교수의 서신

사인검의 글귀는 〈경진검문(景震劍文)〉에서 인용한 것으로 보인다. 그리고 〈坐〉는 〈星〉으로도 보이기 때문에 적은 것이다.

한편, 이 글자들을 중국 자연과학사연구소의 Chen Juhing(陳久金)교수에게 판독을 의뢰한 바 있는데, 그는 사인검(四寅劍)의 〈四〉를 〈六〉으로 잘못된 판독한 것을 비롯하여 몇 글자를 틀리게 판독하였다. 그러나 그는 27 글자를 세 글자씩 묶어서 9문단으로 만들고, 글자 하나하나의 뜻을 중국 고전을 참조하면서 풀이하였다.[4] 그것을 다시 한글로 번역해 보니 다음과 같은 의미있는 문장으로 태어났다.[5]

> 六寅劍, 稟授有上天的精華,
> 육인검은 (위로는) 하늘의 광채를 이어 받고,
> 下地的炅氣,
> 아래로는 땅의 밝은 기운을 가졌으며,
> 借助于太陽月亮的形象, 山嶽大澤的物貌,
> 태양과 달의 형상과 산악과 큰 호수의 모습의 힘을 빌어,
> 指揮雷電的閃爍,
> 천둥 번개의 번뜩임을 지휘하고,
> 坐待宇宙的運轉,
> 앉아서 우주의 운행을 기다린다.
> 推究人間惡行,
> 인간의 악행을 구명하여,
> 在上天的授意下予以斬伐.
> 하늘이 시키는 바대로 참벌하도다.

---

4 陳久金교수가 판독한 것은 다음과 같다.
六寅劍: 劍名. 六寅七十二歲.
乾降精: 乾, 爲天; 降, 降臨; 精, 精華.
坤援靈: 坤, 爲地; 援, 授予; 炅, 靈氣.
日月象: 太陽月亮的形象.
嶽澶(전)形: 嶽, 山嶽; 澶, 大澤; 形, 形體物貌.
潙雷電: 潙, 指揮雷電.
運玄坐: 運, 運轉; 玄, 指宇宙; 坐, 坐在室內.
推□惡: 推, 推究; □, ?; 惡, 罪惡.
玄斬占: 玄, 指上天; 斬, 殺伐; 占, 指上天授予

5 중국 청도경제개발특구(青島經濟開發特區)의 에이스語學院의 이계순(李桂順)원장이 번역한 것이다.

표 XI-2. 사인참사검과 『천문유초』의 북두칠성과 이십팔수의 별의 배치 비교

별자리 이름	사인 참사 검	『 천문유초 』	별자리 이름	사인 참사 검	『 천문유초 』
북두칠성 北斗七星					
각 角	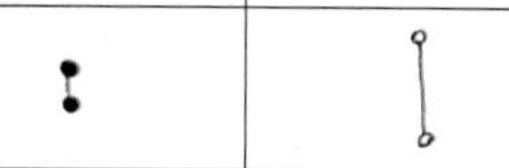		규 奎	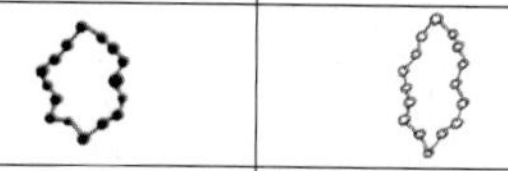	
항 亢	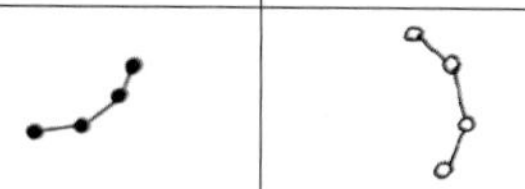		루 婁	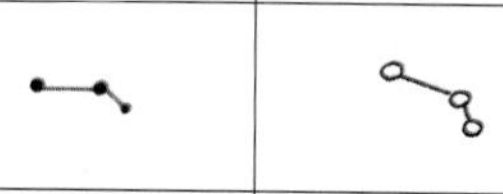	
저 氐	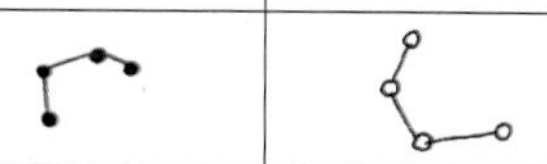		위 胃	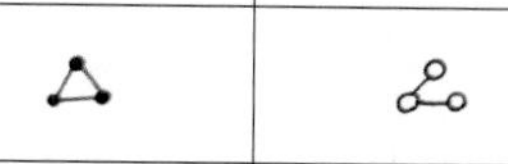	
방 房	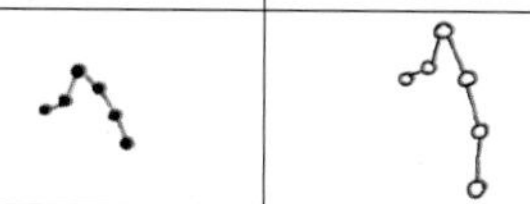		묘 昴	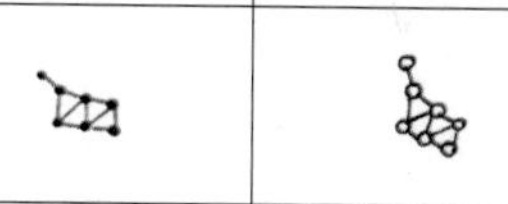	
심 心	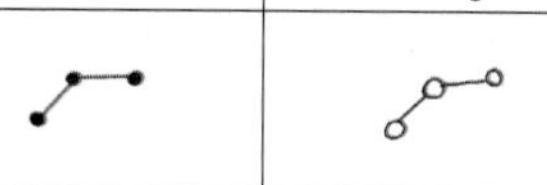		필 畢	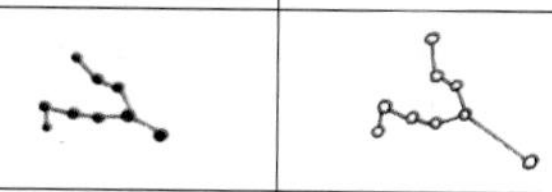	
미 尾	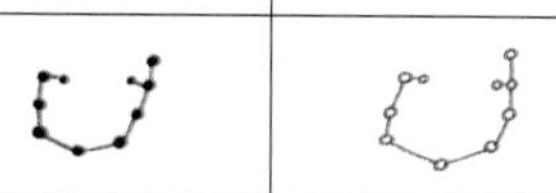		자 觜	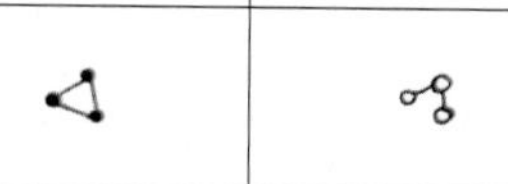	
기 箕	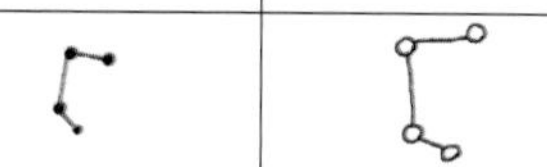		삼 參	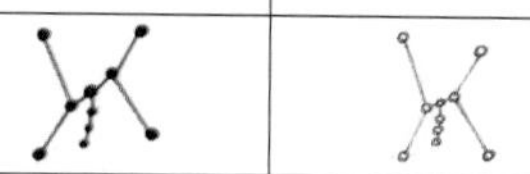	
두 斗	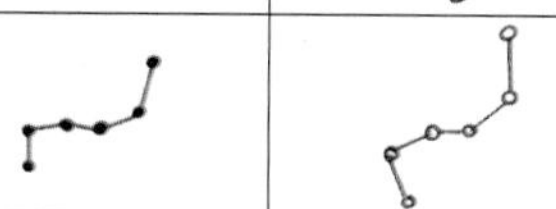		정 井	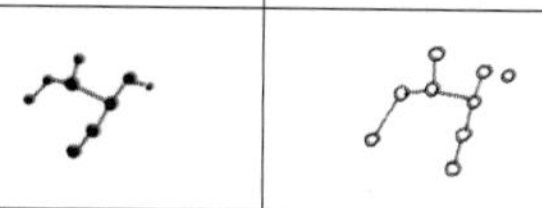	
우 牛	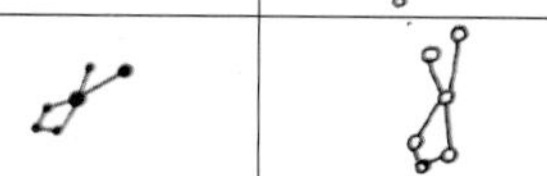		귀 鬼	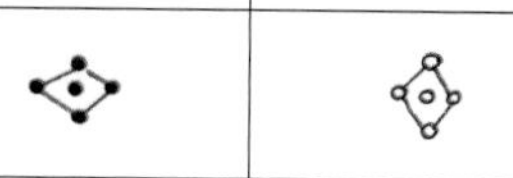	
여 女	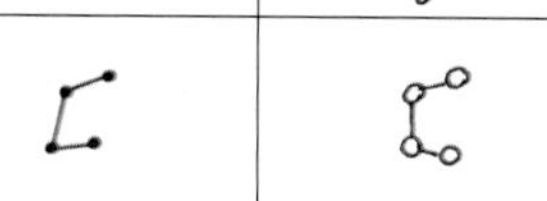		유 柳	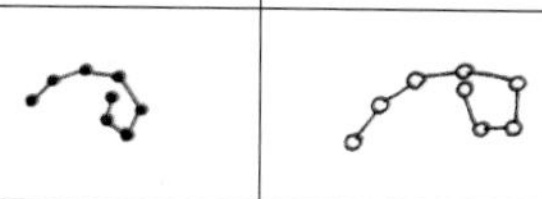	
허 虛	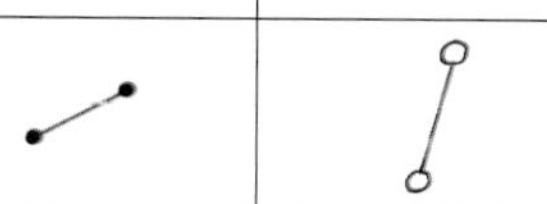		성 星	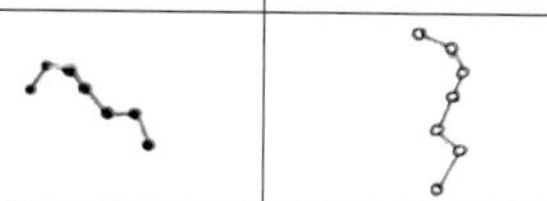	
위 危	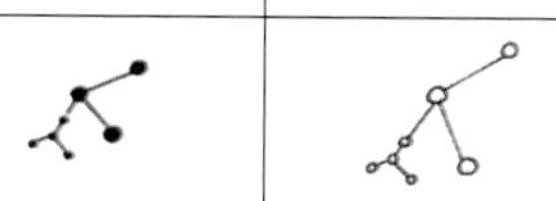		장 張	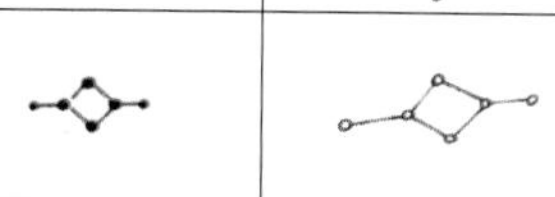	
실 室	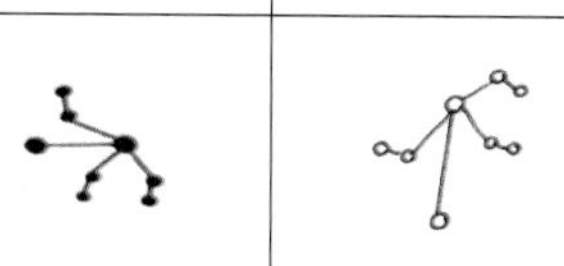		익 翼	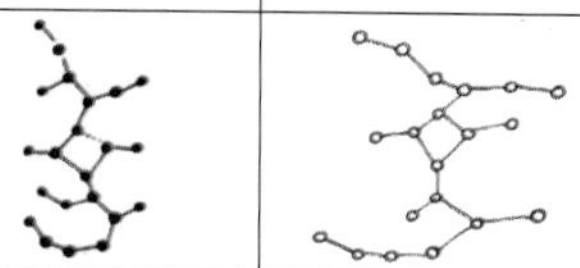	
벽 壁	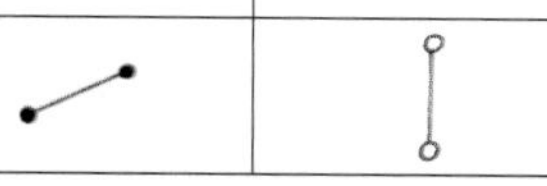		진 軫	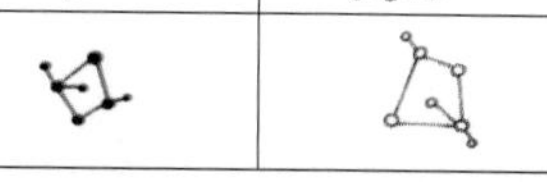	

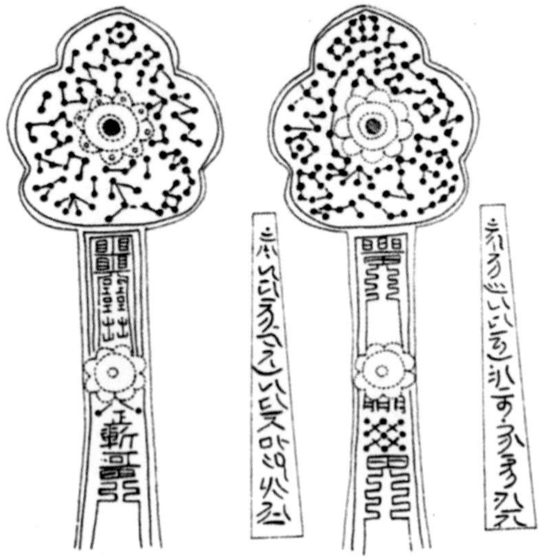

그림 XI-3. 사인참사검 손잡이 양쪽에 있는 별들과 무늬.

위와 같이 글자 해독에는 일단 성공하였지만, 이 글자가 있는 양쪽에 상감된 문양에 대해서는 아직은 쉽게 접근할 처지가 못 된다 (그림 XI-2의 ①과 ②를 참조). 그러나 이 무늬는 장식을 위한 단순한 그림은 아니고, 일종의 고대 문자일 것이라는 생각이 든다. 앞으로 이 방면의 연구자가 해명할 날이 올 것이라고 기대하고, 하나의 연구과제로 남겨 둔다.

28수의 별들: 북두칠성과 28수의 별자리는 이 사인검의 다른 면에 상감되어 있다 (그림 XI-2의 ③과 ④). 이 별자리에 속한 별은 얼핏 보기에는 위에서 아래로 연결되어 있는 것처럼 보이지만, 하나하나를 분리해서 보면 표 XI-1에 제시한 것과 같이 된다. 단, 첫 시작인 북두칠성은 칼의 손잡이에 가까운 쪽에 있고, 28수성의 배치는 북두칠성에서 시작하여 칼끝으로 향한다. 이 사인검의 별자리는 표 XI-2의 둘째 줄에 제시했고, 참고로『천문유초』의 별자리 그림을 셋째 줄에 제시했다. 이 그림을 보면, 사인검의 별자리 그림은『천문유초』의 그림에서 따 온 것처럼 보인다.

손잡이에 있는 별과 무늬: 사인참사검의 손잡이 끝에도 양면에 별자리가 새겨져 있으나, 어느 별자리인지 판별하기는 대단히 어렵다. 별자리가 뒤엉켜 있어서 판별하는 일은 쉽지 않을 것이다. 손잡이 양쪽에도 이상한 무늬가 있다. 이 무늬는 글자로 보이기도 하지만, 부적(符籍)의 무늬처럼 보이기도 한다.

코등이(古銅)의 무늬: 검에는 칼을 잡는 손잡이와 칼 사이에는 손을 보호하는 검의 코등이가 있는 검이 있는데, 이 사인검에도 이런 코등이가 있다. 그런데 이 코등이 양쪽에도 이상한 무늬가 또 상감되어 있다.

지금까지 살펴본 검에 상감되어 있는 여러 그림들을 종합해 보면, 이 사인검은 유불선(儒佛仙)의 사상을 총 망라한 것 같다. 미신과 과학을 한데 묶어서 우주와 인간사를 조화롭게 그려 보려고 한 것처럼 보이기도 한다.

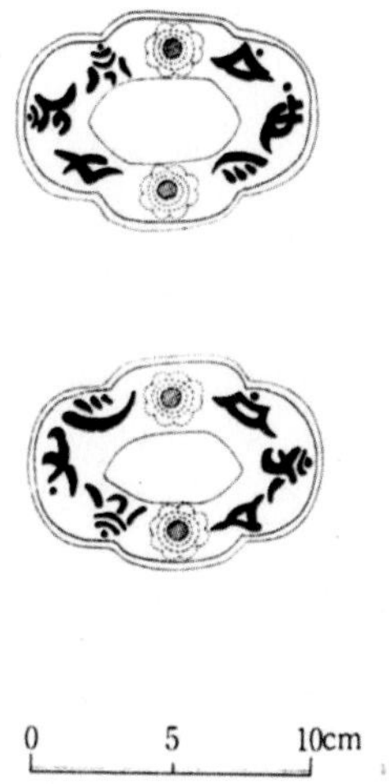

그림 XI-4. 사인검의 코등이(古銅) 양쪽에 있는 무늬.

2

깃발에 그린 사신도(四神圖)와 별들

조선시대의 군기(軍旗)는 여러 모양의 그림으로 모양새를 갖추고 있는데, 그 중에는 사신(四神)의 그림과 별들을 이용하여 만든 것도 있다. 이런 군기를 오방기(五方旗)라고 한다. 이제 사신도가 그려져 있는 조선의 오방기와 청나라 때의 오방기를 비교하면서 살펴보기로 하자.

2-1. 청룡기(靑龍旗)

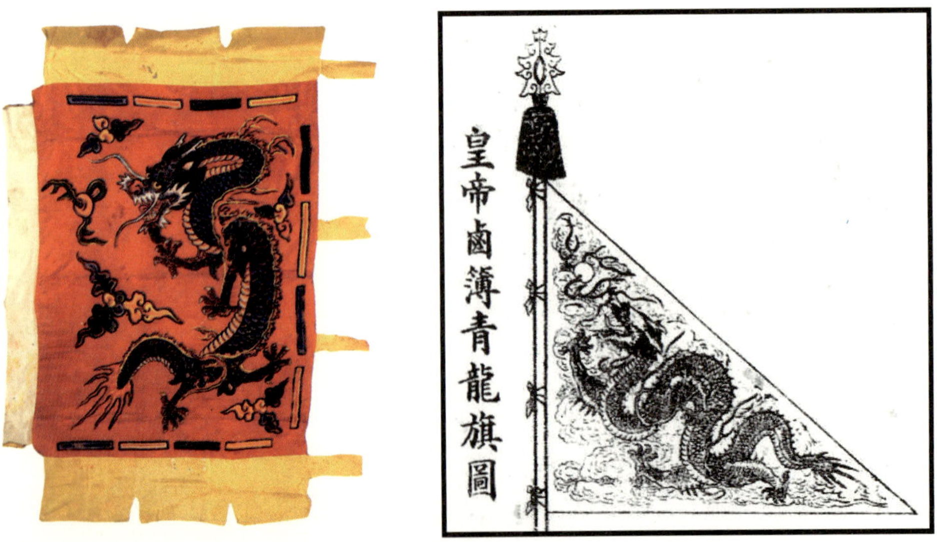

그림 XI-5. 조선의 청룡기(국립고궁박물관 소장)와 청나라 청룡기

이 기에는 붉은 바탕에 꼬리에서 불을 뿜고 있는 모습의 청룡이 그려져 있다. 청룡은 동쪽 하늘을 상징하는 영물(靈物)이기 때문에 대열(隊列)의 동군(東軍)의 깃발을 의미하는 것으로 보인다. 깃발은 네모지고 노란 테를 두르고 있는데, 그림 XI-5의 경우, 깃대에 묶는 헌겁이 오른쪽에 있는데 청룡은 깃발과 반대방향을 보고 있다. 이와는 대조적으로 청나라 청룡기는 삼각형이고 청룡의 머리는 깃대를 향하고 있다. 청룡의 꼬리는 둘 다 갈라져 있다. 조선 용의 꼬리는 붉은 불꽃이 튀어 나가는 모습인데, 청나라 용의 꼬리에서 갈라져 나가는 것이 불꽃인지는 그림 전부가 흑백이어서 알 수 없다. 이 용의 꼬리의 모양은 고구려의 용과는 다른 모습이다. 시대가 많이 흘렀기 때문에 변화된 탓일까? 청나라의 그림에는 깃대까지 있어서 전체 모양을 이해하는데 도움이 된다.

2-2. 현무기(玄武旗)

검은 바탕에 고구려 옛 무덤에서 보던 거북이 잘 그려져 있다. 그러나 거북의 몸통을 휘감고 있는 뱀은 고구려의 현무도에는 두 번 휘감고 있는데, 이 현무도의 뱀은 한 번만 감고 있다. 현무는 북방을 가리키는 영물(靈物)이므로, 이 깃발은 북군(北軍)을 상징하는 것

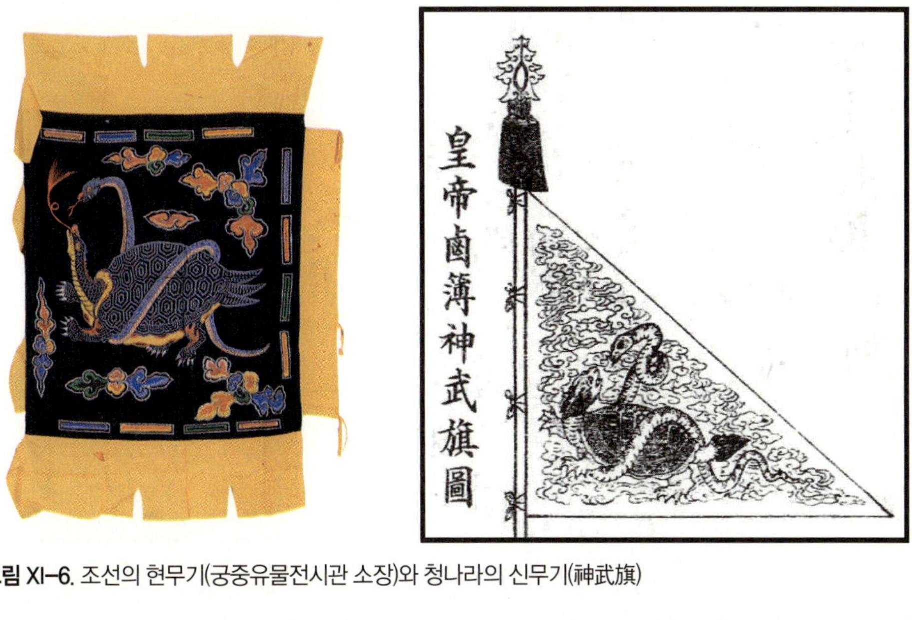

그림 XI-6. 조선의 현무기(궁중유물전시관 소장)와 청나라의 신무기(神武旗)

이기 때문인지 바탕도 검다. 조선의 거북과 뱀은 서로 노려 보면서 불을 뿜고 있지만, 청나라의 거북과 뱀은 사이좋게 서로 바라만 보고 있는 모습을 하고 있다. 그리고 깃발의 이름도 현무기가 아니라 〈신무도(神武圖)〉이다.

2-3. 백호기(白虎旗)

이것은 흰 바탕에 날개가 양쪽에 달리고 배가 불룩한 호랑이 한 마리를 그린 깃발이다. 다음 그림 XI-7의 왼쪽 그림은 노랑색으로 보이나, 실은 변색된 탓이다. 그림 XI-6이나 그림 XI-9의 노랑색과 비교해 보면 그 차이를 알 수 있을 것이다. 깃발의 백호의 몸통 무늬는 바탕이 흰 것은 서방(西方)을 의미하며, 서방의 수호신인 백호와 일치하며, 서군(西軍)을 위한 깃발이다. 조선의 백호기가 더 실감 있다. 이에 비하여 청나라 백호기의 호랑이는 날개가 없고, 몸통 무늬는 호랑이를 상징하는 무늬가 아니다. 또한 꼬리가 길게 힘없이 땅에 늘여뜨려져 있는 것이 호랑이의 기상은 아니다.

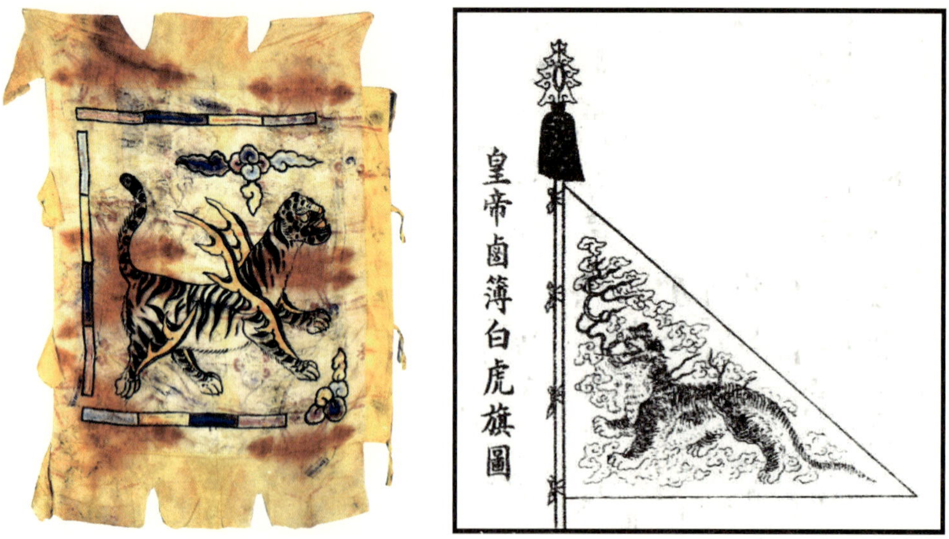

그림 XI-7. 조선의 백호기(궁중유물전시관 소장)와 청나라의 백호기(白虎旗)

2-4. 주작기(朱雀旗)

이 기에는 주황색 바탕에 새 한 마리가 두 날개를 펼치고 서 있는데, 양쪽 두 날개 위로 머리 셋이 처들고 있는 이상한 모습을 하고 있다. 다리는 삼족오(三足烏)도 아닌데 모두 세 개이니 이것도 이해하기 어렵다. 이런 모양의 주작은 고구려나 고려의 주작도에서는 보지 못하던 전혀 다른 불가사의한 모습이다. 남쪽을 상징하는 주작이고 또 주황색 바탕인 점으로 남군(南軍)을 위한 깃발인가?

이에 반하여 청나라의 주작은 하늘을 향해 날아갈 듯 생동감이 느껴진다. 그런데 주작의 꼬리는 일본의 기또라 무덤의 주작처럼 공작새의 긴 꼬리를 닮았다. (그림 III-39를 참조)

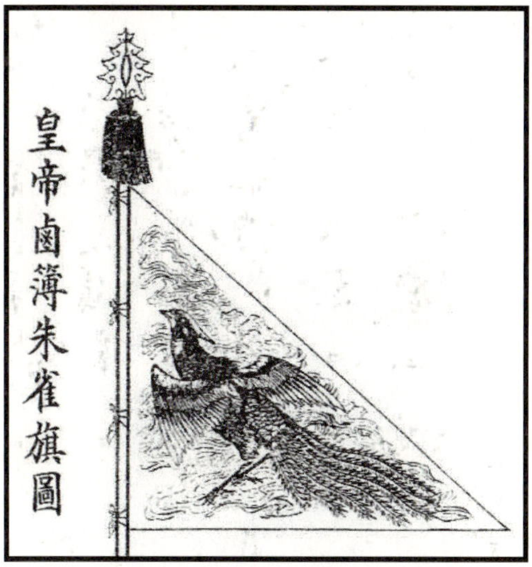

그림 XI-8. 조선의 주작기(궁중유물전시관 소장)와 청나라의 주작기(朱雀旗)

2-5. 북두칠성기(北斗七星旗)

노란색 바탕에 네 귀퉁이에 꽃무늬가 있고, 그 중앙에 북두칠성이 있다. 북두칠성을 이룬 별들의 배치는 실제와는 조금 다르지만, 고구려 옛 무덤에서 보던 모습이다. 북두칠성은 북극을 상징하기 때문에 이 깃발은 중군(中軍)을 상징하는 것인지도 모른다. 이 조선시대의 군기의 의미는 잘 알 수 없으나, 군기의 이렇게 별을 그렸다는 사실은 흥미있는 일

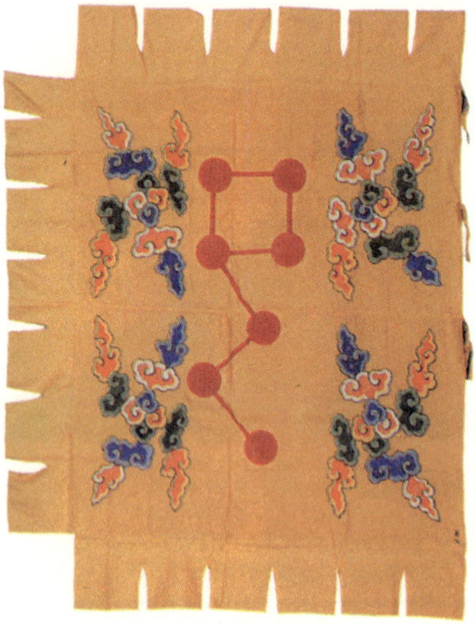

그림 XI-9. 북두칠성기(궁중유물전시관 소장)

그림 XI-10. 좌독기(궁중유물전시관 소장)

이다.

위에 소개한 5개의 깃발은 조선시대의 오방기(五方旗)이지만, 루훠스에 의하면 고려에도 이 오방기가 있었다고 한다.[6]

2-6. 좌독기(坐纛旗)

오방기(五方旗) 외에도 여러 깃발이 더 있는데, 그 중 하나로 별이 그려져 있는 좌독기라는 것이 있다. 이것은 행진할 때는 주장(主將, 총지휘관)의 뒤에 서고, 멈추면 장대 앞 왼편에 세우는 깃발이다. 현재 국립고궁박물관이 소장하고 있는 이 기의 크기는 가로 41.5 cm, 세로 42.5 cm이다.

중심에 있는 흰 원을 둘러싸고 세 개의 동심원이 이상한 모양으로 그려져 있다. 이 원들을 둘러싸듯 팔괘(八卦)가 있고, 각 괘에 해당하는 바깥쪽에 해당하는 별자리가 그려져 있으나 어느 별자리인지는 확인할 수 없다. 이 깃발에 있는 팔괘와 별의 관계를 1867년에 출판된 『연길귀감(涓吉龜鑑)』[7]을 통해서

6 Rufus, W. C., "Astronomy in Korea", *Transactions of the Royal Asiatic Society, Korea Branch*, 22, 1936.

7 南元裳, 涓吉龜鑑 上編, 고종4년丁卯, 1867

살펴보자.

이 『연길귀감』에 하도(河圖), 낙서(洛書), 복희선천팔괘(伏羲先天八卦), 문왕후천팔괘(文王後天八卦)의 네 그림이 소개되어 있다. 별의 의미는 하도(河圖)와 낙서(洛書)에 있고, 팔괘의 해석은 복희선천팔괘(伏羲先天八卦)와 문왕후천팔괘(文王後天八卦)로 보여주고 있다.

표 XI-3. 좌독기(坐纛旗)의 별에 대한 의미

	별과 팔괘의 배치	하도 (河圖)	낙서 (洛書)	복희선천팔괘 (伏羲先天八卦)	문왕후천팔괘 (文王後天八卦)
一		태양생수 (太陽生水)	백수 (白水)	육감 중남 (六坎 中男)	술 감 갑신 □□ (戌 坎 甲申 □□)
二		소음생화 (少陰生火)	흑토 (黑土)	팔곤 모 (八坤 母)	을해 곤 (乙亥 坤)
三		소양생수 (少陽生水)	벽목 (碧木)	사진 장남 (四震 長男)	경 진 亥未 (庚 震 亥未)
四		태음생금 (太陰生金)	□ 목 (□ 木)	오손 장녀 (五巽 長女)	신 손 (辛 巽)
六		태음성지 (太陰成之)	백금 (白金)	일건 부 (一乾 父)	갑임 건 (甲壬 乾)
七	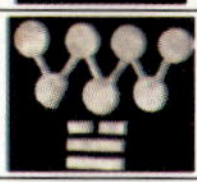	소양성지 (少陽成之)	적금 (赤金)	이태 소녀 (二兌 少女)	정 사축 태 (丁 巳 丑 兌)
八		소음성지 (少陰成之)	백토 (白土)	칠간 소남 (七艮 少男)	간 병 (艮 丙)
九	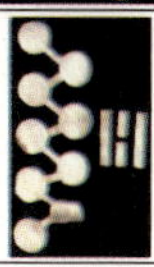	태양성지 (太陽成之)	자화 (紫火)	삼수 중녀 (三离 中女)	사 인임술 리 (巳 寅壬戌 离)

2-7. 청(淸)나라의 이십팔수기(二十八宿旗)

〈이십팔수기〉는 조선에는 없는 군기(軍旗)인데, 청나라에는 있다. 그 용도에 관하여는 잘 알려지지 않고 있으나, 여기에 그 28개를 전부 소개함으로써 앞으로의 연구자료로 활용되기를 기대해 본다.

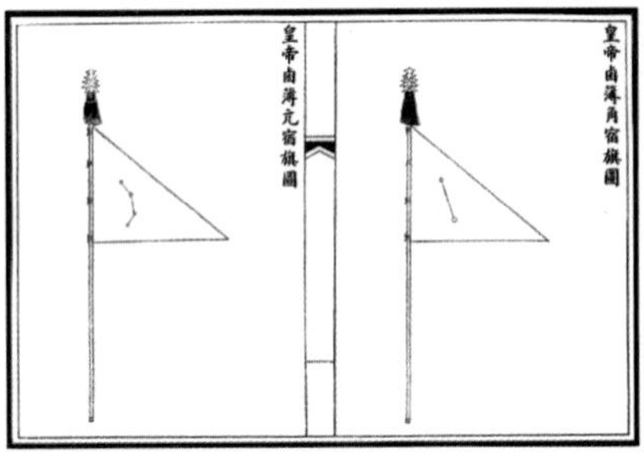

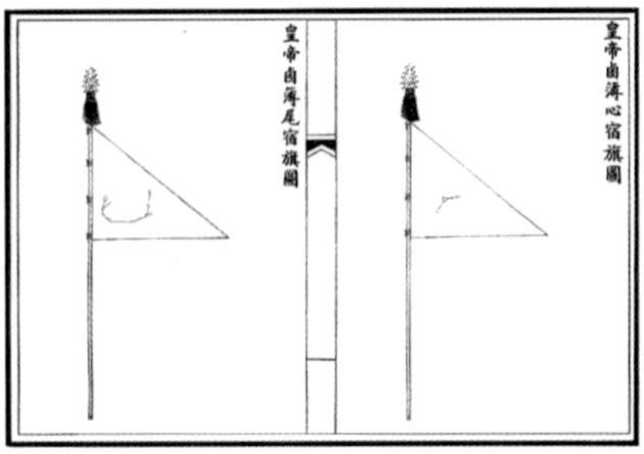

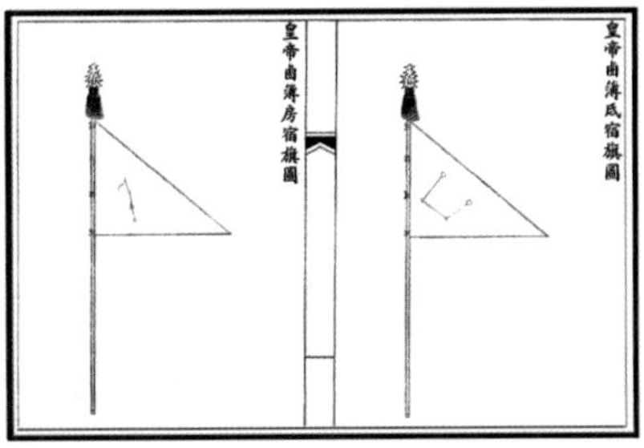

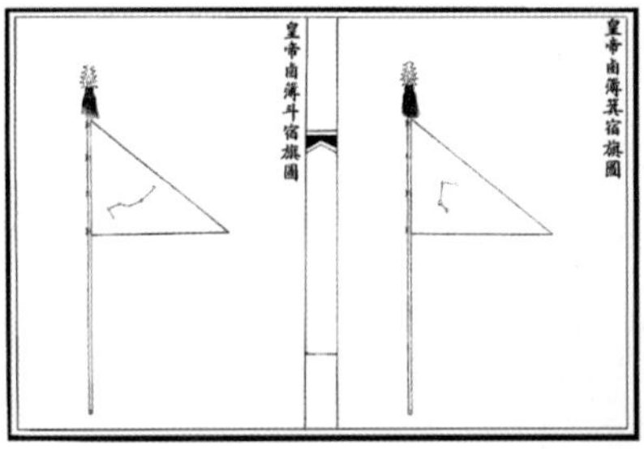

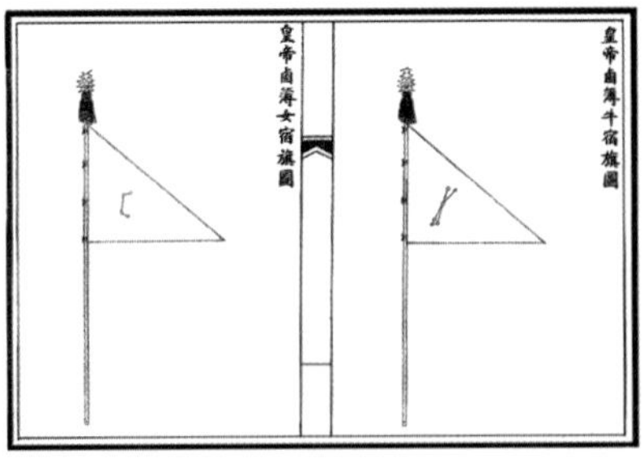

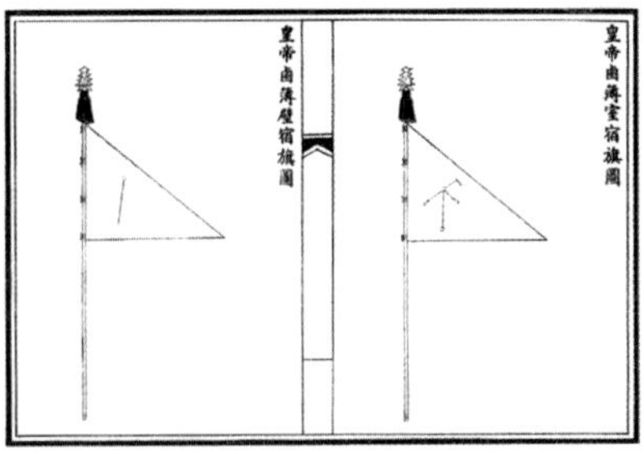

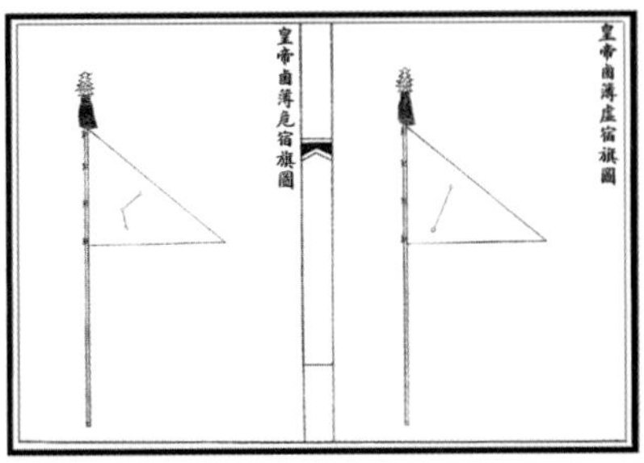

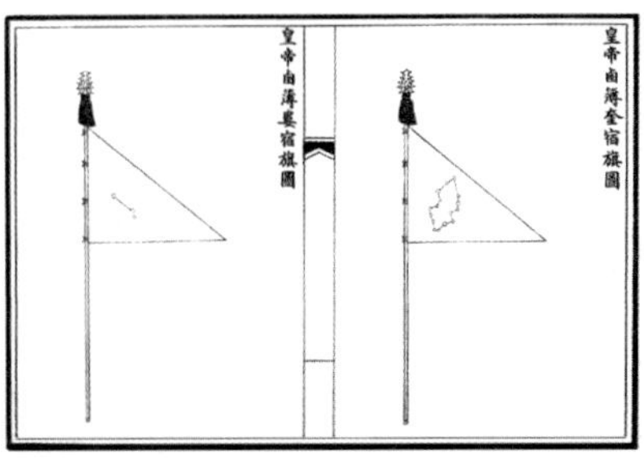

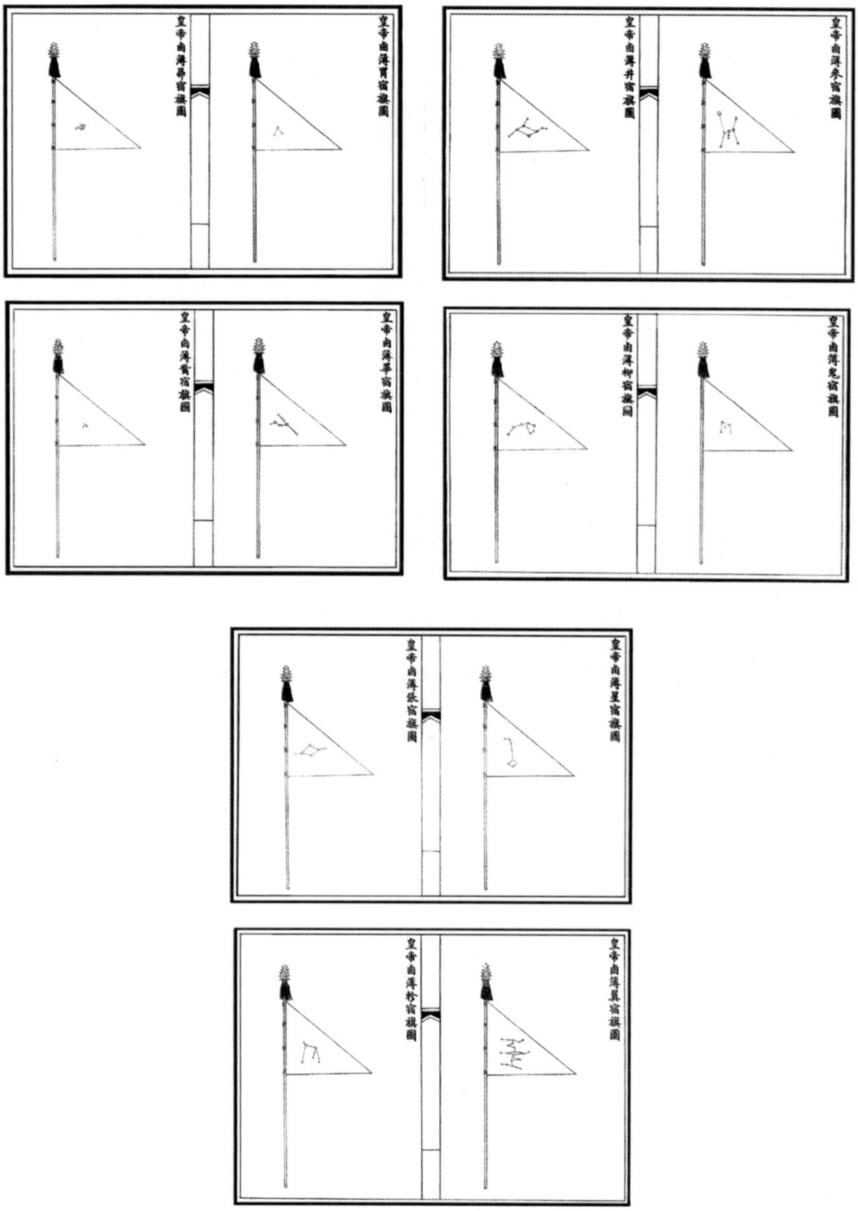

그림 XI-11. 청나라의 28수기.『사고전서(四庫全書)』에서 옮김)

3

거울에 있는 별

3-1. 구리거울(銅鏡)

천문도와 간접적으로 관련이 있는 것으로는 고려의 구리거울(銅鏡)이 잘 알려져 있다. 한국의 구리거울(銅鏡)을 천문학과 연관시켜서 처음 소개한 사람은 루훠스가 처음이다.[8] 그가 소개한 구리거울은 1950년의 한국전쟁 전까지만 하더라도 개성(開城)박물관에 있었다. 이 구리거울에는 고려인들이 생각한 태양, 팔괘(八卦), 십이신(十二神), 이십팔수(二十八宿)의 별 등이 양각(陽刻)되어 있다. 지금도 잘 보존되어 있는지의 여부는 확인되지 않고 있으나, 최근의 조사에 의하면, 고려 시대에 만든 구리거울은 그 외에도 여러 개가 남아있다.[9]

먼저 루훠스가 소개한 것을 보면, 구리거울의 손잡이 쪽의 면에 여러 그림이 양각되어 있다. 중심에는 해가 조각되어 있고, 이 해를 둘러싼 바깥의 여러 동심원(同心圓) 중 중심에 가장 가까운 곳에 사신도(四神圖)가, 그리고 그 바깥에 팔괘가 있다. 이 그림 바깥쪽에는 시간과 방위를 의미하는 12지상(支象)이 차례대로 배열되어 있으며 다시 또 그 바깥쪽

---

8 Rufus, W. C., "Astronomy in Korea", *Transactions of the Royal Asiatic Society Korea Branch*, Fig. 23, Fig. 23. 1936.

9 지금까지 알려진 고려의 것으로는 전상운이 소유하고 있는 지름 17 cm되는 구리거울을 비롯하여 숭실대학교 한국기독교박물관에는 지름 18 cm되는 것과 북한에도 1개가 있다. 다른 곳에도 알려지지 않은 것이 여러 개 있을 것으로 보이는데, 이렇게 많이 남아 있다는 사실은 이 거울이 고려의 부유층에 널리 유행한 물품이었던 모양이다. 한편 나일성천문관에도 몇 점이 있는데, 이 거울들의 제작 시기는 미상이다.

그림 XI-12. 구리거울(1). 중국 당(唐)나라 때의 것(왼쪽)과 고려의 것(오른쪽).

에 28수가 있다. 그리고 가장 바깥에 24절기의 이름이 양각되어 있다. 이로 미루어 보면, 둘레의 그림 배치가 조금 다를 뿐 중국 당나라 때의 구리거울과 마찬가지로 고려의 구리거울도 전통적인 동양의 우주를 표현하고 있다. 그런데 불행하게도 이 거울은 1950년의 6·25 전쟁 때까지만 하더라도 개성박물관에 있었지만, 지금은 그 존재를 확인할 수가 없다.[10]

구리거울 중에는 또 다른 내용을 양각한 것들이 있다. 그 중에서도 특이한 것은 그림 XI-13의 왼쪽에 보인 청룡(青龍), 현무(玄武), 백호(白虎), 주작(朱雀)의 사신(四神)만을 입체적으로 아름답게 양각한 거울이다. 사신들이 있는 면에는 구름무늬가 가늘게 깔려 있는데 그 지름은 약 15 cm이다. 그리고 이것을 둘러싼 곳에 한자가 가늘게 양각되어 있어서 판독해 보니 다음과 같은 32자이다.

· 靈山朶寶神使觀爐形圖曉月光淸夜珠玉臺希世紅妝應圖千嬌集影百福求扶 ·

10 국립민속박물관, 『天文 하늘의 이치·땅의 이상』, 2004.의 그림 281은 현재 호암미술관이 소장하고 있는 구리거울의 사진인데, 이것은 Rufus가 소개한 것을 아주 닮았다.

그림 XI-13. 구리거울(2). 왼쪽은 황금색으로 사신(四神)이 양각된 거울이고, 오른쪽은 사신, 12지(支), 8괘(卦), 28수(宿)가 차례로 양각된 구리거울이다.(개인 소장)

이 구리거울의 지름은 약 20 cm여서, 큰 거울에 속한다. 변두리의 두께는 8 mm이고, 전체 무게는 약 600g이다. 그러나 그림 XI-13의 오른쪽에 보인 것은 지름이 12.2 cm에 불과하다. 이 두 구리거울은 나일성천문관에 있는 것인데, 출처와 제작 시기는 모두 미상이다.

3-2. 명두(明斗)

명두라는 독특한 이름을 가진 구리거울도 있다. 이것은 무당이 자신의 수호신으로 삼고 위하는 청동제의 거울인데, 명도(明圖)라고도 부른다.[11] 앞은 배가 부르고 뒤에는 해·달·별과 대명두(大明斗)라는 글자를 새긴 것들이다.

현재 국립민속박물관에는 두 점의 명두가 소장되어 있는데, 일월대명두(日月大明斗)와 북두칠성명두(北斗七星明斗)이다. 일월대명두는 지름이 20.2 cm이며, 거울 전체를 해를 상징하게 하고, 작은 눈썹달과 북두칠성을 그 속에 양각했다. 이보다 작은 북두칠성명두의 지름은 16.3 cm이며, 북두칠성만이 양각되어 있다.

11 신시철·신용철 편저, 『새우리말 큰사전』(三省出版社: 서울), 1158, 1975.

그림 XI-14. 명두(국립민속박물관 소장)

감사의 글

2000년도에 서울대학교 출판부를 통해서 『한국천문학사』라는 졸고를 세상에 내놓은 지 15년이 지나서야 이제 겨우 그중의 일부를 도려내서 부피가 있는 분량으로 엮어 보았습니다. 천문도를 통해서 본 한국의 우주관을 조명해 보려고 노력한 것이 이 책입니다. 지금 되돌아보니, 정말 길고도 먼 여정이었습니다. 그 동안 쌓인 여러 연구가들의 업적을 공부하면서 골고루 체계를 갖춰서 정리해 보려고 노력했으나, 저의 미천한 지식으로는 쉬운 일이 아니었습니다. 이전에 고백한 일이 있었지만, 현대천문학을 공부한 필자에게는 무거운 짐이었습니다.

이 책을 집필하는 기간에 저에게는 잊을 수 없는 깊은 마음의 상처를 받은 바 있습니다. 그로 인하여 이 책을 쓰는데 시간적 정신적 손실이 컸습니다. 저의 가장 가까운 곳에서 그림자처럼 따라다니던 제자가 꾸민 악의적인 덫에 걸려서 정말 힘겹게 허우적거렸던 것입니다. 재물과 시간과 정력을 다 바쳐서 만든 '나일성천문관'을 이 덫에서 구해내려고 아내와 저는 다니엘의 기도와 솔로몬의 지혜를 날마다 그리워했습니다. '나일성천문관'은 이 책의 산실이었습니다. 노력하는 자에게는 고민이 있지만, 고민하는 자에게는 축복이 있다고 하지 않습니까. 이제는 그 아프던 기억이 점점 사라져가고 있습니다. 예천의 김규탁(金奎卓), 김기현(金基鉉), 김두년(金斗年), 김이섭(金理燮), 이계순(李桂順), 홍현기(洪鉉旗), 그리고 영주시의 조천(趙泉), 박원태(朴원태), 박석홍(朴석홍), 김태환(金泰煥) 등 여러분이 헌신적인 돌보미가 되어 주셨기 때문입니다. 이들이 없었다면, 예천에서 어찌 살아남을 수 있었겠습니까. 아픔을 이겨내고 이 책을 꼭 완성해야겠다는 저의 다짐이 이렇게 결실을 맺게 된 뒷면에는 항상 이분들의 따뜻한 격려와 든든한 울타리가 있었습니다.

그리고 그 동안 참으로 많은 분들에게서 학문적인 도움을 받았습니다. 먼저 이제는 고인이 되신 미국의 Kwan-Yu Chen(1928~2005)교수와 Robert H. Koch(1929~2013) 교수의 따뜻한 격려와 도움을 받았던 것을 기억합니다, 그리고 지금도 음으로 양으로 저의 영문 논문을 수정하는 일과 국제회의를 구성하는 일에 늘 도움을 아끼지 않고 있는 호주의 Wayne Orchiston, 네덜란드의 Richard Strom, 폴란드의 Jergy Kreiner, 인도의 Raza Ansari, 미국의 Kam-Ching Leung, 이란의 Farhad Rahimi, 그리고 영국의 Francis Richard Stephenson 등의 우정을 잊을 수 없습니다. 많은 중국 문헌을 다루어야하는 이 저술 작업에 필요한 문헌제공을 해 주신 Chen Jiujing(陳久金), Chen Meidong(陳美東, 1942~2008), Li Di(李迪, 1927~2006), Pan Nai(潘鼐), Shi Yun-li(石云里), Sun Xiao-Chun(孫小淳), Xi Zezong(席澤宗, 1927~2008), Yi Shitong (伊世同, 1931~2008) 등 여러분의 도움에 감사합니다. 문헌에 관한 한 일본 학자들의 따뜻한 배려와 협조에 감사하지 않을 수 없습니다. 굳이 몇 분의 이름만을 든다면 나까무라 쯔꼬(中村士), 나까야마 시게루((中山茂), 미야지마 가즈히꼬(宮島一彦), 하세가와 이찌로(早谷川一郎), 후루가와 기이찌로(古川麒一郎), 시라이시 시게다까(白石茂孝) 등 여러 분입니다. 마지막으로 늘 가까이에서 도움을 주고 계시는 전상운(全相運), 송상용(宋相鏞), 박성래(朴星來), 석우일(昔宇一), 남문현(南文鉉), 오길순(吳吉淳), 임세권(任世權), 장명수(張明洙) 등 여러 분들의 학문적 성과가 저로 하여금 어려운 고비마다 헤쳐 나가도록 길을 안내하는 역할이 되어 주셔서 감사합니다.

자료 수집에는 연세대학교 학술정보원의 국학자료실의 김영운실장과 김명주주임, 자료 전산 처리에는 연세대학교 박물관의 강희숙, 최미노주임의 노고가 컸습니다. 이들은 바쁜 와중에도 저의 요구를 우선으로 해결해 주셨습니다.

저의 한문 실력으로는 해독하지 못하는 그 많은 한문문헌을 저를 위해 번역해 주신 김규탁선생의 노고가 컸습니다. 문장을 쓰는 고비마다 겪는 어려움을 극복하는데 그의 번역이 큰 도움이 되었습니다.

외부의 자료 제공에도 감사하지 않을 수 없습니다. 고려대학교 박물관에서 천문도 3점 그리고 국립중앙박물관에서 천문도 1점의 귀한 사진을 제공받았습니다. 특히 최근에는 기상청의 전영신 박사와 전 한국학중앙연구원의 정기두선생의 무형의 도움도 있었습니다.

이 책을 출판하도록 허락하여 주신 연세대학교 대학출판문화원에 감사드리며, 많은 양의 원고를 세심하게 감수하고 교정해 주신 유장근선생과 김두년선생께 감사드립니다. 이 두 분이 저의 거칠고 무딘 문장을 잘 다듬어 주셨습니다.

마지막으로 이 책이 완성될 때까지 붓을 놓아야 할 나이가 이미 지난 저의 건강을 철저하게 보살펴준 아내(이순희)에게 고마움을 표합니다. 그리고 이 책의 상당한 부분을 보완했을 뿐만 아니라, 모두 260여 장이나 되는 많은 그림들을 완성하는 수고를 아끼지 않은 딸(나사라)의 역할을 높이 평가하고 싶습니다. 그리고 그 긴긴 날을 함께한 가족들의 사랑을 느끼며 이제 붓을 내려놓으려 합니다.

찾아보기

(ㄴ)

(ㄷ)

(ㅅ)

(ㅂ)

(ㅅ)

(ㅇ)

(ㅈ)

(ㅊ)

(ㅋ)

(ㅌ)

(ㅍ)

(ㅎ)

(ㅋ)

(ㅌ)

(ㅍ)

(ㅎ)